Modern Architecture

4

MODERN ARCHITECTURE: A CRITICAL HISTORY 5th edition

© 1980, 1985, 1992, 2007 and 2020 Thames & Hudson Ltd, London

Text by Kenneth Frampton

Copyediting by Sarah Yates

Art direction and series design: Kummer & Herrman

Layout: Kummer & Herrman

This edition first published in Republic of Korea in 2023 by Mati Publishing Co., Seoul

Korean edition © 2023 Mati Publishing Co., Seoul

All rights reserved.

This Korean edition was published by MATI PUBLISHING CO. in 2023 by arrangement with
Thames & Hudson Ltd, London through KCC(Korea Copyright Center Inc.), Seoul.

이 책은 ㈜한국저작권센터(KCC)를 통한 저작권자와의 독점계약으로
도서출판 마티에서 출간되었습니다. 저작권법에 의해 한국 내에서
보호를 받는 저작물이므로 무단전재와 복제를 금합니다.

현대 건축: 비판적 역사 II

개정증보판

케네스 프램튼
지음

송미숙·조순익
옮김

차 례

3부 비판적 변형 1925~1990

4부 세계 건축과 근대 운동

1권

일러두기

외래어 표기는 국립국어원의 원칙을 따르는 것을 기본으로 했으나,
이미 굳어진 표기의 경우 관례를 따랐다.

3부
비판적 변형
1925~1990

[252] 포스터 어소시에이츠, 윌리스-페이버 앤드 뒤마 빌딩, 입스위치, 1974.

1장

국제양식:
주제와 변주 1925~1965

이제까지 건축의 주요 가치였던 매스의, 정적인 견고함의 효과는 전부
사라졌다. 그 대신 볼륨, 더 정확하게는 볼륨을 한정 짓는 표면의 효과가
있다. 건축의 중요한 상징은 더 이상 조밀한 벽돌이 아니라 열린 상자다.
실제로 많은 건물이 실제에 있어서, 효과에 있어서도, 하나의 볼륨을
에워싸는 단순한 면들에 불과하다. 보호용 스크린으로 감싼 골격 구조
때문에 건축가는 표면과 볼륨의 이러한 효과를 피할 수 없다. 매스로
하는 전통적 디자인에 대한 존경심으로 굳이 반대 효과를 획득하려
하지 않는다면 말이다.
— 헨리-러셀 히치콕과 필립 존슨, 「국제양식」(1932), MoMA 전시
도록.[1]

많은 점에서 국제양식은 제2차 세계대전 시기에 선진 세계에 퍼져 있
던 건축의 큐비즘적 방식을 나타내는 편의적인 표현에 지나지 않았
다. 이러한 건축의 외관상의 동질성은 오해를 사기 쉬운데, 왜냐하면
장식이 제거된 평면 형태는 상이한 기후와 문화적 조건에 대응하기
위해 미묘하게 달라졌기 때문이다. 18세기 말의 신고전주의와 달리
국제양식은 결코 보편화되지 않았다. 그럼에도 불구하고 대체로 그것
은 조립과 공사를 용이하게 하는 경량 기법과 현대적 합성 재료와 표
준화된 단위 부재를 선호했다. 그것은 대체로 자유로운 평면으로 가
능해진 유연함을 향하는 경향이 있었고 이 목적을 위해 조적조보다
는 뼈대 구조의 구축을 선호했다. 이러한 경향은 풍토적이든 문화적

이든 또는 경제적이든, 특정한 조건들 때문에 최신 경량 기술을 적용할 수 없는 곳에서는 형식주의적이 되었다. 1920년대 말 르 코르뷔지에의 이상적인 빌라들이 백색의 동질적이고 기계로 제작된 형태처럼 보이도록 한 것이 형식주의를 예견케 했다. 실제로는 철근 콘크리트 프레임으로 제자리에 고정된 치장 마감을 한 콘크리트 블록으로 지어졌다.

1927년 로스앤젤레스에 지어진 필립 러벌 박사의 건강센터는 오스트리아 이민자 출신의 건축가 리처드 노이트라가 설계했다[253]. 경량 합성 자재로 외피를 두르고 강철 골격 구조에서 직접적으로 비롯된 이 건물의 건축적 표현은 국제양식의 극치로 간주될 수 있다. 낭만적이면서도 반쯤은 야생적인 공원 풍경이 내려다보이는 절벽 위에 자리한 '건강센터'의 구성은 극적으로 매달린 층들에 의해서 비대칭을 이루고 있어 라이트의 1920년대 미국 서부 해안의 블록 하우스(block-house) 양식을 떠올리게 한다. 이 형식적인 유사성은 국제양식의 동질성은 처음부터 폭넓은 여러 근원에서 연원한다는 것을 말해준다.

[253] 노이트라, 러벌 건강센터, 그리피스 공원, 로스앤젤레스, 1927.

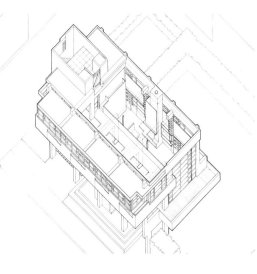

[254] 신들러, 러벌 해안 주택, 뉴포트
비치, 캘리포니아 주, 1925~26.
[255] 신들러(오른쪽)와 노이트라
가족, 신들러가 지은 킹스 로
주택(1921~22)에서, 로스앤젤레스,
1928.

주택의 열린 평면 형태는 러벌의 활달한 성격과 미용 체조를 즐기는 라이프스타일을 적절히 반영하고 있다. 데이비드 게버가 노이트라의 동료이자 초기의 파트너였던 루돌프 신들러[255](그는 바로 1년 전에 러벌을 위해 뉴포트 비치에 주택을 건설했다[254])에 대한 연구에서 시사했듯, 러벌은 몸소 국제양식의 강건하고 진보적인 속성을 구현하려 했을 것이다.

러벌 박사는 특징적인 남캘리포니아 출신의 인물이었다. 그가 다른 곳에서도 이 일을 했는지는 모르겠다. 그는『로스앤젤레스 타임스』의 칼럼 '몸 관리하기'와 '러벌 박사의 신체문화센터'를 통해서 물리 치료를 넘어서 광범위한 영향을 미쳤다. 그는 진보적이었고 또 자신을 진보적으로 여겨주기를 바랐다. 신체 문화에 있어서든, 자유 방임 교육 또는 건축에 있어서든 간에.[2]

러벌의 이념과 건강센터에서 보여진 이념의 직접적인 표현은 노이트라의 이후 경력에 결정적인 영향을 미쳤다. 이때부터 노이트라의 작업은 프로그램이 거주자의 정신적·생리학적 복지에 직접 기여하는 곳에서 절정에 이르렀다. 노이트라의 작업과 저작의 중심 주제는 잘 디자인된 환경이 인간의 신경계 건강에 미치는 유익한 영향이었다. 그의 이른바 '바이오-리얼리즘'(bio-realism)이 건축 형태를 건강과 연결하면서 입증되지 않은 주장에 의존하기는 했지만, 그의 접근법 전체를 특징짓는 뛰어난 감성과 기능을 최우선으로 삼은 사고방식을 의심하기는 어렵다. 노이트라가 피력한 생물학적 관심만큼 히치콕과 존슨이 국제양식만의 특징으로 부여한 형식주의적 모티프로부터 가장 멀리 나아간 것은 없을 것이다. 노이트라는 『디자인을 통한 생존』(1954)에서 다음과 같이 썼다.

> 물리적 환경을 디자인하는 데 있어 우리는 생존이라는 용어의 가장 넓은 의미를 전제하고 생존의 근본적 문제를 의도적으로 제기해야 한다. 자연적인 인간의 기관을 손상시키거나 지나치게 긴장시키는 디자인은 무엇이든 제거되어야 한다. 또는 신경계와 점차 총체적인 생리 작용의 요구에 부합하도록 수정되어야 한다.[3]

따라서 신들러와 노이트라—두 사람은 라이트 밑에서 미국식 도제 수업을 받았다—는 추상적인 형태에는 관심이 없었고, 햇빛과 조명의 조절이나 건물과 환경 사이에 식물로 만든 스크린을 세심하게 구성하는 데 신경을 썼다. 이 환경 쾌락주의(ambient hedonism)는 1929년 신들러의 디자인으로 건설된 로스앤젤레스의 삭스 아파트 또는 노이트라의 두 번째 걸작인 1946~47년 캘리포니아 팜스프링스에 건설된 카우프만 사막 주택에서 가장 절묘하게 표현되었다[256].

1930년대 내내 취리히에서 활동하고 있던 알프레드 로트에게 국제양식의 근본적인 기준은 지어진 형태의 창조에 대한 섬세하면서도 이론에 엄격한 접근이었다. 그는 1940년의 훌륭한 선집인 『새로운 건축』에서 신즉물주의는 첨단 기술이나 자유로운 평면 자체가 목

[256] 노이트라, 카우프만 사막 주택, 팜스프링스, 캘리포니아 주, 1946~47.

적이 되지 않은 곳에서 정점에 달했음을 보여주려고 했다. 로트는 이론적으로 잘 정립된 프로그램과 환경의 영향에 대한 관심을 세부적으로 처리하는 것을 공간상의 또는 기술상의 극적인 해법의 성취보다 더 높게 평가했다. 따라서 로트는 목재와 철골로 된 프레임 구조의 첨단 체계만큼이나 벽식 구조의 조적술 같은 전통적인 기술에도 공간을 똑같이 할애했다. 전자가 몹시 직설적이지만 디테일이 아름답게 처리된 노이트라의 1934년 로스앤젤레스 오픈 에어 스쿨(Open Air school) 등이라면, 후자는 1939년 뉴멕시코에 지은 베르농 드마스의 2층짜리 어도비 테라스 주택 단지에서 로트의 동향 동료들인 막스 헤펠리와 카를 후바커, 루돌프 슈타이거, 베르너 모저, 파울 아르타리아, 한스 슈미트의 설계로 취리히에 1932년 건설된 노이뷜 주거 단지 등이다. ABC 그룹의 비수사적·반기념비적·사회적·기술적 규범에 따라 노이뷜 주거 단지는 경사진 대지를 따라 주택을 계단식으로 배치했을

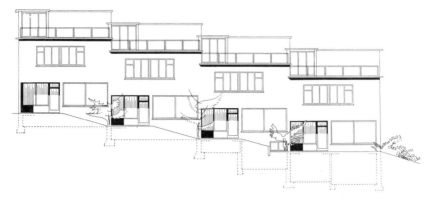

[257] 헤펠리, 후바커, 슈타이거, 모저, 아르타리아, 슈미트, 노이뷜 주거 단지, 1932.
배치도(도면 아래에서 위로 내리막)와 입면도.

뿐 아니라 섬세한 조경으로 신즉물주의의 엄격한 접근법을 인간답게
할 수 있었다[257].

　『새로운 건축』은 1935년 베르너 모저가 지은 취리히의 바드-알
렌무스 수영장이나 로트가 1936년 지크프리트 기디온을 위해 마르셀
브로이어와 그의 사촌 에밀 로트와 함께 디자인한 돌더탈 아파트 같
이 절제되어 있으면서도 우아한 작업을 특집으로 다루면서 스위스 근
대 운동의 성숙기를 선언했다. CIAM 회원들의 작업에 대한 결정적인
편애에도 불구하고 「국제양식」만큼이나 국제적이었던 로트의 선집
은 체코슬로바키아, 영국, 핀란드, 프랑스, 네덜란드, 이탈리아, 스웨덴
의 작업을 망라했으며, 1930년대 말경에는 이 모든 국가에서 로트 자
신의 용어인 '새로운 건축'(New Architecture)이 인정되었다. 프랑스
를 대표하는 두 개의 작업은 보두앵과 로즈의 디자인으로 파리 외곽
쉬렌에 건설된 페레풍의 오픈 에어 스쿨과 1935년 르 코르뷔지에가
마트에 디자인한 최초의 브루탈리즘적인 자갈벽과 목재 지붕으로 된
주택이다. 네덜란드는 옵바우 그룹(CIAM의 네덜란드 지부)의 작업
으로 대표되는데 가장 주목할 만한 것은 브링크만과 판 데르 플뤼흐
트, 빌렘 판 테이언과 하위그 마스칸트의 작업들이다. 영국은 엔지니

[258] 윌리엄스, 부츠 제약 공장, 비스턴, 노팅엄셔, 1932.

어 오언 윌리엄스의 독특한 걸작인 1932년 비스턴에 건설된 유명한 부츠 제약 공장으로 설명된다[258]. 윌리엄스는 건축가도 아니었고 CIAM 회원도 아니었기 때문에 선집에서 이방인으로 취급되었다. 그럼에도 불구하고 그의 철근 콘크리트와 유리로 된 공장은 1929년 로테르담 외곽에 건설된 브링크만과 판 데르 플뤼흐트의 판 넬레 포장 공장의 탁월함과 쌍벽을 이루었다. 평면도상으로 9.75×11미터에 이르는 스팬을 받치고 있는 거대한 버섯 기둥들의 대담한 사용과 45도로 짧게 깎아 바닥면에서 뒤로 밀어 넣은 독창적인 측면은 이 4층짜리 작업장에 놀라운 정확성과 힘이 넘치는 조각적 형태를 선사했다.

국제양식에 관한 어떤 기록에서도 항상 충분히 기술되지 못한 나

[259] 키셀라, 바타 구두 상점, 프라하, 1929.

라는 체코슬로바키아였고, 이 나라의 기능주의 운동의 적절한 역사는 아직도 쓰여야만 한다. 로트의 선집에는 요세프 하블리체크와 카렐 혼지크의 디자인으로 1934년 프라하에 지어진 보험회사 사옥이 포함되어 있고, 「국제양식」에는 브르노에 건설된 오토 아이슬러의 1926년 '이중 주택'과 보후슬라프 푸흐스의 1929년 '형식주의 박람회 전시관'이 실렸다. 무엇보다도 두 책에는 1929년 루드비크 키셀라가 프라하에 지은 전체를 판유리로 덮은 8층짜리 바타 구두 상점이 실렸다[259]. 하지만 히치콕과 존슨은 야로미르 크레이차르 같은 탁월한 인물을 포함시키지 못했다. 아마 가장 훌륭한 작업인 1937년 파리 만국박람회 체코슬로바키아 전시관이 책이 출간되고 난 뒤 완성되었기 때문일 것이다. 그들이 비평가 카렐 타이게의 촉매적 역할을 언급하지 않은 것은 심각한 문제다. 타이게의 데볘트실(Devětsil) 그룹은 체코슬로바키아의 좌파 기능주의 운동의 숨은 추진력이었다.

국제양식이 빈과 스위스 이민자의 손에서 처음 시도된 미국에서와 마찬가지로 영국에서도 외국인의 작업이 시초였다. 최초의 그리고 가장 뛰어난 작업은 페터 베렌스가 바세트-로크를 위해 1926년 노샘프턴에 건설한 뉴웨이즈 주택이었다. 아미아스 커널이 1930년 고고학자 버나드 애쉬몰을 위해 애머셤에 지은 하이 앤드 오버 주택도 빼놓을 수 없다. 1920년대 말 뉴질랜드에서 건너 온 커널은 곧 '커널, 워

[260] 루베트킨과 텍턴, 하이포인트 1, 하이게이트, 런던, 1935.

드 앤드 루카스'라는 런던 소재의 회사를 차렸다. 당시 영국으로 이민 온 가장 영향력 있는 건축가는 러시아 출신의 베르톨트 루베트킨이 지만 영국의 현대 건축의 발전에 미친 그의 영향력은 충분히 평가되지 못하고 있다. 파리에서 소박하지만 뛰어난 경력을 쌓은 다음 영국 으로 건너 온 루베트킨은 1932년에 세운 회사 '텍턴'(Tecton)을 통해 서 영국 건축에서는 거의 찾아볼 수 없었던 논리적인 구성에 관한 역 량을 펼쳐 보였다. 그가 런던 하이게이트에 지은 아파트 블록인 하이 포인트 1은 오늘날의 기준에서도 걸작이다[260]. 다루기 힘든 대지에 서 배치를 풀어낸 점과 내부 설계 등의 면에서 형식적이고 기능적인 질서의 모델이 될 만하다. 런던 윕스네이드 동물원 등의 이후 작업에 서 성공을 거두었지만 루베트킨과 그의 텍턴 팀—치티, 드레이크, 덕 데일, 하딩, 라스던—은 하이포인트의 수준을 다시 달성하지 못했다. 이들이 1938년에 건설한 하이포인트 2 블록은 이미 뚜렷한 매너리즘 적 반응을 보였다. 무정부주의적 사회주의 성향의 건축가였던 루베트킨이 소비에트 사회주의 리얼리즘에 민감하게 반응하게 되었다는 정도로 추정할 수밖에 없다. 그는 1950년대에 소비에트 건축에 관해 쓴 글에서 이 방향에 대한 공감대를 드러낸 바 있다. 하이포인트 1과 하이포인트 2 사이에 나타난 표현의 전환은 당시에도 지적됐고, 뒤이은 토론에서 1950년대의 이념 투쟁의 기본 원칙이 마련되었다. 핵심은 건축에서 형식적 개념이 우위에 있으며 건설된 형태가 궁극적으로 중요하다는 것이었다. 앤서니 콕스는 1938년 하이포인트 2에 대해 쓴 글에서 이 점을 다루었다.

> 하이포인트 1은 발끝으로 날개를 펼친 채 서 있고 하이포인트 2는
> 부처처럼 궁둥이를 대고 편안히 앉아 있다. 우리는 형태가 공간에
> 부과되어졌다고 느낀다(이것은 공간에 형태를 부여하는 것과는 완전히
> 다른 것이다). 텍턴은 이런 느낌이 의도되었다고 인정하기를 아마도
> 주저하지 않았을 것이다. 마치 건물들을 분리하는 3년 동안 무엇이
> 건축에서 형식적으로 필요한가에 관해 경직된 결론에 도달한 것 같다.
> 중요한 점은 이 형식적 결론을 개인이 좋아하느냐 아니냐가 아니라,
> 그것이 과연 적절한가를 생각하는 것이다. … 우리가 현대 건축이라고
> 알고 있는 것을 산출한 지성적인 접근법은 기본적으로 기능주의적이다.
> 우리가 이를 두고 논쟁을 벌일 필요는 없다고 생각한다. 기능주의는
> 형식주의의 대립명제로서 타락한 이름인데, 그것이 아무도 대변하기를
> 원하지 않는 비인간적인 개념들을 지니기 때문이다. 하지만 나는
> 광의로 해석하면 그 단어가 이 운동에 내재한 작업 방식을 전달한다고
> 생각한다. … 나의 주장은 텍턴의 최근 작업이 이 접근에서 일탈했다는
> 것이다. 그것은 외양의 일탈 그 이상이다. 그것은 목표의 일탈을
> 암시한다. 그것은 합법적인 경계 내에서의 조정 그 이상이다. 사용
> 가치를 넘어서는 형식적 가치를 설정하려는 것이다. 추진력으로서의
> '이념'이 재출현했음을 특징짓는다.[4]

　　일반적으로 누구나 접근 가능한 근대 건축을 창조할 필요에 사로잡혀 있던 텍턴의 1938년 이후 작업은 큐비즘적 체계의 엄격함에 바로크의 수사적 전통을 융화시키려는 시도로 귀결되었다. 1938년 런던 핀즈베리 건강센터에서 보이는 것처럼 텍턴은 매너리즘적인 네오-코르뷔지에 양식을 비판적으로 수용했다. 이는 루베트킨이 전쟁 직후에 영국 건축계에 지배적인 영향력을 행사할 수 있게 해주었고, 1945년 이후 10년은 루베트킨과 그의 동료들이 창조한 언어가 건축계를 장악했다. 그중에 가장 뛰어난 사례는 1950년 레슬리 마틴, 로버트 매슈, 피터 모로가 참여한 팀이 디자인한 왕립 페스티벌 홀로, 전체적으로 루베트킨에게 빚을 지고 있다. 마찬가지로 젊은 텍턴 출신의 린지 드레이크와 데니스 라스던의 공동 작업인 런던 패딩턴의 비숍스 브리지 주택 단지는 루베트킨의 파사드 기법을 실재를 거칠게 가리는 방식으로 확장시켰다. 리듬이 끊어지는 듯한 파사드와 조각을 짜맞춘 듯한 기둥이 그 예다. CIAM의 영국 지부였던 MARS는 캐나다 출신 이민자였던 웰스 코츠의 발의로 1932년에 창립되었다. 코츠는 '기능적인 도시'를 주제로 한 1933년 CIAM에서 MARS를 대표했다. 적어도 초창기 MARS는 영국 건축계 종사자들 중에서도 좀 더 진보적인 회원들—커널, 워드, 루카스, 루베트킨, 맥스웰 프라이와 건축사가이자 비평가 필립 모턴 샌드 등—을 끌어 모으는 데 필요한 기세가 있었다. 하지만 벌링턴 갤러리에서 1938년 개최한 '새로운 건축' 전시회를 제외하면 유일한 업적이라고는 1940년대 초 런던을 위한 계획안 하나였다. 이것은 독일 건축가 아르투어 코른과 빈 출신 엔지니어 펠릭스 사무엘리의 지휘 아래 작성된 대단히 유토피아적이고 탁월한 계획이었다. MARS는 순진하게도, 코츠의 말을 빌리면, "이리저리 꿰매야 하는 과거보다는 계획되어야 하는" 미래에 대한 희망을 품고 있었다. 하지만 텍턴과 달리 미래를 조직하기 위한 진정으로 진보적인 방법론을 체계화할 수 없었다. 지향점의 부재를 감지했던 루베트킨은 1936년 말 MARS를 포기하고, 1950년대 초까지 전적으로 노동자 주거 문제에만 관심을 기울인 좌파 조직 '건축가-기술자 기구'(ATO)에 가입했다.

스페인에서는 비슷한 논쟁적인 움직임이 1930년 이후 사회주의 건축가 조제프 류이스 세르트와 가르시아 메르카달의 주도로 전개되었다. 1929년 카탈루냐 문화 운동으로 출발한 운동은 민족주의적 기반 위에 GATEPAC이라는 이름으로 조직되었다. GATEPAC은 CIAM의 스페인 지부로 활동했다. 회원에는 식스테 이에스카스, 게르만 로드리게즈 아리아스와 토레스 이 클라베 등의 중요 인물이 포함되어 있었다. 스페인 내전이 터지기 전 약 8년 동안 이들은 세 가지 주요 연구 업적을 쌓았으며, 여기에는 1933년 르 코르뷔지에와 공동 디자인한 바르셀로나의 마시아 플랜이 포함돼 있었다. 이 훌륭한 저층 주거 프로젝트는 2층을 넘지 않고도 1만 제곱미터당 1,000명에 달하는 엄청난 고밀도 주거를 완성했다. GATEPAC의 가장 의미 있는 실현은 2세대용 듀플렉스, 도서관, 탁아소, 유치원과 수영장이 있는 7층의 카사 블록 공동 주거지였다. 카사 블록의 유형- 형태는 르 코르뷔지에의 '현대 도시'의 보루 원형에서 유래한 것이었다.

스페인 근대 운동에서 중요한 마지막 움직임은 불운한 제2공화국의 후원 아래 세르트가 설계한 1937년 파리 박람회 스페인 전시관 형태로 나타났다[261]. 스페인 전시관은 같은 해 초 바스크 마을에 대한 공중 폭격 사건을 증언하고자 했던 피카소의 「게르니카」가 최초로 전시된 곳이기도 하다. 게르니카의 희생자들을 추모하기 위해 공화국 정부가 의뢰한 이 작품은 공화주의적 대의를 배신한 국제 사회에 대한 엄중한 힐책의 의미를 담고 있었다.

히치콕과 존슨의 1932년 전시 이후 국제양식은 유럽과 북미 밖으로 확장해갔고 남아프리카와 남미, 일본에 이르는 먼 지역에서도 맹렬하게 출현하기 시작했다. 1929~42년 동안 지속된 남아프리카의 선구적인 운동은 르 코르뷔지에가 처음으로 그의 전체 작업을 엮은 작품집 2판을 렉스 마르티엔센과 트란스발 그룹에 직접 헌정하면서

[261] 세르트, 스페인 전시관, 파리 만국박람회, 1937. 피카소의 「게르니카」가 전시되었다.

그 운동과 연을 맺었다는 점에서 특별하다고 할 수 있다. 르 코르뷔지에는 다음과 같은 말로 그의 1936년의 헌서를 시작하고 있다.

> 당신의 『남아프리카의 건축 기록』의 페이지를 넘기는 것은 매우
> 감동적인 경험입니다. 적도의 밀림을 넘어 먼 데 자리한 아프리카
> 끝자락에서 이다지도 생명력 넘치는 무언가가 발산된다는 것을
> 발견하는 경험 자체가 경이로우며, 그것에 대한 젊은이들의 대단한
> 신념, 건축에 대한 열정 그리고 우주적 철학에 이르고자 하는 강한
> 열망을 발견할 수 있다는 점은 더 놀랍습니다.[5]

이즈음 르 코르뷔지에가 『남아프리카의 건축 기록』에 특집 기사를 기고했고, 렉스 마르티엔센과 노먼 핸슨이 매우 세련된 네오-코르뷔지에 양식의 주택들을 요하네스버그에 지음으로써 르 코르뷔지에와 트란스발 그룹 사이에는 친밀한 관계가 형성되었다. 그러나 1942년까지, 그러니까 그룹이 CIAM의 남아프리카 지부가 되기 전에, 마르티엔센이 사망하고 핸슨이 현실에서 유리된 추상적이고 단순화된 도시계획에 반대함으로써 르 코르뷔지에 계획의 사회경제적 유효성은 도전받았다.

브라질의 근대 건축은 1920년대 중반 동업자 관계에 있던 루시우 코스타와 그레고리 와르차프칙에게 기원을 두고 있는데, 와르차프칙은 이민 온 러시아 건축가로 로마에서 수학할 당시 미래주의에 영향을 받았고 브라질 최초의 큐비즘적 주택을 디자인했다. 1930년 게툴리우 바르가스가 이끈 혁명과 1931년 리우데자네이루에 있는 미술학교의 교장 자리에 코스타가 임명됨으로써 브라질에서 현대 건축은 국가의 정책으로서 환영받기에 이르렀다. 르 코르뷔지에는 1936년 그가 리우데자네이루에 있는 교육보건부 신청사의 설계 자문으로 브라질에 초청받았을 때 남미에 직접적인 영향을 끼쳤다. 르 코르뷔지에는 코스타와 그의 설계팀과 같이 일하면서 자신의 스케치에서 극적으로 멀어진 16층의 해법을 지지했던 같다. 하지만 필로티 열주랑 위로 올려진 마지막 계획안에는 옥상 정원, 차양, 유리 벽 등 여러 르 코르뷔지에 특유의 요소들이 최초로 기념비적으로 적용되었다. 브라질의 젊은 르 코르뷔지에 추종자들은 이 순수주의적 구성 요소를 18세기 브라질 바로크의 조형적 화려함에 반영돼 있던 대단히 관능적인 토착적 표현으로 변형시켰다. 이 수사적 양식을 대표하는 가장 탁월한 인물은 코스타, 아폰소 헤이지, 조르즈 모레이라 등과 함께 교육부 건물을 디자인한 오스카 니마이어였다. 니마이어가 코스타, 파울 레스터 비너와 함께 1939년 뉴욕 만국박람회를 위해 자유롭게 설계한 브라질 전시관은 브라질 근대 운동에 세계적인 명성을 가져다주었고 동

시에 니마이어의 특출한 능력을 확인시켜주었다[263]. 니마이어는 르
코르뷔지에의 자유로운 평면 개념에 새로운 차원의 유동성과 상호관
입을 가져왔다. 애초부터 브라질 식물과 동물상이 있는 이국적인 안
뜰—난초와 뱀으로 아주 작은 아마존 풍경을 완성한—에 맞춰 구상
된 이 조형적 개념은 열대의 리우데자네이루 자체를 연상시켰다. 정
원의 배치는 화가 호베르투 부를리 마르스의 작품이었다. 그의 조경
작업들은 1936년 이후 브라질 근대 운동의 생산적인 힘이 되었다. 부
를리 마르스는 많은 경우에 그가 정글에서 직접 채취해 새롭게 재배
한 화초로 표현한 '천국의 정원'을 조성하기 위해서 '윤곽선의 결합'이
라는 순수주의 개념을 활용했다. 부를리 마르스의 조경과 함께 브라
질에서만 자라는 식물을 사용한 새로운 민족주의적 양식이 탄생했다.

니마이어의 천재성은 35세의 나이로 팜풀랴에 최초의 걸작인 카
지노를 완성한 1942년에 정점에 달했다[262]. 여기에서 니마이어는
르 코르뷔지에의 '건축적 산책' 개념을 조화와 생명감이 돋보이는 공
간 구성으로 재해석했다. 카지노는 접객 공간인 이중 높이의 로비에
서 도박장으로 올라가는 번쩍이는 경사로까지, 그리고 레스토랑으로
이어지는 타원형 복도에서 무도회장으로 가는 독창적인 백스테이지
에 이르기까지 모든 면에서 내러티브가 있는 건물이었다. 요약하자면
그것은 명백히 정교한 게임처럼 건물의 공간을 유기적으로 명백하게
분절한 산책로였다. 따라야 하는 사회의 관습만큼이나 복잡하고 미묘
한 게임이었다. 미로의 모퉁이처럼 얽혀 있는 복잡한 진입로가 있는
레스토랑은 길을 만들어줄 뿐 아니라, 고객, 연예인, 서비스 스태프 등
다양한 행위자들을 구분하는 역할도 수행하고 있다. 전반적인 처리
는 강력하고 쾌락주의적인 건물은 수수하지만 극적인 분위기를 풍긴
다. 트래버틴과 주파라나(juparana) 석재로 마감한 파사드의 단정함
과 분홍색 유리와 새틴, 화려한 색감의 전통 포르투갈 타일 패널로 장
식한 실내의 이국적인 모습이 분위기의 대비를 만들어낸다. 이후 시
행된 도박 금지 정책으로 카지노로 더 이상 쓸 수 없게 되면서 지금은

미술관으로 사용되고 있다. 니마이어는 이러한 저개발 사회를 위한 작업의 한계를 잘 알고 있었고, 1950년의 글에 다음과 같이 썼다.

건축은 주어진 시대에 지배적인 기술적·사회적 힘의 정신을 표현해야 한다. 그런 힘들이 균형을 잃었을 때 초래되는 갈등은 작업 내용과 작업 전체에 불리하다. 이러한 사실을 염두에 두어야만 우리는 이 책에 실린 계획과 평면의 성격을 이해할 수 있다. 나는 좀 더 현실적인 성취, 즉 세련됨과 편안함뿐 아니라 건축가와 사회의 긍정적인 협력을 반영하는 종류의 작업을 제출할 수 있는 입장이었다면 무척이나 좋았을 것이다.[6]

이러한 협력은 니마이어가 개혁주의 대통령 주셀리누 쿠비체크와 1942년부터 같이 일하면서 진지하게 추구되었지만 기대했던 조화는 달성하기 힘들었다. 유일한 성취는 아파트, 초등학교, 체육관과 수영장으로 구성되어 전체가 모범적인 근린 주택 지구를 이루었던, 헤이지의 설계로 1948~54년 리우 외곽에 지어진 페드레굴류 단지였다. 1955년 이래로 쿠비체크의 대통령 임기 동안에 사회 전체의 이름으로 실현된 건축은 거의 없었다.

1950년대 중반 코스타에 의해 계획된 브라질리아[264]는 브라질 건축의 혁신을 위기에 빠뜨렸다. 결국 근대 운동의 지침에 반대하는 전 세계적 반발을 촉발한 이 위기는 개별 건물 수준에, 그리고 계획 자체의 규모에, 즉 전체 프로젝트에 스며들었다. 1951년 르 코르뷔지에가 설계한 찬디가르 행정 중심지의 고립된 기념비성과 도시 나머지 지역 사이에 일어났던 개념상의 분열은, 전체적인 계획이 다소 체계적이지 못했던 브라질리아에서 반복되었다. 요컨대 찬디가르는 최소한 식민지 시대의 격자를 전통적 논리라는 이유로 말로나마 지지했다면, 브라질리아는 슈퍼 블록(superguadras)의 직교 패턴에도 불구하고 근본적으로 십자 형태에 기반하고 있었다. 르 코르뷔지에의 후기 작업을 통해 재해석된 것처럼 마치 유럽 인본주의의 신화적 원칙

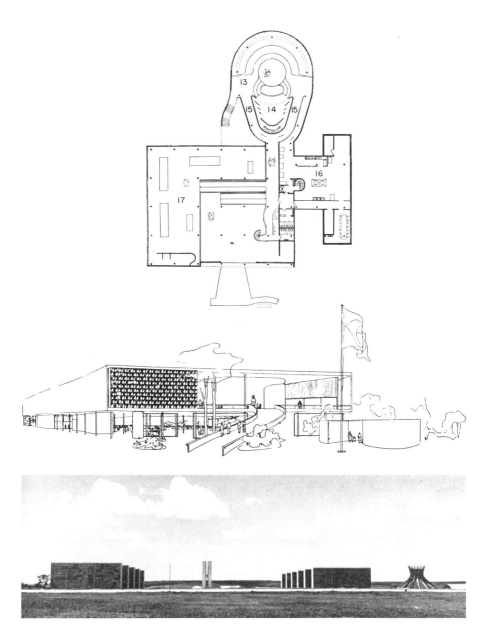

[262] 니마이어, 카지노, 팜풀랴, 벨루오리존치, 미나스제라이스 주, 브라질, 1942. 2층 평면.
[263] 니마이어와 코스타, 비너, 브라질 전시관, 뉴욕 만국박람회, 1939.
[264] 니마이어와 코스타, 브라질리아, 1956~63. 동서 축 사이로 삼권 광장을 바라보는 정부 청사가 있다. 오른쪽에는 대성당이 있다.

이 적어도 접근성의 관점에서는 불행한 결과를 낳은 브라질리아의 구조를 결정지은 듯하다. 게다가 건설 직후 브라질리아는 두 개의 도시로 갈라졌다. 리우에서 비행기로 통근하는 관료의 정부 청사와 대기업이 있는 기념비적 도시와 상류층 도시의 '광휘'에 이바지하는 사람들이 사는 '빈민가'(favela)로 나뉘었다. 브라질리아는 르 코르뷔지에의 1933년 '빛나는 도시'와 같이 계급에 따라 구획된 도시였다. 이 같은 배치가 강요하는 명백한 사회적 불평등은 차치하더라도, 브라질리아는 재현의 차원에서 형식주의적이고 억압적인 결과를 만들어냈다. 이와 관련해 르 코르뷔지에의 찬디가르 개발은 니마이어의 경력에서 전초가 되는 중요한 기점이었다. 니마이어의 작업은 확실히 찬디가르에 대한 최초의 스케치들이 출판된 이후 점점 단순해지고 기념비적으로 변해갔다.

비록 니마이어가 팜풀랴 카지노의 형식적인 섬세함으로 되돌아갈 수는 없었다 할지라도 부분적으로는 부를리 마르스와의 지속적인 관계에서 나온 자유로운 형태에 대한 그의 표현력은, 1942년 팜풀랴 레스토랑 시기부터 리우를 내려다보는 가베아에 1953~54년 자신을 위해 지은 특이한 '유기적' 주택까지 서정적으로 발전해갔다. 그러나 이때쯤 니마이어는 자신의 유동적인 평면 형태가 기초하고 있던 비형식적 기능성과 단절하고, 순수한 형태의 창조에 전념함으로써 신고전주의적 전통에 한 발 더 다가갔다. 이 단절의 시점을 카라카스 현대미술관을 위한 1955년 프로젝트로 잡을 수 있다. 여기에서 그는 깎아지른 듯한 지형의 끝자락에 피라미드를 거꾸로 세우자는 극적인 제안을 했다. 거꾸로 세운 것이든 아니든, 피라미드를 사용한다는 것 자체가 고전주의적 절대성으로의 복귀의 신호였던 것으로 보인다. 이는 코스타의 그리드와 함께 무자비한 자연에 맞서는 형태의 준엄함을 주장한 브라질리아 작업에서도 나타난다. 인공 호수에 둘러싸인 브라질리아 국회의사당의 체계 너머에는 무한하게 펼쳐지는 정글이 자리하고 있었다. 찬디가르를 직접 의역한, 동서 축 꼭지에 위치한 브라질리아

의 삼권 광장은—찬디가르의 정부 청사, 고등법원, 의회 건물의 형태
는 아닐지라도 이와 유사하게—행정, 입법, 사법 권력을 수용하기 위
해서 지정되었다. 두 경우 모두 국회의사당은 빛나는 도시의 원래 계
획에서 행정 목적으로 구획된 지역의 개념상 '머리' 위치에 정확하게
자리 잡았다. 니마이어의 쌍둥이 청사 블록에 해당하는 브라질리아의
'머리'는 오목한 그릇 모양의 하원의사당과 볼록한 돔 모양의 상원의
사당을 가르는 축을 나타내는 표지로 작용했다.

　　20여 년 전 교육부의 북쪽 파사드에 사려 깊게 적용된 조절 가능
한 차양과는 대조적으로 브라질리아의 커튼월은 심지어 열을 흡수하
는 유리로 마감됐지만 햇빛을 가리지 못했다. 기후에 대한 이러한 무
심함은 정다면체로 정부기관을 표상하려는 욕망에서 비롯된 것으로
보이며, 이러한 형태의 순수성은 각 부처가 입주한 건물의 유리 입면
과 반복적인 슬래브와 강한 대조를 이루었다. 브라질 근대 건축 초기
의 화려함이 그 속에 형식주의의 퇴폐적인 근원을 담고 있었다는 사
실을 가장 분명하게 평가한 사람은 막스 빌이었다. 그는 니마이어의
1954년 상파울루 산업공관을 단호하게 비난했다.

> 여기 상파울루 거리에서 나는 필로티를 세우는 것이 불가능해 보이는
> 지점까지 밀어 붙인 건물이 공사 중인 모습을 보았다. 거기에서 나는
> 충격적인 것을 보았다. 근대 건축이 나락으로, 상점 입주자에게나
> 그의 손님에게나 하등 책임을 지지 않는 반사회적인 낭비의
> 소용돌이로 떨어지고 있었다. … 두꺼운 필로티, 얇은 필로티, 어떤
> 구조적 운율도 이유도 없는 변덕스러운 모양의 필로티가 곳곳에
> 버려져 있다. … CIAM 그룹이 존재하는 나라에서, CIAM이 개최됐던
> 나라에서, 『주거』(Habitat) 같은 잡지가 출판되고 건축 비엔날레가
> 있는 나라에서 이와 같은 야만성을 이야기하는 것이 당혹스럽기 짝이
> 없다. 그런 작업들은 인간이 필요로 하는 모든 예절과 모든 책임을
> 결여한 정신에서 나왔기 때문이다. 그것은 장식성의 정신이며, 축조의

예술이자 다른 무엇보다도 사회적 예술인 건축에 생명을 주는 정신에
정반대되는 것이다.[7]

    50년 넘게 서구의 영향에 민감한 반응을 보였던 일본은 국제
양식에 동화될 준비가 잘되어 있었다. 국제양식은 안토닌 레이먼드
가 도쿄에 살기 위해서 건설한 최초의 철근 콘크리트 주택이 실현된
1923년 즈음 도래했다[265]. 다시금 문제는 국제양식이 이민자에 의
해 가장 완성된 형태로 소개된 것이라는 사실이었다. 레이먼드는 여
기저기 두루 돌아다녔던 체코 출신 미국인으로, 프랭크 로이드 라이
트의 제국 호텔을 지휘·감독하기 위해서 1919년 말 도쿄로 왔다. 미
국에서 노이트라와 신들러의 경력의 경우와 마찬가지로, 그 양식은
유럽에서 공식 교육을 받았고 이후 라이트에 의해 훈련을 받은 본토
유럽인의 손에서 출현했다. 주목할 만한 흥미로운 사실은 노이트라,

[265] 레이먼드, 자택, 레이난자카, 도쿄, 1923.

신들러, 레이먼드는 라이트의 사무실을 떠난 지 몇 년 지나지 않아 그의 양식적 영향에서 자유로워졌다는 사실이다.

레이먼드의 집은 여러 면에서 주목할 만했다. 콘크리트 프레임이 일본의 전통적인 목조 건축을 상기시키는 디테일로 처리된 최초의 사례 가운데 하나였다. 이 독특한 매너리즘은 제2차 세계대전 이후 일본 건축의 건축술적 시금석이 되었다. 국제양식의 표준인 내부 역시 시대에 앞서 있었다. 레이먼드는 마르트 스탐과 마르셀 브로이어의 선구적인 의자보다 먼저 캔틸레버 형 강관으로 만든 가구를 제일 먼저 사용한 사람 중 하나였다. 집 자체는 금속 창문과 강관을 사용한 격자 구조물로 처리되었다. 동시에 레이먼드는 전통적인 서구식 선홈통 대신 빗물을 배수하는 줄을 사용하는 등 지역의 토속성에서 직접 따온 요소들을 집의 형태에 통합하려고 했다. 그렇지 않았다면 창문 캐노피에서 여전히 라이트의 1905년 유티니 템플의 양식을 상기시켰을 것이다.

이전에 미국에서 일본 문화를 '재가공'한 라이트의 탁월함과 파울 뮐러가 독창적으로 활용한 철근 콘크리트 기술에도 불구하고 도쿄 제국 호텔의 육중한 건축 양식이 일본식 경량 건축술을 지적으로 재해석하는 데 어떻게 기여했는지에 관해서는 어떤 실마리도 남아 있지 않다. 제국 호텔의 양식적 유사성은 헤이안 시대의 귀족적인 신토(神道) 건물보다는 16~17세기의 고립무원의 성들에 더 가까웠다. 1924년 루이스 설리번의 의견과는 반대로 토착 문화의 건축적 주류로부터 확실히 떨어져 있었던 것이다. 그럼에도 불구하고 1923년 도쿄 대지진의 재앙에서 극적으로 살아남은 이 호텔은 공공건물의 경우에 내진 구조에 드는 막대한 비용에 대한 정당성을 제공했다. 철근이 보강된 단일 구조의 이러한 '증거' 덕분에 레이먼드는 1926년 라이징 선 석유회사 사무실과 1930년 수도 외곽에 지은 고도로 양식화한 도쿄 골프 클럽 등 1920년대 후반 그의 대표작에서 최신 콘크리트 기술을 충분히 활용할 수 있었다. 이즈음 레이먼드는 노출 콘크리트에 적합한 체계를 라이트에게서 찾아보기 어렵다는 것을 확실히 깨달은 다음 오귀스트 페레에게로 눈을 돌렸던 것 같다.

1933~35년 아카보시와 후쿠이 주택과 함께 레이먼드와 그의 부인 노에미 퍼네신은 벼락출세한 기업가 계층을 위해 일하면서 초기 경력의 전성기를 맞았다. 그들은 건물에서 가구 설비와 패브릭에 이르기까지 모든 것의 디자인을 함께 결정했다. 이 시절에 그들은 전통 다다미 바닥의 엄격함과 장지문의 확고한 표면과 그들 자신의 약간은 고상한 취향의 가구를 느슨하게 통합하면서 아카보시 가문의 각기 다른 가족 구성원들의 주택을 연이어 지었다. 그들의 독특한 유라시아 양식은 1935년 부부가 아타미 만에 후쿠이 가를 위해 설계한 주택과 목욕시설에서 절정에 달했다. 그곳에서 마침내 라이트와 페레의 영향에서 해방된 방식으로 전통적인 형태를 재해석했다.

비교적 독립적이었던 일본의 근대 운동은 1926년 도쿄 중앙 전화국을 설계한 야마다 마모루와 1931년 도쿄 중앙 우체국을 디자인한 요시다 데쓰로가 초기 멤버였던 일본 분리파를 중심으로 발전하기 시작했다. 동시에 좀 더 젊은 세대인 마에카와 구니오와 요시무라 준조 같은 이들은 레이먼드와 일하거나 유학을 떠났다. 결국 1920년대 후반에는 많은 일본인이 바우하우스에서 수학했고, 마에카와와 사카쿠라 준조 등은 르 코르뷔지에 사무실에서 일하게 되었다. 사카쿠라는 전통 다실의 건축적인 질서를 르 코르뷔지에적 관점까지는 아니더라도 현대적으로 재해석한 1937년 파리 박람회의 일본 전시관이라는 국제적으로 중요한 작업으로 유럽에서의 경험을 마쳤다. 구조의 유기적 분절과 더불어 내부와 외부가 경사로에서 교차되는 사카쿠라의 열린 공간 계획은 일본 전통 건축의 공간적 질서와 조금밖에 닮지 않았다.

전통의 좀 더 절제된 해석이 요시다 이소야의 국내 활동에 영향을 미쳤다면, 그러한 보수주의에 대항한 가바키타 렌치치로 등의 개념적인 대담함도 있었다. 가바키타의 1931년 소비에트 하르코프 극

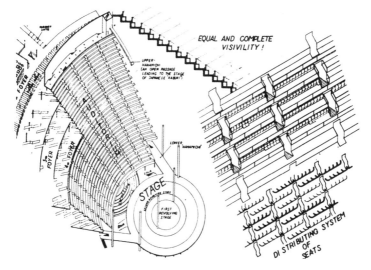

[266] 가바키타, 하르코프 극장 프로젝트, 1931.

장 공모전 출품작[266]은 당시 일반적으로 수용된 모더니즘과는 거리가 먼, 즉 말하자면 일본 전통에서도 멀고 전통적인 구축주의의 모티프로부터도 먼 것이었다. 그것은 기계 장치의 움직임에 대한 흥미와 엄청난 스케일의 구조적 발명의 수사학에 주로 관심을 두고 있었다. 이 작업은 확실히 1964년 도쿄 올림픽을 위해 설계된 쌍둥이 올림픽 경기장(현 요요기 국립 경기장)에서 절정에 이르렀던 단게 겐조의 전후 발전의 꽤 특별한 대담함을 예견했다[267]. 단게는 근대 운동에는 관심이 없었지만, 이 경기장의 타원형과 원형 볼륨에는 현수 모양의 강철 지붕을 씌웠다. 이 지붕은 뱃머리 뿔 같은 타원형 콘크리트 빔에 매달려 있고, 경사진 관중석 상부 역시 이 빔에 의해 지탱된다.

　마에카와의 조수였던 단게는 최초의 핵폭탄 낙하 지점을 표시한 히로시마 평화 기념관(1955)을 짓기 바로 직전에, 꽤 도식적인 시미즈 시청과 도쿄 시청(1952~54)을 기점으로 정부에서 의뢰한 건수로 경력을 시작했으며 이것은 가가와 현 청사(1955~58)와 구라시키 시청(1957~60)에서 정점을 찍었다. 도쿄 시청이 조몬 시대의 목재 기

[267] 단게, 올림픽 경기장, 도쿄, 1964.
(왼쪽) 작은 것이 농구 경기장, 큰 것이 수영 경기장, (오른쪽) 수영 경기장 실내.

술을 콘크리트로 세심하지만 인위적으로 패러디한 것이었다면, 가가와 현 청사는 훌륭하면서도 명쾌한 공간 구성으로 헤이안 시대에서부터 전해진 개념을 국제양식의 일반적인 어휘에서 신중하게 추출한 요소와 융합하여 거의 고전적인 조화를 이루었다. 이 작업의 역사주의와, 불교와 일본의 토속 신앙 '신토'가 뒤섞여 참조되었다는 점에도 불구하고 단게는 이 작업으로 제2차 세계대전 이후 일본에서 주요 인사로 입지를 다질 수 있었다. 르 코르뷔지에의 작업에 기초하고 있다는 공통점이 있으면서도, 단순화된 고전주의가 특징인 니마이어의 브라질리아 삼권 광장과 분석적인 디테일이 돋보이는 단게의 가가와 현 청사보다 서로 거리가 먼 디자인은 1950년대 말의 작업들에서는 찾아볼 수 없다. 단게가 일본의 강력한 산업 발전에서 분출된 에너지와 사회적으로 '해방시키는' 힘과 관련된 전통이 담당해야 하는 양가적 역할을 날카롭게 자각하고 있었다는 사실은 가가와 현 청사 완공 당시에 했던 예리하면서도 낙관적인 분석이 말해준다.

매우 최근까지만 해도 일본은 절대주의 정부의 통제 아래 있었고
일반인의 문화적 에너지—새로운 형태를 창조하는 힘이 되었을—는
제한적이고 억압되었다. 이는 정부가 사회 변화를 가차 없이 막으려고
했던 도쿠가와 시기에는 특히 그러했다. 우리 시대에 와서야 내가
말한 에너지는 구속에서 벗어나기 시작했다. 그것은 아직 혼란스러운
매개체이다. 진짜 질서가 성취되기 전에 해야 할 일이 많이 남아
있는 것이다. 그러나 확실한 것은 이 에너지가 일본의 전통을 새롭고
창조적인 것으로 전환하는 데 큰 역할을 하리라는 사실이다.[8]

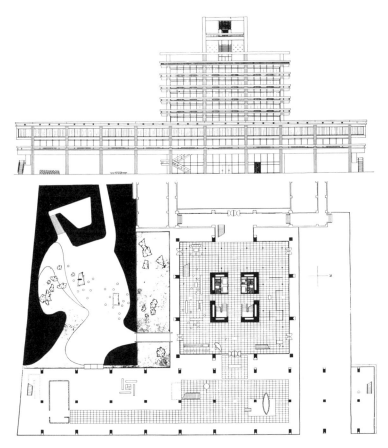

[268] 단게, 가가와 현 청사, 다카마쓰, 1955~58. 입면도와 배치도.

[269] 마에카와, 하루미 아파트, 도쿄, 1957.

마에카와와 사카쿠라처럼 세기말에 태어난 구세대는 크게 극적으로는 아니지만 여전히 의미 있는 기여를 계속해갔다. 마에카와의 이론 작업은 20세기 건축의 전체 방향과 서구적 수단과의 숙명적인 관계에 효과적으로 도전했다. 사카구라의 가마쿠라 현대미술관(1951)과 마에카와의 도쿄 하루미 아파트(1957)는 둘 다 분명한 문화적 의존성을 드러내고 있는 혼성적인 작업이었다. 하나가 일종의 비교문화적 의미에서 진정한 신고전주의였다면, 다른 하나는 르 코르뷔지에의 위니테 다비타시옹에서 유래한 것이었다. 단게가 1950년대 후반에 제안하기 시작했던, 특히 그의 1959년 보스턴 만 프로젝트와 1961년의 도쿄 만 제안 같이 주거용 메가스트럭처에서 휴먼 스케일이나 장소에 대한 감각을 잃어갔다면, 마에카와는 고층의 거대한 내진 구조 속에 일부는 서구적이고 일부는 일본적인 생활양식을 위한 공간을 제공하려는 대담한 시도를 했다. 하루미 아파트 블록은 그것이 제공하려 한 합성적인 생활양식과 마찬가지로 기껏해야 제한된 성공이었다는 사실을 마에카와 자신이 인정했던 듯하다. 그는 1965년에「건축에서의 문명에 관한 생각들」이란 제목의 논문에서 다음과 같은 진지한 결론에 도달했다.

> 현대 건축은 딱 잘라 말해 현대 과학, 기술과 공학의 견고한 업적들에
> 기초하고 또 그래야만 한다. 그렇다면 왜 그것은 매우 빈번히
> 비인간적이 되는 것일까? 그것이 단지 인간의 요구를 충족시키기 위해
> 창조되지 않으며, 오히려 이윤이 동기가 되듯 다른 이유로 창조되기
> 때문이라고 나는 믿는다. 또는 현대 국가의 강력한 관료체계의
> 기계적인 운영에 따라 산출된 예산의 테두리 안으로 건축을 바짝 죄게
> 하는 시도가 있기도 한데, 이 예산은 인간적 고려와는 아무 관계가
> 없다. 어쩌면 비인간적 요소가 과학, 기술, 공학 그 자체에 들어 있을
> 수도 있다. 사람이 어떤 현상을 이해하려 할 때 과학은 그것을 분석하고
> 가능한 한 가장 단순한 요소로 분리한다. 그래서 구조공학에서 어떤
> 현상을 이해하려고 할 때 채택하는 방법은 단순화되고 추상화된
> 것이다. 그리고 그런 방식들이 인간의 현실에서 멀어지게 하는 원인이
> 되지 않을까 하는 의문이 생긴다. … 현대 건축은 인간적 건축으로서
> 그것의 기본, 그것의 애초의 원칙을 상기해야만 한다. 과학과 공학은
> 인간의 뇌의 산물인 데도 그것들이 만든 현대 건축과 현대 도시는
> 비인간적이 되는 경향이 있다. 현대 건축의 기본이 되는 원칙을 어둡게
> 하는 것, 현대 건축의 사명감을 왜곡하는 것은 인간 행위를 통제하는
> 오늘날의 윤리적 체계이며 이 윤리적 체계 뒤에 감춰진 가치판단의
> 체계이다. 윤리적인 가치 평가의 기준은 현대 문명을 움직이는
> 힘이지만 또한 인간의 존엄성을 말살하고 세계 인권 선언을 조롱한다.
> 이 비극의 결론은 그러나 결코 단순하지 않다. 우리는 서구 문명의

시초로 되돌아가 그러한 윤리적 혁명을 가져다준 힘이 과연 정말로
서구 문명 자체의 재고 목록에서 발견될 수 있는지를 찾아야만 한다.
찾지 못한다면 우리는 토인비와 함께 동양에서, 또는 아마도 일본에서
그것을 추구해야만 한다.[9]

일본의 전통 문화가 서구의 기술 만능주의를 구원할 수 있는 힘
으로서 살아남으리라는 이 역설적인 진술과 함께, 국제양식의 시대는
일본뿐 아니라 나머지 국가들에서도 막을 내렸다.

2장

신브루탈리즘과 복지국가의 건축: 영국 1949~1959

1950년 1월, 나는 친애하는 동료 벵트 에드만, 레나르트 홀름과
사무실을 같이 썼다네. 당시 둘은 웁살라에 지을 주택 하나를 설계하고
있었지. 나는 그들의 드로잉을 평가하면서 그들을 조금은 냉소적으로
'신브루탈리스트'(Neo-Brutalists)라고 칭했었네. 그리고 다음 해
여름인가, 마이클 벤트리스, 올리버 콕스, 그램 생클랜드 등 영국 친구
몇몇과 왁자하게 떠들다가 그 용어를 다시금 빈정대는 투로 말했네.
작년에 내가 이들을 다시 런던에서 만났을 때 놀라운 이야기를 들었네.
그들이 신브루탈리스트라는 용어를 영국에 소개했더니 삽시간에 퍼져
영국의 한 젊은 건축가 모임이 이를 채택했다는 게 아닌가.
— 한스 아스플룬드, 에릭 드 마레에게 보낸 편지,『아키텍처럴 리뷰』
(1956. 8.).[1]

제2차 세계대전 이후 영국은 어떤 형태의 기념비적인 표현이든 그것
을 정당화하기 위한 물질적 자원도 그것에 필요한 문화적 자신감도
없었다. 오히려 전후의 사정은 정반대로 흘러가고 있었다. 다른 문제
들에서와 마찬가지로 건축에서 영국은 제국주의 정체성을 포기하는
마지막 단계에 접어들고 있었기 때문이다. 인도 독립이 1945년 제국
의 와해를 일으키기 시작했다면 경제공황 시기에 나라를 극심하게 갈
라놓았던 계급 갈등은 애틀리 노동당 정부의 복지 법령으로 부분적
으로만 완화되었을 뿐이다. 전후 사회 재건은 두 개의 중요한 의회 조
례에서 처음으로 추동력을 얻었다. 학교를 떠나는 연령을 15세로 올

린 1944년의 교육법과 1946년의 신도시법이 이들이다. 이 법률 제정
은 광범위한 정부의 건설 프로그램의 효율적인 수단이 되었다. 10년
동안 약 2,500개 학교가 건설되었고 레치워스 전원도시 모형을 기반
으로 2만~6만 9,000명의 인구를 수용하는 열 개의 신도시가 지정되
었다.

찰스 허버트 애슬린의 지휘 아래 조립식 학교를 대량으로 건설한
하트포드셔 주의회처럼 빠르게 발달한 공공기관은 제쳐두고, 이 작업
의 상당수는 보통 수준의 지역 건축가가 '축약된' 신조지 왕조 양식 또
는 이른바 컨템퍼러리 양식(Contemporary Style)으로 실행되었다.
후자는 오랜 복지국가였던 스웨덴의 관공서 양식에 기대고 있었다.
추측건대 영국의 사회개혁 실현을 위해 충분히 대중적이라고 간주됐
던 이 양식의 체계는 얕은 경사를 이룬 지붕, 벽돌 벽, 수직 널빤지를
댄 스팬드럴과 정방형 나무틀을 댄 창(창의 틀은 그냥 두거나 흰색으
로 칠했다)으로 구성되었다. 이른바 '민중적 세부 처리'(people's de-
tailing)는 지역적인 요소와 더불어 런던 시의회의 좌파 건축가들이
널리 받아들인 건축 어휘가 되었으며, 『아키텍처럴 리뷰』의 활동적인
편집인들인 제임스 리처즈와 니콜라우스 페브스너의 영향력으로 폭
넓은 지지를 얻었다. 페브스너는 처음에는 엄중한 모더니즘을 주장했
지만 1950년대 초 건축 형태의 창조에 대해 덜 엄격한 접근법을 선호
하기 시작했다. 1955년 페브스너의 리스 강연, '영국 미술의 영국적인
것'은 영국 문화의 진정한 본질로서 픽처레스크의 비형식을 공공연히
역설했다. 근대 운동이 인문화된 이 버전은 『아키텍처럴 리뷰』 논설
에 의해 '새로운 휴머니즘'이란 제목으로 퍼져나갔다.

1951년 영국 축제(The Festival of Britain)는 소비에트 구축
주의자들의 영웅적 도상학을 패러디하면서 과도한 노력을 요하지 않
는 이 문화 정책에 진보적이고 현대적인 차원을 부여하게 되었다.
두 개의 가장 강력한 상징은 필립 파월과 존 히달고 모야의 '스카일
론'(Skylon)과 랠프 텁스의 '발명의 돔'이었다. 이 둘은 아마도 삶의

'서커스'를 위해 '빵'이 곧 제공되는 것보다 중대한 것을 건축적 수사를 통해서 표현했다. 이것은 전시가 내용이 없어서가 아니라 전시의 내용이 무상 방식으로 제시되었기 때문이다.

에드먼과 홀름의 작업이 '신브루탈리즘'이라는 용어를 탄생시킨 발단이었다면, '신브루탈리즘'이 의미하는 급진적인 반응이 처음 발생한 곳은 스웨덴이라기보다는 영국이었다. 영국 축제에서 충족된 포퓰리즘을 브루탈리스트 정신의 최초 제안자들인 앨리슨과 피터 스미스슨은 노골적으로 거부했다. 앨런 코훈, 윌리엄 하월, 콜린 세인트 존 윌슨과 피터 카터 등 전후 세대 동료들은 스미스슨 부부에게 동감을 표했다. 이들 모두는 1950년대 초 런던 시의회 건축가 부서에서 일했으며 '스웨덴 계열'을 따르지 않았다. 이 상황에 관해 레이너 배넘은 다음과 같이 말했다.

> 젊은 세대의 사고방식의 부정적인 면은 제임스 스털링의 분노에
> 찬 진술로 가장 잘 요약될 수 있을 것이다. '윌리엄 모리스가
> 스웨덴인이라는 사실을 직시합시다!' 이 진술이 정확한 사실인지에
> 붙들려 있을 필요는 없다. 문제는 모든 형태의 중요한 복지 건축의
> 양식에 대한 전적인 거부에 감정적인 진실이 있다는 것이다. 윌리엄
> 모리스 복고 또는 '민중적 세부 처리' 또는 그 밖의 용어가 작은 아치로
> 완성되는 19세기 조적 기술의 부활을 풍자하는 데 동원되었다. 이는
> 종종 '새로운 휴머니즘'이라는 거창한 이름으로 불렸는데, 실제로는
> 현대 건축에서 스웨덴의 퇴행을 일컫는 명목인 '신경험론'(『아키텍처럴
> 리뷰』가 붙인 이름)을 다르게 부른 것이다.[2]

알아볼 수 있을 정도로 팔라디오적 경향을 포용한 브루탈리즘은 『아키텍처럴 리뷰』의 '새로운 휴머니즘'에 대해 전전 근대 운동에 어떤 식으로든 항상 잠재해 있던 구 휴머니즘을 주창하는 것으로 대응했다. 1949년 루돌프 비트코버의 『휴머니즘 시대의 건축 원칙』의 출

간은 팔라디오의 방법론과 목표를 부상하는 세대의 관심에 호소하며
기대하지 않았던 효과를 가져왔다. 또 다른 수준에서 브루탈리스트들
은 스웨덴 경험주의의 프티부르주아적 고결함을 노골적으로 거부하
고 대중문화의 사회인류학적 근거들을 직접적으로 참조함으로써 '민
중적 세부 처리'의 도전에 대응했다. 이러한 [화가 장 뒤뷔페의 아르
브뤼(Art Brut)의 반예술 숭배에 밀접하게 연관된 충동인] 인류학적
심미주의는 1950년대 초 스미스슨 부부가 브루탈리즘의 실존주의적
성격의 상당 부분을 형성한 사진작가 나이절 헨더슨과 조각가 에두아
르도 파올로치와 같이 비범한 인물들과 접촉하게 했다.

1951~54년은 이러한 감성이 건축적으로 형성된 결정적인 해였
다. 1949년 노퍽에 헌스탠턴을 위해 디자인되어 약 5년 후에 완성된
팔라디오와 미스의 양식이 혼합된 학교 건물[270]의 실현에 이미 깊
이 개입돼 있던 스미스슨 부부는 매우 독창적인 공모전 출품작 시리
즈로 그들의 초기 성공을 이어갔다. 그 프로젝트들은 배넘이 말했듯
이 완전히 다른 종류의 건축을 발명하려는 시도로서만 이해될 수 있
다. 실제로 1951년 코벤트리 대성당에서 1952년 런던의 골든 레인
주거 단지 또는 똑같이 훌륭한 이듬해의 셰필드 대학교 증축[271]에
이르기까지 이 시기 프로젝트에는 팔라디아니즘이 거의 남아 있지 않
았고 꽤 많은 조정이 있었다. 아무튼 이들 프로젝트는 '구축주의'를 닮
긴 했지만 구조의 절제된 수사학은 러시아보다는 일본의 성향에 더
가까웠던 것으로 보인다. 이 디자인들이 지어지지 못한 것은 영국 건
축 문화의 손실이었음을 결국 그들 대신에 세워진 건축의 절대적인
통속성으로 미루어 짐작할 수 있다.

초기 브루탈리스트의 감성에 내재해 있던 정신—팔라디아니즘
을 초월했던 난해한 요소들—은 1953년 런던의 현대 미술학회에서
개최한 '삶과 미술의 비교' 전시회에서 처음 대중적으로 알려졌다. 전
시는 헨더슨, 파올로치와 스미스슨 부부가 모으고 주석을 붙인 교훈
적인 사진들로 구성되었다. 보도 사진과 불가사의한 고고학, 인류학,

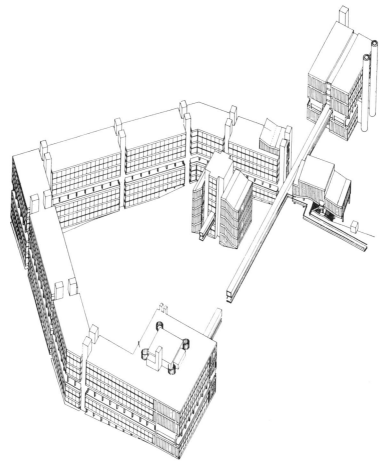

[270] 스미스슨 부부, 중등학교, 헌스탠턴, 노퍽 주, 1949~54.
[271] 스미스슨 부부, 셰필드 대학교 증축, 1953.

동물학 자료에서 가져온 많은 이미지는 "폭력 현장을 보여주고 인간 군상에 대한 왜곡되고 반미학적 관점을 제공했으며 공동 전시자들이 주요 미덕으로 명백히 간주했던 거칠고 흐릿한 질감을 지니고 있었다". 세상을 전쟁, 부패, 질병으로 황폐해진 풍경—겹겹의 잿더미에 깔린, 미세하지만 폐허 속에서도 여전히 팔딱거리는 삶의 흔적을 발견할 수 있는 그런 풍경—으로 보기를 고집하는 전시에는 분명 실존주의적인 무엇이 있었다. 이즈음에 그의 작업에 관해 집필하면서 헨더슨은 말했다. "삶에서 아무렇게나 내던져졌지만 여전히 쉬익 소리를 내며 생명력을 뿜어내는 버려진 물건들과 욕지기나는 파편 가운데에서 나는 가장 행복하다고 느낀다. 여기 있는 아이러니는 적어도 예술가의 행위를 위한 상징의 한 부분이 된다."

이것이 바로 1950년대 브루탈리즘의 근본적인 동인이었다는 사실을 로런스 앨러웨이의 주도 아래 화이트채플 갤러리에서 ICA 인디펜던트 그룹이 개최한 '이것이 내일이다' 전시의 관람객들은 놓치지 않았다. 이 전시를 위해서 스미스슨 부부는 또다시 헨더슨과 파올로치와 협업해 상징적인 성소를 디자인했다. 은유적인 오두막과 똑같이 은유적인 뒤뜰은, 베스널 그린 지역의 실제 뒤뜰로서 로지에의 1753년 원시 오두막의 아이러니한 재해석이었다. 배넘은 이에 대해 다음과 같이 언급했다.

> 녹슨 자전거 바퀴, 박살 난 트럼펫, 기타 폐품이 널브러진 이 특별한 정원 오두막은 원자 폭탄 투하 후에 발굴된 것이라고, 고대 그리스와 그 이전으로 거슬러 올라가는 대지 계획의 유럽적 전통의 일부로서 발견된 것이라고 느끼지 않을 수 없다.[3]

그렇지만 이러한 표현이 완전히 회고적이었던 것만은 아니었다. 비밀스럽고 거의 우발적이기까지 한 오두막의 은유에서 먼 과거와 가까운 미래가 하나로 합쳐지기 때문이었다. 예를 들어 이 파티오에는 낡은 바퀴와 장난감 비행기뿐 아니라 TV 세트도 설치되어 있었다. 요약하자면, 부식되고 황폐한 (즉, 폭탄으로 파괴된) 도시 조직 속에서 유동적인 소비 지상주의의 '풍요로움'은 이미 예상되었고, 무엇보다 새로운 산업적 버내큘러(vernacular)의 삶의 실체로서 환영받았다. 리처드 해밀턴의 '도대체 무엇이 오늘날의 가정을 그렇게 색다르고 그렇게 매력적이게 하는가'라는 제목의 아이러니한 콜라주는 팝 문화의 시대를 열었을 뿐 아니라 브루탈리스트적 감성이 녹아든 가정의 이미지를 확고히 했다. 1956년 '데일리메일의 이상 주택'에 전시됐던 스미스슨 부부의 '미래 주택'은 해밀턴의 작품 속 근육질 남성과 각선미를 자랑하는 그의 짝을 위한 이상적인 가정으로 의도된 것이 틀림없었다.

노동자 계급의 결속에 대한 공감과 소비주의의 약속 사이에서 분열된 스미스슨 부부는 허위적인 포퓰리즘의 양가성의 덫에 빠졌다. 1950년대 후반 그들은 프롤레타리아적 삶의 방식에 대한 초기의 공감대에서 벗어나 과시적 소비와 자동차 소유의 대중화가 관건인 중산층의 이상에 더욱 다가갔다. 동시에 그들은 전통적인 도시의 구조와 밀도를 파괴하는, 새로이 발견된 '이동성'의 분명한 잠재력에 대해서는 낙관하지 않았다. 1956년 런던 도로 연구에서 그들은 새로운 도시의 해결책으로 고가 고속도로를 제안함으로써 이 딜레마를 해소하려고 했다. 주택의 차원에서는, 스러져가는 공동주택이나 플라스틱으로 된 실내에 놓인 번쩍이는 소비 상품을—그들의 타협적인 양식을 드러내는—궁극적인 해방의 아이콘으로 간주했다.

1950년대 중반까지 브루탈리즘 건축은 재료에 대한 충실함을 근본 원리로 삼았다. 이는 스미스슨 부부의 헌스탠턴 학교에서와 같이 처음에는 기계적이고 구조적인 요소들의 풍부한 표현에 관한 강박적인 관심으로 표명됐고, 1952년 역시 스미스슨 부부가 제안한 작은 소호 주택에서 좀 더 규범적이지만 그럼에도 불구하고 반미학적인 방식으로 재천명되었다. 노출 콘크리트 보를 쓰고 실내를 마감하지 않은 이 4층의 벽돌 상자는 19세기 말 영국 창고 건물의 토속성을 참조하고 있었고, 똑같이 거친 마감의(brutal) 선구적 프로젝트였던 르 코르뷔지에의 메종 자울의 발표보다 1년 앞선 것이었다. 또한 제임스 스털링, 윌리엄 하월과 스미스슨 부부가 설계해 1953년 CIAM 엑상 프로방스 회의에서 전시된 마을 공지를 활용하는 주택(village infill housing) 프로젝트를 예견하고 있다.

1950년대 중반 브루탈리스트의 토대는 스미스슨 부부, 헨더슨, 파올로치만의 폐쇄적인 전제를 넘어 확장되어갔다. 1955년에 이르러 하월과 스털링은 브루탈리스트 진영의 일원이 되었다. 하지만 스털링은 후에 이를 부정했다. 스털링의 1953년 셰필드 대학교 출품작이 그해에 그를 19세기 실용주의 벽돌 미학으로 선회토록 한 실제 텍턴식 주택 프로젝트였다면, 정사각형이 서로 맞물린 신조형주의적 구성에 있어서 스미스슨 부부가 작업한 소호 주택의 거친 반예술적 아우라와는 거리가 멀었다. 그러는 동안 런던 시의회에 속한 코훈, 카터, 하월과 존 킬릭 등은 수많은 르 코르뷔지에식 주택 계획안을 실현하기 시작했는데 이것은 '빛나는 도시'를 패러디한 1958년 로햄턴에 건설한 올턴 주거 단지에서 절정에 이르렀다.

스미스슨 부부가 첫 번째 건물의 모양을 잡는 데 최초로 영향을 준 것이 미스의 일리노이 공과대학교 캠퍼스였음에도 이후 브루탈리즘 양식은 르 코르뷔지에의 후기 작업에서 건축 언어들을 빌려왔다. 1948년 로크와 로브 프로젝트에서 명시된 르 코르뷔지에의 지중해 토속성의 부활은 브루탈리스트의 감각 형성에 중요했다. 1959년 "미스는 위대하지만 르 코르뷔지에는 전달이 용이하다"라고 말한 스미스슨 부부는 미스를 향한 그들의 열정을 르 코르뷔지에의 노출 콘크리트 방식을 영리하게 조정해가며 이어갔다. 마찬가지로 1955년 메종 자울을 방문했을 때 스털링이 경험했던 충격은 곧 그것을 뒤좇는 열정으로 더 커졌갔다. 스털링의 1955년 햄 커먼 주택 단지[272]와 메종 자울 사이의 밀접한 관련성은 비록 가로지르는 내력벽이 두 경우에서 서로 완전히 다른 건축적 목표를 위해 사용되었다 할지라도 논쟁의 여지가 없다.

영국 브루탈리즘 미학의 궁극적인 통합은—19세기의 산업 구조에서 끌어낸 유리와 벽돌로 구성된 버내큘러로 상충되는 형식주의와 포퓰리즘 요소를 융합한—1959년 스털링과 그의 파트너 제임스 고완의 케임브리지 셀윈 칼리지 기숙사 프로젝트[273]와 레스터 대학교 공과대학 건물과 함께 이루어졌다. 이 시점에서 에드워드 레이놀즈의 후기 작업을 언급할 필요가 있다. 그가 아직 학생이었을 때 했던 구조적으로 표현적인(표현주의적은 아니라 할지라도) 디자인은 브루탈리즘의 발전에 결정적인 영향을 미쳤고, 그중 가장 주목할 만한 것이 1958년 하월과 킬릭의 케임브리지 소재 처칠 칼리지를 위한 1958년 출품작과 이듬해 스털링이 한 레스터 프로젝트이다.

스털링과 고완의 셀윈 칼리지 안은 수정처럼 투명한 조형성을 도

 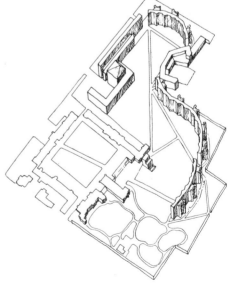

[272] 스털링과 고완, 햄 커먼 아파트, 리치먼드, 서리 주, 1955~58.
[273] 스털링과 고완, 셀윈 칼리지 프로젝트, 케임브리지, 1959.

입했으며 그들의 특징적인 구성의 전형이 된 '정면' 대 '후면'의 주제
를 최초로 소개했다. 이 주제는 '빛나는 도시' 슬래브의 솔리드 대 유
리 표현에서 따온 것이었다. 다시 한 번 레이놀즈의 1958년 창고 프
로젝트[274]는 스털링과 고완이 드디어 독창적인 표현에 이른 작업
인 레스터 공과대학 건물[275]의 형식에 중요한 영향을 미쳤던 것으
로 보인다. 르 코르뷔지에의 스위스 전시관에서 슬래브의 요소였던
것은 여기에서 레이놀즈의 창고 계획을 거쳐 수정 같은 지붕을 씌운
실험실 블록의 수평 형태로 변형된 반면, 르 코르뷔지에의 독립해 서
있는 입구 타워는 다층 실험실, 강의실, 사무실로 구성된 수직적 건물
군으로 재현되었다. 레스터는 스털링의 고향 리버풀의 산업적·상업적
인 버내큘러(피터 엘리스의 선구적 작업)에서 따온 요소와 근대 운동
의 규범적인 형태를 재결합함으로써 브루탈리스트의 초기 입장의 근
본적인 모순을 흡수했다. 이제 1920년대 말 순수주의 패러다임이 남
긴 것은 『건축을 향하여』에서 논쟁적으로 묘사됐던 갑판 난간, 승강
구 계단과 연통 등 모두 배와 관련된 디테일이었다. 다양한 요소를 탁
월하게 병치한 절충적인 역작인 레스터는 그 외 부분에서는 텔퍼드
와 브루넬의 작업뿐 아니라 런던 마거릿 가에 있는 1849년 올 세인츠
교회에서 명시된 윌리엄 버터필드의 작업을 상기시켰다. 여기에서 이
렇게 주장해볼 수 있겠다. 고딕 리바이벌이 순수주의의 형식적 요소
를 라이트의 1936~39년 존슨 왁스가 가진 낭만적 이미지와 결합하
는 동시에 칸의 1958년 리처드 의학 연구소에서 따온 노출된 다이어
그리드 바닥과 같은 브루탈리즘의 구조적 요소를 통합하는 것 이상의
다른 전략이 과연 무엇일까?

　　레스터가 45도 그리드를 직각의 기하학에 얹었다면, 스털링의
1964년 케임브리지 역사학과 교수동은 평면의 주요 구성 축으로 사
선을 도입했다[276]. 그리고 셀윈 칼리지와 레스터의 벽돌과 유리 체
계를 유리의 수정 같은 형태가 벽돌로 통제된 뼈대를 완전히 뒤덮기
시작할 때까지 밀고 나갔다. 하지만 한 쌍의 엘리베이터/계단 타워는

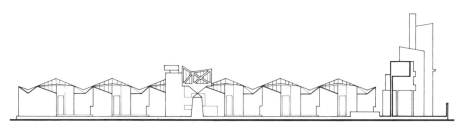

[274] 레이놀즈, 창고 프로젝트, 브리스톨, 1958.
[275] 스털링과 고완, 레스터 대학교 공과대학 건물, 1959.

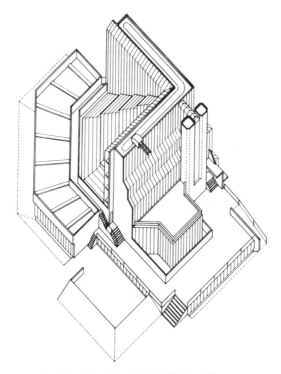

[276] 스털링, 케임브리지 역사학과 교수동, 1964.

여전히 칸의 '봉사하는' 요소(리처드 의학 연구소 참조)를 떠올리게
하는 표현이자 스털링의 주택 양식을 나타내는 유형학적 장치였다.
이 장치는 스털링이 설계한 옥스퍼드의 퀸스 칼리지 플로리 빌딩에
서 반복된다. 이 건물은 벽돌과 유리 연작 중에서 가장 성공적이지 못
했던 마지막 작업이었다. 이 연작의 주요 작업인 셀윈 칼리지, 레스터
공과대학 건물, 역사학과 교수동과 플로리 빌딩은 현대적인 대학 건
물 유형의 목록을 이루며 서로가 서로를 뒤따른다. 부분적으로 프로
그램의 요구를 따른 것이자 또 다른 면에서는 근대 운동의 형태를 '해
체'하려는 의도에서 건축 요소를 해체하고 재조립하는 경향과 함께,
이런 유형학적 지향성은 장소의 속성에 관한 어떠한 관심보다도 훨씬
더 브루탈리즘의 후기 기념비들을 구체화했다.

프로그램 요구사항이 지금도 변함없이 충족되고 있다는 점에서 미루어보건대, 오늘날까지 스털링의 중요성은 그의 양식의 질적 가치, 즉 삶의 질을 필연적으로 결정하는 '장소'의 속성을 시종일관 수정하고 세련화한 데 있기보다는 형태의 탁월한 구성적 체계에서 찾을 수 있다. 스털링은 알토를 존경했지만 그의 업적은 알토의 새위낫샐로 시청이 보여준 수용적인 분위기나 스스로를 내세우지 않는 감수성과는 거리가 멀다. 그것은 마치 체계의 상상력을 형식으로 완전히 장악함으로써 비판적 '장소-만들기'의—1950년대 중반 공지를 활용한 주거 단지에서 한때 중점을 두었던—잠재력을 저버린 듯한 인상마저 준다. 만프레도 타푸리는 스털링의 후기 작업에 대해 다음과 같이 썼다.

> 형태의 비움과 기능의 담론 사이에서 모호하게 오가는 어중간한 상태에 있는 그의 건물—이를테면 케임브리지 역사학과 건물에서 명백하게 드러났고 지멘스 사 프로젝트에서도 분명한 자율적 기계로서의 건축—을 사용해야만 하는 대중을 불안에 빠뜨림으로써, 스털링은 근대 전통의 의미론적 우주가 봉인된 성소를 저버리는 가장 잔인한 행동을 범하는 셈이다. 스털링의 형태 기계의 독립적인 분절에 감동받지도 않으며 불쾌해하지도 않는 관찰자는 왕복 운동에 빠진다. 그 고유의 언어 요소를 이용한 건축가의 도착적인 놀이에 빠진 것처럼 말이다.[4]

이념의 변천:
CIAM, 팀 텐, 비판과 반비판
1928~1968

1. 현대 건축이란 건축의 현상과 일반 경제 시스템의 현상 간의
   연결고리를 포함하는 개념이다.
2. '경제적 효율성'이란 최대의 상업 이윤을 가져다주는 생산이 아니라
   최소한의 노동력을 요구하는 생산을 시사하는 개념이다.
3. 최상의 경제적 효율성에 대한 요구는 일반 경제의 빈곤 상태의
   불가피한 소산이다.
4. 생산의 가장 효율적인 방법은 합리화와 표준화에서 도출된다. 합리화와
   표준화는 현대 건축(개념)과 건설 산업(실현)의 작업 방식에 직접
   작용한다.
5. 합리화와 표준화는 다음의 세 가지 방식으로 반응한다.
   (a) 이것들은 현장에서든 공장에서든 작업 방법의 단순화를 이끄는
       건축 개념을 요구한다.
   (b) 이것들은 건설 공장에서 숙련 노동자의 감축을 의미한다. 고도로
       숙련된 기술자의 지휘 아래 비전문적 노동력이 고용된다는 뜻이다.
   (c) 이것들은 소비자들(말하자면 앞으로 살 집을 주문한 사람들)이
       사회적 삶의 새로운 조건에 재적응하는 방향으로 자신들의 욕구를
       수정하기를 희망한다. 이러한 수정은 어떤 정당성도 없는 개인적
       욕구를 줄여나가는 데서 명확히 드러날 것이다. 이는 지금 억압되어
       있는 훨씬 더 많은 이의 요구를 최대한 충족시켜줄 것이다.
   ― '라사라 선언'(La Sarraz Declaration), CIAM, 1928.[1]

프랑스(6), 스위스(6), 독일(3), 네덜란드(3), 이탈리아(2), 스페인 (2), 오스트리아(1) 그리고 벨기에(1)를 대표하는 건축가 스물네 명 이 서명한 1928년 CIAM 선언은 '인간 삶의 발전과 진보와 밀접하게 연관된 인간의 기본 활동'으로서의 건축보다는 '짓는 것'(building)을 강조했다. CIAM은 건축이 정치와 경제의 폭넓은 쟁점을 피할 수 없 이 따르게 되며, 산업 세계의 현실에서 멀어지는 것과는 반대로 품질 의 전반적인 수준을 합리화된 생산 수단을 보편적으로 채택함으로써 해결해야 한다고 역설했다. 4년 후 히치콕과 존슨이 기술에 의해 결정 된 양식의 탁월함을 주장한 자리에서, CIAM은 계획 경제와 산업화의 필요성을 강조하고, 이윤을 극대화하는 수단으로서의 효율성을 비난 했다. 대신 CIAM은 건설 산업의 합리화를 향한 첫 걸음으로 표준 수 치와 효율적인 생산 방식의 도입을 옹호했다. 따라서 탐미주의자들이 선호하는 형식상 규칙성은 CIAM에는 주택 생산 증대와 공예 시대의 방식을 대체하기 위한 전제조건이었다. '라사라 선언'은 도시계획에 대해서도 똑같이 급진적인 태도를 보였다.

> 도시화는 기존의 심미주의적 주장들에 의해 좌우될 수 없다. 그것의
> 본질은 기능적 질서다. … 매매, 부동산 투기, 상속 문제에서 파생되는
> 무질서한 토지 분배는 집합적이고 체계적인 토지 정책을 통해서
> 철폐되어야만 한다. 토지 재분배는 어떤 도시계획을 위해서도 필요
> 불가결하다. 공동 이해가 걸린 작업에서 소유주와 불로소득자는 반드시
> 나뉘어야 한다.[2]

1928년 '라사라 선언'과 1956년 두브로브니크에서 열린 마지 막 CIAM 회의 사이에 CIAM은 세 번의 발전 단계를 거쳤다. 1929년 프랑크푸르트와 1930년 브뤼셀에서 열린 CIAM 회의를 포함해 1928~33년의 첫 번째 단계는 많은 점에서 가장 교조적이었다. 이 시 기의 회의는 사회주의 성향이 다분했던 독일어권의 신즉물주의 건축

가들이 지배했다. 처음 프랑크푸르트에서는 '최저 생활을 위한 주거'
라는 제목 아래 최소 주거 기준을 다루었고, 브뤼셀에서 열린 제3회
CIAM은 '합리적인 건축 양식'이라는 제목 아래 토지와 재료를 가장
효율적으로 사용하기 위한 최대 높이와 블록 간격에 관한 쟁점을 다
루었다. 또한 프랑크푸르트 시 건축가였던 에른스트 마이가 발의한
제2회 CIAM은 '현대 건축 문제 결의를 위한 국제 위원회'(CIRPAC)
라고 알려진 특별 조사 위원회를 발족시켰다. 이들의 주요 임무는 다
음 회의를 위한 주제를 준비하는 것이었다.

1933~47년의 두 번째 발전 단계에서는 역점을 도시계획으로 의
도적으로 전환시킨 르 코르뷔지에가 분위기를 주도했다. 1933년 제
4회 CIAM은 서른네 개 유럽 도시를 비교 분석했다는 점에서 도시
계획의 관점에서 볼 때 의심할 여지없이 가장 포괄적인 회의였다. 여
기에서 아테네 헌장의 조항들이 결정됐는데 이는 알 수 없는 이유로
10년 후에야 발표되었다. 레이너 배넘은 이 회의의 성과를 1963년 다
소 비판적인 어투로 기술했다.

> 주제가 '기능적 도시'였던 제4회 CIAM은 1933년 7월과 8월 아테네와
> 마르세유 여행의 말미에 파트리스 선상에서 열렸다. 그것은 공업
> 유럽의 현실이 아닌 아름다운 풍경을 배경으로 열렸던 '낭만적인'
> 회의들 중 최초였고 거친 독일의 현실주의자들이 아닌 르 코르뷔지에와
> 프랑스 건축가들이 주도했다. 지중해의 유람선은 분명 악화되는
> 유럽을 잊는 반가운 기분 전환이었고 현실로부터의 이 짧은 휴식에서
> 대표단은 CIAM에서 나온 가장 이상적이고 수사적이며 궁극적으로는
> 파괴적인 문서, 아테네 헌장을 도출했다. 헌장의 111개 조항은 도시가
> 처한 상황을 진술하고 이러한 상황을 개선하는 제안을 주거, 여가, 노동,
> 교통, 역사적 건물 등 다섯 가지 표제 아래 묶어 제시하고 있다.
>   교조적인 어조가 남아 있었고 프랑크푸르트와 브뤼셀 보고서보다
> 당면 과제를 일반화해 구체적이지 못했다. 물론 일반화의 미덕도

없지는 않았다. 비전의 폭을 넓혔고 도시는 주변 지역과의 관계 속에서만 다루어져야 한다는 주장도 일리 있었다. 하지만 아테네 헌장이 선사한 어디에나 적용 가능할 것 같은 느낌의 설득력 있는 일반화는 도시계획과 건축에 관한 아주 편협한 개념을 감추고 CIAM이 다음의 사항에 전념하게 했다. (a) 기능이 다른 영역들 사이에 그린벨트를 두는 엄격한 기능 구역 설정, (b) 아테네 헌장에 '고밀도 주택이 필요한 곳에는 넓게 간격을 둔 고층 아파트 블록'으로 표현된 단일한 도시 주거 유형이 그것이다. 30년이 지난 지금 우리는 이를 단순히 미학적 선호의 표현으로 보지만, 당시에는 모세의 계명과 같은 힘을 가지고 있어서 결과적으로 다른 주거 형태에 관한 연구를 마비시켰다.

아테네 헌장의 합의는 대안적 주거 모형을 더 이상 검토하지 못하게 했으며, 논조마저 현저히 변했다는 사실도 지적되어야 한다. 운동 초기의 급진적인 정치적 요구가 빠졌고 일반적인 신조로 기능주의가 남아 있었으나, 헌장의 조항들은 이제 신자본주의적 교리문답처럼 읽혔고 항목 대부분 실현 가능성이 없었던 만큼 관념적으로 '합리주의적'이었다. 이 관념적 접근은 1937년 주거와 여가라는 주제로 파리에서 열린 제5회 CIAM 회의에서 전전에 공식화되기에 이른다. 이때 CIAM은 역사적 구조들의 중요성뿐 아니라 도시가 자리 잡은 지역의 영향도 인정할 준비가 되어 있었다.

CIAM의 세 번째이자 마지막 단계에서 자유주의적 관념론 초기의 유물론을 완전히 정복했다. 1947년 영국 브리지워터에서 열린 제6회 회의에서 CIAM은 'CIAM의 목표는 인간의 감정적·물질적 필요를 충족시킬 물리적 환경을 조성하는 것이다'라고 언명함으로써 '기능적인 도시'의 추상적 빈곤함을 뛰어넘으려 했다. 이 주제는 1951년 영국 허드스턴에서 열린 제8회 회의를 위해 '코어'(The Core)라는 주제를 준비했던 영국 MARS의 찬조 아래 한층 더 발전되었다. MARS

가 CIAM 의제로 제시한 '도시의 심장'은 지크프리트 기디온, 조제프 류이스 세르트, 페르낭 레제가 1943년 선언문에서 이미 발의했던 주제다. 그 선언문에서 이들은 다음과 같이 쓴 바 있다. "사람들은 사회적 삶과 공동체의 삶에 더 기능적으로 충족된 건물을 원한다. 그들은 기념비성, 환희, 긍지와 열광에 대한 그들의 갈망이 충족되기를 원한다."

카밀로 지테와 마찬가지로 기디온에게 '공공성이 드러나는 공간'은 필연적으로 그것을 에워싸는 공공기관의 기념비적 대응 형태를 조건으로 하며 거꾸로도 마찬가지다. 장소의 구체적인 특성에 대한 관심이 뚜렷해졌음에도 CIAM의 구세력은 전후 도시가 처한 복합적인 어려움을 현실적으로 평가하려는 어떤 조짐도 보이지 않았다. 새롭게 가입한 젊은 세대는 여기에 점점 환멸을 느끼고 초조해했다.

결정적인 분열은 1953년 엑상프로방스에서 열린 제9회 CIAM에서 일어났다. 이때 앨리슨과 피터 스미스슨과 알도 판 에이크가 이끄는 젊은 세대는 아테네 헌장의 네 가지 기능주의적 범주, 즉 주거, 노동, 여가, 교통에 도전했다. 추상적인 대안을 내놓는 대신, 스미스슨 부부, 판 에이크, 야코프 바케마, 조르주 캉딜리, 섀드래치 우즈, 존 뵐커와 윌리엄과 질 하월은 도시의 성장을 위한 구조적 원칙과 가족 단위를 넘어서는 그다음으로 중요한 주거 유니트를 탐색했다. 구세력의 수정된 기능주의―르 코르뷔지에, 판 에스테런, 세르트, 에르네스토 로제르스, 알프레드 로트, 마에카와 구니오, 그로피우스의 '이상주의'―에 대한 이들의 불만은 제8회 CIAM 보고서에 대한 그들의 비판적 반응에 드러나 있다. 이들은 단순화된 도심 모형에 더 복잡한 패턴으로 대응했다. 그들이 보기에 복잡한 패턴이 정체성 요구에 더 잘 대응했다. 그들은 다음과 같이 썼다.

인간은 자신과 자신의 가정은 쉽게 동일시하지만 가정이 자리 잡고 있는 도시와는 그렇게 쉽게 동일시하지 않는다. '속한다는 것'은

56

기본적인 감정적 욕구이며, 이는 곧 가장 단순한 질서에 대한 요구를 의미한다. '속한다는 것', 즉 정체성에서 선린 의식이 파생된다. 드넓은 재개발(지역)이 빈번하게 실패하는 반면 짧고 좁은 슬럼가가 성공하는 이유이기도 하다.

이 비범하고도 예리한 구절에서 그들은 구세력의 지테식 감상주의뿐 아니라 '기능적 도시'라는 합리주의를 지워버렸다. 물리적 형태와 사회심리학적 욕구 사이에 좀 더 정확한 관계를 찾으려는 이들의 비판적인 열정은 1956년 두브로브니크에서 개최된 CIAM의 마지막 회합인 제10회 CIAM의 의제가 되었으며 이후 '팀 텐'으로 알려진 그룹의 주제이기도 했다. CIAM의 공식 해체와 팀 텐의 계승은 1959년 한 차례 더 진행된 회합에서 공식화되었다. 이 회합은 거장 반 데 벨데가 출석한 가운데 그가 오테를로에 설계한 미술관에서 열렸다. 그러나 CIAM의 비문은 두브로브니크 회의에 보낸 르 코르뷔지에의 편지에 이미 쓰여 있었다.

> 전쟁과 혁명이 한창이던 1916년에 태어나 지금은 40세가 된 이들, 그리고 그때는 아직 태어나지 않았지만, 새로운 전쟁이 준비되던 그리고 심각한 경제적·정치적·정치적 위기가 닥친 1930년경에 태어나 지금은 25세가 된 이들이 있다. 이들은 현실의 문제를 몸소 깊이 느끼고, 뒤따라야 할 목표와 그것에 도달할 수 있는 방법과 현재의 한심한 위기 상황을 감지할 수 있는 유일한 사람들이다. 그들은 잘 알고 있다. 하지만 그들의 선임자들은 더 이상 알 수 없고 현실 밖에 있으며 상황의 직접적인 영향을 받지 않는다.[3]

파리 실존주의에서 영향을 받고 있던 1950년대 중반 런던 특유의 문화적 풍토는 영국 브루탈리즘 운동의 정신을 결정적으로 형성했고, 그 운동과 밀접하게 연관돼 있던 팀 텐에 논쟁거리를 제공했다.

같은 맥락에서 사진작가 나이절 헨더슨의 공이 컸다. 스미스슨 부부는 런던 거리의 삶을 포착한 그의 사진을 엑상프로방스에서 전시했고 그의 통찰력과 삶의 방식은 스미스슨 부부의 감성 형성에 중요한 역할을 했다. 1952년까지 여전히 확산돼 있던 르 코르뷔지에의 '백지' 같은 CIAM 그리드가 의미하는 바와 궁극적으로 달랐던 이 감성은 런던 이스트엔드의 사회적·물리적 현실을 담은 헨더슨의 기록—베스널 그린 공동체 생활 사진들—에 상당 부분 영향을 받은 것이 틀림없다. 스미스슨 부부는 1950년 이후 정기적으로 베스널 그린에 있는 헨더슨의 집을 방문하면서 (지금은 복지국가의 고층 주거 블록들로 인해 흔적이 없어진) 구역의 거리 생활을 직접 경험했다. 정체성과 유대관계에 대한 그들의 개념은 여기에서 처음 나왔다. 비록 그들 자신의 합리화에 의해 왜곡되긴 했지만 '지자체 조례로 만들어진 테라스 하우스 거리'(Bye-Law Street)는 1952년 골든 레인 주택 단지 제안을 위한 개념적인 골격이 되었다.

르 코르뷔지에의 1937년 '일로 앙살뤼브르' 프로젝트와 연관성은 있지만 골든 레인 주택 단지 계획은 '빛나는 도시'와 도시를 주거, 일터, 여가, 교통 네 가지 기능으로 구획화하는 것에 대한 분명한 비판이었다. 스미스슨 부부는 이들 기능에 반대하여 좀 더 현상학적인 범주로 주택(House), 거리(Street), 행정구역(District), 도시(City)를 제안했으나 이 용어로 그들이 의미한 것은 스케일이 커짐에 따라 점점 더 모호해졌다. 그들의 골든 레인 주택 단지 계획에서 주택이란 명확하게 가족을 단위로 한 것이었고, 거리는 한쪽으로만 개발된 갤러리식 체계로 접근이 용이하고 지상에서 떠 있었다. 행정구역과 도시는 물리적 정의의 범주를 벗어난 가변적인 영역들로 이해되고 또 현실적으로도 그렇게 간주되었다.

하지만 '기능적 도시'라는 전전의 결정론에 대응하고 있던 스미스슨 부부는 골든 레인 주택 단지 제안에서 CIAM의 그것과 비교될 수 있는 합리화 과정의 함정에 빠지게 되었다. 골든 레인 주택 단지 계획안에서 '마당'은 도로에 인접한 영역으로 제시됐음에도 불구하고, '공중에 떠 있는 집'(house in the air)은 조례 지정 테라스 하우스의 뒷마당과 전혀 비슷하지 않았고 도로 자체는 이제 땅에서 분리되어 공동체 생활을 더 이상 수용할 수가 없었다. 무엇보다도 한쪽으로만 면한 길은 장소성을 만들어내기보다는 경로의 선형성만 강조할 뿐이었다. 조례 지정 테라스 하우스에 존재하는 일상은 사회적 활력에 분명 기여했지만, 스미스슨 부부의 초기 스케치에서 엿볼 수 있듯이 좁은 부지에 고밀도였던 골든 레인의 성격과 스미스슨 부부 자신이 수용한 기능주의적 규범은 그러한 삶을 지탱할 수 있는 해법을 포함하고 있지 않았다.

이러한 주거 패턴을 원형적인 해결책으로 상정한 점에서 미루어 볼 때 스미스슨 부부는 다음의 모순들을 대체로 깨닫지 못했다고 결론지어야만 한다. 왜냐하면 그들은 마치 골든 레인 주택 단지가 르 코르뷔지에의 '빛나는 도시'에 대한 분명한 비판적 대안인 양 도시 중심지까지 무한히 반복하고 있기 때문이다. 그것의 무작위적인 '작은 가지 같은' 배열은 의심의 여지없이 전면적인 파괴에 반대하고 점진적인 개발을 선호하는 주장의 일환으로 채택된 것이다. 그러나 코벤트리의 폐허 한가운데에 불쑥 솟아오른 환영적인 엑소노메트릭으로 제시된 골든 레인 주택 단지 모형의 콜라주는 그들을 CIAM의 중심 딜레마로 다시금 돌아가게 한다. 대공습을 당한 코벤트리 위에 놓인 골든 레인 주택 단지[277]는 오스망을 닮은 르 코르뷔지에의 1925년 부아쟁 계획처럼 기존 도시의 연속성에 위배되는 것처럼 보인다. 엑소노메트릭은 구도로의 패턴과 새로운 작업이 만나는 '경계 상황'을 일련의 불가피한 충돌로 묘사한다. 잭 린과 아이버 스미스가 골든 레인 개념을 가져와 1961년 셰필드에 디자인한 파크힐 이후 확실해진 점은[278], 1919년 로테르담 슈팡엔에 브링크만이 실현했던 것(스미스슨 부부가 잘 알고 있던 계획이다) 같은 페리미터 블록은 제쳐놓더라도, 공중 데크와 지면 도로 사이의 연속성을 이루어낼 가능성은 전

[277] 스미스슨 부부, 골든 레인 주택 단지를 적용한 코벤트리 중앙부.
왼편에 교구 교회와 황폐해진 대성당이 있다.
[278] 린과 스미스, 파크힐, 셰필드, 1961.

혀 없어졌다는 것이다.

고층 도시 개념—르 코르뷔지에를 거쳐 외젠 에나르의 1910년 비전에서 연유된—에 진력했던 팀 텐이 고층의 한계를 의식하게 된 이유도 스미스슨 부부였다. 스미스슨 부부는 6층을 넘어가면 땅과의 모든 접촉을 상실한다는 사실을 논증하는, 그들 경력에서 가장 중요한 드로잉을 제작했다. 부부는 이 드로잉을 메가스트럭처적 접근을 정당화하는 방법으로 활용했다. 한편, 경험컨대 나무 높이가 한계치라는 그들의 인식은 가족 단위 주거 개발의 바람직한 정책이 '저층, 고밀도'를 채택하게 하는 데 영향을 미쳤다. 이 중요한 자각은 스미스슨 부부 자신의 1950년대 중반 공지를 활용한 주거지 개발 프로젝트—'닫히고 접히는' 주택—와 '주거지는 풍경 속에 놓인 오브제인 양 유리되어서는 안 되며 풍경에 녹아들어야 한다'는 1954년 '도른 선언'의 '생태학적' 주장을 따르는 고집에 의해 증폭되었다.

베스널 그린 지구의 사회문화적 도전은 1940년대 초 바케마의 반기능주의적 선언들에도 불구하고 전반적으로 퇴색되었다. 바케마는 팀 텐의 일원이었고 그의 계획안은 최적 인동 간격, 동일 높이, 끝이 열린 블록이라는 신즉물주의 대지 계획의 원칙에서 거의 벗어나지 않았다. 바케마가 참조한 것은 분명히 1934년 암스테르담-자위트의 도시계획과 베냐민 메르켈바흐, 카슈턴, 스탐과 같은 전전의 네덜란드 기능주의자들이었다. 여하튼 바케마는 펜드레흐트(1949~51) 그리고 알렉산더 폴더(1953~56)를 위한 옵바우 연구에서 균일한 높이와 방향성을 지닌 블록의 엄격한 원칙으로부터 더 조정된 배치로 나아갔다. 이 설계는 공공시설, 수영장, 학교 등 주위에 배치된 근린주구로 이루어진 '만'(卍) 자 모양이었다.

바케마가 얀 스토클라와 공동으로 디자인하고 1959년 오테를로 회의에 출품한 케네머란트 프로젝트는 옵바우 연구의 절정이었다. 작업의 기원에 대해 단게 겐조가 의문을 제기했을 때 바케마는 이를 인정했다. 하지만 단게와 바케마 모두 작업의 출발점으로 르 코르뷔지에식의 합리주의를 주장해야만 했던 데에는 어떤 시간의 혼동이 있었던 듯하다. 케네머란트는 확실히 에른스트 마이와 아르투어 코른 등 독일 계획가들이 처음 발전시킨 추상적인 '근린'(neighbourhood) 개념에서 비롯됐기 때문이다. 심지어 1960년대 초에도 바케마는 1942년 런던을 위한 콘의 MARS 계획에서 처음 등장했던 것과 같은 극도로 위계화된 근린 형태를 제안하고 있었다.

바케마는 1963년 텔아비브 제안[279]에 이르러서야 진정으로 르 코르뷔지에의 영향 아래 놓이게 되는데, 이때 그는 도시의 분산된 형태에 질서를 주기 위한 하나의 방편으로 르 코르뷔지에가 1931년 알제에서 계획했던 메가스트럭처인 '포탄' 블록(도판 175)을 활용했다. 역설적으로 이 연속하는 슈퍼 블록은 바케마를 결정론적인 성향에서 결코 해방시키지 못했다. 근린주구라는 허구가 덜 중요하게 다뤄진다 한들 그것의 구조적 기능은 1962년 그의 보훔 대학 프로젝트에서처럼 지형을 가로지르거나, 텔아비브에서처럼 도시를 관통해 달리는 고속도로와 나란히 달리는 거대 형태로 대체되기 때문이다.

스미스슨 부부가 그러한 구조의 실행 가능성에 대해 의구심을 갖기 시작했던 바로 그때 바케마가 초대형 건물을 초대형 도시의 풍경에 대한 심리적인 '치료법'으로 제안했다는 사실은 팀 텐의 역설 가운데 하나다. 1958년 미국을 처음 방문한 후 스미스슨 부부는 루이스 칸의 도시 개념에서 영향을 받은 '열린 도시' 논의를 꺼내들었다. 또한 그해에 그들은 베를린의 하우프트슈타트 구역 공모전 출품작을 피터 시그먼드와 함께 디자인했다. 이상하게도 샤로운의 그것과 유사한 이 계획안에서 그들은 영원히 '폐허가 된' 도시 개념을 가정했다. 폐허가 되었다는 것은 20세기 들어 가속화된 이동과 변화는 기존 도시 조직 패턴과 연관될 수 없다는 의미였다.

바케마와 스미스슨 부부는 자동차 중심 도시의 끝없는 공간 속에서 건축으로 장소의 의미를 부여하려는 '도시 치료'(urban fix) 개념에 얽매여 있었다. 한편으로 스미스슨 부부는 메가스트럭처를 계속

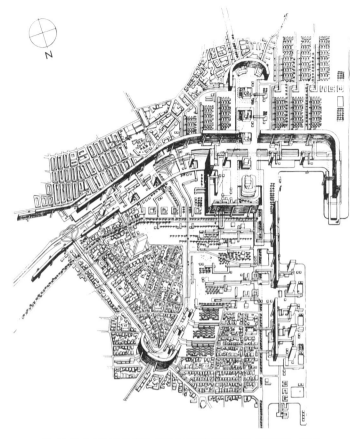

[279] 바케마와 판 덴 브룩, 메가스트럭처 블록 계획, 텔아비브, 1963.

옹호하는 대신 자동차 없는 지역 거점―하우프트슈타트의 공중 포디움[280, 281]이나 1962년 메링플라츠 계획의 싱켈식 퍼레이드 광장―을 선호했다. 어떤 방법을 택하든 이즈음 바케마와 스미스슨 부부는 대량의 이동성이 가진 해방적 전망에 집착했고, 그것의 성취를 적절한 건축적 대응 형태로 기념하고 싶어 했다.

　이러한 현상을 다루기 위해서 제안된 여러 전략 가운데 스미스슨 부부의 것이 가장 실질적이었던 듯하다. 이는 하우프트슈타트와 메링플라츠 원형의 부분적인 실현인 1965년 런던 이코노미스트 사무실

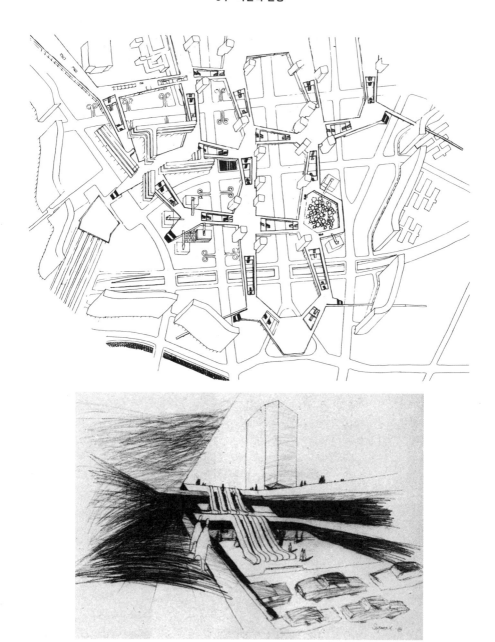

[280, 281] 스미스슨 부부와 시그먼드, 베를린 하우프트슈타트 계획, 1958.
(위) 그물망식 보행로가 있는 남부, 격자형 구도로 위로 난 고가가 보인다.
(아래) 쇼핑 구역과 지붕으로 연결되는 에스컬레이터.

복합체와 1969년 런던의 로빈후드 가든 주택 단지에 반영돼 있다. 하지만 이들 개발로 발생된 불모의 상태, 특히 여느 '기능적 도시'의 타워처럼 도시적 맥락과 동떨어져 있던 로빈후드 가든 주택은 스미스슨 부부가 '랜드 캐슬'(landcastle) 접근법으로 도시를 다루는 데 아직은 역부족이었음을 말해준다.

팀 텐의 근원적인 다원주의는 알도 판 에이크의 매우 다른 접근법에 직접적으로 반영되었다. 그는 20세기 후반에 적절했음직한 '장소 형태'(place form)를 발전시키는 데 전 경력을 바쳤다. 처음부터 판 에이크는 팀 텐 대다수가 공식화하지 않고 내버려둔 쟁점을 다루고자 했고, 팀 텐이 순진한 낙관주의를 통해 초기의 낙천성을 유지하려 했던 바로 그 지점에서 판 에이크는 비관주의에 가까운 비판적 충동에 자극받았다. 팀 텐의 다른 어떤 회원도 현대 건축의 근저에 도사린 소외감을 불러일으키는 추상을 공격할 준비는 안 된 듯 보였다. 하지만 판 에이크에게는 '인류학적' 경험이 있었다. 그는 1940년대 초부터 '원시' 문화와 그러한 문화가 드러내는 건축 형태의 변하지 않는 면에 심취해 있었고, 따라서 팀 텐에 가입했을 당시 그는 이미 그만의 독자적인 입장을 발전시키고 있었다. 1959년 오테를로 회의에서 그는 인간의 무한함에 대한 관심을 표명했고, 이는 CIAM의 이념도 낯설다고 여기는 팀 텐의 주류에게는 이질적이었다.

> 사람은 언제나 그리고 어디서든지 본질적으로 같다. 동일한 정신적 능력을 갖고 있지만 문화적 또는 사회적 배경에 따라 또는 특수한 삶의 패턴에 따라 능력을 다르게 사용할 뿐이다. 현대 건축가들은 심지어 다르지 않은 것, 언제나 기본적으로 동일한 것의 감각을 상실할 정도로 우리 시대의 다른 것에 대해 계속 똑같이 되풀이해 말하고 있다.[4]

'내부 대 외부' 그리고 '주택 대 도시'와 같이 일반적으로 한 쌍을 이루는 현상을 상징적으로 중재하기 위한 전환과 그 '문턱'의 확장에 대한 판 에이크의 관심은 자신의 1950년대 말의 작업, 특히 당시 거의 완공되었던 암스테르담의 어린이집에서 분명하게 드러났다. 이 학교에서 판 에이크는 '미로처럼 복잡한 투명성'이란 개념을 보여주었다 (110쪽 참조). 돔이 올라간 '가족' 유니트가 서로 연결되면 이어지는데, 전체가 하나로 이어진 지붕 아래 있었다.

그러나 1966년에 열정의 동기가 절망의 계기로 바뀌었다. 5년간 강도 높은 도시 개발에서 판 에이크는 서구인 전체는 아닐지라도 건축가란 직업이 대중 사회의 도시 현실을 다루는 미학이나 전략을 발전시키기에 그때까지 증명된 바로는 역부족이라는 사실을 깨달았다. 판 에이크는 이와 관련해 "우리는 방대한 다양성에 대해서 아무것도 알지 못한다. 우리는 그것을 손에 쥘 수도 이해할 수도 없다. 건축가든 도시계획가든 어떤 다른 일을 하는 사람일지라도"라고 언급했다. 또 다른 곳에서 판 에이크는 이 곤경을 버내큘러의 상실이 남긴 문화적 공백으로 특징지었다. 당시 그는 여러 글에서 양식과 장소의 일소에 현대 건축이 어떤 역할을 했는지 지적했다. 그는 전후 네덜란드의 도시계획은 어디에서도 살 수 없는 '기능적 도시'를 조직한 것 말고는 아무것도 만들어내지 못했다고 주장했다. 버내큘러의 중재 없이 사회의 다원적 요구를 충족할 수 있다는 전문가의 능력에 대한 그의 의구심은 사회 자체의 진정성까지 의심하게 만들었다. 1966년 그는 다음과 같이 질문했다. "사회에 형태가 없는데, 건축가가 어떻게 그것에 대응하는 형태를 건설할 수 있겠는가?"

1963년에 이르러 팀 텐은 창의성이 풍부한 교류와 협력으로 결실을 맺는 단계를 이미 넘어섰고, 이러한 변화를 스미스슨 부부가 1962년 출간한 『팀 텐 입문』에서 직관적으로 알고 있었다. 이때부터 팀 텐은 이름만 남은 운동이었다. CIAM에 대한 창조적 비판을 통해 성취하려고 했던 것은 이미 달성했기 때문이다. 지금까지 다소 한쪽으로 밀려나 있던 두 사람, 미국인 섀드래치 우즈와 이탈리아인 잔카를로 데 카를로의 작업을 제외하고는 사실상 비평적인 재해석의 방식

말고는 이제 더 성취될 것이 거의 없었다.

　우즈는 1963년 프랑크푸르트-뢰머베르크 공모전 출품작으로 새로운 출발을 알렸다[282]. 판 에이크의 '미로와 같은 복잡한 투명성'에 대한 직접적인 응답이었던 이 작업은 '축소된 도시'로서 제시되었다. 제2차 세계대전으로 파괴된 중세 도시 중심부에 우즈는 상점, 공공 공간, 사무실과 주택으로 이루어진 미로와 같은 구성을 제안했다. 2층으로 된 지하에는 서비스 공간과 주차 공간이 있었다. 만약 프랑크푸르트의 출품작이 도시의 '사건'이었다면 그것은 분명 스미스슨 부부나 바케마의 작업과는 다른 관점으로 구상된 것이다. 중세 도시 형태에 대응하는 직각의 반형태(counterform)를 보여주는 한편, 에스컬레이터로 접근 가능한 삼차원의 로프트 시스템을 구현하고 있기 때문이다. 이때 생기는 틈새 공간은 필요에 따라 쓸 수 있었다. 이 개념이 요나 프리드만의 1958년 '움직이는 건축'의 하부구조에서 엿보인다고

[282] 캉딜리, 조식, 우즈, 프랑크푸르트-뢰머베르크 계획, 1963.
모형(디자이너: 우즈와 쉬트헬름).

해서 위대한 성취가 손상되는 것은 결코 아니다.

프랑크푸르트-뢰머베르크은 비록 계획으로 남았지만 의심할 바 없이 우즈의 경력에서 가장 탁월한 성취였고 아마도 팀 텐이 발전시킨 가장 중요한 원형 가운데 하나일 것이다. 기존 도시의 맥락과 관계 맺고 '기능적 도시'와 '열린 도시' 모델의 현실 도피 속성을 거부한 이 계획안은 그곳에 자동차를 넣고 도시 문화의 전통을 이어가려 노력했다.

프랑크푸르트 계획안은 1973년 베를린 자유 대학교[283,284]에서 실현되었지만 계획 당시의 신념 상당 부분을 상실한 상태였다. 이는 대체로 도시적 맥락의 결여에서 비롯되었다. 만약 프랑크푸르트에 건설되었다면 착상되고 반영되었음직한 바로 그 도시 문화가 베를린-달렘에는 없었다. 아무리 대학교가 소도시처럼 기능할지라도 도시 고유의 생동감 있는 다양성을 발생시킬 수는 없다. 이와 별개로 프랑크푸르트의 공간 차원의 유연성은 베를린에서 기술 차원의 유연성을 이상화하는 것으로 대체되었다. '시적'이지만 기능은 거의 없으며, 코르텐 강을 입혀 모듈식으로 붙인 장 푸르베의 파사드가 그 역할을 맡았다.

1964년, 우즈의 프랑크푸르트 계획안의 암묵적인 이데올로기는 데 카를로의 우르비노 계획에서 보완되었다. 지형에 대한 철저한 선행 연구가 진행되었던 이 계획안은 신규 개발로 공간을 제공하는 쪽보다 좀 더 많은 공간을 보존하고 재건하는 쪽으로 전략을 짰다. 데 카를로의 우르비노 계획안에 이르러 팀 텐은 마침내 '빛나는 도시'의 합리주의적 계획에 대한 반명제를 완성했다. 기존 것들을 가능한 한 재사용하려는 데 카를로의 입장은 최근의 주거 연구에서 잘 나타난다. 이에 따르면, 흔히 사용되는 고밀도에도 불구하고 철거와 건설에 소요되는 기간에 발생하는 '주거 손실'을 통계적으로 감안하면 새로운 주거를 만드는 데는 거의 50년이 걸린다.

이러한 고려 사항은 팀 텐이 그간 항상 애써 회피하려고 했던 영

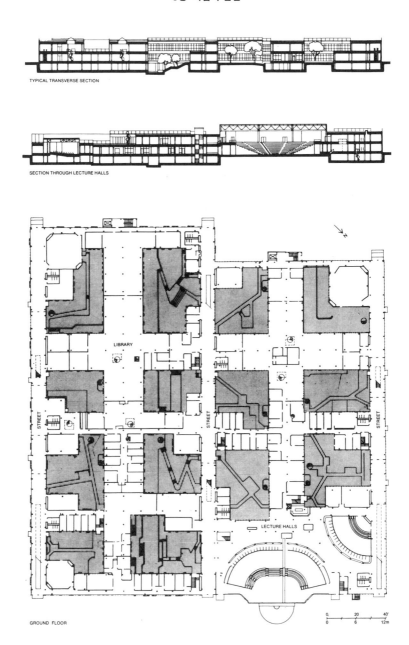

TYPICAL TRANSVERSE SECTION

SECTION THROUGH LECTURE HALLS

LIBRARY

STREET

STREET

STREET

LECTURE HALLS

GROUND FLOOR

[283] 우즈와 쉬트헬름, 자유 대학교, 베를린-달렘, 1963~73. 1단계 단면과 지층 평면.

[284] 우즈와 쉬트헬름, 자유 대학교, 베를린-달렘, 1963~73. 코르텐 강 클래딩 체계.

역, 즉 정치에 뛰어들게 했다. 이 의식의 전환을 1968년 밀라노 트리엔날레에서 우즈가 급진파 학생들에 동조하여 자신의 작업을 철거하는 데 나선 사건보다 더 명백하게 드러내는 예는 없다. 그는 바로 1년 전 다음과 같이 썼다.

우리는 무엇을 기다리고 있는가? 한층 더 난해해진 무기로 새로이
무장한 공격에 대한 뉴스, 점점 더 야만스러워지는 집 깊숙한
어디에선가 근사한 트랜지스터 도구에 잡히는 방송으로 전달되는
뉴스를 읽어야만 할 것인가? 우리의 무기는 점점 더 세련돼가고 있다.
우리의 집은 점점 더 야만스러워지고 있다. 이것이 역사가 시작된 이래
가장 풍요로운 문명에 대한 대차대조표인가?[5]

같은 주제가 1968년 데 카를로의 『건축을 정당화하며』에서 다

루어졌다. 그는 여기에서 현대 건축의 이념적 전개를 개괄적으로 분석하고 그 맥락에서 1928년 CIAM 선언의 결과를 다음과 같이 평가했다.

> 회의가 열린 지 40년이 지난 오늘날 그때의 제안들이 주택, 근린주구, 교외 주거지 그리고 도시가 되었다. 명백한 폐해의 징후가 처음에는 빈곤층을 대상으로, 그다음에는 그렇게 가난하지만은 않은 사람들을 대상으로 나타났다. 이것은 가장 잔인한 경제적 투기와 가장 우둔한 정치적 무능에 대한 문화적 변명이다. 그럼에도 프랑크푸르트에서 그토록 냉담하게 잊힌 '왜'라는 질문들을 수면 위로 끌어올리기는 여전히 어렵다. 그렇기는 하나 우리는 '왜' 주택이 가능한 한 저렴해야만 하는지, 즉 '왜' 더 비싸면 안 되는지, 그리고 표면, 두께, 재료를 최소화하려고 노력하는 대신, 넓고 보안이 잘되고 외따로 떨어져 있으며 편안하고 설비가 훌륭하며, 사생활과 소통, 교류, 개인의 창의성을 위한 기회가 풍부한 주택을 만들면 '왜' 안 되는지 물을 권리가 있다. 전쟁에, 미사일과 탄도미사일 요격 시스템의 건설에, 달 프로젝트에, 게릴라가 활동하는 삼림에 대한 고엽 작전을 위한 연구에, 게토에서 출현하는 선동자들을 무력화하기 위해서, 숨은 종교 집단에, 모조 일용품의 발명에 얼마나 많은 비용이 소요되는지 모두가 아는데 가용 자원이 부족하다는 답변에 수긍할 사람은 사실상 아무도 없다.[6]

데 카를로에게 1968년 학생 시위는 건축 교육 위기의 필연적 정점이었고 건축 실천 및 이론의 심각한 기능 장애의 반영이었다. 건축 이론은 그간 사회 전체에 침투한 권력과 착취의 조직망을 신비화하는 데 복무해왔다. 데 카를로는 이에 대한 예증으로서 제8회 CIAM의 의사록을 인용했다. 그 회의의 '도시의 심장'에 대한 감상주의적인 토론 결과는 전통적인 도시 중심부를 파괴시킨 이데올로기에 상당 부분 책임이 있었다(냉소적이진 않더라도 이 아이러니한 의사 절차는 10년 동안 온전하게 추진력을 발휘하지 못했다). 데 카를로가 주장했듯이, 이러한 사업의 '신어'(Newspeak, 애매하게 말해 사람들을 기만하는 표현)는 도시 재개발 과정을 빈곤층의 이주를 완곡하게 표현한 것으로 여기는 서구 비평가들에게 효력이 없지는 않았다.

1960년대 중반에도 이 점은 여전히 팀 텐 회원 대부분의 관심에서 꽤 벗어나 있었다. 판 에이크, 우즈와 데 카를로를 제외하면 팀 텐은 공리라는 명분 아래 도시의 유산이 파괴되는 것을 무시하는 쪽으로 기울어 있었던 것 같다. 팀 텐의 근본 원리가 지닌 역량은 이 지점에서 마비됐고 그들의 창의적인 에너지는 불가능한 상황에 직면하자 고갈되었다. 역설적으로 이제 그들의 작업에서 지속되고 있는 것은 건축적 비전보다는 문화 비평의 도발적인 힘이다.

4장

장소, 생산, 배경화: 1962년 이후 국제적 이론과 실천

공간(space), 라움(Raum), 룸(Rum)이라는 단어가 가리키는 바는
고대의 의미로 설명된다. 라움은 정착과 유숙을 위해 치워지고
비워진 장소라는 의미이다. 공간은 무언가를 위해 마련된 어떤 것,
그리스어로는 페라스(peras)라고 부르는 경계 안에 있는 치워지고
비워진 무엇이다. 경계는 그리스인이 인식했듯 무언가가 멈추는
지점이 아니라 무언가의 현전이 시작되는 지점이다. 그 개념은
호리모스(horismos), 즉 수평선(horizon), 경계이다. 공간은
본질적으로 마련된 곳, 즉 자신의 경계 속으로 들여보내진 곳이다.
마련된 곳은 하나의 장소를 통해, 즉 다리라는 양식으로 존재하는
하나의 사물을 통해 그때그때마다 마련되고 접합, 즉 결집된다. 따라서
공간은 그 존재를 '공간'이 아니라 장소로부터 부여받는다.
― 마르틴 하이데거, 「건축함, 거주함, 사유함」(1954).[1]

건축에서의 최근 발전을 이야기하려면 1960년대 중반 이후로 건축
가들이 해온 양가적인 역할을 언급하지 않을 수 없다. 양가적이라 함
은 공익을 위한 행동이라고 주장하면서 기술공학을 최대한 활용하는
영역을 발전시키는 데에 때로는 무비판적으로 조력했다는 의미에서,
좀 더 지적인 건축가들은 직접적인 사회적 행동에 참여하기 위해 또
는 예술 형식으로서의 건축을 추구하기 위해 전통적인 실천을 포기
했다는 의미에서 그러하다. 후자에 관한 한 우리는 그것을 억압된 창
조성의 복귀로, 그 자체의 유토피아의 파열로 간주할 수밖에 없다. 건

축가들은 물론 이전에도 실현 불가능한 투사(projection)에 빠져들
곤 했으나, 피라네시나 좀 더 최근인 브루노 타우트의 유리사슬의 환
영 등을 제외하면, 그렇게 접근하기 어려운 이미지를 투사하는 경우
는 거의 없었다. 제1차 세계대전의 충격 전에도 후에도 계몽주의의
긍정적인 열망은 확실한 신념을 실현할 힘을 여전히 갖고 있었다. 그
보다 전인 19세기의 문턱에서 가장 장대했던 불레의 비전조차 충분
한 자원만 있었더라면 실현되었을 것이고, 르두는 분명 몽상가였던
만큼 건축업자이기도 했다. 르두의 사정은 르 코르뷔지에에게도 해당
된다. 그의 방대한 도시계획을 자유자재로 처리할 수 있는 충분한 힘
이 그에게 주어졌더라면 의심할 것도 없이 계획은 모두 실현됐을 것
이다. 1972년 미노루 야마사키가 디자인한 쌍둥이 타워 형태의 골조
튜브(frame tube) 형태인 412미터의 뉴욕 세계무역센터나 1971년
SOM의 브루스 그레이엄과 파즐루르 칸이 설계한 30미터가 더 높은
시카고의 시어스 타워는 라이트가 디자인한 1,600미터 높이의 마천
루(1956)도 필시 실현 불가능하지 않았으리라는 사실을 입증하고 있
다. 그러나 이러한 초대형 빌딩은 일반적인 실천 모델로 삼기에는 너
무 예외적이다. 한편 만프레도 타푸리가 시사했듯이 현대 아방가르드
의 목표는 매체를 통해서 그 자체를 정당화하거나 홀로 창조적인 액
막이 의식을 행함으로써 죄를 벌충하는 것이다. 이 마지막 방법이 일
종의 파괴적인 전략(아키그램의 '시스템 속에 잠음을 주입하는')이나
비판적인 의도를 가진 정교한 은유로 쓰일 수 있는 범위는 관련된 개
념의 복합성과 전체 기획의 의도에 달려 있다.

　1961년 잡지 『아키그램』(*Archigram*) 창간호를 발행하기 바로
직전에 신미래주의 이미지를 내놓기 시작한 영국 아키그램 그룹의 사
고방식은 분명히 미국 디자이너 버크민스터 풀러의 기술관료 이념과
그의 영국 측 옹호자인 존 맥헤일, 레이너 배넘과 밀접하게 연관돼 있
었다. 1960년에 배넘은 맥헤일의 의견에 따라 『제1기계시대 이론과
디자인』의 마지막 장에서 풀러를 미래를 구원하는 백마 탄 기사로 지

목했다. 아키그램의 첨단 기술과 경량과 하부구조적 접근(풀러의 작업에 함축돼 있고 요나 프리드만의 1958년 『움직이는 건축』에서 훨씬 더 뚜렷한 일종의 불확정성)에 대한 이후의 헌신은 다소 역설적으로 정말로 불확정적이거나 사회에 적용되고 실현될 수 있는 해법을 산출하기보다는 오히려 공상과학의 아이러니한 형태에 탐닉하도록 만들었다. 무엇보다도 이것이 바로 그들을 풀러의 또 다른 뛰어난 영국 제자인 세드릭 프라이스와 구분 지었다. 프라이스의 1961년 펀 펠리스와 1964년 포터리스 싱크 벨트는 만약 실현되지 못했다면 아무것도 아니었다. 하지만 적어도 이론상으로는 둘 다 불확정적이며 각기 대중 오락과 쉽게 접근 가능한 고등교육 체계에 대한 요구를 충족할 수 있었다.

어떤 파괴적인 에로티시즘(예를 들면 1962년 마이클 웨브의 신센터에서 분명히 드러나는 생물학적으로 기능주의적인 패러디[285]) 외에 아키그램은 생산 과정이나 시대의 과업에 타당한 기술을 적용시키는 것보다는 매혹적인 우주 시대 이미지와 생존 기술의 종말론적 뉘앙스―풀러를 좇아―에 더 관심이 있었다. 이 모든 표면상의 아이러니에도 불구하고, 론 헤론의 1964년 '걸어 다니는 도시'는 핵전쟁의 여파로 폐허가 된 세상을 가로질러 활보하고 있는 모습을 그리고 있다[286]. 하워드 휴스의 특수 선박인 '글로마 익스플로러'처럼 이 도시들은 대재앙 이후에 사람과 물건을 구하는 악몽과도 같은 구원을 암시한다. 이 거대 건조물들은 맨해튼 중심가 전체를 덮는 거대한 돔을 세우려 했던 풀러의 1962년 제안에 상응하는 것으로 간주될 수 있다[287]. 이 도시의 철폐(iron lung)는 지오데식 돔(geodesic dome) 형태의 스모그 방패로 설계되었다. 그 디자인은 분명 있을 법하지 않은 근거리 핵폭격 시 방사성 낙진 대피소로 고안된 것이다. 태연하게도 아키그램은 그들의 다양한 메가스트럭처 제안의 사회적·생태학적 결과를 따져볼 생각을 하지 않았다. 피터 쿡의 1964년 플러그인 시티가 전형적인 예다. 공중에 뜬 우주 시대의 캡슐에 사로잡혀 있

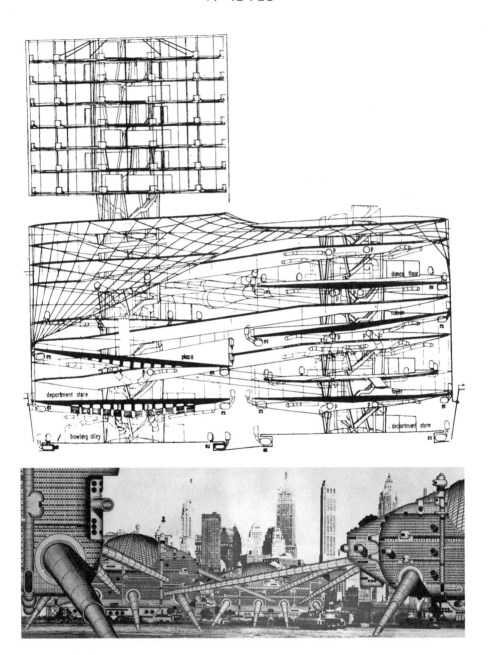

[285] 웨브, '신 센터' 프로젝트, 1962.
[286] 헤론, '걸어 다니는 도시' 프로젝트, 1964.

[287] 풀러, 맨해튼 중심부를 덮는 지오데식 돔 프로젝트
(강과 강 사이, 64번 도로와 22번 도로 사이), 1962.

던 데니스 크롬프턴, 마이클 웨브, 워런 초크, 데이비드 그린 역시 왜 사람들이 그렇게 비싸고 고도로 복잡한 하드웨어이면서 동시에 잔인할 정도로 좁은 곳에서 살아야 하는지를 설명해야 할 의무를 느끼지 못했다. 그의 자기 중심적이고 팽창하게 돼 있는 비눗방울 속에서 하이파이와 아마도 다른 편의시설들을 갖추고 비슈누의 나르시시즘적 제스처를 연기하고 있는 배넘같이 [아마도 풀러의 반어적인 시 '돔으로 가라'(1권 479쪽 참조)의 속물 정신에 대한 경의로] 추측건대 그들 모두가 경멸한 전전의 기능주의자들이 정립한 최저 생활 기준에도 못 미치는 공간 기준을 제안했다.

　　만약 건축이 '곤충과 포유동물의 활동 수준'(소비에트의 구축주의 건축가들의 환원주의에 대해 1956년 베르톨트 루베트킨이 긴즈부르크의 현대건축가협회를 겨냥한 공격을 인용)으로 축소되어야 한다면, 그것은 확실히 아키그램이 기획한 주거의 기본 단위(cells)일 것이다. 1927년 풀러의 다이맥시온 주택이나 그보다 10년 후인 다이맥시온 욕실에 기초한 이들 유니트는 주로 1인 또는 2인을 위해 설계되었다는 의미에서 '독립적인 패키지'였다. 아이가 없는 가족 단위에 대한 이 같은 집착은 부르주아 가정에 대한 암묵적인 비평이긴 했지만, 아키그램의 궁극적인 입장은 피터 쿡의『건축: 행위와 계획』(1967)의 다음과 같은 구절이 명시하듯이 비판적인 것은 또 아니었다.

> 대지의 '가능성'을 조사하는 것, 다른 말로 한 조각의 땅에서 최대한의 이익을 뽑아내기 위해 건축적 개념의 독창성을 이용하는 것은 건축가의 업무가 될 것이다. 과거라면 예술가의 재능을 비도덕적으로 사용하는 것으로 간주했을 것이다. 이제 그것은 전체 환경과 복잡한 건축 과정의 일부에 불과하다. 여기서 재정은 창의적인 디자인 요소의 하나가 될 수 있다.[2]

아키그램의 작업은 놀랍게도 일본 메타볼리스트의 작업에 가깝다. 이들은 일본의 인구 과밀 압력에 대응해 계속해서 늘려가면서 조정하는 '플러그인' 메가스트럭처를 1950년대 말에 제안했다. 여기에서 주거의 기본 단위는 구로카와 기쇼의 작업에서처럼 커다란 나선형 고층 건물에 끼워 고정시키는 조립식 팟(pod)으로 축소되었다. 그런가 하면 기쿠타케 기요노리의 프로젝트에서 그것들은 바닷속에 또는 위에 떠 있는 대형 실린더 안팎의 표면에 부착될 수 있었다[288]. 기쿠타케의 부유하는 도시들은 메타볼리즘 운동의 가장 시적인 비전 중의 하나임이 분명하다. 하지만 에너지 추출 장비를 단 무수한 시추 장치에도 불구하고, 기쿠타케의 '해양 도시'는 아키그램의 메가스트럭처보다 일상의 삶에는 한층 더 요원하고 응용이 불가능해 보였다. 메타볼리스트 건축가 대부분이 다소 관행적인 실천을 펼쳐나갔다는 사실은 이 운동이 수사적인 전위주의에 불과하다는 사실을 입증해준다. 1958년 기쿠타케의 스카이 주택과 1971년 도쿄 긴자에 지어진 구로카와의 나카긴 1인 캡슐 타워[289](구로카와의 1962년 캡슐 아파트와 비교해보자)를 제외하고 메타볼리즘의 개념이 실현된 사례는 매우 드물다. 비록 그러한 광적인 미래주의가 마키 후미히코와 오타카 마

[288] 기쿠타케, '해양 도시' 프로젝트, 1958.
[289] 구로카와, 나카긴 캡슐 타워, 도쿄, 1971.

사토 등의 온건주의자가 발전시킨 지능적이고 부가적인(intelligent additive) 도시 형태와 구분되어야 할지라도, 귄터 니츠케는 1966년에 메타볼리스트 운동을 평가할 때 다음과 같이 말해야만 했다.

실제 건물들이 더 무겁고 더 딱딱하고 규모 면에서 더욱 더 기괴해지는 한, 권력—자신의 권력이든 세속적 기관(사회를 통치하지 말고 봉사해야 하는)의 권력이든—의 표현 수단으로 건축이 받아들여지는 한, 더 큰 유연성과 변화를 애호하는 구조들에 관한 이야기는 단지 헛소리에 불과하다. 이 구조(시부야 아키라의 1966년 메타볼릭 도시 프로젝트)를 전통적인 일본 구조 또는 콘라트 바흐스만, 풀러가 제시한 현대적 방법 또는 일본의 에쿠안(Ekuan) 등 어떤 것과 비교해도 1,000년은 뒤떨어진 단순한 시대착오, 적어도 이론과 실천의 의미에서 현대 건축의 진보는 아니라고 간주되어야만 한다.[3]

일본에서 메타볼리즘의 비전은 1970년 오사카 박람회의 이념 공백과 함께 쇠퇴했다. 이후 일본 건축의 비평적 선두는 나이 든 메타볼리스트에서 이른바 일본 뉴웨이브로 넘어갔는데, 이들의 작업은 중간 세대의 두 건축가 이소자키 아라타와 시노하라 가즈오의 후원으로 널리 알려지게 되었다. 시노하라의 작업은 거의 전적으로 국내에 한정돼 있었지만, 이소자키는 처음에는 비평적 지성으로, 다음에는 1966년 규슈 오이타의 후쿠오카 소고 은행으로 독립적인 경력을 시작한 공공 건축가로서 명성을 쌓았다. 이 성공적인 작업은 1974년 군마 현 다카사키 소재의 군마 현립 미술관[290]을 포함하는 공공 건축 연작으로 이어졌다.

이소자키는 1968년 제14회 밀라노 트리엔날레에 '전자 미로'라는 제목의 비평적 전시회를 기획해 국제적으로 이름을 알렸다. 히로시마 재앙의 종말론적인 의미를 멀티미디어로 표현한 이 역작은 무작위로 작동하는 회전 스크린과 뒤에서 투사되는 이미지로 구성되었고, 이소자키는 유럽의 아방가르드와 나란히 서게 되었다. 밀라노 트리엔날레를 통해 이소자키는 아키그램과 한스 홀라인과 접촉할 수 있었고 이후 그의 작업들에는 이들의 영향이 묻어난다. 아키그램으로부터는 1970년 오사카 박람회에서 단게 겐조의 페스티벌 플라자를 위해 디자인한 로봇에서 풍부한 '첨단 기술' 요소를, 홀라인에게서는 공들여 만든 오브제와 아이러니한 예술적 이미지로 소재를 혼합하는 취향을 가져왔다. 홀라인의 영향은 기타큐슈에 있는 후쿠오카 소고 은행(1968~71)에서 처음 드러났다. 정교한 내부 마감에 대한 그의 경향과는 별도로 이소자키는 칸이 그랬듯 르두의 '말하는 건축'에서 영감을 얻었다. 르두의 상징적인 신플라톤적 기하학을 출발점으로 삼은 이소자키는 1970년대 초에 설계한 일련의 은행 지점에서 격자형 하이테크 건축을 추구했고 이는 군마 현립 미술관에서 절정에 달했다. 이 신기루 같고 재기 넘치는 건축으로 이소자키는 일본의 전통적인 '어둠의 공간'의 손실을 보상하려고 했다. 일찍이 소설가 다니자키 준

[290] 이소자키, 군마 현립 미술관, 다카사키, 1974.

이치로는 자신의 에세이 「음예 예찬」(1933)에서 불빛이 희미하고 우묵한 가정집의 실내가 사라져감을 애도한 바 있다. 일본 전통 건물의 어두운 실내에 대한 다니자키의 평가에는 공감하지만 그의 문화적 향수가 담고 있는 반동적 성격은 받아들일 수 없었던 이소자키는 이 전통적 환영 공간에 대한 현대적 등가물을 발전시키려고 했다. 이 발전은 나감사미 홈 뱅크(1971)에서 정점에 달했는데 이에 대해 그는 다음과 같이 썼다.

건물은 거의 아무 형태도 갖고 있지 않다. 그것은 단지 회색의 공간일 뿐이다. 다층의 그리드는 사람들의 시선을 인도하지만 특정한 것에 집중하게 만들지는 않는다. 처음 마주한 희미한 회색 공간은 해독이 불가능하며 정말로 기묘하다. 다층 그리드 망은 갖가지 이미지가

중앙의 영사기로부터 주변 영역으로 던져지는 것만큼 시선을 공간
전체로 분산시킨다. 그것은 엄격한 질서를 구축하고 있는 모든 개별
공간을 흡수한다. 그리드 망이 개별적인 공간을 숨기며, 그 은폐의
과정이 끝났을 때 회색 공간만이 남는다.[4]

1970년대 초 이래 이소자키의 작업은 군마 현립 미술관과 후쿠
오카 시에 있는 슈코샤 빌딩(1974~75)에서처럼 큐브 형태의 중첩으
로 조절되는 격자형의 비텍토닉적인 조립물(회색의 공간)과 오이타
근교의 후지미 컨트리 클럽하우스(1974~75)와 기타큐슈 시립 중앙
도서관(1972~75) 등 일련의 반원형 볼트의 텍토닉한 구조 사이를 계
속해서 오갔다. 마지막 전형의 가장 최근 버전은 로스앤젤레스 현대
미술관(1986)인데 아마도 그의 가장 훌륭한 최근작일 것이다.

메타볼리스트들과 달리, 이소자키와 시노하라 그리고 여타 일본
뉴웨이브 멤버들은 오늘날 하나의 독립된 건물과 전체로서의 도시 조
직이 모종의 의미 있는 관계를 맺을 수는 없다는 사실을 인정했다. 이
러한 비판적 태도는 이소자키와 시노하라의 내향적인 작업을 포함해
안도 다다오와 후지 히로미, 하라 히로시, 하세가와 이쓰코, 이토 도요
등의 건축가가 설계한 극도로 형식적이고 자기 성찰적인 주택에서 표
현되었다.

이소자키와 시노하라에게서 동시에 영향을 받은 이토는 일본 뉴
웨이브 계통의 전형화로 볼 수 있다. 즉, 그의 작업은 대단히 미적이
면서 동시에 이념적으로 비판적이었다. 이소자키와 시노하라와 마찬
가지로 그는 거대 도시에 대해 숙명론적 태도를 취했고, 그것을 도통
의미가 없는 환경적인 광란 상태의 징후로 간주했다. 그는 '비장소적
인 도시 영역'의 임의적인 무질서에 대해 문화적으로 의미 있는 유일
한 가능성은 닫혀 있는 시적 영역의 창조에 있다고 보았다. 지금까지
그의 도시 작업 중 가장 큰 건물은 1978년 나고야에 세워진 PMT 빌
딩으로 '종잇장처럼 얇은' 구조의 개입이다. 상당 부분 밀폐되어 천창

으로 빛이 들어오는 형태는 금욕주의적이고 엄격한 미를 지녔다. 여기에서 우리가 이해하는 것은 짐짓 선심을 쓰는 체하는 포퓰리즘(로버트 벤투리)이라기보다 귀족적인 대응 형태(이소자키)다. 이것만큼은 1978년 이토의 에세이 「건축에서의 콜라주와 피상성」으로 미루어 볼 때 뚜렷하다.

> 일본 도시에서 볼 수 있는 표면의 풍부함은 건물의 역사적 축적으로 이루어진 것이 아니라 현재의 천박한 상징과 마구잡이로 뒤섞인 우리 건축의 잃어버린 과거를 향한 향수에서 나온다. 향수 어린 만족감을 향한 끝없는 욕망 뒤에는 어떤 실체도 없는 공백이 존재한다. 내가 나의 건축에서 얻고자 하는 것은 또 다른 향수 어린 오브제가 아니라 밑에 감춰진 공백의 성격을 드러내기 위한 표현의 피상성이다.[5]

지금까지 본 것처럼, 미국 서부의 '드롭 아웃'(drop-out) 문화의 지오데식 돔을 제외하고, 버크민스터 풀러의 가장 큰 영향은 일본에서 그리고 무엇보다도 영국에서 있었다. 계속된 다이맥시온의 발전은 세드릭 프라이스와 피터 쿡의 스페이스 프레임과 돔 프로젝트에서 포스터의 최근 작업까지 찾아볼 수 있다.

이 운동의 전형적인 예는 영국의 리처드 로저스와 이탈리아의 렌초 피아노의 짧은 제휴로 디자인되어 1977년 파리에 건설된 퐁피두 센터다[291,292]. 건물은 분명 아키그램의 기술공학적·하부구조적 수사학의 실현이며, 이러한 접근법의 최상의 결과는 매일 사용되고 있는 것으로 증명되고 있다. 한편, 어떤 역설적인 성취가 주장될 수 있다는 것도 분명하다. 첫째, 그것의 선정적인 성격만큼이나 걸출한 대중적 성공이 있었다. 둘째, 퐁피두 센터는 그 자체로 첨단 기술의 눈부신 역작이다. 마치 정유 공장 같은데, 실제로 퐁피두는 정유 공장의 테크놀로지를 모방하려 했다. 그러나 그것이 수장하기로 한 미술품과 도서관 소장품 비치를 위한 지침은 거의 고려되지 않았다. 그것

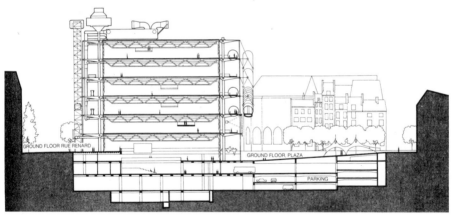

[291, 292] 피아노와 로저스, 퐁피두 센터, 파리, 1972~77.

은 비결정성과 최적화된 유연성을 극한으로 몰고 가는 접근법을 대표
한다. 건축가들은 예술 작품 전시를 위한 충분한 벽면과 둘러싸인 공
간을 마련하기 위해 뼈대 볼륨 속에 또 다른 건물을 지어야 했다. 최
적의 유연성을 확보해주는 50미터 길이의 격자형 트러스는 과도할 정
도다. 첫 번째 벽면은 부족했고 두 번째 유연성은 지나쳤다. 하지만 도

시적 맥락을 깡그리 무시한 건물의 스케일과 하나의 국립 기관으로서의 위상을 표현할 수 없다는 사실은 건물의 이데올로기적 입장과 일치한다. 그러한 관심은 영국의 다이맥시온 디자인 학파에게는 언제나 생소했기 때문이다. 건물 서쪽 면에 걸린 유리로 덮인 튜브형 에스컬레이터 통로는 극적인 도시 경관을 선사하며 의도치 않은 아이러니를 하나 낳았다. 실상 이 통로는 1일 평균 방문객 2만여 명을 수용하기에는 적정한 규모가 아닌데, 많은 방문객이 제공된 문화시설보다는 건물 자체와 경치를 보려고 찾아온다.

1972년 영국의 밀턴케인스 뉴타운의 디자인에서도 똑같이 비결정적인 접근법이 채택되었다[293]. 다소 불규칙한 격자 도로에 기초한 이 도시는 버킹엄셔의 농지 풍경 위에 배치하게 될 인스턴트 로스앤젤레스로 구상되었다. 지형에 따라 형성된 텅 빈 불규칙한 그물망은 부조리한 데까지 밀고 나간 또 하나의 비결정 성의 표현이었다. 또한 미스적인 쇼핑센터의 신고전주의에도 불구하고 지방도시의 정체성을 상징할 수 있는 능력이 거의 없었다. 법적 경계선을 나타내는 표식 외에는 도시에 도착했다고 생각할 수 없을 정도다. 우연히 들른 방문객에게 밀턴 케인즈는 어느 정도 잘 디자인된 주택들이 다소 무작위로 모여 있는 것 이상은 아닌 것처럼 보였다. 라이트가 계획한 브로드에이커 시티의 직교의 정확성은 이와 대조된다. 도시 조직의 가차 없는 분산에도 불구하고 각각의 지역은 직각의 경계선 덕에 확실한 의미를 획득하고 있다. 반면에 밀턴케인스에서는 경계선이라고 말할 수 있는 것이 지각 가능한 질서에 부합하지 않는데, 이는 도시의 구조가 멜빈 웨버의 도시계획 이론의 영향을 받았다는 점에서 놀랍지 않다. 그의 슬로건인 '비장소적인 도시 영역'(Non-Place Urban Realm)은 루엘린-데이비스 윅스 포레스티어-워커, 보르와 같은 공직 건축가들의 계획에서 하나의 신조처럼 채택된 바 있다. 이 슬로건이 크리스탈러-로슈의 '중심지 이론'—그때나 지금이나 최적의 시장 조건을 마련하는 데 도움이 되는 가장 동적인 모델—에 대한 웨버의 헌신에서 비롯되었다는 사실을 건축가들이나 지방자치단체 둘 다 놓치지 않았다. 소비사회를 전제로 한 관심에 부합하는 무한대로 확장 가능한 도시계획 모델을 선택한 것은 확실히 의도적인 것이었다.

바우하우스의 공식 후계자인 스위스 건축가 막스 빌이 1951년 처음 구상한 독일의 울름 조형대학교[294]의 디자인과 기술에 대한 엄격한 접근법은 10년도 지나지 않아 소비사회를 위한 디자인과 관련해 근본적인 모순에 직면하게 되었다. 1956년 빌이 학장 직에서 사퇴한 후 울름 조형대학교는 발견적 디자인(a heuristic of design)을 발전시키는 데 목적을 둔 '오퍼레이션 리서치'(operational research) 형식을 받아들였다. 이에 따라 사물의 형태는 그것의 생산과 사용의 성격을 분석하는 엄밀한 방법론에 따라 결정된다. 불행히도 이 방법은 하나의 방법에 대한 맹목적 우상으로 빠르게 전락해버렸고, 방법론적 '순수주의'는 인체공학적으로 결정되지 않은 디자인을 제시하기보다는 해결책을 포기하기에 이른다. 헤르베르트 올의 산업건축학과는 특정한 건물의 용도에 관한 종합적인 분석을 배제하고 산업 요소 디자인을 중시했다. 실제 요구는 건설 형태의 합리화된 생산을 위해 극도로 세련된, 하지만 비교적 단순한 원형적인 구성 요소를 생산하려는 노력 속에서 자주 간과되곤 했다. 1960년대 중반, 토마스 말도나도, 클로드 슈나이트, 기 본지페 등 좀 더 비판적인 교수진은 제품 디자인의 이상화는 막다른 길에 접어들었으며 신자본주의 사회에 내재한 근본 모순을 편리하게도 과학적인 방법과 기능주의적 미학의 이름으로 간과했음을 인정했다. 건축과 관련해서는 슈나이트가 가장 강력하게 표현했으며,「건축과 정치적 책무」(1967)에 다음과 같이 썼다.

> 현대 건축의 개척자들도 소싯적에는 건축은 '사람을 위한 사람의
> 예술'이어야만 한다는 윌리엄 모리스와 생각이 같았다. 소수 특권층의
> 취향에 영합하는 대신 공동체의 요구 조건을 충족시키기를 원했다.
> 그들은 인간의 필요에 부합하는 주거지를 짓고 '빛나는 도시'를

[293] 루엘린-데이비스·윅스 포레스티어·워커와 보어·밀턴케인스 뉴타운 전략 계획,
버킹엄셔, 1972. 계획된 도로 격자를 풍경 위에 겹쳐놓았다.
주거 지역(연한 색)과 업무 지역(짙은 색)이 불규칙하게 섞여 있다.
[294] 빌, 울름 조형대학교, 1953~55. 왼쪽에서 오른쪽으로 작업동, 도서관, 행정동, 기숙사.
저 멀리 울름 대성당이 보인다.

세우기를 원했다. 그러나 그들은 그들의 이론을 사적으로 이용하고
이윤 추구에 동원하는 데 조금도 거리낌이 없는 부르주아 계층의
상업적 본능을 간과했다. 실용성은 곧 이익과 동의어가 되었다.
아카데미에 반하는 형태는 지배 계급의 새로운 양식이 되었다.
합리적인 주거는 최소한의 주거로, 빛나는 도시는 도시의 복합체로
그리고 선의 엄정함은 형태의 빈곤함으로 바뀌었다. 노동조합,
협동조합과 사회주의 지방자치단체의 건축가들은 증류주 제조업자,
비누 생산업자, 은행가와 함께 바티칸에 고용되었다. 잘 살기 위한
새로운 거주 환경을 창조함으로써 인류의 해방에 기여하기를 바랐던
현대 건축은 인간 거주지를 악화하는 거대한 기업으로 바뀌어갔다.[6]

같은 글의 후반부에서 슈나이트는 1960년대 '대안적' 아방가르드
의 성취를 비판했다.

건축과 도시계획 분야의 가장 대담한 개념조차 현대 기술의 도움으로
가능하다는 것이 그들의 철학이다. 이것이 바로 우주선, 화물 상자, 파일
시스템, 정제 공장 또는 인공섬 … 을 닮은 무엇을 그들이 추구하는
이유다.
    이 미래주의 건축가들은 기술을 결론까지 논리적으로 끌고 갔다는
점에서는 인정받을지 몰라도 그들의 사고방식은 종종 맹목적인
기술 지상주의를 범하고 만다. 정제 공장과 우주 캡슐은 기술적이고
형식적인 완벽함의 모델이 될 수는 있겠지만, 만약 그것들이 숭배의
대상이 된다면 그것들이 주는 교훈은 완전히 빗나갈 것이다. 기술의
잠재력에 대한 이 무제한적인 신뢰는 인간의 미래에 관해 놀라울
정도의 불성실함과 협력한다. … 이와 같은 비전은 건축가들을
달래주는 효과가 있다. 이제 여러 기술과 미래에 대한 자신감으로
충만해진 그들은 사회적·정치적으로 직무를 유기해도 괜찮다고 생각할
것이다.[7]

미래주의적 건축의 실효성에 이의를 제기할 수는 있겠지만 1960년대 아방가르드 건축이 사회적 책임을 완전히 포기하지는 않았다. 확실한 정치적 지향이 있었던 진영도 있었고 첨단 기술에 대한 태도가 결코 무비판적이지만은 않았던 진영도 있었다. 이들 가운데 이탈리아의 슈퍼스튜디오 그룹을 언급해야만 한다. 슈퍼스튜디오는 상황주의자 인터내셔널의 네덜란드 예술가 콘스탄트 니우엔하위스의 개념인 '일원화된 도시계획'의 영향을 받은 가장 시적인 단체였다. 콘스탄트는 1960년 그의 '신바빌론' 프로젝트에서 인간의 '유희적' 성향에 부응하는 부단히 변화하는 도시 조직을 주장했다. 아돌포 나탈리니가 이끄는 슈퍼스튜디오는 1966년부터 많은 작업을 생산했는데, 아무것도 말하지 않는 도시적 기호를 표현한 '연속하는 기념비'와 소비재가 제거된 세계를 묘사한 삽화 시리즈로 나누어볼 수 있다. 그들의 작업은 거울 유리로 표면을 마감한 광대하고 알 수 없는 거석의 투사에서 자애로운 자연으로 표현된 공상과학적 풍경, 즉 전형적으로 반건축적인 유토피아를 묘사한 것까지 다양하다. 이들은 1969년에 다음과 같이 썼다.

> 과잉 생산의 격변 너머에 고요의 상태가 생겨날 수 있다. 여기서 상품이나 쓰레기가 없는 세상이 형성된다. 그 영역에서는 마음이 에너지이고 원자재이며 또한 마지막 상품, 소비를 위한 유일한 무형의 사물이다.[8]

그리고 다시 1972년 이렇게 말했다.

> 우리에게 필요한 물건은 깃발이나 부적, 계속되는 실존을 위한 신호나 단순하게 작동하는 단순한 도구일 뿐이다. 따라서 한편으로는 도구가 남아 있게 될 것이며, … 다른 한편으로는 기념비와 배지 같은 상징적 물건 … 만약 우리가 유랑민이 된다면 쉽게 가지고 다닐 수 있는 사물들,

또는 우리가 한 장소에 영원히 머무르기로 정한다면 무겁고 옮길 수 없는 물건이 남을 것이다.[9]

슈퍼스튜디오는, 철학자 헤르베르트 마르쿠제가 이미 도구와 소비재의 관점에서 삶을 정의하는 요인으로 특징지은 수행 원칙의 지배를 넘어서, 묵시적이고 반미래주의적이면서 기술적으로는 낙천주의적인 유토피아를 상상했다. 마르쿠제의 『에로스와 문명』(1962)을 빌리면, 이 유토피아에서

> 생활 수준은 기본적인 인간 욕구의 보편적 충족, 그리고
> 내면화되면서도 외면화되고 본능적이고도 '합리적인' 죄의식과
> 공포로부터의 자유 같은 기준들로 측정될 것이다. … 이 경우에
> 필수 노동으로 전환되는 본능적 에너지의 양이 적기 때문에, 억압적
> 속박과 조정의 영역은 더 이상 외력으로 지탱되지 못하고 붕괴할
> 것이다.[10]

슈퍼스튜디오가 이러한 비억압적인 세계를 사실상 비가시적이거나[295] 가시적이라도 전혀 쓸모없는 자기 파괴적인 건축(나이아가라 폭포를 위한 스스로 해체되는 거울 유리 댐을 보라)으로 표현했다는 사실은 의미심장하다. '연속하는 기념비'의 모순을 불레를 연상시키는 불가해한 매스로 나타냈음에도 불구하고, 그 이미지는 말레비치의 절대주의 기념비나 자바체프 크리스토의 '덮어 싼' 건물처럼 순간적이고 비의적이며 형이상학적이다. 크리스토는 1968년 베른에 있는 쿤스트할레 미술관을 덮어 싼 이후 서구 세계의 기념비적 정부기관을 포장하는, 그래서 '침묵하게' 하는 작업을 이어갔다.

1960년대 초에는 건축가의 가치와 사용자의 관심과 욕구가 서로 대응하지 않는다는 인식이 점차 증대했다. 이는 일상과 동떨어진 디자인을 극복하려는 다양한 반유토피아적 방안을 추구하는 개혁적 움

[295] 슈퍼스튜디오, 'A에서 B로의 여정',
'길이나 광장을 위한 더 이상의 이유는 없을 것이다.'

직임을 이끌었다. 이들 분파는 접근하기 어려운 동시대 건축의 추상적인 체계에 도전했을 뿐 아니라 건축가의 직능에서 빠져 있던 빈민층에 대한 봉사 방안을 찾으려 애썼다. 하브라컨은 저서 『옹호: 대량 생산 주택의 대안』(1972)에서 변화하는 사용자의 요구를 충족시킬 수 있는 주거군을 건설하는 문제를 다루었고, 존 터너와 윌리엄 맹긴은 1963년에 남아메리카 대도시 외곽에 산재한 자연 발생적인 '무단 점거' 도시에 대해 자문한 경험을 쓰기 시작했다. 당시 맹긴이 묘사한 다음과 같은 상황은 대륙 전체에 만연한 여러 도시의 전형으로 볼 수 있을 것이다.

> 사회적·경제적·문화적 이익의 중앙집중화와 엄청난 인구 증가가 맞물려
> 페루 수도 리마에는 농촌을 떠나 온 사람들이 폭발적으로 늘어났다.
> 리마 인구 200만 중 적어도 100만은 도시 밖에서 태어났다고 해도
> 무방하다. 도시로 이주한 사람들 중 많은 수가 아무런 도움 없이
> 자생해야 하는 불법 점거지, 이른바 판자촌(berriadas)에 정착하자
> 국내외의 이목을 끌었다. 페루 사람들도 처음으로 이 문제를 자각하기

시작했다. 도시는 아마 예전에도 이렇게 성장했을 테지만, 최근의 그 규모와 정도는 새로운 현상인 것처럼 보인다. 이주민들은 페루의 모든 지역, 모든 계층, 모든 인종 집단에서 나왔다.[11]

물론 이 엄청난 규모의 증가가 야기한 문제는 하나의 독립된 학문 분과로서의 건축의 영역을 넘어서는 것이었고 심지어 통상적으로 이해되는 토지 정착 및 건설 과정 바깥에 놓인 것이었다. 여하간 규모도 크거니와 눈에 잘 띄는 이 문제에 직면하여 무단 점거자들이 더 효과적으로 정착할 수 있도록 도와주는 방법(대부분 상하수도 시설)의 필요성이 대두되었고, 대규모 주택 단지 신축으로 슬럼 정리를 제안했던 신즉물주의의 40년 된 공식을 근본적으로 재고하게 만들었다. 하브라컨은 제3세계의 관점에서뿐 아니라 산업화된 경제에 만족하지 못하는 이들이 증가하는 현실에 입각해 모든 접근법이 재고되어야 한다고 주장했다.

개발 국가와 저개발 국가 모두에서 실행한 대안은 달성하기 힘든 것으로 입증되었고, '사용자 참여'(적절하게 정의하기도 어렵고 성취하기는 더 어려운)라는 만병통치약은 문제의 처치 곤란함과 특정 상황에만 대응하는 단편적인 기반 위에서만 문제를 효과적으로 다룰 수 있다는 사실을 깨닫도록 도왔을 뿐이다. 그렇지만 시민이 참여하는 도시계획은 1960년대의 급진적인 유산으로서 우리에게 남아 있다. 비록 그 결과가 혜택 받지 못한 사람들에 대한 정치적인 조작에서 지역 노동조합과 오랜 토론을 벌인 결과를 반영한 보고서에 따라 잔카를로 데 카를로가 설계한 로마 북부 테르니 저층 주택 지구[296]의 최근 성과에 이르기까지 크게 차이가 있지만 말이다. 이 전체 사업은 비록 사용자들의 욕구가 최종적으로 해석된 방식이 논쟁거리로 남아 있긴 하지만 놀라운 질적 가치를 지닌 다양한 주택을 탄생시켰다.

신즉물주의 실천의 변형과 관련해서 하브라컨과 아인트호번에 있는 그의 건축연구재단은 요나 프리드만의 열린 구조의 하부구조적

[296] 데 카를로, 마테오티 단지, 테르니, 1974~77.

접근법과 그의 '움직이는 건축'의 전망을 논리적인 결론으로 밀고 가는 데 기술관료로서 최선을 다했다. 이를 위해 그들은 낮지만 여러 층으로 된 '지지대' 구조(support structure)를 제안했다. 배치 계획은 비결정적이었으며, 고정된 부분은 진입로, 부엌, 욕실뿐이었다. 이 세 구역만 빼면 입주자는 그에게 할당된 볼륨에 대해서 자기가 원하는 방식대로 자유롭게 계획할 수 있었다. 애석하게도 하브라컨은 이 공간 매트릭스를 자동차 산업 라인을 따라 제작된 산업화된 모듈식 부재로 구성코자 했다. 어쨌든 이는 소련의 대량의 조립식 건축 프로그램도 달성하지 못했던 기술적 정교함과 구조상 내구성의 수준을 요구했다. 게다가 프리드만과 같이 그는 시스템에 내재한 '자유'의 상당 부분이 일단 독점자본의 원조를 받는 즉시 저절로 사라진다는 사실을 간과하곤 했다. 주택이란 결국 진실로 소비될 수 있는 품목이 되기에는 아직 아니었다. 다행히 건축연구재단의 개념은 기술만으로 지탱되지도 실패하지도 않았고, 하브라컨은 아직 충분히 탐구되어야 할 연구의 길을 열었다. 하브라컨의 생각에서 영향 받았음이 분명한 매우 훌륭한 작업으로는 오토 슈타이들, 도리스와 랄프 투트의 설계로 1971년 뮌헨 겐터슈트라세에 완공된 독특한 '확장 가능한' 테라스 주택 단지가 있다.

포퓰리즘

도시화가 문화적 정체성의 상실을 초래했다는 로스적인 인식은 1960년대 중반 다시 한 번 맹렬히 돌아왔다. 건축가들이 동시대 건축의 환원주의적 코드가 도시 환경의 불모화를 초래했다고 느끼기 시작한 시점이다. 그러나 이 피폐화가 일어난 정확한 방식—데카르트적인 합리성 자체에 존재하는 추상적 경향 아니면 무자비한 경제적 착취에 기인한 방식—은 아직까지도 신중하게 판단되어야 하는 복합적이고 중대한 쟁점이다. 근대 운동의 백지 상태의 환원주의가 도시 문화의 대대적인 파괴에 핵심적인 역할을 했다는 사실은 부정할 수 없다. 따라서 포스트 모더니스트 비평의 강조점이 기존의 도시적 맥락을 존중하는 데에 있었다는 점은 의심할 여지가 없다. 이 반유토피아적인 '맥락주의' 비평은 이미 1960년대에 통용되었다. 처음에는 콜린 로가 코넬 대학교 강의와 1979년 저작 『콜라주 도시』에서 밝힌 도시적 형태에 대한 신지테적 접근법에서, 다음에는 로버트 벤투리의 1966년 『건축의 복합성과 대립성』에서였다. 벤투리는 다음과 같이 썼다.

건축적 질서에서 싸구려 요소를 정당화해주는 것은 바로 그것들의

존재 자체이다. 그것들은 우리가 갖고 있는 것이다. 건축가는 그것들을
유감으로 생각하거나 무시하거나 심지어는 그것들을 폐기하려고
하지만 그것들은 사라지지 않을 것이다. 또는 건축가는 그것을 대체할
권리가 없어서 (무엇으로 대체할지 몰라서) 그리고 이 통속적인
요소들이 다양성과 소통을 위한 욕구를 담고 있기 때문에 그것들은
오래도록 사라지지 않을 것이다. 평범하고 엉망인 상태가 개입된
진부한 표현은 여전히 새로운 건축의 맥락이 될 테고, 새로운 건축은
그것을 위한 맥락이 될 것이다. 내가 한정된 시각을 취하고 있음은
인정한다. 하지만 건축가들이 얕잡아보는 경향이 있는 이 한정된
시각은 그들이 찬미하지만 이루지 못한 예지적인 시각만큼이나
중요하다. 오래된 것과 새것을 용이하게 결합하는 단기 계획은 장기
계획을 수반해야 한다. 건축은 혁명적인 동시에 진화적이다. 예술로서
건축은 사실과 당위, 직접적인 것과 사변적인 것을 다 인정해야할
것이다.[12]

1972년 벤투리와 데니스 스콧-브라운과 스티븐 이즈노어가 공동
집필한 『라스베이거스의 교훈』의 출간과 함께, 일상적 실천을 다루는
문화 현실—무질서에 대항해 질서를 세우거나 그 반대이거나—에
대한 감각적이고 분별 있는 평가는 저급한 문화를 받아들이는 데에서
찬양하는 쪽으로 나아가게 했다. 즉, 라스베이거스 중심가를 '대체로
괜찮은 것'으로 조심스럽게 평가하는 것에서 광고판이 죽 늘어선 거
리를 계몽주의가 유토피아로 탈바꿈한 것이라고 독해하는 것으로 방
향을 바꾸게 한다. 사막 한가운데에서 벌어진 공상과학 수준의 치환
이 아닌가!
　　미국 슈퍼마켓 A&P의 주차장을 베르사유 궁의 '녹색 융단'으로,
라스베이거스의 시저스 팰리스를 현대판 하드리아누스 황제의 별장
으로 바꾼 이 수사학은 가장 순수한 형태의 이데올로기다. 벤투리와
스콧-브라운은 우리가 라스베이거스의 무자비한 키치—우리가 처한

환경의 야만성을 은폐하는 전형적인 가면—를 용인하도록 이 이데 올로기를 양가적으로 이용하는데, 이는 그들 논지의 탐미적인 의도를 반영한다. 그들의 비평적인 거리 두기는 전형적인 카지노를 유혹과 통제의 무자비한 풍경—그들은 양방향 거울과 경계가 없고 어두우며 실내의 무한성을 강조했다—으로 묘사하는 사치를 그들에게 허용했 고, 그들은 그것의 가치로부터 자신을 조심스럽게 분리시켰다. 그러나 이 같은 거리 두기가 그들이 도시 형태의 재구성을 위한 모델을 설정 하는 것을 막지 않았다.

> 도시 너머 라스베이거스 카지노 거리와 모하비 사막 사이의 유일한
> 전환점은 녹슬어가는 맥주 캔이 널부러진 구역뿐이다. 도시 내에서
> 전환은 무자비하리만치 급작스럽다. 카지노 정문은 고속도로 전환점에
> 매우 세심하게 연관돼 있는 반면, 주변 환경과 접하는 카지노의 더럽고
> 지저분한 뒷면은 형식적 잔여물과 기계 장치와 서비스 영역을 그대로
> 드러낸다.[13]

건축 의뢰를 받은 러티언스부터 벤투리까지, 건축가들은 모순된 상황을 아이러니를 통해 재치 있게 넘어가려고 했지만 결국 완벽히 묵인하는 것으로 퇴보한 듯하다. '추한 것과 범속한 것'에 대한 숭배 는 시장 경제가 야기한 주변 환경과 구분할 수 없게 되었다. 암암리에 저자들은 오로지 냉혹한 경제적 욕구만으로 추동되는 사회에서, 매일 지나다니는 거리에서 거대한 옥외 네온 사인보다 더 의미 있는 표현 을 지닌 것이란 없는 사회에서 건축 디자인은 무용하다는 점을 시인 했다. 분석 말미에 그들은 기념비의 상실이 '장식된 창고'의 궤변으로 는 보상될 수 없는 결핍임을 거의 인정하기에 이르렀다.

> 라스베이거스의 카지노는 낮고 거대한 공간이다. 그것은 예산이나
> 공기 조화 장치를 이유로 층고를 낮춘 모든 실내 공공 공간의 원형이다.

오늘날 스팬은 해결하기 쉽고, 볼륨은 층고를 정하는 경제적·기술적
제약에 달렸다. 단지 3미터 높이의 기차역, 레스토랑과 쇼핑 아케이드가
기념비성을 원하는 우리의 태도를 반영하고 있다. … 우리는
펜실베이니아 역의 기념비적 공간을 지상 전철로 대체했고
그랜드센트럴 터미널은 주로 광고 도구로 훌륭하게 개조된 채 남아
있다.[14]

벤투리는 라스베이거스를 진정한 대중적 환상이 분출하는 곳으
로 드러내기로 결심했다. 그러나 말도나도가 1970년 『디자인, 자연,
혁명』에서 주장했듯이 현실은 정반대였다. 라스베이거스는 "사람들
이 창조적인 의지를 완전히 결여하고 외관상 자유롭고 재미있는 도시
환경의 형성으로 유도된, 반세기 넘는 시간 동안 가면을 쓴 조작된 폭
력"이 빚은 가짜 소통의 극치이다.

어찌됐든 간에 벤투리 학파가 포퓰리즘을 외로이 홀로 고수한 것
은 아니었다. 그들은 곧 아카데미와 전문가 집단에서 지지자들을 얻
어냈다. 『복합성과 대립성』에서 찬사가 담긴 서문으로 처음부터 그
들의 논점과 노선을 같이했고 자신의 주장을 담은 『싱글 양식의 재해
석』(1974)으로 지속적인 지지를 확인했던 건축사가이자 비평가인 빈
센트 스컬리와, 형태 조작에 있어 좀 더 잡다하고 임시변통적인 태도
를 취하면서 미국의 벌룬 프레임의 본질적으로 비텍토닉적인 성격을
이용하는 데에 개방적이었던 찰스 무어와 로버트 스턴 같은 건축가의
지지가 있었다.

적어도 앵글로 색슨 서클에서는 건축에서의 모든 형태의 모더니
즘적 표현에 대항한 다소 무차별적인 반응을 자극하는 결과가 나타났
다. 비평가 찰스 젠크스는 이 상황을 즉각 '포스트모던'으로 규정했다.
젠크스는 저서 『포스트모던 건축의 언어』(1977)에서 포스트모더니
즘의 특징을 직접 소통이 가능한 포퓰리즘적 다원주의 예술로 규정했
다. 초판본 말미에서 그는 가우디의 '근대 이전의' 카사 바트요(1906)

가 카탈루냐 분리주의의 상징을 일반 대중이 해독하고 동일시할 수 있을 만큼 쉽게 접근할 수 있도록 구현하고 있기 때문에 전형적인 포스트모던 작업 중 하나로 인정했다(젠크스는 여기에서 마드리드의 '용'을 제압한 카탈루냐의 영웅 성 조지의 최종 승리를 표현하는 창처럼 생긴 탑과 용의 등을 나타내는 지붕을 언급했다). 그러나 민족주의 신화가 하루아침에 발명될 수는 없었고, 냉정하게 말해서 상당수의 이른바 포퓰리스트 작업은 키치적인 교외 주거지의 부조리에 대한 아이러니한 논평이거나 아늑함을 표현하는 것 이상은 아니었다. 꽤 자주 포스트모더니스트 건축가는 개인 주택을 기이한 강박관념에 탐닉하는 계기로 이용했다. 이는 1970년대 중반 스탠리 타이거맨의 '핫도그와 데이지' 주택들의 진부함에서 너무나 명백하게 나타난다.

해마다 미국의 포퓰리즘은 코네티컷 주 그리니치에 위치한 벤투리의 브랜트 주택(1971)과 이와 밀접하게 관련이 있는 스턴의 뉴욕 아몽크에 있는 어먼 주택(1975)의 아르데코식 장치에서 거대한 윌리처 오르간처럼 표현된 고층의 커튼월 구조를 가진 헬무트 얀의 전형적인 수정 같은 유리 마천루[297]의 자칭 '대중적 기계주의'에 이르기까지 절충주의적 패러디로 점점 더 확산되었다. 이것들과 여타 포퓰리즘적 일탈이 가리키는 바는 벤투리가 1970년 케이프 코드에 지은 간소하고 우아한 트루벡과 위슬로키 주택과 함께 (벤투리의 표현대로라면) "멍청한 것과 평범한 것"의 정화된 단순성은 이제 뒷전으로 물러났다는 사실이다.

고전과 버내큘러의 프로필을 배경화법으로 흉내 내고 건축 과정의 체계를 순수한 패러디로 축소시킴으로써 포퓰리즘은 건축 형태의 중요한 문화적 의미를 이어가고자 하는 사회의 역량을 훼손하는 경향이 있었다. 이 결과 건축계 전체가 캘리포니아 대학교 산타크루스 캠퍼스에서—크리스거 칼리지를 위한 디자인들(1974)에서 무어와 턴벌이 창조했던 연극적 효과에 관해 젠크스가 한 적절하지만 양가적인 평가를 빌린다면—일종의 '천박하게 번지르르한 감성'에 현혹되어 결정적으로 표류하게 되었다. 그 후 무어는 그러한 배경화법 작업을 하게 만든 근본 원인으로 냉소주의를 공공연하게 지적했다.

무어의 무기력한 절충주의[그는 캘리포니아 소노마 카운티의 시랜치 단지(1964~66)에서 표현된 구성적 순수성을 건물이 완성되자마자 포기했다]와 대조적으로 프랭크 게리는 주택 작업, 무엇보다도 1979년 산타모니카에 지은 해체주의적 '반주택'[anti-house, 마르셀 뒤샹의 '반회화'(anti-painting) 참조]에서 [298] 포퓰리즘적인 미국 건축의 자기 만족적 퇴폐성을 전복하는 요소를 도입했다. 그러나 이 창조적인 저항은 미국 포퓰리즘이 유럽의 주요 사조 속으로 무비판적으로 흡수됨으로써 상쇄되는 것 이상이 되어왔다. 이 문화적 전이는 1980년 베네치아 비엔날레의

[297] 얀, 사우스웨스트 은행, 휴스턴, 1982.

건축 부문 전시에서 '과거의 현존'과 '금기의 종말'이라는 매력적인 타이틀을 단 파올로 포르토게시의 작업으로 나타났다. 아스날 전시에서 포르토게시의 스트라다 노비시마(도판 315)의 파사드가 실제 크기로 이탈리아 영화 배경 설치 전문가들에 의해서 실현되었다는 사실은 의미심장하다. 유일한 예외는 레온 크리어의 디자인이었는데, 그는 자신이 사랑했던 하인리히 테세노(1910년의 후기 글 『수공예와 소도시』 참조)에 대한 '도의적' 존경심의 발로로써 자신의 파사드는 실제 재료로 짓기를 고집했다.

[298] 게리, 게리 주택, 산타모니카, 캘리포니아 주, 1979.

합리주의

적어도 그 기원에 있어서 이른바 '텐덴차'(Tendenza, '경향'이라는 뜻)로 불린 이탈리아 신합리주의 운동만큼 포퓰리즘 프로그램과 거리가 먼 것은 없었을 것이다. 이 운동은 급속하게 퍼지고 있던 거대 도시의 소비 지상주의로부터 건축과 도시 둘 다를 구하고자 했던 시도였다.

건축의 '한계 영역'으로의 이 같은 복귀는 두 개의 대단히 중요한 글, 알도 로시의 『도시의 건축』(1966)과 조르조 그라시의 『건축의 논리적 구성』(1967)이 출간되면서 시작되었다. 첫 번째 책은 시대 발전에 따라 도시 형태의 형태학적 구조가 결정되는 데 있어 기존의 건축 유형이 했던 역할을 강조했다. 두 번째 책은 건축에 필수적인 구성의 또는 조합의 원칙을 체계적으로 이론화하려고 했으며, 그러한 논리에 따라 그라시는 자신만의 고도로 절제된 표현에 도달했다. 매일 필요한 요구는 반드시 충족되어야 한다고 주장하면서도 두 사람 다 형태가 기능을 따라야 한다고 전제하는 인체공학적 원칙은 거부하고 대신 건축적 질서의 상대적 자율성을 역설했다.

　　모든 의미 있는 문화적 표현을 흡수하고 왜곡하는 타산적인 이성의 경향을 인식하고 있던 로시는 자신의 작업을 계몽주의의 이성적이지만 독단적인 패러다임, 즉 18세기 중반 이후 피라네시, 르두, 불레, 르퀴가 가정했던 순수 형식을 상기시키지만 또 초월하는 건축 요소들에 가깝게 구성했다. 그의 사고에서 비의적이라고는 할 수 없어도 가장 이해하기 어려운 점은 파놉티콘(미셸 푸코의 『감시와 처벌』 참조)에 대한 집착이다. 구체적으로 말한 적은 없지만, 로시는 1843년 퓨진의 『대비』를 따라 학교, 병원, 감옥을 파놉티콘으로 파악했다. 그는 통제하고 처벌하는 기관으로 강박적으로 되돌아가곤 했는데, 이는 아마도 그가 기념비와 공동묘지와 더불어 이것들을 건축 본연의 가치를 구현할 수 있는 유일한 프로그램으로 여겼기 때문일 것이다. 로스가 1910년 「건축」이라는 글에서 처음으로 내세운 이론에 따라 로시는 가장 근대적인 프로그램은 건축의 매체로 부적절하다고 보았다. 그에게 이는 참조물이나 요소가 가능한 한 넓은 의미의 버내큘러로부터 추출될 수 있는 이른바 유추적 건축에 의지한다는 것을 의미했다. 이를 위해서 1973년 카를로 아이모니노의 주택 단지의 일부로 설계되어 밀라노 교외에 지어진 갈라라테제 아파트 블록은 밀라노의 전통적인 주택 건축을 환기하는 계기였다[299]. 비슷하게 1973년에 교도소의 형태로 제안된 트리에스테 시청은 그 지역의 19세기 건축 전통에 보낸 경의이자 근대 관료주의의 본질에 대한 냉소적인 논평이기도 했다. 유사한 행보를 택한 레온 크리어와 마찬가지로 로시는 19세기 후반의 건물 유형과 건설 형태로 되돌아감으로써 모더니티와 한 쌍을 이루는 키메라, 즉 실증주의적 논리와 진보에 대한 맹목적인 믿음을 피하고자 했다. 갈라라테제 단지에 대한 자신의 기여에 관해서 그는 다음과 같이 썼다.

> 밀라노 갈라라테제 구역의 주거 블록을 위한 나의 설계(1969~73)에는, 복도 유형을 자유롭게 섞은 공학적 작업과 전통적인 밀라노 주택에서 받은 느낌 사이에 유추적 관계가 있다. 전통적인 밀라노 주택에서 복도는 일상에서 일어나는 일, 가정의 은밀함, 다양한 개인적 관계가 배어 있는 삶의 양식을 뜻했다. 그러나 이 설계의 다른 요소는 종종 티치노 계곡에서 취리히로 가기 위해 샌버너디노 고개를 운전하면서 내 친구 파비오 라인하르트가 내게 분명히 말한 것이다. 라인하르트는 한쪽으로 개방된 터널 시스템의 연속적 요소와 여기에 담긴 패턴에 대해 말해주었다. 나는 … 내가 건축 작업에서 이를 표현해야겠다는 의도 없이 … 이 특수한 구조를 얼마나 분명히 자각하고 있었는지 깨달았다.[15]

로시 자신이 말했던 바와 같이 '건축의 목록과 기억' 사이 어디엔가 걸려 있는 이 유추적인 접근은 1962년 쿠네오를 위해 제안했던 벙커 같은 레지스탕스 기념비에서 1971년 모데나 공동묘지[300]에 이르기까지 그의 전 작업에 스며들어 있다. 그것들은 전통적인 납골당뿐 아니라 롬바르디아 지방의 공장 및 전통 농가를 참조한 것이었다.

텐덴차에 중대하게 기여한 다른 이탈리아 건축가들로는, 『건축의 영역』(1966)으로 막대한 영향을 미쳤던 비토리오 그레고티와 1960년대 후반에 마시모 스콜라리와 함께 신합리주의 잡지 『반공간』 (Contraspazio)을 편집한 엔소 본판티를 들 수 있다. 마지막으로 글을 통해서 운동에 막대한 영향을 끼친 만프레도 타푸리를 언급해야 한다. 아울러 이론적인 프로젝트로 신합리주의 체계의 잠재적 범위를

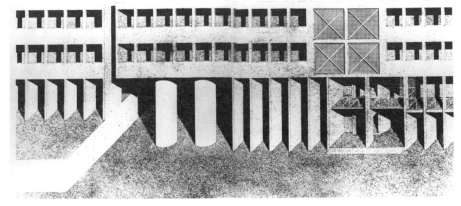

[299] 로시, 갈라라테제 구역 아파트 블록, 밀라노, 1969~73.

[300] 로시, 모데나 공동묘지 프로젝트, 1971. 조감도.

탐색했던 프랑코 푸리니와 라우라 테르메스가 있다. 텐덴차는 이탈리아에서 별로 실현되지는 못했지만, 이탈리아의 도시계획과 도시 중심의 역사적 보존에 큰 영향을 주었다. 이에 관한 고전적인 예로는 체르벨라티와 스카나리니가 수행한 볼로냐에 관한 분석적 연구가 1970년대 내내 볼로냐 시의 개발 계획에 영향을 미쳤던 것을 들 수 있다.

이탈리아 밖에서 텐덴차가 가장 광범위하게 실현된 곳은 1960년대 초 합리주의파가 상당한 활기를 띠고 이미 번성하고 있던 스위스의 티치노 지역이었다. 브루노 라이힐린과 파비오 라인하르트는 로시를 충실하게 따랐던(토리첼라에 있는 이들의 1974년 토니니 주택을 보라[301]) 반면, 티치노파에는 좀 더 넓은 범위에서 합리주의의 영향 아래 있던 건축가들이 포함되어 있었다. 이러한 영향에 관한 전형적인 예로 벨린조나에 있는 아우렐리오 갈페티의 네오-코르뷔지에적인 로탈린티 주택(1961)이 있는데, 텐덴차의 출현보다 거의 10년이나 앞선 것이었다. 아울러 티치노의 건축가들이 전전 이탈리아 합리주의 운동, 특히 알베르토 사르토리스와 리노 타미와 특별한 관련을 맺고 있었다는 점에도 주목해야 한다.

신합리주의는 1960년대 말부터 유럽 대륙 전역에서 많은 추종자를 얻었다. 프랑스에서의 영향은 파리 근교 마른-라-발리에 있는 앙리 시리아니의 누아지 2 아파트 단지(1980)에서 명백하게 드러난다[302]. 독일에서는 오스발트 마티아스 웅거스, 위르겐 자바드, 요제프 파울 클라이우스의 유형학적 작업에서 신합리주의의 중요한 표현을 찾을 수 있다. 최근의 작업으로는 프랑크푸르트에 있는 웅거스의 작업, 메세할레 증축 작업(1983)과 건축 박물관 신축(1984)[303]이 있다. 베를린에서는 베딩에 있는 클라이우스의 비네타플라츠 주변 주거 블록(1978)과 노이쾰른에 있는 메가스트럭처 병원(1984)을 꼽을 수 있다.

웅거스는 1975년 미국에서 돌아온 후 도시 형태에 대한 수정된 신합리주의적 접근을 채택했는데 이는 독일의 발전에서 특히 중요했

[301] 라이힐린과 라인하트, 토니니 주택, 토리첼라, 1974.
[302] 시리아니, 누아지 2 상세, 마른-라-발리, 1980.

다. 당시 웅거스는 미래에는 계획된 대도시가 확장이나 재개발보다는 오히려 축소되는 문제에 자주 부딪힐 것이라고 주장했고, 이는 그의 접근법에 어떤 긴급성을 부여했다. 웅거스는 특정한 맥락에 있는 구체적인 과업의 지형적·제도적 제약에 부합하는 제한된 개발 방식으로 구성된 부분적인 도시 전략을 권고했다. 이것은 그의 1976년 베를린 호텔 또는 힐데스하임 중심부에 있는 복합 건물을 위한 1978년 계획안에 나타나 있다. 베를린 호텔에서 그는 역사적인 뤼초플라츠의 황폐해진 도시 풍경에 가까운 자족적인 '축소된 도시'를 선호했다면, 힐데스하임에서는 전승되어온 중세의 지붕 있는 시장(market hall)의 유형을 합리화하고 재해석하고자 했다[304]. 지금까지 진정으로 맥락을 살린 그의 유일한 작업은 1982년 베를린에 완성된 실러슈트라세의 페리미터 블록이다.

웅거스는 대표적인 신합리주의 이론가이자 교육자였으며, 처음에는 베를린 공과대학교에서 그다음 코넬 대학교에서는 8년 동안(1967~74) 건축과 학과장을 맡았다. 유형학적 변형 원칙을 수업과 건축 실천에 일관되게 적용해온 그는 그의 교육법에 확신이 있었다. 1982년 웅거스는 이러한 변형 수칙의 최대 범위를 명확히 했다.

> 건축을 명제와 반명제가 변증법적으로 통합되는 연속적인 과정으로 볼 때, 또는 역사에 대한 기대와 밀접한 하나의 과정으로, 과거가 미래에 대한 기대와 동일한 무게를 가지는 과정으로 파악할 때, 변형 과정은 디자인의 도구이자 디자인의 대상이다. 동시에 건축물이 지어질 장소의 특정한 현실—장소의 혼(genius loci)—과 관계를 맺으면, 장소의 시학을 발견하여 표현을 주는 것이 가능해질 것이다. 이로써 장소는 가장 알맞게 사용될 것이다.
>
> 변형의 원칙은 자연, 삶, 예술 등 모든 분야에 걸쳐 작동한다. 그것은 계획된 총체이며 분산된 요소들을 체계적으로 구성할 수 있는 형태 원리(Gestaltungsprinzip)이다. 따라서 변형의 원칙은—예를 들면

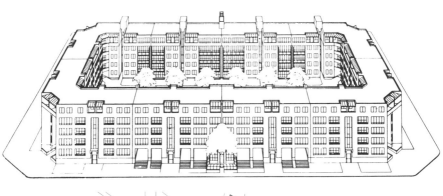

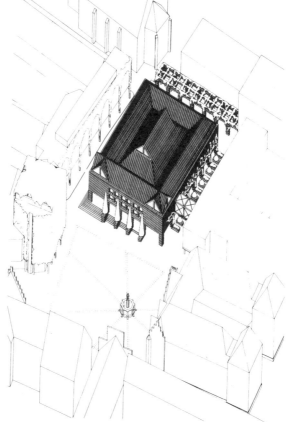

[303] 클라이우스, 주변 주거 블록, 베를린-베딩, 1978.
이 주거 유형은 안뜰과 도로를 다 만들 수 있다.
[304] 웅거스, 힐데스하임 시장 내 '슈타트로지아' 프로젝트, 1980.

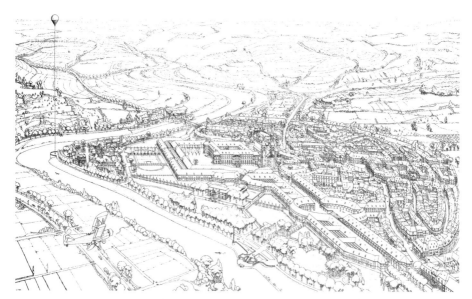

[305] 레온 크리어, 에히터나흐 프로젝트, 룩셈부르크, 1970.
그림 오른쪽 아래에서 중앙까지 이어지는 연속된 박공지붕 아래 상점, 아파트, 학교가 있다.

트리어 도시계획의 역사적 변형에서 포착할 수 있듯이 —기존의 안정된 조직 구성을 혼돈으로, 그리고 궁극적으로는 우연의 법칙에 따라 하나의 새로운 질서로 전환케 한다. 차별화되고 계획된 구성은 우연과 자발성에 의해 시간이 지나면서 서서히 부상하며, 결국에는 이전의 것과는 완전히 다르며 대조를 이루는 조직을 산출한다. 그 조직 구성은 직접성과 실용적 필요성의 결과이다.[16]

유형학적 변형의 변증법을 근간으로 하는 건축은 웅거스의 퀼른 스튜디오에서 수년간 조수로 일한 룩셈부르크 건축가 로베르트 크리어에게 지대한 영향을 미쳤다. 그러나 웅거스는 산업 기술을 포함하는 기술과 유형의 발생과 자유로운 상호 교류에 개방적이었던 반면, 로베르트 크리어와 그의 형 레온 크리어는 한층 더 확장시켜 텍토닉한 도시 형태의 발생에 대한 전적으로 수공예적인 접근법을 채택했다. 이는 1976년 레온 크리어의 글에서 발견할 수 있다.

> 로베르트 크리어와 내가 계획안에서 제기하고자 하는 쟁점은
> 도시계획가의 조닝에 대항하는 도시 형태학이다. 즉, 조닝에 의해
> 만들어지는 쓸모없는 땅에 대항해 도시 공간의 정확한 형태를 복원하는
> 것이다. 차량과 보행자용 도시 공간, 선적이고 집중적인 도시 공간의
> 디자인은 한편으로는 유연성과 변화를 허용할 만큼 충분히 일반적인
> 방법이며, 다른 한편으로는 도시 속에 공간적인 동시에 지어진 형태의
> 연속성을 창조하기에 충분할 만큼 정확한 방법이다. … 우리는 우리의
> 계획안에서 건물과 공공 영역, 꽉 찬 공간과 빈 공간, 건축된 유기체와
> 그것이 자기 주위에 필연적으로 창조하는 공간 사이의 변증법적 관계를
> 재설정하도록 한다. … 꽤 넓은 도시 영역들을 위해 우리가 사용하는
> 건축적 언어는 단순하며 동시에 모호하다. 에히터나흐(1970)에서
> 우리는 전후 도시와 수도원과 별관 건물을 재건했던 것과 동일한
> 수공업적 기술을 사용했다[305].

구조주의

'기능은 형태를 따른다'라는 크리어 형제의 신조, 반기술만능주의 태도와 장소의 문화적 중요성에 관한 집념 등 모든 면에서 텐덴차의 정신과 그리 멀지 않은 네덜란드 건축가 헤르만 헤르츠베르허르의 사유와 작업에서 유사점을 찾을 수 있다. 헤르츠베르허르의 사고와 건축적 실천에 가장 결정적인 영향을 미친 이는 알도 판 에이크였다. 판 에이크는 계몽주의와 불가분한 관계의 일부로서 현대 건축에 대해 가장 일관성 있게 지속되는, 의미 있는 비평에 책임을 느끼고 있었다. 1962년 판 에이크는 유럽 중심주의와 제국주의 문화의 파산을 신랄하게 공격하는 글을 하나 발표했다.

서구 문명은 습관적으로 스스로를 문명 자체와 동일시한다. 자신과
같지 않은 것은 일탈이며 덜 진보했고 원시적이며 또는 기껏해야
안전한 거리를 두고 볼 때 이국적으로 흥미 있는 것이라는 주제 넘은
오만을 지니고 있다.[17]

5년 후 자신이 발행한 잡지 『포럼』(Forum)에서 판 에이크는 이
후 크리어 형제가 발전시킨 많은 논쟁을 예견했는데, 거기에는 진보
개념에 관한 분명한 회의론이 포함되어 있었다.

과거, 현재, 미래는 마음속에서 연속체처럼 작동하는 것이 틀림없다.
그렇지 않다면 우리가 만든 인공물들은 시간의 깊이나 전망 없이
존재할 것이다. … 사람은 어쨌든 수천 년 동안 이 세상에 자신을
육체적으로 적응해오지 않았던가. 그의 타고난 재능은 그동안
증가하지도 또 감소하지도 않았다. 거대한 환경적 경험 전체는 우리가
과거를 단축시키지 않고는 결코 결합될 수 없다. … 오늘날 건축가는
변화에 병적으로 중독되어 있다. 변화는 건축가가 저지하거나 쫓거나
또는 잘해야 보조를 맞추는 것으로 여겨진다. 이것이 그들이 미래에서
과거를 끊어내고 싶어 하는 이유이자 결과적으로 현재는 시간의
차원도 없고 감정적으로 접근할 수도 없는 것으로 표현되는 이유다.
나는 미래를 기술만능주의로 접근하는 감상적인 태도를 싫어하는
만큼 과거를 골동품 애호가의 태도로 보는 것 또한 싫어한다. 둘 다
태엽이 멈춘 시계 같은 시간 개념에 기초하기 때문이다(그것이 골동품
애호가와 기술 만능주의자의 공통점이다). 이제 변화를 위해 과거에서
시작해보자. 그리고 인간의 변하지 않는 조건을 발견해보자.[18]

네덜란드의 구조주의는 기능주의의 환원적인 측면을 극복하기
를 바랐고, 이를 통합하는 개념을 판 에이크는 '미로와 같이 복잡한
투명성'으로 특징지었다. 이 개념은 그의 제자들에 의해 정교하게 다

듬어졌다. 헤르츠베르허르는 1963년 그들의 공통 개념인 '다목적 공간'(polyvalent space)에 관해 다음과 같이 썼다.

> 우리는 개별적인 거주 패턴의 집합적인 해석으로서의 원형이 아니라
> 집합적인 패턴의 개별적인 해석을 만들어내는 원형을 찾아야 한다.
> 다른 말로 하면, 우리는 특정한 방식으로 유사한 집들을 만들어서 모든
> 사람이 집합적인 패턴에 대한 자신만의 해석을 끌어낼 수 있도록 해야
> 한다. … 모든 이에게 꼭 맞는 개별적인 세팅을 만들어내는 것은 언제나
> 그랬듯이 불가능하기 때문이다. 해석될 수 있는 방식으로 사물을
> 만듦으로써 우리는 개인의 해석 가능성을 창출해야 한다.[19]

이것은 헤르츠베르허르가 나머지 작업 내내 발전시킨 규칙의 출발점이 되었고, '도시 안의 도시'(city within a city)의 형태로 디자인해 아펠도른에 건설한 1974년 센트랄 비히어 보험 회사 사옥에서 정점을 이루었다[306]. 이 철근 콘크리트 프레임과 콘크리트 블록 구조는 불규칙한 업무 플랫폼군 주위에 배열되어 있다. 업무 플랫폼은 바닥, 기둥, 조명용 슬롯, 서비스 덕트를 아우르는 규칙적인 타탄(tatan) 그리드 안에 배치되어 있다. 천장에서 빛이 들어오는 층고가 다양한 복도 공간은 7.5미터 사각형 업무 공간을 각각 분리해주며, 덕분에 가장 낮은 층의 공용 공간에도 자연광이 비친다. 허공에 매달려 있는 플랫폼은 책상, 의자, 조명 기구, 캐비닛, 소파, 에스프레소 기계 등으로 구성된 모듈 요소를 재배열함으로써 개인이나 그룹의 전용 사무 공간으로 적합한 업무 공간을 연결한

[306] 헤르츠베르허르, 센트랄 비히어 빌딩, 아펠도른, 네덜란드, 1974.

다. 라이트의 1904년 라킨 빌딩이 생각나는 이 참호 같은 미로는 사용자들이 공간을 자발적으로 전용하고 장식할 수 있도록 고의적으로 미완성인 채로 남겨두었다. 하브라컨과 프리드만의 세련된 하부구조적 제안에서 보이는 기계적인 유연성에 대한 헤르츠베르허르의 반감은 여기에서 업무 공간을 키우고 수정할 수 있도록 한 자발성과 용이함으로 정당성이 입증되는 듯하다. 센트랄 비히어에서의 공간 전유와 랑그(langue)와 파롤(parole)을 나누는 소쉬르의 언어학적 구분에서 헤르츠베르허르가 끌어낸 수사적 비교에 관해 진지하게 생각해볼 수도 있을 것이다. 한편 그의 접근법은 '테일러리즘' 시대에 여전히 접근하기 어려운 건축 담론을 극복하기 위한 것이었다.

텐덴차의 건축가들은 주거 유니트를 거실, 식당, 부엌, 욕실, 침실로 엄격하게 나누는 기능주의 구성이 그 자체로 하나의 횡포이며, 산업혁명 이전의 서로 연결된 방이라는 규범으로 되돌아가 공간의 볼륨과 행위가 좀 더 느슨하게 합치되도록 하자는 헤르츠베르허르의 주장에 동의했을 것이다(1971년 델프트에 지어진 헤르츠베르허르의 디아군 실험 주택 참조). 반면 그들은 그의 '카스바'(Casbah) 개념, 특히 센트랄 비히어에 표현된 이 개념은 분명 딱 잘라 거부했을 것이다. 그러한 내향적인 유형의 형태는 도시적 스케일에서 대표적인 공공 공간을 제공할 수 없기 때문이다. 센트랄 비히어는 그것의 도시 맥락에 무관심하다. 이슬람의 '바자'(bazzar)나 '파티오'(patio) 건물 유형에는 본질적으로 입구의 위계를 표현할 건축적 요소가 없다는 사실은 방문객을 입구로 유도하기 위해 표지판을 세워야 했던 센트랄 비히어에서도 드러난다.

1970년대 중반 이후 헤르츠베르허르는 그의 구조주의 패러다임을 수정했다. 1990년 헤이그에 지은 사회복지부 건물[307]에서 이전 작업처럼 여전히 복잡하지만 공간적으로 더 넓어진 미로 같은 내향적인 모형뿐 아니라 베를린에 계획하고 실현했던 최근의 작업들, 가장자리가 원형 또는 반원형인 미실현된 에스플라나드 영화센터 계획안

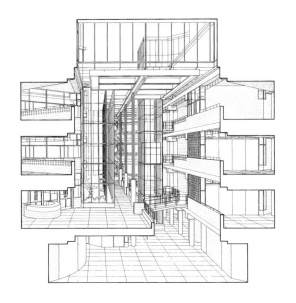

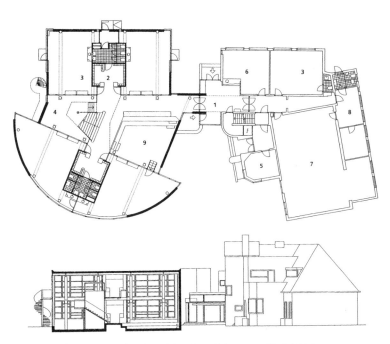

[307] 헤르츠베르허르, 사회복지부, 헤이그, 1990. 횡단면 투시도.

[308, 309] 헤르츠베르허르, 아르덴하우트 학교 증축, 1989. 평면과 단면.

(1984)과 린덴슈트라세 주택 단지(1986)에서 취한 매스의 형태에서 이를 확인할 수 있다. 이와 유사하게 1980년 암스테르담의 아폴로 학교에서 발전시킨 네 개의 정방형으로 이루어진 내향적인 학교 유형은 역시 암스테르담의 암본플레인 학교에서 가장자리가 원형으로 포개지는 형태로 진화했고, 이어서 1989년에 완공된 아르덴하우트 학교 증축에서는 교실동을 곡선으로 벌려 좀 더 자유롭게 적용되도록 발전시켰다[308,309]. 다위커의 작업과 느슨한 관련을 맺고 있는 이 마지막 작업에 대해 요세프 부흐는 다음과 같이 썼다.

> 교실에서 복합 용도인 중앙 공간까지의 시계(visibility)는 더 많은
> 유리 사용으로 나아졌다. 단일하고 육중한 돌 층계 대신에 콘크리트
> 좌석용 계단(seating steps)과 경량 금속으로 만든 오픈 계단의
> 혼합이 눈에 띈다. 암스테르담 학교의 외부 계단과 마찬가지로, 이는
> 베를라헤의 철제 장식(Smeedwerk)처럼 상세 모형의 도움으로 용접
> 조각으로 공들여 만들어졌다. 헤르츠베르허르의 금속재 계단은 선박의
> 세부 처리와 직접적으로 연결된다. 해양 선박에 모더니스트들이 매혹을
> 느끼는 것은 기능주의뿐만 아니라 선박 설계가 요구하는 풍부하고
> 복잡한 공간 구성 때문이다. 그리고 이것은 실로 작은 건물에서도
> 느낄 수 있는 풍부하고 복합적인 공간 경험이다. 헤르츠베르허르는
> 최근 작업에서 구조주의의 근거를 부단히 자라나는 서사적 감각으로
> 보완해갔다.[20]

생산주의

포스터 어소시에이츠의 설계로 1974년 입스위치에 3층의 유리벽으로 건설된 윌리스 페이버 앤드 뒤마 보험사 사옥보다 센트랄 비히어와 거리가 먼 것은 없다. 이것의 모든 강조점이 막스 빌이 한때 생산형태(Produktform)라고 정의한 것의 실현에, 생산 자체의 우아함에

[310] 포스터 어소시에이츠, 윌리스 페이버 앤드 뒤마 빌딩, 입스위치.

있기 때문이었다. 재미있는 것은 노먼 포스터가 자기 작업에 앞서는 '생산 형태'로 팩스턴의 수정궁, 찰스와 레이 임스가 산타모니카에 기성품으로 지은 자택(1949), SOM가 일리노이 그레이트 레이크에 지은 해병 훈련센터(1954)[311], 빌의 로잔 박람회 스위스관(1963)을 들고 있다는 사실이다. 이 계통을 따라가면 윌리스 빌딩은 벤투리의 포퓰리즘과 대조되는 탁월한 '장식 없는 창고'다. 구불구불한 형태의 커튼월로 처리된 면 이외에 유일하게 다른 형태는 지층의 수영장과 옥상에 있는 가든 테라스 식당이다(도판 252 참조).

만약 센트럴 비히어가 일부는 19세기 아케이드(모스크바의 1893년 알렉산드르 포메란체프의 신무역회사 참조)에서, 다른 일부는 중앙아시아의 '카스바'에서 유래한 혼종 건물이라면, 윌리스 빌딩의 중앙 에스컬레이터 입구 홀은 20세기 오피스 타워와 19세기 백화점 사이에 놓여 있다. 이는, 줄리오 카를로 아르간이 제안했듯이, 건

[311] SOM, 해병 훈련센터, 그레이트 레이크, 일리노이 주, 1954.

물 유형이 애초에 내포한 이후의 변화에도 살아남는 어떤 가치를 품고 있는 경우다. 두 경우 모두에서 제3차 정보 산업이 부분적으로나마 카스바와 백화점 등의 소비 공간 유형에 수용되었다는 점이 이들 건물이 지닌 문화적 의미이다. 센트랄 비히어는 이를 배경으로 미로와도 같은 사무실 풍경을 '인류학적'으로 점유함으로써 노동의 관료주의적 구분을 극복하려 했다. 전통적인 카스바가 그렇듯 헤르츠베르허르가 파편화한 '오피스 랜드스케이프'(bürolandschaft)는 업무 시간과 휴식 시간 사이를 오가는 행동 패턴을 권장한다. 반면에 윌리스 빌딩에서 우리는 1791년 벤담이 제시한 파놉티콘의 자연스러운 후계자인 오피스 랜드스케이프를 마주한다. 질서 잡히고 통제되는 사무 공간은 직원 식당과 수영장 등 중앙집중식 오락시설을 제공함으로써 보상되는 열린 평면 형태를 취하고 있다. 이러한 시설들 역시 회사의 통제 아래 있기 때문에 회사 건물 전체가 파놉티콘으로 보인다.

두 건물은 디테일이 만들어낸 분위기에서도 대비된다. 센트랄 비히어 전체에 사용된 노출 콘크리트 블록 칸막이벽은 공간의 '아나키스트적' 전용을 유발하지만, 윌리스 빌딩은 소박한 외피와 내부의 절대적인 완전무결함을 통해 추측건대 평등하며 유복한 사회의 기업 이미지를 가정하고 있다. 윌리스 빌딩의 물결 치는 듯한 커튼월은 비록 프레임 없는 유리판이 내후성 네오프렌(neoprene) 조인트로 목걸이처럼 연결되어 지붕에서 드리워지게 한 기술을 사용했는데도 1920년대 미스의 유리 마천루를 환기시키며, 에로 사리넨에게 훈련받은 미국 미니멀리스트들의 작업과 비교할 만하다. 이들은 케빈 로치(1968년 뉴욕의 포드 재단과 1973년 뉴욕의 유엔 플라자 호텔), 군나 비커츠(1967년 미니애폴리스의 연방준비은행), 시저 펠리(1971년 로스앤젤레스의 퍼시픽 디자인센터와 1972년 샌버너디노 시청) 그리고 재능이 뛰어났지만 제대로 인정받지 못한 앤서니 럼즈던 등이다. 럼즈던의 탁월한 작업 대부분은 지어지지 않았다(예를 들어 1973년 로스앤젤레스 베벌리 윌셔 호텔 프로젝트).

윌리스 빌딩은 고전주의를 제거해버린 미스 반 데어 로에의 '거의 아무것도 없음'이며, 반사하는 거울 유리를 사용해 기존 도시 환경의 크기와 질감에 관계하는 맥락의 요청에 대한 응답일 뿐 아니라—단순히 그것을 반사함으로써—접근 가능한 또는 '용인된' 언어를 완전히 상실한 모더니스트의 곤경에 대한 답이다. 대신에 윌리스 빌딩은 영속적으로 변하는 운동 감각을 선사한다. 흐린 날의 빛에서는 불투명하고 반짝이며, 낮에는 빛을 반사하며 밤에는 투명하다. 역설적이게도 자연스럽게 드러나는 문법 체계가 없다는 점은 네덜란드의 대응물과 동일하며, 센트랄 비히어와 마찬가지로 입구를 찾기 힘들다.

'모더니스트'적 입장에서 가장 순수한 의미의 생산주의는 진정한 현대 건축은 우아한 기술공학적 또는 거대한 스케일의 산업 디자인의 산물이거나 그래야만 하며 그 이상일 수 없다는 관점과 거의 구분할 수 없다. 내가 이미 제시했듯이 이러한 관점은 근대 운동의 역사에서 많은 선례를 갖고 있다. 가장 순수한 의미의 생산주의는 '모더니스트'

의 입장으로서 사실상 다음의 관점과 거의 구분할 수 없다. 진정한 현대 건축은 우아한 기술공학 또는 거대한 스케일의 산업 디자인의 산물에 지나지 않거나 그럴 수밖에 없다고 확신하는 관점 말이다. 이들 가운데 특히 프랑스의 장인이자 엔지니어인 장 프루베의 작업이 중요하다. 파리에 있는 1935년 롤랑 가로스 비행 클럽의 커튼월 디자인과 1939년 파리 클리시에 지은 '민중의 집'이다. 후자는 엔지니어 블라디미르 보디안스키와 건축가 마르셀 로드와 외젠 보두앵과 함께 발전시킨 설계로 변경할 수 있게 지어졌다.

미스의 글을 글자 그대로 취한(즉, '거의 아무것도 없음'에 대한 숭배) 생산주의의 한 분파는 오사카에서 개최된 엑스포 '70을 위한 무라타 유타카의 후지관에서 예시된, 공기로 부풀어 오르는 구조물 또는 케이블로 지지되는 텐트식 구조물에 전념했다. 후자의 선도적인 대표 작가는 독일 건축가이자 엔지니어 프라이 오토이다. 오토의 가장 초기의 텐트식 구조물들은 1950년대로 거슬러 올라가지만 그는 1963년 함부르크 국제 원예 박람회를 위해 디자인한 커다란 텐트와 1967년 몬트리올 세계 박람회 독일관으로 두각을 나타냈다[312]. 짐작할 수 있듯이 이 모든 시도는 대체로 임시 건조물에 한정됐고, 오늘

[312] 오토, 독일관, 몬트리올 세계 박람회, 1967.

날까지 남아 있는 것 중에 가장 거대한 작업은 오토의 1972년 뮌헨 올림픽 스타디움을 덮은 지붕이다.

　생산주의의 기본 원칙은 다음과 같이 요약된다. 첫째, 빌딩 '과업'(task)은 실행 가능한 한 최대로 장식되지 않은 창고 또는 격납고에 준해야 한다. 구조는 할 수 있는 한 개방적이고 유연하게 유지되어야 한다는 것이다(제2차 세계대전 후 오피스 랜드스케이프의 이상적인 모델에 입각한다). 둘째, 이 볼륨의 적응성은 동질적이고 통합된 서비스 영역—전력과 조명, 난방과 통풍—의 네트워크에 의해 관리되어야 한다(서비스가 잘되려면 익명성, 즉 개성의 결여가 요구된다는 세드릭 프라이스의 개념). 세 번째 원리는 구조와 서비스 영역 모두를 구분하고 표현할 필요성과 관련되는데, 이는 칸의 유명한 구분, 즉 '봉사받는' 공간과 서비스를 '봉사하는' 공간을 분리함으로써 얻을 수 있다. 이 마지막 원리는 리처드 로저스의 대형 작업인 퐁피두 센터와 좀 더 최근인 1976년에 설계되어 약 8년 후에 완성된 런던 로이드 본사 건물이 분명하게 보여주었다. 1978년 노리치 외곽 이스트 앵글리아 대학교에서 완성된 포스터의 세인스베리 시각예술센터에서 똑같은 기본 개념이 좀 더 신중하게(그리고 궁극적으로 좀 더 쓸모 있게) 표현되었다. 여기에서 설비 공간(서비스를 제공하는 공간)은 33미터 스팬으로 두꺼운 강관으로 지지되는 트러스 구조의 프레임 속에 정교하게 수용되었다(라호야에 있는 칸의 1965년 소크 연구소, 도판 250 참조). 생산주의의 주요 원칙 네 번째는 물론 생산 자체의 '거리낌 없는' 표현, 즉 생산 형태로서 모든 부분 요소를 표현하는 것이다. 이 강경한 원칙을 미국과 영국의 생산주의자들은 모든 것을 감싸는 매끈한 '소비주의' 외피를 추구하는 것으로 시도했지만, 노출 구조에 관심이 없었던 미국 미니멀리스트들의 건물에서는 거의 지켜지지 않았다. 앤드루 페컴이 세인스베리 센터에서 관찰한 것처럼, "우리를 설득하는 포스터의 능력은 건축의 전통적인 언어에 매달리지 않고 오히려 현대 물질 세계, 즉 산업 생산과 소비재의 언어를 추구한 것에 있다".

[313] 포스터 어소시에이츠, 홍콩 상하이
은행 본사, 홍콩, 1979~84.

생산주의자의 시도에서 기본적인 수정 가운데 하나는 외피 또는 뼈대가 얼마나 지배적인 표현 방식이 되는가에 있다. 이 분화는 꽤 최근까지도 포스터와 로저스의 건축적 실천에서 채택된 각각의 수사적 방식을 구분할 수 있게 했는데, 포스터는 궁극적으로 외피를 선호했던 한편 로저스는 표현의 주된 책무를 구조에 두었다. 그러나 최근 작업에서 포스터는 점점 구조의 외부적 표현을 강조하고 있는데, 가장 주목할 만한 예가 1983년에 완성된 윌트셔 주 스윈던에 자리한 르노 공장과 1979년에 설계된 홍콩에 위치한 홍콩 상하이 은행 본부 건물이다[313]. 아키그램이나 버크민스터 풀러가 상상한 환상적인 구조보다도 더 겹겹이 중첩된 마

천루(각각 28층, 35층, 41층까지 올라가는 16.2미터 두께의 세 개의 슬래브로 구성된)는 케이프커내버럴에 있는 로켓 발사대와 비교된다. 이러한 비교는 전체 크기 때문이 아니라 논리적으로 분절된 구성 요소의 초대형 스케일, 특히 무엇보다도 38.4미터 폭에 달하는 2층 높이의 거대한 노출 강관 트러스들, 거기로부터 각 층의 바닥이 세트로 그룹 지어 걸려 있는데, 맨 밑에서 일곱 개 층, 다음에 여섯 개 층 그리고 다섯 개 층, 마지막으로 구조의 꼭대기에는 네 개 층이 올려져 있다. 포스터는 이 빌딩의 형태를 결정지었던 실재와 기술-낭만주의의 기이한 혼합에 대해 더없이 설득력 있게 썼다.

좁은 부지에서 신속하고 조용히 건물을 지을 때 야기되는 어려움은 지역 특유의 가내 수공업부터 항공우주산업과 여타 첨단 기술에서 파생된 기술을 조합함으로써 해결했다. 예를 들어 말뚝 기초를 박는 가장 빠른 방법은 손으로 파는 것이다. 지역 기반 기술인데 소음도 없다. 마찬가지로 이 식민 도시 홍콩에서 가장 근사하고 효율적인 구조는 대나무로 엮어 만든 비계다. 아마 홍콩의 모든 건설 현장에서 이를 사용할 것이다. 그러나 무게와 성능의 실제 관계에 대한 이해, 그리고 수입된 하드웨어의 양을 고려하면 설계는 전통적인 건설 산업 바깥에서 매우 강한 영향을 받았다. 이들은 콩코드 디자인 팀부터 탱크 화물 운반용 이동식 다리를 다루는 군사 업체까지 다양했다.[21]

포스터의 접근법은 최근에 최고조에 달했다. 빌딩의 반복되는 구조 단위와 전체적인 이미지가 상호 보완하면서 구조적으로 명확하면서도 자기 완결적인 형태를 만들어내고 있다. 르노 센터와 1986년 프랑크푸르트에 제안된 경기장이 그 예다. 후자는 강관으로 격자 조직을 이루는 얕은 70미터 아치로 지붕을 씌운 안이다. 이러한 이중 지붕 구조로 형성된 움푹 파인 육각형 단위들은 햇빛을 여과하는 동시에 통풍과 조명 설비에 필요한 넉넉한 표면과 볼륨의 틈새 공간을 허용한다. 이 금속 지붕의 압축력은 일련의 콘크리트 리브 위에 놓인 힌지 조인트를 통해 지나간다. 콘크리트 리브는 현장에서 스타디움 좌석을 만들기 위해 계단식으로 된 토목공사와 함께 타설되었다.

1991년에 완공된 런던에서 세 번째로 큰 스탠스테드 공항은 비슷하게 지붕 작업 대 대지 작업의 주제로 표현되었고[314], 터미널 건물은 수화물시설과 주요 철도와 연결되는 공간을 수용하는 둥근 천장의 지하 공간(undercroft) 위에 단일한 볼륨으로 구성되었다. 유리면으로 된 정방형 터미널에 스물두 개의 얕은 돔을 독창적으로 조립해 만든 지붕을 씌웠다. 출국장과 입국장이 기본 구조물 안에서 낮은 칸막이벽으로 나뉘어 나란히 배치되어 있다. 19세기 철도역을 모형으

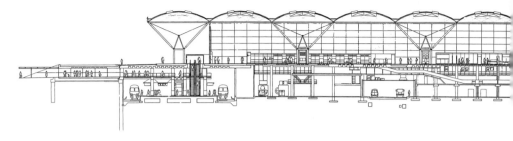

[314] 포스터 어소시에이츠, 스탠스테드 공항 터미널, 1991. 북남 단면도.
왼쪽에는 전철, 오른쪽에는 도로가 있다.

로 해서 승객들이 자유롭게 움직일 수 있도록 하고 교통수단에 대한
시각적 접근이 가능하도록 해 비행기가 시야에 확실히 들어오도록 하
는 데 중점을 두고 지어졌다. 터미널이 추후 길이 방향으로 확장될 여
지가 있었기 때문에 차도와 활주로에 면한 두 입면은 고정된 면으로
인식되었다. 이로써 기본 이미지와 안정적인 터미널로의 진입로를 유
지했다. 포스터 어소시에이츠의 다른 하이테크 작업과 마찬가지로 이
때도 오브 아럽 앤드 파트너스의 탁월한 공학적 도움을 받았다.

포스트모더니즘

1980년 베네치아 비엔날레의 건축 부문 전시인 '과거의 현존'(The
Presence of the Past)은 여러 면에서 포스트모더니즘의 출현을 전
세계적인 차원으로 선언한 것이었다[315]. 양식적이고 이념적인 특
징들을 하나의 관점으로 정의할 수는 없지만, 구축적·구성적·사회문
화적 관점(팀 텐의 수정주의에 핵심적이었던)보다는 완전히 형식적
인—피상적은 아니어도—관점에서 포스트모더니즘의 적법성을 언
명했다. 이것은 이미 하나의 작업 방식이었고 세기의 3분기에 이르러
건축 생산으로부터 스스로를 분리시켰다. 그러나 포르토게시의 비엔
날레 주제에도 불구하고 과거는 이미 당대의 주요 기념비적 건물에

현존하고 있었다.

   말할 필요도 없이 이전 세대의 가장 탁월한 미국 건축가들인 미스 반 데어 로에와 루이스 칸은 이 역사적인 유산을 해체하고 그것의 원칙과 요소를 시대의 기술적 역량에 따라 재조합하는 것에 전념했다. 비록 텍토닉 요소과 구성 모델은 명백히 (그리고 논쟁적으로) 역사적 선례에 의해서 결정되었지만, 작업은 당대의 표현을 지니고 있었다. 미스 반 데어 로에의 (1961년에 의뢰되어 1965~68년에 건설된) 베를린 신국립 미술관과 칸의 텍사스 포트워스에 있는 킴벨 미술관이 이에 대한 예다. 하나는 싱켈과 19세기의 철과 유리 공학이, 다른 하나는 지중해 연안의 볼트 구조와 철근 콘크리트의 텍토닉이 연관된다. 물론 두 사람의 후기 작업에서 천년왕국의 이상향을 꿈꾸는 사상은 대체로 찾아볼 수 없다. 대신 텍토닉적 구축의 환원할 수 없는 속성과 이 구축과 빛의 숭고한 상호작용에 초점을 맞추고 있다. 그리고 칸의 경우에는 우주론적이고 비밀스러운 신비주의 형태에 관심을 두었다. 미스와 칸은 포스트모더니즘의 도래를 문화적 타락으로 보았으며, 실제로 필라델피아 200주년 기념 '대로'에 관한 벤투리의 제안을 본 칸은 "색채가 건축은 아니다"(color ain't architecture)라는 취지의 경구적인 비난을 내뱉은 바 있다.

   이런 점에서 우리는 건축사에 이름을 남긴 어떤 대가들도 미스와

[315] '스트라다 노비시마'의 일부, 베네치아 비엔날레, 1980. 오른쪽에서 왼쪽 파사드
순으로, 홀라인, 클라이우스, 레온 크리어와 벤투리, 로치, 스콧-브라운(공동).

칸보다 그들의 제자나 계승자에 의해 잘못 이해된 이들은 없다고 주
장할 수 있다. 미스는 1950~75년 미국식 기업 빌딩의 규범을 성공적
으로 형식화해낸 데에, 그리고 미스의 구성 방식은 전후 세계의 개발
부문(1959년 MoMA에 전시된 아서 드렉슬러의 '기업과 정부를 위한
건물' 참조)에 표준이 된 데에 만족해했지만, 그와 칸 모두 자신들의
작업의 가치를 유럽에서 더 인정받았다고 생각한 것 같다. 따라서 시
카고학파를 지배했던 SOM이 열정과 대담성으로 미스를 추종하는 데
성공했던 반면, 마이런 골드스미스(유나이티드 항공사, 일리노이 주
데스 플레인즈, 1962), 진 서머스(매코믹 플레이스, 시카고, 1971) 그
리고 아서 다케우치(웬델 스미스 초등학교, 시카고, 1973) 모두 새롭
고 신선한 출발점에 서는 데 실패했다. 이는 아마도 미스의 작업에 숨
겨진 낭만적 고전주의와 절대주의적 차원을 충분히 이해할 수 없었기
때문일 것이다. 같은 식으로 칸 역시 필라델피아 학파 제자들(무어,

벤투리, 브릴랜드, 로말도 주르골라)이 있었지만, 결과적으로는 이탈리아 신합리주의와 네덜란드 구조주의에서 좀 더 감각적인 추종자들을 찾을 수 있다.

미국에서 후기 모더니즘(Late Modernism)의 쇠퇴는 지난 세기 미국의 발전과 긴밀하게 통합되어 있었던, 하버마스가 '미완의 근대기획'(unfinished modern project)이라고 칭한 것에 대한 거부와 함께한다. 이 쇠퇴는 다른 무엇보다 프랭크 로이드 라이트를 평가절하하는 최근의 분위기에서 뚜렷하다. 20세기 미국에서 가장 많은 결실을 맺은 건축가로서 반론의 여지가 없던 그의 위상을 생각하면 이 쇠퇴를 분명히 감지할 수 있다. 중요한 사실은 고미술 시장은 별도로 하고서라도 찰스 젠크스가 자신의 책 『무한 공간의 제왕들』(1983)에서 라이트를 통해 마이클 그레이브스의 정당성을 입증하려 노력했음에도 불구하고, 라이트는 미국의 포스트모더니즘 주창자들에게 계속 무시당해왔다. 이 기억상실증에 대한 이유는 어렵지 않게 찾을 수 있다. 왜냐하면 라이트는 그의 작업이 환원적이라거나 접근 가능하지 않다는 이유로 묵살할 수 없는 모더니스트(알토는 또 다른 한 사람이다)이기 때문이다. 그 증거로 우리는 라이트가 평생 동안 지은 200채의 유소니아 주택을 들 수 있다. 이들을 하나의 세련된 영역으로서 교외 주택의 속성을 총칭해 표현하고자 했던 시도로 생각할 수 있다.

건축과 거의 모든 다른 문화 영역에서 출현한 포스트모던 현상의 본질에 도달하는 것은 불가능하다. 어쩌면 그것은 사회의 현대화 압력에 대한 반발로, 그래서 과학과 산업의 가치에 전적으로 지배된 현대적 삶의 경향에서 벗어나려는 시도로 인식되어야 한다. 계몽주의의 해방적 유토피아의 목표가 현실주의라는 좀 더 효과적이고 위안을 주는 형태들의 이름으로 이제 포기되어야 한다고 포스트모더니즘은 주장하지만, 현대 사회가 현대화의 근본적인 '이익'을 포기하거나 포기하기를 원한다는 증거는 거의 없다. 게다가 하버마스가 1980년 아도르노 상 수상 연설에서 밝혔듯이 겉으로 보이는 새로움에 대한 대중의 거부, 붕괴와 좌절에 대한 책임은 아방가르드 문화에 있기보다는 현대적 발전의 속도와 탐욕에 있다. 결국 가장 견실한 신보수주의자도 현대화의 가차 없는 진보에 저항할 기회가 거의 없다는 것을 인정할 것이다.

포스트모던 건축을 특징지을 수 있는 일반 원칙이 있다면, 그것은 양식을 무너뜨리고 건축 형태를 잡아먹는다는 것이다. 시민 기관을 소비주의의 일종으로 축소하고 모든 전통적 특징을 훼손하는 생산/소비 사이클의 경향 앞에서는 전통적이든 아니든 어떤 가치도 유지될 수 없다. 오늘날 노동 분업과 '독점' 경제가 요구하는 바는 건축 실천을 대규모 포장술로 축소하는 것이나 마찬가지다. 적어도 한 명, 포스트모던 건축가 헬무트 얀은 자신이 이해한 역할은 이것이었다고 솔직히 인정했다. 포스트모더니즘은 건축을 건설업자와 개발업자가 작업의 뼈대와 기본적인 내용을 결정하고 진행하는 '일괄 거래'의 한 조건으로 축소시켰고, 그러는 동안 건축가는 적당히 매력적인 가면을 만드는 정도로 역할이 줄어들었다. 이것이 오늘날 미국 도심 개발에서 자주 보이는 양상이다. 완전히 유리로 마감된 고층 타워는 반사하는 외피의 '침묵'으로 환원되거나 이런저런 유의 가치 없는 역사적인 장식물로 덮여 있다. 실제로 얀의 '대중적 기계주의'(Popular Machinism)는 이 두 가지 전략을 결합하려는 시도로 간주되어야 한다. 실제 돌로 지어져 보강철 프레임에 단단하게 매달려 있어야 하는 필립 존슨의 AT&T 본사 건물(1978~84)이든, 좀 더 소박하게 강철에 걸려 있는 장식적인 유리 커튼월이든, 심지어 오리건 포틀랜드에 '폐허가 된' 그래서 이상화된 정원 폴리 이미지를 초대형 스케일로 확대해 치장한 콘크리트 '광고판'으로 만든 마이클 그레이브스의 포틀랜드 빌딩[316]이든지 간에 비물질화된 역사주의의 결과는 기본적으로 같다. 즉, 그것은 벤투리가 말한 '장식된 창고'의 포퓰리스트적 형태이다. 여하간 앞서 언급한 세 가지 선택지에서의 자극은 텍토닉이기보다는 배경화(scenographic)이다. 그것의 내적 본질과 외적 형태는 완전히

[316] 그레이브스, 포틀랜드 빌딩, 포틀랜드, 오리건 주, 1979~82.

분열되었고, 형태 자체는 그것의 구조적 기원을 거부하거나 감지할 수 있는 성격을 없애버린다. 포스트모던 건축에서 고전적인 '인용'과 버내큘러는 당혹스럽게도 서로 스며드는 경향이 있다. 늘 목적이 불분명한 이미지로 표현되기 때문에 그들은 쉬이 해체되고, 대개 큐비즘적 형태인 더 추상적인 것들과 뒤섞인다. 그러나 건축가는 너무나 고의적으로 이에 대해 역사적인 암시 이상의 관심을 갖지 않는다.

마이클 그레이브스는 전체 발전의 상징과도 같은 인물이었다. 그의 포스트큐비즘적인 콜라주(그려진 것이든 지어진 것이든 간에) 방식과 내용은 1975년경 그가 레온 크리어의 신고전주의적 '고찰'의 영향을 받았을 때 급진적으로 변했다. 이즈음 크리어는 모더니스트 체계의 모든 흔적을 제거해가고 있었다. (크리어의 1974년 왕립 조폐공사 광장 프로젝트를 모더니스트 체계의 제거가 논리적인 결론에 이른 1978년 생-켕탱-엔-이블린 학교와 비교해보라.) 비슷하게 그레이브스 역시 여전히 '모더니스트적'이었던 크룩스 주택 프로젝트(1976)에서 미네소타 주와 노스다코타 주 경계선의 양쪽에 자리 잡은 쌍둥이

도시를 위해 1977년에 제안했던 파고 무어헤드 문화센터의 신고전주
의적 폴리로 이동했다. 이때부터 그의 작업에는 크리어, 호프만, 싱켈,
큐비즘과 심지어는 아르데코에서 차용한 일화적인 단편이 뒤섞인 전
도된 르두 같은 모티프가 우세해졌다.

당시 그레이브스의 작업 가운데 가장 큰 포틀랜드 빌딩은 포스트
모던 소동의 중심이었다. 임의로 그려진 파사드 구성으로 가장 이론
이 분분했던 공공건물이다. 먼저 발주처는 사각형 창문이 너무 작다
고 강하게 반대했다. 오리건은 구름이 낀 흐린 날이 많기 때문이다. 그
결과 창문들은 약간 커졌다. 지어진 다음에는 커 보이는 창문이 완전
히 가짜였기에 건축술적인 면에서 비판을 받았다. 창문 다수는 짙게
틴팅된 유리로 만들어졌는데 단단한 벽 위에 '눈속임으로' 그려진 것
이었다. 마지막으로, 아마도 가장 심각하게, 장소에 대한 놀라울 정도
의 무감각한 태도 때문에 공격받았다. 양쪽의 보자르 전통의 건물—
시청과 지방법원—과 달리 그레이브스의 건물은 업무용 출입구를 제
외하고는 남쪽으로 향한 공원의 공공 편의시설을 인지하지 못했다.
또한 지층이 아케이드로 되어 있는데도 주변 도로를 향해 이상하리만
치 불친절하게 마주보고 있다.

이후 캘리포니아 주 산후안카피스트라노에서 지역에 맞게 변형
한 스페인 식민지풍 지붕을 씌운 작은 도시 스케일의 공공도서관에
서 판단할 수 있는 바와 같이, 그레이브스는 자신의 이미지적 접근에
부합하는 작업들을 수주했다. 그러나 여기에서도 라이트보다는 올브
리히와 비교했을 때 그의 재능이 더 잘 드러난다. 그는 건축가보다는
예술품(objets d'art) 디자이너에 속한다는 느낌이 강하게 든다. 피터
아이젠만이 지적했듯이, 후기의 그레이브스는 "가령 집은 더 이상 집
(사회적 또는 이념적 총체로서) 또는 오브제 자체이기보다는 오히려
대상에 대한 그림으로 착안되었다".

그레이브스와 마찬가지로 제임스 스털링, 필립 존슨, 한스 홀라
인뿐 아니라 좀 더 최근에 포스트모더니스트 입장으로 전환한 로말도

주르골라, 모셰 사프디, 케빈 로치 등 상당수가 후기 모더니스트의 입장에 있다. 각기 다른 정도로 비물질적 역사주의 담론을 의식적으로 수용했고 사실상 모더니즘의 단편들과 되는 대로 섞여졌다. 결과는 꽤 자주 요령부득이었고 무의미하기 짝이 없는 '불협화음'이 되었다. 그 속에서 건축가는 자신의 재료에 대한 통제력을 상실해갔다. '저자의 소멸'의 나중 버전은 스털링의 작업, 특히 슈투트가르트 미술관에서 뚜렷이 드러난다[317]. 스털링의 후기 경력에서 가장 탁월한 공공 건물이며, 1970년대 후반 일련의 독일 미술관 프로젝트에서 나온 세 개의 신고전주의 디자인에서 도출된, 기이하게 혼합돼 있으면서 모순적인 디자인이다. 철근 콘크리트 구조이며 꼼꼼하게 세부 처리를 했고 마름돌로 마감한 슈투트가르트 미술관은 배경화법과는 거리가 멀지만 전반적인 표현에 있어 텍토닉적이다. 즉, 그것은 스털링의 초기 경력에 영감을 주었던 아방가르드적인 구축주의의 규칙보다는 호프

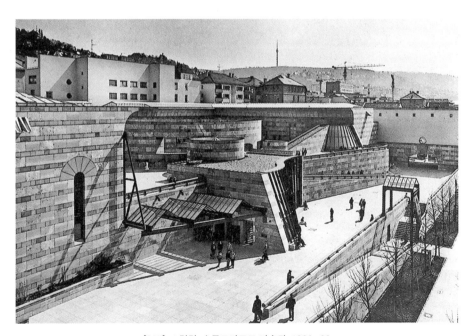

[317] 스털링, 슈투트가르트 미술관, 1980~83.

만과 아스플룬드, 무엇보다도 스톡홀름에 있는 아스플룬드의 1939년
우드랜드 화장장에 더 가깝다. 스털링과 아스플룬드의 차이점 역시
중요한데, 특히 아스플룬드의 자유주의적 공동체 의식의 의미—그의
평등주의적 도시 정체성—는 스털링의 '고전적-포퓰리즘'으로 대체
되었다. 스털링은 미술관이 교육 기관이자 오락시설이라고 여기는 오
늘날 현대미술관의 경영 철학을 믿었다. 이는 슈투트가르트 미술관의
전체적인 기념비성과 연결되며, 구축주의의 영향을 받은 부분들, 극적
으로 파도치듯 넘실거리는 커튼월, 특대형의 관형 손잡이 난간, 경량
강관으로 만든 상징적인 에디큘(aedicula) 등으로 드러난다. 사실상
이들 전부는 지나다니는 누구에게나 눈에 띄도록 고안된 지나치게 밝
게 채색된 장난감 같은 요소들이다.

    이와 유사한 접근 방식을 스털링의 다른 미술관 작업인 하버드
대학교의 포그 미술관 증축 부분과 런던 테이트 갤러리 증축 부분에
서도 볼 수 있다. 테이트 갤러리는 마치 건축의 텍토닉 전통이 우리
눈앞에서 패셔너블한 재발견으로 소모되어버린 듯한 느낌을 준다.

    또 다른 '사라짐'의 형태는 빌딩 전체를 제거하고 땅속에 묻어 건
물이 도시의 덕목에 대한 증거라기보다는 내향적인 내부가 되게 하
는 것이다. 홀라인이 뮌헨글라트바흐에 지은 압타이베르크 미술관
(1983)과 주르골라가 캔버라에 세운 오스트레일리아 국회의사당
(1988)은 이러한 접근을 보여주는 최근의 사례이다.

    홀라인은 포스트모더니스트 가운데 비평적 거리를 드러내면서
수공예적 심미주의를 탐닉할 수 있었던 유일한 인물인 듯하다. 이러
한 이분법적 탁월성은 그의 1980년 베네치아 비엔날레를 위한 '반
파사드'(anti-facade)에서 확실히 입증된다. 거기에서 그는 '실재'에
서 '환영'으로 그리고 '예술'에서 '자연'으로의 변화를 원형적인(ar-
chetypal) 기둥 주제 주위를 둥글게 둘러쌌다(도판 315). 이보다 약
3년 전에 홀라인은 테헤란 미술관에서 정교한 세라믹을 전시했을 때
(1977) 이미 위트 있고 수준 높은 마감을 선보인 바 있다. 많은 점에

[318] 홀라인, 여행 대행사 건물, 빈, 1976~78.

서 그 의뢰는 그가 1976~78년에 실현했던 빈에 있는 이스라엘과 오스트리아 여행 대행사 건물에서 보여준 매우 은유적인 양식을 전형화하는 데 도움이 되었다[318]. 프리드리히 아흐라이트너가 「빈의 입장」(1981)에서 암시했듯이 홀라인이 인테리어 디자인에서 최고의 재능을 드러낸 것은 우연이 아니다. 빈의 문화와 홀라인의 관계에 대한 아흐라이트너의 탁월한 분석은 길게 인용할 가치가 있다.

> 홀라인을 공정하게 평가하기 위해서는 빈의 현실을 무시할 수
> 없다. 그곳에는 너무 오래된 전통에 대응되는 현실 또는 대체되는
> 현실로서의 건축적 배경에 관한 고도로 발달된 감성이 있다. 바로크
> 그리고 더 이른 시기로 거슬러 올라가면 음악과 건축 매체가 표현하는
> 양가성(합스부르크 가에 의한 문학의 억압에서 파생되는)은 명백한
> 현실을 표현하는 것보다 선호되었고 집단적·개인적 정신 상태를
> 반영하기에 이르렀다. 합스부르크 가의 장례 행렬과 퍼레이드는 제1차
> 세계대전 이전에 있었던 귀족과 상류 부르주아 계급 세계의 죽음의

상연을 예고했고, 빈 분리파 내부에서는 심미적 차원으로 인식되었다. 빈은 현실을 미학적으로 승화시키는 전통, 인위적으로 거리를 두는 오랜 실천 전통을 지니고 있다. 몽타주, 콜라주, 소외, 매력적인 암시와 무장을 해제시키는 인용의 기술은 언어만으로 연마되지 않는다.

한스 홀라인은 이 전통을 통합했다. 극단적 시각에서 볼 때 그의 작업들은 빈 사람에게는 변하지 않는 상황에 대한 달갑지 않은 확인이었을 것이다. 배경은 다시금 드러났고 그는 이를 두드러지게 하는 도구를 가지고 있었다. 여행 대행사 건물은 정보와 티켓을 제공하는 그 자체로 단순하기 짝이 없는 필요를 만족시키는 시각적 처리와는 다른 것일까? 그러나 많은 이가 당혹스러워 하는 것은 소재의 심미적 처리가 환원주의 유행에 담겨 있는 내용이 아니라 모든 면에서 소재 자체를 묘사하고 있다는 점이다. 정보와 여행 서류는 문제가 아니다. 문제는 여행을 떠나는 이유에 관한 환상, 욕망, 꿈, 클리셰이다. 고객은 참조와 환상의 세계로 들어오며, 어떤 사물도 단순히 사물이 아니다. 홀은 여행 대행사의 로비가 아니라 기차역의 그것이며 또는 적어도 이 연관성을 풍긴다. 암시의 직접성의 정도는 모두 다르다. 항공사 카운터(아들러)와 선박 회사(렐링)의 시시할 정도로 읽기 쉬운 것부터 극장 매표소(움직이는 무대 배경-학생들 스스로가 그 이유를 추측해야 하는)까지, 그리고 이집트, 그리스, 인도에 대한 가장 불가사의한 참조에까지 이른다. 환상과 설명, 정보와 지식은 모두 한데로 모이는데 그러는 동안 돈은 눈 깜짝할 사이에 고객에게 윙크를 보내며 롤스로이스 라디에이터 그릴을 통해 지나간다.[22]

스페인 건축사무소 타이에르 데 아르키텍투라의 (조립식 철근 콘크리트로 된) 네오-사회사실주의적 초대형-고전주의보다 현실의 다양한 면과 저항의 유희를 펼친 것은 없을 것이다. 생-켕탱-엔-이블린에 있는 '호숫가의 아케이드'(Les Arcades du Lac)라고 알려진 도시 구역(1974~80)과 마른-라-발리에 있는 연극적인 아브락사스 주변 블록 등 많은 프랑스 신도시의 대형 공공 주택 프로젝트를 실현한 리카르도 보필을 두고, 정부 권력과 긴밀한 관계를 즐겼거나 이러한 권력과 너무나 단순하게 동일시했던 서구의 다른 현대 건축가를 상상하기란 어려운 일이다. 이 동일시가 그것에 필연적으로 뒤따르는 세속적인 성공과 함께 키치적인 고전주의의 시체 속에 집단 거주 단위를 유폐시킨 것을 정당화하지는 않는다. 기술적 완성도 면에서 얀의 대중적 기계주의에 필적하는 이것은 텐덴차 그룹이 기념비에 부여한 가치를 전적으로 부정한다. 이것이 대규모 주택 단지에 기념비적 형태를 처음 부여한 것은 아니지만[카를 엔의 카를 마르크스 호프(빈, 1927)와 르 코르뷔지에의 위니테 다비타시옹(1952, 마르세유)], 링슈트라세(로스가 포템킨적 도시라 부른) 이후 주거 유니트의 집적을 이렇게까지 배경화로 처리한 예는 없었다. 사회적이고 건축적인 측면에서 이는 확실히 반동적인 우리 시대를 징후적으로 드러낸다. 예를 들어, 유치원, 회의실, 세탁소, 수영장 등 공공 주거에 응당 있어야 할 '사회적 응축기'가 보필의 작업에는 거의 없거나 표현되어 있지 않다. 그러한 생활편의시설의 결여는 가짜 아키트레이브와 속이 빈 기둥으로 계획적으로 둘러 싸여 있는 표준적인 아파트의 잔인한 속성처럼 반동적이다. 이 가짜 체계와 맞지 않기 때문에 테라스도 없는 이곳에서 지위 향상을 꿈꾸는 주민은 궁정에 살고 있다는 오페라의 환상에 만족해야만 한다.

네오아방가르디즘

알도 로시를 따르는 미국의 추종자들이 꽤 있었는데도 불구하고 신합리주의는 미국의 건축 발전에 그리 큰 영향을 미치지 못했다. 이는 어느 정도 신합리주의가 미국 도시와는 관계가 없다는 사실에 기인한다고 할 수 있다. 전통적인 유럽에서처럼 유형은 같지만 형태는 다른 것을 미국에서는 찾아볼 수 없기 때문이다. '기념비의 연속성'에 관한 텐덴차의 논제는 도시의 맥락 자체가 불안정한 사회에서는 별 신빙성이 없었다. 한편 1960년대 후반에는 전전에 유럽의 아방가르드가 성취했던 것과 같이 엄격하게 이론적이고 예술적인 생산을 발전시키려는 시도가 있었다. 이 노력은 피터 아이젠만의 지도 아래 뉴욕을 근거지로 하는 건축가들의 느슨한 연합체였던 '5인의 건축가'의 작업을 중심으로 구체화되었다. 이 그룹의 두 회원, 아이젠만과 존 헤이덕은 작업의 기반을 전전 아방가르드의 미학적 실천에 두고 주세페 테라니와 테오 판 두스뷔르흐를 모델로 택했던 반면, 나머지 세 사람, 마이클 그레이브스, 찰스 과스메이, 리처드 마이어는 그들의 출발점으로 순수주의 시기의 르 코르뷔지에를 택했다. 그들이 신즉물주의의 환원적 기능주의로 이해한 것과는 거리가 먼, 자율적인 건축 개념에 대한 '뉴욕 파이브'의 몰두는 1972년 코네티컷 주 웨스트 콘월에 지어진 아이젠만의 프랭크 주택 또는 하우스 VI와 헤이덕의 다소 논쟁적인 프로젝트인 다이아몬드 주택 연작(1963~67), 특히 월 주택(1970)에서 가장 명확히 표현되었다. 헤이덕은 이후 초기의 형식주의를 포기하고 1981년 베를린 마스크와 같이 일련의 신화적 장치를 만드는 데 에너지를 쏟았고, 그레이브스는 좀 더 장식적인 포스트모더니스트적 접근(1991년 플로리다 주 올랜도에 있는 그의 디즈니 호텔처럼)을 위해 초기의 신순수주의를 뒤로했는가 하면, 과스메이와 마이어는 순수주의적 기반에 충실히 남아 있었다. 아마 누구보다도 마이어는 조지아주 애틀랜타에 있는 하이 미술관(1980~83)[319]과 프랑크푸르트에 있는 응용 미술관(1979~84)으로 그의 세대에서 가장 공공성을 생각하는 건축가 중 하나로 명성을 얻었다. 실제로 그는 이후 로스앤젤레스, 파리, 바르셀로나 등의 다양한 도시에서 1990년대에 건설 중이던 주요 공공 작업과 함께 세계적으로 유명한 건축가가 되었다.

　뉴욕 파이브가 20세기 아방가르드의 미학적·이념적 전제에 작업의 근거를 둔 1960년대 말의 유일한 건축가들은 아니었다. 그들이 뉴욕에서 맡았던 역할은 런던의 렘 콜하스, 엘리아와 조 젱겔리스, 마델론 브리센도르프로 구성된 '메트로폴리탄 건축사무소'(OMA)의 작업[320]에서도 반복되었다. 초기 작업에서 신조형주의와 후기 미스에게서 똑같이 절충적으로 영감을 받았던 헤이덕처럼 콜하스와 젱겔리스는 도시 프로젝트들을 이반 레오니도프의 절대주의 건축에 근거를 두는 한편, 롤랑 바르트가 '차별화된 반복'(répétition différente)이라고 명명했던 바를 달성하기 위해 초현실주의적 작업으로 전환했다.

이후 세대인 현대판 신절대주의자들 가운데 가장 주목할 만한 건축사무소 아키텍토니카의 라우린다 스피어(스피어 하우스, 마이애미, 1979)와 자하 하디드(1983년 홍콩 피크 공모전)를 가르침으로써 이들을 부각시킨 것과는 별개로, OMA는 그리스 안티파로스 섬 별장 지구와 베를린 코흐슈트라세 주택 단지를 포함하는 주요 도시 디자인 프로젝트를 1980년대 초 창안했다.

이즈음 아이젠만은 이미 베네치아의 칸나레조를 위한 급진적인 제안(1978)을 내놓았다. 거기에서 그는 기존의 도시 조직과 관계를 맺기보다 도시 위에 임의적인 그리드를 포개는 것을 택했다. 이것은 1964년 르 코르뷔지에의 실현되지 못한 안인 베네치아 병원을 일부러 차용한 것이었다. 전해에 설계한 그의 '하우스 XIa'의 다른 스케일 버전들은 칸나레조 구역 내 기존의 빈 공간과 일치하는 그리드의

[319] 마이어, 하이 미술관, 애틀랜타, 1980~83.
[320] 콜하스(OMA), 페리 터미널 계획안, 제브뤼헤, 1990. 모형.

[321] 아이젠만, 웩스너 예술센터, 콜럼버스, 오하이오 주, 1983~89.
기존 캠퍼스 구조에 새 건물을 끼워 넣는 모습.

교차점들 사이에 세워졌다. 아이젠만이 후에 '스케일링'(scaling)이란
용어를 창시하게 했던 일정치 않은 스케일로 된 이 반인간적인 작업
은 적당히 인간화(anthropomorphic)된 스케일이나 도시적 차원과
관련된 기존의 용인된 개념들을 전복시키기 위해 의도된 것이었다.
이처럼 특이하고도 묵시적인 작업으로 아이젠만은 그 이후로 줄곧 그
를 사로잡았던 준-다다이즘적 작업 방식, 즉 상이한 그리드, 축, 스케
일과 윤곽이 실제 맥락과 어떤 연관을 가질 것인지와 상관없이 다소
간 임의로 겹쳐놓는 것에서 파생된 형태를 도입했다[프리드리히슈트
라세 주택 단지(베를린, 1982~86)와 웩스너 예술센터(콜럼버스, 오
하이오 주, 1983~89)[321] 참조].
　　렘 콜하스와 미국에서 활동하던 스위스 건축가 베르나르 추미
가 21세기 도시 공원의 원형이 된 파리 라빌레트 공원 현상설계 마

[322] 추미, 라빌레트 공원, 설계 1984.

지막 단계에서 공개적으로 경쟁했던 때인 1983년은 네오아방가르
디즘에 결정적인 해였다. 이후에 건축에서 출현한 '해체주의'(De-
constructivism)를 염두에 두면, 1984년 추미가 수상한 계획안은 의
미심장하게도 본질적인 파르티를 두 가지 기본 패러다임에서 추출했
다. 하나는 『바우하우스 연감』 9권에서 설정했던 바실리 칸딘스키의
교훈적인 '점, 선, 면'에서, 다른 하나는 소비에트 아방가르드 영화 제
작자 쿨레쇼프가 개척한 비연속적인 커팅 기술에서 유래된 이접적인
(disjunctive) 공간 내러티브와 관련된 사고방식에서였다. 러시아 구
축주의에, 심지어는 호베르투 부를리 마르스와 오스카 니마이어의 초
기 조경에서 발견되는 '윤곽선의 결합' 등에 빚을 지고 있는 추미는 반
고전주의적 건축을 추구했다. 예기치 못한 구성과 기법이 규칙적인
간격으로 공원을 강조하는 빨간색의 구축주의적 폴리에서 나타난다
[322]. 추미는 하나의 폴리와 다음의 폴리를 일련의 프리즘, 원통, 경

사로, 계단, 캐노피에 변화를 주어 구별했다. 이는 구조의 내용 면에서 기본적인 차이를 제한된 범위 안에서만 주었음을 의미한다. 프로그램과 형태 사이의 부분적인 조화와 부조화는 1990년 추미의 프랑스 도서관 공모전 설계에서 주요 볼륨 속으로 부조리하게 투입시킨 달리기 트랙에서 다시금 나타난다.

유사하지만 결코 똑같지는 않은 '해체주의' 전략을 1980년대 내내 다른 건축가들도 채택했다. 1978년 로스앤젤레스에 있는 프랭크 게리의 자택에서 시작해 1980년대의 말 많은 작업들, 프랑크푸르트에 계획된 아이젠만의 바이오센터, 베를린 체크포인트 찰리에 실현된 OMA의 아파트 블록, 베를린에 제안된 다니엘 리베스킨트의 묵시록적인 시티 에지와 1987년 헤이그에 완성된 콜하스의 댄스 극장 등의 작업으로 이어졌다. '해체주의 건축'이란 타이틀로 열린 1988년 MoMA 전시 도록에 마크 위글리는 다음과 같이 썼다.

> 형태는 스스로를 왜곡시킨다. 하지만 이 내면적인 왜곡은 형태를 파괴하지는 않는다. 기이한 방법으로 형태는 손상되지 않은 채 남는다. 이것은 파괴, 철거, 쇠퇴, 부패, 붕괴의 건축이라기보다는 분열, 탈구, 빗나감, 일탈, 왜곡의 건축이다. 그것은 구조를 파괴하는 대신 바꾸어놓는다.
>
> 결과적으로 그렇게 혼란스러운 이유는 바로 형태가 그러한 고문(torture)에서 살아남을 뿐 아니라 한층 더 강력하게 나타나 보인다는 사실이다. 필경 형태는 심지어 그것에 의해 도출된다. 형태인가 또는 왜곡인가, 숙주인가 기생체인가, 무엇이 먼저 왔는지 확실치 않다. 어떤 외과적인 기술도 형태를 해방시킬 수 없다. 어떤 깔끔한 절개도 만들어질 수 없다. 기생체를 제거한다는 것은 숙주를 죽이는 것일 것이다. 이들은 공생의 총체를 구성한다.[23]

비평적인 예리함에도 불구하고 이 작업에 동반된 이론적인 담론의 상당수는 근거 없는 아방가르드의 자기 소외를 입증하듯이 엘리트적이었고 초연했다. 네덜란드의 비평가 아리 흐라플란트가 지적했듯이 구축주의가 하나의 종합—새로운 사회를 위한 새로운 건축의 창조—을 의도했다면, 해체주의의 반명제는 적어도 부분적으로는 글로벌 현대화가 그것의 합리적인 한계를 넘어 이른바 기술만능주의적 질서를 강요하고 있다는 인식에서 유래했다. 곤경은 해체주의의 창시자 자크 데리다의 사고에서 반추되고 있는데, 그는 라빌레트 공원의 작은 정원을 위한 프로젝트에서 아이젠만과 추미에게 협력했었다. 건축이 실용과 시적 이성이라는 상반되는 요구 사이에 끼어 있듯 계몽주의의 이상주의적 유산의 미몽에서 깨어났고 또 사로잡혀 있던 데리다는 하이데거의 실존주의적 비판과 언어의 환원할 수 없는 양가성에 느슨하게 관계된 사회적 실용주의의 형태 사이의 아포리아적 중간 지점을 열망했던 듯하다.

5장

비판적 지역주의:
현대 건축과 문화적 정체성

보편화는 인류의 발달인 동시에 일종의 미묘한 파괴이다. 나쁘지만은 않은 전통 문화뿐 아니라 내가 잠정적으로 위대한 문명과 위대한 문화의 창조적 핵심이라고 부르는 것이 돌이키기 힘들 정도로 파괴된다. 우리가 해석한 삶에 기초한 그 핵심을 나는 우선 인류의 윤리적·신화적 핵심이라고 부르겠다. 대립은 거기에서 파생된다. 우리는 이 단일한 세계 문명이 과거의 위대한 문명을 만들어냈던 문화 자원을 훼손시키면서 일종의 마멸 또는 침식의 압력을 가한다는 느낌을 갖는다. 여타 불온한 결과 중에서도 이 위협은 내가 방금 기본이 되는 문화라고 불렀던 것의 부조리한 대응물인 이류 문명의 만연한 유행으로 표현된다. 세상 어디서나 우리는 같은 나쁜 영화, 같은 슬롯머신, 같은 플라스틱 또는 알루미늄의 악취미, 선전에 의한 같은 언어의 비틀림 등을 발견한다. 마치 인류는 기본 소비 문화에 일제히 다가가면서도 일제히 하위문화 수준에 머물러 있는 듯하다. 그래서 우리는 저개발 상태에서 막 부상한 국가들이 맞닥뜨린 중대한 문제에 이른다. 근대화로 접어들기 위해서는 한 국가의 존재 이유인 오랜 문화 전통을 내던져버려야 하는 것일까? … 그리하여 역설은 다음과 같다. 한편으로 국가는 과거의 토양에 뿌리를 내려야만 하며 민족성을 다듬고 식민주의자 앞에 이 정신적·문화적 요구 사항을 펼쳐야 할 것이다. 그러나 현대 문명에 참여하기 위해서는 동시에 과학적이고 기술적이고 정치적인 합리성, 즉 매우 자주 모든 과거 문화를 순전히 단순하게 포기할 것을 요구하는 어떤 것이 필요하다. 하나의 사실은, 모든 문화가

현대 문명의 충격을 지탱하고 흡수할 수는 없다는 것이다. 여기에
역설이 있다. 어떻게 근대화하면서 (동시에) 원천으로 돌아갈 것인가.
어떻게 오래된 잠자고 있는 문명을 회생시키면서 보편적인 문명에
동참할 것인가.

우리 문명이 실제로 정복과 지배 외의 수단으로 다른 문명을
접했을 때 어떻게 될지 말할 수 있는 이는 아무도 없다. 하지만 이
대면이 아직은 진정한 대화의 수준으로 일어나지 않았다는 사실을
우리는 인정해야만 한다. 이것이 바로 우리가 진실은 하나라는
독단주의를 더 이상 행사할 수 없으며 우리가 발을 들여놓은
회의주의를 아직은 물리치지 못하는 일종의 일시적 진정 상태 또는
공백 상태에 있는 이유이다. 우리는 터널 안에 있다. 독단주의의 황혼과
진정한 대화의 서광에.
— 폴 리쾨르, 「보편 문명과 민족 문화」(1961).[1]

'비판적 지역주의'란 용어는 이것이 기후, 문화, 신화와 수공예가 결합
된 상호작용에 따라 함께 자발적으로 생산되는 버내큘러를 나타내기
위한 것이 아니라 오히려 최근의 지역 '학파들'의 정체를 밝히기 위해
의도된 것이다. 이 학파의 주요 목표는 그들이 뿌리를 내리고 있는 지
역을 반영하고 지역에 기여하는 것이었다. 이러한 유의 지역주의(re-
gionalism)가 출현한 원인 가운데에는 번영을 향한 열망뿐 아니라 적
어도 어떤 형태의 문화적·경제적·정치적 독립을 향한 일종의 반중도
적인 합의에 대한 열망이 있다.

지방 문화 또는 민족 문화 개념은 역설적인 명제인데, 왜냐하면
이것이 토착문화와 보편적 문명 간에 존재하는 분명한 대립을 표현할
뿐 아니라 고대와 현대를 아우르는 모든 문화는 고유한 발전을 위해
다른 문화와의 상호교류에 의존하기 때문이다. 앞의 인용문에서 리쾨
르가 암시했듯이 지방 문화 또는 민족 문화는 결과적으로 오늘날 그
어느 때보다 더 '세계 문화'가 지역적으로 조정된 표명들로 구성되어

있다. 전지구적 현대화가 어느 때보다도 점증하는 힘으로 모든 형태
의 전통, 농업을 근간으로 하는 토착 문화를 지속적으로 훼손시키고
있는 때에 이 역설적인 명제가 제기되었다는 사실은 우연이 아니다.
비평론적 관점에서 지역 문화는 주어진 그리고 비교적 변치 않는 무
엇이 아닌 적어도 오늘날에는 의식적으로 구축될 수 있고 그렇게 되
어야 하는 것으로 여겨져야 한다. 리쾨르는 미래에 어떤 유형의 진정
한 문화를 존속해나가는 것은 문화와 문명의 차원에서 이국적 영향을
전용하면서 지역 문화의 중추적인 형태를 만드는 우리의 역량에 달려
있다고 지적한다.

그러한 동화와 재해석의 과정은 덴마크의 대가 예른 웃손의 작
업, 무엇보다도 1976년 코펜하겐 외곽 지역에 완성한 바그스베르 교
회에서 명백하게 드러난다[323]. 여기에서 표준화된 치수의 프리캐스
트 콘크리트로 된 충전 요소(infill element)는, 특별히 구별되는 방법
으로, 주요 공공 공간을 덮고 있는 철근 콘크리트 볼트와 현장에서 즉
각 결합되었다. 이러한 모듈 조합 방식의 결합과 현장 타설은 지금이
야 우리 마음대로 할 수 있는 콘크리트 기술을 총망라하여 적절하게
통합한 것 이상은 아닌 것처럼 보일 수 있지만, 이러한 기술 결합 방
식이 여기에서는 일련의 변증적인 상반되는 가치를 암시하는 예가 될
수 있다.

조립식 모듈의 조합은 보편적인 문명의 가치와 일치할 뿐 아니라
규범적인 응용 능력을 '표현하는' 반면, 현장 타설된 셸 구조의 볼트는

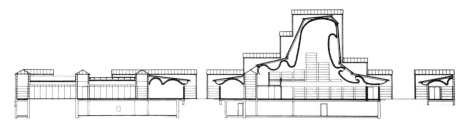

[323] 웃손, 바그스베르 교회, 코펜하겐 근교, 1976. 종단면.

하나의 유일한 장소에 건설된 '일회성' 구조의 발명이다. 리쾨르의 관점에 따르면, 하나는 보편적인 문명의 규범을 규명하고, 다른 하나는 특유의 문화적 가치를 표명한다고 주장할 수 있을 것이다. 비슷하게 우리는 이 상이한 콘크리트 건설이 상징적 구조의 비합리성에 반하는 규범적인 기술의 합리성을 설정한 것으로 파악할 수도 있다.

하지만 경제적으로 최적화된 모듈식 외피(그것이 콘크리트 패널이건 지붕에 특화된 유리이건 간에)에서 최적화와는 거리가 먼 현장 조립 프레임과 셸 구조의 볼트로 된 신도석(nave)으로 걸어가면 다른 대화가 펼쳐지고 있음을 대번에 알 수 있다. 강철 트러스 작업과 비교해볼 때 상대적으로 비경제적 축조 방식인 볼트 구조는 그것의 상징적 역량, 즉 볼트는 서구 문화에서 성스러움을 의미한다는 사실 때문에 의도적으로 선택되었다. 하지만 이 경우에 적용된 수준 높은 단면은 서구적이라고 간주하기는 어렵다. 사실상 신성한 맥락에서 그러한 단면에 대한 유일한 선례는 웃손의 중요한 에세이 「플랫폼과 고원: 한 덴마크 건축가의 개념」(1962)에서 인용한 중국의 파고다 지붕이다.

이 접힌 콘크리트 셸 구조의 지붕에 통합된 미묘하고 상반된 인용들은 서구의 콘크리트 기술 공법 속에 동양의 목조 형태를 재해석해 넣은 외관상의 고집스러움보다 한층 더 중요한 결과를 가져왔다. 신도석 위의 볼트 천장은 그 크기와 천장 조명을 통해 종교적 공간의 현존성을 제시하지만, 이는 구성된 형태에 관한 전적으로 서구적인 또는 동양적인 독해를 배제하는 그러한 방식이기 때문이다. 이와 유사하게 동서양이 교차하는 해석은 목재 창문과 얇은 널빤지로 된 칸막이에서도 나타난다. 이것들은 북유럽의 목조 교회 버내큘러와 동시에 민자 무늬로 된 중국과 일본의 전통적인 목재 작업을 암시하고 있는 듯하다. 이런 해체와 재조합의 과정 이면에 깔린 의도는 다음과 같다. 첫째, 형태의 본질을 동양식으로 재주조함으로써 평가절하된 서구의 형태를 재생하며, 둘째, 이 형태가 상징하는 체제의 세속화를 제시하는 것이다. 이것은 전통적인 교회의 도상이 언제나 키치로 타락하는 위험이 도사리고 있는 세속적인 시대에 교회를 나타내는 좀 더 합당한 방법이다.

동양의 프로필로 서양의 요소를 이렇게 재생하거나 그 반대로 하는 것이 바그스베어 교회가 처한 장소와 시대에 맞게 변화된 방법을 결코 철저하게 규명해주지는 않는다. 웃손은 신성한 기관을 공공적으로 표현하기 위한 하나의 방법으로 농경 문화의 은유를 사용하면서 헛간 같은 형태를 교회에 부여했다. 그러나 종교를 농경 문화와 연결하는 이 다소 애매한 은유는 시간이 흐름에 따라 약간 변화할 것이다. 주위의 묘목들이 자라면 교회는 처음으로 그 자체의 본연의 경계를 가지게 될 터이기 때문이다. 나무로 된 가림막이 만든 자연스러운 성역은 건물을 장차 의심의 여지없이 헛간보다는 하나의 신전으로 해석되게 할 것이다.

1952년, 바르셀로나에서 그룹 R의 창설로 처음 등장한 카탈루냐 지역주의 운동은 반중도적인 지역주의의 본보기였다. 주제프 마리아 소스트레스와 오리올 보이가스가 이끄는 이 그룹은 처음부터 복잡한 문화적 상황에 놓여 있었다. 한편으로는 GATEPAC(전전의 CIAM 스페인 지부)의 합리주의적·반파시즘적 가치와 과정을 회복해야 했고, 다른 한편으로는 대중에게 가까이 갈 수 있는 현실적인 지역주의를 환기해야 하는 정치적 사명감을 자각하고 있었다. 이중의 목표를 가진 이 프로그램은 보이가스가 1951년 출판한 에세이 「바르셀로나 건축의 가능성」에서 처음 대중적으로 선언되었다. 이 이질적인 지역주의를 구성한 다양한 문화적 추진력은 현대 지역 문화의 어쩔 수 없는 혼종성을 확인하는 것 같다. 우선 '모데르니스모'(Modernismo) 시대로 거슬러 올라가는 카탈루냐 벽돌 전통이 있고, 다음으로는 노이트라와 신조형주의의 영향이 있었다. 신조형주의는 의심할 바 없이 1953년 브루노 제비의 『신조형주의 건축의 시학』에서 자극받았다. 다음으로 영향력이 컸던 이탈리아 건축가 이냐치오 가르델라의 신사실주의 스타일이 뒤따랐다. 그는 이탈리아 알레산드리아에 있는 보르살리노 주택에서 전통적인 덧문과 좁은 창문, 널찍하게 돌출한 처마를 활용했다. 여기에 특히 데이비드 매카이, 보이가스, 후안 마르토렐의 건축 실천의 측면에서 영국의 신브루탈리즘의 영향을 덧붙여야 한다(1973년 바르셀로나에 이들의 보나노바 거리 아파트를 보라).

바르셀로나 건축가 조제프 안토니 코데르크의 건축은 지역주의의 전형이었다. 현대식 벽돌 버내큘러를 처음 공식화한 1951년 바르셀로나 파세오 나치오날에 지은 8층짜리 ISM 아파트 블록[324,325](보르살리노 주택처럼 창을 온전히 덮는 덧문과 얇은 코니스로 '전통적으로' 표현한)의 지중해풍과 1956년 시체스에 완성한 카타수스 주택의 신조형주의적이면서 미스적인 아방가르드 구성 사이를 오갔다는 점에서 그러하다[326].

카탈루냐 지역주의가 융합된 좀 더 최근의 현상은 아마도 리카르도 보필과 타이에르 데 아르키텍투라의 작업에서 가장 뚜렷하게 나타난다. 보필의 1964년 칼레 니카라과 아파트는 코데르크의 버내큘러를 재해석한 벽돌 건물과 유사성을 나타냈다면, 타이에르 그룹은 1960년대 말에 공공연하게 총체예술적 접근 방식을 채택했다. 1967년 칼페(지브롤터 암벽의 옛 이름)에 지은 제너두 복합단지에서 이들은 키치적 낭만주의 형태에 몰두했다. 고성 이미지에 대한 집착은 바르셀로나 산후스트

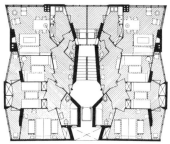

[324, 325] 코데르크, ISM 아파트 블록, 바르셀로나, 1951. 외관과 기준층 평면.

145

[326] 코데르크, 카타수스 주택, 시체스, 1956. 지층 평면.

데스베른에 위치한 대담하지만 과시하려는 듯 화려한 타일을 입힌 왈
덴 7(1970~75)에서 정점에 달했다. 12층의 보이드 공간, 어두컴컴한
거실, 소형 발코니 그리고 이제 풍화되어가고 있는 타일 외피의 왈덴
7은, 처음에는 하나의 비판적인 추진력이었던 것이 촬영에 적합한 배
경화로 완전히 전락한 불운한 경계를 나타낸다. 마지막으로, 가우디를
향한 일시적인 경의에도 불구하고 왈덴 7은 대중을 사로잡는 유혹에
대한 호감을 드러내고 있다. 그것은 탁월한 나르시시즘 건축으로서
형식적 수사학이 스스로를 하이패션과 보필의 현란한 개성의 신화에
집중케 하기 때문이다. 왈덴 7이 가정하는 지중해의 쾌락주의 유토피
아는 좀 더 가까이 들여다보면 금방 무너져버린다. 특히 잠재적으로
감각에 호소하는 환경이 거주로 실현되지 않은 옥상 풍경에서 보면
더욱 그러하다(르 코르뷔지에의 위니테 다비타시옹과 비교해보라).

　　어느 것도 포르투갈의 대가 알바루 시자 비에이라의 건축보다 보
필의 의도에서 멀리 나아간 것은 없을 것이다. 마토지뉴스의 마리아
수태 별장에 있는 수영장(1958~65)으로 시작한 그의 작업은 결코 포
토제닉하지는 않다. 이는 1979년에 쓴 글에서도 확인할 수 있다.

나의 작업 대부분은 전혀 발표되지 않았다. 내가 한 어떤 것들은 일부만 완성되었고 다른 것들은 심하게 변형되거나 파괴되었다. 이는 예상된 바이다. 깊은 곳을 향한 건축적 제안, ⋯ 수동적인 물질화를 넘어서는 의도가 담긴 제안은 동일한 현실로 환원되기를 거부하고 각각의 국면을 하나씩 분석한다. 하나의 고정된 이미지로 지지되지 않는 제안은 선형적인 발전을 따를 수 없다. ⋯ 각각의 디자인은 극도의 엄격함으로 너울거리는 이미지의 정확한 순간을 그것의 모든 색조로 포착해야만 하며, 그 출렁이는 성질을 더 잘 인식할수록 당신의 디자인은 더욱 명확해질 것이다. ⋯ 이것이 주변적인 작업들(조용한 주거지, 멀리 떨어진 주말 주택)만이 원래 설계된 대로 보전되는 이유일지도 모른다. 어떤 것은 남아 있고 단편들은 여기저기에 보관돼 있다. 우리 자신 안에, 아마도 누군가의 아버지가 되어 공간에, 사람들에게 흔적을 남기며 총체적인 변형의 과정 속에 용해되면서.[2]

유동적이지만 구체적인 현실의 변화에 민감하게 반응하는 시자의 작업은 바르셀로나파의 절충적인 경향보다 더욱 다층적이고 토착적인 성격을 띠었다. 알토를 출발점으로 삼은 그는 특정한 지형학적 구성과 지역 직물의 고운 결의 질감을 기반으로 작업했다. 이 때문에 그의 작업들은 포르투 지역의 도시와 땅과 해안 풍경에 대해 친밀하게 반응했다. 이외에 지역 재료, 공예적 작업, 지역의 빛(local light)이 중요한 요소였다. 그는 합리적·현대적 기술을 배제하는 감상주의에 빠지지 않고 이 요소들을 활용했다. 알토의 새위낫샐로 시청과 마찬가지로 시자의 모든 건물은 장소의 지형에 따라 섬세하게 배치되었다. 그의 접근 방식은 1973~77년 포보아데바르징에 지어진 베이레스 주택[327~329]에서 포르투 소재의 보사 주민조합 주거 단지(1973~77)에 이르기까지 시각적이고 묘사적이라기보다는 확실히 촉각적이고 텍토닉적이다. 심지어 그의 자그마한 도시 건물 가운데 아마도 최고인 1974년 올리베이라 데 아제메이스에 지어진 핀토 소토

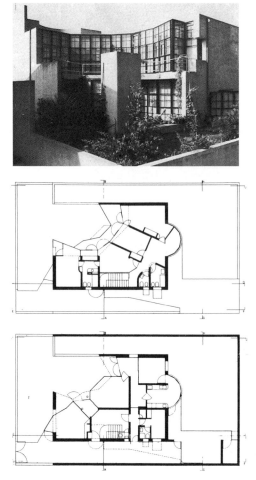

[327~329] 시자, 베이레스 주택, 포보아데바르징, 1973~77.
(위에서부터) 외관, 위층 평면, 지층 평면.

메이요 은행 건물 또한 지형적으로 구성되었다.

　장소의 창조와 건물 형태의 지형학적인 측면을 언제나 강조해 온 뉴욕에 기반을 둔 오스트리아 건축가 라이문트 아브라함의 작업도 유사한 관심으로 채워졌다. '벽이 세 개인 주택'(1972)과 '꽃 벽 주택'(1973)은 1970년대 초 그의 작업들의 전형적인 예다. 프로젝트는

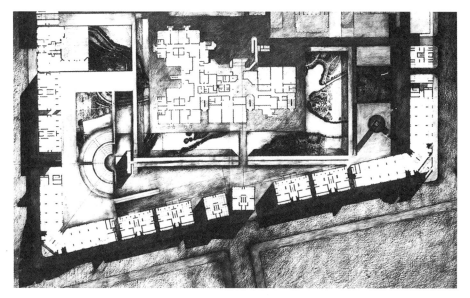

[330] 아브라함, 프리드리히슈타트 남부 프로젝트, 베를린, 대지 절반을 보여주는 상세도.

건물의 피할 수 없는 물질성을 고수하면서 꿈 같은 이미지를 환기시킨다. 텍토닉한 형태와 땅의 표면을 변형시키는 형태의 역량을 향한 관심은 베를린 국제 건축 박람회를 위해 만들었던 아브라함의 설계와 무엇보다도 1981년에 설계된 프리드리히슈타트 남부의 프로젝트 [330]에까지 영향을 미쳤다.

똑같이 촉각적인 태도가 베테랑 멕시코 건축가 루이스 바라간에게서도 나타난다. 그의 가장 훌륭한 주택들(상당수가 멕시코시티 페드레갈 교외에 세워졌다)은 지형학적 형태를 지니고 있다. 건축가이자 조경 디자이너이기도 한 바라간은 언제나 감각적이고 땅과 결속된 건축, 울타리, 석비, 분수와 물줄기 등으로 복합적으로 구성된 건축, 화산석과 무성한 식물과 함께 배열된 건축, 멕시코의 대목장을 간접적으로 나타내는 건축을 항상 추구했다. 신화적이고 토착적인 기원에 대한 바라간의 감성은 누가 지었는지 알 수 없는 푸에블로(pueblo)에 대한 그의 청년 시절의 기억을 인용하는 것으로 충분하다.

나의 가장 어린 시절의 기억은 마사미틀라 마을 근처에 우리 가족이 소유하고 있었던 목장과 관련이 있다. 쏟아지는 강한 비를 피할 수 있는 거대한 처마와 타일 지붕이 있는 집들로 형성된 언덕이 있는 '푸에블로'였다. 심지어 땅도 붉은 흙으로 되어 있어 흥미로웠다. 이 마을에서는 지붕 위로 5미터 높이의 큰 나뭇가지들로 만든 받침대 위에 여물통 모양의 커다란 속 빈 통나무를 얹어 수로를 만들어 물을 공급했다. 이 수로는 마을을 가로질러 물을 받는 파티오에 도달한다. 파티오에는 커다란 석조 분수대와 젖소와 닭이 함께 있는 마굿간이 있었다. 바깥쪽 길가에는 말을 매두는 쇠고리가 있었다. 이끼로 덮인 수로용 통나무에서는 물이 뚝뚝 떨어져 마을 전체가 흥건했다. 이 때문에 마을은 동화 같은 분위기를 풍겼다. 사진은 없다. 단지 기억만 있을 뿐이다.[3]

이 기억은 바라간의 생애 전체에 걸쳐 연루되어 있었던 이슬람 건축과의 관계에서 영향을 받은 것이 틀림없다. 유사한 감정과 관심이 현대 세계의 사생활 침해를 반대하고 전후 문명에 동반된 자연에 대한 미묘한 침식을 비판한 데서 분명하게 나타난다.

매일의 삶이 이제 너무 공공연해지고 있다. 라디오, TV, 전화가 사생활을 침범한다. 정원들은 에워싸여야만 하며 공공의 응시에 열려 있으면 안 된다. … 건축가는 사람들이 어슴푸레한 빛을, 그들의 침실과 마찬가지로 거실에도 고요함을 부여하는 유형의 빛을 필요로 한다는 사실을 잊어버린다. 수많은 건물, 사무실, 가정집에 사용된 유리의 절반쯤은 사람들이 좀 더 업무와 일상에 집중할 수 있게 해주는 빛을 얻기 위해 제거되어야 한다.
기계시대 이전에는 도심에서조차 자연은 모든 사람이 신뢰할 수 있는 동반자였다. … 그러나 오늘날 상황은 역전되었다. 사람들은 자연과 소통하기 위해 도시를 떠날 때조차도 자연과 만나지 않는다.

그의 정신은 자동차가 출현한 세계의 표식이 찍혀 있고, 번쩍거리는
자동차에 처박힌 그는 자연 속에서도 이국적인 신체일 뿐이다. 커다란
광고판은 자연의 소리를 숨죽이게 하는 데 충분하다. 자연은 자연의 한
파편이며 사람은 사람의 한 파편이다.[4]

1947년 멕시코 타쿠바야에 안뜰을 둘러싸며 지은 그의 최초의
집과 스튜디오에 이르러 바라간은 이미 국제양식의 체계로부터 멀어
져 있었다. 하지만 그의 작업은 우리 시대의 미술을 특징지었던 추상
형태에 항상 헌신적으로 남아 있었다.

풍경 속에 고정시킨 커다랗고 거의 불
가해한 추상적인 면에 대한 바라간의
취향은 아마도 가장 강렬하게 라스 아
르볼레다스(1958~61)와 로스 클루베
스(1961~64)의 주거 지역을 위한 정
원과 1957년 마티아스 고에리츠와 함
께 설계했던 고속도로 위의 위성도시
타워에서 나타났다[331].

물론 지역주의는 아메리카 대륙
의 다른 지역에서도 나타났다. 브라
질에서는 1940년대에 오스카 니마이
어와 아폰소 헤이지의 초기 작업에
서, 아르헨티나에서는 아만시오 윌리
암스의 작업에서, 그리고 누구보다도
윌리암스의 1943~45년 마르델플라
타에 있는 브리지 하우스에서, 그리고
더 최근에는 부에노스아이레스에 있
는 클로린도 테스타의 런던 앤드 사우
스 아메리카 은행에서, 베네수엘라에

[331] 바라간과 고리츠, 위성도시 타워,
멕시코시티, 1957.

서는 1945~60년 사이에 카를로스 라울 비야누에바의 설계로 지어진 시우다드 대학교에서, 미국 서부에서는 처음에는 로스앤젤레스에서 1920년대 말에 노이트라, 신들러, 웨버, 질의 작업에서, 그다음에는 윌리엄 우스터가 창립한 캘리포니아파에서 그리고 하월 해밀턴 해리스의 남캘리포니아의 작업들에서였다. 아무도 비판적 지역주의의 개념을 해리스보다 더 강력하게 표현한 사람은 없었다. 그는 1954년 오리건 주 유진에서 열렸던 미국건축가협회(AIA) 북서 지역 회의에서 '지역주의와 민족주의'란 제목으로 기조연설을 했다. 이것은 그가 제한적인 지역주의와 자유로운 지역주의 간의 구분을 매우 적절한 표현으로 진척시킨 첫 사례였다.

제한적인 지역주의에 반대하는 또 다른 유형의 지역주의가 있는데 바로 해방의 지역주의다. 이는 당대의 사고와 조화를 이루는 지역의 표현이다. 아직 어느 곳에서도 출현하지 않고 있는 한에서 이 표현을 '지역적'이라고 부른다. 통상적으로 인식하는 것보다 더 깨어 있으며 통상적인 자유보다 더 자유롭다. 이것은 지역의 특별함이다. 지역적 비범함은 표현 자체로 외부 세계에 의미를 던져준다. 이 지역주의를 건축적으로 표현하기 위해서는 한 번에 이왕이면 많은 건물이 지어져야 한다. 그래야 표현이 충분히 일반적이고 충분히 다양하며 사람들의 상상력을 사로잡기에 충분히 강력해지고 새로운 디자인 학파가 발전하기에 충분히 오래 우호적인 분위기를 제공할 수 있기 때문이다.

샌프란시스코는 메이벡을 위해 만들어졌고 패서디나는 그린 앤드 그린을 위해 만들어졌다. 그들 가운데 누구도 다른 장소나 시간에 그가 했던 것을 성취할 수는 없었을 것이다. 그들은 해당 지역의 재료를 사용했는데 그들의 작업을 구분짓는 것은 재료가 아니다. … 지역은 개념을 발전시킬 것이다. 지역은 그것들을 받아들일 것이다. 상상력과 지성은 둘 다에서 필수적이다. 20년대 말과 30년대에 유럽의 근대적 개념들은 캘리포니아에서 여전히 진행되고 있던 지역주의와 만났다.

반면에 뉴잉글랜드에서 유럽의 모더니즘은 처음에는 저항했지만
나중에는 굴복하게 된 경직되고 제한적인 지역주의와 만났다.
뉴잉글랜드는 자신의 지역주의가 규제 목록으로 축소됐기 때문에
유럽의 모더니즘을 통째로 받아들여야만 했다.[5]

표현의 명백한 자유에도 불구하고 높은 수준의 해방적 지역주의는 오늘날 북미에서는 성취하기 어렵다. 고도로 개인주의적인 표현 형태들(비판적이기보다 자주 오만하며 제멋대로인 작업)이 늘어난 현재 상황에서 단지 소수의 회사만이 오늘날 토착적인 미국 문화의 비감상적 함양에 헌신하고 있을 뿐이다. 현재 북미에서 전형적이지 않은 '지역적' 작업의 예로는 캘리포니아 나파 밸리 지역을 위해 앤드루 베이티와 마크 맥이 설계한 장소와 정서적으로 조화를 이룬 주택들과 건축가 해리 울프의 작업이다. 울프는 주로 캐롤라이나 북부에서 활동했다. 장소를 만들어내는 울프의 은유적인 접근 방식은 포트로더데일에 위치한 1982년 리버프런트 플라자 현상설계 출품작[332]에서 문제적 방식으로 입증되었다. 그의 서술에서 보이듯 여기에서의 의도는 빛의 투사를 통해 도시의 역사를 대지에 새겨 넣는 것이었다.

태양 숭배와 태양광으로 시간을 측정하는 것은 최초의 기록된 인류
역사로 거슬러 올라간다. 지구의 26도 위도선을 따라가면 흥미롭게도
포트로더데일이 고대 테베—이집트의 태양신 '라'의 옥좌가 있는—와
나란히 있음을 알게 된다. 좀 더 동쪽에 있는 인도 자이푸르에는
포트로더데일이 건설되기 110년 전에 세상에서 가장 큰 해시계가
지어졌다.
　우리는 훌륭한 역사적 선례들을 염두에 두고 포트로더데일의
과거, 현재와 미래에 대해 말해줄 상징을 찾았다. … 태양을 상징으로
잡아두기 위해 거대한 해시계를 플라자 대지 안에 새겼고 해시계의

바늘은 남북 축선상에서 대지를 둘로 가른다. 두 개의 바늘은
포트로더데일의 위도에 평행을 이루는 26도 5부에서 남쪽으로부터
떠오른다.

포트로더데일 역사에서 중요한 날은 해시계의 큰바늘에 기록된다.
광환(光環)을 드리우기 위해 빛이 두 바늘을 타고 완벽하게 들어오도록
태양각을 정밀하게 계산했고, 그렇지 않으면 해시계의 그늘진 쪽에
닿도록 했다. 이 빛 축은 해마다 역사적 기념물에 알맞은 역사적 표지를
비춘다.[6]

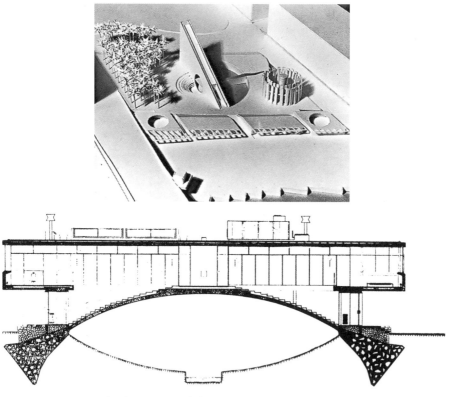

[332] 울프, 포트로더데일 리버프런트 플라자 모형, 1982.
[333] 윌리암스, 브리지 하우스, 마르델플라타, 1943~45.

[334] 발레, 콸리아 주택, 수트리오, 1954~56.
[335] 스카르파, 쿠에리니 스탐팔리아, 베네치아, 1961~63.

유럽에서 건축가 지노 발레의 작업은 그의 작업이 언제나 우디네 시에 집중됐던 만큼 지역적이라고 생각될 법하다. 이 도시에 대한 그의 관심과는 별도로 발레는 1954~56년에 수트리오에 지은 콸리아 주택에서 롬바르디 지방의 버내큘러를 표현했는데, 전후의 가장 빠른 재해석이었다[334].

제2차 세계대전 이후 유럽에서는 지역주의의 추동력이 자발적으로 등장했는데, 유럽에 여전히 도시 국가의 흔적이 남아 있었다는 점을 감안하면 이해가 되는 대목이다. 전후에 상당수 건축가들은 그들이 태어난 도시의 문화에 기여할 수 있었다. 전후 세대 가운데 지역주의로의 전환에 심취한 이들은 취리히의 에른스트 기젤, 코펜하겐의 예른 웃손, 밀라노의 비토리오 그레고티, 오슬로의 스베레 펜, 아테네의 아리스 콘스탄티니디스와 마지막으로 가장 중요한 베네치아의 카를로 스카르파[335] 등이 있다.

언어의 경계가 복잡하고 세계주의의 전통을 지닌 스위스는 강력한 지역주의적 경향을 언제나 표출했다. 주(州) 단위에서는 지역 문화를 선호했고 연방정부는 이국적 개념의 유입과 동화를 촉진했는데, 주의 수용과 배제의 원칙은 언제나 극도로 조밀한 형태의 표현을 선호했다. 이탈리아와 스위스 경계에 위치한 캄피오네 디탈리아에

[336] 슈네블리, 카스티올리 주택, 캄피오네 디탈리아, 1960.

는 돌프 슈네블리의 네오-코르뷔지에식 둥근 천장의 카스티올리 주택
(1960)이 있다[336]. 네오-코르뷔지에식의 볼트가 있는 이 주택은 상
업화된 모더니즘의 영향에 대한 티치노 지역 건축의 저항을 처음으로
보여준 예일 것이다. 이 저항은 스위스의 다른 지역, 벨린조나에 위
치한 아우렐리오 갈페티의 르 코르뷔지에풍 로탈린티 주택(1961)과
1960년 베른 외곽에 지어진 아틀리에 5의 르 코르뷔지에식 노출 콘
크리트 양식을 가정한 할렌 주거 단지에서 나타났던 바와 같이 즉각
적인 반향을 일으켰다.

오늘날 티치노 지방 지역주의의 결정적인 기원은 스위스에서 전
개된 이탈리아 합리주의 운동의 전쟁 전의 주창자들에게서, 특히 이
탈리아인 알베르토 사르토리스와 티치노 출신 리노 타미의 작업에
서 찾을 수 있다. 사르토리스는 활동의 주 무대가 발레였는데, 주목
할 만한 작업은 루르티에에 있는 교회(1932)와 포도 재배와 관련된
1934~39년 건설된 작은 콘크리트 프레임 집 두 채이다. 그의 가장 유
명한 작업은 사이용에 있는 모랑-파스퇴르 주택(1935)이다. 사르토
리스는 합리주의와 지역 건축의 양립에 관해 "본디 지방색을 띠는 지

역 건축은 오늘날의 합리주의와 완벽하게 조화를 이룬다. 사실상 그것은 현대적 건축 방법론이 근간으로 여기는 모든 기능적인 평가 기준을 실천 속에서 구현한다"라고 썼다. 사르토리스는 제2차 세계대전 이래로 합리주의 원칙을 살아 있게 한 주요 논객이었다. 건축업자였던 타미와 1960년대 티치노 건축가들은 그의 루가노 주립 도서관(1936~40)을 합리주의의 모범적인 작업으로 꼽았다.

갈페티를 제외하고 1950년대 중반 티치노 지역 건축가들의 작업은 전전의 이탈리아 합리주의자보다는 프랭크 로이드 라이트의 작업을 향해 있었다. 이 시기에 관해 티타 카를로니는 "우리는 순진하게도 '유기적인' 티치노의 목표를 설정했고 그 목표 안에서 현대 문화의 가치는 지역 전통과 자연스러운 방법으로 조화를 이루었다"고 썼다. 1970년대 초 티치노의 신합리주의에 관해서는 다음과 같이 말하기도 했다.

> 라이트식의 오래된 체계는 대체됐고, 선의의 개혁 의도를 품고 정부를 위해 진행한 '거대 계약'의 시기는 종식되었다. 아래에서 위로 모두 다시 시작해야만 했다. 주택, 학교, 작지만 교훈적인 복구 작업, 공모전 출품작은 건축의 내용과 형태를 연구하고 비판적으로 평가할 수 있는 기회였다. 그러는 동안 이탈리아에서의 문화적 대립, 정치 참여 그리고 우리와 같은 태생의 지성인들, 특히 비르질리오 질라르도니와의 가혹한 대면 때문에 역사책이 우리 책상 위에 놓이기 시작했고, 무엇보다도 우리는 모더니즘의 총체적 발전, 특히 1920~30년대 모더니즘을 비판적으로 재평가해야 하는 도전에 직면하게 되었다. [7]

카를로니가 암시했듯이 지방 문화의 힘은 외부 영향을 통합하고 재해석하는 한편 해당 지역의 예술적·비평적 잠재력을 응축하는 역량에 달려 있다. 카를로니의 수제자인 마리오 보타의 작업은 외부에서 가져온 접근법과 방법을 채택하면서 특정 장소와 직접 관계가 있는

[337] 보타, 리바 산 비탈레에 있는 주택, 1972~73.

주제에 집중했다는 점에서 전형적이다. 스카르파 밑에서 수업을 받았던 보타는 운 좋게도, 비록 단기간이긴 하지만, 칸과 르 코르뷔지에가 베네치아에 공공건물을 계획했을 때 함께 일했다. 이들에게 영향받은 것이 분명한 보타는 이탈리아 신합리주의의 방법론을 자신의 것으로 전용해갔고, 동시에 스카르파를 통해 형태를 수공예적으로 풍부하게 하는 비상한 능력을 유지했다. 이 경우 가장 이국적인 예는 1979년 리그리냐노에 있는 개조한 농가의 벽난로 주변을 '광택 나는 벽토'로 바른 것이다.

보타의 작업에서는 결정적으로 다른 두 가지 특징을 볼 수 있다. 하나는 그가 말한 '대지를 건축하는'(building the site) 것에 대한 지속적인 몰두이고, 다른 하나는 역사적 도시의 상실은 '축소된 도시들'로서만 보상될 수 있다는 신념이다. 따라서 모르비오 인페리오레에 있는 보타의 학교는 가장 가까운 대도시 키아소가 야기한 시민적 삶의 상실에 대한 문화적 보상인 아주 작은 도시 영역(micro-urban-realm)으로 해석된다. 티치노의 조경 문화를 주로 참조했음은 유형학적 차원에서도 환기되고 있다. 한때 그 지역에 많았던 전통적인 탑 모양의 시골 여름 주택인 '로콜리'(rocoli)를 간접적으로 참조한 리바 산 비탈레에 있는 집이 그 예다[337].

이러한 참조들은 차치하고서라도, 보타의 주택은 풍경 속에서 한계 또는 경계를 가리키는 표식으로 작동한다. 예를 들어 리고르네토에 있는 집은 마을이 끝나고 농지가 시작되는 경계를 설정한다. 주택의 커다란 구멍(커다랗게 잘라낸 개구부)은 밭에서 시선을 돌려 마을쪽으로 향한다. 보타의 집은 종종 조망대처럼 취급되었는데, 창문은 티치노에서 1960년대 이래 전개된 탐욕스러운 교외 개발을 감추고 선택된 경치 쪽을 향해 열려 있다. 대지 안으로 테라스가 놓이는 대신 비토리오 그레고티가 『건축의 영역』(1966)에서 썼던 논지를 따라 이 집들은 '대지를 건축했고', 스스로를 지형과 하늘을 배경으로 하는 주요 형태로 선언했다. 지역의 농경문화 성격과 부분적으로 조화를 이루려고 하는 이들 주택의 성격은 유사한 형태와 마감에서 직접 파생된다. 즉, 회를 바르지 않은 콘크리트 블록과 격납고 또는 헛간 같은 외피에서 비롯되며, 후자는 그것들의 기원인 전통적인 농경문화적 구조를 암시한다.

집에 대한 현대적인 동시에 전통적인 감성에도 불구하고 보타의 업적 가운데 가장 중요한 면은 공공 프로젝트에 있다. 특히 그가 루이지 스노치와 공동으로 설계한 두 개의 대형 프로젝트 제안이 중요하다. 둘 다 '고가교' 건물이며, 칸의 1968년 베네치아 의사당과 로시의 갈라라테제를 위한 첫 번째 스케치에 빚을 지고 있다. 페루자의 첸트로 디레치오날레를 위한 1971년 보타와 스노치의 프로젝트는 '도시 안의 도시'로 계획되었는데, 이 설계의 의미는 세계 전역의 수많은 초대형 도시 상황에 적용할 수 있는 잠재성에서 비롯된다. 만약 실현되었다면 '초대형 구조의 고가교'로 고안된 이 센터는 역사적 도시를 손상하거나 혼란스러운 주변 교외 개발과 뒤섞이지 않으면서 도시 영역에서의 존재성을 확보할 수 있었을 것이다. 비슷한 명쾌함과 적절성이 그들의 1978년 취리히 정거장 교체 프로젝트에서 달성되었다[338]. 다층의 다리로 이어진 중앙 홀은 상점, 사무실, 레스토랑, 주차장을 제공하며, 기존 정거장의 몇몇 기능이 유지될 수 있게 주의를

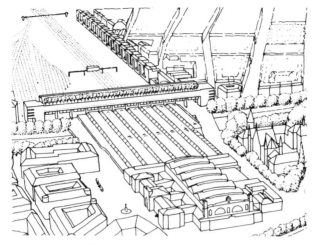

[338] 보타와 스노치, 취리히 정거장 교체 프로젝트, 1978.
기존 정거장 건물(아래쪽)과 철로를 가로지르는 다리.

기울이면서 새로운 건물을 구성했다.

일본에서 지역을 가장 강하게 의식한 건축가 가운데 하나인 안도 다다오가 도쿄보다는 오사카에 근거를 두고 있으며, 그의 이론적인 글이 같은 세대의 다른 어느 건축가보다 더 명확하게 비판적 지역주의의 개념에 가까운 일군의 규칙을 체계화했다는 사실은 우연이 아니다. 이는 그가 보편적인 현대화와 토착 문화의 개성 사이에 형성된 긴장을 감지한 데에서 가장 분명히 나타난다. 그는 「스스로 담을 친 현대 건축에서 보편성을 향하여」란 제목의 글에 다음과 같이 썼다.

> 일본에서 나고 자란 나는 여기서 건축 일을 한다. 그리고 내가 선택한 방식이 개인적인 삶의 양식과 지역적인 차이점으로 둘러싸인 영역에 개방적이고 보편적인 모더니즘에 의해 발전된 언어와 기법을 적용하는 것이라고 말할 수 있다고 생각한다. 그러나 개방적이고 국제주의적인 모더니즘의 언어로써 주어진 민족의 감성, 습속, 미학적 인식, 독특한 문화와 사회적 전통을 표현하는 것은 내게 어렵기만 하다.[8]

'담을 친(enclosed) 현대 건축'에서 안도는 문자 그대로 벽을 둘러 세운 거점(en-clave)을 의도했다. 이를 통해 인간이 자연과 문화 모두에서 과거의 친밀감의 흔적을 회복하고 존속할 수 있는 힘을 얻을 수 있다고 보았다. 그는 다음과 같이 쓰고 있다.

> 제2차 세계대전 이후 일본이 급속한 경제 성장에 돌입했을 때 사람들의 가치 평가 기준이 변했다. 전근대적이고 뿌리 깊은 오래된 가족 체제는 붕괴했다. 정보와 작업장이 도시에 집중되는 등의 사회 변동이 도시의 인구 과잉을 초래했다(아마도 다른 나라도 마찬가지였으리라). 과밀한 도시와 교외의 인구는 이전에 일본 주거 건축의 가장 특징적이었던 요소, 즉 자연과의 은밀한 연관성과 자연 세계로 향한 개방성을 유지하기 힘들게 만들었다. 내가 말하는 '담을 친 현대 건축'의 의미는 일본의 주택이 현대화 과정에서 상실한 집과 자연 간의 통일성을 회복하는 것이다.[9]

조밀한 도시 구조 속에 배치된 작은 안뜰이 딸린 집들에서 안도는 종종 중량감보다는 군더더기 없이 깔끔하고 균질한 표면을 강조하는 방식으로 콘크리트를 사용한다. 그에게 콘크리트는 "햇빛이 창출하는 표현을 실현하는 데에… 거기에서 벽은 추상적이 되고 부인되어 공간의 궁극적인 한계에 다가간다. 벽의 실재성은 상실되며 벽이 에워싼 공간만이 실제로 존재하는 느낌을 주는 데" 가장 적합한 재료이기 때문이다.

칸과 르 코르뷔지에도 이론적인 글에서 빛의 기본적인 중요성을 강조했는데, 안도는 빛이 드러내는 공간의 선명함을 일본 건축의 성격과 연결된 독특한 점으로 보고, 이를 통해서 '스스로 담을 친 현대성'의 개념에 부여한 좀 더 넓은 의미를 명확하게 했다.

이런 유의 공간은 일상의 실용적인 일에서는 간과되며 드물게

알려진다. 하지만 깊숙이 자리하고 있는 형태의 추억을 자극하며
새로운 발견을 유발한다. 이것이 내가 '닫힌 현대 건축'이라고 부르는
것의 목표다. 지역에 따라 변하기 쉬운 이러한 유형의 건축은 여러
특징적이고 개별적인 방식으로 뿌리를 내리고 성장할 것이다. 비록
닫혔지만 나는 하나의 방법론으로서 그것이 보편성의 방향으로 열려
있다고 여전히 확신한다.[10]

안도는 작업물의 촉각성이 기하학적인 질서라는 최초의 지각을
초월하는 건축을 발견하고자 했다. 디테일의 정교함과 밀도는 둘 다
빛 아래에서 드러나는 그의 형태들의 성격에 결정적이다. 따라서 그
는 1981년에 지은 고시노 주택에 관해 다음과 같이 썼다[339, 340].

> 빛은 시간과 함께 표현을 바꾼다. 나는 건축 재료에는 만질 수 있는
> 나무와 콘크리트뿐 아니라 그 이상, 우리 감각에 호소하는 빛과
> 바람이 포함된다고 믿는다. … 정체성을 표현하는 가장 중요한 요소는
> 디테일이다. … 따라서 내게 디테일은 건축의 물리적 구성을 달성하는
> 요소이자 건축적 이미지를 생성하는 장치이기도 하다.

그리스 건축가 디미트리스와 수자나 안토나카키스의 비판적 지
역주의에 대한 논문 「격자와 오솔길」(『그리스에서의 건축』, 1981)에
서 알렉스 초니스와 리아네 레파이브레는 그리스 정부가 설립되고 아
테네가 건설되는 데 싱켈 학파가 했던 모호한 역할을 논증했다.

> 그리스에서 역사주의적 지역주의의 신고전주의 버전은 복지국가와
> 현대 건축이 도래하기 전에 이미 저항에 부딪쳤다. 19세기 즈음
> 폭발했던 매우 기이한 위기 때문이었다. 역사주의적 지역주의는
> 독립전쟁과, 농민의 세계와 그것의 촌스러운 '후진성'에서 분리된 도시
> 엘리트를 발전시키며 시골에 대한 도시의 지배를 창조하려는 관심에서

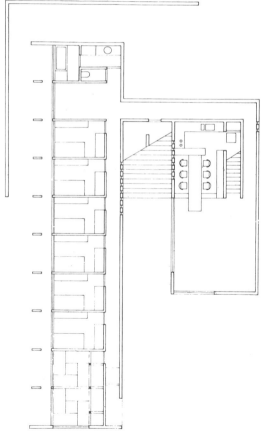

[339, 340] 안도, 고시노 주택, 오사카, 1981. 외관과 지층 평면.

출현했다. 따라서 경험보다는 책에 근거한 역사주의적 지역주의의
특별한 매력은 기념비성과 함께 또 하나의 냉담하고 버림받은 엘리트를
상기시킨다. 역사주의적 지역주의는 사람들을 통합시키는 한편
분리시키기도 했다.[11]

19세기 그리스의 민족주의적 신고전주의 양식이 확산되면서,
1920년대의 토착적 역사주의에서 스타모 파파다키와 데스포토폴로
스와 같은 건축가의 작업에서 드러난 것처럼 1930년대의 모더니즘
에 대한 헌신까지 다양한 반응이 뒤이어 나타났다. 초니스가 지적했
듯이 지역주의 모더니즘은 그리스에서 아리스 콘스탄티니디스의 가
장 초기 작업(1938년의 엘레우시우스 주택과 1940년의 키피시아 정
원 전시)에서 출현했고, 1950년대 그의 다양한 저비용 주택 계획과
1956~66년 그리스 국립 관광 기구를 위한 제니아 호텔에서 한층 더
발전되었다. 콘스탄티니디스의 모든 공공 작업에서 기둥과 보로 된
철근 콘크리트 프레임의 보편적 합리성과 고유의 돌과 속을 채우는
데 쓰인 블록 작업의 토착적 촉각성 사이에 긴장감이 나타났다. 그보
다는 훨씬 덜한 모호한 지역주의 정신이 1957년 필로파푸 언덕에 디
미트리스 피키오니스가 설계한 공원과 산책길에 스며들어 있다. 이
고졸한 풍경에서 초니스와 레파이브레는 다음의 내용을 지적했다.

[341] 피키오니스, 필로파포스 언덕의 공원 산책길, 아테네, 1957.

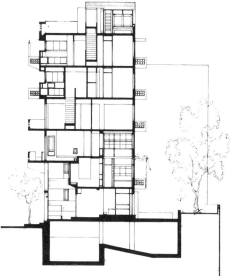

[342, 343] 안토나카키스, 베나키 거리 아파트, 1975. 외관과 횡단면.

피키오니스는 1950년대 건축 사조에서 매우 전형적인 기술공학적
과시와 구성 장치에서 벗어난 건축, 황량하게 벌거벗겨진 거의
탈물질화된 오브제, '행사를 위해 만든 장소들'의 배치를 보여주었다.
고독한 사색, 은밀한 토론, 작은 모임, 거대한 회합을 위한 … 장소들이
언덕 주위로 펼쳐진다. 보기 드문 틈새와 통로의 갈래 그리고 환경을
직조하기 위해서 피키오니스는 삶이 배어 있는 민속 건축의 공간에서
적절한 구성 요소들을 가져왔는데, 이 계획에서는 지역적인 것과의
연결고리가 애정 어린 감정으로 이루어지지는 않았다. 이 콘크리트
포장은 마치 고고학자가 문서화한듯 냉정한 경험주의적 방법으로
연구되었다. 선별과 배치 어떤 것도 편하고 피상적인 감정을 자극하기
위해 수행되지 않았다. 이들은 일상의 의미로 사용되는 그러나
일상 생활이 제공하지 않는 당대 건축에 맥락을 제공하기 위한
플랫폼이었다. 지역적인 것의 탐구는 구체적인 것과 실제적인 것에
도달하기 위한 그리고 인간성을 회복시켜주는 건축을 위한 조건이다.[12]

초니스는 안토나카키스의 작업을 피키오니스의 지형학적 통로와 콘스탄티니디스의 보편적 격자를 결합한 것으로 보았다. 이 변증법적 대립은 다시금 리쾨르가 지적한 문화와 문명 사이의 분열을 반영하는 듯하다. 이 이중성을 1975년 아테네에 지어진 베나키 거리 아파트보다 직접적으로 표현한 예는 없을 것이다. 층층으로 된 구조 안에 그리스 섬의 버내큘러에서 따온 미로와도 같은 길이 콘크리트 프레임 구조의 규칙적인 격자 속에 짜여 넣어져 있다.

4장에서 사용한 범주와 마찬가지로, 비판적 지역주의는 어떤 공통된 특징에 맞춰진 비평적 범주일 뿐 양식은 아니다. 그 특징들은 여기에 인용한 사례에 언제나 있는 것은 아니다. 이 특징 또는 사고방식은 다음과 같이 요약될 수 있다.

(1) 비판적 지역주의는 주변적인 실천으로 이해되어야 한다. 그것은 근대화에 비판적이지만, 여전히 근대 건축의 유산인 해방적이고 진보적인 요소를 포기하지 않는다. 동시에 비판적 지역주의의 단편화되고 주변적인 성질은 규범화된 최적화와 초기 근대 운동의 순진한 유토피아주의에서 거리를 지키는 데 일조했다. 오스망에서 르 코르뷔지에로 이어지는 계통과는 반대로 대형 프로젝트보다는 소규모 계획을 선호한다.

(2) 이런 점에서 비판적 지역주의는 스스로를 의식적으로 경계 짓는 건축, 독립해 서 있는 오브제로서의 건물을 강조하기보다 대지에 세워질 구조물에 의해 성립되는 장소에 역점을 두는 건축을 지향한다. 이 '장소-형태'는 건축가가 작업의 물리적 경계를 일종의 시간적 한계, 즉 짓는 행위가 멈추는 지점으로 인식해야 함을 뜻이다.

(3) 비판적 지역주의는 건조 환경을 일련의 배경화적 에피소드

로 축소하기보다는 하나의 텍토닉적 사실로서의 건축의 실현을 선호한다.

(4) 비판적 지역주의는 언제나 부지 특성 요소를 강조하는 한에서만 지역적이라고 주장할 수 있다. 이 요소는 지형을 건물이 자리할 삼차원 매트릭스로 보는 것부터 구조를 가로지르는 빛의 유희까지를 아우른다. 빛은 항상 작업의 텍토닉한 볼륨과 가치를 드러내는 중요한 매개체로 이해되었다. 기후 조건에 대한 분석적 반응은 필연적인 결과다. 따라서 비판적 지역주의는 공기 조화기 등의 사용을 최대로 활용하려는 '보편적 문명'의 성향에 반대하며, 모든 개구부를 장소, 기후와 빛이 만드는 특정한 환경에 반응할 수 있는 미묘한 변환의 영역으로 취급하는 경향이 있다.

(5) 비판적 지역주의는 시각적인 것만큼 촉각적인 것을 중시한다. 그것은 환경이 시각만이 아닌 다른 것으로 경험될 수 있음을 중시한다. 다양한 조도의 조명, 열, 추위, 습도와 공기의 움직임과 같은 주위의 감각들, 각각 다른 환경 또는 각기 다른 물질에서 방출되는 여러 가지 냄새와 소리, 그리고 자세, 걸음걸이 등 부지불식간에 변하는 몸 때문에 바닥 마감이 유발하는 여러 감각까지, 비판적 지역주의는 이러한 상보적인 지각들에 민감하다. 그것은 정보로 경험을 대치하는 미디어가 지배하는 시대 경향에 저항한다.

(6) 지역의 버내큘러를 감상적으로 모사하는 데 반대하는 한편, 비판적 지역주의는 경우에 따라서 전체 안에 이접적인 에피소드로 재해석된 버내큘러 요소를 삽입한다. 때로 외래 요소를 차용하기도 한다. 바꿔 말해서 그것은 형식 참조의 차원에

서나 기술 차원에서 지나치게 난해하지 않으면서 현대의 장소 지향적 문화를 배양하려고 노력할 것이다. 이런 점에서 지역에 근거한 '세계 문화'의 창조라는 역설적인 경향을 지니는데, 이는 동시대의 실천에 상응하는 형태를 달성하기 위한 하나의 선결 조건에 가까울지도 모른다.

(7) 비판적 지역주의는 보편적인 문명의 강도 높은 추진력을 어떻게서든 피해갈 수 있었던 문화의 틈새에서 번성하곤 한다. 비판적 지역주의의 출현은 의존적이고 피지배적인 위성도시에 둘러싸인 지배적인 문화 중심지라는 일반적으로 수용된 개념이 궁극적으로는 현대 건축의 현 상태를 평가하기에 부적절한 모형임을 뜻한다.

4부
세계 건축과 근대 운동

[344] BBPR, 토레 벨라스카, 밀라노, 1956~58.

2000년경, 현대 건축 문화가 전 세계에 미친 전반적 영향의 평가를 시도한 두 가지 출판물이 나왔다. 첫 번째는 『세계 건축 1900~2000: 비판적 모자이크』라는 제목으로 나온 열 권짜리 연작이었다. 이 작업은 세계를 열 개의 '대륙' 권역으로 나누어 각 지역 위원회마다 중요한 건물 100개를 고르는 방식으로 20세기 전체를 대표하는 건물 1000개를 정리했다.

두 번째 출판물은 루이스 페르난데스-갈리아노가 2007년 마드리드에서 펴낸 연구서 『아틀라스: 2000년경의 세계 건축』(2000)이었는데, 이 작업은 첫 번째 출판물과 비슷하면서도 동일하지는 않은 목적을 추구했다. 역시 세계를 10개의 '대륙' 권역으로 나누었지만, 하위 범주는 다소 다양하게 나눈 편이었다. 갈리아노는 3년 후 이 연구를 확장해 『아틀라스: 21세기 건축』이라는 제하에 네 권짜리로 출판했다. 이러한 분류법은 네 개의 거대권역을 분리시킴으로써 역설적으로 연구 범위를 확장시켰다. 각 권역은 열 개의 별개 부문으로 다시 나뉘었고, 각 부문마다 배정된 필자는 제각기 작품들을 선정하여 한 편의 총체적인 비평문을 쓰는 임무를 맡았다.

한 명의 필자를 내세워 쓰이는 이러한 비평문은 주관적이다. 이때 떠오르는 일반적인 질문은 특정한 작품을 선별하고 다른 유사 작품을 배제하는 기준을 어떻게 정당화할 것이냐다. 건축을 엄연한 순수 미술로 여기는 모든 종류의 환원적 유미주의에 반대할 수도 있다. 동시에 우리는 어떤 시대와 장소에는 집단적인 건축 문화가 특히 풍성하게 발달할 수 있지만, 반대로 비생산적이고 조화롭지 못한 상황이 끈질기게 이어지는 경우도 있음을 알고 있다.

이는 대개 건축이 일관된 후원을 받지 못한다는 사실과 관계가 있다. 건축은 특정 시기의 특정 장소에서 이뤄지는 한 사회의 발전에 크게 의존하는 값비싼 물질문화다. 이런 점에서 저개발과 과잉개발이 미치는 영향을 각 경우별로 따져봐야 한다. 저개발의 경우 사회를 발전시키는 데 필요한 수단이 부족하고, 과잉개발의 경우 개발 속도가 지나치게 빨라서 충분히 비판적인 수준의 창조적 매개가 이뤄지지 못한다.

세계화 속에서 발생하는 또 하나의 이례적 조건은 오늘날 많은 건축가들의 작업이 자국을 벗어나 이뤄진다는 사실이다. 세계를 누비는 소위 '스타 건축가들'의 화려한 작품은 세속적 성공을 위한 브랜딩에 의존하니 예외라 할지라도, 외국 건축가가 설계한 작품은 여전히 그것이 지어진 지역의 건축 문화에 속한다고 봐야 하는 게 사실이다.

이제 보게 될 4부는 대개 지난 50년간 생산된 작업들을 다루고 있지만, 나는 종종 20년을 더 거슬러 올라가 유럽과 미국 모두에서 제2차 세계대전이 가져온 여파를, 또는 중국의 경우 1949년 공산당 혁명이 가져온 여파를 살펴본다. 따라서 이 4부는 하나가 아닌 다양한 방식의 모자이크로 읽혀져야 한다. 성격상 이접적(離接的, disjunctive)이고 파편적일 수밖에 없는 조각들의 모음으로 말이다.

건축의 질을 다루는 문화는 비교적 말로 표현하기 쉽지 않은 현상이다. 이런 문화는 한 시대 전체에 지극히 풍부한 영향을 주게 될 특출한 재능을 지닌 개인이 주도할 때도 있고, 다소 일반적인 기성 학계나 공통의 건축적 기풍 또는 집단적 실천과 같은 하나의 유파가 주도할 때도 있다. 이런 유파는 십여 년 넘게 강력하게 지속되다가 후원자나 유행 또는 경제적 부의 상태가 변화하면서 쇠락하곤 한다. 따라서 자체적으로 비판적(critical) 창조성을 띨 뿐만 아니라 취약하고 독특한 시적 성격을 갖는다는 의미에서도 '임계점에 있는'(critical)

또 다른 심층의 '지역주의' 지류를 파악할 수도 있을 것이다. 이게 바로 내가 이 세계 역사의 4부에서 알아보고 파악하려 하는 문화적 순간들의 실마리다. 이 수준까지 못 미치는 작품들은 다루지 않았다.

1장

미주

북미 대륙의 건축은 늘 유럽 건축의 영향을 강하게 받아왔는데, 무엇보다 파리의 저명한 건축학교인 에콜 데 보자르의 영향을 크게 받았다. 이 학교는 19세기 하반기 내내 북미 건축가들의 형성 과정에 중대한 역할을 했다. 이때 배출된 선구적인 인물들 가운데 리처드 모리스 헌트는 특히 미국 최초의 보자르 유학생이었다. 헌트 이후에는 헨리 홉슨 리처드슨이, 그 다음에는 루이스 설리번이 짧은 기간 보자르에서 공부했다. 같은 기간에 프랭크 로이드 라이트는 설리번을 독일어로 '친애하는 스승'(Lieber Meister)이라고 불렀는데, 이는 당시 독일 문화가 미국에서도 (특히 소위 말하는 시카고학파에) 얼마나 영향력이 있었는지 드러내는 대목이다. 20세기에 접어들 즈음 시카고 시 인구의 3분의 1은 독일계가 차지하고 있었고 많은 사람이 독일어를 구사했다. 이는 결국 독일어 연극과 신문을 뒷받침하는 역할을 했고, 무엇보다 아들러와 설리번의 오디토리엄 빌딩에서 바그너의 오페라가 꾸준히 상연되는 기반을 마련했다. 이러한 게르만 민족의 영향은 20세기에 물밀 듯이 등장한 일련의 재능 있는 독일 건축가들을 통해 더 확산되기에 이른다. 1933년 이후 제3제국을 탈출하여 망명해온 이들은 결국 미국 근대 건축의 진화에 결정적 영향을 미쳤다. 그럼에도 에콜 데 보자르는 여전히 영향력을 구가했는데, 주로 20세기 초 미국 유수의 대학교들에서 교수로 임명된 프랑스 건축가들의 활동을 통해서였다. 제1차 세계대전 이후 미국으로 온 최초의 독일어권 모더니스트들은 오스트리아에서 온 루돌프 신들러와 리하르트 노이트라였다. 두 사람은 각각 1914년과 1923년에 라이트의 사무소에서 일하러 미국 중서부에 자리 잡았고, 이후 로스앤젤레스에 자신들의 사무소를 차렸다. 이후 영향력 있는 독일 건축가들의 미국 행렬이 이어졌다. 미스 반 데어 로에는 1937년 시카고로 와서 아머 인스티튜트(추후 일리노이 공과대학교로 개명한 학교)의 교장을 맡았다. 바우하우스 인사인 발터 그로피우스와 마르셀 브로이어 그리고 베를린 계획을 맡았던 마르틴 바그너도 망명했는데, 이 세 사람은 힘을 합쳐 하버드 대학교에 디자인 대학원(GSD)을 설립했다. 그로부터 얼마 안 지나서 스위스-독일어권 건축역사가 지크프리트 기디온이 미국에 왔고, 그가 1939년 하버드에서 한 찰스 엘리엇 노턴 강의 시리즈는 1941년 『공간, 시간, 건축』이라는 제목으로 출판되었다. 이 책은 근대 운동의 모든 차후 역사에 주된 영향력을 행사하게 된다.

본 섹션의 주된 목적은 앞선 판본까지 빠져 있던 미국 내 근대 운동의 양상들, 예컨대 카탈루냐 출신 망명자인 조제프 류이스 세르트가 특히 하버드에 도시설계 분과를 정립하면서 했던 역할 등에 초점을 맞추는 것이었다. 이와 같은 중요한 기여를 독립적으로 한 또 다른 인물은 걸출한 핀란드 건축가 엘리엘 사리넨이다. 사리넨은 1922년 시카고 트리뷴 신사옥 국제 설계경기에서 2위로 입상한 후 미국으로 왔다. 사리넨의 디자인은 전형적인 아르데코 마천루를 이루게 될, 위로 갈수록 가늘어지는 고층의 셋백 형식을 사실상 정초한 것이나 다름없었다.

앞선 판본까지는 일리노이 공과대학교에서 가르친 미스 반 데어 로에와 하버드에서 가르친 발터 그로피우스가 미국의 건축가 교육에, 특히 팍스 아메리카나(미국이 세계를 감독하는 상대적으로 평화로운 시기)의 첫 20년(1945~1965) 동안 얼마나 큰 영향을 주었는지를 다루지 않았다. 이런 영향의 범위는 기술적으로 진보했지만 표현적으로는 분명 기업적인 스키드모어 오윙스 앤드 메릴(SOM)의 실무에서도, 전후 하버드 디자인 대학원에서 그로피우스에게 배운 존 조핸슨과 에드워드 래러비 반스, 울리히 프란첸, 폴 루돌프 등의 작업에서도 감지된다. 그로피우스의 제자들은 신기념비성(New Monumentality)에 대한 자기들만의 버전을 다양하게 생산해냈다. 앞선 판본까지는 미국과 관련해서 참 터무니없게도 폴 루돌프를 빠뜨렸었다. 무엇보다 그가 코네티컷 뉴헤이븐의 예일 대학교에 설계한 건축미술대학 건물은 비범한 걸작인데 말이다.

이전 판본까지 미국의 현대 건축을 두드러지게 다뤘다 할지라도, 그 북쪽에 인접한 나라인 캐나다를 언급한 적은 거의 없었다. 리처드 잉거솔이 지적했듯이, 20세기 초 캐나다 건축가들은 미국 건축가들만큼이나 고전적인 훈련을 받았다. 물론 캐나다 건축가들은 영국과 프랑스 건축의 영향을 동등하게 받으며 성장했지만 말이다. 이를 명백하게 보여주는 예는 존 라일이 토론토에 설계하여 1930년에 완공된 유니언 역으로, 이 철도역은 도리스식 기둥들이 일렬로 늘어선 기념비적 형태를 취했다. 당시 캐나다에서 가장 정교한 고전적 훈련을 받은 건축가는 분명 퀘벡 사람이었던 건축가 어니스트 코미어였다. 그는 오타와에 기념비적인 망사르 지붕으로 덮은 캐나다 대법원 건물을 장엄하게 지었는데, 이 건물은 은밀하게 모더니즘적이었던 1944년 몬트리올 대학교 이후 5년 만에 완공된 것이었다. 코미어의 작업이 품고 있던 아르데코의 원형적 요소들은 제2차 세계대전 이후 한참이 지날 때까지 캐나다에서 근대 운동 자체가 충분히 부상하지 않았음을 의미했다. 가장 결정적인 계기는 1962년 밴쿠버 외곽 고지대에 아서 에릭슨의 사이먼 프레이저 대학교 캠퍼스가 펼쳐졌을 때였다. 하지만 캐나다에서 현대 건축이 더 일반적으로 채택된 계기는 몬트리올 세인트로렌스 강의 한 섬에서 개최된 1967년 엑스포였다. 공교롭게도 이 엑스포는 미국이 진지하게 참여한 마지막 세계박람회였는데, 그때 미국관은 리처드 버크민스터 풀러가 설계한 대형 측지선 돔을 선보였다. 이 절묘한 기술의 산물 못지않게 역시 급진적인 다층 주거 계획이 있었으니, 그게 바로 모셰 사프디의 해비타트 '67이다. 캐나다 정부가 큰 비용을 투자한 이 계획은 고밀도의 중층 주거 구조물이 들어설 뻔한 곳에 교외 생활의 혜택을 어느 정도 제공할 가능성을 보여주고자 했다.

제2차 세계대전을 전후로, 남미는 유럽과 심지어 미국에서도 근대 운동의 시험장 같은 곳으로 비춰졌을 것이다. 이런 인상이 특히 분명하게 심어진 계기는 뉴욕현대미술관의 1943년 「브라질 건축전」과 20년 후 헨리-러셀 히치콕이 기획한 「1945년 이후의 남미 건축」전이었다. 본 역사서의 첫 판본에서도 그랬듯이 1950년대 이후 근대 운동의 공인된 역사서들 속에서 브라질은 늘 특권적인 지위를 차지해왔다. 그중에서도 루시우 코스타와 오스카 니마이어의 작품들이 강조되었는데, 1939년 뉴욕 세계박람회에서 선보인 브라질관 및 사실상 같은 연도의 작품인 리우데자네이루의 교육보건부 건물이 대표적이다.

이런 점에서 브라질은 아르헨티나와 칠레, 콜롬비아, 멕시코, 페루, 우루과이, 베네수엘라 등의 남미 국가들에서 일어난 근대 운동에 대한 나의 분석에 본보기가 되어주었다. 아니나 다를까 이들 각 나라에서도 근대 운동의 혁신은 조금씩 다른 시기에 다양한 초기작들을 통해 일어났다. 예컨대 그레고리 와르차프칙이 1927년 상파울루에 지은 자택부터 카를로스 라울 비야누에바가 1939년 카라카스 외곽에 지은 그란 콜롬비아 학교까지 다양한 범위의 혁신이 일어났는데, 특히 그란 콜롬비아 학교는 비야누에바가 파리 에콜 데 보자르에서 공부하고 베네수엘라로 돌아와 만든 눈에 띄게 모던한 작품이었다. 본 제5판에서 다룬 남미 8개국 각각에 대해 내가 할 수 있는 최선의 작업은 하나의 건설 방식이 사회 일반의 근대화와 어떤 관계를 맺으며 진화했는지, 그리고 특정 시기에 권력자들이 채택한 이념적 노선은 어떤 변화를 겪었는지 추적하는 일이었다. 예를 들어 1930년에 브라질 대통령이 된 제툴리우 바르가스 대통령은 집권하자마자 루시우 코스타에게 포르투갈로 가도록 주문했는데, 표면상 토착적인 포르투갈 버내큘러에서 브라질 정통 민족양식의 진화를 이끌어내겠다는 순진한 목적에서였다.

괄목할 만한 사실은 정치적 혼란이 잦은 남미에서 좌파든 우파든 새로 들어선 정부가 이전 정부를 계승하여 중대한 사회경제적 개혁들을 도입할 수 있었다는 것이다. 이런 점에서 전형적인 좌파 정부는 멕시코의 라사로 카르데나스 정부였다. 카르데나스 대통령은 소유한 토지가 없던 임차인들에게 토지를 재분배했고, 더 나아가 1938년에는 멕시코 유전에 투자한 국제 석유 회사들의 토지를 몰수했다. 이 조치는 미국의 프랭클린 D. 루스벨트 대통령에게 지지받기도 했는데, 당시 미국은 대공황 이후 경제 회복을 유인하고자 설계된 공공사업 프로젝트 및 개혁 프로그램인 뉴딜 정책을 한창 진행하던 때였다. 바로 이런 분위기 속에서 멕시코 정부는 전국에 전원형 학교 건물을 지었다. 페루에서도 1963년부터 68년까지 페르난도 벨라운데 테리가 집권하는 동안 이와 비슷한 일이 일어났는데, 당시 테리 정부는 프레비란 이름으로 알려진 실험적인 국제 주택 단지를 지원했다. 마찬가지로 칠레에서도 1970년부터 1973년까지 러시아의 조립식 공법을 채택하여 대량으로 주거를 건설하려는 시도가 이뤄졌다.

미국

1910년 독일의 바스무트 출판사에서 나온 프랭크 로이드 라이트의
작품집이 세계적 영향력을 구가한 것과 별개로, 미국에서는 유럽에
서 온 이민자들을 통해 근대 운동의 사회적 진보 이념이 처음으로 부
상했다. 오스트리아 빈 출신의 루돌프 신들러와 리하르트 노이트라는
미국으로 이주한 최초의 유럽 건축가들이었는데, 두 사람 모두 라이
트의 사무소에서 일하겠다는 분명한 목적을 갖고 (쉰들러는 1914년,
노이트라는 1924년에) 이주했다. 또 다른 중요한 건축가로는 핀란드
에서 온 엘리엘 사리넨이 있다. 사리넨은 1922년 다층 건물인 시카
고 트리뷴 사옥 국제 설계경기에서 2위로 입상한 후 미국으로 이주했
는데, 당시 멀리언이 돋보인 그의 추상적 디자인은 향후 1920년대에
출현하게 될 아르데코 마천루의 방식을 예고한 것이었다. 미국에 온
지 얼마 안 되어 언론계의 거물 조지 부스를 만난 사리넨은 미시건주
의 크랜브룩 미술 아카데미를 설계하고 학장을 맡아달라는 요청을 받
았다. 이 학교는 주로 응용미술 교육에 전념하는 유토피아적 교육 공
동체로서 계획되었다. 비슷한 사례로 1922년 젊은 스위스 건축가였
던 윌리엄 레스카즈도 미국으로 넘어와 필라델피아 건축가 조지 하
우와 공동으로 사무소를 차렸다. 두 사람이 1936년 함께 설계한 놀라
운 15층짜리 은행 건물인 필라델피아 저축기금협회 빌딩[345]은 이
후 30년간 필라델피아에서 유일한 고층 건물이었다. 이 선구적인 유
럽 출신 이민자들에 이어 독일의 손꼽히는 건축가들이 1933년 나치
집권 이후 이념적 친밀감에 따라 소련이나 미국으로 이주하는 행렬이

이어졌다. 첫 사례는 미스 반 데어 로에였
다. 그는 1937년 시카고에 있는 아머 인
스티튜트(머지않아 일리노이 공과대학교
[IIT]로 개명)의 건축학과장을 맡아달라
는 요청을 받고 미국으로 왔다. 미스가 시
카고에 자리 잡은 후 1938년에는 라즐로
모호이너지도 시카고로 와서 뉴 바우하우
스를 설립했다.

　미스가 전후 미국 건축, 특히 1945년
이후 SOM의 작업에 끼친 영향은 아무리
과장해도 지나치지 않다. 심지어 개인주
의적이고 절충적인 에로 사리넨 같은 건
축가는 아버지 엘리엘의 제자였는데도 그
못지않게 미스 반 데어 로에 작품의 영향
을 받았다. 그 영향은 1949년부터 55년
까지 에로의 설계로 디트로이트에 지어
진 제너럴 모터스 사옥에서 명백하게 나
타난다. SOM 시카고 사무소에서 미스의
영향으로부터 독립한 예외적인 인물은 마
이런 골드스미스뿐이었다. 일리노이 공과
대학교에서 건축 훈련을 받았는데도 그

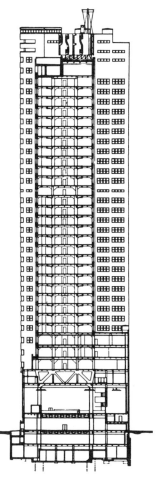

[345] 하우와 레스카즈, PSFS
은행 빌딩, 필라델피아, 1936.

가 설계한 애리조나의 키트 피크 천문대
(1962)는, 같은 SOM 시카고 사무소의 파즐루르 칸이 설계한 사우디
아라비아 제다의 하지 터미널(1981)만큼이나 독창적인 공학 설계가
두드러진 작품이었다.

　발터 그로피우스와 그의 바우하우스 동료 마르셀 브로이어는 미
국으로 오자마자 버내큘러 모더니즘의 한 형식을 창조해냈다. 그것
은 보통 흰색의 평지붕 형태를 고수하며 더 감촉 있는 재료들을 통합

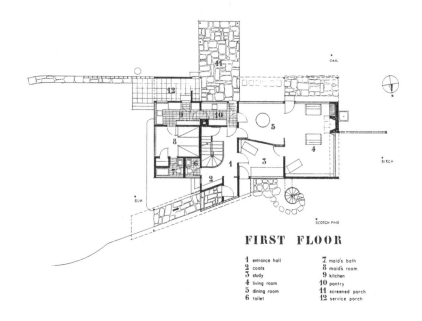

FIRST FLOOR

1 entrance hall
2 coats
3 study
4 living room
5 dining room
6 toilet

7 maid's bath
8 maid's room
9 kitchen
10 pantry
11 screened porch
12 service porch

[346] 그로피우스, 그로피우스 주택, 링컨, 매사추세츠 주, 1938. 1층 평면도.
[347] 브로이어, 에밀 로트 및 알프레드 로트 공동 설계, 돌더탈 아파트, 취리히, 1936.

하고, 늘 외장 목재에 건식 (자연석) 석벽을 결합한 형식이었다. 이러
한 혼합 방식은 1938년 신설된 하버드 대학교 디자인 대학원(이하
GSD)에서 열린 「마르셀 브로이어와 미국 전통」이라는 전시회를 위
해 헨리-러셀 히치콕이 쓴 동명의 에세이에서 인지되었다. 원래 브로
이어는 미국으로 이주하기 1년 전인 1936년 잉글랜드 브리스톨의 왕

립 농업전시회에서 영국 건축가 F.R.S. 요크와 게인 파빌리온을 공동 설계하면서 과감한 석벽을 도입했었다. 하지만 같은 해 지크프리트 기디온을 위해 알프레드 로트 및 에밀 로트와 공동 설계한 취리히의 돌더탈 아파트[347]에서는 더 부드러운 기능적 방식의 최초 시도를 분명히 드러냈다. 이후 브로이어는 1938년 매사추세츠 링컨에 그로피우스와 함께 공동 설계한 주택 3채[346]에서 전통 재료의 감촉을 살리는 시도를 확고하게 보여주게 된다. 세 채의 집은 그들 각각의 자택, 그리고 미국 근대 운동의 초기 역사서인『미국 현대 주택』(1944)의 저자 제임스 포드를 위한 집이었다.

지크프리트 기디온은 1939년 그로피우스의 초대를 받아 하버드에서 찰스 엘리엇 노튼 연속 강의를 했다. 이 강의 시리즈는 1941년 출판된 그의 영향력 있는 저서『공간, 시간, 건축』의 내용을 이루게 된다. 같은 해 그로피우스와 브로이어가 매사추세츠 웨일랜드에 공동 설계한 챔벌린 코티지[348,349]는 적삼목 판재로 마감하고 열린 평면 내에 독립된 쇄석 굴뚝을 배치해 거실과 식당 구역을 나누었다. 브로이어는 이 형식을 차후의 주택 작업에서 반복했고, 이후 20년간 미국 내 50여 채 주택에 적용했다.

스페인 내전(1936~39)으로 인해 스페인에서 망명한 조제프 류이스 세르트도 1939년 미국으로 와서 1941년『도시는 살아남을 수 있을까?』라는 논쟁적 저서를 출판했다. 이 책은 사실상 CIAM의 첫 10년

[348, 349] 브로이어와 그로피우스, 챔벌린 코티지, 웨일랜드, 매사추세츠 주, 1941. 전경과 1층 평면도.

간 이루어진 회의 내용을 요약한 것이었다. 하버드 GSD 교수로 임명된 세르트는 도시 설계 분야를 완전히 새로운 분야로 개척했고, 이후 폴 레스터 와이너와 함께 도시 설계를 기반으로 한 사무소를 차려 남미의 수많은 신도시를 설계하게 된다. 경력 후반기에는 하버드 대학교의 발주로 1958년의 홀리요크 센터부터 1962년의 피바디 테라스 기숙사, 1968년의 과학센터까지 일련의 공공건물 형식을 설계했고, 1966년에는 보스턴 대학교를 위한 비슷한 종류의 초소형 도시 형식을 완성하기도 했다. 10년 후에는 뉴욕시 루스벨트 섬에 다층 아파트 건물을 설계하면서 주거 건축가로서 완숙한 실력을 선보였다.

하버드 GSD에서는 1937년부터 그로피우스가 건축학과장으로 재직하는 동안 종전 직후의 미국 건축가 세대를 이끈 엘리엇 노이스와 폴 루돌프, 필립 존슨, 에드워드 래러비 반스, 울리히 프란첸, 이오 밍 페이, 존 조핸슨 등이 훈련을 받았다. 이 건축가들은 브로이어를 따라 전후 미국 중산층의 모던한 주택을 정초했을 뿐만 아니라, 이른바 신기념비성의 창출에도 참여했다. 그들이 설계한 수많은 미국 대사관들, 예컨대 사리넨이 런던에 설계한 대사관(1960), 존 조핸슨이 더블린에 설계한 대사관(1964), 에드워드 더렐 스톤이 뉴델리에 설계한 대사관(1959), 발터 그로피우스가 건축가협동조합(TAC)과 함께 아테네에 설계한 대사관(1961)이 그러한 새로운 기념비성을 분명하게 예증한다. 그에 못지않게 기념비적인 폴 루돌프의 1963년 예일 대학교 건축미술대학 건물[350]은 10년 전 루이스 칸이 벽돌 입면으로 마감한 예일 대학교 미술관과 반대로 잔다듬 처리한 콘크리트로 브루탈리즘의 원형이라 할 만한 표현성을 역설했다. 이러한 표현성의 일부는 이미 브로이어 버전의 신기념비성에서 예고된 바 있었다. 브로이어와 베르나르 제르퓌스 그리고 이탈리아 엔지니어 피에르 루이지 네르비가 협력하여 설계한 1954년의 파리 유네스코 빌딩[351]은 절판 구조를 활용한 철근콘크리트 건물이다. 브로이어는 이러한 원형에서 출발하여 추후 같은 형식의 절판 구조를 활용한 수많은 기념비적

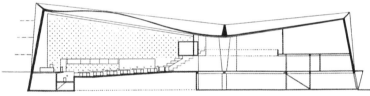

[350] 루돌프, 예일 대학교 건축미술대학, 뉴헤이븐, 코네티컷 주, 1963.
[351] 브로이어, 제르퓌스와 네르비, 유네스코 빌딩, 파리, 1954. 단면도.

작품을 설계하게 되는데, 대표적인 예로 머스키곤의 세인트 프랜시스 드 살레스 교회(1966)와 미네소타 주 컬리지빌의 성 요한 수도원 단지(1968)가 있다.

졸업 후 브로이어 사무소에서 잠깐 일했던 리처드 마이어는 르코르뷔지에의 1929년 작품인 푸아시의 빌라 사부아에서 도출한 일종의 순수주의를 브로이어의 중산층 주택 유형에 결합했다. 이러한 혼종은 마이어의 경력 초기를 구성한 깨끗한 입체파적 주택의 결정 요인이었을 뿐만 아니라, 성숙기에 설계한 공공건물의 출발점이 되기도 했다. 애틀랜타의 하이 미술관(1983), 프랑크푸르트의 응용미술관 (1984), 헤이그 시청사(1995), 그리고 로스앤젤레스 브렌트우드의 기복 있는 신록의 땅에 도시의 축소판처럼 지어진 게티 미술인문사센터 (1997)가 그런 공공건물들이다. 마이어는 경력 후반기 내내 도시 설계가로서 확실한 능력을 보여주었다. 가장 주목할 만한 사례는 유럽의 다양한 공업 회사들을 위해 계획한 대규모의 도시적 프로젝트들로, 파리 볼로뉴-비앙쿠르의 르노 캠퍼스와 뮌헨의 지멘스 캠퍼스가 대표적이다. 하지만 세르트의 도시 설계와 달리 이러한 공공건물 계획안들은 하나도 실현되지 못했다. 대신 그는 20세기 말 미국 연방정부를 위한 일련의 법원을 설계했는데, 뉴욕의 이슬립(1993)과 애리조나 주 피닉스(1994), 캘리포니아 주 샌디에이고(2002)에 소재한 법원들이었다.

1930년대 독일에서 이주한 건축가들과 달리 르 코르뷔지에와 알바 알토가 미국에서 완공시킨 건물은 각각 단 하나씩이었다. 르 코르뷔지에는 하버드 대학교에 지어진 카펜터 예술센터(1963)를 설계했고, 알토는 찰스강변을 따라 웅장하게 지어진 유기적인 벽돌 입면의 베이커 하우스 기숙사 블록[352]을 설계했다. 1949년에 완공된 이 기숙사 블록은 지금까지 매사추세츠 공과대학교 캠퍼스에 지어진 건물 중 가장 모범적인 모던 스타일의 건물로 남아 있다.

20세기 후반 미국에서는 버내큘러 모더니즘이 여러 가지 모습으로 확산했다. 1961년 메인 주의 디어 아일에서는 에드워드 래러비 반스의 미니멀리즘적인 너와 지붕의 헤이스택 마운틴 학교가 지어졌고, 1965년 캘리포니아 북부 해안에는 찰스 무어가 빌 턴불과 던린 린든과 함께 설계한 목재 마감의 시랜치 단지가 지어졌다. 하지만 이 중 어느 것도 1980년 아칸소 주의 오자크 산지에서 페이 존스가 목재만 써서 지은 가시 면류관 예배당의 복잡한 텍토닉에는 비할 바가 못 되었다. 이 기념비적인 구조물과 1979년 캘리포니아 주 산타모니카에 프랭크 게리가 지은 '내부를 밖으로 꺼낸'(inside-out) 해체적 구성의

[352] 알토, 베이커 하우스 기숙사, MIT, 케임브리지, 매사추세츠 주, 1949.

주택은 표현적인 목구조의 완전히 다른 두 방식을 대표한다. 두 건물
모두 알바 알토와 한스 샤로운으로 대표되는 유럽의 유기적 전통과
크게 동떨어져 있다.

20세기 후반 내내 자신의 창조적 독립성을 유지한 독보적인 미
국 건축가는 루이스 칸이었다. 특히 1972년 텍사스 주 포트워스에 지
어진 킴벨 미술관은 그의 거장다운 텍토닉을 보여주는 걸작이다. 자
동차가 주된 교통수단인 광활한 도시의 심장부에 위치해 있음에도,
이 미술관은 그림 같은 공원 앞에서 자신의 존재감을 드러낸다. 지금
은 어쩔 수 없이 공원의 일부를 렌초 피아노의 증축 건물이 가리고 있
지만 말이다(이 점만 빼면 피아노의 건물은 감각적으로 덧붙여졌다).
칸이 설계한 기존 킴벨 미술관에서 한 가지 특징을 꼽자면 뛰어난 엔
지니어 어거스트 코멘던트가 계산한 대로 사이클로이드 곡선(굴렁쇠
선) 모양의 강화 콘크리트 볼트를 사용한 점을 들 수 있다.

동부 연안의 건축가들이 대개 현대 건축을 양식 미학을 초월하는 개념으로 여기지 못했던 데 반해, 캘리포니아 남부는 쉰들러와 노이트라의 선구적인 작업을 통해 기후에 맞으면서도 사회적으로 자유주의적이고 개혁주의적인 생활 방식이 스민 쾌락주의적 환경을 일굴 수 있는 지역임을 입증했다. 이러한 기풍은 전후 시대로 이어졌는데, 그것의 명백한 사례는 존 엔텐자가 자신의 잡지 『아츠 앤드 아키텍처』 (*Arts and Architecture*, 1945~49)를 통해 예견한 생활양식을 실제로 구현한 캘리포니아의 케이스 스터디 주택 시리즈다. 이 잡지가 진흥한 선구적인 작업 가운데 찰스와 레이 임스 부부의 케이스 스터디 주택 8호[354]는 표준적인 산업 부재들로 이루어진 조립식 철골조의 주택 겸 스튜디오였다. 케이스 스터디 주택들은 대부분 그레고리 에인, 라파엘 소리아노, R. 데이비슨, H. 해리스, 크레이그 엘우드와 같은 인물들이 설계했다. 엔텐자는 『아츠 앤드 아키텍처』의 편집자로서 틈만 나면 산업적으로 생산된 모듈 조립식 주택이 종전 이후 무한한 잠재력을 지닌 걸로 보인다는 의견을 피력했다. 1942년에 특허를 받아 1미터(3피트 4인치) 모듈에 기초한 그로피우스와 콘라트 바흐스만의 불운한 일반 패널 시스템 주택 체계[353]도 포함해서 말이다. 케이스 스터디 주택들은 여러 가지 면에서 라이트의 유소니아적 비전, 말하자면 미국의 자생적 교외화를 자동차가 지배하는 유토피아적 토지 정착 패턴으로 변형하는 비전을 갱신한 것이었다. 이러한 비전은 루트비히 힐버자이머가 그의 1949년 저서 『새로운 지역 패턴』에서 발전시킨 저층 고밀의 녹색도시 비전에 근접한다. 동부 연안에서는, 루스벨트의 뉴딜 시대에 스타인과 라이트의 그린벨

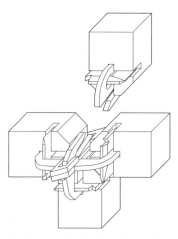

[353] 그로피우스와 바흐스만, 일반 패널 시스템 주택, 1942.

[354] 찰스와 레임 임스, 케이스 스터디 주택 8호, 로스앤젤레스, 캘리포니아 주, 1949.

트 뉴타운(1924~50)이 완성되었고 1963년 세르게이 체르마예프와 크리스토퍼 알렉산더의 『공동체와 프라이버시』에서 가설적이고 대안적인 교외 토지 정착 패턴이 제안되었다.

1960년대 후반 (리처드 마이어, 피터 아이젠만, 마이클 그레이브스, 찰스 과스메이, 존 헤이덕으로 이루어진) 뉴욕 파이브는 네오 아방가르드적 추상의 방식을 채택했음에도 불구하고, 1890년대의 너와 양식 때부터 재료적 표현 형식을 강조해온 미국 풀뿌리 전통은 1980년대 '재료의 문화'로서 재등장했다. 이러한 실천은 차세대 동부 연안 모더니스트들이 추구했는데, 누구보다도 스티븐 홀과 뉴욕에 거점을 둔 토드 윌리엄스와 빌리 치엔의 사무소가 대표적이었다.

홀이 초기에 취한 추상적 접근은 이탈리아의 신합리주의 건축가 알도 로시를 향한 존경에서 비롯된 유형 개념에 입각한 것이었다. 하지만 1988년 마서스비니어드 섬에 자신의 첫 완공작인 버코위츠 주택 [355]을 실현하면서, 홀은 일종의 버내큘러 모더니즘을 선호하는 방향으로 초기의 입장을 수정했다. 이 작품은 그 지역을 기반으로 한 문학적 신화인 허먼 멜빌의 『모비 딕』을 환기하는 방식으로 영감을 얻었다. 홀은 이 소설이 버코위츠 주택의 이미지와 관계가 있다고 여겼는데, 대지가 바다와 가까웠을 뿐만 아니라 고래 한 마리의 뼈대를 하나의 주거로 변형하는 미국 원주민의 거의 신화적인 경험 때문이기도 했다. 이 기다란 단층 건물은 한쪽 끝에서 조타실을 연상시키는 2층 형태로 끝남으로써 선박의 은유를 구현해냈다. 4×6인치 구조의 노출 판재 및 널빤지는 난파된 배와 원시 헛간의 골격을 동시에 연상시킨다. 이렇게 다양한 방식으로 버코위츠 주택은 홀이 설계 과정에 신화적 패러다임을 도입할 때 습관적으로 쓰는 체험적 기법의 예시를 보여줬다.

이와 비슷한 방식이 아이오와 대학교 미술 및 미술사 대학 건물 (1999~2006)[358]에서도 명백히 나타난다. 이 건물은 설계요강도 비범했을 뿐만 아니라, 1921년 피카소의 금속제 조각품 「기타」의 형

[355] 홀, 버코위츠 주택, 마서스비니어드, 매사추세츠주, 1988.

태에 입각한 작품이었다. 홀은 사업 파트너였던 크리스 맥보이와 함께 이 조각품의 녹슨 입체파적 형태를 일단의 각진 풍화 강판 면들로 변형하고는 그것들로 건물의 내·외부를 분절했다. 게다가 내부의 더 큰 입체를 조명하며 표현하는 용도로 채널 유리(channel glass)를 광범하게 사용했다. 이렇게 대비적인 재료 표면들을 역동적인 형태와 관련지어 병치시킨 경우를 1980년대 중반 이후 홀의 경력 전반에 걸쳐 찾아볼 수 있는데, 예컨대 그가 캔자스시티에 설계한 넬슨-앳킨스 미술관도 전체를 채널 유리로 덮어 마감했다. 비록 근대 운동의 사회적으로 진보한 측면들이 홀의 작업 전반에 함축되어 있다 하더라도, 그 규모와 디테일의 밀도에는 주목할 만한 변화가 있다. 예컨대 1991년 일본 오사카에서 이른바 '빈 공간/여닫는 공간'(void space/ hinged space)을 실현한 그는 2009년 중국에서 완공된 대규모의 도시적 작업들, 무엇보다도 베이징의 링크드 하이브리드 빌딩이나 선전의 반크 센터 등으로 이행하는 변화를 보여줬다.

그에 못지않게 토드 윌리엄스와 빌리 치엔의 사무소도 재료의 문화에 전념한다. 그들의 건축이 담아내는 촉각성은 본질적으로 지형학적인 접근을 형태적 진화의 수준으로 끌어올린다. 이런 특성은 1992년 샬러츠빌의 버지니아 대학교에 설계한 뉴 칼리지 기숙사에서 분명하게 드러나는데, 3~4층 규모로 벽돌 마감된 일곱 동의 기숙사 블록이 경사를 따라 계단식으로 하강하다가 하단부에 이르러 기울어진 천창이 있는 벽돌 마감의 구내식당에서 절정에 이른다. 3년 후 이들은 이러한 계단식 조합을 캘리포니아 주 샌디에이고의 라호야에 소재한 스크립스 신경과학 연구소[356, 357]에도 활용하여 훨씬 더 유기적인 구성을 선보였다. 이 건물은 치장 콘크리트조로 지어졌고, 일부 화석화된 석회석으로 마감한 부분도 있다.

20세기 첫 사반세기에 서부 연안에서 출현한 지역주의 성향의 모더니즘은 미국의 다른 지역으로도 퍼져나가며 저마다 다른 수준으로 각 기후와 풍경의 다양성을 반영했다. 이러한 충동을 분명히 보여

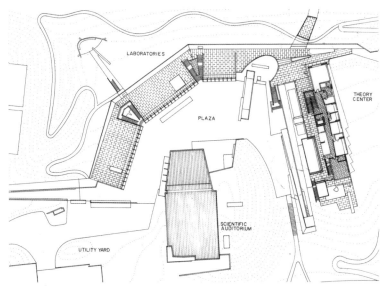

[356, 357] 윌리엄스와 치엔, 스크립스 신경과학 연구소, 샌디에이고, 캘리포니아 주, 1995.
배치도와 전경.

주는 대표적인 사례로는 오닐 포드가 텍사스 주 샌안토니오에서 한
벽돌조의 작업과 페이 존스가 아칸소 주에서 선보인 목조 작업이 있
다. 이들의 특색 있는 작업은 다음 세대에 이르러 더 크게 각색되는
데, 특히 포드의 사무소에서 일했던 데이비드 레이크와 테드 플라토,
그리고 앤트완 프레덕의 작업이 그러하다. 프레덕은 1972년 라루스
의 저층고밀 주거계획으로 이름을 알렸는데, 이 벽돌조의 건물은 뉴

[358] 홀, 미술대학 건물 서관, 아이오와 대학교, 아이오와시티, 아이오와 주, 2006.
미술학부와 미술사학부를 하나의 건물에 결합한 비범한 구성.

멕시코 주 앨버커키 인근의 리오그란데 강이 내려다보이는 경사지에
통합되게끔 설계되었다. 레이크와 플라토도 1990년 산타페에 지어진
그들의 첫 주택에서 흙벽돌조에 의존했지만, 그 이후로는 재료 범위
를 확장해 조적조와 철골 구조를 결합하게 된다. 1994년 샌안토니오
에 완공한 홀트 본사 건물이 그 예다. 비슷한 재료를 사용한 같은 세
대 중 윌리엄 브루더는 1995년 애리조나 주 피닉스에 피닉스 중앙도
서관을 지었고, 당시 웬델 버넷과 릭 조이가 조력자로 참여했다. 같은
해 버넷은 피닉스의 한 교외 구역에 우아한 조립식 콘크리트조로 자
택을 지었고, 4년 후 조이는 투손에 벽돌조로 자신의 스튜디오를 지
었다. 추후 두 사람은 마르완 알-사예드와 협업하여 아만기리 리조트
[359]를 설계했는데, 2009년 유타의 캐니언 포인트에 완공된 이 리
조트는 기념비적인 급경사면의 기슭에 자리한 객실 34개의 단층짜리
스파 겸 호텔이다. 예나 지금이나 북미의 실용적 전통이 지닌 한결같

[359] 알-사예드, 버넷과 조이, 아만기리 리조트, 캐니언 포인트, 유타 주, 2009.

은 미덕은 새로운 원형을 발명하는 성향이었다. 이런 원형들의 출현은 벌룬 프레임과 엘리베이터, 내화성 철골 구조, 자동차의 대량 생산과 소유 같은 기술 혁신뿐만 아니라 테일러화된 생산(19세기 말 특수화된 반복 임무를 통해 효율성을 늘리고자 개발된 공장 관리 시스템), 서비스 산업의 부상, 드라이브인 쇼핑센터를 중심으로 한 교외 생활방식의 확산 등 업무 및 생활 방식을 통해서도 일어났다. 동시에 북미의 건축가들은 간간이 전혀 새로운 건물 유형들을 고안해냈다. 라이트는 1904년 뉴욕 버팔로에 그가 설계한 라킨 빌딩에서 모던한 사무공간을 발명했는데, 이 보편적 유형은 루이스 칸의 '봉사하는' 공간과 '봉사받는' 공간이라는 범주 구분으로 이어졌다. 이러한 선구적 레퍼토리는 어떤 면에서 유형학적 혁신에도 기여했다. 그런 혁신의 사례로는 플로리다 주 탬파의 진부한 고층 스카이라인에서 예외적으로 신선한 존재감이 돋보이는 해리 울프의 25층짜리 원통형 타워[360], 또는 2002년 샌프란시스코의 도심 조직 안에 새로운 유형의 '사회적 응축기'로서 완공된 스탠리 사이토위츠의 맞춤형 예술가 스튜디오인 예르바 부에나 로프츠[361,362]가 있다.

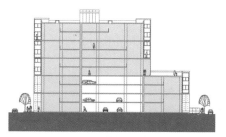

[360] 울프, NCNB 본사, 탬파, 플로리다 주, 1989.

[361, 362] 사이토위츠, 예르바 부에나 로프츠, 샌프란시스코, 캘리포니아 주, 2002. 단면도(위)와 전경.

캐나다

1960년대 중반 캐나다에서는 새로운 건축 전통이 시작되었고, 이 전통은 지역 기후와 작업 범위에 따라 전국적으로 다양한 형식을 취했다. 이 시기에 주요 도시 세 곳, 즉 동부의 몬트리올과 약간 서쪽에 있는 토론토 그리고 가장 서쪽에 있는 밴쿠버에서 몇몇 선례가 있는 모던한 방식이 출현하기 시작했다.

현대적인 환경 문화는 퀘벡의 아르데코 건축가-엔지니어였던 어니스트 코미어의 작업을 통해 몬트리올에서 처음 구체적인 모습을 드러냈는데, 주로 1928년부터 55년까지 건설된 그의 몬트리올 대학교를 통해서였다. 제2차 세계대전 이후 몬트리올에 처음 출현한 현대 건축은 도심에 개발된 거대한 두 프로젝트였다. 하나는 1958년 이오 밍 페이의 설계로 지어진 사무·쇼핑 단지인 '플레이스 빌 마리'였고, 다른 하나는 1964년 레이 애플렉의 디자인에 따라 잔다듬 처리된 '코듀로이' 콘크리트로 지어진 '플레이스 보나벤처'라는 이름의 종합도매센터 겸 루프탑 호텔이었다. 결국 몬트리올은 1967년 세인트로렌스 강한가운데 섬에서 펼쳐진 국가 후원 세계 박람회인 엑스포 '67을 통해 주목받게 되었다. 이 박람회에서 지배적인 존재감을 드러낸 기념비적 작업이 둘 있었는데, 첫째는 거대한 측지선 돔이라는 독특한 형태를 취한 버크민스터 풀러의 미국관이었다. 공교롭게도 이 파빌리온은 세계박람회에서 미국 정부가 모든 지원금을 댄 마지막 국가관이었다. 또 하나의 특출한 작업은 역시 4면체 형상에 입각한 모셰 사프디의 다층 실험 주택 단지인 해비타트 '67[363]이었다. 단궤도 열차가 관통

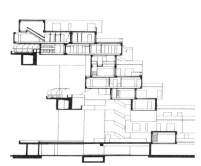

[363] 사프디, 해비타트 '67, 몬트리올, 1967. 단면도.
[364] 행거누, 고고학역사박물관, 몬트리올, 1992.

하는 풀러의 돔은 표면상 무한해 보이는 입체 속에 떠다니는 우주비행물체들을 통해 우주시대의 무중력 조건을 환기시켰다. 이런 점에서 그 돔은 미국의 우월한 과학기술을 명백하게 재현한 데 반해, 캐나다 정부가 지원한 사프디의 해비타트는 적층된 복층 아파트들을 담대하게 시연하면서 집집마다 지붕 테라스를 마련해 고밀 주거 속 교외 생활의 본질적인 혜택을 제공했다.

10년이 지난 후 몬트리올에서 부상한 가장 중요한 건축가 중 한 사람은 루마니아 출신의 댄 행거누였다. 그는 1980년 몬트리올 도심과 가까운 눈스 아일랜드의 가스페 가에 우아한 일단의 2층짜리 벽돌 입면 테라스하우스를 설계하면서 처음 자신의 이름을 알렸다. 이후 도심 지역에 중층 규모의 특별한 작품을 두 개 더 지었는데, 1996년의 몬트리올 퀘벡 대학교(UQAM) 디자인대학과 1992년 구도심에 완공된 몬트리올 고고학역사박물관[364]이 그것이다.

토론토가 모더니티로 진입한 시점은 1958년 개최된 토론토 시청사 국제 설계경기였다. 당시 우승자는 핀란드 건축가 빌리오 레벨이

[365] 에릭슨(매시와 협업), 사이먼 프레이저 대학교, 밴쿠버, 1962~72.
[366] 앤드루스, 스카버러 칼리지, 토론토, 1965.

었고, 청사는 이후 10년에 걸쳐 지어졌다. 비대칭으로 구성된 이 작품은 높이가 다양하게 변하는 두 개의 고층 곡면 슬래브 사이에 얕은 돔이 씌워진 원형 회의실이 포함되고, 전체적으로 지상 노면보다 상당히 높이 들어 올려진 형태로 구성되었다. 하지만 지역 색이 반영된 캐나다 건축을 향한 최초의 움직임은 토론토에서 론 톰의 작품을 통해 나타났다. 그가 설계한 토론토 대학교의 매시 칼리지는 브루탈리즘과 후기 고딕 리바이벌의 속성을 모두 지닌 고립지대로서 1963년 토론토의 시가지에 지어졌다. 이어서 1965년에는 그에 못지않게 브루탈리즘적이고 유기적으로 계획된 스카버러 칼리지[366]가 도심을 벗어난 전원지대에서 호주 건축가 존 앤드루스의 디자인에 따라 콘크리트조로 지어졌다.

전후 시기 서부 연안에서 처음 두각을 나타낸 건축가는 아서 에릭슨이었다. 그의 사이먼 프레이저 대학교(1962~72)[365]는 조경을 갖춘 거대구조물로 계획되어 밴쿠버 인근의 한 작은 산으로 올라가는 대지에 통합되었다. 이후 에릭슨은 두 건의 거대구조 작업을 더했다. 하나는 1972년 앨버타 주에 소재한 레스브리지 칼리지의 교량 같은 디자인이었고, 다른 하나는 1986년 밴쿠버의 중심을 가로지르는 중심 축선으로 완공된 롭슨 스퀘어 단지였다. 세 개의 도시 블록을 차지하는 이 단지에는 법원과 여러 개의 청사가 설계되었고, 장식적인 수영장과 여러 폭포로 절정을 이루는 계단식 옥상 조경도 갖추었다. 이러한 계단식 폭포에 동반된 일련의 계단식 경사로는 길거리 높이와 일정한 각을 이루며 하강하다가 원래 있던 보자르 양식의 한 박물관에 이르렀다. 이러한 정원과 물이 흐르는 공간들은 조경건축가 코넬리아 오버랜더가 설계한 것이었는데, 에릭슨은 경력 전반에 걸쳐 정기적으로 오버랜더와 협업하곤 했다.

역시 캐나다의 발명적 전통에 속한 것으로, 당시 미국에서 이주한 건축가였던 바턴 마이어스의 독특한 창조성이 돋보이는 작업이 있었다. 그는 잭 다이어몬드와 리처드 윌킨과 함께 에드먼튼에 소재한 앨버타 대학교의 기숙사를 설계했다. 이 건물은 1973년의 이른바 주택조합건물[367]로서 길이 292미터에 기후 제어가 되고 천창으로 빛이 드는 갤러리아 공간이었다. 자족적인 입체의 양쪽에 학생들의 방을 다섯 개 층으로 적층하고, 지상층에는 사교를 위한 편의시설도 완전히 갖추었다. 하나의 유형을 발명하는 이러한 작업은 1977년 토론

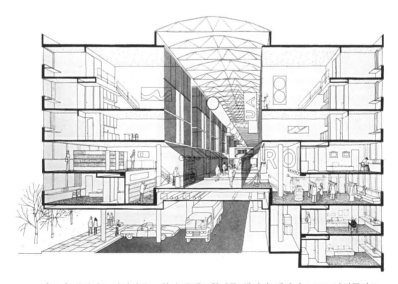

[367] 마이어스·다이아몬드·윌킨, 주택조합건물, 앨버타, 캐나다, 1973. 단면투시도.

토의 안쪽 교외 지역(inner suburbs)에 마이어스의 디자인으로 지어진 경량 철골의 '하이테크' 주택인 울프 주택에서도 유사하게 이뤄졌다. 이 집은 그가 연속으로 설계하고 지은 철골 주택 세 채 중 두 번째 작품이었고, 첫 번째와 세 번째는 그 자신이 살기 위한 집들이었다. 마이어스의 마지막 철골 주택은 1999년 몬테시토 주의 토로캐니언에 지어졌다. 스튜디오를 겸한 이 집은 은퇴 후 캘리포니아 남부에서 살기 위해 설계한 것으로, 미국으로 돌아가 1984년 로스앤젤레스에 자기 사무소를 차린 지 10년 후에 지어졌다. 이 독특한 기념비적 작품은 기분 좋은 노천 구조물을 설계하는 아시아적 전통을 참조한 것으로 보인다.

차세대의 캐나다 실무 건축가 중 지속적으로 두각을 나타낸 인물은 존과 퍼트리샤 팻카우다. 이들은 1991년 프레이저밸리에 사는 한 인디언 집단을 위해 아가시즈에 시버드 아일랜드 학교를 설계하면서 밴쿠버에서 중요한 경력을 시작했다. 이 학교의 지붕은 등이 굽은 형태의 집성목에 너와를 덮은 구조인데, 이는 일종의 지형학적 은유로서 인근 산맥의 단면과 조화를 꾀할 수 있게끔 적절히 계획된 것이었다. 지붕의 깊은 처마는 남향의 현관 위를 낮게 쓸어내리며, 경사진 퍼걸러를 통해 제자리에 고정된다. 이 퍼걸러는 태평양 연안 북서부의 원주민 마을에서 쓰는 생선 건조대를 의식적으로 암시한다. 이 퍼걸러와 기타 유사 구조물에 대해 퍼트리샤 팻카우는 다음과 같이 말했다.

> 우리는 햇빛을 조절하거나, 빗물을 떨구거나, 피난처의 느낌을
> 제공하는 등 다양한 목적의 지붕 딸린 현관을 갖춘 건물을 많이
> 설계했다. 우리가 설계한 지붕들은 대부분 모서리가 낮게 깔린다.
> 하지만 일부의 경우 꼭대기에서 빛을 포획하고자 올라가기도 한다.
> 대부분은 그늘진 내부 공간을 덮고, 모서리로 갈수록 가벼워져
> 중간구역의 성격을 띤다.

[368] 팻카우 아키텍츠, 글렌이글스 커뮤니티센터,
웨스트밴쿠버, 2003.
[369] 팻카우 아키텍츠, 스트로베리 베일 학교, 빅토리아,
브리티시컬럼비아 주, 1996. 운동장 구역에 이끼로 덮인
바위들이 면해 있다.

이러한 '구역'(zone)은 그들이 1996년 브리티시컬럼비아 주 빅
토리아에 실현한 스트로베리 베일 학교[369]의 외주부 구성에서도
똑같이 필수 요소였음이 판명되었다. 이 학교에서는 교실들이 둘씩
짝을 이루며 그 사이에 끼워진 공통의 테라스를 향해 열린다. 테라
스 뒤로는 이끼로 덮인 바위들이 이루는 미시적인 주변 풍경이 펼쳐
진다.

20세기의 마지막 10년간 팻카우 아키텍츠가 설계한 다른 '퍼걸
러' 구조들 가운데, 지붕을 지지하는 집성목 트러스 말고도 전 범위의
구조 부재들이 상호작용하여 본질적으로 지속 가능한 환경 요소들의
공생적 조합을 만들어낸 최고의 사례는 웨스트밴쿠버에 지어진 글렌
이글스 커뮤니티센터[368]다. 이에 대해 팻카우 아키텍츠는 다음과
같이 썼다.

구조 시스템은 현장 타설 콘크리트 바닥판들, 끝단에서 틸트업(tilt-
up) 공법으로 세워 단열 공간을 사이에 넣은 이중 콘크리트 벽체들,

그리고 육중한 목재 지붕으로 이루어진다. 이 구조는 건물의 실내 기후 제어 시스템을 이루는 중요한 요소로서 하나의 거대한 축열체 역할을 한다. 그것은 외부 환경과 무관하게 지극히 안정적인 실내 기후를 만들어내도록 정적인 방식으로 에너지를 흡수하고, 저장하고, 방출하는 거대한 열펌프와 같다. 바닥판과 벽체 모두에서 복사 냉·난방이 이루어져 온도는 일정하게 유지되고, 콘크리트 표면들에서는 열의 흡수와 방출이 교대로 일어난다. 이 시스템에서는 물-물(water-to-water) 열펌프들이 제공하는 열에너지가 인근 주차구역 밑의 지열교환기를 통과한다. 공기로 기후를 제어하지 않기 때문에, 문과 창문을 열어도 냉난방 시스템의 성능에 영향을 주지 않는다.[1]

이 사무소가 지금껏 완성한 건물 가운데 가장 중요한 공공시설은 2005년 몬트리올에 지어진 퀘벡 국립 도서관[370]이다. 이 도서관은 프랑스어권에서 지어진 최대 규모의 공공도서관으로 알려져 있다. 몬트리올 라틴 지구에 지어진 이 도서관은 도서관뿐만 아니라 강당, 전시 공간, 숍, 레스토랑·카페, 그리고 본관 뒤편 보행로를 따라 늘어선 서적상을 위한 일련의 소형 가판대들로 이루어진다. 몬트리올 시 지하철 시스템에서 바로 연결되는 이 기다란 건물에는 승강기 통로 하나와 케이블에 매달린 계단 하나가 있는데, 승강기와 계단 모두 출입구에서 상부의 도서관을 향해 올라간다. 지역에서 제조한 돌출된 U자 단면 유리판이 입면을 이루는 이 건물은 여러 가지 면에서 '구조 속의 구조'로 취급되어왔다. 개방형 서가를 에워싸는 미늘창살의 목제 상자를 또다시 유리벽으로 에워싸 비바람을 막는 구조이기 때문이다.

팻카우 아키텍츠가 2016년에 설계한 두 작품은 그들의 독창성이 지속되고 있음을 증명한다. 첫 번째 작품은 브리티시컬럼비아 주 휘슬러에 위치한 피츠시먼스 강의 범람원을 가로지르는 교량형의 경사 지붕 갤러리로 계획된 오데인 미술관이다. 두 번째 작품은 토론토 도심으로 향하는 고가 고속도로에 인접해 있는, 200년 역사의 국가사적

[370] 팻카우 아키텍츠, 퀘벡 국립 도서관, 몬트리올, 2005.

지 포트 요크 인근의 한 방문객센터다. 기념비적인 고속도로와 평행하게 놓인 이 방문객센터는 기울어진 코르텐 강판들로 마감되었으며, 응접 구역과 카페, 오리엔테이션 공간, 그리고 요새의 역사에 관한 영상을 틀어주는 반지하의 '타임 터널' 등으로 구성된다.

21세기의 가장 중요한 온타리오 기반 사무소 중 하나는 브리지트 심과 하워드 서트클리프의 사무소다. 1994년 토론토에 사무소를 개설한 이들은 팻카우 아키텍츠처럼 자신들의 작업이 혹독한 기후의 영향을 받는 광활한 북부 영토에 위치하고 있음을 예리하게 자각한다. 심은 자신들의 사무소를 둘러싼 맥락을 다음과 같이 특징지었다.

캐나다에서는 아주 적은 인구가 거대한 땅덩어리를 점유한다.

시골에 살든 도시에 살든, 신화에 나오는 캐나다의 풍경이 우리의 삶에 스며든다. … 우리의 작품 중 대다수는 허드슨만을 에워싼 고대 변성암의 돌 목걸이로 묘사되는 캐나다 순상지의 하단 가장자리에 위치한다.[2]

이들이 캐나다 순상지에 설계한 첫 번째 작품은 2002년 핼리버튼의 카와가마 호수 위에 대형 목조 헛간의 형태로 지어진 무어랜즈 야영장 식당이었다. 이 식당은 도시 지역 청소년들의 수요에 맞춘 오랜 전통의 여름철 야영을 위해 설계되었다. 이런 이유로 미늘창살이 달린 커다란 문들을 장착했고, 야영 시즌이 끝나면 문들을 완전히 폐쇄할 수 있게 했다. 이후에도 심-서트클리프는 유사한 모듈 기반 목구조를 선보였는데, 2010년 온타리오의 조지아만에 지은 그들의 별장인 해리슨 섬 야영장[371]이 그것이다. 이 집의 대부분을 이루는 구조 단열 패널들은 바지선으로 운반하여 암석 지대인 현장에서 조립했다.

이들이 지금껏 실현한 가장 복잡한 주택은 2009년 토론토 돈밸리의 한 협곡 모퉁이에 지어진 소위 인테그럴 하우스[372]라고 불리는 집이다. 수학자이자 음악가였던 제임스 스튜어트를 위해 지어진 이 집은 표현적으로 설계된 호화로운 독신자 주거시설로, 그 중심에

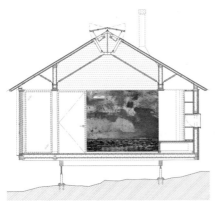

[371] 심-서트클리프, 해리슨 섬 야영장, 조지아만, 온타리오, 2010. 단면도.
[372] 심-서트클리프, 인테그럴 하우스, 돈밸리, 토론토, 2009.

서 준-공적(semi-public) 기능을 하는 독주 공간은 150명가량의 청중을 수용할 수 있다. 도심 속에서 숲이 우거진 협곡이 내려다보이는 이 집은 프랭크 로이드 라이트와 알바 알토의 작업 모두의 영향을 간접적으로 반영하고 있다. 이 집이 취하는 유기적인 곡선 형태는 수학의 적분(integral) 기호를 가리키는 것으로, 그로부터 '인테그릴'이라는 이름이 도출되었다. 외주부에서는 협곡을 따라 우거진 나무들과 유사하게 배치된 목조 차양이 돋보인다.

존 맥민과 마르코 폴로는 『41도에서 66도까지: 2006년 캐나다 지역의 지속가능한 건축에 대한 응답』이라는 특별한 연구서에서 캐나다의 대서양 연안 지역에 나타나는 습한 기후가 '남쪽에서 오는 온난한 멕시코만류와 북쪽에서 오는 (봄철에 빙산들의 한류를 가져오는) 래브라도 해류의 영향을 함께 받기 때문에 해수온과 날씨의 변화가 큰' 특징을 띤다고 말한다. 이렇게 요동치는 혹독한 기후에 가장 창의적으로 응답한 건축가는 브라이언 매카이-라이언스였다. 그는 1983년 노바스코샤 주의 핼리팩스 인근 어퍼킹스버그에 있는 쇼박(Shobac) 부지의 6,000제곱미터짜리 연안 농장을 구매하여 이 지역의 토속 건축을 독창적으로 재해석하는 기틀을 마련했는데, 이는 자신의 이상향적 유산으로 되돌아가려는 의식의 발로였다. 5년 후 '매카이-라이언스 스위트애플 아키텍츠'란 이름의 사무소를 차린 그는 이후 20년간 진화하는 주택 건축을 선보인다. 대표적인 사례가 2003년 쇼박 농장이 내려다보이는 빙퇴구에 목제 틀과 재료로 완공된 제2차 메신저 하우스다. 지금껏 이 사무소가 노바스코샤 해안에 설계하고 실현한 목조 주택은 300여 채에 달하는데, 전체적으로 지붕 높이가 점점 낮아지는 장방형 집합 주거부터 1996년 케이프 브리튼 섬의 벼랑 부지에 완공된 대니얼슨 코티지처럼 단일구배의 수평 지붕으로 이루어진 주택까지 다양하다. 이 사무소는 라이트의 유소니아 주택에서 일부 영감을 받은 것 못지않게 더 최근의 미국 거장인 루이스 칸의 영향도 상당히 받았는데, 칸이 구분한 것으로 유명한 '봉사하는' 공간과

[373] 매카이-라이언스 스위트애플 아키텍츠, 하워드 하우스,
웨스트페넌트, 노바스코샤 주, 1995.

'봉사받는' 공간을 엿볼 수 있기 때문이다. 매카이-라이언스가 설계한
주택에서는 주택의 전 길이에 적용되는 하나의 '봉사하는' 모듈이 전
형적으로 나타난다. 대부분의 경우 이 '두터운 벽체'는 건물을 구조적
으로 보강할 뿐만 아니라, 계단과 화장실부터 샤워실, 창고 시설, 소
형 주방 및 욕실에 이르기까지 전 범위의 다양한 서비스 기능을 수용
한다. 캐나다의 대서양 연안을 향해 매카이-라이언스가 취하는 이미
지 정립 방식은 아마도 그가 전형적으로 설계하는 장스팬 지붕 아래
선형 평면에서 가장 독특한 개성을 확보한다고 할 수 있을 것이다. 예
컨대 1995년 노바스코샤 주의 웨스트페넌트에 지어진 하워드 하우스
[373]에서 나타나는 것처럼 말이다.

멕시코

1930년대 멕시코에서는 에콜 데 보자르의 역할이 주도적이었다. 아다모 보아리의 설계로 1934년 완공된 기념비적 작품인 멕시코 예술 궁전과 카를로스 오브레곤 산타칠리아의 1938년작 혁명 기념비가 그 영향을 입증하는 대표적인 사례다. 하지만 멕시코의 근대 운동은 그 이전에 태동했는데, 호세 빌라그란 가르시아의 설계로 1925년 멕시코시티에 지어진 위생연구소를 통해서였다. 현장 타설 노출 콘크리트로 특징되는 이 대칭형의 2층 건물은 등간격으로 띄워진 정사각형 창문들과 상부에서 돌출하는 평탄한 처마돌림띠들을 갖추어 20세기 초 토니 가르니에가 리옹에 설계한 작업을 연상케 했다. 이 작품의 현장 타설 노출 콘크리트는 1929년 세비야에서 열린 이베로-아메리칸 박람회를 위해 지어진 멕시코관에도 거의 그대로 적용되었다. 마누엘 아마빌리스가 설계한 이 멕시코관은 아즈텍 문명에서 유래한 조각 형식과 장식 요소를 통합하여 스페인 정복 이전의 문화를 내세운 도발적인 작업이었는데, 주최 측은 이 전시관을 좋아하지 않아 외딴 구석으로 몰아버렸다. 하지만 이후 20세기 중반까지 유행한 멕시코 벽화 운동과 함께 멕시코 토착 문화의 뿌리가 살아나게 되는데, 1951년 후안 오고르만이 멕시코국립자치대학교(UNAM) 도서관에 미 대륙 발견 이전 원주민의 모자이크 도상을 활용한 것이 대표적인 예라 할 수 있다[374].

　　오고르만은 빌라그란 가르시아와 함께 공부한 다음 1925년 멕시코국립자치대학교를 졸업했고, 1929년 아버지 세실 오고르만을 위한 작은 스튜디오를 설계하면서 독립적인 경력을 시작했다. 이 작업 직후에는 인접한 부지에 미술가 프리다 칼로와 디에고 리베라를 위한 스튜디오 두 채[376,377]를 설계해달라는 의뢰를 받았다. 세 건물 모두 르 코르뷔지에의 순수주의 방식을 실천한 것이었는데, 1922년 르 코르뷔지에가 화가 아메데 오장팡을 위해 파리에 설계한 스튜디오에서 선보인 것과 같은 방식이었다. 이러한 순수주의 구문에 오고르만은 특별히 역동적인 색채를 덧붙였는데, 이는 특별히 생동감 있는 대비를 통해 모든 스튜디오를 차별화하는 입체파적 형식이었다.

르 코르뷔지에가 『건축을 향하여』(1923)에서 개진한 논변에 설득된 오고르만은 혁명 이후의 사회에서는 우선 노동 계급의 수요에 부응할 주거와 학교부터 대량 생산해야 한다고 생각했다. 1930년대 전반기 내내 오고르만은 리베라의 추천으로 여러 학교[375]를 설계하고 실현했는데, 이 학교들은 철근콘크리트 골조로 지어진 우아한 기능주의적 소론들이었다. 하지만 1940년대 초에 이르러서는 근대 운동에 총체적 환멸을 느꼈다. 근대 운동이 부동산 개발업자들의 손에 전유되었을 뿐만 아니라 그 운동 자체의 엄격한 추상성이 멕시코 노동 계급이 좋아하는 회화풍의 가치에 위배되는 표현으로 나타났기 때문이다. 교착 상태에 빠진 그는 결국 건축을 완전히 떠나 회화에 전념하게 되었고, 진로 변경과 더불어 점점 더 민속 상징에 집착하게 되었다. 이를 보여주는 명백한 증거는 1948년 멕시코시티 엘페드레갈 근처에 그가 지은 자택으로, 이 집은 원초적인 동굴 주거처럼 지으려던 그의 자의식을 담았다. 이 작품은 디에고 리베라가 1957년 아나우아카이에 지은 지하 스튜디오만큼이나 시대를 역행한다. 오고르만과 리베라의 현대판 포퓰리즘에 무관심했던 빌라그란 가르시아는 의료 시설 설계에서 자신의 합리주의 의제를 지속적으로 추구했다. 이런 노력은 1929년 가르니에의 방식으로 지은 결핵 병원부터 1937년과 1942년에 각각 지은 심장질환 병원과 소아과 병원까지, 멕시코시티에 지은 모든 병원에서 이어졌다.

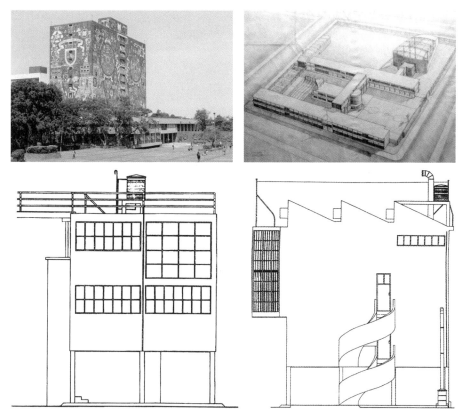

[374] 오고르만, 멕시코국립자치대학교 도서관, 멕시코시티, 1951.

[375] 오고르만, 중학교 프로젝트, 1932.

[376] 오고르만, 프리다 칼로 주택-스튜디오, 멕시코시티, 1929. 입면도.

[377] 오고르만, 디에고 리베라 주택-스튜디오, 멕시코시티, 1929. 입면도.

스위스계 독일 건축가 하네스 마이어와 독일 건축가 막스 세토는 1930년대 말 정치적 망명자로서 멕시코에 온 디자이너 중 가장 중요한 인물에 속했다. 라사로 카르데나스의 좌파 정부는 정치적 명성이 있던 마이어를 즉각 환영했고, 결국 마이어는 1938년 멕시코 국가도시계획연구소장으로 임명되기에 이른다. 한편 상대적으로 비정치적이었던 세토는 루이스 바라간과 협업하게 된다. 그들은 바라간의 멕시코시티 경력 초기를 특징짓게 될 아파트 건물들을 함께 설계했고, 이

[378] 세토, 막스 세토 주택, 엘페드레갈, 멕시코시티, 1948.

후에는 그전까지 살기에 부적합한 화산 지형으로 여겨지던 대지에서 엘페드레갈 근린지구를 함께 설계하기도 했다. 세토는 1948년 이곳에 자택[378]을 지으면서, 무작위적인 잡석 벽체를 노출 철근콘크리트 골조와 극적으로 결합했다.

　1949년 멕시코로 온 독일 태생의 마티아스 고에리츠는 1953년 『감성적 건축』이라는 논쟁적 에세이를 발표하면서 멕시코 건축계에 이름을 알렸다. 이 에세이에서 그는 근대 운동의 환원적 기능주의에 반대하면서 조형예술과 건축을 통합한다는 기존의 수용된 개념을 비판했다. 대신 그는 예술가들이 건축 설계 과정에 직접 개입하기를 선호했고, 1957년 바라간과 협업한 엘페드레갈 프로젝트에서 출입구와 분수를 설계할 때 예술가들을 개입시켰다. 이 작업 이후에는 다채로운 사텔리테 타워를 역시 바라간과 함께 설계했는데, 이 타워들은 마리오 파니가 멕시코시티 외곽에 계획한 대규모 교외 구획지대 속에서 하나의 랜드마크로 착상되었다[331]. 이런 실험들이 이어진 끝에 결국 고에리츠는 리카르도 레고레타와 협업하게 되었는데, 먼저 1964년 멕시코 주의 주도 톨루카에 지어진 레고레타의 오토멕스 공

[379] 레고레타와 고에리츠, 오토멕스 공장, 톨루카, 1964.

장[379]에 쌍둥이 냉각탑을 증축했고, 이후 1968년에는 멕시코시티
에 완공된 레고레타의 카미노 레알 호텔을 위해 출입 마당과 분수를
설계했다.

　　1935년에 학교를 졸업하고 건축가가 된 펠릭스 칸델라는 스페인
내전(1936~39) 때문에 멕시코로 이주한 25만 스페인 인구 중 한 명
이었다. 그는 스페인 엔지니어 에두아르도 토로야의 선구적인 작업에
집착했는데, 토로하는 1935년 마드리드 경기장의 연단 위에 캔틸레
버 구조의 셸 콘크리트 캐노피를 지어 전문가의 기량을 선보인 인물
이었다. 이 장르에서 칸델라가 처음 선보인 시도는 1951년 멕시코국
립자치대학교 캠퍼스의 우주광선실험실 위에 작은 셸 구조를 지은 일
이다. 그는 1950년부터 71년까지 멕시코에서 100개가 넘는 얇은 셸
철근콘크리트 구조를 설계하고 실현했지만, 엔지니어로서는 여전히
충분한 인정을 받지 못하고 있다. 하지만 유명 작가 카를로스 푸엔테
스는 칸델라의 작업이 이베로-아메리카적 바로크 전통을 이어나간다
고 생각했다. 예컨대 칸델라가 설계하여 1955년 나바르테에 완공된
유명한 셸 콘크리트조 교회인 기적의 메달 성모 성당[380]은 그런 전

[380] 칸델라, 기적의 메달 성모 성당,
나바르테, 1955.

통이 직접적으로 표현된 사례라는 것이
다. 칸델라는 엔지니어로서 경력이 최고
조에 달했을 때 멕시코를 대표하는 많은
건축가와 협업했는데, 1957년 코요아칸
시장을 설계할 때 협업한 페드로 라미
레스 바스케스도 그중 하나였다. 칸델라
혼자서 설계한 보다 우아한 구조물 중에
는 1956년에 지어진 에르나이스 물류창
고가 있었는데, 이 창고를 이루는 정사
각형 우산 모양의 쌍곡면 지붕들은 높이
가 교대로 변화하는 만큼 모든 지붕의
사이사이로 고측창 채광이 이뤄지는 형
식이었다. 이 캔틸레버 구조의 지붕들은 저마다 하나의 기둥 위에 얹
혀 있어서, 거의 같은 시점에 아르헨티나 건축가 아만시오 윌리암스
가 시범용으로 지었던 버섯 모양의 콘크리트 캐노피들과 사실상 동일
한 형식이었다.

제2차 세계대전의 종식과 함께 사회의 주된 정치적 기조가 극좌
파에서 중도로 옮겨가면서 멕시코는 집중적인 산업화 시대에 돌입했
다. 이 시점에 전면에 등장한 가장 활동적인 건축가는 마리오 파니였
다. 근대 운동으로 전향하기 전에 명문 학교 두 곳의 설계 의뢰를 받
은 상태였던 그는 두 학교를 준-아르데코적 언어로 설계하고 실현했
는데, 한 곳은 1946년 노천극장을 중심으로 지어진 음악원이었고 다
른 한 곳은 1945년에 지어진 국립 교원양성학교였다(두 곳 모두 멕
시코시티에 세워졌다). 현대 건축가로서 파니의 경력은 1946년 멕
시코국립자치대학교 계획과 함께 본격적으로 시작되었다. 파니가 멕
시코시티에 처음 설계한 주요 주택 단지는 1950년에 완공된 알레
만 주택 단지[381]로, 지그재그로 이어지는 13층짜리 블록들을 통해
1,000세대의 아파트와 학교, 보육시설, 공공 공간, 스포츠 시설을 수

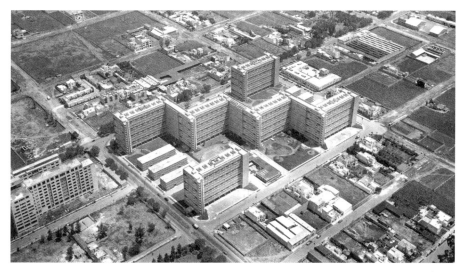

[381] 파니, 알레만 주택 단지 조감도, 멕시코시티, 1950.

용했다. 이후 1960년대 중반에는 훨씬 더 대규모인 1만 1,000세대의 노노알코-틀라텔롤코 단지를 역시 같은 멕시코시티에 실현했는데, 이는 1968년 올림픽 게임을 겨냥한 것이었다.

이 시기에 멕시코 건축의 발전에 주된 영향을 준 다른 건축가는 페드로 라미레스 바스케스였다. 그는 1964년 멕시코시티의 유명한 차풀테펙 공원 안에 주요 박물관 두 채를 실현했는데, 국립 인류학박물관과 현대미술관이 그것이다. 바스케스는 표현적인 내진 골조로 계획된 경량 철골 시스템의 설계자 중 한 사람이었는데, 이를 이용해 멕시코 전역에서 시골 학교 건설을 촉진하려 했고 그중 3만 5,000여 개에 달하는 유닛이 1960년대에 지역의 재료와 노동력을 이용해 지어졌다. 이러한 경량 철골 구조가 시도되었음에도 그 다음 10년간은 명백히 브루탈리즘적인 기념비성이 출현하게 된다. 그 예는 테오도로 곤살레스 데 레온과 아브라함 차블루도브스키가 차풀테펙 공원에 지은 두 개의 주요 기관 건물에서 볼 수 있는데, 1976년의 멕시코 콜레지오와 1981년의 루피노 타마요 미술관이 그것이다. 2009년에는 텐

[382] 텐 아르키텍토스, 국립 유전체학연구소, 과나후아토, 2009.
[383] 알바레스, 퀸타나 주택, 하르디네스델페드레갈, 1956.

아르키텍토스가 설계한 국립 유전체학연구소[382]가 과나후아토에
지어지면서 더 세련된 철근콘크리트 건축이 이뤄졌다. 이 연구소에서
는 목재로 짠 콘크리트 거푸집 패턴이 건물의 직각 형태에 상응한다.
　　20세기 후반 내내 멕시코 건축에서는 고도로 정교한 미니멀리즘
의 흔적들을 다양하게 찾아볼 수 있다. 대표적인 예로 아우구스토 알
바레스가 설계한 퀸타나 주택(1956)[383]과 하이소우르 빌딩(1964)
그리고 금융상업학교(1989)를 들 수 있는데, 알바레스는 뛰어난 능력
에 비해 충분히 알려지지 못한 인물이다. 이러한 멕시코 미니멀리즘
의 전통 속에는 훗날 마우리치오 로차의 설계로 2003년 밀파알타에

지어진 산 파블로 오스토테펙 시장도
포함시킬 수 있다.

　창의적인 프로그램과 꼼꼼한 디테
일이 돋보이는, 21세기 첫 10년의 가
장 매력적인 작품 중 하나는 2008년
멕시코시티에 완공된 바스콘셀로스 도
서관[384]이다. 이 도서관은 알베르토
칼라치가 구스타보 립카우, 후안 팔로
마르, 토나티우흐 마르티네스의 조력
을 받아 설계했다. 국립 도서관을 미
로 기계처럼 표현한 이 기술의 역작은
1972년 파리에 지어진 하이테크 건물
인 퐁피두 센터에 비견할 만한데, 퐁피
두 센터도 마치 문화기관을 하나의 거

[384] 칼라치, 바스콘셀로스 도서관,
멕시코시티, 2008.

대한 기계처럼 다루었기 때문이다. 하지만 바스콘셀로스 도서관에서
는 그 숭고한 스케일이 18세기 프랑스 건축가 에티엔-루이 불레의 기
념비성을 연상시키는데, 이는 유리지붕 채광창과 그에 못지않게 반투
명한 바닥 그리고 미늘창살이 연속되는 유리 외피를 광대하게 활용했
기에 일어나는 역설적인 효과다. 이런 효과를 보충하는 일련의 현수
형 철제 서가와 계단은 주된 공간 축의 시선에 끼어들 정도로 다소 아
슬아슬하게 걸려 있다. 출입구 위마다 캔틸레버 구조의 콘크리트 캐
노피가 걸려 있지만, 여기서는 과거 공공도서관에서 볼 수 있던 태도
를 거의 찾아볼 수 없다. 대신 길이가 300미터에 달하고 공중에 뜬 서
가들의 계단식 캐노피로 덮인 이 긴 갤러리는 께름칙하게도 바벨탑
같은 느낌이 있다. 다행히도 이 거대구조의 전반에는 가로수가 늘어
선 산책길과 아름다운 풍경이 스며들고 있어서 작품의 기술적인 엄격
함을 부드럽게 완화한다.

브라질

러시아에서 망명해 온 건축가 그레고리 와르차프칙은 1920년대 말 파울리스타 건축학파의 발전 과정에서 근본적 역할을 수행했다. 그 첫 번째 작업은 1929년 그가 설계한 대칭 입방형의 자택[385]이었다. 장식을 벗겨낸 이 집은 와르차프칙의 부인이자 독학한 조경건축가인 미나 클라빈이 설계한 브라질 최초의 선인장 정원 중 하나가 에워싸고 있었다. 1920년대 말에는 오스카 니마이어와 루시우 코스타 모두 와르차프칙과 협업했는데 니마이어는 그의 조수로 일했고, 코스타는 28살에 리우데자네이루의 미술학교 교장으로 임명받기 전 사업 파트너로서 협력했다.

[385] 와르차프칙, 카사 마리아나, 상파울루, 1929.

　　루시우 코스타의 경력에서 흥미로운 한 가지는 그가 모더니즘에 관여한 것만큼이나 역사적 보존에도 크게 관여했으며 이를 위해 포르투갈 토속 건축 연구에 개입하게 되었다는 사실이다. 그 연구의 시작은 1948년 브라질 정부가 '모국'에서 이뤄진 농업 유형의 진화를 연구하기 위해 코스타를 포르투갈로 파견했을 때였다. 이에 대한 코스타의 초기 연구는 1950년 워싱턴 DC에서 열린 포르투갈-브라질 회의에 기여하게 되는데, 당시 그의 주장은 브라질 남동부에 위치한 미나스제라이스 지역의 걸작들을 포르투갈 바로크 원본의 식민지 버전으로 봐야 한다는 것이었다. 1953년 이루어진 그의 두 번째 포르투갈 방문은 초기 연구 결과를 확증해줬을 뿐만 아니라, 이번에도 근대기에 적합한 정통적이면서도 혼종적인 국가 양식을 도출한다는 비슷한 목표로 살라자르 체제가 포르투갈 토속 건축을 자체 조사하도록 자극했다. 포르투 건축학교 교장 카를루스 하무스는 이러한 국가 지원 연구를 포르투갈 토속 건축으로 조직해내는 과정에 깊이 관여하게 되었다.

　　앞서 말했듯이, 브라질은 1939년 뉴욕 세계박람회를 위한 브라질관을 코스타와 니마이어의 설계로 지음으로써 현대 건축에 대한 브라질의 바로크 버전을 세계에 처음 선보였다[263]. 브라질관은 그에 못지않게 유기적인 수생정원으로 보충되었는데, 이 정원의 설계자는 전년도인 1938년 리우데자네이루의 교육보건부 건물 옥상정원을 책임 설계한 바 있는 호베르투 부를리 마르스였다. 교육보건부 건물은 코스타가 이끄는 젊은 건축가 팀이 설계했고, 화가 칸지두 포르치나리가 청색과 백색의 포르투갈 전통 타일(아줄레주)로 만든 벽화들로 풍부하게 꾸몄다[386]. 이 건물은 시적인 방식으로 이뤄진 최초의 종합이었으며, 니마이어는 추후 이를 더 발전시켜 1942년부터 1944년까지 벨루오리존치의 교외지역 팜풀랴를 중심으로 다양한 건물을 실현해냈다. 일례로 인공 호수 한가운데의 곶 위에 지은 카지노가 그중 하나다[262]. 하지만 리우의 역동적인 조형 방식을 상파울루로 전이

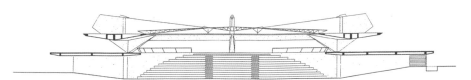

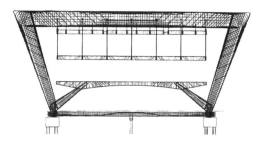

[386] 코스타, 교육보건부 건물, 리우데자네이루, 1938.

[387] 멘지스 다 호샤, 파울리스타노 경기장, 상파울루, 1958. 단면도.

[388] 헤이디, 현대미술관, 리우데자네이루, 1953. 단면도.

시키는 데 결정적 역할을 하게 될 작품이 하나 있었는데, 아폰소 에두아르두 헤이지의 설계로 1953년 리우데자네이루에 지어진 현대미술관[388]이다. 부를리 마르스의 플라밍고 공원 한복판에 지어진 이 미술관은 건물 전 길이에 걸쳐 반복되는 철근콘크리트 출입문틀의 반복에 입각하고 있으며, 주요 층은 지면에서 띄운 채로 비스듬한 점받침들의 지지를 받도록 고정했다. 한편 상부의 두 전시층은 케이블로 출입문틀에 매달았다. 텍토닉 면에서 표현적인 이 건물의 특성은 파울리스타 건축학파에 깊은 영향을 남겼는데, 주앙 바티스타 빌라노바 아르티가스와 그의 젊은 동료 파울루 멘지스 다 호샤 그리고 차세대를 이끌게 될 건축가 안젤루 부키에게 차례로 영향을 주었다. 헤이디의 철근콘크리트 출입구 시스템을 가장 직접적으로 번역한 것 중 하나는 1958년 상파울루에 실현된 멘지스 다 호샤의 파울리스타노 경기장[387] 지붕을 떠받치는 철근콘크리트 날개벽들이었다. 아르티가스는 헤이디에게서 경골 철근콘크리트 현관을 지면으로 끌어내려 점받침들의 지지를 받도록 한다는 아이디어를 차용했는데, 1967년 상파울루에 완공된 독창적인 건축학교인 상파울루 대학교 건축도시학부(FAU-USP)[389]에서 이를 확인해볼 수 있다. 이 건물은 지면에서 두 층 높이 띄워진 커다란 철근콘크리트 상자를 열네 개의 콘크리트 기둥이 떠받치는 형태로 구성되었다. 천창 채광이 이루어지는 기념비적인 회당은 아르티가스가 이 학교의 정치적 심장부로 계획한 특징적 요소였다.

　아르티가스와 멘지스 다 호샤는 모두 사회정치적 신념에 헌신한 건축가였는데, 이는 1964년 미국 지원을 받은 브라질 군부가 권력을 잡고 21년간의 군정을 개시했을 때 건축학교 교수진에서 해임되는 사유가 된다. 이러한 정치적 격변 속에서, 평생 공산주의적 대의를 고수해온 니마이어도 망명자가 되었다(3부 1장에 기술된 그의 신념을 참조할 것). 1950년대 브라질 근대 운동에서 리우 기반 유파를 형성했던 유달리 절묘한 서정시풍은 니마이어의 강제 추방 이후 살아남지

[389] 아르티가스와 카스칼디, 건축도시학부, 상파울루 대학교, 1967.

못했고, 심지어 니마이어 자신의 작품에서도 그러했다. 1965년 상파
울루에 그가 실현한 주거 타워인 코판 빌딩은 매끈하고 장엄한 형태
를 보여줬지만, 그의 경력 후반기 작업은 아치형의 형태주의로 특징
되기에 이른 것이다.

　군정기에도 멘지스 다 호샤는 계속 작업을 이어갔다. 1973년에
는 고이아니아에 거대한 세라 두라다 경기장을 지었고, 1980년대에
는 작지만 중요한 아파트 건물을 다수 실현했다. 아마도 멘지스 다 호
샤가 설계한 건물 가운데 그의 시민적 헌신을 가장 명백하게 드러낸
사례는 1998년 상파울루에 지어진 포파템푸(Poupatempo, '시간절
약기'라는 뜻) 공공 서비스센터[390,391]일 것이다. 지하철과 자동차
로 동등하게 접근할 수 있는 이 300미터 길이의 건물은 구름다리를

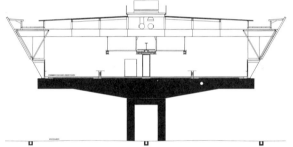

[390, 391] 멘지스 다 호샤, 포파템푸 공공 서비스센터, 상파울루, 1998. 전경,
그리고 바닥을 들어 올리고 강철 지붕을 씌운 콘크리트 데크의 단면도.

들어 올린 형태로 표현되었는데, 이는 니마이어와 헤이디의 작업에서
예증된 바 있는 브라질 전통의 영웅적인 철근콘크리트 구조를 참조한
것이다. 포파템푸 건물은 캔틸레버 구조의 콘크리트 데크가 넓은 경
간의 필로티들로 떠받쳐지고 경량의 용접강판 지붕으로 덮인 방식이
특징적이다. 구름다리 구조 양측의 상부를 돌출시켜 차양이 필요 없
게 만드는 이 우아한 강철 상부구조는 멘지스 다 호샤의 구조적 경제
성에 대한 감각을 보여주는 전형적인 사례다.

　　멘지스 다 호샤는 엔지니어링 형식을 드러내는 것을 바탕으로
작품에 시민적 의미를 부여하는데, 1988년 상파울루에 지어진 브라
질 조각미술관의 기단 전반에 걸쳐 계획된 60미터 길이의 주랑현관

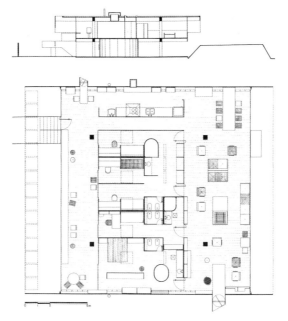

[392, 393] 멘지스 다 호샤, 부탄타의 자택, 상파울루, 1960. 단면도와 평면도.

이 대표적인 예다. 멘지스 다 호샤의 작업을 특징짓는 다른 요소는 수 경관(waterscape)을 영역적인 규모로 설계하길 좋아한다는 점인데, 이는 몬테비데오 만(灣)을 하나의 완벽한 광장으로 변형한다는 그의 1988년 계획안에서 잘 나타난 바 있다. 아울러 프랑스의 2012년 파 리 올림픽 응모안의 일환으로서 그가 2008년에 계획한 스포츠 대로 도 비슷한 규모의 영역으로 이루어졌다. 이 프로젝트는 자동차에 기 초한 거대 도시의 혼란이 사방을 에워싸는 가운데서도 공공영역으로 서 존재감을 드러낸다. 멘지스 다 호샤의 파트리아시 광장 호형 캐노 피[394]는 상파울루 도심의 지하도 위 공중에 설치된 구조물로서, 비 슷한 기념비적 자극을 더 소박한 규모로 만들어낸다. 강재를 용접한 비행기 날개 모양(aerofoil)의 단면은 평면 치수가 19×23미터이며, 강철 기둥들로 들어 올린 38미터 길이의 강철 삼각보에 매달려 있다. 멘지스 다 호샤에게 한 작품의 사회문화적 잠재력은 공간 구성의 사

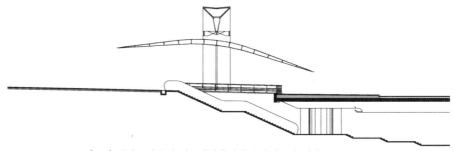

[394] 멘지스 다 호샤, 파트리아시 광장 호형 캐노피, 상파울루, 2002.

회적 프로그램과 결합한 형태의 풍부한 상징과 뗄 수 없는 관계다. 이는 1960년 상파울루 부탄타에 지어진 그의 자택[392,393]에서 확인할 수 있다.

　상파울루 대학교 건축도시학부 출신으로서 브라질의 차세대를 이끈 건축가는 안젤루 부키였다[396,397]. 그는 MMBB라는 건축가 집단에 소속된 대표 디자이너로서 자신의 경력을 시작했다. 이 팀은 멘지스 다 호샤와 협업하여 대규모의 도시적 작업을 다수 하게 되는데, 2001년 상파울루의 동 페드루 2세 공원에 완공된 동명의 버스 터미널이 그중 하나다. 지금까지 MMBB 사무소가 완공시킨 가장 인상적인 주택 작업은 2002년에 지어진 대단히 우아한 알데이아다세라 주택[395]이다. 이 집은 멘지스 다 호샤의 일부 작업과 유사하게 철근콘크리트 구조를 용접강판으로 만든 진입로 및 계단과 결합하며, 인접한 땅을 통해 위에서도 부분적인 진입이 가능하다. 또한 집 뒤편의 주차장에서도 진입할 수 있다.

　파울리스타학파가 추구한 영웅적인 철근콘크리트 노선은 이탈리아에서 망명해 온 건축가 리나 보 바르디의 작업에서도 명백하게 나타난다. 보 바르디가 브라질 건축계에서 처음으로 두각을 나타낸 것은 상파울루 현대미술관(MASP) 설계를 통해서였다. 이 작업은 10년간 발전시킨 끝에 1968년 파울리스타 대로에 완공되었다. 75미터 경간의 이 브리지 구조는 두 개의 거대한 철근콘크리트 보에 매달린 두

[395] MMBB와 부키/SPBR, 알데이아 다 세라의 주택, 상파울루, 2001.

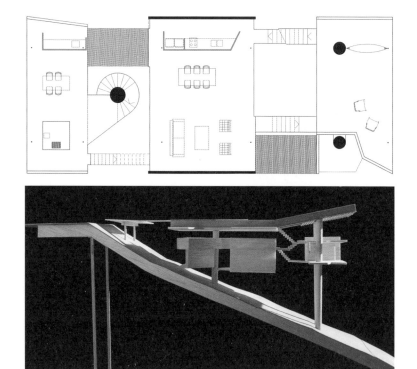

[396, 397] 부키, 우바투바의 주택, 상파울루, 2009. 평면도와 스터디 모형.

층의 갤러리로 구성되었는데, 이는 지하의 사무실 및 기타 공간과 함께 미술관의 본체를 이룬다. 브리지 형태 아래의 공공광장에는 공원과 자동차 간선도로가 내려다보이는 전망대가 위풍당당하게 자리 잡고 있다.

　　제2차 세계대전이 끝나고 브라질로 이주하기 전 이탈리아에서 파시즘을 겪으며 정신적 충격을 받은 보 바르디는 브라질에서 군부가 권력을 잡자마자 바이아 주의 사우바도르로 이주했다. 거기에서 브라질 사바나에 여전히 존재하는 아프리카 문화에 관여했던 경험은 1977년 상파울루로 돌아온 이후 오랜 시간이 지나 그녀의 작업에 색깔을 부여했다. 그녀는 돌아오자마자 일생에서 두 번째로 중요한 작업을 의뢰받았는데, 버려진 산업단지를 커뮤니티센터와 스포츠시설로 바꾸는 작업[398]이었다. SESC 폼페이아 공장이라고 불리는 이 프로젝트는 옛 공장 건물을 복원하고 용도 변경했을 뿐만 아니라, 철근콘크리트 건물 두 동을 지어 대각으로 가로지르는 계단과 수평 진입로를 연결했다. 이러한 기념비적 증축물들은 거친 목제 거푸집을 활용하여 르 코르뷔지에의 이른바 '거친 콘크리트'(béton brut) 방식으로 타설되었다. 사반세기가 지난 뒤, 이 브루탈리즘의 역작은 포르투갈 건축가 알바루 시자의 설계로 2001년 포르투알레그레에 지어진 이베레 카마르구 미술관에 얼마간 영향을 주었다. 보 바르디가 설계한 SESC 타워들의 콘크리트 벽체에 뚫린 불규칙한 모양의 창문 개구부들은 시자가 설계한 미술관의 외부 콘크리트 경사로—건물의 본체에서 접혀져 나왔다가 다시 제자리로 돌아가는—에서도 미묘하게

[398] 보 바르디, 폼페이아 공장 레저센터, 상파울루, 1987.

유사한 형태로 나타난다.

1955년 리우데자네이루 국립건축학교를 졸업하고 건축가가 된 주앙 다 가마 필게이라스 리마는 '렐레'[400]라는 이름으로 잘 알려져 있다. 그는 졸업 후 오스카 니마이어의 브라질리아 건설 프로젝트(3부 1장 참조)를 돕는 조수로 일하며 자신의 경력을 시작했다. 1970년, 군부는 바이아에 새로운 행정 중심지를 건설하기로 결정하고 루시우 코스타를 고용했다. 코스타의 임무는 도시 북쪽의 구불구불한 언덕들 사이에 단지를 계획하는 일이었다. 일정이 빠듯했기 때문에 코스타는 리마를 불러 단기간에 단지를 실현할 수 있는 조립식 콘크리트 공장을 설립해달라고 요청했다. 이러한 경험 이후 렐레는 조립식 콘크리트 공법을 가장 정교하게 구사하는 대가 중 하나가 되었고, 1980년대 말에는 북부 지역 전역의 병원들을 설계하고 시공하게 되었다. 애드리언 포티와 엘리자베타 안드레올리는 이러한 성과에 대해 다음과 같이 기술했다.

> 운반과 취급이 용이한 이 프리캐스트 유닛들은 다양한 형태로 손쉽게 조립이 가능하며, 가벼운 금속 부재들을 결합하여 공사비와 생산 시간을 줄일 수도 있다. 아울러 기능적이고, 쾌적하며, 흥미로운 환경을 제공할 수도 있다. … 값비싼 기계식 에어컨 시스템을 쓰지 않으려고 그는 대안적인 자연 냉방 시스템을 설계했다. 지하 통로들의 연결망으로 신선한 공기가 순환하고, 데워진 공기는 지붕의 곡면 개구부들이 만드는 덕트를 통해 건물을 빠져나가는 시스템이었다.

브라질리아 외에 다른 주요한 도시적 성과를 다루지 않고서 브라질 근대 운동에 대한 설명을 결론지을 수는 없는 노릇이다. 대표적인 예는 조르즈 윌레잉의 1965년 쿠리치바 확장 종합계획이다. 쿠리치바는 파라나의 주도이며, 이 계획은 도시 전역에 경제적이고 실행 가능한 대중교통 시스템[401]을 설치한다는 것이었다. 이 시스템의 기

[399] 에레누 + 페로니 아키텍츠, 에스타두알 빌라노바 학교, 상파울루, 2005.

[400] 렐레, 사라(SARAH) 재활병원 마카파 지부, 마카파, 2001~05.

[401] 지정 버스 노선을 달리는 고속 대중교통 버스 시스템, 쿠리치바, 파라나.

반은 연결버스를 공급하는 데 있었는데, 모든 버스는 각각 100명까지 착석이 가능하고 전용버스노선을 따라 운행되었다. 버스 바닥 높이에 맞춰 지면에서 들어 올린 튜브형 승강장에서 출입이 이뤄지는 만큼, 각 정류장에서 승객들이 출입하는 과정은 더 신속해졌다. 탑승권 확인 과정이 출입 튜브에서 이뤄지기 때문에 버스의 도착과 출발 주기도 더 빨라질 수 있었다. 아울러 대중교통로 인근의 고밀 개발을 위해 용적률 상향이 허용되면서, 이 시스템은 여러 수준에서 수익성이 있고 사회적으로 유익한 것으로 판명되었다. 무엇보다도 사람들은 쓰레기를 빈민촌 바깥의 중앙수거장들로 가져가서 음식이나 대중교통 이용권으로 교환하라는 시 당국의 권고를 받아들였다. 자이미 레르네르 시장 재임 시절 이뤄진 이러한 복지국가형 도시계획 접근법은 군부의 도움이 없이는 성공하지 못했을 것이다. 루이스 카란차와 페르난두 루이스 라라가 지적했듯이, "통상적인 민주적 과정 아래에서 그런 혁신적인 정책들을 얼마나 적용할 수 있느냐는 1985년 브라질의 재민주화 이후로 지극히 정치화된 열띤 논쟁의 주제였다."[1] 그런 야심찬 계획을 시행하려면 정치적 부담이 따름에도 불구하고, 그와 유사하게 도시 전역의 전용차선으로 고속버스가 달리는 대중교통 시스템이 결국 1997년 콜롬비아의 수도 보고타에 도입되기에 이른다. 당시 보고타 시장이었던 엔리케 페냘로사는 재임 시절 도시 전역에 298킬로미터 길이의 자전거도로를 건설했고, 92만 9,000제곱미터가량 넓이의 주차 공간을 신설했다. 브라질에서 1964년의 군사 쿠데타로부터 역설적으로 혜택을 받은 다른 유일한 급진적 이력의 소유자는 세베리아누 포르투였다. 그는 빈민을 위한 집을 짓겠다는 목적으로 아마존 유역에 갔고, 국가는 그를 고용하여 군부 통치하에 면세 지역이 된 곳에 집을 지어 지역 경제를 활성화하라는 임무를 부여했다. 그래서 포르투는 아마조나스 대학교를 위한 몇몇 건물을 설계하고 지하 10미터가량 깊이에서 4만 석을 수용하는 축구경기장을 건설하게 되었다.

콜롬비아

콜롬비아 최초의 건축학교는 1935년 보고타에 소재한 콜롬비아 국립대학교에 설립되었고, 교수진은 대개 이주민 건축가들로 꾸려졌다. 이탈리아 출신의 브루노 비올리와 비첸테 나시, 오스트리아 출신의 도시계획가 카를 브루너, 독일 출신의 레오폴도 로터 등이 교수진이었는데, 그중 브루너와 로터는 교내 수업에서 도시설계를 강조하기 시작했다. 1933년부터 브루너는 콜롬비아의 도시계획을 주도하게 되었는데 수많은 대표 도시들, 예컨대 바랑키야와 칼리, 메데진, 그리고 보고타까지 확장하기 위한 계획을 설계하면서부터다. 이는 르 코르뷔지에가 1947년 개략적인 보고타 도시계획을 구상하기 훨씬 이전의 일이었다. 로터는 콜롬비아 국립대학교 캠퍼스 종합계획(1937~45)의 책임자였고, 비올리와 함께 설계한 공과대학 건물(1945)을 비롯해 여러 단과대학 건물을 설계했다.

프랑스-스페인계 출신으로 1927년 파리 태생인 로젤리오 살모나는 1948년 콜롬비아 국립대학교를 떠나 르 코르뷔지에의 파리 아틀리에에 합류했다. 르 코르뷔지에의 전후 경력 중 특히 다작을 했던 시기에 견습생으로 일하며, 1940년대 말 이미 진행 중이던 마르세유 위니테 다비타시옹 프로젝트부터 시작해 인도에서의 모든 작업을 보조했다. 견습 기간이 끝날 무렵 살모나는 메종 자울(1952~57)의 기본 및 실시 설계, 공사 현장 감독을 했고, 이 경험이 그의 여생에 영향을 미쳤다.

르 코르뷔지에의 형태주의라고 보였던 것에 환멸을 느낀 살모나는 1957년 콜롬비아로 돌아오자마자 콜롬비아의 중견 건축가 페르난도 마르티네스 사나브리아와 함께 일하면서 보고타 북부의 가파른 경사 지형에 네 채의 집(1962~63)을 설계했다. 낮은 벽돌 벽체로 서로 연결된 이 알토(Aalto)식 주택들은 살모나의 성숙기에 나타나는 벽돌 구문의 전조였다. 이러한 경험 이후 살모나는 소규모의 3층짜리 엘 폴로 집합주거를 기예르모 베르무데스와 함께 설계했고, 이 주거는 1960년부터 63년까지 보고타에 지어졌다. 그 다음에는 에르난 비에코의 설계로 1966년 보고타의 산크리스토발에 기독교 주거 재단 단지[402]가 지어졌다. 평지에 지어진 쌍둥이 아파트 블록이 서로 각을 이루며 배치되고 측벽은 대개 창이 없는 벽돌조로 건설된 이 경사진 구조물들은 아메리카 대륙 발견 이전의 건축에서 나타나는 피라미드 형상을 떠올리게 한다.

다음으로 중요한 살모나의 작업은 루이스 에두아르도 토레스와 함께 설계하고 실현한 공영주택인 엘 파르크 주택 단지(1965~70)[403,404]였다. 보고타의 투우장이 내려다보이는 이 3개의 타워는 층수가 20층에서 33층에 달하며, 부채 모양의 나선형 아파트 블록들로 군집을 형성한다. 이는 한스 샤로운의 설계로 1962년 슈투트가르트에 지어진 중층 규모의 로미오 앤드 줄리엣 아파트 블록과 유사한 형식이다. 살모나 작업의 특징은 프로젝트 전체에 다양한 높이로 복잡한 입체성을 부여한다는 점이다. 이는 각 타워 블록이 정점을 향해 올라갈수록 크기가 점차 줄어들며 나선형 집체로 누적되는 아파트 평면에서도 잘 드러나고, 미시적 규모에서 벽돌조의 각 가로줄이 다음 가로줄로 이어질 때 각 벽체의 호형을 통해 다양화되는 각 벽돌의 각도가 입체기하학을 실천한다는 점에서도 잘 드러난다. 이 아파트는 특권적인 위치를 점유하고 있는데도 실제 바닥 면적은 상대적으로 소박하다. 이 계획은 사회적 주거 기능을 하도록 의도되었기 때문이다. 비슷하지만 더 단순한 단면도는 살모나의 설계로 1982년 보고타 북부에 지어진 작품인 알토 데 로스 피노스 아파트에서 명백히 나타난다.

[402] 살모나, 기독교 주거 재단, 산크리스토발, 보고타, 1966.

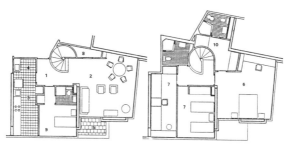

[403, 404] 살모나, 엘 파르크 주택 단지, 보고타, 1965~70. 주거단위 평면도와 항공사진.

이 아파트는 한 공동정원의 양쪽에 계단식 구성으로 배치되었고, 그 공동정원 역시 대지의 자연스러운 경사와 기존 소나무들의 위치를 따라 계단식 테라스 형태를 취한다. 이 건물의 이름은 바로 그 소나무들에서 따온 것이다.

1980년대 초, 살모나의 경력은 주거 작업에서 일련의 공공건물 설계로, 대부분은 문화시설과 대학교 건물 및 박물관 설계로 옮겨갔다. 이때쯤 그는 자신의 경력에서 가장 권위 있는 작업인 영빈관(1980~82)[405]의 설계를 의뢰받았는데, 이 건물은 식민지 도시인 카르타헤나의 만을 향해 뻗은 반도 위에서 축성 옆에 지어졌다. 대통령과 그의 귀빈들을 위한 꾸밈없고 자족적이며 세속과 격리된 쉼터로 계획된 이곳은 벽돌과 지역 재료인 산호석을 섞어서 지은 곳이다. 여기서 가장 시적인 측면은 열대 풍경에 내재되어 있는 미 대륙 발견 이전의 폐허 분위기를 전달하는 방식이다. 살모나는 아내이자 조경건축가인 마리아 엘비라 마드리냔과 함께 이 영빈관을 설계했다.

영빈관이 완공된 이후 살모나는 보고타의 칸델라리아 지구에서 이뤄진 한 사회적 프로젝트에 개입했다. 이 도시 재생 작업은 아홉 개의 페리미터 블록을 기반으로 했는데, 그중 실제로 지어진 블록은 네 개뿐이었다. 모든 블록은 하나의 중정을 중심으로 군집을 형성했고, 각 중정은 모든 모퉁이를 계단식 단면으로 구성하여 중정에서 중정으로 대각을 가로질러 동네를 통과할 수 있게 했다. 이렇게 상대적으로 열린 동선은 살모나가 평생에 걸쳐 빗장공동체에 반대했음을 잘 드러낸다.

1980년대에 공공영역의 중요성에 헌신한 재능 있는 콜롬비아 건축가들 가운데, 오스카 메사의 작업을 살펴볼 필요가 있다. 그는 특히 루이스 칸의 작업에서 영향을 받은 건축가였는데, 그가 1986년 메데인에 설계한 메트로폴리탄 극장[406]이 그 영향을 분명하게 보여준다. 그에 못지않게 주목할 만한 작업은 라우레아노 포레로 오초아의 설계로 1987년 메데인에 지어진 1,500세대의 라 모타 주택 단

[405] 살모나, 영빈관, 카르타헤나, 1980~82.
[406] 오스카 메사, 메트로폴리탄 극장, 메데인, 1986.

지[407]다. 이 단지는 합리적 브루탈리즘에 따른 3~4층 규모의 계획으로서 독창적인 주거단위 구성을 보여주었다.

콜롬비아 전체에서는 정치적 갈등이 끊이지 않았지만, 보고타에서는 시장들이 연이어 진보적인 정책들을 추진했다. 먼저 자이미 카스트로 카스트로 시장은 1991년 개정된 콜롬비아의 새 헌법에 맞춰 보고타의 행정 금융 구조를 재조직했다. 카스트로에 이어 1995년부터 2003년까지 안타나스 모쿠스와 엔리케 페냘로사가 시장을 역임했는데, 페냘로사는 보고타의 공원 체계와 공공도서관 공급을 크게 확장했을 뿐만 아니라 쿠리치바를 위해 개발된 시스템을 모델로 한 간선급행버스 체계인 트랜스밀레니오를 도입했다.

마약 범죄조직이 부추긴 폭력의 시대가 지난 후, 메데인에서도 그에 못지않게 진보적인 정책이 추진되었다. 먼저 세르지오 파야르두 시장은 재임 기간(2005~07)에 이른바 스포츠 4종 경기장[408]을 비롯하여 다수의 공공 프로젝트를 발주했다. 스포츠 4종 경기장은 잔카를로 마찬티와 펠리페 메사의 설계로 2009년 메데인 중심부에 지어졌는데, 용접강관 격자 트러스들로 구성된 경량 절판 구조가 일부를 덮는 부분적인 개방 구역을 이루고 있다.

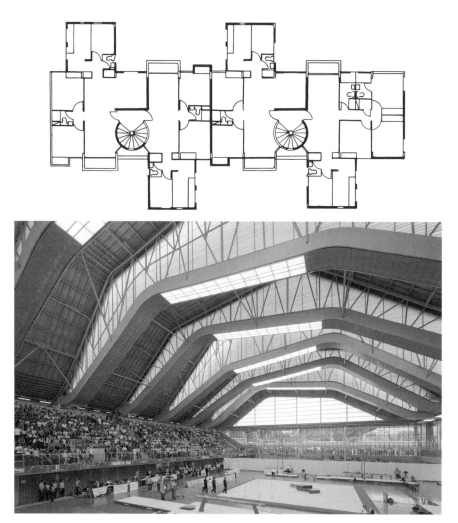

[407] 포레로 오초아, 라 모타 주택 단지, 메데인, 1987. 평면도.

[408] 마찬티와 메사, 스포츠 4종 경기장, 메데인, 1987.

베네수엘라

카를로스 라울 비야누에바는 20세기 후반 베네수엘라에서 활동한 건축가 중 국제적으로 가장 유명한 모더니즘 건축가였다. 베네수엘라 혈통이지만 1900년 런던의 외교관 가정에서 태어나 파리의 에콜 데 보자르에서 수학한 그는 1929년 카라카스로 돌아왔다. 카라카스의 공공시설부에서 견습생 생활을 한 다음 1935년 자신의 독립된 사무소를 시작했고, 카라카스의 로스 카오보스 미술관 설계 건을 수주했다. 이어서 1939년에는 산타테레사에 다소 아르데코적인 그란 콜롬비아 학교[410]를 설계했으며, 1942년에는 카라카스의 신흥 중심 지구인 엘실렌치오에 중층 규모의 저가형 주거를 계획하는 설계경기에서 우승했다. 당시 그가 설계한 근린 유닛은 여러 가지로 뻗어나가는 혼종적인 작품이었는데, 전면은 완화된 스페인 식민지 양식으로 표현된 데 반해 후면은 철근콘크리트로 지은 일련의 계단식 테라스들로 구성되었다. 1957년에는 카라카스 외곽에 대규모의 저가형 고층주거 두 곳을 계획해달라는 의뢰를 받았고, 이것들은 오르락내리락하는 지면 위에 설치된 다양한 높이의 자립식 바닥판 블록들로 만들어졌다. 그중에서도 가장 중요한 것은 호세 마누엘 미야레스와 함께 설계한, 1958년 쿠데타가 일어난 날짜를 이름으로 붙인 '1월 23일'(23 de Enero) 단지였다.

비야누에바의 궁극적인 걸작은 1944년에 첫 종합계획이 수립되어 카라카스 외곽에 지어진 카라카스 대학도시였다. 이 계획은 구불구불하게 이어지며 다양한 단과대학을 연결하는 지붕 덮인 보행로 하나로 전체를 통합했다. 이어서 그는 모든 주요 단과대학 건물을 설계했는데, 그중 대강당에서는 미국의 유명 미술가 알렉산더 콜더가 장식적인 음향 장치[411]로서 특별 제작한 다채로운 대형 모빌이 활기를 자아냈다. 캠퍼스를 굽이굽이 가로지르는 캔틸레버 구조의 철근콘크리트 캐노피[412]는 곳곳에서 이국적인 정원을 만나게 배치되었고, 정원들에는 앙리 로랑과 페르낭 레제, 장 아르프, 빅토르 바사렐리, 앙투안 페브스너 등 유명한 인터내셔널 모더니즘 아방가르드 미술가들의 독립적인 조각물과 벽체 부조가 설치되어 풍성한 분위기를 조성했다.

비야누에바가 평생에 걸쳐 보여준 추상미술에 대한 헌신은 그가 1967년 몬트리올 세계박람회를 위해 설계한 베네수엘라관에서도 분명하게 나타났다. 이 파빌리온은 용접강판으로 제작한 두 개 층 높이 입방체 세 개를 서로 연결하여 구성했는데, 베네수엘라 국기의 3색인 적색, 청색, 황색으로 각기 채색되어 현대 베네수엘라 문화의 일면을 보여주도록 설계되었다. 첫 번째 입방체에서는 베네수엘라의 역사에 헌정된 다큐멘터리를 4면 스크린에서 상영했고, 두 번째 입방체에는 베네수엘라 미술가 헤수스 라파엘 소토가 디자인한 '우림' 조각이 전시되었다. 관객들은 천장에 미로처럼 매달린 이 플라스틱 케이블 조각을 통과해야 세 번째 입방체에 다다를 수 있었으며, 그 마지막 입방체에는 음악인들이 베네수엘라 민속음악을 연주하는 뮤직바가 있었다.

1950년대 카라카스에서 활동한 또 다른 중요한 건축가는 시프리아노 도밍게스였다. 그는 시몬 볼리바르 센터[409]의 기념비적인 쌍둥이타워를 설계했는데, 이 타워는 프랑스의 계획가 모리스 로티발이 1939년 고안한 도시 축의 머리 부분에 자리하고 있었다. 그에 못지않게 이 도시

[409] 도밍게스, 시몬 볼리바르 센터, 카라카스, 1949~57. 입면도.

[410] 비야누에바, 그란 콜롬비아 학교, 카라카스, 1939.

에 족적을 남긴 특출한 건축가는 토마스 호세 사나브리아였는데, 그가 설계한 훔볼트 호텔(1956)은 카라카스와 바다를 분리하는 아빌라 산맥 정상에 배치되어 케이블카를 통해 도심과 연결되었다. 특별히 감각적이었던 헤수스 텐레이로-데그위츠는 카라카스 외부에서 스스로 이름을 알린 최초의 베네수엘라 건축가였는데, 그를 유명하게 만든 작품은 1968년 과야나의 신흥 도시에 지어진 CVG 전기회사 본부[413] 건물이었다. 이 특별한 작품은 얇은 벽돌 패널들로 구성된 피라미드 형태를 취했고, 그 패널들은 역시나 섬세한 철골을 통해 제자리에 고정되었다. 이 패널들은 내부에 층층이 쌓인 사무실들에서 햇빛을 차단하는 차양 역할을 했다. 이에 대해 데그위츠는 특유의 우울한 어조로 다음과 같이 말했다.

대지는 과야나 시에서 가장 높았고, 주변에 아무 건물도 없이 황량했다. 높이나 부피에 제한을 두는 도시계획은 없었다. CVG 아키텍츠는 뭔가 랜드마크 같은 것을 요구했고, 결국 척박한 열대 기후에서 사는

[411] 콜더, 대강당의 음향 미술품, 카라카스 대학도시, 1944.

인간들을 위한 형식으로서 자연스레 피라미드가 도출되었다. … 이
계단식 피라미드는 연속된 발코니들의 입면을 통해 내부와 외부 공간이
그늘진 정원들과 상호작용할 수 있게 해준다. 이는 거의 모든 실내 사무
구역에서 볼 수 있는 아름다운 광경이다. 이 건물은 알타비스타의 미래
중심지, 즉 그 새로운 도시의 심장부를 채울 최초의 건물이 되고자 한
만큼 아름다운 대도시를 상상하며 그 초석을 놓는 성격을 띠고 있었다.
결국 그런 상상은 실현되지 못했지만 말이다.[1]

데그위츠의 건축적 성숙도를 드러낸 궁극의 사례는 1967년 작품
인 바르키시메토 시청[414]이었다. 아마도 이 작품에서 가장 놀라운
측면은 루이스 칸의 작업에서 발견되는 율동적 질서를 떠올리게 하는
방식으로 건물을 조직하는 현장 타설 콘크리트 벽체의 기하학적 합리
성일 것이다.

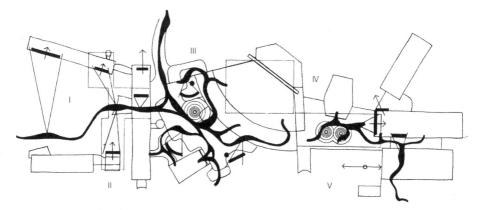

[412] 비야누에바, 카라카스 대학도시, 1944. 지붕 덮인 보행로 평면도.

그로부터 훨씬 뒤에 그의 동생 오스카 텐레이로의 작업에서 전혀 다른 종류의 텍토닉적이고 공간적인 정직성이 나타난다. 오스카 작업의 전형을 보여주는 예는 그가 2003년 코헤데스 산카를로스의 스포츠 도시를 위해 제안한 다목적 체육관[415]이다. 강철과 콘크리트로 이루어진 이 혼종 구조물은 오스카의 아들인 구조 엔지니어 에스테반 텐레이로와의 협업 속에서 독창적으로 설계되었다.

같은 세대로서 다작을 한 또 다른 베네수엘라 건축가는 왈테르 하메스 (지미) 알콕이었다. 그는 카라카스 태생이지만 영국에서 자랐고, 케임브리지 대학교에서 화학석사 학위를 취득했다. 1953년 베네수엘라로 돌아온 그는 카라카스 중앙대학교에서 건축석사 학위를 받았고, 학위 취득 이후 머지않아 알렉산데르 피에트리와 호베르투 부를리 마르스와 협업하여 부를리 마르스가 카라카스 동부에 설계한 공원인 에스테 공원을 발전시키기 시작했다. 1959년 알콕은 호세 미구엘 갈리아와 파트너십을 맺고 산펠리페와 우라치체를 비롯한 베네수엘라의 다양한 지방 도시를 위한 공원들을 함께 설계했다. 1962년에 자기 사무소를 개설한 알콕은 1965년 카라카스 계곡이 내려다보이는 벨로몬테에 알톨라 주택 단지[416]를 지어 유형 면에서 혁신을 이루었다. 이 작품은 벽돌 입면의 철근콘크리트 구조로 된 6층짜리 곡면

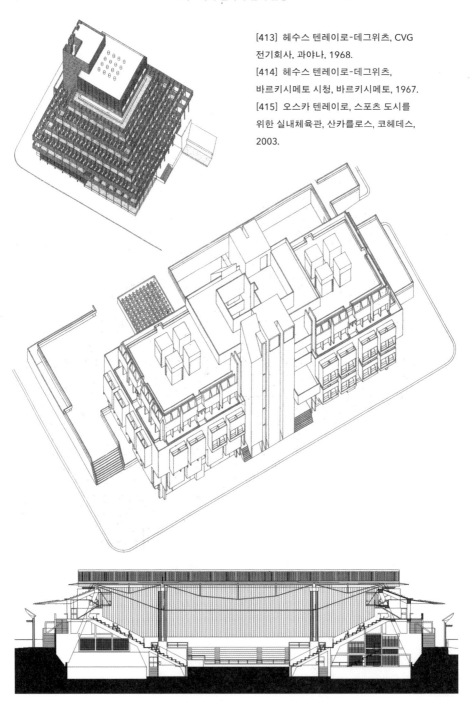

[413] 헤수스 텐레이로-데그위츠, CVG 전기회사, 과야나, 1968.

[414] 헤수스 텐레이로-데그위츠, 바르키시메토 시청, 바르키시메토, 1967.

[415] 오스카 텐레이로, 스포츠 도시를 위한 실내체육관, 산카를로스, 코헤데스, 2003.

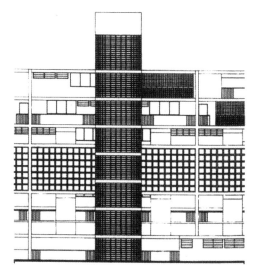

[416] 알콕, 알톨라 주택 단지, 벨로몬테, 카라카스, 1965. 입면상세도.

아파트 블록으로서, 거대한 옹벽에 기대어 지어진 회랑에서부터 진입이 이뤄졌다. 이 지형적인 작업은 르 코르뷔지에의 1930년 알제 '포탄' 계획과 아폰소 헤이지가 1951년 리우데자네이루에 실현한 페드레굴류 주택 단지에서 받은 영감을 은은하게 풍긴다. 알콕의 공공시설 작업에서 핵심적인 수사법은 회랑을 활용하는 것이었는데, 일례로 1972년 그가 마누엘 푸엔테스와 함께 바르키시메토에 설계한 히라아라 호텔에서 그런 유형이 발견된다.

아르헨티나

아르헨티나에서 근대 운동의 시작은 1929년으로 거슬러 올라가는데, 그때가 르 코르뷔지에가 부에노스아이레스로 와서 남미 강연을 시작한 해였을 뿐만 아니라 알레한드로 비라소로와 알베르토 프레비시 같은 아르헨티나의 일부 모더니스트들이 일찍이 철근콘크리트 구조를 실험한 순간이었기 때문이다. 이는 특히 프레비시의 1936년작 카사 로마넬리에서 분명하게 나타났는데, 이 작품은 르 코르뷔지에의 1923년작 『건축을 향하여』 중 끝에서 두 번째 장에 등장하는 이른바 대량생산 주택 중 하나를 거의 복제한 것이었다.

아르헨티나로 망명해 온 최초의 근대 건축가는 카탈루냐 출신의 안토니 보네트였다. 바르셀로나에서 조제프 류이스 세르트와 조제프 토레스 클라베 밑에서 일했던 보네트는 1936년 스페인 내전이 발발한 후 파리로 떠났다. 1937년 파리에서 세르트를 도와 파리 세계박람회를 위한 스페인관을 설계한 그는 르 코르뷔지에의 사무소에서도 일했다. 1938년에는 르 코르뷔지에의 사무소에서 만난 두 명의 젊은 아르헨티나인인 후안 쿠르찬과 호르헤 페라리 아르도이와 함께 부에노스아이레스로 이주했다. 그들은 함께 BKF라는 공동설계사무소를 만들었고, 설립 후 1년이 지나지 않아 부에노스아이레스 도심에 복합용도의 소규모 스튜디오 건물을 지었다. 이 사무소는 추후 아우스트랄 그룹으로의 연결점이 되었는데, 이 그룹은 르 코르뷔지에가 1937년 새로운 시대의 파빌리온에서 개시한 농촌개혁 프로그램에서 영감을 받아 전원 주거 설계에 매달렸다. BKF는 가구 디자인에도 관

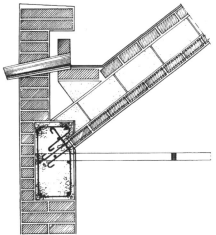

[417, 418] 보네트, 베를링기에리 주택, 말도나도, 우루과이, 1947. 전경(왼쪽 위)과
볼트 및 벽체 접합부 상세도(오른쪽 아래).

여했는데, 전통적인 이탈리안 트리폴리나 캠페인 의자를 바탕으로 범
포와 강봉으로 제작한 슬링 체어로 유명하다. 그사이에 보네트는 거
물급 건축가로 부상했는데, 1940년대 리오 데 라 플라타 어귀에 있는
푼타발레나 모래 언덕에 다수의 별장을 설계하면서부터. 볼트 공간
에 대한 보네트의 애호는 1947년 베를링기에리 주택[417, 418]을 설
계하는 과정에서 그 자신의 스타일로 구축되었고, 이 주택의 셸 볼트
는 우루과이의 젊은 엔지니어였던 엘라디오 디에스테가 설계했다. 이
작품을 모래 언덕 풍경에 통합시키기 위한 보네트의 감수성은 그의
1947년 작품인 3층짜리 솔라나 델 마르 호텔에서 특히 명백하게 나
타났다.

젊은 건축가였던 클로린도 테스타가 BKF의 사무실에서 조수로
일한 후 그의 철근콘크리트조 역작인 런던 남미 은행[419, 420]을 설
계했다는 점은 근대적 전통의 연속성을 이었다는 점에서 의미가 있
다. 중견 사무실인 세프라(SEPRA)와의 협업 속에서 1966년 부에노
스아이레스 도심의 어느 빠듯한 대지에 실현된 이 건물은 주요 은행

의 본사 역할을 할 뿐만 아니라 내부의 거래가 인근 가로의 번잡함과 사실상 동등한 수준에서 시각화된 미니어처 도시의 개념을 연상시킨다. 다층의 은행 홀을 구성하는 부유하는 콘크리트 데크들은 입면의 구조재로부터 후퇴한 채, 지하로 내려가는 원통형 기둥들에 캔틸레버 구조로 매달리거나 홀의 천장 구조재에 케이블로 매달려 있다. 평생 건축가이자 미술가로서 겸업을 이어간 테스타에게 런던 남미 은행은 거의 유일한 텍토닉의 역작이었다. 예외가 있다면 1962년 프란시스코 불리치 및 알리시아 카사니가와 협업하여 설계했으나 1992년까지 실현되지 못했던 부에노스아이레스의 아르헨티나 국립 도서관만이 그에 필적하는 작업이다.

테스타는 1955년 라팜파의 산타로사 지역 시민 회관 설계경기에서 다른 세 건축가와 협업한 작품으로 우승하면서 처음 두각을 나타냈다. 이 코르뷔지에적인 건물로 진입하는 지붕 덮인 보행로는 1953년 코리엔테스의 한 병원을 위한 담대한 제안에서 아만시오 윌리암스가 기획한 쉼터 구조물처럼 캔틸레버 구조의 철근콘크리트 파라솔들로 만들어졌다. 이와 비슷한 콘크리트 파라솔은 오라시오 카미노스 주도의 건축가 팀이 설계했다가 중단된 거대구조적 기획인 투쿠

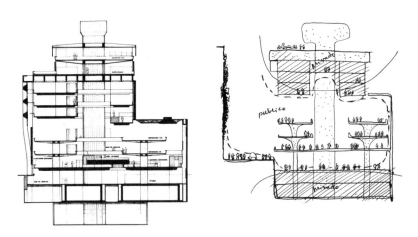

[419, 420] 테스타, 런던 남미 은행, 부에노스아이레스, 1966. 단면도와 단면 스케치.

[421] 윌리암스, 매달린 사무소 건물 프로젝트, 부에노스아이레스, 1946.

만 대학교 프로젝트에서도 반복적인 캐노피 요소로 나타난 바 있다.

윌리암스는 대단히 혁신적인 디자이너였다. 그는 건축과 공학을 모두 공부한 다음 1945년 자신의 아버지인 작곡가 알베르토 윌리암스를 위한 브리지 하우스를 설계하면서 경력을 시작했다. 그의 지어지지 않은 프로젝트들은 지어진 작품만큼이나 독특하고 재치가 있었다. 예컨대 그는 부에노스아이레스 인근 바다 한복판에 부유하는 공항을 설계하기도 했고, 모든 층이 건물 옥상의 비렌딜 트러스에 매달리는 28층짜리 고층 구조물을 설계하기도 했다[421]. 이 프로젝트는 1986년 홍콩에 완공된 노먼 포스터의 홍콩 상하이 은행 본사를 위한 모델이 된 것으로 보인다.

테스타의 거장다운 은행 건물은 브라질 파울리스타학파의 건축만큼 역동적이었을 뿐만 아니라 만테올라, 산체스 고메스, 산토스, 솔소나 그리고 비뇰리로 이루어진 아르헨티나 사무소 MSGSSV에 중대한 영향을 준 것으로 보인다. 이들은 시우다드 은행 본사[423]를 위한 일련의 놀라운 건물들을 설계했는데, 먼저 1969년 작품인 이 은행 본사는 테스타의 기념비적인 은행에 반영된 공간적 패러다임을 스털링과 고완의 설계로 1959년 레스터 대학교에 지어진 공학대학 건물

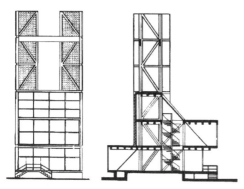

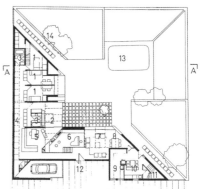

[422] MSGSSV, 리오하 주택 단지, 부에노스아이레스, 1973.

[423] MSGSSV, 리테로 지사, 시우다드 은행 본사, 1969. 입면도와 단면도.

[424] MSGSSV, 카사 옥스, 라루칠라, 부에노스아이레스, 1979.

의 구축적 담론과 종합한 것으로 볼 수 있다. 이렇게 역동적인 공간적 효과를 담대한 구조적 표현과 결합하는 능력은 공개 현상설계의 당 선작들인 특별한 주거 단지 두 곳에서 재현되었다. 1973년 부에노스아이레스의 리오하 구역에 지어진 첫 번째 단지[422]는 열 개의 타워로 이루어진 근린을 구성하고, 18층으로 이뤄진 모든 타워는 케이블로 결속된 공중 철골 보행로들과 연결되었다. 한편 파타고니아의 바람 부는 대서양 연안에 지어진 두 번째 단지는 푸에르토마드린에 소재한 아르헨티나 알루미늄 회사를 위한 것으로서, 탁월풍에 맞선 평면과 대지 경사를 따른 계단식 단면으로 구성되었다. 중정을 풀로 덮어 정교한 우아함을 자아내는 1979년작 카사 옥스[424]와 1978년에 작은 공원의 필수 구조물로 지어진 컬러 텔레비전 방송국 네 동은 분명 MSGSSV 사무소가 거둔 최고의 성과라 할 것이다.

1950년대부터 70년대까지 아르헨티나의 현대 건축은 다른 어떤 남미 국가 못지않게 활력이 있었다. 대표적인 작품으로는 1953년부터 1970년까지 마리오 로베르토 알바레스 사무소의 설계로 부에노스아이레스에 지어진 산마르틴 문화센터가 있다. 한 도시 블록 전체를 차지하는 이 건물은 강당과 영화관, 미술관, 공용 로비를 수용하며, 로비에는 다채로운 색의 벽화와 독립적인 조각물들이 설치되어 분위기를 고양시킨다. 희한하게도 이후에 이 사무소가 지은 다른 건물이 하나뿐인데, 그것은 부에노스아이레스의 어느 모퉁이 구역에서 안팎으로 철골 구조를 노출한 12층짜리 소미사 건물이다.

아르헨티나 모더니티의 개척기는 1962년 테스타가 프란시스코 불리치 및 알리시아 카사니가와 함께 부에노스아이레스에 설계한, 육중한 상부가 돋보이는 극적인 철근콘크리트 캔틸레버 구조의 아르헨티나 국립 도서관을 통해 적절한 결론에 이르게 되었다. 이 작품은 정치적·경제적 격변이 끊이지 않아 완공되기까지 30년가량이 걸렸다.

우루과이

우루과이의 현대 건축 전통은 우루과이의 코즈모폴리턴 건축가이자 미술가였던 호아킨 토레스-가르시아가 1934년 몬테비데오에 설립한 '남부 학교'에 부분적으로 기인한다. 토레스-가르시아는 새롭게 되살아나는 남미 정체성을 상징하는 지도제작법으로서 뒤집힌 남미 지도[425]를 그린 최초의 인물이었다. 이 수수께끼 같은 아이콘은 훗날 (1948년) 알베르토 크루스와 고도프레도 이오미가 칠레의 비냐델마르에서 만든 새로운 디자인학파의 핵심 상징물로 채택되기에 이른다.

1930년대 우루과이 현대 건축의 출현에서 중대한 역할을 한 두 명의 인물이 있다. 1938년 몬테비데오에 완공된 공학대학 건물을 설계한 훌리오 빌라마호와 1933년 같은 도시에서 신순수주의적 경향의 자택을 지은 마우리시오 크라보토가 그들이다. 크라보토는 레오폴도 아르투시오와 함께 잡지 『아르키텍투라』(Architectura)에 정기적으로 기고하는 이론가로도 활동했는데, 이 잡지는 우루과이 건축가협회가 1914년에 설립하여 1922년부터 31년까지 발간한 월간지였다.

20세기 후반 가장 재능 있던 우루과이 건축가 중 한 사람은 마리오 파이세 레예스였다. 그의 대표작으로는 1956년 몬

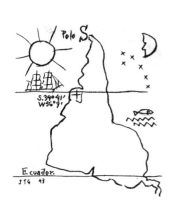

[425] 토레스-가르시아, 뒤집힌 남미 지도, 1944.

[426] 파이세 레예스, 몬테비데오 대교구 교회, 톨레도, 1956.
[427] 파이세 레예스, 건축가 자택, 몬테비데오, 1956. 단면도.

테비데오에 지어진 그의 자택[427]과 같은 해 톨레도에 실현된 몬테비데오 대교구 신학대학 교회[426]가 있다. 파이세 레예스는 토레스-가르시아의 영향을 깊이 받았는데, 이는 레예스의 자택과 교회 설계 각각에 토레스-가르시아의 스튜디오가 타이포그래피와 아이콘처럼 디자인한 얇은 시멘트 부조가 통합되었다는 데서 입증된다. 게다가 이 두드러진 장식 요소가 입혀진 교회는 얇은 셸 콘크리트 지붕으로 덮인 지극히 세련된 철골 철근콘크리트조의 바실리카였다. 파이세 레예스의 경력 후반기 작업 중 1976년 작품인 브라질리아의 우루과이 대사관[428]과 1978년 작품인 부에노스아이레스의 우루과이 대사관은 동일하게 숙련된 방식으로 현장 타설 철근콘크리트 구조를 활용한다.

몬테비데오에서 레예스 못지않게 출중했던 또 하나의 건축가는 넬손 바야르도이며, 그는 1960년 몬테비데오의 북부 공동묘지에 철근콘크리트조의 봉안당을 설계했다. 여덟 개의 콘크리트 익랑이 지면보다 살짝 높은 위치에서 봉안당의 콘크리트 벽체 네 개를 지탱하도록 지어진 이 건물은 브라질 건축가 주앙 빌라노바 아르티가스의 작업에 결정적 영향을 끼쳤는데, 무엇보다 아르티가스가 1968년 상파올루 대학교 캠퍼스에 실현한 건축대학에 끼친 영향이 컸다. 한편 바야르도가 설계한 봉안당의 내부 입면은 또다시 토레스-가르시아의 정신으로 설계된 추상적인 콘크리트 부조로 처리되었다.

다른 많은 남미 사회에서도 그랬듯이, 우루과이의 신흥 중산층은 그들이 투자하며 동일시할 수 있는 부르주아적 공통 언어로서 근대 운동을 받아들인 듯하다. 따라서 그들은 이른바 국제양식의 사회 진보적이고 텍토닉적인 언어를 새로운 규준으로서 기꺼이 채택하기보다는 세속적인 고객층이 되었다. 이는 중층 규모의 현대 건축을 대표하는 사례들, 예컨대 루이스 가르시아 파르도의 1957년 작품인 조그마한 엘필라르 아파트[429,430] 같은 사례들이 몬테비데오에 널리 퍼진 이유를 설명해준다. 여기서 이용 가능한 평면은 대부분 나선형 계단이 차지하며 원통형 승강기는 침실 두 개짜리 세대의 이용자를 위해 9층까지 올라간다. 특별한 우아함을 갖춘 현대적인 폴리(folly)인 셈이다. 그에 못지않게 우아한 작품은 라파엘 로렌테 에스쿠데로의 1952년 작품인 베로 빌딩이었는데, 여기서는 층당 네 세대가 둘씩 짝지어 접근이 이루어지는 3층짜리 아파트 건물이 보다 합리적으로 제시되었다. 아쉽게도 이보다 설득력이 떨어지는 우루과이 근대 운동의 한 사례는 아르티가스 대로란 이름으로 알려진 대규모 협동조합 주택 단지다. 라미로 바스칸스, 토마스 스프레치만, 엑토르 비글리에카, 아르투로 비야밀이 설계한 이 단지는 비슷한 시기 아르헨티나의 만테올라, 산체스 고메스, 산토스, 솔소나, 비뇰리로 이루어진 사무소가 푸에르토마드린에 설계

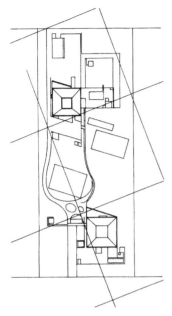

[428] 파이세 레예스, 우루과이 대사관, 브라질리아, 브라질, 1976. 배치도.

[429, 430] 가르시아 파르도, 엘필라르 아파트, 몬테비데오, 1957. 전경과 기준층 평면도.

한 정교하고 엄밀한 구조의 주거에 한참 못 미
친 사례였다.

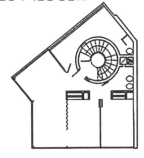

　　우루과이에서 중대한 의미를 갖는 텍토닉
적이고 표현적인 수사법은 카탈루냐 출신 건
축가 안토니 보네트가 남미로 들여온 칸막이
식 볼트였다. 보네트는 대학을 갓 졸업한 우루
과이 엔지니어 엘라디오 디에스테에게 자신의 베를링기에리 주택을
위한 볼트를 설계해달라고 부탁했고, 이 집은 1947년 푼타발레나에
세워졌다. 조제프 류이스 세르트와 르 코르뷔지에처럼, 보네트도 역시
안토니 가우디의 작업을 통해 칸막이식 볼트가 친숙한 상황이었을 것
이다. 디에스테 입장에서는 몬테비데오 공과대학에서 도해정역학 훈
련을 받았기 때문에 이 방법에 따라 철근 보강 벽돌 셸 구조를 설계
하고 계산할 수 있음을 알고 있었다. 따라서 그는 스페인 출신 엔지니
어 펠릭스 칸델라가 멕시코에 지은 철근콘크리트 셸 구조와 비슷한

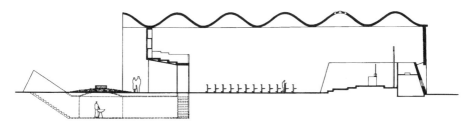

[431, 432] 디에스테, 노동자 예수 교회, 아틀란티다, 1960. 내부와 단면도.

형태의 벽돌 복곡면 셸 구조를 설계했다. 한편 칸델라는 1941년에 마드리드 경기장이라는 걸작을 설계한 걸출한 스페인 엔지니어 에두아르도 토로하의 영향을 강하게 받은 인물이었다. 이 두 인물에게서 자극받은 디에스테는 장스팬의 복곡면 벽돌조 창고와 공장을 설계했고, 무엇보다도 1960년 아틀란티다에 지어진 노동자 예수 교회[431,432]의 역동적인 기념비적 형태를 설계했다. 연속 측벽과 지붕을 굽이치는 철근 보강 벽돌조로 구현한 그는 이 교회에 비위계적인 공간을 만들어냄으로써 사제가 민중에게 더 가까이 다가갈 수 있게 했다. 이는 1963년 제2차 바티칸 공의회 이후 천주교회에 일어난 예배 형식의 변화를 예견한 것이었는데, 당시 공의회는 사실상 사제가 제단보다 회중석을 바라보도록 방침을 정했었다.

　　디에스테의 작업에서 진정 놀라운 점은 그의 경력에서 꽤 이른 시점에 그의 가장 시민적인 구조물들이 실현되었다는 데 있다. 아틀란티다의 교회뿐만 아니라, 1974년 두라스노의 산페드로 교회도 그 예다. 하지만 그가 마스터 빌더로서 명성을 갖게 된 것은 결국 수많은 산업 건물[433]을 설계했기 때문이다. 철근 보강 벽돌조로 설계한 일련의 곡면 및 복곡면 볼트 형태는 1972년 브라질 포르투알레그레의 지붕 덮인 시장부터 시작해서 1974년 살토의 버스정류장, 1976년부터 94년까지 몬테비데오와 후아니코에 지어진 창고들, 그리고 1979년 리우데자네이루의 브라질 철도 정비소까지 이어졌다. 디에스테는 1968년 자신을 위한 놀라운 주택을 지었는데, 이 집은 그가

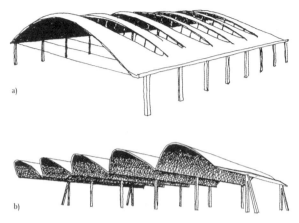

[433] 디에스테, 전형적인 셸 구조의 두 유형:
(a) 돈 보스코 고등학교 체육관, 몬테비데오, 1983~84.
(b) 버스 터미널, 살토, 1973~74.

이미 더 큰 건물에 적용했던 것과 동일한 벽돌과 철근콘크리트 공법
을 적용한 것이었다. 그의 후기 경력에서 가장 중요한 작품 중 하나는
1998년 스페인 알칼라데에나레스에 지어진 산후안 데 아빌라 교구센
터다. 여기서는 교회의 양측을 형성하는 복곡면 벽체들이 지붕 볼트
와 관계 맺기 전보다 더 역동적으로 파도치는 형태를 이룬다.

디에스테가 1987년 세 개 섹션으로 구성된 작품집을 출간한 사
실은 그의 위상을 가늠케 한다. 당시 각 섹션은 작업의 사진과 그래픽
기록물, 벽돌 볼트들을 설계할 때 했던 계산들의 상세한 소개, 그리고
우루과이 같은 저개발국가에서 보다 진보하고 값비싼 철골 및 철근콘
크리트 방식이 아닌 벽돌로 건물을 짓는 것의 경제적·생태적·인간적
이점들을 다루었다.

페루

다른 많은 남미 국가들처럼 페루에도 원래 현대 건축 문화는 없었지만, 1910년부터 상황이 달라졌다. 그해는 파리 에콜 데 보자르에서 훈련받은 폴란드 출신 건축가 리차르도 데 약사 말라호프스키가 페루 국립공과대학교에 건축학과를 설립해달라는 요청을 받은 때다. 페루 사회의 근대화는 상대적으로 느리게 이루어졌는데, 제2차 세계대전이 끝나고 나서야 투표를 통해 중도좌파 정부가 권력을 잡고 호세 부스타만테 이 리베로가 대통령으로 선출됐기 때문이다. 부스타만테 재임 시의 진보적 정책들은 1948년 마누엘 오드리아 장군이 주도한 우익 군사 쿠데타로 인해 급작스럽게 중단되었다. 물론 이후 후안 벨라스코 알바라도(1968년부터 75년까지 대통령 재임)가 이끈 좌파 군사 정부가 결국 페루의 토지개혁을 해냈지만 말이다.

1924년부터 정치적인 이유로 온 가족이 망명자가 되었던 페르난도 벨라운데 테리는 1936년 페루로 돌아왔다. 프랑스에서 고등학교를 다녔던 벨라운데는 1930년 가족과 함께 미국으로 이주해 건축을 공부하기 시작했는데, 먼저 마이애미 대학교에서 공부한 다음 텍사스 대학교 오스틴 캠퍼스에서 공부했다. 다시 페루로 돌아온 그는 1937년 페루가 직면한 특정한 주거 및 도시 문제에 초점을 맞춘 잡지 『페루의 건축가』(*El Arquitecto Peruano*)를 창간했다. 이 잡지가 출판되던 시점에 두 개의 주요 기관, 즉 페루건축협회와 페루도시연구소도 설립되었다. 벨라운데는 1944년 민족민주전선에 입당하면서 정치적 경력을 시작했다. 그는 1956년 인민행동당을 창당했는데, 이 당은 무엇보다도 공동체와 협력이라는 잉카족의 전통을 되살리겠다는 목표 아래 전통적인 우파 과두정과 급진 좌파 사이의 중간 지대를 점유했다. 1945년 처음으로 국회의원에 당선된 벨라운데는 사회적 주거의 생산 과정에서 국가의 역할을 확대하는 법안을 도입했다. 이는 결국 국민주택공사의 창설로 이어졌고, 이 기관이 처음으로 완공시킨 프로젝트는 1,200세대의 아파트로 이루어진 근린주구 3호(UV3)였다. 이를 시작으로 알프레도 다메르트, 카를로스 모랄레스, 마누엘 발레가, 루이스 도릭, 에우헤니오 몬타녜, 후안 베니테스로 구성된 젊은 건축가 팀이 설계한 일련의 근린주구들은 결국 벨라운데의 리마 계획에 통합되었다. 국민주택공사는 비록 그 명칭은 자주 바뀌었지만 군부 통치 시절 다양한 기간에 걸쳐 역할을 이어가며 몇몇 근린주구를 완공시켰다. 벨라운데는 저비용 주거의 공급에 톡톡히 개입했을뿐더러 페루 국립공과대학교 건축학과의 질을 높이는 데에도 관여했다. 바우하우스의 노선을 따르기로 한 그는 진보적인 교수진을 고용하면서 페루인 교수들뿐만 아니라 유럽에서 망명한 인재들까지 끌어들였다. 벨라운데의 요청으로 발터 그로피우스와 조제프 류이스 세르트의 초청 강연이 1950년대 이 학교에서 이루어졌다.

1960년에는 영국 건축가 피터 랜드가 리마로 왔는데, 페루 정부와 미주기구(OAS)의 후원으로 미주 전체에 걸친 도시 및 지역 계획에 관한 다학제적 대학원 프로그램의 현장 감독으로 2년간 일하러 온 것이었다. 이 프로그램은 바로 성공하면서 벨라운데가 랜드의 감독 아래 교내에 도시계획과를 설립하는 계기가 되었다. 1966년 벨라운데는 더 적극적인 조치를 취했는데, 랜드에게 저층 고밀 주거에 관한 국제전을 조직해달라고 요청한 것이었다. 랜드는 1927년 독일공작연맹이 슈투트가르트에서 선보인 바이센호프 주거전의 노선을 따라 프레비(PREVI)란 이름의 국제전을 기획했다. 국제연합의 후원으로 개최된 프레비 전시회에는 제임스 스털링(영국), 게르만 삼페르(콜롬비아), 캉딜리, 조식, 우즈(프랑스), 오스카르 한센(폴란드), 잉게스/바

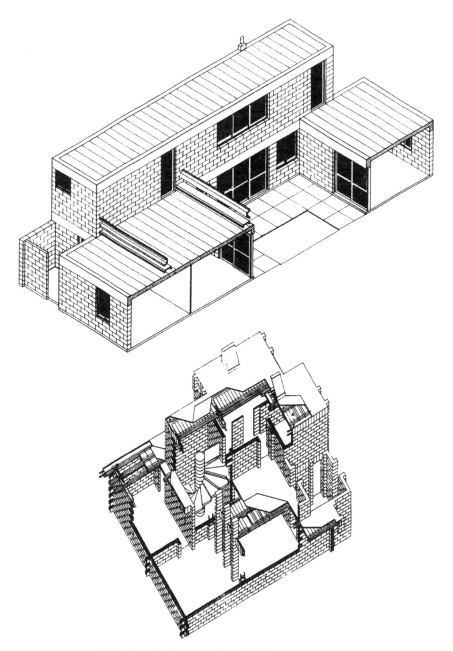

[434] 기쿠타케·구로카와·마키, 프레비 하우징, 리마, 1969~74.
[435] 데 오소뇨와 데 카스트로, 프레비 하우징, 리마, 1969~74.

스케스(스페인), 알도 판 에이크(네덜란드), 아틀리에 5(스위스), 찰스 코레아(인도), 토이보 코르호넨(핀란드), 헤르베르트 올(독일), 마키 후미히코, 구로카와 기쇼, 기쿠타케 기요노리(일본)[434, 435] 등 전 세계의 건축가들이 참여했다. 페루 건축가들 중에는 호세 가르시아 브리세, 프레데리크 코페르 요사, 안토니오 그라나 아쿠나, 에우헤니오 니콜리니 이글레시아스로 이루어진 팀의 디자인이 가장 뛰어난 축에 속했다. 이들의 사무소는 나중에 병원 건물 설계에 주된 기여를 하게 되는데, 무엇보다 그들의 설계로 1978년부터 85년까지 쿠스코 중심부에 지어진 500병상의 병원이 대표적이다. 시대를 앞선 이 작품은 지속가능성과 지역 맥락에 대한 감수성 면에서 모범적이었다. 그들은 단지의 높이를 4층으로 제한해 승강기 사용을 최소화하고 건조 형태 안에 빈 테라스를 자주 배치해 자연 환기를 최대화함으로써 에너지 소비를 줄일 수 있었다. 게다가 4층 규모의 형태는 도시의 저층 조직과도 조화를 이뤘고, 건물의 지붕을 전통적인 지역 타일로 마감하여 더 큰 조화를 꾀했다.

1960년대와 70년대에는 프레비뿐만 아니라 상당량의 주거가 리마에 지어졌다. 대표적인 예는 루이스 미로 케사다 가를란드, 산티아고 아구르토, 페르난도 코레아, 페르난도 산체스 그리냔이 설계한 4층 규모의 팔로미노 주택 단지(1964)[436]다. 그에 못지않게 인상적인 사례는 미구엘 로드리고 마수레가 에밀리오 소예르 나시와 미겔 크루차가 벨라운데와 함께 설계하여 1974년 카야오에 지어진 콘크리트 마감의 4층짜리 연립주택[437]이다.

2000년 이후에는 정교한 실력의 두 사무소가 뛰어난 품질의 작업을 생산하며 페루 건축계에서 부상했다. 하나는 산드라 바르클라이와 잔 피에르 크로우세의 파트너십 사무소인데, 이 사무소의 첫 작업인 카사 에키스[438]는 2003년 카녜테의 에스콘디다 해변이 내려다보이는 가파른 대지 위에 지어졌다. 이 집은 그들이 멕시코 건축가 루이스 바라간의 작업에서 영향을 받아 페루 해변을 따라 지은 일련의

[436] 가를란드·코레아·그리냔·아구르토, 팔로미노 주택 단지, 리마, 1964.
[437] 마수레·나시·벨라운데, 사회적 주거, 카야오, 1974.

[438] 바르클라이와 크로우세, 카사 에키스, 카녜테, 2003.

고급 별장 중 첫 작품이었다. 계단식 테라스를 통해 바다를 향하도록 시야가 설정된 이 별장들이 구현하는 비례감과 공간적 전치는 콜럼버스가 미 대륙을 발견하기 전 안데스적 전통을 향해 일궈진 감정에서 유도된 것이다. 이때부터 이들은 이러한 감수성을 기념비적 규모에 적용해왔는데, 2018년 리마에서 1,000킬로미터쯤 북쪽에 위치한 피우라 시 인근 캐롭 나무 열대 건조림에 노출 콘크리트로 완공된 UDEP 캠퍼스[439,440]가 그 예다. 이 캠퍼스는 강당 여섯 개와 부속 대학 구조물 다섯 개가 모두 같은 높이로 구성된 70×70미터 넓이의 매트 빌딩(mat building)이며, 사이사이 미로처럼 얽혀들며 진입 동선을 형성하는 그늘진 녹지 보행로들에서는 맞통풍이 이뤄지고 일부는 콘크리트 캐노피로 덮여 있기도 하다. 여행자쉼터 같은 UDEP 캠퍼스는 시골 출신 저소득층 학생들을 위한 의도가 분명한 공공기금 지원 시설인 만큼 페루의 미래를 위해 좋은 징조다.

뛰어난 생산력을 보인 두 번째 페루 건축사무소는 오스카르 보라시노와 루트 알바라도의 사무소다. 이 스튜디오의 약자인 OB+RA는 그들의 이름 약자를 결합하여 '작업'(work)을 뜻하는 스페인어(orba)를 재치 있게 표현한 것이다. 지난 10년간 그들은 매우 다양한 작업을 해오면서 늘 대단히 높은 수준의 상세한 해결책을 제시해왔다. 이러한 품질을 확실히 보여주는 사례는 아마도 지금껏 그들의 가장 중요한 공공시설 작업이라 할 수 있을, 2004년 리마에 완공된 4층짜리 국제노동기구 지역 본부 건물[441]일 것이다. 이 건물은 두 가지의 서로 다른 입면을 제시한다. 하나는 거리를 향해 '모자 달린' 수평 창문들이 늘어선 기념비적인 석재 입면이고, 다른 하나는 정원이 내

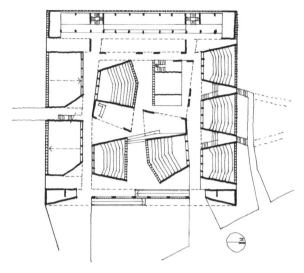

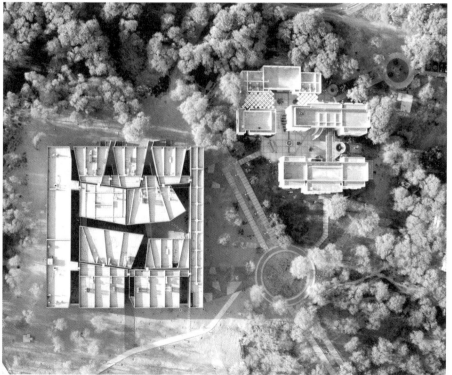

[439, 440] 바르클라이와 크로우세, UDEP, 피우라, 2018. 상층 강당 평면도와 항공사진.

[441] OB+RA, 국제노동기구 지역 본부, 리마, 2004.

[442] OB+RA, 블라스 빌딩, 리마, 1998.

[443] OB+RA, 길들의 정원, 리마, 2006.

려다보이는 더 가벼운 철골 커튼월의 후면이다. 이 사무소의 진정 놀라운 측면은 표현의 다양성에 있다. 알바라도의 1998년작 블라스 빌딩[442]은 거친 콘크리트로 마감된 7층짜리 아파트 블록의 도회풍을 보여주지만, 보라시노의 2010년 작품인 쿠스코의 모라이 고고학단지 방문객센터는 주변의 타일 지붕으로 이뤄진 맥락에 스며들면서 테라스에 초점을 맞춘 1층짜리 건물의 시골풍을 보여준다. OB+RA의 작업에서 놀라운 것은 그들이 똑같이 숙련된 도시 디자이너라는 사실인데, 이는 그들이 산이시드로에 있는 삼각형 모양의 작은 유휴 틈새 부지를 풍성한 3차원적 풍경으로 바꿔놓은 프로젝트[443]에서 잘 드러난다.

칠레

칠레가 겪은 격동의 정치사는 칠레 경제의 흥망성쇠와 불가분의 관계에 있다. 이는 특히 1900년 이후 새로운 제련 기법들이 출현하면서 칠레의 구리 산업에 역동적 변화를 일으켰기 때문이다. 이런 변화는 논쟁적인 칠레 정치에서 전통적인 지주 엘리트와 도시 중산층뿐만 아니라 노동 계급도 논쟁적인 한 당파로 떠올라 어깨를 견주게 되는 변화로 이어졌다. 이렇게 당파들이 불안하게 뒤섞이면서 종종 진보파와 보수파 사이에 잦은 대결이 일어났고, 때로는 정치적 교착 상태에 빠져 군사 개입을 통해서만 돌파구가 생기는 일이 반복되었다. 이러한 좌·우파 간 투쟁에도 불구하고, 사회적으로 진보적인 주거의 건설을 장려하는 대책은 칠레에서 늘 진보적으로 실행되었다. 이에 대해 아르헨티나의 비평가 호르헤 프란시스코 리에르누르는 다음과 같이 설명한다.

> 1906년 노동자 주택법이 통과된 이후, 칠레는 미주에서 가장
> 적극적으로 정부 지원 주택을 늘린 나라 중 하나였다. 1950년대와
> 1960년대에 만들어진 기관들, 예컨대 인민주택기금과 주택공사, 특히
> 주택부가 이런 노력에서 핵심을 이루었다. 에두아르도 프레이 대통령
> 재임 시절 생겨난 정책인 '사이트 작전'(Operación Sitio)은 미국이
> 지원하는 진보 연합(Alliance for Progress)의 경제적 지원과 함께
> 주민들이 자택을 직접 짓기를 장려했다.[1]

[444] 카르손, 카프두칼 레스토랑, 비냐델마르, 1936.

다른 남미 지역과 마찬가지로, 칠레에서도 근대 운동은 르 코르뷔지에의 보편적 영향을 통해 전해졌다. 새로운 건축을 향한 코르뷔지에의 급진적 비전은 1923년에 나온 그의 저서 『건축을 향하여』를 통해 처음 등장했다. 그 이후에는 페르난도 페레스 오야르순이 말했듯이 칠레 건축가들이 유럽에서 활동했고, 그들이 유럽에서 한 작업의 첫 번째 사례는 1929년 세비야에서 개최된 이베로-아메리칸 박람회를 위해 후안 마르티네스가 설계한 칠레관이었다. 동시에 로베르토 다빌라 카르손은 빈 순수미술 아카데미에서 공부한 다음 르 코르뷔지에의 파리 스튜디오에 합류했다. 거기서 그는 1930년 알제의 일명 '포탄' 계획(Plan Obus)에 참여한 다음 1936년 칠레로 돌아와 코르뷔지에적인 카프두칼 레스토랑[444]을 비냐델마르의 항구가 내려다보이는 곳에 설계하고 지었다. 그해 칠레에 등장한 인민전선은 1938년 페드로 아귀레 세르다가 대통령에 선출되면서 굳게 자리 잡았다. 이듬해 칠레는 엄청난 규모의 지진 피해를 입어 치얀 시가 완전히 파괴되었고 사망자 수는 3만 명에 달했다. 깊은 상처를 남긴 이 사건은 국고 보조를 받는 주택의 생산을 장기적으로 늘리는 효과가 있었다.

1949년 산티아고 카톨릭 대학교의 건축학과 학생들은 그들의 교수 알베르토 크루스에게 고무되어 학교 측의 고전적 교육과정에 반기를 들었다. 크루스는 교육과정의 구조조정을 위해 1950년대 유럽으로 가서 스위스 건축가이자 디자이너였던 막스 빌과 아르헨티나의 콘크리트 도장공 토마스 말도나도를 만났다. 그리고 1952년 발파라이소 카톨릭 대학교의 초청을 받은 크루스는 아르헨티나 시인 고도프레도 이오미, 건축가 아르투로 바에사 및 하이메 베야타, 그리고 화가 프란시스코 멘데스와 함께 비냐델마르에 건축학교를 신설했고, 이들은 비냐델마르의 세로카스티요에서 함께 생활하며 작업했다. 1952년부터 70년까지 두 단계의 발전 과정을 거친 이들의 발파라이소 건축연구소는 전문적인 직능 교육에 방침을 두었다. 이 단계는 크루스 자신의 주요 작품들과 함께 시작했는데, 1953년 산티아고 마이푸에 지어진 로스 파하리토스 예배당 프로젝트[445]와 1954년 비냐델마르 인근 아추파야스 해안선 도시화 연구가 대표적이다. 전자의 예배당 프로젝트는 새로운 형태의 예배 공간을 상정했고, 후자의 도시화 연구는 해안 지형과 바다의 연결 고리를 확립할 기반시설을 제안했다. 이러한 충동은 발파라이소 건축연구소가 1956년 프란시스코 멘데스의 지도하에 작업한 해군사관학교 신축 설계경기 출품작에 반영되었다. 중층 규모 바닥판들로 이루어진 비범한 곡선형의 블록들은 바람을 굴절시켜 그 힘을 분쇄하는 동시에 너울거리는 해안선의 경관 속으로 통합되는 '공기역학적' 형태로 설계되었다.

칠레에서 저층 고밀 주거는 1959년에 처음 등장했는데, 아타카마 사막과 태평양이 만나는 안토파가스타 외곽 지역에 지어진 마리오 페레스 데 아르세와 하이메 베사의 살라르델카르멘 주택 단지[447]가 그것이다. 추후 들어선 아우구스토 피노체트의 독재 정권(1973~90)에 존재감이 묻혀버린 정부 기관인 주택공사의 후원으로 건설된 이 주택 단지는 과거 염전이었던 계단식 지형에 지어진 2층짜리 저비용 주택들로 이루어졌다. 모든 집에서 하나의 테라스 주위로 거실 공간을 분산 배치했고, 열린 중정 위에 배치된 침실 층을 향해 지그재그 형태의 계단이 올라가게 만들었다. 지반에 염분이 많아 그늘을 드리

울 나무는 안타깝게도 심을 수 없었다. 그럼에도 계단식 테라스들로
이루어진 형태는 공동주택에서 접하기 쉽지 않은 유서 깊은 도시성의
느낌을 자아냈다.

칠레 역사에 으레 상처를 남겨온 지진의 영향이 가장 극명하게
나타난 사례는 1960년 칠레의 남부 도시 발디비아가 파괴되었을 때
로, 당시의 지진은 콘셉시온과 푸레르토몬트에도 막대한 피해를 안겼
다. 이 재난이 낳은 한 가지 중요한 사건은 발파라이소 건축연구소가
신축 교회 여섯 채의 설계를 맡게 된 것인데, 그중 가장 독창적인 작
품은 산티아고에 지어진 라플로리다 교회(1960~65)[446]였다.

우루과이계-카탈루냐인 미술가 호아킨 토레스-가르시아가 처
음 그린 뒤집힌 남미 지도에서 영감을 받은 고도프레도 이오미는
1965년 자신의 첫 교육 여정을 기획했는데, 칠레 남단의 푼타아레나
스부터 북부 볼리비아의 산타크루스데라시에라까지 남미 대륙을 종
단하는 여정이었다. 이오미는 남미 대륙 지도에 남십자성의 형상을
신비하게 중첩시키며 산타크루스데라시에라를 남미 대륙의 수도로
간주했다. 이오미의 이러한 '종단 여행'은 일단 지름길을 택해야 했는
데, 이는 체 게바라의 게릴라 활동 때문이었다. 같은 이유로 크루스도
자신의 건축연구소를 리토케의 어촌 마을로 옮기기로 결정했다. 모래
언덕이 광활하게 펼쳐지는 그곳에서 발파라이소학파는 그들의 이른
바 '열린 도시'를 선언했다. 그들은 스튜디오나 학과 건물을 수용하는
일군의 목제 구조물들을 오랜 기간 파편적으로 선보였는데, 바다에서
불어오는 바람에 모래 언덕의 위치가 변하는 만큼 구조물을 지속적으
로 재시공해야 했다. 또한 '도시'가 내려다보이는 고지대에 신비한 기
념물들을 지었다. 미술가 클라우디오 히롤라가 디자인한 추상적인 콘
크리트 조각들의 기념비, 후안 이그나시오 바익사스와 후안 푸르셀,
호르헤 산체스의 설계로 지어진 묘지(1976), 그리고 낮은 벽돌 벽체
들의 '미로'로 구성된 1982년작 '새벽과 황혼의 궁전'[448] 등이 그 예
다. 실험적인 학교이자 하나의 코뮌이었던 이 '열린 도시'는 비록 나중

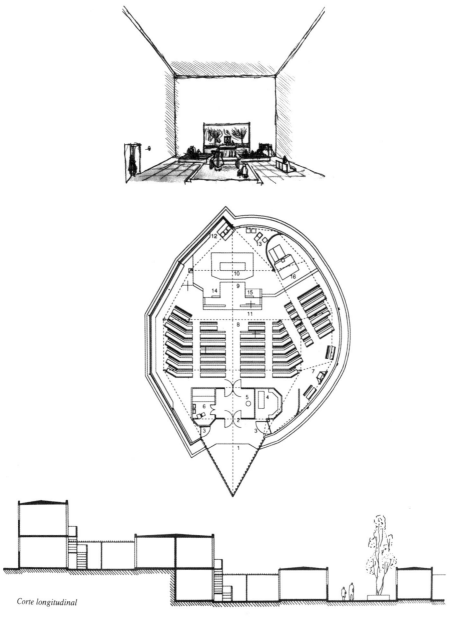

Corte longitudinal

[445] 크루스, 로스파하리토스 예배당, 마이푸, 산티아고, 1953.

[446] 발파라이소학파, 라플로리다 교회, 산티아고, 1960~65. 평면도.

[447] 페레스 데 아르세와 베사, 살라르델카르멘 주택 단지, 안토파가스타, 1959. 단면도.

[448] 크루스(발파라이소학파와 협업), 새벽과 황혼의 궁전, 리토케, 킨테로, 1982.

에 산업디자인에 집중하긴 했지만 대개는 더 큰 근대화의 목표와 동
떨어진 시적인 프로젝트로 기획되었다. 이러한 접근은 역사적 현실
과 상대적으로 거리를 둔 채 새로운 주체성을 만들어내고자 한 것이
었다. 1984년 이후 학생들에게 남미 대륙의 장엄함에 친숙해질 기회
를 마련하고자 기획된 답사 여행들은 기초 설계 과정의 핵심을 이루
게 되었고, 그 목적은 대륙을 종단하며 남미의 잠재적 운명을 자각하
도록 장려하는 것이었다.

　　1960년, 프랑스에서 공부한 칠레 건축가 에밀리오 두아르트
는 국제연합 중남미 경제위원회(CEPAL) 건물[451]의 설계경기에
서 우승하며 세간에 이름을 알렸다. 그는 이 작품을 크리스티안 데 그
로테와 로베르토 고이콜레아, 오스카 산텔리세스와 함께 설계했는
데, 르 코르뷔지에의 라투레트 수도원과 찬디가르 의회의사당 건물
에서 영향을 받은 이 건물은 직사각형 둘레를 따라 필로티로 들어 올
린 사무실들이 늘어서고 중정의 한가운데에는 원추형의 의회의사당
이 배치되었다. 미국의 일리노이 공과대학교에서 수련한 데 그로테는
1965년 자신의 독립된 사무소를 차려 일련의 산업 건물 설계 건을 수

주했고, 아울러 산티아고밸리 기슭에 위치한 칠레 유력 신문 엘메르쿠리오(El Mercurio)의 사옥[449]을 설계했다. 이 단지는 편집국과 인쇄소뿐만 아니라 차후 20년간 계속해서 설계가 발전되어 결국 도서관과 전시 공간, 다양한 스포츠 시설 등 수많은 보완적 요소들을 포함하게 되었다. 이 작업 이후로 나머지 모든 경력 기간을 통틀어, 데 그로테는 대개 엘리트를 위한 고급 주거를 설계하고 건설하는 데 몰두했다. 멕시코 건축가 루이스 바라간의 작업에서 영감을 받은 데 그로테의 주택들은 늘 단일한 축을 중심으로 구성되었는데, 그 시작은 1984년의 대표작 푸엔살리다 주택[450]이었다. 산티아고 북부의 경사지에 지어진 이 2층짜리 주택은 평행한 벽돌 벽체 둘로 구성되었고, 두 벽체 사이에 끼어든 거실 공간이 양측의 테라스를 향해 뻗어나가는 형태로 설계되었다. 데 그로테의 설계로 1988년 사파야르에 지어진 엘리오도로 마테 주택에서는 칸이 구분한 '봉사하는 공간'과 '봉사받는 공간'의 영향을 받은 보다 분산된 계단식 수평 배치가 이루어진다.

데 그로테보다 열 살 어린 엔리케 브로우네의 명성은 생태적으로도 문화적으로도 지속가능한 설계에 대한 그의 헌신에서 비롯한 것이다. 이러한 관심은 산티아고 라스콘데스에 지어진 그의 초기 주택 중 하나인, 벽돌과 목재로 짓고 포도덩굴로 덮은 라이트적인 단층짜리 주택에서 이미 명백하게 나타난다. 이후 보르하 우이도브로와 함께 설계하여 1990년 산티아고 도심 외곽에 지어진 콘소르시오 건물[452]에서는 규모가 더 커져서, 덩굴 식물이 이중외피 커튼월을 타고 자라 오르도록 설계되었다.

민주적으로 선출되었으나 오래가지 못한 살바도르 아옌데의 좌파 정부(1970~73)에서 생산된 가장 중요한 건물은 1972년 국제연합무역개발회의(UNCTAD)를 위해 산티아고 도심의 주요 가로인 라알라메다 거리에 때맞춰 건립된 코르텐강 골조의 복합시설[453]이었다. 호세 메디나가 이끄는 건축가들이 공공연하게 팀을 이뤄 설계한 이

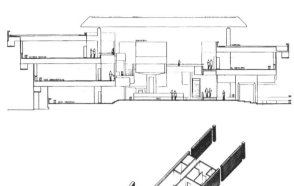

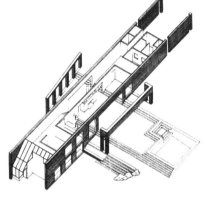

[449] 데 그로테, 엘메르쿠리오 사옥, 산티아고밸리, 1967. 단면도.

[450] 데 그로테, 푸엔살리다 주택, 산티아고, 1984.

[451] 두아르트, 데 그로테, 고이콜레아, 산텔리세스, 국제연합 중남미 경제위원회(CEPAL)

건물, 산티아고, 1960.

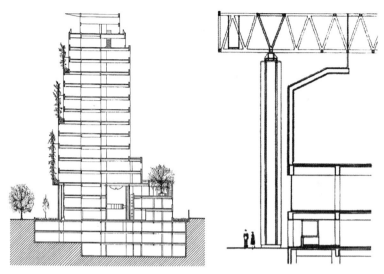

[452] 브로우네, 콘소르시오 건물, 산티아고, 1990. 단면도.
[453] 메디나 외, 국제연합 무역개발회의(UNCTAD) 복합시설, 산티아고, 1972. 단면도.

건물은 22층짜리 사무동 타워 하나와 4층짜리 회의장 건물 하나가 서로 연결되도록 구성되었는데, 저층 구조물은 2,300석의 집회장 하나와 각각 600석과 200석의 자리가 있는 식당 둘, 그리고 각 대표단 사무실과 공용 서비스 공간을 수용했다. 회의장 건물은 식탁보처럼 아래 공간을 모두 덮는 입체 뼈대 아래 놓인 유연한 공간으로 설계되었고, 뼈대는 폭넓은 간격으로 띄워진 콘크리트 기둥들 사이에서 활절 (hinged joint)로 연결되었다. 애초 그 의도는 국제연합 회의가 끝난 후 이 건물을 커뮤니티센터로 용도 변경하려던 것이었고, 결국 그렇게 되었다. 하지만 1973년 아우구스토 피노체트의 쿠데타가 일어나면서, 이 복합시설의 사회주의적 함의는 완전히 제거되고 독재 권력의 중심 건물로 바뀌었으며, 전통적인 대통령궁이었던 라모네다 건물도 쿠데타 속에서 파괴되었다. 1990년 칠레가 민주주의를 되찾은 이후 이 건물은 국방부 건물이 되었는데, 이런 변화는 그 모호한 정치적 역사만 강조할 뿐이었다.

[454] 클로츠, 레우테르 주택, 칸타과, 1998.

마티아스 클로츠는 아옌데 이후의 세대에 속하는데, 이 세대의 작업은 다시 엘리트를 위한 별장 설계에 할애된 경우가 많았다. 이런 경향을 부분적으로 정초한 것은 1991년 통고이의 플라야그란데에 간소하게 지어진 클로츠 자신의 시범 건물이었다. 이후 10년간 클로츠가 경치 좋은 곳들에 지은 여러 고급 주택 가운데 가장 우아한 표현을 보여준 작업 중 하나는 1998년 칸타과의 바다가 내려다보이는 부지에 지어진 레우테르 주택[454]이다. 브라질 사무소 MMBB의 작업과 유사하게, 이 주택도 경량 강철 통로를 통해 상부에서 접근이 이루어진다. 공간 구성이 역동적일 뿐만 아니라, 이 집의 조형적 특질은 수평적인 외장 목재부터 늑골을 이루는 금속판들, 목제 차양, 철제 창문, 박강판으로 만든 난간까지 다양한 보강재 형식들이 극적으로 상호작용하는 과정에서 도출된다. 클로츠는 결국 자신의 주택 작업을 수많은 신합리주의적 공공시설 작업들로 보완했는데 산티아고의 알타미라 학교(2000), 디에고 포르탈레스 대학교의 경제학부 건물(2006)과 도서관(2012)이 그런 작업들이다.

이보다 좀 더 빠른 세대에 속하는 특출한 칠레 건축가 겸 조경건축가는 테오도로 페르난데스 라라냐가다. 1972년 산티아고 가톨릭 대학교 건축학과를 졸업한 그는 군사 쿠데타 이후 칠레를 떠나 마드리드로 갔다. 이후 스페인에 머무르다가 1980년 칠레로 돌아온 그는 마리오 페레스 데 아르세의 산티아고 사무소에 들어가 9년간 일했다. 1990년대 초에 그는 모교에서 건축과 조경설계 강의를 맡아 가르치기 시작했다. 또한 산티아고 시내의 수많은 주요 건물 및 공원을 위한 일련의 설계경기에서도 좋은 성적을 거둔 결과 1997년 자신의 사무소를 개설하게 되었고, 이때 세실리아 푸가 및 스밀한 라딕과 협업하여 산티아고 가톨릭 대학교 로콘타도르 캠퍼스의 중앙도서관에 반지하 구조물을 증축 설계했다[457]. 페르난데스 라라냐가는 주택 작업과 조경 설계만 가끔 한 것이 아니라 일련의 대학 건물 설계 건도 수주했는데, 1997년 산티아고 가톨릭 대학교의 산호아킨 캠퍼스를 위해 설계한 우아한 예배당[455]으로 시작해서 2000년 같은 대학교의 새로운 커뮤니케이션학부와 도서관을 설계했다. 그의 작업에 늘 나타나는 텍토닉적 형태와 지형적 형태 간 변증법을 보건대, 이 건축가가 대단히 폭넓은 범위의 역량을 보여준다고 판단할 수 있겠다.

1992년 세비야 엑스포를 위해 호세 크루스 오바예와 헤르만 델 솔이 설계한 칠레관은 칠레에서 포스트모더니즘의 특이하게 미묘한 브랜드가 출현한 사건이었다. 목재로 줄지어져 동판으로 덮인 이 건물의 유기적 형태는 85톤짜리 인공 남극 빙산이라는 지극히 비현실적인 전시물을 수용하기 위해 설계되었다. 이후 비평가 호르헤 프란시스코 리에르누르는 이 빙산에서 1988년 피노체트를 대통령직에서 끌어내린―물론 엄밀히 권좌에서 끌어내린 것은 아니었지만―전국 투표 캠페인을 떠올렸다. 이후 오바예와 델 솔은 각각 다소 독립적으로 지형학적 접근을 발전시켰는데, 델 솔은 2007년 비야리카 국립 공원의 온천단지에서 일련의 탈의실 오두막을 잇는 경사진 목재 둑길을 설계했고 이어서 무작위적인 목구조의 '옹벽'들을 설계한 그의 레

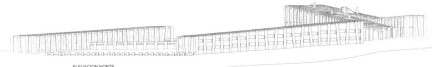

ELEVACION NORTE

[455] 페르난데스, 가톨릭 대학교 산호아킨 캠퍼스 예배당, 산티아고, 1997.
[456] 델 솔, 레모타 호텔, 푸에르토나탈레스, 2008.
[457] 페르난데스·라딕·푸가·마르도네스, 가톨릭 대학교 로콘타도르 캠퍼스 도서관, 산티아고, 1997.

[458] 오바예, 아돌포 이바녜스 대학교
대학원 센터, 산티아고, 2007.

모타 호텔[456]이 2008년 푸에르토 나탈레스에 지어졌다. 사실상 같은 시기에 오바예는 페냘롤렌에 소재한 아돌포 이바녜스 대학교의 대학원 센터[458]를 완공시켰는데, 이 건물은 산티아고 인근 외곽의 안데스 산기슭에 극적으로 자리 잡았다. 내부에서 창자처럼 이어지는 여러 경사로는 수많은 강당과 사무실로 연결되어 미로 같은 구조의 구불구불한 시퀀스를 조성한다.

스밀한 라딕은 그가 속한 칠레 건축가 세대 중 가장 재능 있는 축에 속한다. 이를 알 수 있는 그의 대표작은 2004년 탈카에 지어진 동판 마감의 코브레 주택과 뒤이어 2005년 칠레 킨타 지역의 파푸도에 완공된 기념비적 지형성이 나타나는 카사 피테[459]다. 카사 피테는 분명 지금껏 그의 경력에서 가장 우아한 주택 작업 중 하나인데, 이 집은 해안선 앞에서 수평면으로서 제 모습을 드러내는 옥상 산책로를 따라 그의 부인 마르셀라 코레아가 만든 조각 작품들이 세심히 배치되는 풍성한 표현을 보여준다. 라딕의 후기 작업 중 중요한 작품으로는 산티아고에서 남쪽으로 500킬로미터가량 떨어진 콘셉시온 근처에 지어진 음악 시설[460]이 있다. 2017년에 지어진 이 건물은 각각 1,200석과 500석을 수용하는 두 개의 콘서트홀로 구성되고, 모든 좌석은 3.9미터 입방 모듈로 이루어진 콘크리트 뼈대 속에 안착되었다. 또한 입면을 합성 반투명 막으로 마감하여 다소 몽상적인 특성을 띤다.

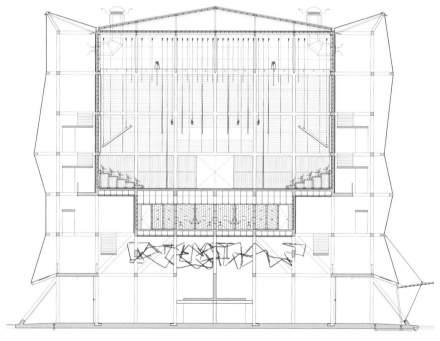

[459] 라딕, 카사 피테, 파푸도, 칠레, 2005.
[460] 라딕, 비오비오 지역극장, 칠레, 2017. 횡단면도.

2장

아프리카와 중동

아프리카와 중동에서 발전한 현대 건축은 우도 쿨터만에게 진 빚을 빼놓고 논할 수 없다. 쿨터만은 1963년 처음 출판된 선구적인 연구서 『아프리카의 새로운 건축』의 저자다. 그는 지형과 기후, 식생, 변형된 원주민 전통과 관련하여 아프리카 대륙 전역에 존재하던 비상한 변이들을 주의 깊게 살피는 한편, 형식적 의미의 아프리카 건축을 주로 유럽 건축가들이 설계하고 있다는 사실에 주목했다. 물론 1960년 라고스의 특별히 우아한 문화센터를 설계한 걸출한 나이지리아 건축가 올루올 올루머이와의 세련된 건축사무소는 예외지만 말이다. 남미처럼 역시 유럽중심주의의 구축물인 아프리카는 아직껏 그 광활하고 다양한 대륙의 인종적·지정학적 복잡성을 적절히 특성화하는 능력을 보여주지 못했다. 이는 민주주의를 표방하는 국민국가들이 여전히 더 공정한 사회를 이루는 데 무능력한 오늘날의 탈식민주의 시대에 훨씬 더 그러하다. 본 장에서 사용한 동·서·남·북 아프리카라는 전형적 구분이 암시하듯이, 아프리카 대륙은 여전히 현대 건축의 감성을 일구기에 다소 불리한 지역이다. 그럼에도 아프리카를 현대화하려는 노력은 수그러들지 않고 계속되고 있다. 이 모든 것이 아프리카를 다루는 본 장에서 나의 설명이 임시 변통적이고 다소 연속성이 결여된 성격을 띠는 이유를 얼마간 설명해줄 수도 있겠다. 아프리카에서 이루어지는 현대 건축의 진화는 잠정적으로라도 남미에서처럼 독립 국가들의 설립 시점부터 시작하여 국가별로 구분되는 건축 문화의 파노라마로 엮어낼 수 없다. 이런 점에서 아마도 중요한 점은 본 장에서 상대적으로 설득력 있는 건축적 해법 중 일부가 서아프리카의 모자이크를 구성하는 더 작은 국가들— 즉 부르키나파소, 기니, 세네갈—에서 이루어졌다는 점일 것이다. 프란시스 케레가 부르키나파소를 위해 설계하고 그 국민들이 건설한 훌륭한 학교 건물들뿐만 아니라, 그에 못지 않게 서아프리카에서 외국 건축가들이 감각적으로 설계한 작품들도 있었다. 그중에서도 놀라웠던 것은 무엇보다 핀란드 건축가들이 설계한 작품들이었다.

제2차 세계대전 중 히틀러 치하의 제3제국에서 동아프리카로 망명해 온 독일 난민 중에는 프랑크푸르트암마인 시의 걸출한 도시 건축가였던 에른스트 마이가 있었다. 당시 마이는 케냐와 우간다에서 현대 건축을 일구는 데 중대한 역할을 수행했다. 다른 곳에서는 무솔리니의 식민 통치적 야심이 동아프리카 건축에 영향을 미쳤는데, 이런 영향은 에티오피아와 에리트레아에서 가장 두드러지게 나타난다. 또한 이런 측면에서 훨씬 나중에 동아프리카에서 네덜란드 외무부가 수행한 비상한 창조적 역할도 강조해야 하는데, 무엇보다 클라우스 엔 칸이 에티오피아에, 그리고 데 아르히텍턴흐루프가 모잠비크에 건설한 외교 복합단지가 그런 역할의 산물이다.

대개는 영국과 네덜란드, 프랑스의 식민 권력이 확립한 사회문화적 제도들로 인해, 아프리카 대륙에서 현대 건축 문화는 동·서부보다 남·북부에 더 깊이 정착했을 수 있음을 인정해야 한다. 게다가 아틀라스 산맥 너머의 북아프리카 지역은 사하라사막을 기준으로 대륙의 나머지와 확실히 분리되었고, 나머지 지역과 달리 태곳적부터 지중해 문화의 영향을 깊이 받아온 것이 사실이다. 역설적으로 예외가 하나 있다면 이집트인데, 이집트는 지중해보다 나일 강에 오랜 기간 초점을 두어왔다. 이슬람도 수세기 동안 북아프리카 건축이 형성되는 데 근본적인 역할을 하면서, 북아프리카 건축을 남쪽으로 말리 팀북투의 3대 이슬람사원까지 확장시켰다.

이 책 4부의 모든 섹션 중에서 중동을 다루는 부분은 아마도 가장 적시성이 떨어지는 내용일 수 있다. 왜냐면 1917년 오스만 제국의 해체 이후 중동 지역에 너무 많은 일이 생겨서 짧은 에세이로는 근대화의 모든 영향을 온전히 다루기 어렵기 때문이다. 중동의 근대 프로젝트를 뚜렷하게 포용한 최초의 인물은 확실히 군인 출신 정치인이었던 무스타파 케말 아타튀르크였다. 그는 오스만 제국이 붕괴한 후 영국과 프랑스의 분할 통치에 저항한 다음 1923년 세속적 공화국을 세우고 로마자 표기를 채택함으로써 근대적인 튀르키예를 만들었다. 이어서 튀르키예에서는 즉각 여성 해방이 이뤄지고 서양식 복장이 채택되었으며, 산업이 발전하고 초국적 이슬람에 대한 구시대적 충성이 새로운 민족주의로 대체되었다.

중동의 다른 지역들은 전 세계에서 특별히 복잡하고 불안정한 환경에 속했던 만큼 근대적인 건축 문화가 발전하기 어려웠다. 중동에서 근대화를 향한 문화적 충동은 1897년 결성된 시온주의 운동과 그 이후, 특히 1909년 유대인 도시 텔아비브의 설립과 1917년 밸푸어 선언 이후 이뤄진 유대인들의 팔레스타인 이주에 따른 간접적인 결과로서 처음 등장했다. 밸푸어 선언은 '유대 민족의 본국'을 팔레스타인에 설립하려는 운동을 영국 정부가 지지한다는 선언이었다. 이는 20세기 전반기에 걸쳐 유대인 농촌 부락을 설립하는 과정에서 시온주의와 사회주의가 모순적으로 융합하는 결과로 이어졌다. 이 지역에서 현대 건축을 수용한 최초 사례는 전간기에 지어진 유대인 주거지였다. 이후 영국군이 팔레스타인을 떠남에 따라 아랍 연맹과의 갈등이 일어났고, 이스라엘은 1948년 독립을 선언했다. 분명한 것은 이스라엘 국가가 설립되기 전까지 독일계 유대인 건축가들이 팔레스타인 내 현대 건축의 발전에 근본적 역할을 수행했다는 사실이다.

사우디아라비아와 이라크, 이란, 걸프 국가들을 다루는 부분에서는 이 지역을 끊임없이 괴롭혀온 이데올로기적·종교적 차이와 불일치를 대개 무시했으나, 1950년대 가말 압델 나세르의 범아랍 운동만은 예외적으로 언급했다. 이 세속적인 봉기는 25년 후인 1979년 이란에서 루홀라 호메이니가 이끈 이슬람 근본주의 혁명으로 이어졌다. 이러한 정치의 근본적 변화들에 대해서는 지나가듯 언급하지만, 환등상 같은 거대도시들—석유로 축적한 전례 없는 부에 힘입어 수많은 국제적 스타 건축가들이 설계한 스펙터클하고 과시적이며 유사-동양적인 기관 건물들로 종종 채워지는 아부다비와 두바이, 도하 같은 도시들—이 아라비아반도에 하룻밤에 건설되는 '세계적 흐름'은 여기서 강조하지 않는다.

남아프리카(공화국)

영국인과 네덜란드인 사이에서 장기간 계속된 보어전쟁이 끝나고 1910년 남아프리카 연맹이 탄생했다. 이를 계기로 허버트 베이커의 기념비적인 연맹 건물이 1년간(1909~10) 프리토리아에 지어졌다. 베이커의 의기양양한 보자르 기법은 2년 전 그에 못지않은 장관을 보여주는 케이프타운의 한 부지에 완공된 그의 세실 로즈 기념관에 적용한 방식과 유사했다. 이 기념비적인 작품 이후 10년 후인 1918년에는 제임스 솔로몬의 케이프타운 대학교 캠퍼스가 지어졌다.

아프리카 대륙에서 최초의 근대 운동은 남아프리카 건축가 렉스 마르티엔센의 작업에서 등장했다. 그가 속한 트란스발 건축가 집단은 르 코르뷔지에의 『전작집』(1910~29) 제1권 서문에서 언급되어 국제적인 주목을 받게 되었다. 마르티엔센은 1933년 요하네스버그에 지어진 스테른 주택[461]을 능숙한 코르뷔지에 스타일로 설계하여 건

[461] 마르티엔센, 스테른 주택, 요하네스버그, 1933.

[462, 463] 노드 산토스, 로완레인 주택 단지, 케이프타운, 1972. 출입구 앞마당, 그리고
연립주택 네 채의 엑소노메트릭

축가로서 뚜렷한 기량을 처음 선보였다. 이 건물이 분명하게 구현한
표현적 모더니티는 그에 못지않은 재능을 선보인, 비트바테르스란트
대학교에서 교육받은 수많은 다른 건축가들의 작업에서도 유사하게
나타났다. 그 가운데 존 파슬러는 마르티엔센과 함께 페터르하우스
공동주택을 설계하고 1938년 요하네스버그에 완공시킨 파트너였다.
그에 앞서 1936년에는 역시나 모더니즘적인 노먼 핸슨의 핫포인트
하우스가 같은 도시에 실현되었다. 이 세대는 케이프타운의 가브리엘
하간과 아델 노드 산토스 같은 전후 남아프리카 건축가들에게 영향을
주었는데, 산토스의 역동적 조형이 돋보이는 현대적 기법을 가장 잘
보여주는 사례로 1972년 케이프타운에 지어진 저층고밀의 로완레인
주택 단지[462, 463]가 있다.

　　아파르트헤이트 정책의 철폐 이후 남아프리카 건축사무소 중 남
아프리카 전역에서 계속해서 만연하는 심각한 빈곤을 가장 잘 인식
한 사무소는 조 노에로와 하인리크 월프의 파트너십이었다. 그들은
이 사무소가 우연히 자리 잡게 된 판자촌과 국가 후원을 받은 공공기
관을 중재할 수 있는, 사회적 접근이 용이한 건축을 지속적으로 추구
해왔다. 이런 점에서 그들이 처음으로 두각을 드러낸 시도 중 하나는

[464] 노에로 월프 아키텍츠, 레드로케이션 빌딩, 포트엘리자베스, 2005.

2005년 포트엘리자베스(게베하)에 건립된 반-아파르트헤이트 투쟁
박물관, 이른바 레드로케이션 빌딩[464]이었다. 이 건물의 톱니지붕
은 한때 이 도시의 경제적 근간이었던 자동차 산업의 건물들을 떠올
리게 했다. 공교롭게도 이곳은 최초의 흑인 거주 지역 부지이기도 했
으며, 건물의 비범한 이름은 판자촌의 녹슨 파형 철판 지붕을 참조한
것이다. 지붕은 보어전쟁 기간에 영국인들이 처음으로 지은 집단수용
소의 것과 사실상 동일하다. 넬슨 만델라와 고반 음베키를 비롯한 다
수의 걸출한 반-아파르트헤이트 지도자들이 이곳 출신이며, 따라서
레드로케이션 빌딩에도 그들을 비롯해 같은 운동에 참여한 여러 인물
들의 기록관이 있다. 이 건물은 2006년 영국왕립건축가협회(RIBA)
로부터 루베트킨상을 받았지만, 2013년부터 폐관하면서 본래의 기념
목적을 상실하게 되었다. 여전히 주거 환경이 열악한 지역민들이 그

런 재현적인 건물에 과도한 돈이 낭비되는 것을 거부하며 매일 시위에 나선 결과였다.

현재는 독립하여 사무소를 차린 하인리크 월프는 그와 비슷한 톱니 형상을 이후 새로운 두 중학교의 디자인에 적용했는데, 카엘리차 흑인거주구의 우사사조 학교(2003)와 뒤논 흑인거주구의 잉크웽크웨지 학교(2009)[465]가 그것이다. 두 작품은 모두 웨스턴케이프 주정부가 일반 교육을 직업 훈련과 결합시켜 학생들이 졸업 직후 생계를 꾸릴 수 있게 하려는 프로그램의 일환으로 지은 것이었다. 잉크웽크웨지 학교는 운동장을 확보하면서도 긴 교실 복도들의 불가피한 단조로움을 깨뜨리려는 의도로 평면이 짜여졌다. 레드로케이션 빌딩에서와 마찬가지로, 톱니지붕은 이 학교에 강력한 조각적 존재감을 부여하여 주변 판자촌과 대비되는 공공건물로서 두각을 드러내게 한다. 아프리카 직물에서 도출한 색색의 띠로 장식된 이 수수한 작품은 경량 철골 구조에 파형 금속을 덮고 여기저기 콘크리트 블록들을 채운 구성을 취하고 있으며, 상대적으로 저렴한 임시 변통적인 시공 방식을 도입하여 가능한 한 많은 사람이 이용할 수 있게 사회적 문턱을 낮췄다. 2010년부터 월프는 부인 일제 월프와 함께 사무소를 운영하며 작업 범위를 확장하고 개인주택까지 다루게 되었다. 대표적인 예로

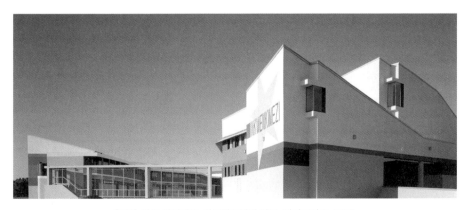

[465] 월프 아키텍츠, 잉크웽크웨지 학교, 케이프타운, 2007.

2011년작 필립스 해변주택은 하간과 판초 헤데스의 주택 작업을 어렴풋이 연상시키는 작품이다. 월프 부부는 그들을 상징하는 톱니지붕 형상을 개인주택이 아닌 공공작업에도 계속 사용하는데, 2017년 작품인 웨스턴케이프의 셰리 보타 학교에 대한 프로젝트가 그 예다.

그에 못지않게 극적이지만 토착 주거 형태에 더 가까운 지붕 형상은 남아프리카공화국과 보츠와나, 짐바브웨 간 국경에 가까운 마풍구브웨 국립 공원에 피터 리치의 설계로 지어진 세계유산해석센터(Interpretation Centre)에서 찾아볼 수 있다. 세계문화유산이기도 한 이곳에는 1933년 처음 발굴된 고대 무역 정착지의 유적이 있어서 보존과 기록의 대상일 뿐만 아니라, 지역의 동식물을 주제로 한 전시도 열린다. 이 반지하 구조의 작품 위를 덮는 주름진 볼트들은 수공예 벽돌로 지어졌으며, 다채로운 색의 지역 석재가 풍부하게 사용되었다.

서아프리카

1957년부터 66년까지 10년간 아프리카 대륙 내의 32개 국가가 독립을 이루었다. 그중 첫 번째가 1957년 서아프리카 국가 가나의 독립이었는데, 그때 선거에서 승리한 콰메 은크루마의 트로츠키주의 정당인 회의인민당은 가나의 전통적 생활방식을 바꿔 기술적으로 현대화된 사회주의 국가를 만들고자 했다. 이런 열망 속에서 은크루마는 건축가들의 도움을 잠깐씩 받았는데, 르 코르뷔지에의 찬디가르 작업을 함께 한 바 있는 영국 건축가 맥스웰 프라이와 제인 드루, 추후 아크라에 소재한 가나 국립 박물관을 설계하게 되는 런던의 다른 두 건축가 드레이크와 래스던의 사무소들, 그리고 지금껏 당대의 가장 정교한 작품 중 하나로 남아 있는 쿠마시의 콰메 은크루마 과학기술대학교(KNUST) 공과대학 실험실을 설계한 제임스 큐빗 앤드 파트너스의 도움을 받았다. 새로 독립한 아프리카 국가들은 1960년대 중반 이후로 컨퍼런스센터부터 무역박람회장, 관광 리조트, 대학 캠퍼스에 이르기까지 매우 다양한 공공시설들을 대규모로 짓기 시작했다.

최근 가나에서 부상한 중요한 서아프리카 건축가로는 독일에서 훈련받은 디베도 프란시스 케레가 있다. 부르키나파소에서 태어나 베를린 공과대학교에서 공부한 케레는 그의 설계로 2001년 부르키나파소 간도에 지어진 교실 세 개로 구성된 단층짜리 초등학교[466]로 처음으로 대중의 주목을 받게 되었다. 손으로 압착한 점토 벽돌로 짓고, 손으로 용접한 철골 트러스에 파형 철판으로 만든 그늘지붕을 고정한 이 구조물은 지역 공동체가 함께 지은 것이었다. 건축가 개인에게도,

[466] 케레, 학교, 간도, 부르키나파소, 2001.

부르키나파소의 민중에게도 대단히 중요한 의미가 있는 이 작품은 2004년 아가한(Aga Khan) 상을 받았다. 조적 구조 위에 경량의 그늘지붕들을 사용하는 방식은 부르키나파소를 비롯한 서아프리카 지역에서 흔한 관습이 되었는데, 리카르도 바누치의 설계로 2000년 와가두구에 지어진 여성건강센터에서도 엿볼 수 있다. 한편 간도에 초등학교를 완공시킨 이후로 사무소를 크게 키운 케레는 부르키나파소와 말리, 모잠비크, 케냐에서 학교와 도서관, 전문병원, 교사들을 위한 주거 등 복지시설을 연이어 실현했다.

이에 못지않게 감각적으로 외국 건축가들이 서아프리카에 개입한 사례도 찾아볼 수 있는데, 특히 핀란드 건축가들이 설계한 소규모 작품이 많다. 일례로 헬싱키에 소재한 하이키넨과 코모넨의 사무소가 핀란드 후원자 에일라 키베카스의 의뢰로 설계하고 실현한 단층주택 [467~469]과 양계학교[470,471]를 들 수 있다. 단층주택은 키베카스가 기니를 방문할 때 기거할 용도로 지어졌고, 양계학교는 그녀의 친구였던 서아프리카 원주민 태생의 농학자 알파 디알로를 기리고자 지어졌다. 핀란드에서 핀란드의 민족서사시 칼레발라를 그의 원주민 언

[467, 468, 469] 하이키넨과 코모넨, 빌라 에일라, 기니, 1995. 단면도와 평면도, 내부 디테일.

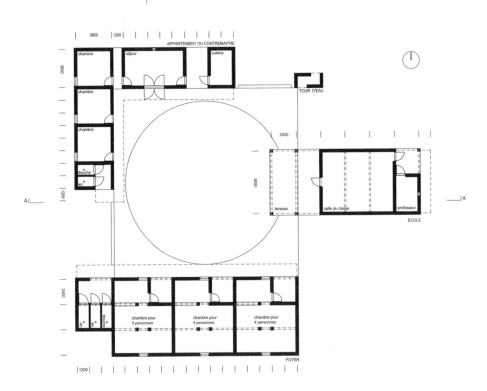

[470, 471] 하이키넨과 코모넨, 양계학교, 기니, 1999. 전경과 평면도.

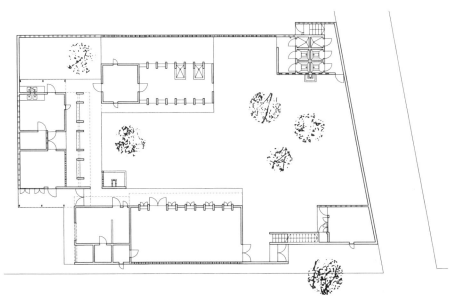

[472~474] 홀멘·레우테르·산드만, 여성센터, 세네갈, 2001. 평면도와 전경.

어인 풀라(Fula)로 번역하는 데 상당 시간을 들이기도 한 디알로는 기니의 생활수준을 높이는 유일한 방법이 전체 인구의 단백질 섭취를 늘리는 것뿐이라고 확신하며 양계야말로 이를 달성하는 가장 빠르고 싼 방법이라고 주장한 인물이었다. 키베카스의 의뢰를 받은 하이키넨과 코모넨은 결국 정사각형 앞마당과 중앙 강당을 중심으로 연결되는 양계학교를 설계했다. 이에 못지않게 단순하면서 직설적인 텍토닉적 접근을 2001년 젊은 핀란드 건축사무소인 홀멘·레우테르·산드만의 설계로 세네갈의 뤼피스크에 지어진 여성센터[472~474]에서도 찾아볼 수 있다. 양계학교처럼 이 단층짜리 중정형 건물도 콘크리트 블록으로 지어졌는데, 여기서는 전체를 선명한 적색 페인트로 칠해 생기를 불어넣었다.

북아프리카

알제리와 모로코의 근대화는 이미 19세기 후반 프랑스가 북아프리카에 집중적으로 투자하면서 진행되었다. 시간이 갈수록 알제리는 프랑스의 풍요로운 식민지가 되어갔고, 수년에 걸쳐 프랑스 공화국에서 알제리로 이주한 소위 피에 누아르(pied-noir)라고 불리는 사람들 수천 명을 수용하게 되었다. 이 과정은 1962년 알제리의 독립이 선언될 때까지 계속되었다. 비록 그때까지 피에 누아르들은 총인구의 10분의 1만 차지하고 있었지만 말이다.

프랑스는 1911년 모로코를 식민지화하기 시작했지만, 모로코 전체를 차지한 것은 1933년부터였다. 북아프리카의 이 두 식민지에서는 아틀라스 산맥에서 각각의 해변 도시들, 즉 알제와 카사블랑카로 향하는 이주 행렬이 이어졌다. 시간이 갈수록 두 도시 모두에서 기존의 원주민 거주구역인 카스바(kasbah)와 구도심인 메디나(medina)가 비동빌(bidonville)이라 불리는 판자촌으로 급속하게 대체되어갔다. 비동빌은 계속 늘어나는 이주민들을 수용하려는 끊임없는 시도 속에서 즉흥적으로 생겨난 것이었다.

1907년에 이르러 항구 도시 카사블랑카는 이미 호황이었고, 이는 1914년과 1917년 앙리 프로스트의 도시계획을 촉발시켰다. 이 계획안들은 명백하게 아랍인들을 위해 설계된 저층고밀 중정형 주거(patio housing)의 최초 제안 중 일부와 일치했다. 1950년대에 들어서야 카사블랑카에 도달한 근대 운동은 당시의 신흥 부르주아지를 위한 고급 아파트와 주택의 형태로 전개되었다. 이러한 고급 개발은 미

셸 에코샤르의 사회적 헌신이 담긴 작업과 대조를 이루었는데, 에코
샤르는 1947년 CIAM의 카사블랑카 계획안을 작성한 인물이었다. 카
사블랑카 계획과 함께 ATBAT 아프리크(Ateliers des Batisseurs-Af-
rique)라는 집단이 부상했는데, ATBAT는 원래 엔지니어 블라디미르
보디안스키가 르 코르뷔지에의 1952년 작품인 마르세유 위니테 다비
타시옹(2부 27장 참조)을 실현하려고 여러 분야의 전문가들을 모아
만든 사무소였다. 코르뷔지에의 마르세유 작업을 함께 했던 섀드래치
우즈와 조르주 캉딜리가 카사블랑카에서 보디안스키에게 합류하여
아랍인을 위한 다층의 중정형 시범주택들을 설계했다. 특히 1951년
부터 55년까지 지어진 세미라미스[475]와 니 다베유라고 불리는 블
록이 대표적인데, 이 디자인들은 1953년 액상프로방스에서 열린 팀
텐 회의에서 보디안스키의 '최대 다수를 위한 주거'로 구성되어 전시
되었다. 한편 같은 시기에 ATBAT 아프리크 소속은 아니지만 모로코
에서 활동한 건축가들도 있었다. 스위스 건축가 장 엔치와 앙드레 스
투데르는 시디오스마인의 토착민들을 위해 독창적인 6층짜리 중정형
적층 주거 블록[476]을 설계하여 1955년에 완공시켰다. 다소 아이러
니한 것은 우즈와 캉딜리가 ATBAT 아프리크를 위해 설계한 중층 규
모의 시범주택들이 카펫 하우징(carpet housing, 낮고 넓게 깔린 주
거 단지)인 카리에르 셍트랄의 한복판에 위치한다는 점이다. 에코샤
르의 사무소가 설계한 카리에르 셍트랄은 계속 늘어나는 판자촌 인구
를 좋은 구성과 설비를 갖춘 영구 주거지로 분산하기 위한 현실적인
대안이었다.

  ATBAT 아프리크가 모로코에서 한 작업은 알제에서 더 큰 규모
로 이루어지던 훨씬 더 전형적인 토지 정착 패턴에 상응했다. 그중에
서 주된 작업은 '클리마 드 프랑스'로 알려진 곳이었는데, 이곳은 오
귀스트 페레와 함께 공부했던 프랑스 건축가 페르낭 푸이용의 설계로
1957년 지어진 6,000세대의 주거지였다. 가파른 경사지에 건립된 중
층 규모의 이 아파트 단지는 '200개의 기둥들'(deux cents colonnes)

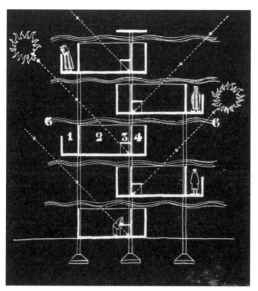

[475] 캉딜리·우즈·보디안스키, 세미라미스 주택 단지, 카사블랑카, 1955. 단면도.
[476] 엔치와 스투데르, 시미오스마인 주택 단지, 1955.

로 불리는 6~7층 규모의 페리미터 블록을 중심으로, 그 가운데 공간의 사방으로 3층짜리 열주랑을 줄지어 배치했다. 전통적인 광장(maidan, 공개공지)으로 계획된 이 공간은 233×33미터 규모로, 푸이용의 주거 건축가 경력에서 정점을 이룬 작업이었다. 한편 같은 시기에 훨씬 더 간소한 접근을 취한 알제리 건축가 롤랑 시무네는 두 건의 저층고밀 주거를 계획하여 1960년대 초 알제 외곽에 실현시켰다.

21세기 초 북아프리카에는 많은 대학교 캠퍼스가 설립되었다. 그중 사드 엘 카바지와 드리스 케타니, 모하메드 아민 시아나의 파트너십이 모로코에 설계한 두 캠퍼스가 있는데, 첫 번째는 2010년 작품인 타루단트의 이븐즈흐르 대학교[478]이고 두 번째는 2011년 작품인 겔밈 공과대학교[477]다. 후자는 2016년 아가한 상을 받을 정도로 품질을 인정받았는데, 압축적으로 설계된 이 3층짜리 캠퍼스는 모로코 남부 사하라사막 외곽의 대서양 인근에 위치하여 사막 기후를 완화하

[477] 카바지·케타니·시아나, 겔민 공과대학교, 모로코, 2011.

[478] 카바지·케타니·시아나, 타루단트 대학교 캠퍼스, 모로코, 2011.

는 효과가 있다. 내부 공간들은 맞통풍을 극대화하도록 구성되었고, 외부의 현장 타설 콘크리트 구조는 적갈색 시멘트로 마감되어 천연식물로 가득한 중앙 산책로와 기분 좋은 대비를 만들어낸다. 일련의 중정과 그늘진 산책로를 중심으로 단지 전체가 구성되었고, 입방형의 매스 형태들은 차양을 갖춘 퍼걸러들로 분절된다.

아마도 이 시기 북아프리카에서 완공된 가장 중요한 공적 기념물은 2001년 이집트 알렉산드리아 항구 근처에 지어진 알렉산드리아 도서관[479]일 것이다. 이 도서관은 국제 설계경기에서 우승한 노르웨이 사무소 스뇌헤타의 작품이 실현된 결과였다. 이 작품에서 가장 인상적인 부분은 천창채광이 이뤄지는 2만 제곱미터 넓이의 계단식 열람실인데, 직경 160미터에 높이 23미터인 이 열람실에는 3,000명이 독서할 수 있는 탁상 공간이 마련되어 있다.

메르세데스 볼레가 2006년의 흥미로운 논문 「이집트 모더니티의 매개와 순치」에서 분명하게 지적하듯이, 이집트의 근대화는 북아

[479] 스뇌헤타, 알렉산드리아 도서관, 이집트, 2001.

프리카의 다른 지역에서도 마찬가지로 대개 프랑스의 지배하에 이루어진 것이었다. 이를 명백히 보여준 첫 번째 사례는 1859년부터 69년까지 페르디낭 드 레셉스가 수에즈 운하를 뚫어 개방한 생시몽적 사건으로, 이듬해인 1870년부터 카이로는 오스만 식 정비를 거치게 되었다. 프랑스인들은 건축계에도 영향력을 행사했는데, 이는 무스타파 파흐미의 이력에서 분명히 나타난다. 1912년 파리의 토목학교인 에콜 스페시알 데 트라보 퓌블리크를 졸업한 파흐미는 국제건축가회의에서 핵심 역할을 수행했다. 이 조직은 국제건축가연맹의 전신으로서, 1932년 『오늘날의 건축』(*L'Architecture d'Aujourd'hui*)의 편집자였던 피에르 바고와 앙드레 블로크가 CIAM이 지배하던 국제 정세에 대항하고자 설립했다. 하지만 양식적으로 더 중요한 사건은 1925년 파리에서 열린 현대 장식·산업 미술 국제박람회였다. 이 박람회는 로베르 말레-스티븐스의 아르데코 방식과 오귀스트 페레의 고전적 합리주의를 균등하게 전면에 내세웠다. 두 건축가는 전간기 이집트 상류층 건물에 큰 영향을 주었는데 카이로의 엘리트층 전원주택지인 헬리오폴리스를 비롯해 페레가 이집트에 지은 고급 주택들, 예컨대 1926년 알렉산드리아에 지어진 아기옹 주택과 1935년 카이로에 지어진 엘리아스 아와드 주택에서 그 영향을 확인할 수 있다. 하지만 볼레가 지적하듯이, 이집트에서 근대 운동이 본연의 자기 모습을 처음으로 드러낸 것은 사이드 코라옘이라는 인물을 통해서였다. 취리히 연방공과대학교에서 스위스 거장 건축가 오토 잘비스베르크 밑에서 훈련받은 코라옘은 졸업 직후 스승의 사무소에서 수년간 일했다. 1939년 그는 현대 건축을 아랍어로 전도하는 최초의 간행물을 창간했다. '건축'을 뜻하는 간단한 이름인 이 『알-이마라』(*al-'Imara*)라는 잡지가 출현한 시점은 1920년대 초 수에즈 카날 사와 헬리오폴리스 오아시스 사가 지은 국비 지원 주거에서 예견된 바 있는 이집트만의 특별한 진보적 정신이 최고조에 달했을 때였다. 비슷한 맥락에서 섬유회사 미스르는 1940년대 마할라알쿠브라에 알리 라비브 가브르가 설계한 대규모 기업 도시들을 건설하기 시작했는데, 이는 주거뿐만 아니라 식당과 시장, 복지센터, 영화관, 운동시설까지 포함한 단지들이었다. 이런 식으로 직원용 주거를 지은 이집트 회사가 1950년까지 스무 개를 훌쩍 넘겼지만, 이들의 기업 도시가 이집트 촌락 인구 대부분의 생활 조건을 개선한 바가 거의 없었음은 두말할 필요도 없다. 촌락의 생활 조건을 개선하는 종류의 시도가 나타난 것은 1939년 사회부의 후원하에 시범 마을들을 지었을 때뿐이었다.

1950년 카이로 도심에 건립된 우주니안 빌딩과 같은 사이드 코라옘의 가장 세련된 작업들, 그리고 사실상 같은 시기에 지어진 알리 라비브 가브르의 섬유회사 미스르 본사 건물뿐만 아니라, 이집트 근대 운동의 역사는 특히—그중에서도 1952년 자유장교단의 쿠데타로 파루크 왕의 군주제를 전복한 이후 가장—기복이 심했던 걸로 보인다. 『알-이마라』는 주거와 도시계획에 관한 일반 기사들 이외에도 르코르뷔지에와 프랭크 로이드 라이트의 작품들을 자주 출간하면서 신군부의 의심을 사게 되었고, 신군부는 이 잡지에 대한 검열을 강화하며 결국 1959년 폐간시키기에 이르렀다. 1956년 당시 이집트 대통령이었던 가말 압델 나세르가 수에즈 운하를 국유화하자 영국과 프랑스가 즉각 군사 개입을 했다가 중단했는데, 아마도 이 사건이 나세르의 반식민주의적 태도를 바탕으로 콘래드 힐튼의 호텔이 지어진 이유일 수 있다. 1957년 카이로 중심부 나일강변의 멋진 부지에 건립된 힐튼 호텔은 키치적인 신-파라오풍 실내를 특징으로 한다.

이집트에서 근대화 과정은 이러한 편견 어린 태도뿐만 아니라 산발적인 저항에도 계속 부딪혔다. 평생 반근대적 입장을 견지한 걸출한 이집트 건축가 하산 파티의 이력이 바로 그런 저항을 증언하는 사례다. 1926년 건축 학교를 졸업한 파티는 지방자치단체의 공공건축가 겸 교사로 활동하다가 1937년 자신의 첫 진흙 벽돌 주거를 설계했다. 10년 후인 1946년에는 이집트 고대유물부의 의뢰로 뉴구르나 마을[480]을 설계했는데, 여기서 그는 햇볕으로 말린 전통 벽돌을 활용

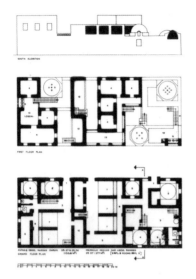

[480] 파티, 뉴 구르나, 이집트, 1947.
입면도와 평면도.

해 스스로 중심을 잡는 일단의 볼트와 돔을 지역 장인들이 시공하게 했다. 이 새로운 마을의 목적은 관광객들이 지역민의 방해를 받지 않고 고대 유적지에 접근할 수 있도록 주민들을 바깥으로 이주시키는 것이었다. 같은 지역 주민들의 자부심을 되살리고 주변 촌락을 재생하겠다는 표면적인 열망에도 불구하고, 구르나 주민들은 그들의 새 터전으로 이주하길 거부했고 2년 뒤 뉴 구르나는 프로젝트 자체가 중단되어 빈집으로 남게 되었다.

1952년 군주정이 전복되고 56년에 수에즈 운하가 국유화되면서 세속주의와 사회주의, 비동맹주의, 범아랍주의를 표방한 정부로부터 점점 더 배척당한다고 느낀 파티는 결국 아테네로 이주하여 인간정주학(Ekistics)을 연구하는 콘스탄티노스 독시아디스의 사무소에 합류했다. 거기서 파티는 자신이 선호하는 토속 건물에 대한 취향을 대규모 국제 사무소의 합리화된 디자인에 대한 관심과 융화시키려고 했지만 실패했다. 1962년 이집트로 돌아온 그는 국제적인 문화외교관으로 인식되었고, 1976년에는 4년 후 시상이 이뤄질 제1회 아가한 건축상의 운영위원이 되었다. 시간이 갈수록 그의 접근은 전통적인 아랍 건물을 넘어 어디서든 발생할 수 있는 보편적 버내큘러의 형식을 선호하는 방향으로 나아갔는데, 1986년에 나온 그의 마지막 저서 『자연에너지와 버내큘러 건축』의 제목에서도 그런 경향을 느낄 수 있다.

동아프리카

동아프리카에는 열두 개의 독립국과 세 개의 섬나라인 모리셔스, 코모로, 세이셸이 포함된다. 이 나라들은 1960년대 초에 독립했기 때문에 냉전기에 경쟁하던 진영들의 이데올로기를 다양하게 따르게 되었다. 탄자니아와 잠비아는 민주적 이상을 열망했지만, 케냐와 말라위와 우간다는 우파 독재 국가가 되었고, 에티오피아와 모잠비크는 사회주의 국가로 자리 잡았다.

동아프리카에서 이루어진 현대 건축의 첫 증거는 독일에서 망명한 건축가 에른스트 마이가 설계한 건물들이었다. 마이는 1930년대 제3제국을 탈출하여 처음에는 소련으로 갔다가 아프리카로 가게 되었다. 1950년대 전반기 아프리카에서 그는 중요한 두 작품을 설계했는데, 하나는 1952년 탄자니아의 모시에 지어진 문화센터이고 다른 하나는 1956년 케냐의 몸바사에 완공된 오셔닉 호텔[482]이다. 오셔닉 호텔의 형태는 인도양을 향해 굽어진 데 반해, 문화센터는 전통적인 중정을 둘러싼 형태로 지어졌다.

식민지에서 독립한 이래 동아프리카에서 이뤄진 주요 작업 중에는 케냐의 나이로비에 지어진 케냐타 국제회의센터(1969~73), 잠비아의 루사카에 지어진 잠비아 대학교(1966~73), 그리고 상아해안에 조성된 소위 '아프리카 해변'(1970~73)으로 불린 프로젝트가 있었다. 아프리카 해변 프로젝트는 원래 12만 명의 방문객을 예상하고 계획되었으나, 실제 방문객 수가 최대 5,000명을 넘지 못하면서 결국 완전히 폐기되었다. 이 다수의 야심찬 거대 프로젝트들은 1973년 전 세계적

[481] 게데스, 기린 세 마리의 집, 모잠비크, 1953.

[482] 마이, 오셔닉 호텔, 몸바사, 케냐, 1956.

인 석유 파동과 함께 모두 비슷한 결말을 맞았다.

　모잠비크에서 가장 과감한 창조성을 보여준 인물 중 하나는 포르투갈계 아프리카인 건축가 판초 게데스였다. 근대 운동의 이상과 아프리카 생활의 혹독한 현실 사이에 펼쳐진 넓은 간극을 인식한 그는 그만의 몽상적인 형태적 취향을 토속 요소들과 결합하고자 했다[481]. 그는 모잠비크의 초현실주의 화가 말랑가타나 응웬야와 가까운 사이였음에도, 식민지 시대 이후 벌어진 내전에서 좌파가 승리하자 할 수 없이 나라를 떠나 여생을 비트바테르스란트 대학교 건축학과에서 가르치며 보냈다. 이와 무관하게 1960년대 내내 모잠비크에서는 특히 포르투갈 모더니즘 건축가들의 활동이 두드러졌는데, 이는 당시 포르투갈의 지도자 안토니우 살라자르가 정권 말기에 들어 식민지에 집중적으로 투자한 데 힘입은 것이었다. 지금도 모잠비크에서는 이러한 모종의 합리주의적 유산이 유사한 반향을 일으키고 있다. 이는 특히 용접 강관으로 대단히 역동적인 구조들을 만들어내는 지역 건축가 주세 포르자스의 작업에서 잘 나타나는데, 2004년 짐페토에 지어진 국제관계연구소[483]가 대표적인 사례다. 독립 이후 아프리카에 지어진 많은 대사관 중에는 2005년 뱌르너 마스텐브룩과 디크 판 하메런의 설계로 지어진 아디스아바바의 네덜란드 대사관[484]이 주목할 만하다. 숲이 우거진 경내에서 전통적인 재현 요소라곤 기존

[483] 포르자스, 국제관계연구소, 짐페토, 모잠비크, 2004.
[484] 마스텐브룩과 판 하메런, 네덜란드 대사관, 에티오피아, 2005.

의 진입로뿐인 이곳은 직원들과 대사를 위한 주거 건물 몇 채, 그리고 사무실과 다양한 응접 공간을 담은 2층짜리 건물로 이루어진 크고 긴 벙커 하나로 구성된다. 이 건물은 주변 땅과 같은 색의 염료를 넣은 현장 타설 콘크리트로 지어졌다. 대단히 지형적인 이 형태는 내부의 한 도로와 연결되고, 기념비적인 계단을 따라 올라가면 나오는 전망대 지붕에는 여러 개의 수로가 아로새겨져 있다. 이 수로들은 우기에 빗물이 들어찰 때 사방으로 더 큰 영역의 형태와 공명하는 하나의 미시경관을 이룬다.

튀르키예

제1차 세계대전 때 독일의 동맹국이었던 튀르키예는 패전과 함께 결국 오스만 제국이 해체되고 프랑스와 영국이 이스탄불을 점령하게 되었으며, 나라 전체가 그리스의 전면적인 공격을 받게 되었다. 이후 튀르키예의 소위 '독립 전쟁'에서 즉각적이고도 분명한 군사적 기지를 발휘한 무스타파 케말 장군은 추후 '아타튀르크'로 알려지게 되는데, 그는 이스탄불을 해방시키고 그리스의 침략을 완전히 몰아낸 뒤 1923년 튀르키예를 세속적 공화국으로 선포하기에 이른다.

독일과 튀르키예 간의 친밀감은 프로이센이 튀르키예 군대의 근대화에 미친 영향에 부분적으로 기인한다는 데 의문의 여지가 없다. 그 결과 케말주의 공화국의 용역에 착수한 독일 최초의 건축가 중 한 사람은 1924년 아나톨리아 앙카라에 새로운 국정 중심지를 계획한 카를 뢰르허였다. 뢰르허 이후에는 1928년부터 32년까지 앙카라를 이상적인 전원도시로 개발하는 종합계획[486]을 짠 헤르만 얀센이 있었다. 이 독일 도시계획가들 이후에는 오스트리아의 역량 있는 건축가들이 등장했는데, 에른스트 에글리와 클레멘스 홀츠마이스터가 그들이다. 홀츠마이스터는 1937년 앙카라의 국회의사당 설계경기에서 우승하고 작업을 진행했는데, 이 작품은 여러 우여곡절을 거치다가 결국 1961년에야 완공되었다. 그 외에도 다양한 독일 건축가들이 뒤를 이었는데, 일본에서 3년을 보내고 1935년 앙카라로 간 저명한 건축가 브루노 타우트도 그중 하나였다. 앙카라로 가자마자 튀르키예의 국가적 요청을 받은 타우트는 미묘하게 기념비적인 앙카라 대학교

인문학부 건물을 설계하여 1937년에 완공시키고 1년 후 세상을 떠났다. 이 건물의 영향을 확실히 받은 것은 1924년 세다드 하키 엘뎀과 에민 오나트가 설계하여 1948년에야 완공된 이스탄불 대학교의 과학 및 문학 학부[485] 건물이었다. 얕은 구배의 튀르키예식 지붕과 깊은 돌출 처마가 달린 이 건물의 신고전적 기풍은 근대적인 동시에 전통적이었다.

엘뎀과 오나트의 건물이 토속성을 다루는 혼종적 성격을 지니긴 하지만, 전성기의 아타튀르크가 근대 운동을 전폭적으로 후원한 이유는 그것의 오염되지 않은 기능적 순수성 때문이었다. 이는 그가 좋아하던 건축가 세이피 아르칸의 작업에서 잘 드러난다. 1935년 산업도시 종굴다크에 연립주택 형태의 노동자 주거를 제안했던 아르칸은 케말주의자 엘리트층을 위한 고급 주거도 연이어 설계했는데, 그중에는 1935년 이스탄불 근처 해변에 지어진 아타튀르크의 휴양 별장도 있었다. 이 시기 다른 나라들과 마찬가지로, 아타튀르크가 튀르키예를 근대화하는 과정에서 국가는 스포츠와 체육을 진흥했고 앙카라 주변 영토처럼 원래 비옥하지 않았던 구역들을 관개하는 노력을 기울였다. 이런 과정은 결국 여러 경기장을 건설하고 앙카라 인근에 추북(Çubuk) 댐을 짓는 결과로 이어졌다(1930~36).

1938년 아타튀르크의 때 이른 사망은 특별한 역량을 지닌 또 다른 독일 건축가 파울 보나츠의 튀르키예 방문을 유도하는 사실상의 계기를 마련했다. 보나츠는 1942년 아타튀르크의 무덤을 위한 설계 경기 심사위원 자격으로 튀르키예를 처음 방문했고, 당시 우승자는 에민 오나트와 아흐메트 오르한 아르다였다. 1943년에는 제3제국의 건축에 관한 전시회를 개최한다는 이유로 머물렀다. 제2차 세계대전에서 독일이 패하고 미국의 힘에 의한 평화가 시작되면서, 독일은 예전과 달리 튀르키예 건축에 관여하지 않게 되었다. 10년이 흘러 보스포루스 해협이 내려다보이는 요지에 SOM의 고든 번샤프트와 세다드 하키 엘뎀이 함께 설계한 이스탄불 힐튼 호텔이 지어졌는데, 수하 오

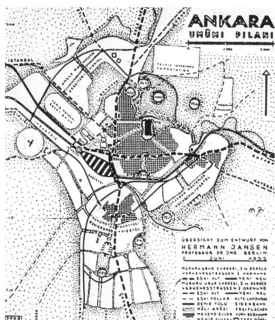

[485] 엘뎀과 오나트, 과학 및 문학 학부, 이스탄불 대학교, 1924~48.

[486] 얀센, 앙카라 종합계획, 1932.

스칸에 따르면 "여기서 엘뎀의 지역주의는 출입구 캐노피와 대연회장 그리고 다양한 장식 요소들로 국한되었다. 이 건물은 튀르키예 전역에서 다양한 규모로 반복될 수 있는 모델이 되었다".

1912년 동방여행을 떠난 르 코르뷔지에는 튀르키예의 토속성에 애착을 가졌음에도 불구하고 20세기 튀르키예 건축의 발전에 미친 영향이 거의 없었던 것으로 보인다. 엘뎀은 1978년 이스탄불에서 열린 아가한 상 세미나에서 이에 대한 부분적인 이유를 다음과 같이 설명했다.

> 누군가는 왜 과거를 들여다봐야 하느냐고 물을 수 있겠죠. 왜 우리는 그저 앞만 바라볼 수 없는 것일까요? 이슬람은 과거를 통해서만 미래로 나아갈 수 있기 때문입니다. 이슬람이 이룬 최대의 성과는 과거의 것들입니다. 과거부터 우리는 그저 시간을 기록해오는 중이죠. 유감스러운 사실은 우리가 먼저 우리 과거로의 여정을 떠나 거기서 영감을 찾아야 한다는 것입니다. 오직 그럴 때만 새로운 경지를 개척할 수 있습니다. 우리에게 가장 필요한 것은 튼튼한 기초입니다.

파올로 포르토게시가 큐레이터를 맡아 포스트모던의 기미가 확실했던 1980년 제1회 베네치아 비엔날레에서 엘뎀은 근대 운동이 위기에 봉착했다고 주장했다. 그는 그 자신이 실천하는 바와 같은 자기의식적인 지역주의를 통하는 것만이 유일한 진보의 길이라고 주장함으로써, 이후 일각에서 '버내큘러 모더니즘'이라 불러온 것을 환기시켰다. 르 코르뷔지에는 1931년 칠레에 계획한 메종 에라수리스를 이미 이런 방향으로 작업한 바 있다. 엘뎀은 공공시설과 관련하여 일찍이 오귀스트 페레식의 신기념비적 방식을 채택했는데, 이런 방식은 그가 케말주의 국가를 위해 실현한 최초의 건물인 앙카라 소재의 국가독점 총괄관리국(1934~37)에서 찾아볼 수 있다. 흥미롭게도 그는 30년 후인 1968년 이스탄불의 제이레크 지구에 지어진 주목할 만한

[487] 엘뎀, 사회보장기구 복합시설, 이스탄불, 1963~68.
[488] 아롤라트, 바이셈 보드룸 주거, 보드룸, 2010.

건물인 사회보장기구 복합시설[487]에서도 다시 페레의 구조적 합리
주의에 호소했다.

엘뎀의 이 걸작 이후 40년가량이 흐른 뒤, 그의 성과가 왜소해 보
일 만큼 엄청난 다작을 선보이는 21세기의 가장 걸출한 튀르키예 건
축가 엠레 아롤라트의 첫 작품이 나왔다. 세계화된 튀르키예의 대표
건축가 중 하나인 아롤라트는 2009년 에디르네에 실현한 최첨단 건
물인 이페키욜 섬유 공장으로 2010년 아가한 상을 받아 확실한 명
성을 얻었다. 하지만 2010년 보드룸에 아롤라트가 설계한 고급 주거
지[488]의 버내큘러 모더니즘에서도 엘뎀의 텍토닉적 감성이 담긴
흔적을 일부 감지할 수 있다.

레바논

레바논은 1943년 독립하기 전까지 프랑스의 통치를 받았지만, 프랑스의 문화적 영향은 1950년대까지 오래 지속되었다. 이를 보여주는 확실한 증거는 베이루트의 어디서나 느껴지는 미셸 에코샤르의 존재감이다. 에코샤르는 베이루트에서 아민 비즈리와 함께 코르뷔지에적인 일련의 건물을 설계했는데, 대부분은 학교였고 그중에서도 가장 유명한 작품은 프랑스 개신교 대학이었다. 또한 그가 조르주 라예 및 테오 카낭과 함께 설계한 코르뷔지에적인 사무소 건물이 1955년 실현되기도 했다. 그로부터 10년쯤 후인 1962년부터 1968년까지는 프랑스 건축가 앙드레 보겐스키와 레바논의 모리스 힌데 사무소가 함께 설계한 국방부 건물이 베이루트에 지어졌다.

　　1975년부터 90년까지 레바논은 종파에 따른 내전으로 피폐해져 어떤 형식의 문화 발전도 일어나기 힘든 총체적인 암흑 상태에 빠졌다. 이후 불편하게 숨죽이는 분위기가 이어지면서도 레바논 건축의 재생을 약속하는 두 개의 작품이 실현되었는데, 2008년에 지어진 하심 사르키스의 티레 어부 집합주거[489]와 2010년 파크라에 지어진 나빌 홀램의 휴양 별장 군락이 그것이다. 후자는 석조 내력벽을 동일 높이로 깐 다음 그 상부를 목재로 마감하는 방식으로 지어졌는데, 홀램은 이 방식을 2003년 라비에에 3층짜리 주택[490]을 지을 때 더 세련되게 발전시켰다. 이렇게 하부에 육중한 지역 석벽을 깔고 상부에 경량 목재의 현대성을 표현하는 분할 기법은 홀램이 베이루트의 역사지구에 설계한 석재 입면 건물들에서도 유사하게 반복되었다. 하지만

[489] 사르키스, 티레 어부 집합주거, 티레, 2008.
[490] 홀램, D 주택, 라비에, 2003.
[491] 레프트(L.E.FT) 아키텍츠, 베이루트 전시센터, 베이루트, 2010.

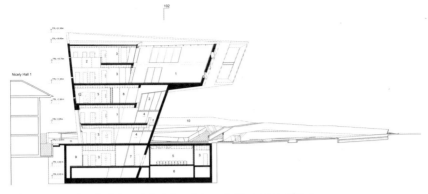

[492] 하디드, 이삼 파레스 연구소, 베이루트, 2014. 단면도.

나중에 그가 바다가 내려다보이는 고급 고층건물을 설계할 때는 첨단 기술로 커튼월에 창문을 내는 정반대의 방식을 적용했다.

2010년 건축가 마크람 엘-카디와 지아드 자말레딘은 레바논 국비지원 개발회사인 솔리데르로부터 베이루트 도심의 넓은 부지에 임시 화랑을 설계해달라는 의뢰를 받았다. 이 건의 목적은 버려진 땅을 살리는 것이었고, 추가적인 개발도 예정되어 있었다. 기존의 철골 격납고에 화랑을 통합해야 했던 그들은 일련의 수직 판들로 주변 환경을 반사하도록 설계된 이색적인 리듬의 양극산화 유광 알루미늄 스크린[491]으로 외부를 덮기로 했다. 이 작품은 레바논의 걸출한 조경건축가 블라디미르 주로비치와의 협업으로 이뤄졌는데, 주로비치는 여기서 갤러리 북쪽에 인접한 대나무 정원을 설계했다.

자하 하디드의 2014년작 이삼 파레스 연구소[492]는 베이루트 아메리칸 대학교 캠퍼스의 위쪽 끝에 위치한다. 치장 콘크리트로 마감된 이 비스듬한 5층짜리 건물은 현재의 보행 흐름을 촉진하면서 기존 나무들을 보존하기 위해 대지 위에 떠 있는 형태로 지어졌다. 이 구조물은 2016년 아가한 상을 받았으며, 확실히 하디드의 수많은 작업 경력을 통틀어 조형적 해결이 가장 잘된 작품 중 하나였다.

이스라엘/팔레스타인

원래 오스만 제국이 통치하던 영토를 영국인들이 점령하고 관리하게 된 영국의 팔레스타인 신탁통치(1918~48) 기간에 이 지역은 중동에서 근대 운동의 백색 건축을 가장 먼저 채택한 곳 중 하나였으며, 특히 텔아비브의 소위 '백색 도시'에서 그러했다. 텔아비브의 도시 조직은 기본적으로 승강기가 없는 4층짜리 아파트 블록들로 구성되어 있었는데, 이는 대개 1930년대와 40년대에 독일계 유대인 망명자 건축가들이 이른바 국제양식으로 설계한 것이었다. 팔레스타인으로 이주한 기성 건축가들의 수는 1933년 나치가 독일 권력을 잡은 이후로 크게 늘었는데, 그중에서도 아리에 샤론은 바우하우스에서 하네스 마이어의 제자였으며 1930년 마이어를 위해 일하며 독일 베르나우에 독일노동조합총연맹 연방학교를 설계하는 작업에 참여했다. 샤론은 팔레스타인으로 돌아오자마자 제예브 렉터가 1933년 텔아비브에 완공시킨 5층짜리 중산층 주거인 엥겔 아파트[494]에 비견할 만한 노동자 주거를 설계하고 개발하는 일에 개입하게 되었다. 샤론과 렉터는 모두 텔아비브 추그(Chug) 그룹에 속해 있었는데, 이 그룹은 시온주의와 사회주의의 가치를 결합할 수 있는 엄격한 현대 건축에 전념하고 있었다. 1948년 이스라엘의 국가 설립 이후 이 세대는 텔아비브에 중요한 공공건물을 다수 완공했다. 가장 대표적인 사례는 렉터의 1951년작 만(Mann) 강당과 1957년작 헬레나 루빈스타인 갤러리인데, 두 건물 모두 오스카르 카우프만의 1937년작 하비마 극장과 함께 텔아비브의 새로운 문화 중심지를 형성하고자 했다. 이 세대의 건축

가들 중에는 이스라엘의 전능한 노동조합기구인 히스타드루트(His-
tadrut, 이스라엘 노동자 총동맹)의 행정본부 건물을 설계한 도브 카
르미도 있었다. 이스라엘 인구는 1948년 이후 이민자가 증가하면서
5년 만에 65만 명에서 거의 500만 명까지 늘어났다. 말하자면 차세대
의 건축가들은 대개 저비용 주거 설계에 관여하게 된 것이었다.

팔레스타인에 가장 예리한 문화적 영향을 준 독일계 유대인 건
축가는 에리히 멘델존이었다. 그의 가장 세련된 작품들은 예루살렘
에 실현되었는데, 1936년 예루살렘 중심부에 지어진 쇼켄 도서관과
1939년 스코푸스 산에 완공된 하다사 병원[493]이 그것이다. 이 지역
에서 멘델존은 예루살렘의 은행, 하이파의 병원, 그리고 과학자이자
정치인(나중에 이스라엘 초대 대통령)이었던 하임 바이츠만을 위한
레호보트 소재의 집을 실현했고, 1941년 미국으로 이주하기 전까지
레호보트에 바이츠만 연구소를 설계하기도 했다.

이스라엘에서 브루탈리즘은 1950년대, 도브 카르미의 아들인 람
카르미와 함께 찾아왔다. 런던 건축협회학교에서 훈련받은 그는 경력
초기 텔아비브에 중대한 두 작품을 생산했는데, 하나는 로스차일드
대로에 지어진 해운회사 ZIM의 사옥들이고 다른 하나는 1956년 텔
아비브 인근 외곽에 지어진 ORT 학교이다. 이스라엘 인구가 계속 늘
어나면서 주거 설계에 계속 관여하게 된 람 카르미는 점점 더 기념비

[493] 멘델존, 하산 대학교 의료센터, 스코푸스 산, 예루살렘, 1939.

[494] 렉터, 엥겔 아파트, 텔아비브, 1933.

적이고 민족주의적인 표현 방식을 활용하게 되었는데, 특히 1967년 6월 5일부터 10일까지 벌어진 아랍과의 6일 전쟁 이후 그러했다. 이런 경향은 그가 누이 아다 카르미-멜라메데와 함께 설계하여 1992년 예루살렘에 완공시킨 이스라엘 대법원의 다소 포스트모던한 성격에서 엿볼 수 있다.

　이스라엘로 이주한 가장 재능 있는 건축가 중 하나는 체코 출신의 알프레트 노이만이었다. 1920년대 빈에서 페터 베렌스에게 훈련받은 노이만은 먼저 알제에서 일한 다음 파리에서 일했고, 이후 1948년 공산당이 프라하를 차지하자 이듬해에 이스라엘로 이주했다. 1956년 젊은 이스라엘 건축가들이었던 츠비 헤커와 엘다 샤론이 바트얌 시청 설계경기에서 우승했을 때, 그들은 테크니온 이스라

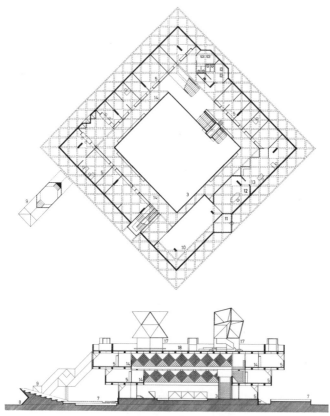

[495] 노이만, 바트얌 시청, 1963.

[496] 노이만, 바트얌 시청, 1963. 평면도와 단면도.

엘 공과대학교에서 그들을 가르쳤던 노이만에게 함께 설계를 발전시키자고 요청했다. 노이만은 자신이 특허를 낸 비례 시스템에서 도출한 262센티미터 폭의 사면체 모듈 유닛을 중첩시켜 헤커와 샤론의 초기 설계안을 효과적으로 변형했다. 정사각형 평면들로 이루어진 3층짜리 시청의 모든 위층은 아래층 너머로 뻗는 캔틸레버 구조로 설계되어 밖에서는 뒤집힌 계단식 피라미드처럼 보이지만, 안에서는 옥상에 설치된 여러 '고깔' 다면체들 위에서 빛과 공기가 유입되는 3층짜리 계단식 실내 중정이 형성되었다. 현장 타설 콘크리트와 프리캐스트 콘크리트를 일부씩 섞은 이 구조는 청색·금색·적색으로 칠해진 모종의 사이 구역들에 노출되었다. 1959년부터 63년까지 지어진 이 건물은 원래 더 큰 직각 광장의 중심을 차지하는 상징적인 구조물로 계획되었지만, 안타깝게도 바트얌 시의 최종 개발 과정에서 실행되지 못했다. 바트얌 시청[495, 496]을 위해 맞춤화된 노이만의 '입체 공간 포장 기하학'은 그의 경력을 통틀어 지속되었는데, 1962년 그가 이스라엘 아인라파의 아랍 마을에 설계한 좁은 정면의 단층 주택만은 예외였다. 오늘날의 관점에서 볼 때 놀라운 사실은 이 소규모 주거 계획이 1960년대 팔레스타인의 주거를 개선하기 위한 이스라엘 전국 구상의 일환으로서 주택부의 후원을 받아 이루어졌다는 것이다. 이러한 구상은 나라 전역의 40여 개 마을에 적용되었다[497]. 노이만은 내력식 횡단 석벽을 이용한 표준적인 주거 유형을 제안하면서 벽체 사이 공간을 덮는 볼트의 영구 거푸집으로서 파형 철판을 활용했다. 이러한 시스템의 경제성은 임차인들 스스로가 전체 건설비를 줄이려고 노력한 데 따른 결과였다.

바트얌 시청처럼 아인라파도 아랍인들과 유대인들 간의 역사적 분리를 뛰어넘을 장소로서 계획되었다. 아울러 사면체 기하학에 대한 노이만의 집착은 이스라엘에서 잘 수용되지 않았고, 자신이 설계한 테크니온 대학교 기계공학부 건물을 둘러싼 더 심한 논쟁이 일어난 후 그는 이스라엘에 환멸을 느끼게 되었다. 그러다 퀘벡 시의 라발 대

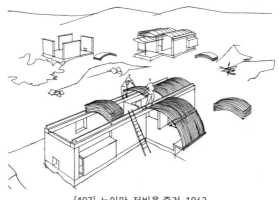

[497] 노이만, 저비용 주거, 1963.

학교 건축대학의 객원교수로 일하게 되면서 이스라엘과 캐나다를 오가는 시간이 점점 많아졌고, 68세의 이른 나이에 퀘벡에서 사망했다.

이후 50년 동안에는 마치 미술 전시회에 헌정된 '축소모형 도시'처럼 계획된 훨씬 더 큰 작품이 예루살렘에 실현되었는데, 바로 이스라엘 미술관[498]이었다. 알프레드 만스펠드와 도라 가드가 설계한 이 미술관은 구도심 인근 외곽의 연속 능선 위에 지어졌다. 6×6미터의 갤러리 모듈에 입각하여 지어진 이 건물은 같은 격자상에서 수십 년간 열 배로 확장되었는데, 원래 1959년에 4,500제곱미터였던 넓이가 2000년에는 4만 5,000제곱미터가 되어 있었다. 이 건물은 궁극의 '매트 빌딩'으로 계획되었고, 석재 입면의 갤러리 모듈은 각각 적어도 인접한 두 측면의 고측창을 통해 채광이 이뤄졌다. 그 세련된 디테일은 전반적으로 확실히 스칸디나비아적 특성을 드러낸다.

1967년 6일 전쟁에서 이스라엘이 통치하는 팔레스타인 지역이 크게 늘어나자, 유대인들의 이주 행렬이 이어졌던 1920년부터 60년까지 이 국가를 지배하던 시온주의/사회주의의 모순적 기풍은 갑자기 옛일이 되고 말았다. 이후 요르단 강 서안지구의 소위 '민간인 점령'이 일어나면서, 이스라엘 국가는 점령국인 동시에 분단국가가 되었다. 하지만 역설적으로 이스라엘 건축가들은 이 지역의 토속 건축에

[498] 만스펠드와 가드, 이스라엘 미술관, 예루살렘, 1959~92.
[499] 헤커(세갈과 협업), 팔마흐 역사박물관, 라마트아비브, 1993~98.

사로잡혔고, 이로써 이스라엘에 수용된 건축적 취향은 포스트모던적
인 양식적 혼란으로 기우는 효과가 일어났다. 이런 운명을 가장 잘 비
껴갈 수 있었던 사례는 1993년부터 98년까지 라마트아비브에 지어
진 라피 세갈과 츠비 헤커의 팔마흐 역사박물관[499]이다. 이 건물은
이 나라의 과거 군사적 기량을 과시적으로 재현함에도 불구하고, 서
로 대항하는 육중한 형태들과 브루탈리즘을 의도한 벽돌과 콘크리트
디테일을 통해 이스라엘 국가를 계속 괴롭히는 몹시 비극적인 윤리적
곤경을 환기시킨다.

이라크

중동의 다른 지역과 마찬가지로 이라크에서도 현대 건축은 유럽 건축가들을 통해 처음 들어왔다. 처음에는 1956년 바그다드에 스포츠 복합시설을 설계한 르 코르뷔지에를 통해서였고, 다음에는 조제프 류이스 세르트를 통해서였다. 세르트는 바그다드의 미국 대사관[500]을 열대 기후를 고려해 조경을 갖춘 중층 규모의 외교적 오아시스로 설계했는데, 내부의 입체들이 강렬한 햇빛에 노출되지 않도록 주요 매스에 다양한 구조를 담고 그 위로 볼트가 달린 절판 지붕을 올린 방식이었다.

[500] 세르트, 미국 대사관, 바그다드, 1960.

[501] 차디르지, 담배 전매청 본부, 바그다드, 1967.

이라크에서 지역적으로 매개된 현대 건축이 처음으로 가시화된 계기는 리파트 차디르지의 담배 전매청 건물[501]이었다. 1967년 바그다드에 완공된 이 건물은 전통적인 마슈라비야(mashrabiya, 목조 격자로 짠 돌출 내닫이창)의 현대적 버전과 더불어 주요 구조체에서 뻗어 나오는 정밀한 벽돌 작업의 원통형 구조들로 활력을 얻는 철근 콘크리트 형태다. 차디르지가 전통 문법을 현대적 표현으로 독창적이고 신중하면서도 매력적으로 해석했음에도 불구하고, 1980년대 바그다드에 완공된 가장 정교한 건물 중 하나는 덴마크 건축가 디싱과 바이틀링이 설계한 이라크 중앙은행이었다.

사우디아라비아

1918년 오스만 제국의 멸망은 아라비아반도를 점점 더 다양한 크기 와 주권을 지닌 수많은 영토로 파편화하는 결과를 가져왔다. 그중에 는 사우디아라비아가 있고, 결국 쿠웨이트와 카타르, 오만, 바레인, 예 멘, 아랍에미리트합중국이 된 걸프(페르시아 또는 아라비아 만)의 작 은 국가들이 있다. 이 지역에 석유 개발이 미친 영향을 하산-우딘 칸 보다 더 간결하게 요약한 이는 아마도 없을 것이다. 그는 이렇게 기술 했다.

> 아라비아반도의 가장 큰 나라인 사우디아라비아에서 아랍이나
> 이슬람의 정체성을 표현하는 건축 개념은 매우 중요했고,
> 사우디아라비아 건축의 중심 의제가 되었다. 이 나라는 석유 개발로
> 막대한 부를 얻었고, 1970년부터 5개년 계획들을 통해 옛 취락을
> 재건하며 새로운 취락을 설립할 수 있었다. 그 수십 년 동안 전례 없는
> 건축 활동이 일어나면서 전 세계의 건축가와 건설 회사를 끌어들였다.
> 국제적인 현대 건축은 일견 새롭고 찬란하며 진보적인 것으로서 확고히
> 자리 잡았다. 이러한 현대화는 곧 외국 건축가든 아랍 건축가든 누구나
> 종교 건물의 전통은 인정하는 방향으로 조율되었다. 이 나라의 건축은
> 나지드(Najd) 건설 전통의 육중한 총안 벽체와 깊고 좁은 개구부를
> 참조하는 방식으로 국가적 자부심과 정체성의 감각을 반영하고자
> 시도했다.[1]

사우디아라비아의 수도 리야드가 1940년 인구 2만 5,000명의 작은 요새 도시에서 20세기 말 300만 명의 대도시로 성장한 것은 이 나라가 석유 부국으로 새롭게 부상하며 나타난 징후였다. 이후 이 신흥 수도에 지어진 최초의 우수한 작품 중 하나는 1980년 사우디아라비아 외무부 건물 신축 설계경기에서 우승한 걸출한 덴마크 건축가 헤닝 라르센의 작품이었다. 사실상 창이 없는 이 요새 같은 석조 입면의 기념물은 하나의 도시 블록 전체를 차지했다. 1986년 알리 슈아이비아스의 설계로 리야드에 완공된 새로운 외교 지구인 알-킨디 광장은 총안 흉벽을 재현할 정도로 훨씬 더 요새화된 곳이었다. 하나의 커다란 중앙 광장을 중심으로 지어진 이 도시적 규모의 거대 형태에는 7,000명의 집회 인원을 수용할 수 있는 이슬람 사원이 있었다. 1992년 요르단 건축가 라셈 바드란이 설계한 재판소 및 이슬람 사원[502]도 같은 방식으로 리야드에 완공되었다. 비록 철근콘크리트 구조로 이뤄지긴 했어도, 여러 블록으로 이어지는 이 거대 형태는 전체를 지역에서 구한 노란 석재로 마감하여 나지드의 전통적인 성곽 요새를 연상시켰다. 알-킨디 광장처럼 이 복합단지도 1만 7,000명의

[502] 바드란, 재판소 및 이슬람 사원, 리야드, 1985~92.

예배자를 수용할 수 있는 드넓은 이슬람 사원과 공공광장이 있는 '축소모형 도시'로 계획되었다.

이 시기 사우디아라비아에는 미국 사무소인 SOM이 설계한 두 개의 건물이 더욱 눈에 띄는 형태로 지어졌다. 하나는 고든 번샤프트의 설계로 1983년 제다에 지어진 27층짜리 내셔널 커머셜 은행이고, 다른 하나는 SOM 시카고 사무소의 엔지니어 파즐루르 칸이 설계하여 1981년에 완공된 하지 터미널[503]이다. 메카에서 서쪽으로 70킬로미터, 제다에서 북서쪽으로 60킬로미터 거리에 있는 이 터미널은 매년 100만 명이 넘는 메카 순례자를 수용하기 위해 설계되었는데, 이는 1970년 동체 폭이 넓은 제트여객기의 도입으로 순례자의 규모가 기하급수적으로 늘어난 데 따른 것이었다. 이 터미널은 두 개의 파빌리온으로 구성되는데, 각 파빌리온은 다섯 개의 모듈로 이루어지고 각 모듈은 테플론 코팅된 섬유유리 직물로 만든 21개의 텐트로 덮였다. 각 텐트는 45제곱미터 넓이이며, 높이는 지상 20미터에서 최대 33미터에 달한다. 이 우아한 백색 원추들은 45미터 높이의 원통형 철탑에 케이블로 매달았고, 직물 자체는 태양 복사열의 75퍼센트를 반사하도록 설계되어 평균 외기온도가 37.8도 이상일 때 내부 온도를 29.4도로 유지할 수 있다.

21세기 초 사우디아라비아에서 가장 중요한 작업은 2005년에 이루어진 와디 하니파의 복원[504] 작업이었다. 와디 하니파는 리야드 인근의 계곡으로, 오랜 시간 버려진 대량의 하수와 산업폐기물로 유독하게 변했던 곳이었다. 캐나다의 환경설계사무소 모리야마 앤드 테시마는 엔지니어 집단인 뷰로 해폴드와 협업하여 와니 하니파의 생태 환경을 복원했는데, 일련의 둑과 연못, 공기 펌프, 해저 기질, 강기슭 식물 등으로 오염물을 흡수하며 물을 정화했다. 넓이가 120제곱킬로미터에 달하는 이 대규모의 작업 과정에서 그들은 야자수 4,500그루와 그늘용 나무 3만 5,000그루를 심어 계곡의 대부분을 도시에 유익한 정교한 공원 시스템으로 전환했다.

[503] 칸(SOM), 하지 터미널, 제다, 1974~81.
[504] 모리야마와 테시마, 와디 하니파 복원, 리야드, 2005년부터.

이란

이란에서 최초의 근대 운동은 아르메니아 건축가 바르탄 아바네시안과 함께 등장했다. 프랑스에서 교육받은 그는 1935년 이란으로 돌아와 테헤란의 이른바 고아학교 설계경기에서 우승했다. 이 건물은 반은 아르데코, 반은 모던 스타일의 대칭적 구성으로 지어졌고, 정밀한 벽돌조의 외장과 더불어 수평 철제 창문들이 설치되었다. 하지만 이에 필적할 만한 현대적 작품이 테헤란에 실현되기까지는 사반세기가 필요했는데, 그것은 1959년 덴마크 건축가 예른 웃손이 설계한 멜리 은행[505]이었다. 이 작품은 웃손이 넓은 간격으로 띄운 절판들을 최초로 사용한 사례로, 이는 하부의 은행 홀에 자연광을 들이고 환기

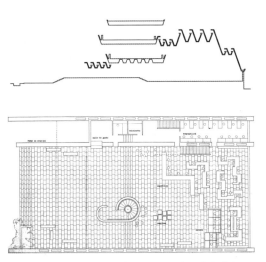

[505] 웃손, 멜리 은행, 테헤란, 1959. 단면 모형과 평면도.

를 유도하기 위한 것이었다. 텍토닉적인 면에서 이에 못지않게 중요
한 부분은 들어 올린 은행 매스, 즉 은행 홀의 기단을 향해 올라가는
기념비적인 계단이다. 여기에는 석재 바닥의 정교한 기하학적 패턴을
통해 특별히 지방적인 특성이 부여되었다.

하지만 역설적이게도, 이란에서 모더니티 자체가 더 일반적으로
부상한 시점은 민주적으로 선출된 모하마드 모사데그의 사회주의 정
부가 미국 중앙정보국(CIA)이 조직한 쿠데타로 전복된 1953년 이후
였다. 미국 측의 전형적인 냉전식 개입은 이란의 새 국왕으로 팔라비
왕가의 일원이 지명되는 결과를 낳았는데, 이러한 움직임이 군주정
의 후원하에 현대화의 속도를 끌어올렸다. 20년이 지난 1973년 페르
시아 제국 설립 25주년을 기리는 작위적인 행사를 계기로, 젊은 두 건
축가 겸 학자였던 나데르 아르달란과 랄레 바크티아르는 이슬람 건
축 내 수피 전통의 총체를 요약한 『통일감』이라는 책을 출판했다. 이
슬람 전통의 우주론적이고 기하학적인 통일성에 초점을 맞춘 이 책은
중동을 현대화하는 많은 건축가들에게 영감의 원천이 되었는데, 그중
에는 조경건축가로도 활동한 특별한 인재인 이란 건축가 캄란 디바도
있었다. 이렇게 국가가 지원하는 도시 활성화 속에서, 디바가 아르달
란과 함께 설계한 현대미술관[506]이 1967년 테헤란에 지어졌다. 조
제프 류이스 세르트의 영향을 받은 디바는 이 미술관을 여러 층위로

[506] 디바, 현대미술관, 테헤란, 1967.

연속된 갤러리들로 구성했고, 갤러리 채광을 위해 셸 콘크리트 구조의 천창들을 사실상 단면이 동일한 단창 타워들과 혼합했다. 이 단창 타워들은 중동 전통의 '기류조절'(wind-catching) 타워들을 연상시킨다.

당시의 이란 황후 파라 팔라비의 사촌인 디바는 팔라비 왕조와의 연줄 때문에 1979년 이슬람 혁명이 일어났을 때 이 나라를 떠날 수밖에 없었다. 비록 1974년부터 80년까지 이란의 후제스탄 주에 지어진 슈슈타르 신도시[507]의 첫 단계를 설계하고 공사 감독을 할 수는 있었지만 말이다. 지역 사탕수수 공장 노동자들을 위한 기업 도시로 설립된 슈슈타르 신도시는 다수의 공공건물만 제외하고 저층고밀의 주거 블록들로 구성되었다. 전체를 지역에서 구한 벽돌로 짓고 얇은 벽돌 볼트들은 강재 장선으로 지지한 이 2층짜리 주택들에는 주민들이 한여름에 노천에서 잠들 수 있는 옥상 테라스가 마련되어 있었다. 자

[507] 디바, 슈슈타르 신도시, 후제스탄 주, 1974~80.

[508] 메흐디자데흐, 아파트 건물, 마할라트, 2010.

동차를 배제한 직각 가로 체계는 학교와 상점에 연결되었고, 신도시 전체는 평면의 중심에 놓인 100×100미터 광장 주위로 집결하는 형태 였다. 아직 미완성임에도 불구하고, 이곳은 여러모로 20세기 후반에 지어진 모든 신도시 중 가장 성공적인 사례였다. 특히 합리적인 집합 과 구성의 방식이 전통적인 생활 방식과 성공적으로 결합되었기 때문 이다.

최근 이란 건축가들의 작업은 대개 중산층 주거용 아파트 건물을 설계하면서 자아 표현을 제한한 것으로 보이는데, 2010년 아르시 디 자인 그룹의 설계로 테헤란에 지어진 달러 2(Dollar II) 아파트라는 투기 개발단지가 한 예다. 전체를 수평 목재 널빤지로 덮은 이곳은 미 늘창살들의 스크린이 창문을 방패처럼 덮고 있다. 이에 못지않게 표 현적인 물성은 비슷한 시기 라민 메흐디자데흐의 설계로 마할라트에 지어진 한 아파트 블록[508]에서 분명하게 나타나는데, 이곳은 재활용한 폐석과 수직 목재 패널을 혼합한 입면을 특징으로 한다. 이러한 간헐적 성과들과는 별개로, 지난 40년간 이 나라는 중요한 건축을 일궈내지 못했다. 아가한 건축상 디렉터인 파로흐 데라흐샤니는 다음과 같이 썼다.

> 1980년대 중반 이후로 세계 건축은 다소 초국적인 실무가 되었고, 점점 더 많은 건축 프로젝트들을 지역에 기반을 두지 않은 건축가들이 개발하며 시행하고 있다. … 하지만 이란과 같은 예외들도 있다. 이란에서 외국 사무소들은 실무를 하지 않으며, 모든 전문가는 지역 기반이다. 따라서 그들 간의 직접적 교류가 없고 이란 체제는 '상상된' 대안을 제시할 능력이 없기 때문에, 대다수의 젊은 건축학도와 건축가는 인터넷에서 본 것을 복제하는 방향으로 떠밀려왔다. 그들이 복제하고 있는 프로젝트들의 기본 맥락을 진정 이해하지도 못한 채 말이다. 이 때문에 이란에 신축되는 대량의 건물들은 범속한 건축가들이 외국 모델들을 형편없게 따라한 복제물들로 이루어진다.[1]

걸프 국가들

걸프 국가들 가운데 스칸디나비아가 제공할 수 있는 최선의 가능성을 가장 잘 수용한 나라는 쿠웨이트였다. 쿠웨이트는 북유럽의 걸출한 사무소들을 차례로 찾아 프로젝트를 맡겼다. 첫 번째 프로젝트는 1968년 엔지니어링 회사 VBB의 덴마크계 스웨덴 건축가 말레네 비에른이 실현한 쿠웨이트 타워[509]였다. 그 다음 1972년에는 예른 웃손이 쿠웨이트 국회의사당 국제 설계경기에서 우승했다. 이 뛰어나고 저명한 성과 이후, 핀란드 건축가들인 레이마와 라일리 피에틸라는 쿠웨이트시티의 세이프 궁을 확장하여 이런저런 정부 부처들을 수용하고 아울러 새로운 이슬람 건축을 만들어낼 수 있는 전략을 발전시킬 의도까지 가미된 프로젝트를 의뢰받았다.

결국 이 세 건의 프로젝트는 거의 같은 이슈를 다루었는데, 1976년 VBB가 완공한 쿠웨이트 타워에서 그 예를 살펴볼 수 있다. 쿠웨이트 만을 향해 돌출한 곳 위에서 서로 다른 높이의 타워 세 개로 이루어진 이 놀라운 구성은 브루노 타우트가 1919년에 쓴 『알프스 건축』의 유토피아적 환등상과 공명하는 것이었다. 세 타워 중 둘은 서로 다른 직경의 구를 짊어지고

[509] 말레네 비에른(VBB), 쿠웨이트 타워, 쿠웨이트시티, 1969.

[510] 웃손, 쿠웨이트 국회의사당, 쿠웨이트시티, 1982.
[511] 웃손, 공사 중인 쿠웨이트 국회의사당, 쿠웨이트시티, 1982.

있는데, 가장 높은 타워의 두 구는 각각 레스토랑과 전망대를 수용하고 두 번째로 높은 타워의 구 하나는 단순히 저수조 기능만 한다. 세 번째 타워는 구가 없고 야간에 다른 두 타워를 비출 장치들을 갖추고 있다. 이 타워들은 에펠탑이 파리를 연상시키는 방식과 거의 비슷하게 쿠웨이트만의 독특한 이미지로 자리 잡았다.

웃손의 쿠웨이트 국회의사당[510, 511]은 공학적 관점에서나 건축적 관점에서나 모두 수작임이 드러날 것이다. 왜냐하면 100주년 기념관과 의사당을 덮는 프리캐스트 콘크리트 지붕들이 모두 기발한 포스트텐션 공법의 현수형 절판 구조를 예증하기 때문이다. 그만큼 이 지붕들은 같은 건축가의 시드니 오페라 하우스에 적용된 프리캐스트 셸 콘크리트 지붕만큼이나 공사 중 고정하기가 어려웠던 것으로 판명되었다. 이 복합시설의 나머지는 산업시대 이전 미로의 전형인 아랍 도시의 천창 밑 틈새 형태를 느슨하게 연상시키는 중정들이 일정 간격으로 배치되는 2층짜리 매트 빌딩을 기본으로 한다. 이 구조는 비록 1990년부터 91년까지 이라크가 쿠웨이트를 침공하면서 피해를 입었지만, 이후 복원과 재단장이 이뤄졌다.

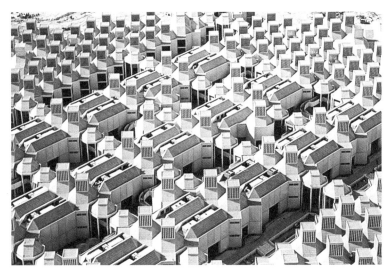

[512] 엘-카프라위, 카타르 대학교, 도하, 카타르, 1980~85.

20세기 후반 중동에 실현된 가장 비범한 복합시설 중 하나는 도하 시에서 북쪽으로 10킬로미터 거리에 위치한 카타르 대학교 [512]였는데, 이 시설은 파리에 거점을 둔 이집트 건축가 카말 엘-카프라위의 설계경기 당선작으로 지어졌다. 일관된 기하학을 보여주는 이 2층짜리 매트 빌딩은 오브 애럽 앤드 파트너스와 함께 설계한 반복적인 프리캐스트 콘크리트 부재들로 구성되었다. 이 유닛들은 두 가지 형태, 즉 8.4미터 폭의 정팔각형과 3.5미터 폭의 정사각형에 기초한다. 두 형태는 가끔씩 서로 인접하면서 두 개의 광장으로 연결되어 더 큰 유닛을 형성하곤 한다. 모든 팔각형 유닛은 그 상부에 미늘 창살 개구부로 기류를 조절하는 입방체가 놓인다. 이런 건설 시스템은 빠르고 효율적이어서 넓은 영역을 아우르는 제1단계 구조가 5년 만에 지어지고 설비를 갖추었다. 비록 팔각형 유닛들의 저층부는 다이어그리드 구조이지만, 상층부의 방들은 각 방 위에 놓인 기류조절 장 밑에서 경사면으로 덮인다. 이 요소들의 입면은 마당 쪽으로 개방되고, 목재 미늘창살 스크린들로 덮인다.

아랍에미리트의 수도 아부다비에 노먼 포스터가 설계한 마스다르시티는 기존 도로와 철도 기반시설을 통해 아부다비와 국제공항에 연결되는 복합 용도의 저층고밀 개발단지다. 이 도시에서는 화석연료 차량 이용이 금지되면서 모든 이동을 고속수송체계가 담당하게 될 것이다. 사막 속에 자리한 높은 밀도의 이 사각형 격자 도시는 태양광발전지대와 관개농장으로 둘러싸일 예정인데, 이는 마스다르시티를 에너지 자족적인 도시로 만들기 위한 것이다. 면적 600만 제곱미터에 이론적으로 9만 명의 인구를 수용할 수 있는 마스다르시티는 유서 깊은 아랍 취락의 설계 원리에 입각하고 있다. 틈새 공간으로서의 골목들이 직사광선을 막아주는 압축적이고 치밀한 도시 조직의 설계 원리 말이다.

3장

아시아와 태평양

이 지역권의 광대한 범위는 아마도 2000년 중국건축공업출판사가 펴낸 열 권짜리 연구서 『세계 건축 1900~2000: 비판적 모자이크』에서 무려 세 권 분량을 차지한다는 사실만으로도 충분히 느낄 수 있을 것이다. 본 장에서 다루는 범위는 1947년 인도의 독립선언 이후 힌두교 인구가 대부분인 예전 식민지가 인도로 분할되고 이슬람 중심 사회는 동파키스탄과 서파키스탄으로 분할되었다가 나중에 방글라데시가 생겨나는 과정에서 남아시아에서 발전한 현대 건축부터 시작한다. 인도의 현대 건축은 대개 첫 국무총리였던 카리스마적 정치인 자와할랄 네루의 지원으로 이뤄졌다. 영국에서 엘리트 교육을 받은 네루는 1912년 인도로 돌아와 인도국민회의의 좌익 지도자가 되었고, 그 후에는 인도를 세속적인 다종교의 독립된 국민국가로 발전시키는 데 줄곧 헌신했다. 이런 비전을 실천한 결과 현대 건축의 후원자가 된 그는 현대 건축이 인도의 현대적 기획을 구현하고 재현할 수 있다고 보았다. 동시에 그는 계절풍 기후에 적합할 뿐만 아니라 힌두교와 무굴 제국 전통의 풍부한 문화유산까지 깃든 현대적인 건설 방식에 관심이 있었다. 따라서 네루는 르 코르뷔지에가 설계하고 실현한 펀자브의 새 수도 찬디가르를 전폭적으로 지원하면서 인도에서 떠오르던 새로운 세대의 건축가들도 후원했다. 여기서 중점적으로 다루는 아추트 칸빈드, 찰스 코레아, 발크리슈나 도쉬, 라지 르왈 등이 바로 그 세대의 건축가들이다. 이 재능 있는 전문가들 이후에는 비조이 제인과 산제이 모헤, 라훌 메흐로트라와 같은 네루 이후 세대가 등장하여 선배

들 못지않은 재능을 보여주었다.

남아시아 아대륙을 구성하는 다른 국가들—파키스탄, 방글라데시, 스리랑카—이 더 다양한 모습으로 발전한 이유 중에는 네루와 같은 권력과 확신에 필적할 만한 현대화의 비전이 없었던 탓도 있다. 그럼에도 방글라데시의 경우에는 그에 못지않은 거장 건축가 마즈하룰 이슬람의 특별한 리더십을 인정해야 한다. 그는 스스로도 감각적인 건축가였을 뿐만 아니라 이후 연이어 등장한 벵골 건축가 세대, 예컨대 카셰프 초두리와 마리나 타바숨, 라피크 아잠 등에게 주된 영감의 원천이었다. 이와 비슷하게 1950년대에 부상한 대표적인 싱할라족 건축가들인 미네트 데 실바와 제프리 바와는 1972년 스리랑카가 독립을 선언하고 독립국가로 변신하기에 앞서 실론 섬의 건축 문화와 정체성에 중대한 기여를 했다.

비슷한 변화를 겪은 현대 건축 문화의 발전은 중국에서 훨씬 지체되었는데, 이는 제2차 세계대전이 일어나기 전 중국이 상대적으로 미개발된 국가였던데다 세계대전 이후에도 내전 끝에 1949년 공산주의 혁명의 승리로 끝난 데 따른 것이기도 하다. 1930년대와 40년대 건축가이자 학자였던 량쓰청이 중국 전통건축을 조사하고 기록하는 선구적인 노력을 했을뿐더러 마오쩌둥에게 소련의 사회주의 리얼리즘 건축을 따르지 말도록 여러 번 설득했음에도, 결국 중국공산당의 문화적 강경 노선을 극복하기는 불가능했다. 자본주의 발전은 본질상 환원적이지만 아이러니하게도 중국에서 현대 건축의 토양이 마련된 것은 결국 덩샤오핑이 문호를 열고 서양과의 무역 개방에 나선 1983년부터였다. 이때부터 즉시 서양의 기업형 사무소들이 중국에 대거 진출하여 화려한 건물을 연이어 설계하고 건설했으며, 중국 정부의 중앙위원회는 급속한 대규모 도시화 정책을 추구하면서 결국 모든 복원 요소가 사실상 사라져버린, 환경적으로 지속 불가능하고 도시 개발을 극대화하는 패턴으로 나아갔다. 이후 전원적인 중국을 되살리려는 관심이 훨씬 더 늘어나면서 정책은 다시 급격히 변화했고,

전통적인 취락과 마을을 복원하고 경제적으로 확장하는 조치가 이루어졌다. 그 결과 등장한 중국의 신세대 건축가들은 중국의 외딴 지역 곳곳에 특별히 감각적이고 적절한 작품을 설계하고 실현하면서 두각을 나타나게 된다.

동남아시아에는 아직껏 현대 건축으로 일반화할 만한 문화가 출현하지 않았다. 대부분의 나라들이 미로처럼 복잡하게 얽혀 있고 심지어 싱가포르 같은 권위주의 복지국가까지 있는 지역권에서 어떤 정교한 건축 문화의 토양을 찾기란 결국 쉽지 않았다. 그 이유는 싱가포르의 거장 건축가 윌리엄 림이 기술한 것처럼 이 지역권이 전쟁으로 피폐해진 탓이기도 하다.

> 제2차 세계대전 이후 수십 년간 남아시아 국가들은 강대국의
> 식민지에서 벗어나 독립을 이루었다. 말레이시아와 필리핀처럼
> 상대적으로 평화롭게 독립한 국가도 있지만, 비극적이고 잔혹한 투쟁을
> 겪고서야 독립한 국가도 있다. 베트남과 라오스 그리고 캄보디아는
> 냉전의 불운한 피해국들이었다. 이 나라들은 반세기동안 큰 혼란과
> 이념적 분열을 목도했고, 극단적인 유혈 전쟁과 파괴에 잠식당했다.[1]

이러한 외상적 경험을 했을뿐더러 동남아시아는 대부분 태곳적부터 물을 기반으로 한 사회이기도 해서 진정으로 강력한 현대 건축 문화를 발전시키고 지속하기란 지극히 어려웠다.

이런 맥락 속에서 일본은 역시 반세기라는 기간에 봉건 사회에서 근대화된 국민국가로 변신하며 유사산업화를 이루었고, 때마침 1905년 단번의 러일전쟁으로 러시아 제국 함대를 몰아내 동아시아 식민 권력으로 부상하는 발판을 마련할 수도 있었던 문명으로서 부각된다. 1931년 동북아시아의 만주를 점령한 일본은 이후 자국이 점령한 아시아 영토들을 위해 만든 소위 대동아공영권이라는 개념을 퍼뜨리며 제국주의적 야심을 더 키웠고, 이로써 중국과의 심한 갈등뿐만

아니라 진주만 공습 이후에는 미국과도 더욱 문제적인 갈등을 일으켰다. 그러다 1945년 최초로 사용된 원자폭탄의 강제 시험장이 된 일본은 더 이상 팽창주의를 지속하지 못했다. 이후 일본은 전후 복원 과정에서 현대 건축의 발전을 선도하는 데 일익을 담당할 수 있었는데, 그 과정은 본서의 3부에 실려 있다. 여기에서는 꽤 다른 세대에 속하는 두 건축가, 즉 마키 후미히코와 그보다 훨씬 더 젊은 구마 겐고의 작업을 중점적으로 다룬다. 마키에 대해서는 그의 사무소가 보여준 활력과 세련미를 높이 샀고, 구마의 경우 전통적인 일본 공예를 자기 건축에 통합하는 그만의 특별한 방식에 주목했다.

한국은 중국 문명을 일본으로 전파해온 매개자로서 유서 깊은 역할을 해왔지만, 일찍이 1910년 일본에 병합당한 최초의 아시아 국가이기도 했다. 반세기 후인 1950년부터 53년까지 한국은 미국의 동맹인 남한과 소련의 영향을 받는 북한 공산당 정부로 나뉘어 격렬한 갈등의 현장이 되었다. 이 전쟁은 결국 남·북한 사이 38도선을 따라 비무장지대를 설정하는 휴전과 함께 불안한 평화 상태로 귀결되었다.

이러한 아시아 대륙의 궤적은 19세기 전반기 내내 영국 제국의 가장 먼 외곽지대를 대표했던 두 독립국가인 호주와 뉴질랜드로 끝을 맺는다. 드넓은 황무지가 대부분인 호주에서 이루어진 최초의 중요한 건축적 개입은 미국의 건축가 부부인 메리언 머호니와 월터 벌리 그리핀의 설계로 1912년 수도 캔버라가 설립된 일이었다. 이 건축가 부부는 1917년 일찍이 호주 현대 건축의 원형이라 할 만한 제안을 했지만, 호주에서 모더니즘 문화가 일반적으로 발전하기 시작한 것은 1950년대 피터 멀러, 켄 울리, 로빈 보이드, 해리 자이들러와 같은 건축가들이 선보인 주택 작업을 통해서였다. 뉴질랜드에서도 이와 비슷한 지체 효과가 일어났는데, 엄밀한 현대 건축이 처음 출현한 건 1940년 오스트리아에서 망명해 온 건축가 에른스트 플리슈케의 작업을 통해서였다.

인도

오늘날 인도에서는 수많은 사원의 형태로 고대의 습속이 끊임없이
재현되고 모든 범위의 기관 시설이 전국에 지어지는 현상이 늘고
있다. … 많은 종교 시설에 자본을 대는 전 세계의 인도인들은 그 중심
의제로 민족주의를 설정하면서 종교와 정치와 근거 없거나 부적절한
향수 간의 경계를 흐려버리는 경우가 많다. 게다가 세계화와 함께
공동체, 특히 주변화된 공동체는 점점 더 그들의 정체성과 자율성이
위협받을 것을 우려하게 되었다. 이 현상은 국민국가의 토대 자체에
문제를 제기하는데, 국민국가가 그 자체의 정체성을 구축하고 강화하며
영속화하는 과정에서 더 넓은 세계의 영향들을 흡수할 능력이
역사적으로 검증된 바 있는지 묻게 되는 것이다.
―라훌 메흐로트라, 『1900년 이후의 인도 건축』(2011)[1]

인도에서 현대 건축의 시작 시점은 아추트 칸빈드가 하버드를 졸업하
고 델리로 돌아왔을 때였다고 할 수 있을 것이다. 인도의 첫 국무총리
였던 자와할랄 네루를 통해 하버드에 간 칸빈드는 마르셀 브로이어와
발터 그로피우스와 함께 공부했고, 1955년 뉴델리에 자신의 사무실
을 개설한 이후 1960년경부터는 인도 공과대학교 칸푸르[513]를 설
계하며 작업 규모를 확장해갔다. 칸푸르 캠퍼스의 설계는 르 코르뷔
지에의 1950년작 찬디가르 종합계획과, 1961년 필라델피아에 완공
된 리처즈 의학연구소에서 처음 정교하게 개진된 루이스 칸의 기념비
적인 벽돌 문법인 '봉사하는' 공간과 '봉사받는' 공간을 종합했다고 볼

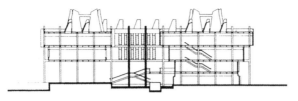

[513] 칸빈드, 인도 공과대학교 칸푸르, 1966. 단면도.

수 있다. 그 후로 칸빈드의 칸적인 접근법은 인도 정부가 의뢰한 수많은 중요한 거대구조 작업을 통해 발전하게 되는데, 구자라트 주 메사나의 국립 유가 공장(1970~73), 뭄바이의 네루 과학센터(1978~82), 뉴델리의 국립 과학센터(1986~90)가 그 예다. 이 모든 작업은 봉사하는 요소와 봉사받는 요소를 기능과 표현 모두의 측면에서 다양한 규모로 구분하는 데 기초했는데, 봉사하는 단위들은 아그라 요새나 악바르 대제의 16세기 이상도시 파테푸르 시크리 같은 무굴 제국 건축에서 발견되는 하우다(howdah, 행렬 시 코끼리나 낙타의 등 위에 장착하는 둘 이상을 위한 좌석―옮긴이)를 연상케 하는 독특한 소형 탑 형식으로 이뤄졌다.

　이와 비슷하게, 1960년대 말부터 공공건축가로서 수많은 작업을 한 뉴델리의 건축가 라지 르왈은 그 과정에서 벽돌로 채운 철근콘크리트조의 뉴브루탈리즘 형식을 정교하게 개진했다. 이 분야에서 유명한 경력자였음에도 불구하고 그는 주거 건축가로서, 그중에서도 특히 저층고밀 계획의 설계자로서 현대의 인도적 전통에 기본적인 기여를 하게 되었다. 이 영역에서 모범을 보인 그는 1960년 아틀리에 5의 설계로 스위스에 지어진 할렌 주택 단지나 1960년대 내내 오스트리아 린츠에 건설 중이던 롤란트 라이너의 푸케나우 주거 복합단지처럼 확실히 눈에 띄는 작품들을 실현시켰다. 르왈의 주목할 만한 주거 계획들로는 먼저 셰이크 사라이 주거(1970~82)와 자키르 후세인 주거(1979~84) 그리고 뉴델리에 무게감 있게 지어진 아시안게임 빌리지(1980~82)[514,515]가 있었다. 이런 작업을 통해 르왈은 그때까지

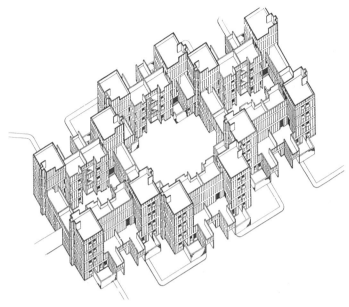

[514, 515] 르왈, 아시안게임 빌리지, 뉴델리, 1980~82.

다른 프로젝트에서 달성한 것보다 더 광범위한 도시적 함축이 있는 저층고밀 패턴을 만들어낼 수 있었는데, 아시안게임 빌리지에서는 14만 제곱미터 넓이 부지에 500세대의 주거단위를 설계하면서 그늘진 보행 골목들을 미로처럼 엮고 여기에 중정들을 세심하게 결합시켰다. 라자스탄 부락의 토속적 수사법을 차용해온 르왈의 아시안게임 빌리지는 동네가 바뀌는 곳에서 간간히 주거단위들이 진입로 위로 교량처럼 가로지르곤 한다.

찰스 코레아는 매사추세츠 공과대학교 졸업 후 인도로 돌아와 1958년 뭄바이에 자신의 사무소를 차렸다. 르 코르뷔지에를 오랫동안 존경해왔지만, 그럼에도 그는 칸빈드와 르왈처럼 칸을 출발점으로 삼았고 그 증거는 그의 첫 주요 프로젝트인 간디기념박물관 (1958~63)[517]이 1959년 미국 뉴저지의 트렌턴 외곽에 지어진 칸의 트렌턴 욕장 단지에서 도출되었다는 데서 나타

[516] 코레아, 칸첸중가 타워, 뭄바이, 1983.

난다. 이어서 1960년대 내내 코레아는 중산층 단독주택 설계부터 일련의 수수한 저층고밀 주거 계획의 건설까지 다양하게 작업하며 인도의 주거에 기여했다. 코레아의 저층고밀 주거 작업에서 예외였던 한 가지는 1983년 뭄바이의 쿰바일라힐에 완공된 27층짜리 칸첸중가 고층주거[516]였다. 이 독특한 타워 블록은 둘씩 쌓아올린 총 32세대의 대형 고급 아파트로, 타워 모퉁이들에 2층짜리 외부 테라스를 두고 복층 주거단위들을 위아래로 조정하며 배치한 단면 구성을 보여준다.

[517] 코레아, 간디기념관, 아메다바드, 1963.

이들과 사실상 같은 세대에 속한 발크리슈나 도쉬는 1950년대 초 르 코르뷔지에의 파리 스튜디오에서 일했는데, 먼저 찬디가르 계획에 참여한 다음 르 코르뷔지에가 아메다바드에 설계한 세 건물의 작업에 관여했다. 1955년 인도에 돌아온 도쉬는 이 건물들의 공사 감독을 맡았고, 자기 사무소를 차려 아메다바드의 인도학 연구소 설계 의뢰를 받아 7년 후인 1962년에 완공시켰다. 르 코르뷔지에 밑에서 오랜 기간 일하며 배웠던 도쉬는 1981년 마침내 코르뷔지에의 그늘을 벗어난 작품인 상가스 스튜디오 복합시설[518]을 선보이게 된다. 지금까지 운영 중인 도쉬의 사무소 '바스투 실파'를 수용하는 이 디자인은 서로 일부분씩 맞물리는 반원형 셸 콘크리트 볼트 열한 개로 구성되었다. 인도의 빈곤층 가정을 위한 도쉬의 가장 성공적인 시도는 1986년 마디아프라데시 주 인도르에 지어진 2층짜리 아란야 주거지구[519,520]였다. 시멘트를 섞고 붉은색 페인트를 칠한 콘크리트 블록조의 이 2층짜리 고밀 도시 복합단지는 기초 기반시설과 상하수도

343

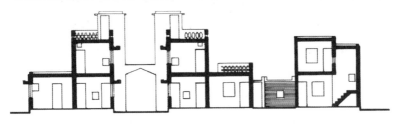

[518] 도쉬, 상가스 스튜디오 복합시설, 아메다바드, 1981.
[519, 520] 도쉬, 아란야 커뮤니티 하우징, 인도르, 1986. 전경과 단면도.

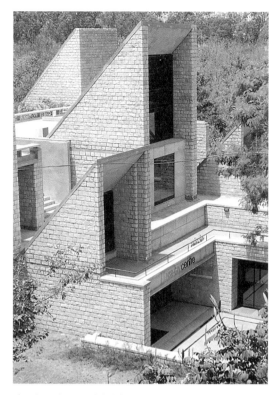

[521] 모헤, 인도 경영대학교 NSR-GIV 센터, 벵갈루루, 2003.

시스템에 연결된 변기와 주방 싱크대가 집마다 필수로 설치되었다.

라훌 메흐로트라는 아마도 네루 이후 세대 중 가장 두각을 나타
내는 인도 건축가일 것이다. 이 세대의 건축가들은 인도가 종래의 계
몽된 저개발 복지국가에서 오늘날의 급속하면서도 불균등한 발전과
불가분하게 엮인 신자유주의적 디지털 경제로 나아가는 정치적 변화
를 맞닥뜨려야 했다. 이러한 기술-경제적 변화는 대단히 정교한 인도
현대 건축을 동반하게 되었는데, 2003년 벵갈루루에 지어진 산제이
모헤의 인도 경영대학교 NSR-GIV 센터[521] 그리고 같은 해 마하라
슈트라 주 툴자푸르에 지어진 메흐로트라의 타타 사회과학연구대학
교 캠퍼스[522,523] 같은 작품이 명백한 증거라 할 수 있다. 이 두 작

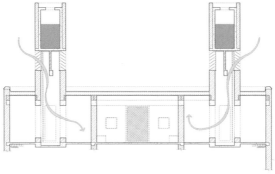

[522, 523] 메흐로트라, 타타 사회과학대학교 전원 캠퍼스, 툴자푸르, 2004. 전경과 단면도.

[524] 메흐로트라, 하티가온, 자이푸르, 2010.

[525, 526] 메흐로트라, KMC 본부 사옥, 하이데라바드, 2012.

품은 모두 각각의 경관에 감각적으로 통합되는데, 단일구배 지붕들이 당김음적인 운율로 배열되거나 기류조절 타워들이 율동적 패턴을 형성하는 식이다. 조적 방식도 이 작품들의 표현적 특성을 만들어내는 주된 역할을 하는데 벵갈루루의 연구센터에서는 콘크리트 블록으로, 툴자푸르의 캠퍼스에서는 지역에서 구한 석재로 조적을 했다.

이후 메흐로트라는 그의 사회적-텍토닉적 비전의 다양성과 세련미를 한층 더 잘 보여주는 작품 셋을 설계했다. 자이푸르 인근 암베르 성과 가까운 메마른 벌판에 현재 진행 중인 소위 '하티가온'[524]이라고 불리는 '코끼리 마을' 프로젝트, 2012년 하이데라바드 외곽에 독립적으로 건립된 6층짜리 KMC 본부 사옥[525,526], 그리고 2003년 쿠누르의 차밭이 내려다보이는 암석 노두에 지어진 기념비적인 캔틸레버 금속 지붕이 그것이다.

하티가온은 코끼리 100마리 그리고 조련사와 그들의 가족까지 수용하기 위한 목적으로 지어진 특이한 저층 주거지로, 집마다 코끼리 외양간이 딸린 2층짜리 주택들로 이루어진 비교적 대규모의 단지다. 단지 전체는 지역에서 구한 잡석으로 지어졌다. 이 프로젝트의 핵심적인 생태 전략은 코끼리들을 씻기고 시원하게 해주는 데 꼭 필요한 빗물을 모은다는 점인데, 이는 건조한 땅에서 크기가 엄청난 동물의 갈증을 포함한 지역 공동체의 수요를 충분히 만족할 만한 양의 물을 제공할 수 있는 관개법이다. 중정형 주택들의 평지붕을 덮는 경량의 파형 철판은 뜨거운 직사광선을 차단하는 동시에 건초 보관용 선반 시스템으로도 기능한다. 이는 추가적인 단열층을 제공할 뿐만 아니라, 코끼리들이 코로 쉽게 건초를 집어 먹을 수 있는 편리한 건초 보관소이기도 하다.

메흐로트라의 최첨단 커튼월을 적용한 KMC 본부 사옥은 역시 최첨단 기술로 뜨거운 일사를 차단하는 친환경 완충지대로 사면을 에워쌌다. 알루미늄 격자구조물 안에 매우 다양한 식물들을 매달아 수경 관개를 하는 만능 온실이 조성되었는데, 이 공간에 설치된 자동 분무 시스템은 식물들을 위한 것일 뿐만 아니라 인공 미기후(microclimate)를 만들어 건물을 냉각하기도 한다. 식물 관리자로 고용된 정원사들의 존재는 커튼월의 어느 편에서나 다양한 계급의 노동자가 병치되는 효과를 만들어낸다. 이는 건물에 활기를 부여할 뿐만 아니라, 어떤 의미에서 여전히 인도에 존재하는 카스트와 계급 차별을 완화하는 역할도 한다.

메흐로트라의 총체적이고 광범위한 연구서인 『1990년 이후의 인도 건축』(2011)은 사밉 파도라 앤드 아키텍츠의 설계로 푸네 외곽의 와데슈와 마을 인근에 지어진 석조 사원[527]으로 적절히 끝을 맺는다. 대개 마을 주민들의 노동력으로 지어진 이 사원은 정밀하게 장식된 지역 석재로 구성되었다. 건축가들은 탑파의 규모를 결정하고, 탑파의 가장 성스러운 부분으로 사제들이 진입할 수 있게 해주는 직각 목재 주랑현관의 디테일을 설정하는 과정에서 중대한 역할을 수행했다. 이 사원 앞의 계단식 좌석 구역은 공동의 잔디밭을 성스러운 공간으로 변화시킨다.

1990년대 말 인도에 출현한 다른 중요한 인재는 비조이 제인이었다. 그의 사무소 '스튜디오 뭄바이'는 설계와 건설 과정에서 독특한 '수공예적'(hands-on) 접근을 채택함으로써, 건축가를 장인과 분리하는 노동 분업을 극복하려던 윌리엄 모리스의 이상으로 되돌아갔다.

[527] 파도라, 쉬브 사원, 와데슈와, 푸네 인근, 2010. 단면도.
[528, 529] 메흐로트라, 릴라바티 랄바이 도서관, CEPT, 아메다바드, 2017. 모델과 전경.

미국에서 건축가 훈련을 받으며 리처드 마이어의 로스앤젤레스 사무
소에 있는 모형 작업실에서 얼마간 일했던 제인은 인도로 돌아와 현
대판 마스터빌더를 자처하게 되었다. 그는 디자이너였을 뿐만 아니
라 라자스탄 주의 매우 다재다능한 목수들로 이뤄진 팀의 조율사 역
할을 했는데, 그 목수들은 창호를 비롯한 모든 종류의 전통적인 목세
공 작업을 수행했을 뿐만 아니라 강철과 세라믹을 정밀 제작하는 능
력도 갖추고 있었다. 이런 독특한 통합적 접근을 통해 스튜디오 뭄바
이는 상기한 수공예들을 능숙하게 완수한 결과물들을 보여주었을 뿐
만 아니라, 같은 기술로 조적과 가공 석재를 다루며 필요한 경우 페인

트와 채색 석고를 결합하기도 했다. 이에 대해 피터 윌슨은 다음과 같이 썼다.

> 스튜디오 뭄바이의 현장은 사실 하나의 건물조차도 아니다. 오히려 양철지붕 하나가 가설용 비계들로 고정된 모습에 더 가까우며, 그 한가운데에서 야자수 한 그루가 태연하게 자라고 있다. 지붕에는 환풍기와 형광등이 달려 있다. (밤샘 작업은 공공연한 사실이며, 주말도 없이 끊임없이 작업이 생산된다.) 5월에는 계절풍에 대비하기 위해 지붕에 플라스틱을 덧댄다. 캐노피 밑에는 뒷벽을 제외한 삼면이 개방된 작업 무대가 있고, 뒷벽에는 창고처럼 재료들이 줄지어 있다―운송을 위해 포장해둔 의자들, 마치 인도의 성스러운 축제를 기다리는 색채의 무기고처럼 보이는 염료 플라스크들, 손수 만든 놋쇠 스위치들이 담긴 쟁반, 통나무들, 짙은 미가공 목재 바닥판들, 세라믹 대야 등. 스튜디오 뭄바이는 만물상회다. 그곳에는 모든 것이, 전체적인 프로젝트가, 필요 시에는 전 세계적인 프로젝트가 있다. … 많은 장인이 라자스탄의 전통 목수이며, 그들은 흙다짐 바닥에 앉아서 발가락 사이에 목재 한 조각을 끼우고 끌로 정밀한 주먹장맞춤 작업을 한다. … 그려지는 도면은 별로 없다. 디테일은 시공을 위임받은 장인들과 현장에서 대화하며 개발하는 경우가 많다. 비조이 제인은 공책을 여러 권 써서 목수와 전기공을 비롯한 스튜디오 협력자들에게 전달한다. … 건축가의 역할은 선택하는 일이다. 창안과 설명과 시행이라는 우리에게 보다 친숙한 위계들은 놀랍게도 전복되어버렸다.[2]

아울러 인식해야 할 사실은 그들에 앞선 모리스처럼 스튜디오 뭄바이의 결과물도 대개는 엘리트에게 봉사해왔다는 점이다. 그들은 마하라슈트라 주에서 우아한 디테일의 고급 주택들을 다수 지어왔는데, 특히 2005년과 2007년에 각각 완공된 타라 주택과 팔미리아 주택[530,531]이 대표적이다. 타라 주택은 지하의 한 물탱크를 중심으

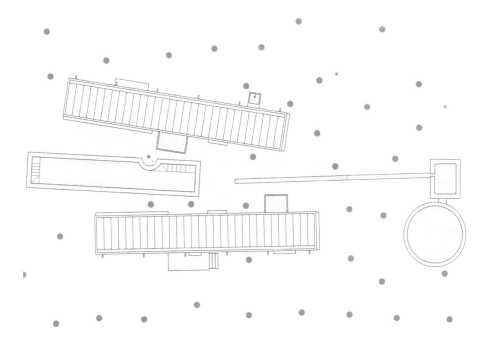

[530, 531] 스튜디오 뭄바이, 팔미리아 주택, 난드가온, 2007. 배치도와 전경.

로 대규모로 지어진 다소 전통적인 낮은 경사지붕 구조물로서, 울창한 숲으로 둘러싸여 있다. 반면에 팔미리아 주택은 평지붕의 목조 주택 두 채가 우아하게 계획된 곳으로, 양 측면을 목재 미늘창살로 덮어 인근 해변과 바다에서 불어오는 시원한 미풍이 내부 격실들에 들게 한다.

파키스탄

1947년 영국인들이 떠난 이후 인도는 네루의 현대화를 향한 민주적 비전의 영감을 받는 행운을 누렸고, 이런 비전 속에서 현대 건축은 중요한 역할을 수행할 수밖에 없었다. 하지만 파키스탄은 현대화를 향한 잠재적 충동이 21세기 초까지 세대를 이어가며 권력을 유지했던 군부 때문에 완화된 측면이 있었다. 파키스탄이 분리된 지 10년 후인 1958년 당시 군부의 지도자였던 아유브 칸은 수도를 카라치에서 라왈핀디로 옮기기로 결정했다. 파키스탄은 아테네에 거점을 둔 국제계획 자문회사인 독시아디스 어소시에이츠가 준비한 격자 패턴의 계획을 바탕으로, 라왈핀디 인근에 완전히 새로운 도시인 이슬라마바드를 만들었다. 다른 수많은 해외 건축가들이 이슬라마바드의 설계에 참여했는데, 대표적으로 미국 건축가 에드워드 더럴 스톤이 중심부에 설계한 피라미드형의 대통령 집무단지는 그의 경력에서 가장 성공적인 기념비적 작품이다. 스톤의 대통령 관저는 주요 광장의 주축에, 국회와 외무부는 횡단축의 양끝에 배치되었다. 이 작품을 발전시키는 과정에서 스톤은 아유브 칸를 설득해 무굴 제국 건축을 직접적으로 연상시키는 모든 것을 배제토록 했고, 이와 비슷하게 다소 세속적인 해석이 이루어지면서 1970년 이슬라마바드의 샤파이잘 국립 이슬람사원[532]을 위한 국제 설계경기에서 입상한 튀르키예 건축가 베닷 달로카이가 선정된 것으로 보인다. 매우 세련되고 대체로 추상적인 이 작품은 이슬람사원의 커다란 공간이 네 개의 경사진 콘크리트 지붕 판들로 덮이고 동일하게 추상적인 네 개의 첨탑을 수반한다.

[532] 달로카이, 샤파이잘 이슬람사원, 이슬라마바드, 1970~86.

　　1965년 라호르의 서파키스탄 공과대학교에 건축학부가 설립될 때까지, 파키스탄의 건축가들은 대부분 영국이나 미국 등의 외국에서 훈련을 받았다. 이러한 외국 유학파 건축가 중에 하비브 피다 알리와 야스민 라리가 있었다. 피다 알리의 초기 경력에서 가장 세련된 작품 중 하나는 1973년 설계경기 당선작인 카라치의 오일 회사 버마-셸 본부 건물이었는데, 이 작품은 이후 세심한 발전과 디테일 작업을 거쳤지만 1978년까지도 미완성 상태였다[533]. 피다 알리의 초기 작업과 달리 극적인 성격이 없었던 야스민 라리의 건축도 역시 디테일 작업은 세련되게 이루어졌는데 대표적인 예는 1970년대 카라치에 지어진 주택들인 하크 준장 주택과 라리 자신의 집이다. 아마도 지금까지 그가 설계한 가장 감각적인 작품은 라호르의 앙구리 박 주거일 것이다. 이 작품은 콘크리트 상부구조를 기본으로 하는 것만 제외하면, 라지 르왈이 뉴델리에 실현한 아시안게임 빌리지(1980~82)와 거의 같

[533] 피다 알리, 파키스탄 버마-셸 본부, 카라치, 1973~78.

은 정신으로 입면을 전부 벽돌로 마감했다.

파키스탄 현대 건축의 초기 발전에서 핵심 역할을 수행한 네 명의 건축가가 더 있다. 지역에서 훈련받은 나야르 알리 다다는 라호르의 국립예술대학에 있는 기념비적인 샤키르 알리 강당을 설계하고 실현하면서 경력을 시작했다. 미국인인 윌리엄 페리는 디테일이 정밀한 카라치의 경영학연구소를 설계했고, 도처에 작품이 퍼져 있는 프랑스 건축가 미셸 에코샤르는 카라치 대학교를 위한 네오-코르뷔지에적인 복합시설을 설계했다. 마지막으로 미국 건축사무소 페이에트 어소시에이츠는 1970년대 중반부터 85년까지 카라치에 지어진 700병상의 아가한 대학병원을 설계했다. 이 치료센터 겸 의학교는 이후로 크게 확장되었다.

방글라데시

방글라데시의 독립 이후 세대를 이끈 대표적인 건축가는 마즈하룰 이슬람이었다. 1971년의 해방전쟁 이후 그는 벵골 지역의 맹렬한 계절풍 기후에 적절한 현대 건축을 고안하는 데 주된 역할을 수행했다[534]. 이슬람은 간간이 정부의 건축자문가 역할을 했는데, 1963년 다카에 완공되어 현재 '셰르에방글라 나가르'라는 국가적 요충지에 자리한 국회의사당 건물[535]의 설계를 루이스 칸에게 맡긴 것도 이슬람의 자문에 따른 결정이었다. 이슬람은 그의 연구 집단인 체타나를 통해 작가이자 음악가, 미술가였던 라빈드라나트 타고르로 상징되는 19세기 벵골 르네상스의 문화적 열망을 건축 담론에 불어넣으면서, 자기 시대에 맞는 좌파적인 비판적 감수성을 더했다.

이러한 유산을 물려받은 현 세대의 벵골 건축가 중에는 카셰프 마부브 초두리와 마리나 타바숨의 파트너십이 있다. 이들은 1997년 국립 독립기념관 및 해방전쟁박물관 설계경기에서 우승하면서 공동사무소를 시작했는데, 이 작업은 수차례 지연된 끝에 결국 2013년

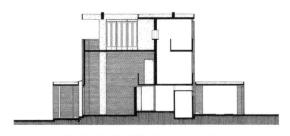

[534] 이슬람, 자택, 다카, 1969. 단면도.

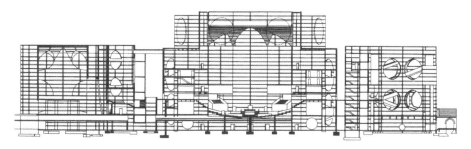

[535] 칸, 국회의사당 건물, 셰르에방글라 나가르, 다카, 1963.

다카의 수라와르디 우디안에 완공되었다. 2000년 이 부부의 파트
너십이 해체된 이후 초두리는 탁월한 작품 둘을 설계하고 실현했
는데, 치타공의 찬드가온 이슬람사원(2005)과 다카에서 북쪽으로
250 킬로미터가량 떨어진 가이반다의 한 범람원에 지어진 친목센터
[536,537]란 이름의 수련시설이 그것이다. 벼 논 한가운데에 지어진
찬드가온 이슬람사원은 단층 콘크리트 구조의 동일한 정사각형 평면
두 개가 각각 열린 지붕의 앞뜰과 돔 천장 아래 예배당을 구성한다.
반면에 친목센터는 옥상을 잔디로 덮은 단층 내력벽돌조의 그물망 같
은 체계로서, 미로 같은 방들 사이사이에 마당과 빗물저수조가 분산
배치되었다. 벵골(갠지스 강) 삼각주 어디에서나 물은 귀한 자원이자
위협 요소이기도 하다. 따라서 직각 단지 주위에 흙으로 쌓은 홍수막
이뿐만 아니라, 장마철 범람한 물이 하수와 섞이지 않도록 간선 및 비
상 급·배수관과 정화조의 정교한 연결망 체계도 마련해야 했다.

2013년 다카 북쪽에 있는 우타라의 파이다바드에 완공된 타바숨
의 바이트 우르 루프 이슬람사원[538,539]의 전반적 구조 역시 칸처
럼 본질적인 기하학과 내력 벽돌조였다. 정사각형 평면의 양측 길이
가 22.8미터이고 높이는 7.6미터에 불과한 이 작은 이슬람사원은 하
나의 정사각형 속에서 하나의 정사각형을 회전한 형태로 이루어지는
데, 이는 메카를 향해 예배당을 돌린 것이다. 예배당 자체는 벽돌로
둘러막힌 철근콘크리트 구조로서, 역시 벽돌로 마감된 2층짜리 틈새

[536, 537] 초두리, 친목센터, 가이반다, 2011. 전경과 단면도.

산책로로 에워싸여 있다. 이 공간을 통해 측면에서 들어온 햇빛과 지붕 속에 퍼져 있는 작은 개구부들로 스며든 햇빛이 예배당에 도달한다. 사실상 같은 해 제소르에 지어진 타바숨의 에코 리조트는 흙을 다져 쌓은 기단들의 체계 위에 초가지붕의 모텔 같은 소형 파빌리온들을 올려 만든 군락이다. 관광객이 거주하는 이곳은 사방을 둘러싼 삼각주의 범람원 문화를 모든 면에서 구현한다.

초두리와 타바숨과 거의 같은 세대로서 두각을 나타내는 다른 벵골 건축가는 건축가 겸 화가인 라피크 아잠이다. 그는 1986년 아직

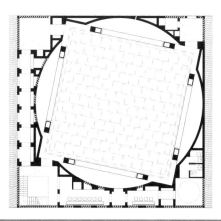

[538, 539] 타바숨, 바이트 우르 루프 이슬람사원, 다카, 2013. 평면도와 실내.

학생이었을 때, 유년시절 가족과 함께 살던 집을 증축하면서 자신의 경력을 시작했다. 전통적인 벽돌 중정주택이었던 이 집은 늘어난 가족 인원을 수용하기 위해 배치를 바꾸고 규모를 키워야 했는데, 아잠은 새 건물의 2층에 거실로 바로 개방되는 테라스를 두는 방식으로 이 문제를 일부 해결했다. 초두리만큼이나 방글라데시의 드넓은 범람원을 특별하게 느꼈던 아잠은 특별히 감성적인 수채화로 끊임없이 변화하는 삼각주의 절기들을 표현해냈다. 가족 주택의 개조 작업과 일정 기간의 도제 생활을 끝마친 후 아잠의 초기 작업은 칸을 연상케 하

[540] 아잠, 방글라데시 형평법 법원 단지 프로젝트, 이슬라마바드, 2015. 렌더링.

는 일련의 5~6층짜리 아파트 건물로 이어졌는데, 이 작업은 정밀한 벽돌조의 수직 굴대들과 모서리 내민창 내기 그리고 아파트 타워 상단의 튀어나온 지붕들을 결합한 형태였다. 이후 그는 이 형식을 수많은 1인 세대 '타워' 주택들에 적용해왔다. 칸만큼이나 안도 다다오의 작업에서도 영향을 받은 아잠은 성숙기에 역량 있는 기념비적 건축가이자 조경가로 부상했는데, 처음에는 2012년 노아칼리 보트킬의 가족 묘지를 통해서였고 다음에는 2015년 파키스탄 이슬라마바드의 방글라데시 형평법 법원을 위한 숭고한 프로젝트[540]를 선보이면서였다.

스리랑카

전에는 실론으로 불리던 스리랑카에서 현재 이른바 버내큘러 모더니즘을 주창한 최고의 인재는 원주민 태생으로 영국에서 교육받은 제프리 바와였다. 1969년 목구조에 경사지붕을 씌운 벤토타 비치 호텔로 처음 대중의 주목을 받은 그는 자신만의 지역적인 건축 방식을 발전시키면서 주요 인물 두 명의 영향을 받게 된다. 그중 첫 번째인 스리랑카 건축가 미네트 데 실바는 런던의 건축협회학교에서 공부했고 1948년 영국왕립건축가협회 최초의 아시아 여성 회원이 된 인물이다. 두 번째는 덴마크 출신 건축가 울리크 플레스네르로, 그는 1960년대 전반기에 바와와 긴밀하게 협업했다. 건축만큼이나 조경설계로도 명성을 구축한 바와는 1948년 그의 시골집이 있던 루누강가에 관한 작업을 시작했는데, 이는 그의 여생 대부분을 쏟아 붓게 된 조경설계의 걸작이었다.

열대 지역에 걸맞은 바와의 고급스러운 설계 방식은 스리랑카 의회 복합단지[541]를 작업하면서 기념비적 수준에 이르렀다. 이 복합단지는 1982년 스리자야와르데네푸라코테의 인공 호수 한복판에 위치한 작은 섬 위에 지어졌다. 이 정부 의뢰 건을 마친 그는 이어서 마타라의 대학교 신축 계획을 맡아 1980년부터 88년까지 지속적으로 계획을 발전시켰다. 담불라에 지어진 칸달라마 호텔의 노출 골조를 덮는 식물 녹화 벽면은 그의 후기 작업 중 가장 중요한 축에 속한다. 그의 인생 말기에 완공된 이 호텔은 그를 유명하게 만든 열대의 고급스러운 감각을 구현할 뿐만 아니라, 마치 산꼭대기에 위치한 호텔이

[541] 바와, 의회 단지, 콜롬보, 1982.
[542] 머피, 영국 고등법무관사무소, 콜롬보, 2008.

그곳의 무성한 열대 밀림에 잠식되기 일보 직전인 양 폐허 같은 모습을 연출한 일종의 생태적 역작이기도 하다.

스리랑카에서 지역성을 감각적으로 보여준 더 최근의 작품은 에든버러 기반의 건축가 리처드 머피의 설계로 콜롬보에 지어진 영국 고등법무관사무소[542]다. 이 작품은 자연순응형 기법으로 기후에 응답할 뿐만 아니라, 지역에서 나는 칼루갈(kalugal) 석재와 테라코타 타일, 코코넛 목재 패널을 활용하여 맥락을 감각적으로 반영한다. 그에 못지않게 지역적 특징을 띠는 것은 중앙 연못과 분수대를 중심으로 한 건물의 직각 구성인데, 이런 구성은 건물의 자연 환기와 냉각에도 기여한다. 중앙 진입 복도 위로 설치된 유리 천창들은 이 과정을 더 강화하며, 열기를 사무실 바깥으로 배출하는 열 굴뚝 역할을 한다.

제프리 바와가 정초한 확연히 지역적인 현대적 전통 속에서 작업하는 젊은 신진 건축가 세대 중에는 히란테 웰란다웨, 차나 다스와테, 아밀라 데 멜, 팔린다 카낭가라, 그리고 아마 무엇보다도 팀 아키트레이브라는 사무소가 있다. 팀 아키트레이브의 설계로 2017년 콜롬보의 혼란한 시내 한복판에 지어진 우아한 골조의 6층짜리 사무소 건물은 현실 속에 반갑게 자리하는 '친환경' 오아시스다.

중국

아마도 팀 텐과 아키그램은 60년대 도시계획에서 마지막으로 이루어진 진짜 '운동'이었을 것이다. 도시 생활을 조직하는 새로운 관념과 개념을 확신에 찬 자세로 제기한 마지막 운동 말이다. 그들 이후 오랜 시간이 지나는 동안 전통적 도시에 대한 우리의 이해는 훨씬 높아졌다. 그저 그런 임시변통적인 지능과 즉흥이 있었고, 일종의 성형적인 도시계획이 발전했으며, 점점 더 도시성이 없는 도시적 조건을 만들어낼 수 있게 되었다. 같은 시기에 아시아는 가차 없는 건설 과정에 휘말려왔는데, 아마도 전례 없는 규모였을 것이다. 현대화의 엄청난 소용돌이는 아시아의 모든 곳에서 기존 조건을 파괴하고 있으며, 어디서나 완전히 새로운 도시적 실체를 만들어내고 있다. 한편 그럴듯한 보편적 신조가 없는 데 반해 생산은 전례 없는 강도로 이루어지면서 어떤 독특하고 비통한 조건이 만들어졌다. 도시적인 것이 극치에 달한 순간, 하필 그것에 대한 이해는 가장 적어 보이는 조건에 처한 것이다.

그 결과 이론과 비판과 실무는 막다른 골목에 이르렀다. 이제는 학계든 업계든 확신이나 무관심의 자세를 취할 수밖에 없는 상황이다. 사실 건축 분야 전체가 그 영역 속에서 가장 적절하고 가장 중요한 현상들을 논할 적절한 용법을 잃어버렸고, 바로 그런 힘들을 묘사하고 해석하며 이해하여 건축 분야를 다시 정의하고 활성화할 만한 어떠한 개념적 체계도 갖고 있지 못하다. 이 분야는 묘사할 수 없다고 여겨지는 '사건들'이나 도시의 기억 속에서 어떤 합성적 목가시를 만들어내는 경향으로 방치된 상태다. 혼돈과 기념비 사이에는 아무것도 남아 있지 않다.

—렘 콜하스『도시 프로젝트 1: 대약진』(2001)[1]

1911년 중화민국이 설립되고 얼마 지나지 않아 국공내전(1927~49)과 일제강점기(1931~45)를 겪는 등 이 나라에 계속해서 닥친 혼란은 현대 건축의 토양을 일구기에 거의 좋지 않은 조건이었다. 게다가 중국은 20세기에 두 번 서양의 고전적 관점에서 자국을 재현하기로 결정한 바 있는데, 첫 번째는 뤼엔즈의 설계로 1929년 난징에 지어진 중화민국 건국자 쑨원의 묘를 통해서였고, 두 번째는 1959년 공산당 혁명 10주년을 기념하여 베이징에 건립된 '십대건축'을 통해서였다. 십대건축은 마오쩌둥이 소련식 사회주의 리얼리즘에 친숙했음을 보여주는 증거로서, 1976년 그의 사망 후 한참이 지나서까지 중국에서 건축에 관한 어떠한 창조적 담론도 사실상 불가능하게 만들었다. 이렇게 마오쩌둥이 집권한 중국에서도 적절한 현대 건축 문화를 발전시키려한 인물이 있었는데, 바로 미국에서 훈련받은 건축가 겸 학자 량쓰청이었다. 그리고 마오쩌둥 사후 7년이 지난 1983년 중화인민공화국의 지도자로 뒤를 이은 덩샤오핑은 이데올로기적 교착 상태를 극복하고 문호를 열어 국제 무역과 문화 교류를 개시할 수 있었다.

중화민국에 작품을 실현한 최초의 외국 건축가 중 하나는 중국계 미국인 이오 밍 페이로, 그는 1982년 베이징 외곽에 샹산 호텔을 완공시켰다. 1년 후 미국의 기업형 사무소 엘러브 베킷은 유서 깊은 만리장성 바로 옆에 다층의 평범한 호텔을 지었다. 그리고 또 10년이 지나 새롭게 실시된 중국의 '문호개방' 정책은 상하이 정부를 필두로 기하급수적으로 확장될 수 있었다. 당시 상하이 정부가 푸둥의 종전 원예 구역을 새로운 상업 중심지로 탈바꿈하기로 결정함으로써, 상하이에는 단기간에 다양한 마천루들이 건설되었다. SOM이 설계한 88층짜리 탑형 마천루인 진마오 타워가 1998년에 완공되었고, 이어서 뉴욕의 기업형 사무소 콘 페더슨 폭스가 설계한 세계금융센터 건물은 '공상과학소설'에나 나올 법한 극적인 492미터 높이의 담대한 형태로

2007년에 완공되었다. 이 시기 덩샤오핑의 '문호개방' 정책은 전면적으로 실시되던 중이었고, 서양의 건축사무소들은 연이어 중국에 지사를 설립했다. 그중 프랑스 건축가 폴 앙드뢰는 쯔진청과 톈안먼광장을 잇는 베이징 주축에서 살짝 벗어난 위치에 권위 있는 건물인 중국국가대극원을 설계해달라는 의뢰를 받았다. 2002년 144미터 경간에 티타늄 외장재로 지어진 이 타원형의 셸 구조는 한 지붕 아래 세 개의 공연장을, 즉 2,416석의 오페라 하우스와 2,017석의 콘서트홀 그리고 1,040석의 극장을 수용했다. 넓은 반사 연못 한가운데에 배치된 이 화려한 건축물은 자동차로 지하터널을 통과해야만 진입할 수 있었다. 이 건물을 전형으로 하여 이후 10년간 외국 건축가들이 설계한 권위 있는 거대 건축물이 다수 지어졌는데, 일례로 노먼 포스터가 설계한 베이징 국제공항은 2007년 역동적인 V형의 공기역학적 평면으로 완공되었다. 이 시기 중국의 개발 광풍은 2010년 세계 콘크리트 물량의 54퍼센트와 강철 물량의 36퍼센트를 소비하고 있었다는 사실에 비추어 판단해볼 수 있다. 밤낮으로 쉬지 않고 공사를 이어가는 광란의 생산 활동은 엄청난 양의 고의적 파괴와 철거를 양산했고, 이는 도시 못지않게 전원 지역에도 영향을 주었다. 톈진 대학교에서 수행한 연구에 따르면, 2000년부터 2010년까지 중국 내 촌락의 수는 370만 명에서 260만 명으로 감소했고 전원 지역에서 촌락은 매일 300개씩 사라졌다.

2000년부터 2002년까지 중국과 아시아의 많은 젊은 건축가들은 베이징 인근에 전시용 주택을 설계해달라는 요청을 받았다. 개발업자 부부인 장신과 판스이가 의뢰한 이 전시용 취락은 장성각하적공사, 즉 '만리장성 옆 코뮌'이란 뜻으로 명명되었다. 이곳에 집을 지은 건축가 중 장융허는 흙벽돌과 목구조로 구성된 스플릿 하우스[543]를 설계했는데, 이 집은 이 취락에서 가장 독창적이고 우아한 작품 중 하나다. 여기서 이 집과 비슷한 수준의 텍토닉적 표현성을 보여주는 또 다른 집으로는 일본 건축가 구마 겐고가 설계한 대나무 주택[544]이 유

[543] 장융허, 스플릿 하우스, 베이징, 2002. 1층 평면도.

일하다. 같은 시기 명료한 구조와 풍부한 재료로 지어진 대단히 독창적이고 정통성 있는 주택은 외딴 전원지대인 란톈의 옥산에 지어진 마칭원의 2002년작 '아버지의 집'[545](옥산석채)이다. 이 집은 철근콘크리트 골조의 2층 건물로, 바닥에서 천장까지 이어지는 목재 덧문들과 조적 벽체로 입면을 구성했고 측벽은 인근의 강에서 구한 매끈한 자갈로 마감했다.

홍콩은 여러 가지 면에서 중국 후기 근대(late modern) 건축의 강력한 문화가 발전하는 데 비옥한 토양이 되어왔는데, 이는 홍콩에서만큼 중국 본토에서도 작업해온 홍콩 태생 건축가 로코 임의 사무소뿐만 아니라 조슈아 볼초버와 존 린이 홍콩대학교에 거점을 두고 설립한 협력 연구·설계 사무소인 루럴 어번 프레임워크(RUF) 덕분이기도 하다. 지금까지 루럴 어번 프레임워크가 한 작업 중 두 가지를 주목할 만한데, 2011년 후난성의 샹시에 지어진 앙동위생원과 2012년 서북부 산시성의 스지아 마을에 지어진 사계절 주택이 그것이다. 앙동위생원에서 주된 혁신은 연속적인 콘크리트 경사로를 중심으로 한 구성, 말하자면 승강기를 쓰지 않고 경사로로 5층짜리 건물

[544] 구마, 대나무 주택, 장성각하적공사, 베이징, 2002.
[545] 마칭윈, 아버지의 집, 란텐, 셴, 2002.

전체의 보행 동선을 촉진한 데 있다. 이 병원 건물처럼 스지아의 2층짜리 중정주택인 사계절 주택도 영롱쌓기 벽돌조로 마감되었다. 이집의 계단식 평지붕은 농산물을 말릴 공간으로도, 빗물 저수조로도 활용할 수 있는 다기능 구조다.

역시 홍콩에 거점을 둔 대만 건축가 왕웨이전은 극단적 밀도의 도시 조건에 직면해야 했는데, 특히 툰먼에 위치한 링난대학교(2005)나 홍콩이공대학교(2008)처럼 대단히 밀집한 시내 부지에 대학 캠퍼스를 설계할 때 그러했다. 두 사례 모두에서 그는 모듈 단위들로 타워 같은 형태를 쌓고 당김음적 운율의 창문들을 중첩시켜 결국 역동적인 매스 형태를 조형해내는 방식으로 공간적 요건을 충족시켰다. 이와 비슷한 외피 대 구조의 대위법이 2016년 홍콩중문대학교를 위해 그가 광둥성의 선전에 설계하고 완공시킨 12층짜리 기숙사동에서도 명백히 나타난다. 왕은 까다로운 지형 조건에도 응답해왔는데, 2002년 작으로 잔디로 덮인 단일구배 지붕들이 당김음적인 운율로 조경과 어우러지는 대만 타이베이의 바이샤완 해변 시설[546]이나 2012년 작

[546] 왕웨이전, 바이샤완 해변 방문객센터, 타이베이, 2002.

품인 항저우의 시시습지 예술인 마을이 그런 응답들이었다. 후자에서는 그 지역의 12세기 풍경화 전통에서 영감을 받아 각기 커다란 전망창을 갖춘 2~3층 높이의 스튜디오들이 군집을 이루는데, 이 창들은 주변 습지 위로 동적인 풍경 이미지들을 연쇄적으로 담아내는 일련의 액자처럼 계획되었다.

왕수와 루원위의 예위 건축공작실도 2000년경 중국의 건설 붐으로 발생한 환경 파괴에 대해 역시 지형적인 접근법을 취했다. 왕수와 루원위는 전통적인 중국 건축문화의 무언가를 재발견하는 작업을 고수하는데, 2008년 닝보 외곽의 인저우에 지어진 닝보박물원(역사박물관)[547]은 이런 작업을 일부 명백하게 보여준다. 이 박물관은 마치 해자로 둘러싸인 중세 요새인 양 24미터 높이의 콘크리트 벽체를 갖추고 있는데, 그 입면은 전통적인 '와편장'(瓦片墻) 기법으로 구성한 것이다. 이 기법은 회색, 적색, 갈색의 벽돌과 타일을 함께 섞어 콘크리트 벽체로 타설해내는 입면 제조법으로, 현장에 원래 있다가 철거된 농가들이나 근방의 어디에서든 구한 세라믹과 테라코타 재료를 재활용한다.

[547] 왕수, 닝보박물원, 인저우, 2008.

　이 작업에 이어 예위 건축공작실은 동세대의 모든 건축가가 수행한 작업 중 최대 규모의 단독 작품인 중국미술학원 샹산 캠퍼스를 설계하고 실현했다. 이 캠퍼스는 2008년부터 항저우의 중심지 인근에서 연속으로 펼쳐지는 시설들의 집합체로 건설되었다. 중국 전통의 두루마리서화에서 영감을 받아 '코끼리 산'을 뜻하는 낮은 산인 샹산(象山)의 주위에 배열된 이 캠퍼스는 지붕들이 대담하게 굽이치며 다소 이접(離接)하는 사슬 같은 매스 형태들이 펼쳐지고, 각 건물로의 진입은 측면에 매달린 정교한 계단 체계를 통해 이뤄진다. 이 작품이 배경화법의 진수를 보여주긴 하지만, 예위 건축공작실이 지금껏 설계하고 완공시킨 가장 정교한 작품은 왕수가 이 캠퍼스의 사회적 심장부로 계획한 게스트하우스 겸 대회의장 건물이다. 이 복합단지의 가장 매력적인 특징 중 하나는 주름지며 연속되는 목재 지붕인데, 이것은 사실 셀 수 없이 많은 목재 트러스를 옆으로 이어붙이고 횡축은 쇠줄로 잡아매 안정화한 입체 골조다. 이 부유하는 지붕은 철골로 지지되고, 철골은 다시 지역에서 캐낸 황토와 적토를 다져 만든 횡단 벽체로 지지되며, 이러한 흙다짐 벽체는 일정 간격마다 철근콘크리트 골조로 보강된다. 이 커다란 돌출 지붕은 토속적 함의도 담고 있지만, 1965년 베로나에 지어진 카를로 스카르파의 카스텔베키오 미술관에서도 멀게나마 영감을 받은 것으로 보인다. 복합단지를 설계한 건축가들에 따르면, 이탈리아에서 영감을 받은 다른 하나는 조반니 바티스타 피라네시의 1760년 동판화 연작인 '상상의 감옥'이었다고 한다. 이 그림의 영향은 횡축에 배치된 내부 계단들이 서로 뒤얽히다가 지붕의 드넓은 빈 공간을 향해 상승한 뒤 결국 어떤 경우 지붕의 맨 꼭대기에서 끝맺기도 하는 모습에서 환기된다.

　예위 건축공작실의 또 다른 놀라운 작업은 항저우에서 자동차로 한 시간 반 거리에서 진행되고 있는 원춘 마을[549,550]의 재건 작업이다. 2013년에 시작된 이 작업은 입방체형 주택들이 인근 강의 흐름을 느슨하게 따르며 본래의 대지 위에 선형으로 늘어선 형태로 이루어진다. 이 집들은 현재 왕수와 루윈위의 설계에 따라 복원 그리고/또는 재건 중에 있다. 놀라운 것은 이 집들의 수리와 재건축이 '차별화된 반복'으로서, 즉 새로운 구조들이 기존의 선형적인 마을 형태가 지닌 연속성과 운율을 유지하는 패턴으로서 다루어졌다는 점이다.

중국 전통의 도시 건축 문화를 고의적으로 파괴하는 것에 반대하는 왕수의 응답을 지지한 새로운 세대의 중국 건축가들은 또 다른 종류의 모더니티를 추구하며 비교적 외딴 전원 공동체들 속에서 작업하기를 선택해왔다. 따라서 건축가 리샹닝은 아래와 같이 썼다.

> 촌락부터 도시까지, 문화시설 건축부터 주거시설 건축까지, 지난
> 20년간의 파괴적 건설 이후 중국의 현대 건축 실무는 건축의
> 새로운 전통을 공고히 하고 싶어 한다. 그것은 전통 건축 문화에
> 대한 직설적이고 직접적인 피상적 전유이기보다 세심한 차용이고,
> 보수적인 주관적 구성이기보다 현대 서양 건축의 전성기 이후의 문화적
> 르네상스이며, 주류 경험의 단순한 복제이기보다 다양한 해법들의
> 공존이다. 이런 독립적인 건축가들의 실천은 조만간 침술과 비슷한
> 효과를 만들어낼 것이다. 개별 사례들이 중국의 건설 산업을 이루고,
> 크게는 대중도 비판적이고 혁신적인 방식으로 그들 고유의 전통을
> 인식하게 만들 것이다.

최근 중국에서 실현된 도시적 작업 중 가장 급진적인 사례는 단연코 2016년 청두에 완공된 복합단지인 리우지아쿤의 웨스트 빌리지 [548] 이다. 이 단지는 삼면에 공공시설과 상업시설을 수용하는 237×178미터 규모의 6층짜리 블록으로서, 네 번째 면에서는 노천 자전거 경사로를 따라 교차하는 동선이 건물의 여섯 개 층 모두를 연결한다. 이 중층 규모의 단지에 풍성하고 세심하게 배치된 조경은 실내의 대부분을 차지하는 다양한 스포츠 시설(농구장, 테니스장 등)을 같은 층 내에서 적절히 분리하고 분절한다. 이 경기장들은 계단과

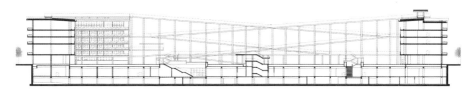

[548] 리우지아쿤, 웨스트 빌리지, 청두, 2016. 단면도.

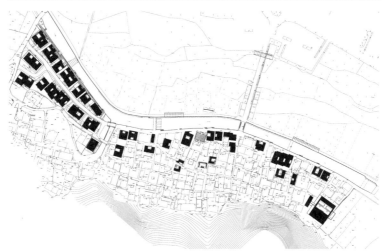

[549, 550] 왕수, 원춘 마을, 저장, 2013. 전경과 배치도.

고가교를 통해 분리되고 출입이 이루어진다. 돌이켜보면 이 작품은 1920년대 소련에서 사회적 응축기를 제공할 수 있는 새로운 제도적 형식으로 착상된 노동자회관과 집합주거(돔-코뮤나)의 이상이 21세기에 환생한 것으로 볼 수도 있을 것이다.

이 단지는 전체가 시장자본주의의 보편성과 여전히 실행 가능한 사회주의적 속성들— 신자유주의가 비교적 가차 없이 진행 중인 중화인민공화국의 경제에 꾸준히 확실한 안정성을 제공하는 속성들— 을 매개하는 비판적 전략으로서 상정되었다. 리우지아쿤은 '인산인해-일상생활의 찬미'라는 슬로건을 내걸고 다음과 같이 썼다.

> 도시는 미친 듯이 성장하고, 기억은 소실되고, 공공공간은 천천히 무너져왔다. 장소의 혼과 전형적인 생활양식들도 마찬가지다. 이른바 건축적 전통은 그저 상징적으로만 존재하게 되었다. 일상생활, 특히 사람들의 여가 활동은 소비문화의 규범이 낳은 부산물에 지나지 않는다. … 위계적인 공간 구성은 공공공간의 수준을 떨어뜨리며 장소의 혼을 심각하게 침해한다. 창조성과 상상력 그리고 삶에 대한 열정은 오직 잔여 공간에서만 번성할 수 있는 듯하다. … 모든 것을 소비하는 자본주의의 본질을 모두에게 유리한 공유의 사례로 전환할 수 있을까? 종종 간과되는 일상생활의 내용을 모아놓은 바탕 위에서 번성할 수 있을까? 오늘날 취약한 공공공간들의 주도권을 되찾을 수 있을까? 현대 도시에서 전통적인 문화적 유전자들을 지킬 수 있을까? 시장을 예술로 전환할 수 있을까? 이런 것이 우리가 맞닥뜨린 도전이다.

이 웨스트 빌리지는 사실상 '스타트업' 소매 공간과 호텔 숙소의 불특정한 혼합물이며, 영화관이나 체육관 같은 공공시설은 안타깝게도 지하실로 밀렸고 의무시설인 주차장은 한층 더 아래에 배치되었다. 아울러 현장 타설한 노출 철근콘크리트 골조부터 철근보강 중공벽돌 바닥판까지 거친 미가공 재료를 곳곳에 애용했으며, 지붕에는 열섬 효과를 막기 위한 잔디를 심었다.

　도시 블록 규모에 적합한 유형을 발명한 최근의 또 다른 작업은 오픈 건축사무소의 리후가 설계하여 2017년 완공된 베이징 제4중학교 팡산 캠퍼스[551,552]다. 여기서 가장 급진적인 조처는 가용 부지의 절반을 굽이치는 콘크리트 지붕들의 인공 경관으로 덮고 그 위에 잔디를 심어 학교 본관을 위한 공원 같은 환경을 조성한 데 있다. 4층 짜리 교사동들이 중단 없이 이어지는 유기적인 집합체를 이루며, 교사동들을 지탱하는 잔디밭 아래 인공의 지하 구조는 구내식당과 대강당, 체육관, 농구장, 주방, 창고, 자전거와 자동차를 위한 주차시설 등의 공동시설을 세 개 층에 걸쳐 수용한다. 이 프로젝트 전반에는 빗물 수확과 지열 난방부터 도시 농업을 수용하기 위한 교사동의 녹화 지붕 설계까지 다양한 지속가능성 전략이 적용되었다.

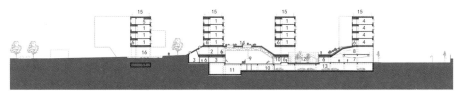

[551, 552] 오픈 건축사무소, 제4중학교 팡산 캠퍼스, 베이징, 2017.

최근 중국에서 이뤄진 보다 감각적이고 혁신적인 건축은 주거 영역에서 몇몇 사례를 찾아볼 수 있는데, 이런 사례들은 특히 저층 주거지 형식으로 주거 조직을 물의 풍경과 결합하는 중국 전통을 되살려냈다. 이런 수사법은 RMJM의 설계로 2006년 수저우 외곽에 지어진 에비앙 뉴타운이나 2005년 상하이 인근의 유명 고대도시 주지아쟈오를 확장한 이른바 '오리엔탈 가든'[553]에서 접하게 되는데, 오리엔탈 가든에서는 2~3층짜리 집들 사이사이로 물길과 골목길과 주차공간이 자리한다. 하지만 최근 중국 중산층 주거의 패러다임은 결코 그런 주거지만 있는 게 아니다. 마칭원이 이끄는 MADA 스튜디오의 설계로 2003년 상하이 외곽에 지어진 20층짜리 슬래브 블록들만 봐도 이를 분명히 알 수 있다. 보다 전통적인 집합 형태는 2008년 광저우

[553] RMJM, 오리엔탈 가든, 상하이, 2005.

에서 실현되었는데, 우르바누스(URBANUS) 사무소의 리우샤오두와 멍옌이 푸젠성의 전통주택인 원형 흙집에서 영감을 받아 설계한 이 토루(土楼) 집합주거는 2010년 아가한 상을 수상했다. 침실 두 개짜 리 287세대로 구성된 이곳은 사실상 고대 농촌 주거를 중산층 버전으 로 현대화한 것이다.

2008년 쓰촨성의 원춘현을 강타한 파괴적인 지진은 중국 전역에 서 건축가들을 불러들였는데, 그중에는 대만 건축가 셰잉쥔이 이끄는 루럴 아키텍처 스튜디오도 있었다. 셰잉쥔은 조립식 경량골조 공법을 신속하게 활용하여 사실상 하룻밤에 200만 세대 가량의 주거단위를 시공할 수 있었다. 이후에는 주민들이 직접 이 내진 골조를 발전시켰 는데, 이 과정에서 다진 흙과 석재, 벽돌, 대나무 등 지역의 토속 재료 가 매우 다양하게 활용되었다.

또 주목해야 할 점은 중국의 신진 사무소들이 유럽의 1930년대 구축주의 문법을 흡수해왔다는 사실이다. 일례로 산수이슈 건축사무 소의 설계로 2009년 렌윈강의 렌다오에 완공된 다사완 해변 복합시 설[554]을 들 수 있다. 여기서는 해변을 향해 계단식으로 하강하는 Y 자 평면의 단층짜리 철근콘크리트 판형 구조물 세 개가 다음 구조물 에 일부분씩 얹혀 있다. 결국 일련의 경사진 프리즘들이 이어지는 형 태이며, 그중 맨 위의 구조물에는 침상 열일곱 개의 호텔이, 그 아래 구조물에는 레스토랑과 클럽 시설이 자리한다. 이러한 공간 창작의

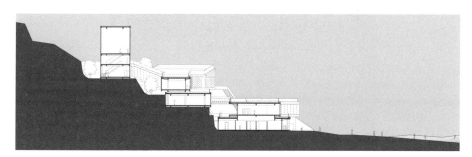

[554] 산수이슈 건축사무소, 다사완 해변 복합시설, 렌다오, 2009.

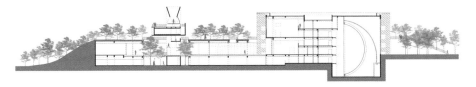

[555, 556] 지상건축, 쑤저우 무형유산박물관, 2016. 단면도와 전경.

바탕은 바다를 향해 폭포처럼 하강하는 일련의 목재 데크들이다.

　그에 못지않게 유럽 근대 운동의 언어를 수용하여 강력하고 특별한 감각으로 재편한 사례는 둥궁이 이끄는 지상건축의 최근 작업에서 분명하게 나타난다. 심지어 전통적인 후퉁(胡同) 지구 중정주택의 의미 있고 감각적인 복원을 달성한 그들의 2015년작 중정 하이브리드 프로젝트만 봐도 그러하다. 여기서 이중구배 타일 지붕의 주택은 미술품 전시관으로 복원되었다. 열린 중정에는 경량 목조 파빌리온이 두 채 있는데 하나는 작은 카페로, 다른 하나는 다목적 시설로 쓰인다. 지상건축은 이 작업에 이어 '합리주의적' 노출 콘크리트조의 해변도서관(2015)[557]을 허베이 해변에 완공시켰고, 이듬해에는 곧잘 합리주의적으로 여겨지는 현장 타설 철근콘크리트의 언어를 타파하며 주변 지형과 통합되도록 작업한 두 건물을 실현했다. 하나는 쑤저우 무형유산박물관(2016)[555,556]이고, 다른 하나는 충칭의 타오위안쥐 커뮤니티센터(2015)다. 후자는 자연경관의 내부와 주변과 상부

[557] 지상건축, 해변도서관, 친황다오, 2015.
[558] DnA(디자인 앤드 아키텍처), 쑹양현, 2016.

에 걸쳐 많은 대안적 이동 패턴을 만들어내는데, 이 커뮤니티센터에 대해 지샹건축은 다음과 같이 썼다.

> 이 커뮤니티센터의 공적 본질은 평범한 시민을 비롯한 다양한 유형의 사람들을 끌어들인다. … 건물 안에서 그들의 행동 패턴은 산보, 모임, 독서, 교습, 훈련, 운동, 건강 상담 등 다양하게 펼쳐진다. 사람들은 그런 각각의 행동을 위한 공간을 지정해왔지만, 이런 행동들은 유동하는 열린 공간 속에서 적극적으로 상호작용할 수도 있다.

이에 못지않게 건축사무소 비아오준잉자오의 장커도 후퉁 지구의 복원과 재활용, 그리고 외딴 지역 문화의 재활성화에 전념하는데, 그렇게 티베트 지역에서 많은 작업을 했다. 이를 전형적으로 보여주는 2008년의 두 작품이 있다. 하나는 남차바르와 방문객센터고, 다른 하나는 얄룽창포 선착장[560, 561]이다. 후자는 그가 티베트 지역에서 한 작업의 전형인데, 여기서는 다른 데서처럼 세 가지 특징이 전면에 드러난다. (1)작품이 풍경 속으로 통합되는 지형적 감수성이 있다. (2)기본적인 하부구조로서 철근콘크리트를 활용한다. (3)지역의 재료와 장인 기술을 모두 활용한다. 얄룽창포 선착장의 외장은 현장에서 모은 잡석들을 지역 장인들이 접합하여 마감한 것이다.

최근 중국의 환경적인 문화 회복에 개입해온 모든 이들 가운데 걸출한 중국 조경건축가인 위쿵젠보다 더 솔직하고 비판적인 영향을 구가한 인물은 없었다. 그의 광범위한 지형적 접근에서 아마도 가장 강력한 부분은 그가 생태적 하부구조의 발달에 부여하는 중요성에 있을 것이다. 그가 이 용어로써 가리키는 것은 교통만이 아니라, 유서 깊은 중국 농업의 전통인 윤작과 치수에 더 가까운 무엇이기도 하다. 그는 이런 전통이 중국의 덕망 있는 전통인 원예와 풍경화보다 훨씬 더 중요하다고 여긴다. 이런 관점에서 위쿵젠은 현재 중국 내 도시 지역 전반에서 매년 1.5~2미터씩 하강 중인 지하수면을 회복할 수단으로서 '스펀지 도시' 전략을 개발해왔다. 이 전략은 빗물을 수확하여 습지 체계를 통해 여과하는 원리를 포함한다. 위쿵젠의 접근을 잘 보여주는 전형적 사례는 타이저우의 융닝 수변공원이다. 타이저우는 중국 본토의 다른 많은 도시들처럼 이윤과 더불어 오염까지 극대화하는 산업화와 도시화의 결합된 힘에 생태가 파괴되어왔다. 타이저우에서 위쿵젠은 콘크리트 수로를 없애고 그걸 일부 관개가 이뤄지는 천연 식물들의 조경으로 대체하여 강바닥을 회복시켰고, 아울러 사람들이 물에 접근할 수 있는 연속적인 수변공원으로서 경사진 강기슭을 활용했다. 이와 비슷한 무언가가 그의 설계로 지어진 선양건축대학교 벼논 캠퍼스[559]에서도 이루어졌는데, 여기서는 캠퍼스를 가로지르는 격자화된 보행로들 사이사이에 벼논들이 산재해 있다. 이런 식으로 학생들은 봄철에 벼를 심어 가을철 수확하는 작업에 다 같이 참여하게 된다. 위쿵젠은 『생존의 기술』이라는 책에서 중국의 '비-제국적' 정

[559] 위쿵젠, 선양건축대학교 벼논 캠퍼스, 선양, 2004.

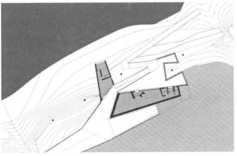

[560, 561] 비아오준밍자오, 얄룽창포 보트 선착장, 티베트, 2008. 전경과 평면도.

체성이라는 개념을 환기시킴으로써, 1919년 5월 4일 중국 학생들의 시위에 뿌리를 둔 민주적 혁명의 이상으로 독자의 시선을 되돌려놓는다.

일본

근대 운동이 일본에 도달한 것은 1921년부터 31년까지 일본 분리파의 활동을 통해서였고, 그들 가운데 가장 두각을 나타낸 인물은 호리구치 스테미와 야마다 마모루였다. 건축학교를 졸업하고 건축가가 된 두 남자는 모두 철근콘크리트 내진 구조물을 설계했는데 호리구치는 페레풍의 기쿠가와 주택(1925~30)을, 야마다는 쓰루미 주택(1931)을 설계했다. 이 당시 도쿄에서 활동한 다른 핵심 인물은 망명자 출신인 체코계-미국인 건축가 안토닌 레이먼드였다. 프랭크 로이드 라이트의 제국호텔 공사 감독으로 일하고자 일본에 와 있었던 그는 1923년 자신만의 특별한 철근콘크리트 건물을 설계하고 완공시켰으며[265], 일본에서 광범위하게 작업하며 놀라운 생산력의 사무소를 유지하다가 제2차 세계대전이 일어나면서 미국으로 되돌아갈 수밖에 없었다. 마에카와 구니오를 비롯하여 전후를 이끈 수많은 일본 건축가들은 전쟁이 일어나기 전 레이먼드의 사무소에서 먼저 조수로 훈련받았다. 이 당시 또 다른 선구적인 모더니스트는 르 코르뷔지에의 사무소에서 일한 뒤 1937년 파리 세계박람회에서 일본관[562]을 설계한 사카쿠라 준조였다. 그의 작업은 경사진 동선을 폭넓게 사용하는 현대적 범주에 있었을 뿐만 아니라, 1926년 권좌에 오른 히로히토 일왕(쇼와)이 통치하던 초기에 우익 제국주의 체제가 선호하던 공격적인 민족주의 제관양식의 첫 시도로 볼 수 있을 것이다.

제2차 세계대전이 끝나고 연합점령군이 일본에 민주주의를 다시 세웠을 때, 일본 정부는 새로운 프로젝트들을 발주하는 데서 중요

[562] 사카쿠라, 일본관, 1937년 파리 세계박람회.

한 역할을 수행했다. 나머지 20세기 전체에 걸쳐 계속될 후원자 역할을 한 것인데, 1988년부터 94년까지 오사카만 중간의 한 매립지 위에 건설된 국제공항 프로젝트가 대표적인 예다. 렌초 피아노가 설계한 터미널 건물이 활주로와 나란히 있는 이 변화무쌍한 기획에는 국가가 일부 자금을 지원했고, 나머지는 간사이공항공사에서 자금을 댔다. 바다 한복판에 국제공항을 짓는 것보다 더 프로메테우스적인 무언가를 상상하기란 어려우며, 이 프로젝트는 비교적 단기간에 완공되어 일본의 공학적 천재성과 일본 건설업의 뛰어난 기량을 입증했다. 게다가 이 대담한 기획이 소음을 이유로 육상 국제공항이 들어서는 것을 반대한 지역민들의 압박에 따른 것이었다는 점은 전후 일본의 민주주의를 보여주는 증거이기도 하다.

이와 비슷하게 대규모 건설 공사에 정치력이 투입된 또 하나의 사례는 (비록 이번에는 육상 시설이긴 하지만) 마키 후미히코의 설

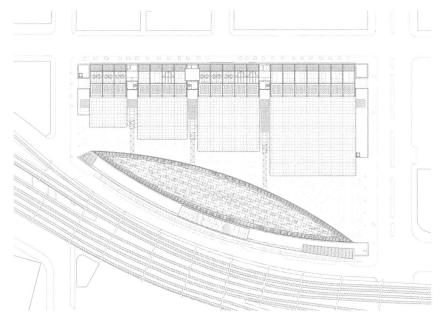

[563] 비뇰리, 도쿄국제포럼, 도쿄, 1996. 평면도.

계로 1989년 지바 현에 지어진 마쿠하리 멧세 전시장이다. 아울러 이 건물과 사실상 같은 해 마찬가지로 야심찬 거대구조로 지어진 도쿄국제포럼[563]은 한 지붕 아래에 강당 다섯 개를 포함한다. 이 디자인은 뉴욕에 거점을 둔 건축가 라파엘 비뇰리가 국제 설계경기에서 우승한 작품이었으며, 도쿄도청은 이 두 개발 사업 모두에 자금을 지원한 주요 파트너였다.

일본 건축 생산의 질에 영향을 주어온 한 가지 선행 요인은 새로운 재료와 공법의 진화에 전념하며 높은 수준의 민·관 기금을 지원받는 연구가 결합된 합리화된 산업 생산을 공예 기법과 종합하는 일본 건설업의 독특한 능력이었다. 대형 건설업체가 자체적인 건축 및 엔지니어링 사무소를 운영하는 일본 건설업의 재벌 기업 구조는 이 데올로기적 수준에서 『신건축』, 『건축문화』, 『A+U』, 『텔레스코프』, 『GA』, 『SD』 같은 일단의 영향력 있는 건축 잡지들로 보완되었다. 다

른 여느 산업화된 선진국과 마찬가지로 일본에서도 스펙터클한 포스
트모던 건축의 유행이 널리 퍼져 있지만, 여전히 일본은 최고 수준의
개념화와 현실화가 이루어지면서도 뚜렷한 일본적 특성이 미묘하게
스민 작품을 상당량 생산할 수 있는 능력이 있다.

이 대규모의 공적 지원을 받은 거대 프로젝트들과 가장 거리가
먼 경향은 시노하라 가즈오의 독립적인 소규모 작업일 것이다. 시노
하라는 늘 전형적인 건축 실무에 무관심한 태도를 유지해왔다. 그는
단게 겐조와 마에카와 구니오가 개척한 코르뷔지에적인 국가 건축과
도, 전후에 나타난 일본 목조 주택 전통의 부흥과도 거리를 두어왔다.
그는 1960년대 초 이런 전통의 재해석에 관여한 바 있지만, 그 이후
에 지은 개인 주택들에서는 일본 작가 아베 고보처럼 너무도 균질하
고 일견 평온해 보이는 기술 사회의 이면에 놓인 혼돈과 폭력을 미묘
하게 암시해왔다. 지금껏 그가 실현한 가장 공적인 작품은 1988년 도
쿄공업대학교 정문 맞은편에 건립된 금속 외장의 100주년 기념관으
로, 이 건물은 선진 기술을 활용해 불협화음적인 형태를 병치하는 시
노하라의 방식을 전형적으로 보여준다.

이와 비슷한 비판적 충동을 시노하라의 가장 걸출한 추종자들인
사카모토 가즈나리, 하세가와 이쓰코 그리고 이토 도요가 보여주는
하이테크 유미주의에서도 감지할 수 있다. (1984년에 지어졌지만 나
중에 철거 후 다른 부지에 재건된) '실버 헛'이란 이름으로 나가노에
지어진 이토의 자택은 입체 골조로 덮은 중정주택으로, '첨단 기술'에
유목민적인 텐트 건축의 느낌을 은근히 결합한다. 이러한 개인주의적
표현은 마키 후미히코의 작업과 이질적으로 대비된다. 마키는 미학에
도 관심을 뒀지만, 그가 '집합 형태'(group form)라고 부르게 된 것의
도시적 잠재력에 늘 매달려왔다. 그는 이 개념을 1964년 에세이 「집
합 형태에 관한 단상」에서 다음처럼 분명히 정의했다.

우리는 오랫동안 건축과 도시계획의 분리를 통탄해왔다. 아마도 과거의 정적인 구성법들은 이제 새로운 기술과 새로운 사회 구성의 급속한 요구에 밀려 완전히 구식이 되어버린 듯하다. … 정적으로 구성되는 개별 건물들은 도시의 결을 이루는 단면들로만 남을 뿐이다. 반면에 활기찬 이미지의 집합 형태는 발생적 요소들의 동적 균형에 기인한 것으로, 양식화되고 완결된 오브제들을 구성한 결과가 아니다.[1]

마키의 개념은 일본 메타볼리즘의 영향 못지않게 팀 텐의 영향도 받았지만, 도시 형태를 집적하는 그만의 독특한 접근법은 학생 시절 하버드 디자인 대학원에서 얻은 경험의 결과였다. 그는 1954년부터 68년까지 조제프 류이스 세르트의 영향을 받았는데, 이런 영향은 1969년부터 92년까지 같은 개발업자와 20년 넘게 작업한 프로젝트인 도쿄 힐사이드 테라스 아파트에서 천천히 집적되는 시민적 형태를 적용한 데서 분명히 나타난다. 1986년 도쿄에 지어진 마키의 후지사와시 아키바다이분카 체육관[564]은 1964년 단계의 국립 올림픽경기장에 입각해 더 소규모로 지어진 것으로, 사실상 영웅적 공학설계 전통을 확고히 계승한 것이었다. 다만 이번에는 경제적인 셸 형태를 얻고자 스테인리스스틸로 덮은 경량 철골 구조로 지었을 뿐이다. 이에 대해 세르주 살라는 다음과 같이 부연한다.

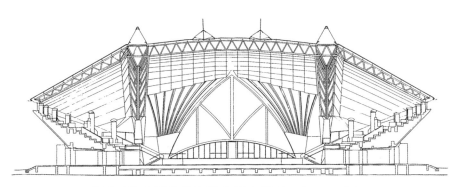

[564] 마키, 후지사와 시 아키바다이분카 체육관, 도쿄, 1986. 단면도.

[565] 다니구치, 도쿄 가사이 린카이 공원 방문객센터, 도쿄, 1995.

[566] 마키, 리퍼블릭 폴리테크닉 캠퍼스, 싱가포르, 2007.

지붕을 이루는 커다란 볼트는 80미터의 무주(無柱) 경간으로,
0.4밀리미터 두께의 스테인리스스틸 외피를 지지하는 H-형강
대들보들이 얽히고설킨 망형 체계로 구성된다. 대형 경기장 안에 ⋯
생성되는 넓게 퍼진 내부 공간에서는 벽면들이 건물의 중심에서 물러나
있다. 팽팽하고 활기차게 이어지는 네 줄기의 빛은 본당의 내피를
독립적인 곡면들로 나누고, 이 곡면들은 상상 속에서 연속하며 공간을
확대하고 연장시킨다.[2]

마키는 대단히 세련된 텍토닉적 접근을 통해 서로 다르면서도 상
보적인 두 방향으로 나아갔다. 첫 번째는 종잇장처럼 얇은 미늘창살
수준으로까지 물성을 제거한 박막 금속 외피로 덮은 팽팽한 직각 입
체들로 나아간 것으로, 일례로 1990년 도쿄의 테피아 파빌리온을 들
수 있다. 그리고 두 번째는 유럽 고딕 전통에 대한 친숙함을 드러낸
경량 엔지니어링 형태의 경향이었다. 마키 못지않게 기념비적 규모에
서 물성을 제거하는 접근을 보여준 또 다른 건축가는 다니구치 요시
오인데, 특히 1995년에 완공된 두 작품인 도쿄 가사이 린카이 공원
방문객센터[565]와 대단히 기념비적인 도요타 시 미술관이 대표적
이다.

이들과 사실상 같은 세대로서 가장 두각을 나타낸 일본 건축가
는 의심할 나위 없이 안도 다다오였다. 그가 1980년대에 새롭게 선보
인 조경에 기초한 작품들은 명백히 당대에 지어진 세계 최고의 세련
된 공공시설 중 일부로 손꼽혔다. 무엇보다 홋카이도의 도마무에 지
어진 물의 교회[567]가 대표적이다. 인공 호수를 향해 열린 채로 일련
의 둑을 거쳐 하강하는 중력의 흐름에 따라 지속적인 표면의 운동이
일어나는 이 예배당은 일본 전통의 '오쿠'(奥) 개념을 떠올리게 한다.
이 개념으로 생각해보면 일련의 상서로운 땅들이 원거리에서도 형이
상학적으로 연결될 수 있을 것이다. 이 작품의 수많은 특징, 그중에서
도 무엇보다 커다란 미닫이 벽체와 홀로 선 십자가는 건축 형태를 주

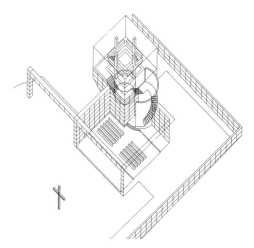

[567] 안도, 물의 교회, 도마무, 1985~88.

변의 자연 환경으로 통합시키는 역할을 한다. 안도는 1989년에 이렇게 말했다. "나의 목표는 자연 그 자체와 교감하는 것이 아니었다. 그보다는 건축을 통해 자연의 의미를 바꾸는 것이었다. 나는 그럴 때 인간이 자연과의 새로운 관계를 발견할 것이라고 믿는다."

구마 겐고보다 일본의 전통 공예를 통합하는 작업에 열중하는 현대 일본 건축가를 찾기는 어려울 것이다. 이런 점에서 그보다 겨우 열세 살 위인 안도는 다른 세대에 속한 것으로 보이는데, 구마가 철근콘크리트에 대해 보이는 반감 때문에 더욱 그러하다. 그의 이러한 반감은 세인이 탐내는 일본건축학회상 수상작인 안도의 1976년작 스미요시 연립주택에서 연유한 것이다.

반면에 구마의 기본적인 파르티는—예컨대 1995년 아타미 만이 내려다보이는 주택 증축 작업이었던 이른바 '물/유리' 프로젝트는—역설적으로 환영을 일으키는 유리와 물의 조합에 의존했다. 2000년 도치기 현의 나스 군에 목조로 완공된 구마의 바토 히로시게 미술관은 목조 미늘창살들을 고집스럽게 반복하며 전통 목구조의 텍토닉적 경향을 예증하는 방식으로 지어졌다. 하지만 이러한 미학적 조합은 비가 스미지 않는 판유리 막뿐만 아니라 전체 구조를 이루는 철골의 지지에도 의존하고 있다. 사실상 이러한 기술적 속임수를 통해 구마는 히로시게의 우키요에 판화에서 비가 '입자화된' 현상으로 표현되는 세계의 비전을 건축 형태로 환기시킬 수 있었다.

일본 건축가들이 여러 세대를 이어오는 과정에서 전통의 재해석은 현대화 과정의 핵심적인 부분이었고, 이런 점에서 구마도 예외가 아니다. 이는 그의 설계로 1995년 미야기 현의 도메 시에 지어진 노(能) 무대나 1998년 니가타 현에 지어진 다카야나기 커뮤니티센터에서 가늠해볼 수 있다. 후자는 옛 모습이 보존된 전통 마을의 한복판에 위치한 건물로, 전통적인 농가주택(민가) 형식을 모방하여 중목 골조

[568] 구마, 유스하라 정청, 다카오카, 2006.

에 지역 전통 공예품인 화지(和紙)를 덮어 마감했다. 봄철에는 주변 배경을 이루는 연둣빛의 논이 회색의 초가지붕과도, 밝게 빛나는 화지와도 대비를 이룬다.

'차별화된 반복'으로서 전통에 개입하는 구마의 시도는 이후 2006년 고이치 현 다카오카 군에 속한 마을인 유스하라 정[町]의 청사[568]에서 전면적으로 부각되었다. 지역 삼나무로 지은 이 건물을 통해 건축가는 이중 합판 들보를 '4분할된' 집성목 기둥으로 떠받쳐 18미터 경간에 걸쳐 활용하는 특별한 기회를 얻을 수 있었다. 고대 조몬 시대의 목조 전통을 연상시키는 이 2층짜리 건물은 은행과 농업협동조합 그리고 지역 상공회의소를 수용하며, 60밀리미터 두께의 목조 패널로 외장이 이뤄졌다. 이후 구마는 같은 지역사회에 공공시설 두 건을 더 지었다. 2010년 완공된 유스하라 목교박물관과 마치노에키 유스하라가 그것인데, 후자는 매장과 작은 숙소를 겸한 휴게시설이다. 엔지니어 나카타 가쓰오와 협업하여 설계한 목교박물관은 40미터 경간의 목재가 그 끝마다 교각들로 지지되고 그 중심은 독립적인 목구조로 지지되는 매우 천재적인 구조의 건물이다. 일본 삼나무로 지어진 이 구조물은 일본 전통의 공포(栱包) 체계와 비슷하게 점점 늘어나는 경간의 목재 버팀대들이 캔틸레버 구조로 엮이며 연속된다. 이 작업 이후로 구마는 같은 마을에 세 번째 공공시설인 도서관을 완공시켰다.

대한민국

한국에서는 많은 요인들로 인해 현대 건축 문화가 도달하는 시점이 지체되었다. 20세기 전반기에는 1905년 러일전쟁 발발 이후 한반도의 식민화를 둘러싸고 러시아와 중국 및 일본 간 경쟁이 일어났고, 이는 5년 뒤 일본이 한국을 강제 병합하는 결과로 이어졌다. 러시아가 지배한 북한과 미국의 지원을 받은 남한 간에 1950년부터 53년까지 일어난 한국전쟁은 서울 이북 38도선을 기준으로 남북을 분단하는 불안한 휴전 상태로 끝났다. 이 전쟁으로 인해 전후 한국의 거장 건축가 김수근은 1951년 도쿄로 떠나 도쿄예술대학과 도쿄대학교에서 차례로 공부했고, 1960년 도쿄대학교 대학원 졸업 후 건축가가 되었다. 같은 해 그는 대한민국국회의사당 설계경기에서 우승했지만, 이 작품은 막상 전혀 실현되지 못했다. 그럼에도 이런 성공에 힘입어 1961년 서울로 돌아온 그는 자신의 독립 사무소를 개설하고 『공간』잡지를 위한 연구단을 꾸렸다. 한국에서 그의 첫 주요 작품은 1963년 콘크리트조로 지어진 자유센터였는데, 이 건물은 르 코르뷔지에가 설계한 찬디가르 의회의사당 건물의 영향을 명백하게 보여준다. 그에 못지않게 '바로크'적인 작품은 1967년작 국립부여박물관이었다. 하지만 건축 분야에서 김수근이 궁극의 리더십을 갖게 만든 작품은 1971년 서울에 첫 삽을 뜬 공간사옥[569,570]으로, 이 건물은 콘크리트 골조에 내·외부를 치장벽돌로 마감하여 지어졌다. 공간사옥에는 김수근의 설계사무소뿐만 아니라 그가 1966년 창간한 건축·예술 저널인 『공간』잡지의 편집실도 자리 잡았다. 이 출판물은 현대 한국의 문화적 정체

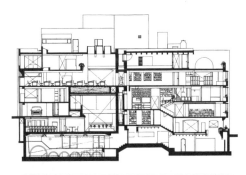

[569, 570] 김수근, 공간사옥, 서울, 1971 설계.
단면도와 실내.

[571, 572] 김수근, 창암장, 서울, 1974.
평면도와 외관.

성을 일구는 데 전념했는데, 일부 학술 연구를 활용하기도 했고 국제
적인 발전 상황과 관련하여 자국의 전통을 평가하기도 했다. 미술관
과 실험극장도 수용한 공간사옥은 한때 서울에서 가장 중요한 문화
중심지 중 하나로 전성기를 누리기도 했다.

돌이켜보면 공간사옥은 김수근이 중층 규모의 건축 형태를 통달
하게 되는 출발점에 불과했음이 분명해진다. 그의 이러한 형태는 늘

콘크리트 골조 위에 리듬 있게 배열되고 분절되는 벽돌 매스들로 구성된다. 서울대학교 예술대학 캠퍼스(1973)가 그러하고, 1979년 작품인 한국문화예술진흥원 건물처럼 대형 기관을 수용하도록 설계된 유사 작품들에서도 그런 구성을 볼 수 있다. 이렇게 밀고 당기는 운율로 배열된 벽돌 매스들은 그의 주택 작품에서도 나타나는데, 일례로 서울 북부의 숲이 우거진 풍경 속에 초기 빗장공동체로서 지은 대저택들이 그러하다. 그런 작업을 대표하는 전형은 1974년작 창암장[571,572]인데, 이 작품은 네덜란드 신조형주의의 영향을 받긴 했지만 지역 목재 보드와 회색 벽돌을 활용해 한국적인 성격을 부여했다. 김수근이 한국에서 마지막으로 성취한 주된 작업은 벽돌 입면으로 마감한 1975년작 서울교육대학교와 더불어 1977년의 세 프로젝트가 있었다. 그것은 서울종합운동장, 대우빌딩 아케이드, 그리고 국립중앙박물관 다원이었다. 1970년 오사카 세계박람회 작업 이후의 단게 겐조와 매우 비슷하게 김수근도 이후에는 외국에, 그중 대부분은 이란에 대규모 작업을 실현하며 경력을 끝맺을 운명이었다.

다음으로 한국에서 떠오른 거물급 건축가는 조병수였다. 그는 1991년 하버드 디자인 대학원을 졸업한 뒤 루가노에서 마리오 캄피와 잠깐 일하고 취리히공과대학교에서 엘리아 젱겔리스 밑에서 대학원생으로 공부한 다음 1993년 한국으로 돌아왔다. 한국에서 그는 승효상과 민현식을 만났는데, 이들은 1986년 김수근의 때 아닌 이른 죽음 이후 차세대 모더니스트들로 전면에 등장한 전위적인 4.3그룹의 일원이었다. 조병수가 한국에서 작업한 첫 작품인 어유지동산 마을[573]은 1999년 서울 북쪽에 위치한 파주의 산꼭대기 능선에 돌출한 목조 지붕들로 덮인 기숙사들을 모아 지은 마을이었다. 이 집합주거는 정신장애를 앓는 성인들을 위해 설계된 것으로, 농사일을 하며 치유 효과를 얻도록 의도한 것이었다.

그 이후 조병수의 작업 이력은 소박한 중산층 주택들을 설계하는 데 집중되었는데, 첫 시작은 2002년 양평에 완공시킨 U형 주택이었

[573] 조병수, 어유지동산 마을, 파주, 1999.

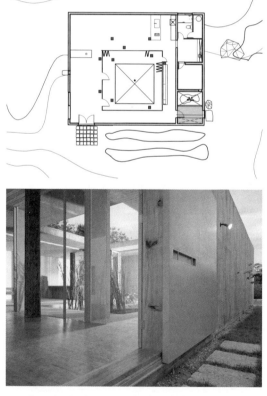

[574, 575] 조병수, 콘크리트 박스 주택, 양평, 2004.

[576, 577] 조병수, 카메라타 음악실, 파주, 2003.

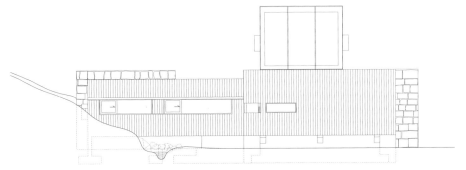

[578] 조병수, 돌담집, 양평, 2004. 입면도.

397

다. 이 집은 두 측면이 목조 담장으로 둘러막힌 단층의 중정주택이었다. 이 작업 이후 조병수는 그의 이력에서 가장 중요한 프로젝트인 파주 헤이리 예술인 마을의 카메라타 음악실[576,577]을 2003년에 완공시켰다. 이 치장 철근콘크리트의 걸작은 남·북한을 가르는 비무장지대에서 약 4.8킬로미터 거리에 위치한다. 디스크자키로 국민적 유명세를 누리다가 은퇴한 황인용이 의뢰한 이 작업은 또 하나의 대규모 중정주택을 기본으로 하고, 이 주택을 보완하는 반(半)공적인 입체에 음악감상실과 카페 그리고 천장에 매달린 미술품 갤러리를 겸한 중2층 공간이 배치되었다. 이어서 그는 일련의 중산층 중정형 주택을 설계했는데, 일례로 2004년 양평에 그가 직접 거주하려고 지은 주말주택[574,575]이 있다. 14×14미터의 이 철근콘크리트 중정주택이 품고 있는 7.4×7.4미터의 테라스는 공교롭게도 한국 전통 마당의 크기이며, 한국의 미적 전통에서 '막'과 '비움'이라는 용어 등으로 표현되는 미묘한 측면들을 다양한 방식으로 예증한다. 이 작업 이후 2004년 역시 양평에 지어진 조병수의 돌담집[578]은 판금과 외장 목재, 세공 석벽 등 다양한 재료들을 효과적으로 섞고 대비시키는 그의 능력을 잘 보여준다. 2009년 단양군에 지어진 한일 방문객센터 및 게스트하우스[579] 같은 프로젝트들에서는 역시 비슷한 재료들을 활용하되 다양한 방식을 표현적으로 적용했다.

2000년대 초에 조병수는 처음으로 기업 의뢰를 수주했고, 이 작업은 키스와이어(고려제강) 본사 건물의 형태로 2009년 도쿄에 건립되었다. 이후에도 그는 같은 기업의 설계 의뢰를 연이어 받아 2012년 말레이시아 조호르바루에 키스와이어 연구시설을, 2013년 부산에 고려제강 기념관과 수련원(F1963)을 완공시켰다. 여기서 강선으로 덮인 9층짜리 건물은 강선 생산에 특화된 회사를 상징할 뿐만 아니라, 일부분 직조된 강선 부재들을 드러내며 재료의 물성을 제거한 매스를 제시한다. 훗날 조병수는 첨단기술의 재료에서 눈을 돌려 최소한의 내재에너지를 지닌 전통 건축 재료인 목재에 주목하게 되는데, 서울

[579] 조병수, 한일 방문객센터 및 게스트하우스, 단양군, 2009.
[580] 조병수, NHN 유치원, 분당, 2017.

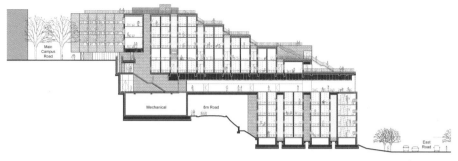

[581, 582] 매스스터디스, 대전대학교 기숙대학, 대전, 2017. 단면도와 전경.

남동쪽 분당 옆의 작은 계곡에 위치한 NHN 유치원[580]의 디자인이
그 예다. 자연을 교실로 끌어들이는 것이 전반적인 교육 목표인 이 유
치원은 미루나무들이 줄지은 작은 강과 관개용 농지를 교량처럼 가로
지르도록 설계되었다.

그 다음 세대의 손꼽히는 건축사무소는 조민석을 필두로 한 다섯
명의 파트너로 구성된 매스스터디스란 이름의 사무소다. 이들이 설계
한 대전대학교 기숙대학[581,582]은 기존 캠퍼스 안의 경사지에 지
어졌는데, 확실히 역작이다. 2017년에 완공된 이 복합시설은 600명

가량의 학생들을 수용하며, 그 옆에는 승효상이 역시 압축적으로 설계한 또 하나의 기숙대학 건물이 있다. 철근콘크리트로 이루어진 조민석의 거대 형태는 입면이 한국 전통의 흑벽돌로 마감되었고, 가파른 경사지에 커다란 학생 기숙사를 지어야 하는 골치 아픈 문제에 비상하게 기발한 방식으로 응답한다. 최종적인 설계 해법은 학생 네 명씩을 수용하는 5.4×5.4미터 모듈들이 모인 계단식 평·단면의 평행사변형 하나로 이루어진다. 이 모듈들은 2.4미터 폭의 '쌈지' 공간을 통해 다른 모듈과 분리되는데, 쌈지 공간의 일차적 기능은 복도에 빛과 공기가 통하게 하면서 때로는 '붙박이' 발코니 역할도 하는 것이다. 전체적인 시설은 두 부분으로 구성되며, 지면에서 바로 접근하는 4층짜리 하층부는 남학생용이고 5층짜리 상층부는 여학생용이다. 이 두 층위는 학생들의 공용 로비를 중심으로 분리되며, 로비 주변으로는 여러 세미나실이 배치되었다. 또한 로비와 연결되는 한 층 위의 중앙식당은 대지 최고 높이의 캠퍼스 길에서 계단을 통해 바로 접근할 수 있다.

호주

호주 영토에서 최초의 근대 건축 운동은 1912년 새 수도 캔버라를 위한 설계경기에 출품하여 우승한 미국 건축가 월터 벌리 그리핀과 메리언 머호니의 작품과 함께 나타났다. 그리핀과 머호니 모두 프랭크 로이드 라이트의 프레리 양식이 정점에 달한 시기(1898~1910)에 그의 밑에서 일했지만, 그들의 캔버라 계획안은 사실상 라이트의 작업을 참조하지 않았다. 1917년 멜버른 대학교에 실현한 그들의 뉴먼 칼리지도 마찬가지였는데, 이 작품에는 절충적이고 은밀히 고딕적인 특성이 담겼다. 철근콘크리트 구조에 석재 입면을 덮어 안토니 가우디의 작업과 이상하리만치 비슷해 보이는 이 건물은 호주 지역권에서 거의 유행을 이끌지 못했다. 이곳에서는 공공 작업에 관해서라면 여전히 에콜 데 보자르 방식이 지배적이었다. 호주 비평가 제니퍼 테일러가 그녀의 종합연구서 『1960년 이후의 호주 건축』에서 상기시키는 바에 따르면, 근대 운동은 호주에 뒤늦게 도달했고 그리핀과 머호니의 작업은 너무 개인주의적이어서 유행을 이끌기 어려웠다. 보다 최신의 모더니티가 첫 기미를 보인 것은 스위스에서 이주해 온 프레더릭 롬버그의 설계로 1942년부터 50년까지 멜버른에 지어진 스탠드힐 아파트를 통해서였다. 하지만 현대적 대의를 진척시킨 인물은 더 나중에 이주해 온 건축가로, 1950년 시드니의 자연보호구역 옆에 부모님을 위한 집을 설계하고 지은 해리 자이들러였다. 이 집은 그가 1947년 브로이어 밑에서 함께 일하던 롤런드 톰슨을 위해 매사추세츠 폭스버러에 설계했다가 지어지지 못한 주택과 사실상 동일한 작품

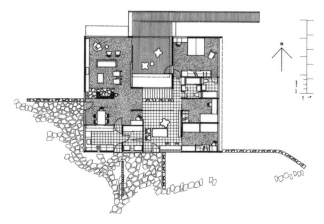

[583] 자이들러, 로즈 주택, 시드니, 뉴사우스웨일스, 1950. 평면도.

이었다. 빈에서 태어나 하버드 디자인 대학원에서 그로피우스와 브로이어의 가르침을 받은 자이들러는 1948년 호주에 오면서 브로이어의 네오-버내큘러 모던 스타일도 들여왔다. 이를 보여주는 명백한 증거는 그의 부모님 주택[583]을 독립적인 석재 굴뚝으로 거실과 식당이 분리되는 열린 평면으로 설계했다는 점이다. 리우데자네이루를 거쳐 호주까지 여행한 자이들러는 오스카 니마이어 밑에서도 잠깐 일할 기회가 있었는데, 니마이어의 바로크적인 코르뷔지에 스타일이 시드니 부모님 주택의 테라스 벽화에서도 비슷하게 나타난다. 한편 경량 강관으로 구성된 필로티, 그리고 테라스와 정원을 잇는 긴 경사로는 르코르뷔지에의 순수주의 문법과 1938년 매사추세츠 주 링컨에 지어진 그로피우스의 자택을 다양하게 참조하여 도출된 것이다.

자이들러와 거의 동시대인이었던 호주 태생 건축가 존 앤드루스는 1960년대 말 호주로 되돌아가기 전 북미에서 탁월한 작품 두 점을 설계했다. 첫 번째는 1969년 토론토 외곽에 완공된 스카버러 칼리지였고, 두 번째는 1972년 매사추세츠 주 케임브리지의 하버드 디자인 대학원에서 메모리얼 홀 맞은편에 지어진 군드 홀이었다. 호주로 돌아온 이후 이에 못지않은 창조성을 보여준 그의 이력에서 가장 뛰어

[584] 앤드루스, 기술심화교육원 복합시설, 뉴사우스웨일스, 1981.

난 작업은 1981년 뉴사우스웨일스 주 워든에 지어진 기술심화교육원
복합시설[584]이었다. 이 작품의 기반이 된 첨단기술의 육각형 모듈
은 아키그램이 상상했던 그 어떤 환등상적 이미지들보다도 더 탁월하
게 실현되었음이 틀림없다. 제니퍼 테일러는 이 작품의 기본적인 현
수 원리를 다음과 같이 명료하게 설명한 바 있다.

> 이 복합시설은 공중보행로 높이를 기준으로 상층과 하층을 하나씩
> 덧붙인 세 가지 높이로 구성되었다. 주요 유닛들은 일반적인 사무
> 공간을 수용한다. 각각의 육각형 블록을 지지하는 중앙 기둥 네 개는
> 지붕보다 더 높이 솟으며 바닥판들을 매단 돛대 역할을 한다. 그렇게
> 코어 부분의 강도를 극대화해 중심부의 무거운 하중을 견디고,
> 외주부는 사무 공간으로 자유롭게 남겨둔다.[1]

이후 앤드루스와 자이들러는 모두 캔버라의 정부 복합단지에 중
층 규모의 사무실들을 분절된 구조의 장스팬 포스트텐션 공법으로 실
현했고, 그 직후인 1988년 새로운 호주 의회 건물이 완공되었다. 의
사당을 중심으로 장관실들이 위치한 두 날개가 학익진처럼 펼쳐지는,

이 거대한 토루와 지붕 구조의 기념비적 결합체는 1980년 (호주 건축가가 의무적으로 참여해야 했던) 이 건물의 설계경기에 공동 출전하여 우승한 이탈리아 태생의 로말도 주르골라와 호주 건축가 리처드 소프의 작품이었다. 이들의 설계안은 1912년 그리핀과 머호니의 계획에서 중심이 되는 지형적 연결점을 그대로 살린 것이었다. 하지만 정체성 면에서는 결국 지형을 활용한 의회 형태보다 예른 웃손이 1957년 설계하여 73년 완공된 시드니 오페라 하우스의 단계적으로 하강하는 셸 볼트가 훨씬 더 강력한 상징물로 남게 되었다. 이 오페라 하우스는 시드니 하버 브리지의 도전적인 형상에 응답할 뿐만 아니라, 결국 이러한 표현적인 지붕을 추종하는 경향이 1970년대 전반에 걸쳐 호주 주택 건축에서 등장한 원인이었을 수 있다.

이렇게 볼 때 중요한 사건은 1974년 완공된 글렌 머컷의 마리 쇼트 주택[585]에서 신화적인 '오지'(奧地, outback)의 양털 깎는 헛간이 자의식적인 수사법으로 처음 출현한 것이다. 이 헛간은 시드니 북쪽 약 500킬로미터 거리에 있는 뉴사우스웨일스 주 켐시의 약 283만

[585] 머컷, 마리 쇼트/글렌 머컷 주택, 켐시, 뉴사우스웨일스, 1974.

제곱미터 넓이 농장에 지어졌다. 이 작품에 영향을 주었음이 분명한 미스 반 데어 로에의 1950년작 판스워스 주택처럼, 이 집의 목조 상부구조는 지면에서 80센티미터를 들어 올려 주변의 범람원보다 높이를 확보하고 독사들이 집에 들어오지 못하게 만들었다. 여기에서 목조 단층 주택에 파형 강판 지붕을 처음 적용한 그는 이 수법을 차후 20년간 골조와 지붕 형태에 반복적으로 활용하며 다양하게 변화시켰다. 머컷이 마리 쇼트 주택의 용마루를 덮는 데 활용한 파형 절곡 강판의 61센티미터 반경은 파형 판재에 가할 수 있는 최대 응력의 굴곡이었다. 그가 설계한 주택들은 비교적 외딴 곳에 위치했기에 전원 지역 건설업자들에게 친숙한 시공 관행을 종종 따를 수밖에 없었는데 무엇보다 목조와 파형 철판 지붕이 그러했고, 머컷은 여기에 일본 주택 전통에서 유래한 햇빛을 여과하는 발을 습관적으로 여러 겹 덧씌웠다. 이런 점에서 흥미롭게 봐야할 것은 마리 쇼트 주택을 구성하는 세 겹의 막인데, 가변형 미늘창살들로 이루어진 미닫이 차양과 중간의 미닫이 방충망 그리고 야간과 겨울철 보안용으로 설치된 금속과 유리로 만든 또 한 겹의 가변형 미늘창살들이 그것이다. 아마도 지금껏 머컷이 판금 지붕과 결합된 다양한 막을 활용하는 방식을 가장 바른 안목으로 기술한 이는 1987년 머컷의 작업을 다룬 연구서를 낸 필립 드루일 것이다. 존 러스킨의 1851년작 『베네치아의 돌』을 공공연히 암시하는 『철의 잎』이란 제목을 단 이 연구서에서 그는 다음과 같이 썼다.

> 미늘창살 차양을 덧붙여 사용한 결과 건물의 표면이 더 연속적으로
> 보이게 되었다. 미늘창살이 재료의 단절이 아닌 표면 질감의 변화로
> 읽히기 때문이며, 더 나아가 그것이 형태를 더 미묘하게 만들어준다.
> 철판의 가는 두께와 건물의 단단한 잎사귀 같은 성격은 철판의
> 모서리를 표현하는 방식으로도, 절곡 압형된 홈통들의 윤곽과 단면을
> 돌출시키는 방식으로도 강화된다.[2]

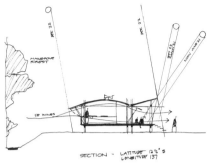

[586, 587] 머컷, 마리카-올더튼 주택, 이스턴아넘랜드, 노던준주, 1991~94. 전경과 설계에
영향을 준 관련 기후 요인과 향을 보여주는 스케치 단면도.

드루는 머컷이 고정된 미늘창살로 덮인 천창을 활용해 지붕의 생
태적 성능을 향상한 방식을 설명한다. 이 미늘창살은 유리 위로 32도
각도를 이루어 여름철 일사는 막고 겨울철 일사는 허용한다. 게다가
두 번째 층위의 절곡 압형된 파형 철판은 늘 지붕 꼭대기에 덧붙여져
집에서 나오는 열기를 배출시키는 수단이 되었다. 절곡 압형(break
pressing)은 판금을 필요한 모양으로 굽히는 데 사용되는 기법이다.

머컷은 자신의 경력 전반에 걸쳐 목조로 건물을 지어왔는데, 예
외가 있다면 1994년 노던준주의 이르칼라 해변에 건립된 마리카-올
더튼 주택[586, 587]의 골조와 금속 지붕이다. 원주민 지도자인 반덕
마리카의 의뢰로 지어진 이 단층짜리 주택도 역시 지면에서 들어 올
려 홍수의 범람에 대비할 뿐만 아니라 지평선을 향한 확 트인 시야
를 제공하는데, 이런 방어 요소는 원주민 문화에서 오늘날까지 특히
중요하게 여겨진다. 적도에서 12.5도 남쪽에 위치한 이 집은 습도가
80퍼센트에 달해서 가능한 한 맞통풍을 촉진하는 열린 구조를 취해
야 했다. 따라서 한 층 높이의 벽면 전체를 차양용 여닫이 셔터로 구
성하고 지지대를 걸쳐 균형을 잡았으며, 야간이나 사용하지 않는 계
절에는 이 셔터들을 안전하게 닫아둘 수 있게 했다. 게다가 바닥 전
체를 목재 널빤지로 구성하여 해변에서 묻어온 모래가 걸러져 나갈

수 있게 했다. 집에 격렬한 폭풍이 불어닥칠 때는 이러한 틈새 요소가 지붕의 환기구들과 함께 작용하여 실내 기압의 상승을 막을 수 있다. 모든 구조 칸마다 집의 바깥쪽으로 확장하는 대형 목재 입면 패널들은 거주자의 사생활을 보호하기 위한 것이다. 르 코르뷔지에의 브리즈-솔레이유(차양)를 연상케 하는 이 캔틸레버 구조의 수직 목판들은 1999년 뉴사우스웨일스 주 웨스트캠베와라의 목가적인 강변 부지에 지어진 머컷의 보이드 교육센터 기숙사동에서 형태적인 장치로서 다시 등장한다. 레그 라크 및 그의 부인인 건축가 웬디 르윈과 함께 설계한 이 건물은 방문하는 학생들이 하룻밤 묵을 수 있는 기숙사 블록이었다. 이 2~4층짜리 건물의 끝에 있는 출입용 강철 프레임은 식당과 주방까지 연결되는데, 이러한 대규모의 정면 프레임이 머컷의 경력에서 최초의 공공적 의미를 만들어내고 있으며 이 작품은 여러 모로 그의 가장 세련된 성취 중 하나라 할 수 있다. 이 기숙사의 가구들은 뛰어난 목공예 작업이었는데, 이에 대해 헤이그 벡과 재키 쿠퍼는 다음과 같이 말했다.

> 침실의 바닥과 침대 받침대 그리고 창문은 모두 천연 목재로
> 만들어졌다. 그 브러시박스(brush-box) 목재의 바닥들은 핑크색이다.
> 문과 선반 및 천장은 노란색 남양삼나무 합판이다. … 깊은 창턱은
> 창틀처럼 비스듬하게 처리되어 모서리를 더 섬세하게 만들고, 이는
> 시야의 틀을 제공할 뿐만 아니라 목재가 빛을 취하는 방식에도 영향을
> 준다. … 합판만을 제외하고 건물 전반에 재활용 목재가 쓰였다.
> 기둥들은 브러시박스다. 보와 중도리는 블랙버트(blackbutt)이다.
> 홀의 큰 문들은 오래 성숙한 오레곤 목재로, 스무 개의 재활용 목재들이
> 170×75mm 단면의 문설주를 형성한다.[3]

머컷의 가장 가까운 동료들인 피터 스터치버리와 리처드 르플래스트리어는 현대 호주 주택의 '오지'적 성격을 발전시키는 데 중요

한 역할을 수행해왔다. 르플래스트리어는 1963년 졸업 직후 웃손의 사무소에서 일하며 오페라 하우스 설계를 하다가 일본으로 가서 마스다 도모야의 지도하에 일본 전통 건축을 공부했다. 이러한 형성기의 경험과 머컷의 영향으로 인해 르플래스트리어는 늘 땅에서 들어올려 경사지붕을 덮은 모듈 기반의 목조 주택을 지어왔다. 이와 비슷한 프로그램의 즉흥적 접근이 스터치버리의 작업에서도 분명히 나타난다. 비록 일본 건축에 대한 그의 참조는 1991년작 웨스트헤드 주택에서야 가장 명백히 나타나지만 말이다. 이 주택은 뉴사우스웨일스 주의 클레어빌 해변이 내려다보이는 굽이치는 형상의 부지에 지어졌다. 하지만 지금까지 스터치버리의 가장 강력한 작품은 2003년 뉴사우스웨일스 주 와가와가 인근의 불스런에 지어진 소위 '딥워터 울셰드'[588]라고 불리는 양털 깎는 농촌 헛간으로, 탈착이 가능하도록 금속으로만 지은 신구축주의적인 작품이다.

　머컷이나 스터치버리만큼 호주 오지 전통의 비중을 차지하는 린지와 케리 클레어 부부는 퀸즐랜드 건축가 개브리엘 풀의 사무소에서 수련한 후 1979년 선샤인코스트에 그들만의 독립 사무소를 설립

[588] 스터치버리, 딥워터 울셰드, 와가와가, 뉴사우스웨일스, 2003.
[589] 클레어 디자인(린지와 케리 클레어), 레인보우비치 주거, 선샤인코스트, 퀸즐랜드, 1992.

했다. 풀은 1950년대 런던에서 파월과 모야의 사무소에서 일했었지만 호주로 돌아오자마자 경량의 오지 헛간이라는 패러다임을 채택했고, 1970년 선샤인코스트 버더림의 한 가파른 대지에 도비 주택을 지으며 그것의 분명한 실례를 보여줬다. 뒤이어 클레어 부부도 버더림에 그들의 자택(1991)을 지으며 활 모양의 철판 지붕을 비슷하게 활용했다. 이듬해 그들은 같은 재료의 평평한 버전을 레인보우비치에 지어진 이른바 '파도변'(surf-side) 주거[589]에 활용했는데, 흐트러진 V자형으로 배치된 이 주거는 반복적인 단일구배의 파형 강판 지붕들로 덮였다. 이와 비슷한 지붕이 더 크고 복잡한 버전으로 적용된 사례는 2006년 완공된 그들의 가장 공적인 건물인 퀸즐랜드 현대미술관이다.

시드니에 거점을 둔 프랜시스-존스 모어헨 소프(FJMT) 사무소의 창립 파트너 겸 대표 디자이너인 리처드 프랜시스-존스도 역시 그 '오지'식 철판 지붕의 영향을 받았다. 이런 영향은 그의 초기 작업 중 2000년 시드니의 뉴사우스웨일스 대학교 캠퍼스에 완공된 존 닐런드 사이언샤 빌딩[592]의 주출입구에 설계한 유리와 목재로 이루어진 주랑현관에서 나타난다. 이와 비슷한 개념이 2011년 뉴질랜드 오클랜드 미술관에 증축된 주랑현관에도 적용되었는데, 여기서는 오로지 집성재만을 활용한 네 개의 연속 파라솔로 반복되었다.

하지만 프랜시스-존스의 기량이 가장 잘 나타난 작업은 아마도 독립적인 단일구배 지붕의 수사법이 더 이상 디자인의 기본 조형을 이루지 않는 공공시설이었을 것이다. 2003년 시드니 대학교의 고딕 부흥적인 캠퍼스에 그가 덧붙인 법학부 건물처럼 말이다. 이와 비슷하게 지붕보다 건물의 매스 형태를 강조하는 방식은 2009년 시드니 교외의 서리힐스에 그가 설계하고 완공시킨 도서관 겸 커뮤니티센터[590,591]에서 명백히 나타난다. 두 작품은 모두 (법학부 건물의 경우) 전창 커튼월 뒤나 (서리힐스 도서관의 경우) 그와 비슷한 이중 벽체 앞에 바닥부터 천장까지 가변형 수직 차양들이 이어지는 지속가

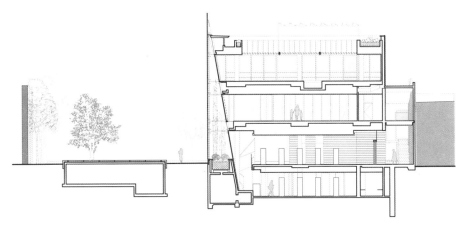

[590, 591] FJMT, 서리힐스 도서관, 시드니, 뉴사우스웨일스, 2009. 단면도와 전경.

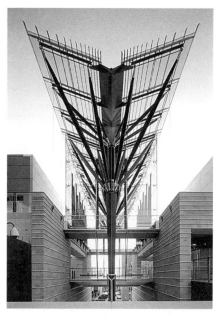

[592] FJMT, 존 닐런드 사이언사 빌딩, 뉴사우스웨일스 대학교, 뉴사우스웨일스, 2000.

능한 환경으로 개념화되었다. 두 경우 모두 차양의 각도는 태양의 움직임과 내·외부 온도차에 반응하는 서보(servo)-메커니즘으로 자동 제어된다.

　　FJMT는 현대 호주에서 기량을 겨룰 만한 다른 어떤 사무소보다도 더 대규모 공공건물 그리고/또는 상업건물의 설계와 건설에 일관되게 관여해왔다. 이런 작업 중 가장 대표적인 사례는 뉴질랜드 오클랜드의 오웬 G. 글렌 경영대학원(2003), 시드니 뉴사우스웨일스 대학교의 정보기술대학원(2011), 그리고 같은 뉴사우스웨일스 대학교의 타이리 에너지 기술 빌딩(2012)이다. 이런 작업 중 다수는 독특하고 다소 연극적인 '측면 박락'(lateral exfoliation) 개념에서 조형적 특성을 이끌어낸다. 말하자면 차양을 접어 주변 풍경을 시각적으로 끌어들임으로써 건물과 그 맥락 간의 지형적 친화성을 강조하는 것이다. 이 모든 작업에서 가장 우선적인 이슈는 지속가능성이며, 일례로

1992년 프랜시스-존스가 호주로 돌아온 직후 로말도 주르골라와 협업하여 설계한 뉴사우스웨일스 대학교 레드 센터가 그러했다.

시드니 건축계에서 중요한 또 다른 인물은 알렉스 포포브다. 그의 절제된 텍토닉 수법은 분명 그가 1971년 졸업한 덴마크 왕립 아카데미에서 길러진 것이 틀림없다. 포포브는 헤닝 라르센과 예른 웃손의 사무소에서 일한 뒤 결국 1984년 호주로 이주하여 독립된 사무소를 시작했다. 아마도 그의 기량이 가장 잘 발휘된 작업은 저층에서 중층 규모의 고밀주거지였을 것이다. 물론 2005년 뉴사우스웨일스 주 미타공에 지어진 마틴-웨버 주택처럼 대단히 세련된 개인 주택을 설계하기도 했지만 말이다.

더 젊은 세대에 속하는 가장 독립적인 건축가 중 하나는 션 갓셀이다. 그는 1994년 멜버른에 자신의 사무소를 개설했고, 2000년 그의 목재 미늘창살이 특징적인 최초의 휴양 별장인 카터 터커 주택[593]을 빅토리아 주 브림리에 완공시켰다. 그의 주택 작업에서 가장 두드러진 특징 중 하나는 필요에 따라 간편하게 상단에 경첩이 달린 차양 패널을 들어 올려 집을 개방할 수도 있고, 패널을 아래로 떨어뜨려 나머지 목재 차양 외피와 똑같이 평평한 외관을 만들 수도 있다는 점이다. 이와 같은 개념이 더 정교해진 작품은 2003년 멜버른에서 남쪽으로 96.5킬로미터 거리에 지어진 반도 주택이었다. 갓셀의 주택 미학은 더 큰 규모의 기관 건물에서 보다 기념비적인 성격을 띠는데, 2002년 빅토리아 주 박스터에 건립된 우들리 학교 과학관이 그 예다. 일련의 실험실을 수용하는 갤러리 구조로 다루어진 이 건물은 30센티미터쯤의 간격으로 반복되는 일정 두께의 수직 목재 차양들로 입면을 구성했다. 건물의 바닥은 지형에 맞춰 오르내리며, 수평지붕은 지형의 오르내림을 가늠할 수 있는 기준면으로 유지된다.

가장 걸출한 호주 건축가 중 하나는 케리 힐이었다. 퍼스와 싱가포르에 사무소를 둔 그는 거의 호주를 벗어난 지역의 건물을 설계해 왔는데, 그가 설계한 일련의 고급 호텔은 아시아 대륙 전역에 지어졌

[593] 갓셀, 카터 터커 주택, 브림리, 빅토리아, 2000.
[594] 힐, 다타이, 말레이시아, 1994.

다. 웨스턴오스트레일리아 주의 퍼스에서 태어나고 성장한 힐은 확실히 그의 세대 중 가장 다작을 하며 문화적 감수성이 높은 건축가 중 하나였다. 비록 그가 싱가포르에 거주하고 대부분의 작업이 아시아에 지어졌다는 사실 때문에 호주 건축가로는 거의 인식되지 못하지만 말이다. 제프리 바와와 더불어 자신의 호텔 의뢰인인 아드리안 제차의 영향을 깊이 받은 힐은 폭넓은 범위의 고대 아시아 문화에 관여하게 되었는데, 이는 1994년 다타이라는 이름으로 알려진 고급 호텔 및 게스트하우스[594]에서 명백히 나타난다. 라이트의 제국호텔과도 멀게나마 관련이 있고 지방 토속 건축의 영향도 미묘하게 받은 이 복합 시설이 건설된 곳은 다타이 만의 작은 열대 언덕(해발고도 약 300미터) 한가운데다. 엘리트 고객들은 우림을 걸어서 통과해야 이 해변 클럽에 다다를 수 있다. 인생 말기에 접어든 힐은 2005년 웨스턴오스트레일리아 주립극장 설계경기에서 우승한 후 고향 퍼스로 돌아가 2010년 극장이 완공되는 걸 보았는데, 이 극장은 션 갓셀의 미적 작업과도 유사한 면이 있어 보인다.

뉴질랜드

19세기 말 뉴질랜드에서 가장 먼저 세련된 건축적 감수성을 암시한 작품 중 하나는 존 캠벨의 1986년작 더니든 경찰서였다. 이 작품은 리처드 노먼 쇼의 1890년 작품인 런던 경시청의 영향을 미묘하게 보여준다. 이와 같이 잉글랜드 프리 스타일에 민감하면서도 쇼보다는 필립 웨브와 C.F.A. 보이지에 더 가까웠던 건축가는 R.K. 비니였다. 비니는 런던의 에드윈 러티언스 사무소에서 일한 다음 1912년 뉴질랜드로 돌아와 1922년 보이지적인 놀라운 주택을 설계하여 오클랜드 인근 리무에라에 완공시켰다. 하지만 영국의 미술공예운동이 이 시기의 유일한 영감의 원천은 아니었는데, 미국 건축가 R.A. 리핀코트의 1921년작 오클랜드 유니버시티 칼리지가 명백한 예다. 이 건물의 형태와 리듬은 멜버른에 지어진 월터 벌리 그리핀의 뉴먼 칼리지에 뭔가를 빚지고 있었고, 전통의 측면에서는 그리핀이 1912년 캔버라 설계경기에서 우승하여 호주로 이주하기 전 수하에서 일했던 프랭크 로이드 라이트를 연상시켰다. 다른 미국 건축가들도 뉴질랜드 건축에 영향을 주었는데, 일례로 1929년 윌리엄 그레이 영이 보자르 방식으로 설계한 웰링턴 철도역은 매킴 미드 앤드 화이트의 1911년작 뉴욕 펜실베이니아 역에 명백히 빚지고 있다.

유럽 대륙적인 의미에서 모더니즘이 뉴질랜드에 나타나기 시작한 것은 1930년대 중반과 1940년대 초반부터였는데, 1929년 세계 주식 시장이 붕괴한 결과 뉴질랜드에서 사회주의 정부가 권력을 쥐게 되면서 영감을 받은 사회문화 변혁의 일환으로 출현한 것이었다.

이러한 정치적 변화는 1939년 뉴질랜드로 이주한 오스트리아 건축가 에른스트 플리슈케를 동정적으로 환영하는 환경을 조성했는데, 당시 플리슈케는 마침 1840년 오스트리아 건국을 기념하는 1940년의 아르데코 100주년 기념전을 보려고 와 있던 참이었다. 줄리아 게이틀리가 『모던이여 영원하라』(2003)에서 알려주는 바에 따르면, 플리슈케는 히틀러 치하의 제3제국에서 뉴질랜드로 망명한 유일한 독일어권 건축가가 아니었다. 그의 동포로서 아돌프 로스와 가까웠던 하인리히 쿨카 같은 이들도 있었기 때문이다. 쿨카는 로스가 말기에 설계한 1933년 오스트리아 공작연맹 전시회를 위한 반(半)-분리형 주택들의 공사를 감독했다. (한편 플리슈케는 빈에서 페터 베렌스에게 훈련받은 뒤 그의 사무소에서 일했고, 오스트리아 건축가 카를 엔과 요제프 프랑크를 위해서도 잠깐 일한 적이 있다.) 이 시기 뉴질랜드에서는 주택건설부 신설에 따른 현대적 구상이 많이 이뤄졌다. 플리슈케는 망명한 지 얼마 안 되어 주택건설부에서 일하기 시작했는데, 1939년부터 47년까지 수력발전 댐 건설과 연계된 국가 지원 다세대 주거 프로젝트와 커뮤니티센터, 노동자 주거를 설계했다. 그가 관여한 주택건설부 프로젝트 중 가장 놀라운 주거 계획은 오클랜드에 지어진 오라케이 아파트(1941)와 에덴산 아파트(1942) 및 그레이스 애비뉴 아파트(1947), 그리고 1944년 웰링턴에 완공된 딕슨 스트리트 아파트[597]가 있다. 역시 이 시기 플리슈케의 작품인 칸 주택[595]은 매우 교양 있는 독일 의뢰인을 위한 단독주택으로, 1942년 웰링턴 주 나이오에 아름다운 비례로 지어졌다. 그해에는 플리슈케의 또 다른 작품인 아벨 타스만 기념비[596]도 지어졌는데, 이 세장한 콘크리트 직각 타워는 역시 콘크리트로 지어진 광장에서 솟아오르는 형태로서 타라코헤의 골든 베이가 내려다보이는 높고 우거진 절벽에 세워졌다.

1948년 플리슈케는 주택건설부를 떠나 뉴질랜드 건축가 세드릭 퍼스와 공동사무소를 차려 운영했다. 그러다가 1963년 결국 빈으로 돌아간 그는 실무는 완전히 접은 채 그곳에서 건축 교수로 여생을 보

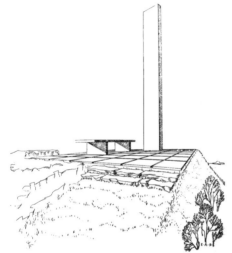

[595] 플리슈케, 칸 주택, 나이오, 웰링턴, 1942.

[596] 플리슈케, 타스만 기념비, 타라코헤, 1942.

[597] 플리슈케, 딕슨 스트리트 아파트, 웰링턴, 1944.

냈다. 15년간 지속된 플리슈케와 퍼스의 파트너십은 미묘한 목조 파
빌리온 형식의 40채 남짓 되는 주택들의 설계로 이어졌다. 이 작품들
은 현대 뉴질랜드 주택 설계 방식의 진화에 기여했는데, 사실상 같은
시기 캘리포니아 남부에서 루돌프 쉰들러와 리하르트 노이트라, J.R.
데이비슨, 그레고리 에인, 라파엘 소리아노가 발전시킨 현대 주택에

비견할 만하다. 이 겸허한 현대 주택들 외에도 플리슈케-퍼스 공동사무소의 정점은 1951년부터 57년까지 웰링턴 도심에 지어진 8층짜리 매시 주택[598]이었다. 이 작품의 특별함은 도시적인 입지와 높이뿐만 아니라 뉴질랜드 최초로 커튼월을 적용했다는 사실에도 있다. 이러한 외장 유형은 스티븐슨과 터너의 설계로 1959년에 지어진 더니든 병원과 잭 매닝의 대단히 우아한 설계로 1962년 오클랜드에 지어진 AMP 빌딩에서 더욱 깊이 발전되었다. 플리슈케가 떠난 이후 독립적으로 사무소를 운영한 퍼스는 현재 '먼로 스테이트 빌딩'으로 알려져 있는 아름다운 비례의 3층짜리 벽식 구조 콘크리트 사무소 건물을 1966년 넬슨에 실현하며 공공건축가로서의 역량을 증명했다.

다음 세대의 가장 창조적인 건축가는 마이클 워런이었다. 그는 워런 앤드 머호니의 디자인 파트너로서 '뉴질랜드 헛간' 스타일이라 불리는 것을 개척했는데, 이 스타일은 1962년 크라이스트처치에 지어진 단일구배 지붕의 목조 주거 겸 스튜디오[599]에서 처음 선보였다. 추후 대학교를 설계한 워런은 1950년대 말 런던의 파월 앤드 모야에서 일하며 경험했던 영국 신브루탈리즘의 영향을 크게 드러냈다. 그의 브루탈리즘 스타일을 전형적으로 보여주는 사례는 1964년 캔터베리 대학교의 크라이스트처치 칼리지를 위해 지은 3층짜리 기숙사동들이다. 이보다 더 세련된 텍토닉적 버전의 브루탈리즘은 건설부에서 일하던 윌리엄 앨링턴의 설계로 1968년 웰링턴에 지어진 지방기상청[600]에서 찾아볼 수 있다.

뉴질랜드의 주거 건축에서는 특정한 종류의 버내큘러 모더니즘을 감지할 수 있는데, 특히 1967년 존 스콧의 패터슨 주택이 호크스베이에 건설되었을 때와 1965년 웰링턴이 내려다보이는 언덕에서 계단식으로 하강하며 끊임없이 변화하는 이안 애스필드의 자택 겸 스튜디오[601] 프로젝트 제1단계가 이뤄졌을 때 이후로 그러하다. 이러한 즉흥적인 건설법은 1974년 웰링턴에 지어진 로저 워커의 브리튼 주택에서도, 퀸즐랜드 건축가 존 블레어가 대단히 아름다운 자연 풍경

[598] 플리슈케와 퍼스, 매시 주택, 웰링턴, 1951~57.

[599] 워런, 워런 주택 및 스튜디오, 크리스트처치, 1962.

[600] 앨링턴, 지방기상청, 웰링턴, 1968.

[601] 애스필드, 애스필드 주택 겸 스튜디오, 웰링턴, 1965.

이 파노라마로 펼쳐지는 장관을 배경으로 대부분 목재로 지을 수 있었던 그의 최고 작품에서도 찾아볼 수 있다. 특이한 건축 형태들을 몽타주처럼 모아놓은 이 작품은 대개 허구적인 뉴질랜드 버내큘러에서 영감을 받았는데, 확실히 로저 워커가 1971년 화카타네 공항에 설계한 공항 터미널 건물에 나타나는 긴장감의 뿌리라 할 수 있는 작품이다.

4장

유럽

이 역사서의 증보판을 내는 주된 목적이 이전까지 유럽과 대서양을 중심으로 하던 편향성을 뛰어넘으려는 것이라는 점에서, 여기서 유럽 현대 건축을 방대하게 다루는 건 분명 역설일 수밖에 없다. 하지만 앞선 판본에서까지 미처 다루지 못한 유럽 국가들이 다수 있었고, 특히 핀란드를 제외한 모든 북유럽 국가가 설명에서 빠져 있었다. 그렇게 한꺼번에 빠지는 바람에 제2차 세계대전 이후 근대 운동의 진화에 주된 기여를 한 건축가들, 예컨대 덴마크의 걸출한 건축가인 아르네 야콥센이나 노르웨이의 스베레 펜 같은 이들이 누락되고 말았다. 이전 판본까지는 1930년 스톡홀름 박람회의 중요성도 드러내지 못했는데, 이 전시회는 스웨덴 건축의 범위를 바꿨을 뿐만 아니라 스웨덴 사회 민주주의의 시각적·물질적 문화를 정초하기도 한 사건이었다.

본 섹션은 1926년부터 40년까지 코펜하겐에 지어진 P.V. 옌센-클린트의 그룬트비 교회와 고고학적 영감을 받아 1925년 아테네에 지어진 디미트리스 피키오니스의 카라마노스 주택 같은 특이한 성취들, 그리고 1930년 빈의 페리미터 블록 주거인 카를 엔의 카를 마르크스-호프 같은 중요한 도시적 개입 사례도 다룬다. 근대 운동의 지배적 접근과 다른 또 하나의 사례는 요제 플레치니크가 새로 건국된 체코의 대통령 관저로 특별하게 변경한 프라하 성 프로젝트였다. 뛰어나지만 다소 이례적인 유럽 작품들, 예컨대 에리히 멘델존과 세르지 체르마예프의 설계로 영국 벡스힐에 지어진 드 라 워 파빌리온과 앙리 반 데 벨데의 설계로 오테를로에 지어진 크뢸러-뮐러 미술관도 여기서 다룬다.

본 증보판에서 바로잡으려는 또 하나는 1945년 이후 이탈리아의 재건과 함께 시작된 제2의 모더니티다. 이는 브루노 제비와 에르네스토 나탄 로제르스 같은 헌신적인 지식인들이 부상하고, 베네치아에서는 카를로 스카르파가, 밀라노에서는 BBPR과 프랑코 알비니, 지오 폰티, 잔카를로 데 카를로, 피에르 루이지 네르비가 건축 작업을 하면서 시작되었다. 이후 이 세대는 그에 못지않게 중요한 인물들로 이어졌는데, 예컨대 철학자 마시모 카차리와 함께 1960년대 이탈리아 건축계의 담론을 변화시킨 역사가 겸 이론가 만프레도 타푸리도 그중 하나였다. 그들과 함께 비토리오 그레고티, 알도 로시, 조르조 그라시 같은 건축가들은 앞선 판본들에서 간략하게만 언급되었다. 비록 제4판에서 20세기 말을 향할 때의 발전들, 대표적으로 핀란드와 프랑스, 스페인, 일본에서의 발전을 다루긴 했지만, 거기에서 벗어난 20세기 중반 유럽 건축가들 중에는 1950년대 서독의 그 유명한 경제 기적이 일어나던 시기에 두각을 나타낸 수많은 걸출한 독일인도 있었다. 한스 샤로운, 에곤 아이어만, 귄터 베니슈, 프라이 오토, 그리고 오스발트 마티아스 웅거스 같은 인물 말이다.

본서의 제1판 중 상당 부분이 20세기의 마지막 25년간 쓰였기 때문에, 나는 1930년대로 거슬러 올라가 1950년대까지 계속된 영국 건축의 특별히 창조적인 순간을 되돌아볼 필요를 느꼈다. 나는 여전히 1951년 런던에 지어진 왕립 페스티벌 홀이 이 시기의 정점이었다고 느낀다. 그 건물은 1945년 이후 영국에서 완공된 가장 세련된 공공건물 중의 하나다. 영국은 유럽을 다시 살펴보는 과정에서 특별히 초점을 맞춘 곳이었는데, 비록 부침은 있었을지라도 연속적인 모던의 전통이 영국에 존재해온 방식을 보여주고 싶었기 때문이다. 즉, 1930년대의 선구적인 건축부터 시작해서 1960년대 중반의 브루탈리즘 국면으로, 그리고 1970년대 초 리처드 로저스와 노먼 포스터 그리고 렌초 피아노 등 영국인과 이탈리아인이 개척한 하이-테크(High-

Tech) 운동으로 나아가며 지속해온 영국 모던 전통의 흐름을 보여주고 싶었다.

아마도 이러한 유럽 개관에서 가장 편향적인 면은 벨기에를 포함시키고 네덜란드는 배제했다는 데 있을 것이다. 내가 이 증보된 역사서에서 벨기에에 지면을 할애한 이유는 두 가지이다. 첫째, 두 차례의 세계대전 사이에 벨기에는 근대 운동의 진화에 특별히 생산적인 역할을 수행했다. 둘째, 최근 이 주제를 다룬 문헌들에서 벨기에가 늘 짧게만 다뤄져왔기 때문이다. 반면에 네덜란드를 생략한 것은 이미 앞선 판본들에서 네덜란드의 많은 작품을 다룬 바 있고 네덜란드의 선구적인 건축 전통이 신자유주의 속에서 살아남지 못하면서 지금껏 오랫동안 이어지던 사회주의 전통이 파괴된 것으로 보이기 때문이다. 스위스 연방 역시 이번의 유럽 개관에서는 명백히 생략되었는데, 이전 판본들에서 간간이 다룬 바 있기 때문이다.

영국

존 버넷 경과 그의 파트너들이 영국 철제 창문 제조업자 프랜시스 헨리 크리톨을 위해 표현적으로 설계한 1927년 에식스 주 실버엔드의 주택들부터 시작해서, 잉글랜드의 근대 운동은 당초 외부에서 이주해온 인재들의 작품이었다. 이 건축가들은 1920년대 말과 1930년대 초에 영국으로 왔는데, 정치적 이유로 망명했거나 영연방의 지방색에 답답함을 느껴 이주한 것이었다. 뉴질랜드 출신으로 1929년 영국에 온 에마이어스 코넬과 배질 워드, 캐나다 건축가이자 엔지니어로 1927년 런던에 온 웰스 코츠가 후자에 해당한다. 코넬이 영국에서 설계한 첫 작품은 고고학자 버나드 애쉬몰을 위해 1931년 버킹엄셔 주의 아머샴에 완공한 학익진 모양의 하이 앤드 오버(High and Over)[602]였다. 코넬과 워드는 나중에 콜린 루카스와 힘을 합쳐 콘크리트 주택 한 채를 설계했고, 루카스는 이 집을 1933년 켄트 주의 플랫에 완공시켰다[603]. 1930년대 후반에 걸쳐 이 파트너십은 철골에 시멘트로 마감한 일련의 주택을 만들어냈는데, 이 집들의 우아한 성격은 대개 리듬 있는 디테일의 철제 창문과 난간으로부터 나왔다.

영국 건축계에 영향을 준 최초의 대륙 출신 망명자는 러시아에서 온 유대인 건축가 베르톨트 루베트킨이었다. 1931년 파리에서 런던에 도착하자마자 텍턴이라는 사무소를 설립한 그는 1935년 런던 하이게이트에 최초의 하이포인트 아파트 블록[260]을 설계하고 실현했다. 이 건물의 구조와 건설 방식은 덴마크-노르웨이계 부모를 둔 영국 태생의 젊은 엔지니어 오브 애럽이 고안했다. 이러한 성취 이후 루베

[602] 코넬, 하이 앤드 오버, 아머샴, 버킹엄셔, 1931.

[603] 루카스, 켄트의 주택, 1933.

[604] 프라이, 선 주택, 프로그널, 햄스테드, 런던, 1935.

트킨은 그에 못지않게 창의적인 다수의 철근콘크리트 구조물을 런던 동물원에 설계했는데, 그중 독일에서 새로 망명해 온 유대인 엔지니어 펠릭스 사무엘리의 계산에 따라 철근콘크리트 경사로들을 서로 맞물려 배치한 펭귄 수영장이 유명하다. 루베트킨과 그의 동료들에 이어 영국 건축계에 등장한 인물은 에리히 멘델존이었는데, 멘델존은 영국에서 교육받은 러시아 태생의 세르지 체르마예프와 함께 놀랍도록 역동적인 드 라 워 파빌리온[605]을 설계하여 1935년 이스트서식스의 벡스힐에 완공시켰다.

1937년 사무엘리는 독일에서 망명해 온 유대인 건축가 아르투어 코른과 협업하여 현대건축연구회의 매우 급진적인 런던 계획을 했다. 현대건축연구회는 결국 웰스 코츠의 구상을 통해 CIAM의 영국 지부가 되었는데, 코츠는 1933년 마르세유에서 아테네까지 항해한 증기선 파트리스 호에서 열린 제3차 CIAM 회의에서 영국을 대표한 인물이었다. 창립 당시 현대건축연구회는 공공주거라는 사회주의적 대의에 전력을 다했는데, 이는 1934년 열린 최초 전시회와 제2차 세계대전으로 종결되기 직전 1938년의 마지막 전시회에서 분명하게 드러났다. 현대건축연구회에는 역시 재능 있는 영국 토박이 건축가들이 다수 있었는데 1935년 런던 프로그널에 특별히 우아한 선 주택[604]을 설계한 맥스웰 프라이, 1936년 사무엘리와 함께 런던 피카딜리에 투광조명이 설치된 장스팬의 심슨스 백화점을 설계한 조지프 엠버튼 등이었다. 1930년대 내내 영국 건축계는 창의성과 엄밀함을 보여줬지만, 알프레드 로트의 선집 『1940년의 새로운 건축』에 포함된 영국 건

[605] 멘델존과 체르마예프, 드 라 워 파빌리온, 벡스힐, 이스트서식스, 1935.

물은 부츠 공장[258]뿐이었다. 이 건물은 엔지니어 오언 윌리엄스 경의 설계에 따라 1932년 비스턴에 극적인 철근콘크리트 캔틸레버 구조로 지어졌다.

영국 근대 운동의 활기찬 정신은 전쟁 기간 중 살아남지 못했고 세련된 루베트킨마저도 1938년 그가 떠난 곳에서 재개할 수 없었다. 이러한 사정은 텍턴이 1945년 이후 첫 15년간 런던 이스트엔드 전역에서 설계하고 완공시킨 주거 계획들이 형태주의적인 중층 규모의 저비용 벽돌 입면으로 이루어진 데서 분명히 입증된다. 이렇게 자신감을 잃은 분위기에서 유일하게 예외였던 작품은 1951년 지어진 왕립 페스티벌 홀[606, 607]이었다. 이 건물은 런던 시의회의 주요 건축가들이었던 로버트 매슈와 레슬리 마틴이 설계자로 이름을 올렸지만, 대개는 전쟁 이전 텍턴에서 상당 기간 일한 피터 모로가 설계한 것이다. 전쟁 이전 기풍의 또 다른 흔적은 1946년 아키텍츠 코파트너십이 웨일스에 설계한 브린모어 고무 공장에서 감지할 수 있는데, 이 건물의 기발한 셸 콘크리트 천창 지붕 시스템은 애럽의 설계로 이루어졌다. 이에 못지않게 근대 운동의 영웅적 시기를 연상케 하는 작품은 랠프 터브스의 설계로 1951년 영국 페스티벌을 위해 건립된 '발견의 돔'이었다. 파월과 모야가 설계한 스카일론(Skylon)과 함께 이 돔은 이

[606, 607] 마틴과 모로, 왕립 페스티벌 홀, 런던, 1951.

상하게도 1920년대 소련 구축주의 아방가르드의 기풍을 연상시켰다.

1947년의 도시 및 촌락 계획법 이후, 전쟁 이전의 백색 합리주의 건축은 신경험주의로 대체되었다. '신경험주의'(New Empiricsm)는 스웨덴의 사회민주주의 주거 건축가 스벤 박스트룀이 1947년 『아키텍처럴 리뷰』(*Architectural Review*)의 한 기사에서 도입한 용어다. 영국의 맥락에서 신경험주의는 이중구배의 낮은 타일 지붕과 목조 전망창을 갖춘 저층저밀의 2층짜리 벽돌조 주거 단위들을 의미했는데, 이런 문법은 요컨대 1933년 스톡홀름 외곽에 지어진 스벤 마르켈리우스의 시골 별장에서 일부 도출된 것이었다. 하지만 전후 영국 신도시에서는 인구 밀도를 늘리기 위해 벽돌 입면의 10~12층짜리 아파트 블록도 포함하는 주택 유형이 수용되었다. 이런 패턴은 1958년 로햄튼의 목가적인 공원 부지에 지어진 런던 시의회의 올턴 주거지[608], 말하자면 엄밀히 신도시는 아니지만 그와 비슷한 범위의 유형을 보여

[608] 런던 시의회, 올턴 웨스트, 로햄튼, 1958.

준 곳에서도 나타났다. 이곳은 대개 신경험주의의 영향을 드러냈지만, 예외적으로 갤러리로 진입하는 V자형 배치의 복층 아파트 블록에서는 코르뷔지에적 방식을 명백하게 보여주었다. 이런 블록은 당시 런던 시의회 건축가 부서의 신진 인재를 대표한 윌리엄 빌 하월과 콜린 세인트 존 윌슨이 설계한 것이었다. 저층과 고층의 주거 물량을 결합하고 차량으로 출입하는 이 혼합 개발 부지는 전통적인 가로 공간의 어떤 흔적도 싫어했고, 이런 점에서 전후 영국 주거의 전형이었다고 할 수 있다.

영국에서 가로를 지향하는 저층고밀의 토지 정착 패턴이 출현하기까지는 또 한 세대가 흘렀고, 결국 그런 패턴이 출현했을 때에는 1960년 스위스의 베른 외곽에 완공된 할렌 주거지가 전범으로서 큰 영향을 끼쳤다. 이러한 노출 횡벽(cross-wall) 구조 사이에 배치된 계단식 테라스 주거의 패러다임은 니브 브라운이 런던 캠던 자치구에 설계한 압축적인 주거 계획들에 직접 영향을 주었는데, 첫 번째는 1966년 완공된 플리트 로드 주거[612]였고 두 번째는 훨씬 더 대규모로 1967년부터 공사 중인 알렉산드라 로드 복합시설[611]이었다. 후자에서는 집집마다 넓은 외부 테라스가 있는 7층짜리와 4층짜리의 계단식 블록들이 평행하게 구성되었다. 하지만 1960년 할로 뉴타운에 마이클 네일런의 비숍필드 저층 중정형 주거[609]가 지어지고 마이클 브라운, 에드워드 존스, 마이클 골드, 폴 심슨이 1966년 포츠다운 주거 설계경기에 출품한 기발한 작품이 안타깝게 미실현된 경우를 제외하자면, 영국에서 저층고밀 주거가 계획되거나 완공된 사례는 거의 없었다. 그럼에도 계단식 단면은 (레슬리 마틴과 콜린 세인트 존 윌슨의 사무소에서 일하던) 패트릭 호지킨슨의 설계로 케임브리지의 곤빌 앤드 키이스 칼리지에 지어진 기숙사[610]의 연속적인 테라스에 통합되었다. 게다가 호지킨슨은 1970년 런던 블룸즈버리에 완공된 페리미터 블록 주거의 역작인 브런즈윅 센터를 설계할 때도 동일한 계단식 단면을 채택했다.

마틴은 케임브리지 대학교 건축대학장으로 재직하는 동안 신진 인재를 지원하는 데 핵심 역할을 수행했다. 비단 그의 대학교에서만이 아니라 대학기금위원회에서도 자문을 하며 인재를 지원했는데, 무엇보다 그의 자문으로 대학기금위원회가 1957년 제임스 스털링과 제임스 고완에게 레스터 대학교 공과대학[275]의 설계를 맡겨 1963년 완공시킨 것이 대표적이다. 이 시기에 마틴은 앨리슨과 피터 스미슨 부부도 이코노미스트 런던 사옥 설계에 도전할 후보로서 추천했

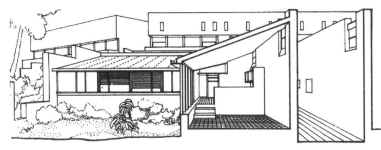

[609] 네일런, 중정형 카펫 하우징, 할로, 에식스, 1960. 단면투시도.
[610] 호지킨슨, 곤빌 앤드 키이스 칼리지 기숙사, 케임브리지, 1964.

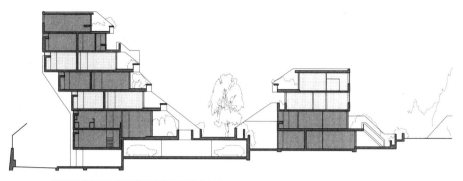

[611] 브라운, 알렉산드라 로드 복합시설, 런던, 1967. 단면도.
[612] 브라운, 플리트 로드 주거, 런던, 1966.

[613, 614] 스털링, 세인트앤드루스 대학교 기숙사, 스코틀랜드, 1964.
포토몽타주와 창문과 줄무늬 프리캐스트콘크리트 패널 디테일.

는데, 돌이켜보면 1964년에 실현된 이 건물은 분명 그 부부의 이력에서 마지막으로 중요한 작품이었다. 노퍽의 헌스탠튼 학교[270]와 매우 유사한 이 건물은 1949년 시카고에 지어진 미스의 프로몬토리 아파트처럼 건물이 높이 솟은 만큼 구조용 멀리언들을 뒤로 물린 미스적인 작업이었다. 하지만 그에 못지않게 중요한 것은 그 콘크리트 멀리언들의 입면을 포틀랜드 연수정으로 덮었다는 점이다. 고르지 않은 날씨로부터 노출 콘크리트를 보호하고자 덧댄 이러한 석재의 활용은 역시 1964년에 지어진 스털링의 세인트앤드루스 대학교 기숙사[613,614]에서도 비슷하게 나타나는데, 이 기숙사에서는 깊은 요철을 낸(rusticated) 석조 작업을 은유하려는 의도로 용접강 거푸집에서 타설한 대각선 줄무늬의 조립식 콘크리트 패널 입면을 활용했다. 이 작품은 결국 스털링이 1970년 레온 크리어와 함께 설계한 더비 시민회관 프로젝트에서 포스트모더니즘을 채택하기 전, 마지막으로 선보인 브루탈리즘적 진술이었다.

　돌이켜보면 영국 브루탈리즘은 신경험주의의 공공연히 대중적인 호소에 반대하며 사회적 접근성을 높이되 엄밀한 건축을 성취하려던 합심의 노력을 대표한 것이었음이 분명하다. 아마도 이것이 스털

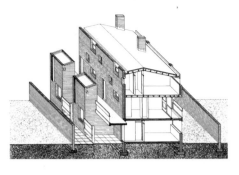
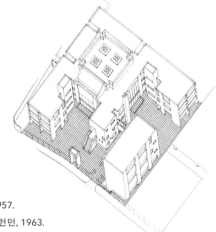

[615] 스털링과 고완, 주거, 프레스턴, 랭커셔, 1957.
[616] 코훈과 밀러, 포레스트게이트 학교, 뉴엄, 런던, 1963.

링의 "윌리엄 모리스는 스웨덴 사람이었다는 사실을 직시합시다!"는 말을 설명해줄 것이다. 모리스는 북유럽 문화의 전통에 사로잡혀 있었고 스웨덴 복지국가는 건축의 사회적 접근성에 사로잡혀 있었다는 사실의 이중적 아이러니를 말이다. 그렇다 하더라도, 사회적 시의성에 대한 관심을 입증하는 브루탈리즘 초기 작업들 중에는 스미스슨 부부의 1952년 작품으로 이른바 '창고' 미학이 깃든 소호 주택 프로젝트와 스털링과 고완의 설계로 1957년 랭커셔의 프레스턴에 지어진 사회적 주거[615]가 있다. 벽돌과 노출 콘크리트 바닥판들로 이루어지는 이러한 '견실한' 작업들이 이 순간의 전형을 이룬다. 예컨대 1963년 런던 이스트엔드에 지어진 앨런 코훈과 존 밀러의 칸적인 포레스트게이트 학교[616]가 그러했고, 잉글랜드 기후에 적합한 규범적인 현대 조적 방식을 진화시키려는 노력의 일환으로 케임브리지의 마틴 사무소가 일반적으로 채택한 알토의 유기적인 선은 말할 것도 없다.

이러한 영웅적인 문화적 입장은 역설적으로 영국 정치의 포퓰리즘적 변화와 상충하는 순간들을 맞게 되었는데, 처음은 1964년 해럴드 윌슨의 노동당이 선거에서 승리했을 때였고 다음은 1970년 보수당이 승리했을 때였다. 승리한 보수당은 마거릿 대처를 교육장관으로

앉혀 전면에 대두시켰는데, 그녀는 런던 건축협회 건축학교에 들어가
길 열망하던 영국 학생들을 위한 정부 지원금을 장관의 권한으로 끊
어버렸다. 이때가 경제학자 프리드리히 하이에크가 케인스적인 복지
국가 경제에 반대하는 반-사회주의 이데올로기로 영국 정부에 영향을
주기 시작한 순간이다. 1979년 대처가 영국 수상에 당선되고 1981년
로널드 레이건이 미국 대통령에 당선된 이후 부상한 영·미 신자유주
의는 이런 입장을 더 강화했다. 대처 정부는 영국 석탄 산업을 정리하
고 지역 당국의 권한을 전국적으로 약화시켰으며, 급기야 그레이터런
던 시의회(Greater London Council)를 해체하고 저비용 주거에 대
한 정부 보조금을 없앴다.

정치와 건축 간의 직접적 관계를 주장할 수는 없다 하더라도,
1972년 영국의 마지막 뉴타운인 밀턴케인스가 미국 도시계획가 멜
빈 웨버의 '비장소 도시 영역'(non-place urban realm) 개념에 따라
계획된 것은 분명 우연이 아니다. 웨버가 이 개념으로 염두에 둔 것은
1961년 런던 시의회가 제안했다가 미실현된 뉴타운인 후크[617]와
정반대로 분산된 거대도시인 로스앤젤레스였다. 후크와 같은 압축
적인 도시 모델과 반대로, 밀턴케인스는 버킹엄셔 촌락 위로 배치된
1킬로미터의 정사각형 격자로 구성되었다[293]. 1960년대에는 영국
과 이탈리아에서 주도한 건축의 하이테크 운동도 출현했다. 이 운동
은 팀 포(Team 4)가 1966년 윌트셔의 스윈든에 릴라이언스 컨트롤
스 컴퍼니의 공장을 케이블로 보강한 철골조로 실현하면서 시작되었
다. 이러한 접근은 더 나아가 1972년 퐁피두 센터 설계경기에서 우승
한 리처드 로저스와 렌초 피아노의 작품[291,292]에서 채택되었고,
얼마 안 지나서 1975년 서퍽의 입스위치에 지어진 노먼 포스터의 윌
리스 페이버 앤드 뒤마 보험회사 사옥[252,310]에서도 채택되었다.

영국 하이테크를 주도하는 건축가들인 로저스와 포스터가 이탈
리아의 피아노와 같이 국내보다 국외에서 더 많은 작업을 한다는 사
실은 충분히 의미심장하다. 이는 추후의 걸출한 영국 건축가 데이비

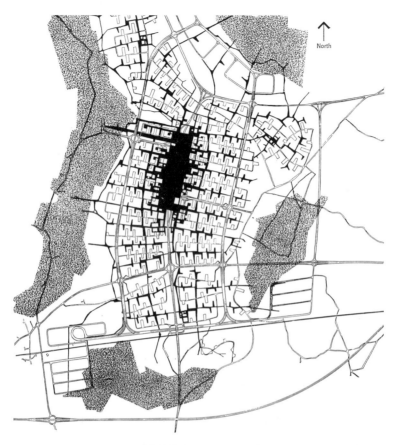

[617] 런던 시의회, 후크 뉴타운, 1961. 종합계획도.
[618] 치퍼필드, 조정 박물관, 헨리온템스, 옥스퍼드셔, 1997.
[619] 프레튼, 폴상 미술관, 롤란, 덴마크, 2008.

[620] 치퍼필드, 제임스 시몬 갤러리, 베를린, 2018.

드 치퍼필드의 경우에도 해당하는데, 그는 하이테크 건축가로 불리지는 않더라도 로저스와 포스터의 사무소에서 각각 다른 시기에 일하다가 자신의 독립된 사무소를 개설하여 고급 매장 인테리어와 일본의 소형 콘크리트 건물들—예컨대 1990년 교토에 지어진 도요타 쇼룸과 1991년 지바 현에 지어진 고토 미술관 등—을 작업했다. 그는 1997년 옥스퍼드셔의 헨리온템스에 실현한 일본적 비례의 조정 박물관[618]으로 영국 건축계에 돌아왔다. 치퍼필드가 주로 영국을 벗어난 유럽 지역에서 작업한 덕에 독일은 그의 작업[620]을 후원하는 주된 국가가 되었고, 2006년 슈투트가르트 인근의 마르바흐에는 그가 설계한 독일문학박물관이 지어지기도 했다.

치퍼필드처럼 토니 프레튼도 영국 건축가보다는 유럽 건축가에 더 가까운 작업을 해왔는데, 특히 1999년 델프트 공과대학교 교수로 임명된 이후로 네덜란드와 스칸디나비아를 위한 일련의 작업과 프로젝트를 해왔다. 도시적 규모에서 가장 의미 있는 프레튼의 작업은 암스테르담에서 이루어졌는데, 특히 중층 규모의 두 아파트 블록인 6층짜리 솔리드 11과 7층짜리 안드레아스 앙상블이 대표적이다. 후자의

[621, 622] 매클로플린, 술탄 나즈린 샤 센터, 우스터 칼리지, 옥스퍼드, 2017.

마감에는 프레튼의 취향을 강력하게 반영한 재료들이 쓰였는데, 덴마크 회색 벽돌에 밝은 청동색과 청록색으로 산화된 알루미늄 창문 그리고 연녹색 프리캐스트콘크리트의 펜트하우스가 결합되었다. 하지만 그가 성공적으로 구축해온 갤러리 공간 디자이너로서의 기량을 가장 잘 보여준 작품은 아마도 2008년 덴마크의 롤란에 작게 지어진 풀상 미술관[619]일 것이다. 이 작품에서 프레튼은 조각 전시와 미묘하게 틀지어진 주변 풍경의 시야 간에 특별히 강력한 관계를 확립할 수 있었다. 지금까지 프레튼이 작업한 가장 크고 기념비적인 작품은 2003년부터 2009년까지 2단계에 걸쳐 바르샤바에 지어진 영국 대사관 및 대사관저다. 이 작품에서는 공적인 응접과 외교를 위한 공간들

[623] 패리, 판크라스 스퀘어 4번지, 런던, 2017.

만큼이나 국가적 기풍을 대변하는 사무실들을 볼 수 있다.

21세기 초 런던에 거점을 두고 가장 생산적이고 다양한 작업을 한 사무소는 아마도 에릭 패리 아키텍츠일 것이다. 1986년에 설립된 이 사무소는 지난 30년간 폭넓은 범위에서 엄밀하게 전문적인 서비스를 유지하면서, 쿠알라룸푸르의 중층 규모 중산층 주거부터 학계와 예술계 의뢰인들을 위한 다양한 범위의 부수적인 변경 작업, 그리고 영국과 프랑스에서 때때로 별장을 복원하면서 보존하는 작업 등을 해 왔다. 작업 범위가 폭넓은 것과는 별개로, 이 사무소는 주로 런던 가로 조직을 조금씩 복원하는 작업에 집중해왔다. 먼저 핀즈베리 스퀘어 30번지를 위한 당김음적 운율의 조립식 입면이 2003년에 완공되었고, 이어서 새빌 로 23번지를 위한 보다 고전적 텍토닉의 정면이 비슷한 시기에 완공되었다. 쿠알라룸푸르부터 시작해서 이 사무소의 모든 작업은 맥락적이었다. 하지만 이들은 재단장된 런던 킹스 크로스역 인근의 판크라스 스퀘어 4번지에 지어진 미스적인 11층짜리 독립 철골조의 사무소 건물[623]로 더욱 건축적인 진술을 해냈다. 1층이 기념비적인 장스팬의 비렌딜(Vierendeel) 트러스 뒤로 후퇴하여 건물의 나머지 부분에 대한 분위기를 설정하는데, 전면이 광장에 면할 뿐만 아니라 다른 삼면에서는 널찍한 간격의 기념비적인 강철 기둥들이 강조된다.

스펙터클한 것에 관심이 집중되는 시대에 건축의 종잡을 수 없는 본질을 떠올리게 하는 작업을 하는 런던 기반의 건축가가 있다면, 그는 바로 1990년대 중반 이후 영국에서 실무를 해온 아일랜드 건축가 나이얼 매클로플린이다. 지극히 감각적인 그의 접근은 늘 유서 깊은 장인 기술이 깃든 목조 건축의 전통을 암시하는데, 이는 2013년 옥스퍼드셔 주 커즈든의 한 신학대학을 위해 지어진 비숍 에드워드 킹 예배당에서 명백히 환기되었다. 여기서는 용골형 지붕을 떠받치는 휜 각재 프레임이 벽돌 타일 입면의 콘크리트 셸로 에워싸인다. 아울러 매클로플린이 2년 후 햄프셔에 지은 낚시용 목조 오두막은 일본식 목조 전통과 중세 오크 골조 기법에 경의를 표한다. 2017년 옥스퍼드 우스터 칼리지에 매클로플린이 완공시킨 술탄 나즈린 샤 센터[621,622]는 그의 비전을 총체적으로 다양하게 보여준다. 잔디에 면하여 대칭을 이루는 이 건물의 전면은 후면의 기존 기숙사들과는 비대칭적으로 연관되고, 두 축은 중앙 강당의 사분원을 에워싸는 현관의 경량 목재를 통해 어우러진다.

아일랜드

1916년 부활절 봉기와 1921년 독립선언 이후 2년간의 내전을 치른 아일랜드 자유국은 1937년에 들어서야 완전히 독립적인 입헌 공화국이 되었다. 이 나라를 건축적으로 재현한 최초 사례는 1939년 뉴욕 세계박람회를 위해 마이클 스콧이 설계한 아일랜드관이었다. 이 건물의 계획은 아일랜드의 국장(國章)인 토끼풀의 형상으로 개념화되었다. 제2차 세계대전 이후 스콧의 사무소는 더블린 중심지에 더 세련된 선을 코르뷔지에적인 버스 터미널(1953)의 형태로 선보였는데, 이 터미널은 엔지니어 오브 애럽과 협업하여 설계한 것이다. 1960년대 스콧의 젊은 파트너들로서 과거 시카고에서 일했던 로널드 탤런과 로빈 워커는 르 코르뷔지에의 영향에서 벗어나 미스 반 데어 로에의 시카고 작업에 더 가깝게 사무소의 방향을 변화시켰는데, 그 변화의 시작은 RTÉ(아일랜드 국영 라디오 및 텔레비전) 더블린 본부(1967) 건물이었다.

　그 이후 10년간은 경기 침체기로 중요한 작업을 찾아보기 어렵지만, 1970년 리머릭에 노엘 다울리의 칸적인 설계로 지어진 킬프러시 주택은 예외다. 다울리는 대학 졸업 후 미국에서 칸과 함께 공부했고, 유니버시티 칼리지 더블린에서 가르치며 셰인 드 블래캠에게 학위를 마치자마자 칸의 사무소에서 일하도록 설득한 인물이기도 했다. 한편 헬싱키 공과대학교를 졸업한 건축가 존 마는 필라델피아로 가서 벤투리와 로치, 스콧 브라운의 사무소에서 일했다. 드 블래캠과 마는 1980년대 초 아일랜드로 귀국하자마자 공동으로 사무소를 설립했고, 화재로 파괴된 트리니티 칼리지 더블린의 식당을 재건하기 위한 설계 의뢰를 받았다. 10년 후 그들은 역시 트리니티 칼리지의 의뢰를 받아, 캠퍼스의 눈에 잘 띄는 대지에 아일랜드 토속 헛간 지붕으로 덮은 칸적인 목재 입면의 새뮤얼 베킷 극장(1992)을 지었다. 나중에 이들은 알바 알토의 영향을 받았는데, 1999년 더블린의 도시 조직에 삽입된 캐슬 가 1번지 건물[625]이 그 예다. 여기서는 칸적인 목재 패널 마감을 알토적인—알토의 1950년작 새위낫샐로 시청과 비교할 만한—캔틸레버 구조의 성벽 같은 벽돌쌓기와 결합하여 두 건축가의 영향을 특히 설득력 있게 종합했다. 이와 비슷한 문법이 그들의 설계로 2000년 더블린 템플바 지구에 지어진 10층짜리 아파트 건물인 이른바 우든 빌딩[624]에서도 분명히 나타난다. 여기서는 수직 출입 타워의 벽체에서 모르타르 줄눈을 강조한 벽돌쌓기로 두 영향의 종합을 더 풍부하게 완성했다.

[624] 드 블래캠과 마, 우든 빌딩, 더블린, 2000. 입면도.
[625] 드 블래캠과 마, 캐슬 가 1번지, 더블린, 1999.

더블린에 대단히 창조적인 건축 문화가 출현하게 된 것은 90년대 유럽연합의 지원을 받은 아일랜드 경제 호황뿐만 아니라 유니버시티 칼리지 더블린 건축대학의 텍토닉적이고 지형학적인 담론 덕분으로도 보인다. 이 건축대학에서 이른바 '그룹 91'의 가장 재능 있는 일원들이 나왔는데, 무엇보다 셸리 맥너마라와 이본 패럴이 설립한 사무소인 그래프턴 아키텍츠, 그리고 런던에서 공부하고 실무를 거친 뒤 1981년 더블린으로 돌아와 파트너십을 설립한 존 투오미와 실라 오도넬이 대표적이다.

1950년대 중반 영국 브루탈리스트들처럼, 그룹 91은 아일랜드 건축에 오랫동안 영향을 끼친 미스의 스타일을 철회하고 토속적인 것을 적절히 참조하는 일련의 작업을 선호했다. 하지만 이런 작업은 곳곳에서 고전주의가 끼어들 때가 많았는데, 오도넬과 투오미의 설계로 1998년 더블린에 대칭적으로 지어진 래널러그 학교가 그 예다. 재활용 벽돌을 세련되게 활용한 이 학교의 건축 언어는 스털링이 포스트모던 작업으로 나아가기 전에 작품인 햄 커먼 아파트에서 나타나는 노출 콘크리트 및 내력 벽돌에 뭔가를 빚지고 있다(3부 2장 참조).

오도넬과 투오미가 '더블린유파'의 대표적인 실천가로 자리 잡는 데 주효했던 다음 프로젝트는 2004년 유니버시티 칼리지 코크를 위해 캠퍼스 정문 인근의 범람원에 활절 접합으로 지어진 목재 입면의 글럭스맨 갤러리[626]다. 기발하게 계획된 이 콘크리트 골조의 건물은 스털링의 1959년작 레스터 공과대학 건물(3부 2장 참조)을 간접적으로 연상시킨다. 하지만 이 작업 이후 얼마 안 지나서 그들은 그 어떤 브루탈리즘적 선례와도 결정적으로 결별하는 두 작품을 선보였다. 두 건물 모두 2000년대에 완공되었지만, 그 맥락과 제재는 서로 꽤 달랐다. 하나는 코네마라의 산악 풍경에 위치한 옛 소년원 건물에 목재 골조와 입면으로 구성한 단일구배 기계 공장[627]이었고, 다른 하나는 콘크리트 골조에 입면은 벽돌로 덮은 벼랑 같은 단지로서 더블린의 빽빽한 도시 조직에 기발하게 삽입된 팀버야드 주거

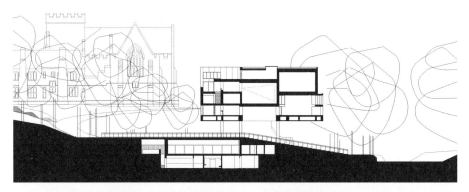

[626] 오도넬과 투오미, 글럭스맨 갤러리, 유니버시티 칼리지 코크, 2004. 단면도.

[627] 오도넬과 투오미, 골웨이-메이요 공과대학교 레터프래크 가구 칼리지, 골웨이, 1997~2001.

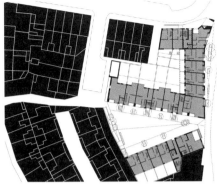

[628, 629] 오도넬과 투오미, 팀버야드 사회적 주거, 더블린, 2009. 전경과 평면도.

[628,629]였다.

역시 그룹 91에 속했던 그래프턴 아키텍츠는 다소 알토적인 그들만의 방식을 개발했는데, 이 방식은 2002년 작품인 도시토지연구소 건물과 2008년 더블린에 지어진 3층짜리 건물인 워털루 길 마구간개조주택(mews)에 적용되었다. 하지만 그들은 같은 해 밀라노 보코니 대학교 증축 설계경기에서 우승한 작품을 완공시키며 완전히 새로운 규모의 성취를 이루었다. 그들은 이 지명 설계경기에서 대학교와 도시에 똑같이 열려 있는 대강당을 설계하라는 의무사항을 충족시킨 유일한 건축가였을 뿐만 아니라, 교수 연구실 100개를 공급해야 하는 요건도 충족시켰다. 이 작업을 계기로 그래프턴 아키텍츠는 대학교 설계경기에 연이어 초청을 받아 우승했는데, 그렇게 프랑스 툴루즈에 설계한 경제대학 건물이 2009년부터 16년까지 지어졌고 2011년부터 15년까지는 페루의 리마에 설계한 공과대학교(UTEC)[630,631]가 지어졌다. 이들은 브라질 건축가 파울루 멘지스 다 호샤에게서 영감을 받아 대담한 텍토닉이 적용된 캔틸레버 구조의 철근콘크리트 거대구조로 UTEC를 계획했다. 또한 2015년 설계경기 우승작인 링컨스 인 필즈 소재 런던정경대학교의 8층짜리 단과대 건물에서도, 2014년 설계경기 우승작인 더블린 파넬 광장의 시립도서

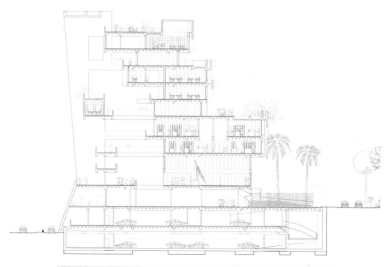

[630, 631] 그래프턴 아키텍츠, 대학 캠퍼스, UTEC, 리마, 페루, 2011~15. 횡단면도와 실내.

[632] 그래프턴 아키텍츠, 더블린 시립도서관, 파넬 광장, 더블린, 2015.

관 신축 설계안[632]에서도 비슷한 텍토닉적 접근을 취했다. 리마의 UTEC 건물처럼, 이 두 작품도 대개 단면에서 표현적 구조의 공적 공간을 개념화한 작품이었다.

프랑스

프랑스에서는 1968년 5월 일어난 학생 봉기와 시민 소요로 건축이 되살아나기 시작했다. 이로써 에콜 데 보자르는 파리뿐만 아니라 지방에서도 완전히 쪼개져 일련의 '교육단위'(unites pedagogiques, UP)로 분화했다. 이러한 탈중심화로 프랑스 건축 교육이 변화하면서 파리에는 건축가 앙리 시리아니와 앙리 고댕이 각각 이끄는 UP8과 UP3가 만들어졌다. 1972년 파리 퐁피두 센터 국제 설계경기는 정부 지원 건설 프로그램을 개시했고, 이 프로그램의 정점은 1980년대 프랑수아 미테랑 대통령 재임 시절 파리를 비롯한 프랑스 곳곳에서 진행된 '그랑 트라보'(Grands Travaux)라 불리는 대형 국책 사업이었다. 이 시기 프랑스 수도를 장식한 두 사업이 있었는데, 각각 샹젤리제 거리의 양 끝에 지어졌다. 첫 번째는 1989년 미국 건축가 이오 밍 페이의 설계로 기념비적인 유리 피라미드 형태로 지어진 루브르 박물관의 새 출입구였고, 두 번째는 같은 해 덴마크 건축가 요한 오토 폰 스프레켈센의 설계로 개선문 및 루브르와 같은 축선 상에 놓이며 라 데팡스에 완공된 거대 아치였다. 1980년대에 건설된 다른 주요 설계경기 우승작들로는 베르나르 추미의 라빌레트 공원(3부 4장 참조), 캐나다 건축가 카를로스 오트가 설계한 파리 국립 오페라극장 바스티유 신관, 이탈리아 건축가 가에 아울렌티의 설계로 센 강 옆 철도역인 오르세 역의 바로크적 외피 속에 지어진 오르세 미술관이 있었다. 역시 파리 시의 의뢰로 지어진 더 젊은 세대의 작품들로는 장 누벨의 아랍세계 연구소(1987), 크리스티앙 드 포르장파르크의 음악 도

시(1991), 도미니크 페로의 새로운 프랑스 국립 도서관(1995) 등이
있다.

정부가 지원한 건축 교육·연구의 활성화는 이 시기를 이끌던 잡
지들에도 영향을 주었는데, 베르나르 위에가 편집한 『오늘날의 건
축』과 자크 뤼캉이 이끈 『AMC』(건축, 운동, 연속성[Architecture,
mouvement, continuité])가 대표적이었다. 이 편집자들은 오귀스
트 페레와 토니 가르니에, 외젠 프레이시네의 선구적인 강화 콘크리
트 작업부터 미셸 루-스피츠와 로베르 말레-스티븐스가 추구한 유사-
아르데코적 노선까지 이어져온 프랑스 모던 전통의 재평가에 앞장섰
다. 또한 외젠 보두앵과 마르셀 로드의 철-유리 구조도 재조명되었는
데, 그중에서도 특히 그들이 장 프루베와 함께 설계하여 1939년 클리
시에 지어진 민중의 집이 주목받았다.

1980년대 프랑스에서는 르 코르뷔지에의 작업을 새롭게 자각하
게 되는 계기가 다양하게 일어났다. 첫 번째는 르 코르뷔지에 스튜디
오의 마지막 일원들이 설계한 중요한 두 작품이 실현된 것으로, 기예
르모 줄리앙 드 라 푸엔테가 설계한 프랑스대사관이 1985년 라바트
에, 조제 우브르리가 설계한 프랑스문화원[634]이 1986년 다마스쿠
스에 완공되었다. 두 번째는 코르뷔지에의 문법을 앙리 시리아니 같
은 인물들이 재해석한 것으로, 이는 시리아니 자신뿐만 아니라 그의
제자들이 설계한 작품에서도 나타났다. 후자의 예로는 1989년 미셸
카강의 설계경기 우승작인 파리의 '예술가 도시'가 있다. 또한 이탈리
아 텐덴차(3부 4장 참조)의 유형학적 노선에서 영향을 받은 시리아니
는 '도시적 작품'(la pièce urbaine)이라는 개념을 통해 자족적인 미
시도시성을 일으킬 수 있는 개입을 표방했는데, 일례로 1980년 마른-
라-발리에 지어진 그의 누아지 2 아파트단지[302]에 이 개념이 적용
되었으며 1991년 그가 아를에 설계한 고고학박물관[633]에도 비슷한
의도가 반영되었다. 아울러 이들은 르 코르뷔지에의 영향만 받은 것
이 아니었다. 1983년 크리스티앙 드빌레르의 설계로 파리 생드니에

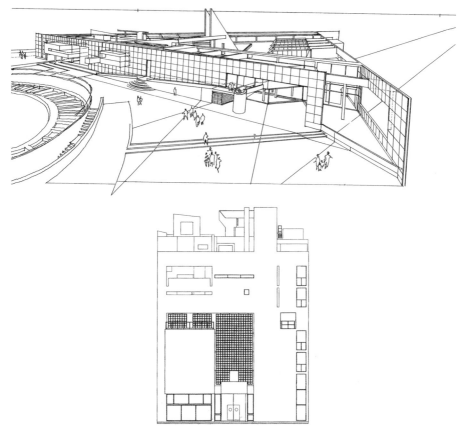

[633] 시리아니, 고고학박물관, 아를, 1991.
[634] 우브르리, 프랑스문화원, 다마스쿠스, 시리아, 1986. 입면도.

지어진 유리렌즈 마감의 주차장[636]이 철저히 구축주의적이었다면, 같은 해 로랑 보두앵과 크리스틴 루슬로 그리고 장-마리 루셀의 설계로 낭시에 지어진 모퉁이 건물(bâtiment d'angle)[635]은 알바루 시자의 지형적 건축에서 영감을 받았다.

1980년대부터 프랑스에는 특히 눈에 띄는 사무소 네 곳이 출현했다. 그중 첫 번째는 미셸 카강, 두 번째는 프랑수아즈-엘렌 주르다의 사무소다. 카강은 1970년대 후반 에콜 데 보자르가 재편된 이후 졸업

[635] 보두앵·루슬로·루셀, 아파트 블록, 파브리크 가, 낭시, 1983.
[636] 드빌레르, 쇼메트 공영주차장, 생드니, 1983.

하여 프랑스의 모던 전통에서 영감을 받은 세대에 속했고, 그만큼 르 코르뷔지에의 순수주의가 남긴 미학적 유산을 초월할 수 있었다. 보 두앵뿐만 아니라 카강 역시 르 코르뷔지에가 1920년대와 30년대에 이룬 성취들을 수많은 재능 있는 파리 건축가들, 예컨대 로브 말레-스 티븐스, 아일린 그레이, 폴 넬슨, 장 긴스베르그, 미셸 루-스피츠 등의 작업과 잘 조화시키는 방식을 점점 더 크게 자각하게 되었다. 그중에 서도 특히 미셸 루-스피츠는 카강이 매우 존경한 탁월한 중층 규모 아 파트 건물들의 디자이너였다. 카강은 앙드레 뤼르사의 영향도 받았는 데, 무엇보다 1930년 빌쥐프에 지어진 뤼르사의 역작인 카를 마르크 스 학교의 영향을 받았다. 이런 영향은 1999년 카강이 세르지퐁투아 즈를 위해 설계한 대학교 건물[639]에서 명백히 나타난다. 1993년 완 공된 카강의 예술가 도시[637]는 서로 관통하는 3차원 형태들을 역 동적으로 종합했는데, 그는 이 방식을 차후 20년간 세련되게 발전시 켜갔다. 그 결과 2000년 파리 아미랄 무셰 가에 완공된 9층짜리 주거 블록[638]을 시작으로 2007년까지 합리적으로 구성된 일련의 코르뷔

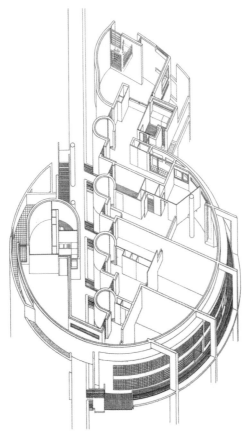

[637] 카강, 예술가 도시, 시트로엔세벤, 파리, 1993.
[638] 카강, 70세대 주거, 아미랄 무셰 가, 파리, 2000.
[639] 카강, 대학교 건물, 뇌빌 III.1, 세르지퐁투아즈, 프랑스, 1999.

452

지에적인 복합단지가 지어졌다.

리옹에 거점을 둔 프랑수아즈-엘렌 주르다와 질 페로댕의 사무소가 유럽 건축계에 처음 이름을 알린 것은 1990년대 초 몽-스니 수련원을 설계하면서였고, 이 작품은 1999년 독일 헤르네-소딩겐에 완공되었다. 껍질을 벗긴 나무줄기로 만든 기둥들을 등간격으로 배치하고 그 위에는 케이블로 고정한 목조 들보 격자를 올린 채 입면은 U형 단면 유리로 마감한 이 거대한 온실 구조물은 1년 내내 지중해적 미기후를 유지할 만큼 규모가 크다. 이곳은 여름철에 개방하여 맞통풍을 촉진하고, 겨울철에는 공간을 닫아 지하 터널을 통해 건물로 유입된 공기가 태양 복사열로 데워지게 한다. 한때 운영되었던 몽-스니 탄광을 따라 명명된 이 거대한 목제 구조물은 옛 독일의 유력한 공업지대였던 루르 지방을 엠셔 공원으로 재생하는 프로젝트의 일환이었다. 프랑수아즈-엘렌 주르다는 이 작업 이후 지속 가능한 목구조에 특화된 그녀만의 스튜디오를 개설했다. 이로써 그녀의 생전에 괄목할 만한 공공시설 두 건이 더 설계되고 건설되었는데, 2001년 리옹에 건립된 지붕 덮인 시장[640]과 2003년 보르도에 신축된 U형 단면 유리 입면의 식물원[641]이 그것이다. 두 구조물 모두 거칠게 표면 처리된 목재 기둥들로 지지되지만, 시장 건물을 떠받치는 기둥들은 점점 더 가늘어져 금속 케이싱(casing) 안에 끼워진다. 이 케이싱들은 기둥을 지반에 고정할 뿐만 아니라 상부의 단일구배 폴리카보네이트 지붕을 떠받치는 목재 들보와도 연결해주며, 이 지붕은 필요한 만큼의 자연광을 아래의 가판대까지 유입시킨다.

세 번째로 주목할 만한 사무소는 1993년 플루아라크에 지어진 라타피 주택으로 두각을 나타낸 안 라카통과 장 필리프 바살의 사무소다. 이 주택은 동일한 계획 면적의 온실을 예산 내에서 영리하게 확충한 그들의 첫 최소 주거 작품이었는데, 이렇게 최소 비용으로 추가 공간을 확보하는 것은 그들이 '기성'의 온실 기술을 핵심 모티프로 즐겨 활용해온 이면의 존재 이유였다. 이런 기법은 1998년 레쥬에 단층

[640] 주르다, 지붕 덮인 시장, 1945년 5월 8일 광장, 2001.

[641] 주르다, 보르도 식물원, 2003.

의 철골조로 지어진 카프페레 주택[642]에서 시적인 기풍을 이루게
되는데, 보르도 서쪽 아르카숑 만이 내려다보이는 소나무로 덮인 모
래언덕 부지에 위치한 이곳에 원래 있던 나무 여섯 그루를 그대로 보
존하여 집에 포함시킬 수 있었던 것이다. 이 기발한 해법이 가능했던
것은 지붕 위로 솟은 나무들이 바람을 맞으며 흔들릴 수 있도록 나무
둘레를 유연하게 에워싸는 틀을 발명했기 때문이다. 넓은 거실을 확
보하기 위해 주방/욕실과 침실 공간은 모두 최소한으로 줄여 설계되
었다. 이 작업 이후 라카통과 바살은 생나제르 인근 라셰네에서 11층
짜리 아파트 타워를 복원하고 개조하는 작업[643]을 했다. 1970년대
에 지어졌던 이 건물의 평면은 2006년부터 17년까지 재구성되었고,
발코니는 온실로 변경하여 거실 공간을 유리 공간으로 확장하는 효과
를 냈다. 이는 비바람이 잦은 프랑스 북부 기후에 더 적합한 선택이었
다. 그들은 이 작업에 대해 설명하면서 자신들이 취하는 전반적인 접
근의 윤리적·경제적 동기를 다음처럼 분명하게 요약했다.

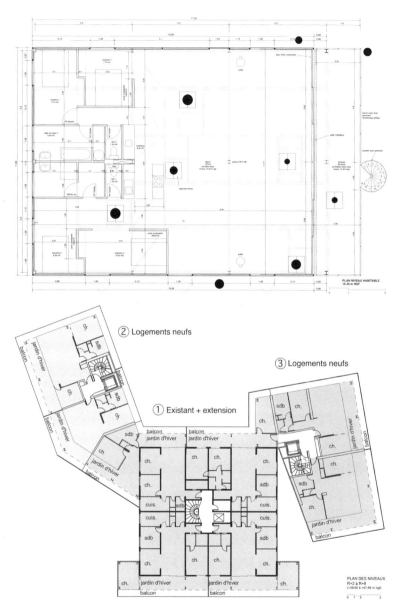

[642] 라카통과 바살, 카프페레 주택, 1998. 이 단층짜리 주택은 기존 나무들을 포함하도록 기발하게 설계되었다.

[643] 라카통과 바살, 아파트 타워 개조 프로젝트, 라셰네, 프랑스, 2006~17. 기존 건물은 회색이고, 그 주위에 새로운 구조를 덧붙였다.

[644] 라카통과 바살, 건축학교, 낭트, 2009.
[645] 마데크, 문화센터, 코르느바리유, 2017.

아파트 40세대를 개조하는 데 든 전체 비용은 철거하고 재건축하는 데 드는 비용보다 훨씬 낮다. 이렇게 개조를 택해 절감한 예산은 대부분의 신규 아파트 세대에 지원금으로 지급될 수 있다. 우리는 이 프로젝트가 기존의 네 타워를 철거하지 않고도 유리한 방식으로 개조하는 해법을 제공할 수 있음을 충분히 보여주길 희망한다.[1]

커튼월을 덧붙인 주거 작업을 연이어 설계하고 실현한 것을 제외하자면, 지금껏 그들의 가장 성공적인 공공 작업은 2009년 낭트에 신축된 건축학교[644]였다. 이 건물은 그들의 여느 작업과 마찬가지로, 장 프루베와 에두아르 알베르 같은 선구적인 인물들이 시작한 프랑스적 경량 금속의 전통을 잇는다고 볼 수 있다.

필리프 마데크는 프랑스 촌락의 문화적·경제적 재생에 오랫동안 전념해왔다. 이는 2006년 그가 설계하고 실현해온 수많은 지속 가능한 작품들에서 명백히 나타나는데, 그 시작은 랑그도크의 생크리스톨을 위해 신축된 마을회관이었다. 이 작품은 기존 마을을 위한 새로운 공동체 허브를 구성할 수 있게 상호 관계적으로 배치된 일곱 개의 독립 목구조로 이뤄진다. '비바니노'(Vivanino)라고 불리는 이 단지는 포도 재배에 기초한 지역 경제에 이바지하며, 고급 레스토랑과 와인 가게, 마을 회관, 쌍방향 대화형 전시 공간, 안내소로 구성된다. 2017년 마데크는 이보다 더 큰 문화센터[645]를 툴루즈 외곽의 코르느바리유에 완공시켰는데, 여기서는 소규모 부속 공간들을 흙벽돌로 짓고 주요 공공시설들에는 목조 상부구조를 적용했다. 328석 규모의 강당과 150석 규모의 대회의실에 사무소 및 기타 기능까지 포함하도록 구성된 이 복합시설은 범람원의 최고점보다 높은 60센티미터 두께의 콘크리트 데크 위에 앉혔다. 이 작품에 적용된 지속 가능한 요소로는 흙벽돌뿐만 아니라, 지역에서 수급한 낙엽송과 지속 가능하게 관리되는 삼림에서 수입한 미송으로 만든 구조도 있다.

벨기에

1831년에 만들어진 근대 국가 벨기에는 프랑스어권과 플라망어권 인구로 분할되면서 제1차 세계대전 이후 근대 건축의 발전에 영향을 미쳤다. 프랑스어권 건축가들은 르 코르뷔지에의 영향에 더 민감했던 데 반해, 플라망어권 건축가들은 건축가 헨드리퀴스 테오도뤼스 베이데펠트의 잡지 『전환』(*Wendingen*)에서 시작된 라이트적 노선이나 네덜란드 신조형주의의 추상으로 기울었다. 이런 대체적 경향과 거리가 멀었던 인물은 귀족 인사였던 앙리 반 데 벨데였다. 스위스로 망명을 떠났던 그는 1925년 벨기에로 돌아오자마자 브뤼셀에 수수한 벽돌조의 자택을 지었고, 1927년 브뤼셀에 신설된 고등장식미술대학교의 총장이 되었다. (이 학교는 그곳이 고대 수도원의 이름을 따라 '라 캉브르'[La Cambre]로 불린다.) 1929년 독일 하노버에 당김음적 운율로 연속되는 벽돌조의 내닫이창이 돋보이는 주목할 만한 요양원을 설계하고 실현한 그는 이후 1936년 치장 콘크리트를 적용한 헨트 대학교 도서관을 선보였다. 반 데 벨데의 마지막 걸작인 크뢸러-뮐러 미술관[646]은 콘크리트와 벽돌 마감을 결합했으며, 1937년부터 53년까지 네덜란드 오테를로에 건설되었다.

제1차 세계대전 당시 독일의 점령과 폭격을 당했던 벨기에의 재건은 앵글로-색슨적인 전원도시 운동, 특히 레이먼드 언윈의 1909년작 『도시계획 실무』에서 구현된 운동의 영향을 크게 받았다. 이 저작의 주요 수칙은 1916년 조경건축가 루이 반 데르 스와엘멘의 『공공미술의 준비』에서 반복되었는데, 그는 이 원리들을 브뤼헤의 건축가

하위프 호스터와 함께 연이어 설계한 취락 두 건에 반영했다. 그중 하나는 1921년 작품인 클레인 뤼스란트 전원주거지였고, 다른 하나는 1923년부터 26년까지 지어진 카펠레펠트 전원도시였다. 이 작품들에 필적하는 작품으로는 같은 시기인 빅토르 부르주아의 훨씬 더 교시적인 설계로 1922년부터 25년까지 브뤼셀 외곽에 지어진 시테 모데른(Cité Moderne)[647]이 있는데, 반 데르 스와엘멘이 조경을 설계하여 더 풍부한 작품을 만들었다. 토니 가르니에를 연상시키는 이 역작은 1919년 도시계획가 라파엘 페르빌헌이 벨기에 도시계획가협회의 공식 기관지로 창간한 잡지인 『라 시테』(*La Cité*)에 실렸다. 하지만 제1차 세계대전 직후의 이러한 사회적 유토피아주의는 1920년대 초 벨기에 중산층의 선천적 보수주의에 굴복하게 되는데, 이는 1923년 사회적 주거에 대한 국가 지원이 철회된 사실에서 암시된다. 이후 부르주아는 1928년 조각가 오스카 제스페르를 위해 볼루베-생-랑베르에 설계하고 완공시킨 입체파적 주택과 스튜디오[648]부터 1932년 후원자 폴 오틀레를 위해 브뤼셀의 테르뷔런에 제안한 유토피아적 세계 도시 구상에 이르기까지, 점점 더 다양한 활동을 펼쳤다.

다음 세대의 벨기에 모더니스트들로는 레온 스티넨, 루이 에르만 드 코닝크, 가스통 에이셀링크 등이 있었는데, 이들은 모두 다른 시기에 르 코르뷔지에의 영향을 받았다. 물론 이러한 영감이 그들의 경력 전체를 결정한 요인은 결코 아니었지만 말이다. 그중에서도 에이셀링크는 1928년 헨트 대학교 졸업 직후 네덜란드로 첫 건축 답사를 떠나 데 스테일 운동과 암스테르담유파 그리고 W.M. 뒤독의 작업을 접했다. 이러한 영향은 1930년 그의 설계로 헨트에 완공된 벽돌 입면의 세르브륀스 주택에서 명백히 나타난다. 하지만 그가 이런 성취를 이룬 시기는 르 코르뷔지에의 『전작집 1910~1929』를 통해 처음으로 그 건축가의 작업 전체를 접했을 때였다. 이로써 에이셀링크가 1926년 발표된 코르뷔지에의 '새로운 건축의 5원칙'을 갑자기 채택한 이유가 설명되는데, 그는 이 원칙을 1931년 헨트의 삼각형 유휴

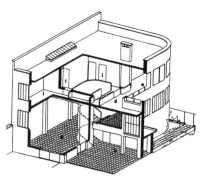

[646] 반 데 벨데, 크룈러-뮐러 미술관, 오테를로, 네덜란드, 1937-53.

[647] 부르주아, 시테 모데른, 브뤼셀, 1922~25.

[648] 부르주아, 오스카 제스페르의 주택, 볼루베-생-랑베르, 1928.

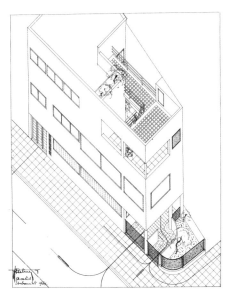

[649] 에이셀링크, 에이셀링크 주택, 헨트, 1931.

부지에 지어진 자택[649]에 명백히 반영했다. 하지만 전간기의 많은 벨기에 모더니스트들이 보수적인 입장을 취한 것과 마찬가지로 그 역시 1920년대 후반 우아한 철제 창문들을 결합한 정밀한 벽돌쌓기 방식으로 되돌아갔다. 제2차 세계대전 이후인 1945년 에이셀링크는 오스탕드에 중앙우체국을 완공시키며 잠시 르 코르뷔지에 스타일로 되돌아갔다. 이 작업은 결국 르 코르뷔지에의 1927년 국제연맹 설계경기 출품작에 담긴 기념비적 성격 같은 것을 보여주는 형태로 개발되었다.

안트베르펜 건축가 레온 스티넨은 1952년 마르세유의 위니테 다비타시옹을 방문한 이후에야 르 코르뷔지에의 작업을 전폭적으로 수용했다. 그는 이 집합주거에서 영감을 받아 그와 똑같은 개념의 중앙 복도와 두 개 층 높이 거실 공간을 활용하되 그 특유의 '크로스-오버' 세대들과 공동시설은 반영하지 않은 소규모 버전을 제안했다. 같은 세대의 다른 많은 벨기에 건축가들, 예컨대 에두아르트 판 스테인

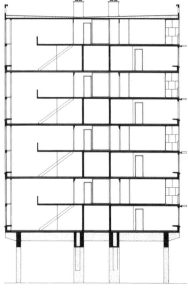

베르헌과 로베르 퓌트만, 장-쥘 에게릭스처럼 스티넨도 결국 정밀한 벽돌쌓기로 비례를 잘 맞춘 주택 형식으로 정착했는데, 1932년 안트베르펜에 지어진 그의 자택과 1939년 안트베르펜의 에스코 강 좌안에 두 가지 색조의 벽돌조로 지어진 6층짜리 소규모 주택 단지가 대표적인 예다. 스티넨은 주택 작업[651]뿐만 아니라 크노커와 쇼퐁텐, 블랑컨베르허, 오스탕드 등의 카지노[650] 설계도 전문으로 했는데, 이 모든 카지노는 신고전주의적 구성에 입각하여 모더니즘 문법을 중첩시키는 방식으로 설계되었다.

이렇게 보수적 모더니티를 추구한 벨기에의 경향에서 벗어난 유일한 예외는 루이 에르만 드 코닝크였다. 그는 자신의 작품을 피르맹 드 스마엘과 같은 건설업체가 생산하던 특허품 콘크리트 블록들로 짓고자 했는데, 피르맹 드 스마엘은 제1차 세계대전으로 황폐화된 벨기

[650] 스티넨, 오스탕드의 카지노, 1950.
[651] 스티넨, 아파트 건물, 케셀-로, 1956. 단면도.
[652] 드 코닝크, 드 코닝크 주택, 브뤼셀, 1924.

462

에의 재건을 위해 헤바 블록(Geba blocks)이라는 특허품을 개발한 상태였다. 드 코닝크는 이 재료를 활용해 1924년 브뤼셀 인근 위클에 2층짜리 자택 겸 스튜디오[652]를 지었다. 가파른 비탈의 경계에 정사각형으로 계획된 이 집은 출입 높이에 건축가의 사무실과 침실이 위치하고, 한층 아래의 정원 높이에는 거실과 식당과 주방 구역이 순서대로 배치되었다. 비록 드 코닝크가 늘 최소 비용으로 최적의 인체공학적 배치를 달성할 실용적 방식을 강구한 건 아니었지만, 그는 CIAM 벨기에 지부의 일원이기도 해서 1930년 브뤼셀에서 열린 기능주의 범주의 회의인 CIAM 회의에서 핵심 역할을 수행했다. 이를 계기로 그는 에이셀링크처럼 루드비히 미스 반 데어 로에와 마르셀 브로이어가 최초 설계한 원형을 따라 일련의 크롬 도금 강관 의자들을 설계했고, 특허권 침해를 피하기 위해 의자의 치수들은 신중하게 변경했다.

드 코닝크의 경력을 통틀어 최고의 걸작은 의심할 나위 없이 1929년 그가 벨기에 조경건축가 장 카넬-클라스를 위해 설계한 주택[653,654]이었다. 1931년에 완공된 이 작품은 1930년대 근대 전성기의 유럽에서 보편적으로 지어진 가장 경제적인 주택 중 하나로 자리매김되어야 한다. 드 코닝크는 미닫이/접이식 문들을 기발하게 사용하여 거실 안에 의뢰인의 사무 공간을 별도로 구획할 수 있었다. 나선형 계단은 한층 위의 침실과 욕실로 바로 이어지고, 추가적인 계단을 타고 올라가면 옥상 테라스로 연결된다. 이 의뢰를 처음 받았던 르 코르뷔지에와 달리 드 코닝크는 입체주의적인 화단으로 바로 진입할 수 있게 해달라는 카넬-클라스의 조건을 충족시켰다. 이 화단은 조경건축가인 카넬-클라스가 양식적인 프랑스 정원 전통과 픽처레스크적인 앵글로-색슨 정원에 모두 반대하며 계획한 것이었다. 드 코닝크는 늘 최신의 기술 혁신을 시도하고 있었는데, 이 집에서는 경석 콘크리트 벽체를 포함시켰다. 콘크리트 바닥은 전부 리놀륨으로 마감했고, 모퉁이 계단에는 헨드리크 페트뤼스 베를라헤가 설계한 특허품인 베라-

[653, 654] 드 코닝크, 카넬 주택, 브뤼셀, 1931.

룩스(Vera-Lux) 유리렌즈들을 사용해 빛이 들게 만들었다. 이 집은 1930년대 출판물을 통해 벨기에 근대 운동을 대표하는 작품으로 가장 널리 알려졌는데 1932년에는 『라 시테』와 네덜란드 잡지 『데 아흐트와 옵바우』(*De 8 en Opbouw*)에, 1934년에는 F.R.S. 요크의 출판물 『모던 하우스』에 기사가 실렸다. 이러한 국제적 성공에도 불구하고 1930년대 후반 벨기에의 근대 운동은 점차 정체기에 들어갔는데, 이에 대해 1976년 피에르 퓌트만은 다음과 같이 썼다.

> 입체파 건축가들이 기본 기능을 이해했음에도 불구하고, 부르주아 시스템 안에 내재한 고급 취향이 건축에 기대한 것은 노동자의 신체적 척도와 생물학적 필요가 고용자의 그것과 비슷하다고 못 박는 게 아니라 반대로 그 차이를 강조하는 것이었다. … 따라서 그곳에서는 위대한 건축 시대가 끝나고 있었다. 모더니즘은 … 소수의 추종자들에게서만 재현될 뿐이었다. 그것은 부르주아에게도, 더 나아가 대중에게도 수용되지 못했다. … 그건 마치 부르주아지가 사회주의적 물결의 모더니즘에 처음 위협을 느꼈을 때 모더니즘 자체의 내적 모순들에 의존함으로써 (마르셀 스메츠가 강조한 것처럼) 엄격하게 형태만을 근거로 한 전투를 명한 것과 같았다.[1]

드 코닝크와 가장 거리가 먼 건축가는 강경 사회주의 노선의 안트베르펜 건축가 르나트 브람일 것이다. 그는 N.A. 밀류틴의 1930년 저서 『사회주의 도시』에서 개진된 선형도시 패러다임에서 영감을 받았는데, 이런 영감을 바탕으로 1930년대 중반 100킬로미터 길이의 운하, 도로, 철도 기반시설이 안트베르펜과 리에주를 잇는 선형도시를 제안했다. 그는 소비에트 아방가르드 계획의 주요 수칙에 몰두하면서 자극을 받고 르 코르뷔지에의 파리 스튜디오에 들어가게 된 듯하다. 코르뷔지에의 스튜디오에서 브람은 바타의 모듈 기반 시범 매장들을 설계했고, 르 코르뷔지에가 1935년 파리에 계획한 미술관의 설계 작

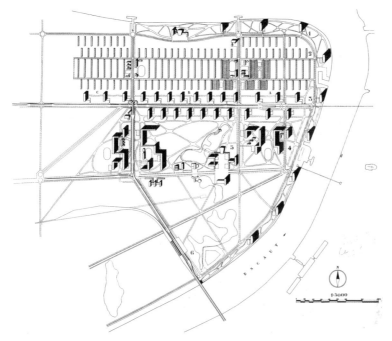

[655] 르 코르뷔지에, 에스코 강 좌안 계획, 안트베르펜, 1933.

업도 했다. 이때 르 코르뷔지에는 건축가 하위프 호스터와 펠릭스 로케와 함께 설계한 에스코 강 좌안 도시화 계획[655]으로 이미 안트베르펜 건축계에서 저명인사가 되어 있었다.

브람은 안트베르펜을 위한 킬 공원 도시 개발 프로젝트(1950)로 전후 세대에 영감을 주었다. 건축가 빅토르 마에르만스와 헨드리크 마에스가 함께 설계에 참여한 이 프로젝트는 일련의 13층짜리 독립 슬래브 블록들로 7,500개의 유니트를 공급하는 작업이었으며, 외부 갤러리를 거실 높이보다 낮게 두어 사생활을 보호하는 갤러리 출입 시스템의 발명으로 이어졌다. 전면적인 교외화를 선호하는 중앙 정부의 신진 정책에도 불구하고, 안트베르펜과 브뤼셀 시 당국은 여전히 대규모 주거 계획들을 의뢰했고 브람은 다른 건축가들과 협력하여 설계에 임했다.

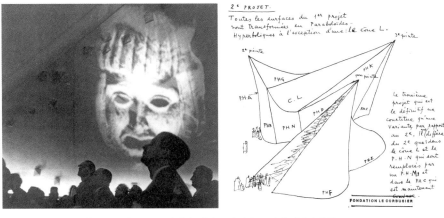

[656, 657] 르 코르뷔지에, 필립스 전시관, 브뤼셀 세계박람회, 1958.

1958년 브뤼셀에서 열린 국제전은 유럽의 자신감이 새롭게 되살아나는 순간을 대변했다. 이런 자신감은 에곤 아이어만의 우아한 독일관과 르 코르뷔지에의 철근콘크리트조 작품인 필립스 전시관[656, 657]처럼 손꼽히는 국제 건축가들이 설계한 파빌리온들에서 명백하게 나타났다. 특히 필립스 전시관은 르 코르뷔지에가 고안한 미디어 역작을 수용하는 쌍곡면 셸 구조물이었는데, 내부에 전시된 그의 유명한 멀티미디어 설치물 「전자시」는 에드가르 바레즈와 이안니스 크세나키스가 작곡한 구체음악과 함께 숭고한 이미지들이 역동적으로 연속되는 작품이었다. 크세나키스는 그리스 내전을 피해 망명한 작곡가 겸 건축가로, 필립스 전시관 설계와 관련하여 르 코르뷔지에와 협업했다.

1960년대 말부터 70년대 중반까지 루뱅-라-뇌브에 대학 타운이 신설되면서, 제2차 세계대전 이후 훈련받은 건축가들이 관여한 일종의 브루탈리즘적인 벽돌과 콘크리트의 미학이 벨기에서 부상했다. 이런 기풍의 다소 극단적인 버전은 율리안 람펀스의 작업에서 명백히 나타났다. 1940년부터 50년까지 헨트의 신트-루카스 학교에서 건축을 공부하고 졸업 즉시 자기 사무소를 개설한 그는 이후 10년간 대부분 의무적인 이중구배 지붕을 갖춘 옛 양식의 별난 집들을 설계하다가 1960년경 이케에 지은 자택을 필두로 일련의 단층짜리 철근콘크리트 주택들을 설계하기 시작했다. 람펀스의 급진적인 반-부르주아적 태도는 1974년 신트-마르턴스-라텀에 지어진 반 바선호베 주택에서 정점에 이르렀다. 이 집은 목조 차양으로 둘러싼 반원형 침실 구역과 개방적인 거실을 갖춘 입체로 표현되었고, 여기에 얇은 콘크리트 격벽들을 통해 추가적인 공간 분할이 이뤄졌다. 이런 콘크리트 격벽들은 순경간의 지붕 밑에서 기초적인 기능들을 차별화했다. 여기서는 구배가 진 콘크리트 지붕에서 배출된 빗물이 거대한 콘크리트 홈통을 통과하여 거실 테라스 안쪽의 원형 탱크 속으로 들어간다. 이 거친 콘크리트의 벙커는 브루탈리즘 이데올로기를 대담하게도 완전히 벗겨낸 람펀스의 궁극적인 실존주의적 진술이다.

다음 세대의 손꼽히는 벨기에 건축가 중 하나인 스테판 빌은 1993년 이른바 'Z 속의 M 주택'(Villa M in Z)[658]으로 미니멀리스트로서의 명성을 단숨에 확립했다. 이 집은 한쪽의 넓은 잔디를 따라 지어진 50미터 길이의 단층짜리 고급 주택이었다. 목재 보드로 마감하고 지면에서 들어 올린 이 집은 한쪽 끝에서 지하 주차장을 통해 진입이 이루어지는데, 벨은 이런 수사법을 그의 두 번째로 중요한 주택인 'R 속의 P 주택'[659]에서도 반복했다. 유형학적 관점에서 이 집은 단층짜리 중정 주택인데, 수목이 우거진 대지 속의 절벽 위에서 일부분을 필로티로 들어 올리다 보니 역설적으로 중정은 사라졌다. 벨의 초기 주택들은 그가 자비에 드 가이터와 협력하며 발전시킨 이른바 '새로운 단순성'(New Simplicity)의 징후인데, 이러한 장르는 렘 콜하스가 이끄는 현대판 네덜란드 아방가르드의 스펙터클적 성격과는 명백히 구분된다. 이 순간부터 벨은 폭넓은 전선에서 자신의 간결한 접근을 유지하면서, 개인 주택뿐만 아니라 2010년 헨트에 지어진 신축 법정과 같은 대규모 공공시설 작업도 설계해왔다. 2005년 모리츠 킹과의 인터뷰에서 벨은 그의 접근이 취하는 내용을 다음과 같은

[658] 벨, Z 속의 M 주택, 제덜헴, 1987~92.
[659] 벨, R 속의 P 주택, 로첼라, 1991~93.

관점에서 개진했다.

나는 이 과정을 의뢰인과 함께 해내가길 선호한다. 왜냐면 나는 두
가지의 사고방식이 함께 어울리면서 갑자기 제3의 사고방식이 마치
우연인 듯 등장하는 토론을 믿기 때문이다. … 이는 어떤 맥락 안에서
작동하기 마련이다. 여기서 맥락은 맥락처럼 보이는 것이 아니라, 그
이면에 놓인 것을 말한다. … 예를 들면 사회, 사회가 스스로 분명하게
드러나는 방식, 사회가 움직이는 방식 같은 것이다. 건축가는 그것에도
관심을 두며, 그것 역시 맥락이다. … 건축가는 단지 그런 사람들을 위한
집 한 채만 짓는 것이 아니다. 건축가는 어떤 환경 속에서 작업하며,
세계를 개선하거나 재건하는 것에 대해 너무 많은 환상을 품어선 안
된다. 하지만 건축가는 개입해달라고 요청받은 것들 이상으로 많은
것에 개입함을 자각해야 한다. 요청받은 것에만 관심을 두는 것은 내게
실패로 보인다.[2]

아마도 벨의 건축에서 가장 비판적인 측면은 '반-스펙터클적' 성
격일 것이다. 이것이 그에게 전통적인 도시 조직 내의 틈새를 이루는
유휴 공간들에 의미 있는 문화시설들을 삽입할 수 있게 해준 원동력
이었다.

벨기에 미술 문화 속의 심오한 초현실주의 전통에 벨보다 더 민
감한 영향을 받은 헨트 건축가들인 파울 로브레흐트와 힐데 담은 종
종 건축과 미술의 접면에서 작업해왔는데, 아마도 이런 작업이 가장
큰 효과를 본 것은 그들의 탈착식 경량 파빌리온에서일 것이다. 이 파
빌리온들은 미술전 출품용이나 미술 전시물 자체로서 또는 합판으로
만든 아우에(Aue) 파빌리온처럼 둘을 결합한 용도로 설계되었다. 이
파빌리온들은 1992년 열린 제9회 도큐멘타 현대미술전에서 카셀의
아우에 공원에 처음 건립되어 댄 그레이엄 전시물의 기획전시관으로
쓰였고, 이후 1994년 네덜란드 알메러, 2014년 아메르스포르트에서

[660] 로브레흐트와 담, 콘서트홀, 브뤼헤, 1998~2002.

열린 같은 미술전에서도 건립되었다. 이 작품들은 1986년 헨트의 신트-피터르스 수도원에서 열린 르네 헤이바르트의 「내가 보는 사물들」전을 위해 그들이 작업한 설치물과 유사했다. 이에 못지않게 로브헤르트와 담의 작업에서 전형적으로 나타나는 특징은 루이스 칸이 채택했던 것으로 여겨지는 숫자 3, 5, 7을 바탕으로 건물을 설계하는 특이한 비례 시스템이다. 이 숫자들을 모두 곱하면 105가 되고, 이 건축가들은 이 숫자를 표준 미터의 대안으로 채택하는 습관이 있다. 지금껏 그들이 생산해낸 가장 중요한 작품으로는 2002년 브뤼헤의 전통 조직에 절묘하게 덧붙인 1,700석의 콘서트홀[660]을 꼽을 수 있다.

스페인

스페인의 근대 운동은 '현대 건축의 진보를 위한 스페인 건축가 및 기술자 그룹'(Grupo Arquitectos y Tecnicos Espanoles para el Progreso de la Arquitectura Contemporanea)의 약자인 GATEPAC라는 이름의 단체를 구성한 진보적인 카탈루냐 건축가들이 촉발했다. 1930년에 변경된 이 단체명은 카탈루냐 너머로 운동을 확장하여 마드리드 출신의 페르난도 가르시아 메르카달과 산세바스티안 출신의 호세 마누엘 아이스푸루아 및 호아킨 라바옌 등 스페인 일반의 근대 건축가들을 포괄하고자 한 것이었다. 아이스푸루아와 라바옌은 스페인 최초로 확연하게 근대적인 건물인 왕립항해클럽을 설계하여 1931년 산세바스티안에 완공시켰고, 같은 해 GATEPAC은 기관지 『AC: 현대 활동의 기록』의 첫 호를 출간하면서 레인더르트 판 데르 플뤼흐트와 마르트 스탐이 1929년 로테르담에 실현한 판 넬레 공장(2부 15장 참조)을 표지 기사로 중요하게 다루었다. 조제프 류이스 세르트와 조제프 토레스 이 클라베가 편집한 『AC』는 1933년 증기선 파트리스 호에서 이루어진 제3회 CIAM의 내용을 재수록하며 국제적 의제를 다루었다. 『AC』의 최종호인 1937년 6월호(제25호)는 정치적 시위 현장의 사진을 표지에 실어 당시 스페인 내전(1936~39)에서 공화파에 대한 확고한 지지를 표명했다.

　스페인의 근대 건축은 내전에서 프랑코가 승리한 뒤 10년간 침체되었다가 1950년대 초부터 되살아나기 시작했다. 그때부터 스페인의 건축가들은 진보적 문화의 실마리를 집어 들기 시작했는데, 이 문

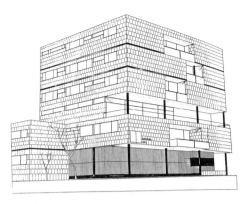

[661] 데 라 소타, 총독 관저, 타라고나, 1957.

화는 1949년 마드리드에 지어진 프란시스코 카브레로의 기념비적인 노동조합 건물과 1951년 바르셀로네타에 건립된 조제프 안토니 코데르크의 아파트 블록으로 시작해서 이탈리아 건축가 이냐치오 가르델라의 전후 스타일에서 영향을 받았다. 그에 못지않게 이탈리아의 영향을 받은 알레한드로 데 라 소타가 설계하여 1957년 타라고나에 지어진 총독 관저[661]는 주세페 테라니의 1936년작 파시스트 당사에 뭔가를 빚지고 있다. 데 라 소타의 접근이 갖는 전반적인 호소력은 구축적인 형태를 정밀하게 표현하고 싶어 하는 그의 취향에서 나오기도 하고, 미니멀리즘적 외피의 범위 안에서 감각을 자극하는 공간적 구축물을 만들어내는 그의 능력에 기인하기도 한다. 이 총독 관저 건물은 통상 국가의 권외와 결부되던 석재의 전통적인 기념비성을 이제 역동적이고 추상적인 외피로, 말하자면 미스가 1929년 바르셀로나 파빌리온에 적용했던 투명하기 그지없는 대리석 평면과 비슷한 효과를 내는 외피로 표현할 수 있게 된 순간을 전형적으로 보여준다. 따라서 데 라 소타는 이 작품을 정치적 재현의 관점에서 하나의 전환점으로 보았고, 이것이야말로 그의 세련됨을 보여주는 척도라 할 수 있다.

마드리드에서 학생들을 가르치면서든 1962년 마드리드의 마라비야스 콜레지오에 실현한 체육관을 통해서든 데 라 소타의 엄격하

[662] 마르티네스 라페냐와 토레스 투르, 모라데브레 병원, 타라고나, 1982~88.

면서도 역동적인 문법은 한동안 스페인에서 뭔가 규범에 가까운 건축 방식이 되었다. 그의 추종자들 가운데 비교적 성공한 인물들로 빅토르 로페스 코텔로와 카를로스 푸엔테가 있었는데, 특히 그들이 사라고사에 실현한 도서관(1984)이 성공적이었다. 카탈루냐에서 데 라소타의 영향이 처음으로 분명하게 나타난 건 조제프 리나스의 설계로 1990년 바르셀로나에 지어진 토목공학 대학 건물이었다. 엘리아스 토레스 투르와 호세 안토니오 마르티네스 라페냐의 설계로 2년 전 타라고나에 지어진 모라데브레 병원[662]도 이런 영감을 받은 것으로 보이는데, 특히 최첨단 기술을 활용한 현대적인 병원의 성격을 넘어 20세기 후반 세계에서 가장 인간적인 척도로 구성된 작품 중 하나가 될 수 있었다는 점에서 그러하다.

데 라 소타의 영향은 마드리드의 손꼽히는 건축학교 교수진에서 나온 두 개의 다른 노선을 통해 중재되었다. 그중 한 노선은 1962년 살라만카에 지어진 엘 롤로 수도원에서 명백히 나타난 안토니오 페르난데스 알바의 알토적 접근이고, 다른 노선은 프란시스코 하비에르 사엔스 데 오이사의 설계로 1968년 마드리드 외곽에 지어진 라이트적인 토레 블랑카스 아파트와 1981년 빌바오 도심에 완공되어 역시 라이트의 1946년작 존슨 왁스 연구소 타워를 막연히 연상시키는 빌바오 은행 사무소 타워[663]다. 대부분 코르텐강으로 입면을 마감하고 모퉁이는 둥글게 처리한 이 중층 규모의 타워는 제2차 세계대전 이후 커튼월로 마감된 단호한 직각 미니멀리즘의 사무소 건물이라는 미스적 패러다임을 타파한 몇 안 되는 마천루 중 하나다.

1970년대 중반에 등장한 마드리드 건축가들 중에서 가장 세련된 건축가 중 한 사람은 분명 라파엘 모네오였다. 사엔스 데 오이사의 가르침을 받고 예른 웃손과 함께 견습 기간을 거친 그는 앞서 페르난데스 알바가 그랬던 것처럼 북유럽 건축의 영향을 크게 받았다. 군나르 아스플룬드와 라이트의 작업이 지닌 측면들을 결합하는 모네오만의 독특한 방식은 1977년 라몬 베스코스와 협력하여 마드리드에 실현한 벽돌 입면의 방킨테르 사옥에서 처음 나타났다. 다양한 전통을 종합하여 새로운 형태를 만들어내는 모네오의 역량은 1985년 메리다에 지어진 국립 로마미술관[664]에서 명백히 나타난다. 이 작품에서 로

[663] 사엔스 데 오이사, 빌바오 은행, 마드리드, 1971~81. 앞쪽에 보이는 건물이 데 라 소타의 1962년 작품인 마라비야스 콜레지오의 체육관이다.
[664] 모네오, 국립 로마미술관, 메리다, 1980~85. 공사 중인 미술관의 조감 사진. 미술관이 도심과 로마 원형극장 및 극장과 맺는 관계가 드러난다.

마식 비례의 벽돌 타일로 마감한 실내와 부벽을 덧댄 벽돌 입면의 외장은 과거 로마 양식뿐만 아니라 아랍의 스페인 점령 시기 코르도바에 지어진 이슬람사원도 넌지시 연상시킨다. 이 미술관은 새로 발굴된 로마 시 유적 위에 중첩되었는데, 고대의 기초 위에 미술관의 교각을 앉힌 식이었다. 이를테면 고고학적 발굴의 순수성을 오염시킨 대담한 조처였던 것이다. 모네오는 이 지하구조로 이어지는 지하 터널을 추가하여 인근에 있는 로마 극장과 원형극장의 노천 유적까지 걸어서 바로 갈 수 있게 만듦으로써 고대 도시를 걸어서 돌아다니는 경험을 모사했다.

모네오는 바르셀로나와 마드리드에서 학생들을 가르치면서 다음 세대에 결정적 영향을 주었는데, 그중에 세비야에 거점을 둔 안토니오 크루스와 안토니오 오르티스의 사무소가 있었다. 모네오의 영향은 이들의 가장 초기 작업인 1976년 세비야의 빽빽한 도시 조직 안에 기발하게 삽입된 4층짜리 아파트 건물부터 시작해서 1989년 마드리드에 훨씬 더 큰 규모로 완공된 4층짜리 벽돌 입면의 카라반첼 주택 단지[665]까지 명백하게 나타난다. 이때쯤 이 사무소는 세비야에 기념비적인 산타후스타 철도 터미널[666]을 실현함으로써 전국적으로 확고한 명성을 얻었다. 이후 이들은 공공사업을 연이어 수주하면서 공

[665] 크루스와 오르티스, 카라반첼 주택 단지, 마드리드, 1986~89.

[666] 크루스와 오르티스, 산타후스타 철도 터미널, 세비야, 1987.

공건축가로서 지위를 더 확고하게 굳혀갔고, 그 정점은 2000년 세비야에 그들이 완공시킨 차분하고 대칭적인 기념비성이 돋보이는 올림픽 경기장이었다. 이러한 작업을 하는 와중에도 이들은 틈틈이 수많은 주거를 설계했다. 일례로 예른 웃손의 1958년작 킹고 주택 단지의 유형학을 재해석하여 카디스에 계획한 노보상크티페트리 프로젝트가 있는데, 여기서는 웃손의 단층짜리 중정주택을 다층으로 번안하면서 개인 주택과 단지 모두가 해변 부지의 강한 비바람에 노출되지 않게 주거단위들을 집합으로 묶어 계획했다.

마드리드의 비판적 문화는 1975년 프랑코의 사망 이후 후안 다니엘 푸야온도의 저널 『누에바 포르마』(*Nueva Forma*)에서 시작되었고, 바르셀로나의 비판적 담론은 1974년 로사 레가스가 창간한 잡지 『아르키텍투라스 비스』(*Arquitecturas Bis*)에서 활력을 얻었다. 이 신문의 편집 노선은 건축가 겸 역사가 오리올 보이가스의 주도로 빈틈없이 구성된 편집진의 단합된 노력을 재현했는데, 편집진에는 건축가 페데리코 코레아, 엘리오 피뇬, 이그나시 데 솔라-모랄레스, 라파엘 모네오, 미학철학자 토마스 료렌스 등으로 이루어진 바르셀로나 건축학교 교수진이 포함되었다.

바르셀로나 시 공공건축가였던 보이가스는 1982년 '바르셀로나를 위한 계획과 프로젝트'(Plans i Projectes per a Barcelona)란 이름의 바르셀로나 재구조화 계획을 발표했다. 이 프로그램은 독특한 요인이 두 가지 있었는데, 첫 번째는 이 도시를 조각조각 나눠서 재단장한다는 계획이었고, 두 번째는 이 계획을 지방자치단체 쪽에서 현실화하겠다는 결정이었다. 보이가스의 바르셀로나 계획은 공원 열 개와 주요 간선도로 두 개, 산츠 역에 면한 광장을 비롯한 다양한 크기의 광장 다수를 실현하는 결과로 이어졌고, 이는 1986년 엘리오 피뇬과 알베르트 비아플라나가 설계하고 엔리크 미랄레스와 카르메 피노스가 조력자로 참여한 미니멀리즘적인 공공 공간으로 표현되었다. 대지의 특성을 강화할 수 있게 세심하게 등급을 나누고 설비를 갖춘 이 작업은 스페인 건축에서 나타나는 지형에 대한 강조를 전형적으로 보여준다.

바르셀로나가 1992년 올림픽 부지로 선정되면서 보이가스의 도시계획은 더 확장되었다. 이로써 올림픽촌으로 기능하다가 나중에는 평범한 주거지가 될 1만 명 규모의 완전히 새로운 주거 지구가 포함되었고, 내륙의 주요 철도 노선을 해변에서 멀리 우회시켜 도시와 바다 간의 새로운 관계를 만들어내기도 했다. 올림픽용 스포츠 시설의 설계를 의뢰받은 많은 카탈루냐 건축가들은 프랑스식 대형 건설업자처럼 짓는 역량을 보여줬는데, 그중에서도 1984년 발데브론에 지어진 경륜장[667]과 1991년 바달로나에 지어진 체육관[668]의 설계자인 에스테반 보넬과 프란세스크 리우스는 이러한 공공 기념물로 주변 도시 조직을 통합하는 역량을 보여줬다.

안토니오 바스케스 데 카스트로의 설계로 1961년 마드리드에 지어진 카뇨로토 저층 노동자 주택 단지부터 조제프 안토니 코데르크

[667] 보넬과 리우스, 오르타 경륜장, 발데브론, 바르셀로나, 1984.
[668] 보넬과 리우스, 올림픽 체육관, 바달로나, 1991.

의 설계로 1974년 바르셀로나 사리아 지구의 실내 주차장 위에 실현
된 다층의 상류중산층 주택 단지까지, 점점 더 부유해져가는 사회의
주거지 건설은 스페인 건축가들에게 새로운 도시 개발 패턴을 발전
시키고 더욱 세련된 전통 기술로 주택 공간을 구성하도록 부추겼다.
한편 바르셀로나 잡지 『2C: 도시의 구축』(2C: Construccion de la
Ciudad)을 통해 전파된 이탈리아 텐덴차의 유형학적 접근은 이 시기
에 개발된 새로운 주거 유형들에 결정적 영향을 미쳤는데, 프란시스
코 바리오누에보의 설계로 1980년 세비야에 지어진 페리미터 블록부
터 에스타니슬라오 페레스 피타와 헤로니모 훈케라의 설계로 1983년
마드리드의 팔로메라스 지구에 지어진 고층 판상 블록까지 그러한 영
향을 받았다. 이에 못지않게 발명적인 해법들이 공공건물에도 계획되
었다. 일례로 알베르토 캄포 바에사의 설계로 1986년 마드리드에 지
어진 학교인 산페르민 콜레지오는 돌이켜보건대 안도 다다오의 미니
멀리즘 건축과 반향을 일으키는 듯했다.

　유럽연합의 규제 해제가 있기 전까지 한때 스페인에서 콜레지오
시스템이 수행했던 중요한 문화적 역할을 과소평가해선 안 된다. 왜
냐면 이러한 길드 같은 기관들이 있었기에 스페인에서 건축가라는 직
업이 다른 어떤 나라에도 거의 존재하지 않는 수준의 보호를 받을 수
있었기 때문이다. 지역 기반의 콜레지오들은 건축 허가를 담당했을
뿐만 아니라 전문가 수임료를 관리하며 그에 대한 적은 퍼센트의 서
비스 수수료를 챙길 만큼 건설업 전반에 강력한 영향력을 행사했다.
따라서 이 시스템은 전시회와 강연 및 지원금으로 운영되는 잡지 등
을 통해 지역 건축 문화를 후원할 수 있었다. 스페인에서 건축에 관한
언론 보도와 비평이 지속적으로 유효한 전통을 이어온 것은 대개 이
런 후원에서 비롯된 것이며, 이 전통은 지금까지도 『엘 크로키스』(El
Croquis)와 『아르키텍투라 비바』(Arquitectura Viva) 등의 탁월한
간행물에 반영되고 있다. 과거의 이러한 제도적 지원은 스페인 건축
가들의 명망을 보장했을 뿐만 아니라, 그들이 다른 나라 건축가들처

럼 도달할 수 없는 미래나 그에 못지않게 요원한 과거에 사로잡히기보다 즉각적인 현실에 관한 설계를 하도록 부추긴 요인이기도 했다.

안타깝게도 유럽연합의 규제 해제와 함께 이 시스템도 풀려버렸지만, 그럼에도 사회에 현실적으로 기여하는 스페인 건축가들의 역량은 유지되고 있다. 스페인 건축가들은 더욱 다양한 작업을 해왔으며 여전히 대단히 풍부하고 효과적인 방식으로 건물을 짓는 능력을 보유하고 있는데, 갈리시아 건축가 마누엘 갈레고의 작업에서 이를 엿볼수 있다. 그는 1963년 마드리드 건축학교를 졸업하고 데 라 소타의 조수로 일하다가 갈리시아 주택부 소속 건축가가 되었다. 그러면서도 작은 사무소를 운영했기 때문에 갈리시아의 외딴 틈새 지역들에 간간이 도시적인 작품을 실현할 수 있었다. 지금껏 그가 실현한 가장 중요한 작품은 1999년부터 2002년까지 산티아고데콤포스텔라에 지어진 갈리시아 주청사 단지[669]다. 도시가 내려다보이는 작은 언덕 위에 세심하게 세공된 이 지형적인 작품은 지방 정부의 청사인 만큼이

[669] 갈레고, 갈리시아 주청사 단지, 산티아고데콤포스텔라, 1999~2002.

나 아름답게 분절된 경관을 조성한다. 거친 표면의 지역 석재로 만든 낮은 옹벽으로 잔디밭 부지를 구조화하고 그 위에 마름돌 입면의 저층 건물들을 앉혔으며, 넉넉한 비례와 양질의 디테일이 돋보이는 목제 창문들로 각 건물의 특색을 살려냈다.

스페인은 지방 도시의 문화적 활력에 힘입어 계속해서 강력한 공공시설의 전통을 키워가고 있다. 라파엘 모네오의 광범위한 작업 이력만 보더라도 이런 전통이 산세바스티안의 쿠르살 전당부터 1998년 무르시아의 중세적 도시 조직에 섬세하게 삽입된 다층짜리 시청사에 이르기까지 풍부하게 반영된 것을 확인할 수 있다. 이는 모네오뿐만 아니라 지난 20년간 대단히 광범위한 공공시설을 생산하는 데 관여해온 다른 많은 스페인 건축가에게도 해당하는 사실인데, 2003년 마드리드에 지어진 아발로스와 헤레로스의 우세라 도서관과 역시 같은 해 팜플로나 중심부의 사다리꼴 부지에 지어진 프란시스코 망가도의 발루아르테 강당도 그러한 예다. 스페인에서 완공된 이보다 더 성공적인 공공시설 중에는 같은 해 추르티차가와 콰드라-살세도의 설계로 마드리드 교외의 비야누에바데라카냐다에 지어진 작은 공공도서관이 있다. 여기서는 열린 서가가 나선형 가로 공간으로 적용되었고, 이 가로 공간의 경사진 바닥과 벽체는 철근 보강 벽돌쌓기로 지어 엘라디오 디에스테의 작업에 경의를 표했다. 이에 비할 만한 지역 문화의 진화를 기예르모 바스케스 콘수에그라의 작업에서도 추적할 수 있다. 1972년 세비야 건축학교를 졸업한 그는 1987년 단일 도시 요소로 완공된 장방형의 4층짜리 저비용 주거 블록[672]으로 처음 명성을 얻었다. 전체를 백색으로 마감한 이 건물은 스페인 남부에서 갱신된 모더니티의 상징이 되었고, 같은 맥락에서 그는 1993년 카디스에 역시 놀라운 통신탑[670]을 완공시키며 확고한 입지를 구축했다.

마드리드 건축학교는 사엔스 데 오이사와 모네오 모두에게 배운 새로운 세대의 건축가들을 배출해냈는데, 그중에는 루이스 만시야와 에밀리오 투뇬의 사무소가 있었다. 이들의 첫 작업은 1990년대의 대

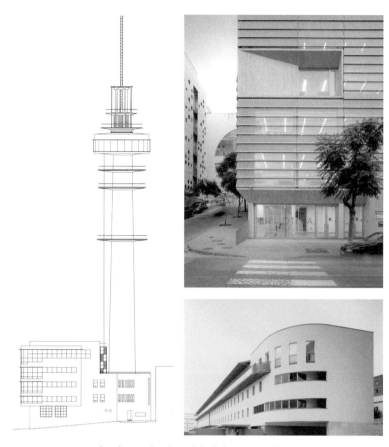

[670] 콘수에그라, 통신탑, 카디스, 1993. 입면도.

[671] 파레데스 페드로사, 세우타 공공도서관, 2007~14.

[672] 콘수에그라, 사회적 주거 라몬 이 카할, 세비야, 1983~87.

단히 합리적인 사모라 박물관[673,674]이었는데, 이 건물은 1996년 전통적인 도시 조직의 심장부에 삽입되었고 그에 이어 2000년에는 역시 같은 도시의 심장부에 그와 밀접한 관련이 있는 카스테욘 미술 관이 완공되었다. 같은 학교 출신의 비슷한 세대로 좀 더 젊은 엔리 케 소베하노와 푸엔산타 니에토는 현재 마드리드와 베를린에 거점을 두고 있는데, 지금까지 특히 성공적인 경력을 이어왔다. 그들의 첫 프

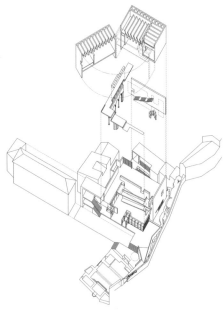

[673, 674] 만시야 + 투뇬, 사모라 박물관, 1992~96.

로젝트는 1996년 설계경기 우승작인 비고 대학교 총장실 프로젝트
였고, 다음 작품은 그에 못지않게 엄밀한 설계로 2001년 세비야의 고
속도로변에 완공된 주택 단지[676]였다. 아마도 지금까지 이들의 가
장 숭고한 작품은 서기 936년부터 존재했으나 1911년 유적이 발견된
한 이슬람 도시의 대지에 2008년 완공시킨 마디나트알사하라 박물
관[675]일 것이다. 이 건물의 고요한 우아함은 백색의 미로 같은 '매
트 빌딩' 형식에서 기인하는데, 지형과 긴밀하게 통합된 이 형식은 단
지 박물관만이 아니라 원래 존재했던 취락에 대한 은유로 읽힐 수도
있다.

　　진가를 발휘하는 또 하나의 마드리드 사무소는 앙헬라 가르시아
데 파레데스와 이그나시오 가르시아 페드로사의 사무소다. 국립 극장
의 건축가 호세 마리아 가르시아 데 파레데스의 밑에서 일했던 이들
은 독립 사무소를 차린 이후 첫 작품으로 1998년 발데마케다 시청사

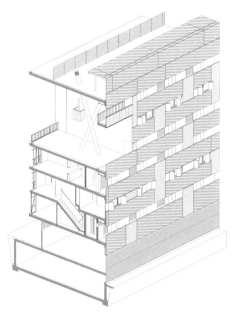

[675] 니에토 소베하노 아르키텍토스, 마디나트알사하라 박물관, 코르도바, 2008.

[676] 니에토 소베하노 아르키텍토스, SE-30 고속도로변 주거, 세비야, 2001.

를 완공시켰다. 역사적인 도시 조직 한복판에 두 개의 저층 구조물로 지어진 이 소규모의 합리적인 건물을 시작으로, 이들은 2002년 무르시아의 대회의장부터 사실상 같은 해의 작품인 알메리아의 박물관까지 일련의 공공건물을 계속 완공시켰다. 아마도 지금까지 이들의 작품 중 가장 섬세하고 성공적인 사례는 2014년 알헤시라스의 한 중세 도시 발굴 유적 위에 지어진 세우타 공공도서관[671]일 것이다.

포르투갈

포르투갈의 현대 건축이 어떻게 진화했는지를 평가하려면 페르난두 타보라의 교육적이고 창조적인 기여를 인정해야 한다. 그는 카를루스 하무스와 함께 1950년대 전반에 걸쳐 포르투 건축유파의 재편을 주도한 인물이었다. 타보라가 일생에 걸쳐 몰두한 과제는 근대 운동의 기능성을 그에 못지않게 합리적이되 덜 추상적인 토속 문화의 합리성과 결합하는 일이었는데, 이러한 그의 야심에 가장 가깝게 실현된 작품은 아마도 1984년 기마랑이스의 18세기 건물인 산타마리냐다코스타 수녀원에 그가 증축한 숙소[677]일 것이다.

지난 40년간 포르투갈 건축에 대한 인식을 대개 포르투 유파가 형성해왔지만, 이 나라 전역의 수많은 다른 건축가도 같은 기간 중요한 작업을 해왔다. 대표적인 예는 리스본에 거점을 둔 두 건축가 곤살루 비르니와 주앙 루이스 카힐류 다 그라사의 사무소들이다. 10년 터울로 사무소를 개설한 이들은 모두 경력 초기에 각자만의 노선을 확립했는데, 첫 번째는 대개 대학 캠퍼스 설계에 집중했고 두 번째는 박물관 설계를 주로 하는 경향이 있었다. 비르니의 이력은 1972년부터 74년까지 비교적 저층 건물이 많은 리스본 셀라스 지구에 연속으로 지어진 6~8층짜리 주택 단지로 시작했다. 하지만 비르니가 공공건축가로서 진가를 발휘하기 시작한 것은 1988년부터 96년까지 오에이라스 대학교와 코임브라 대학교에 설계한 학부 건물들을 통해서였다. 이 시기 그의 가장 세련된 작품 중 하나는 1991년 코임브라 대학교에 지어진 전기·컴퓨터공학부 건물이었다. 지금까지 비르니의 이력에서

[677] 타보라, 산타마리냐다코스타 수녀원 숙소 증축, 기마랑이스, 1975~84.

[678] 카힐류 다 그라사, 시립수영장, 캄푸마이오르, 1990.

[679] 비르니, APL 타워, 리스본, 2001.

가장 조각적인 사례는 2001년 리스본 항에 그가 설계한 해상관제탑
이었다[679].

카힐류 다 그라사는 1990년 카를루스 미겔 지아스와 함께 캄푸
마이오르의 언덕 꼭대기에 설계한 수영장[678]으로 경력을 시작했
다. 이후 그는 비르니보다 더 미니멀리즘적인 접근을 취했는데, 그 첫
번째는 2008년 프랑스의 푸아티에에 설계한 극장과 콘서트홀이었고
두 번째는 같은 해 리스본에 완공된 고고학박물관[680]이었다. 후자
는 고고학적 부지 위에 동선을 중첩시켜 남아 있는 돌기초에 방문객
의 관심을 집중시키길 좋아하는 건축가의 취향을 전형적으로 보여준
다. 이 디자인에서 일견 두꺼워 보이는 벽체들은 코르텐 강판으로 지
었고, 그 위에 반투명 유리 지붕을 덮었다.

포르투와도, 리스본과도 동등하게 거리가 먼 이례적인 한 작품은
에두아르두 소투 지 모라의 설계로 2005년부터 2009년까지 카스카
이스에 지어진 파울라 헤구 미술관[681,682]이다. 헤구의 작품을 수
용하는 이 건물은 정사각형 평면들 위에 각기 중첩된 두 개의 셸 콘
크리트 입체에 도서관과 카페를 각각 수용하는 식으로 독특한 건축적
존재감을 확립한다. 이 형태들은 건물이 열리는 방향에 있는 잔디 및
나무와 대비를 이루도록 적색 염료를 섞은 현장타설 콘크리트로 시공
되었다.

21세기 포르투갈의 성취 중 가장 더 알려진 한 가지는 1989년부
터 2010년까지 오비두스 시를 위해 설계되고 실현된 신축 학교들인
데, 그 첫 번째 건물은 이 도시 중심부의 경기장 인근에 지어진 학교
였다. 전통적인 학교가 이제 디지털 기술의 영향하에 급속히 진화하
고 있음을 너무도 잘 자각한 오비두스 시는 배후 전원지대의 오래된
학교들을 개선하거나 교체하는 것이 아니라 이민자 출신 건축가 클라
우디우 사트에게 의뢰해 네 개의 학교[683,684]를 신축하기로 결정
했다. 21세기 첫 10년간 브라질 상파울루에 지어진 학교들처럼, 이 학
교들도 저녁에 커뮤니티센터 역할을 할 수 있도록 계획되었다.

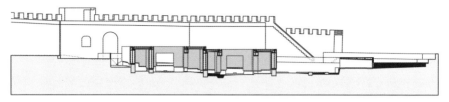

[680] 카힐류 다 그라사, 새로운 광장, 고고학박물관, 리스본, 2008. 단면도.

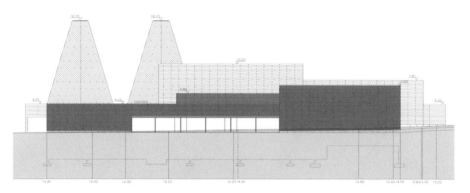

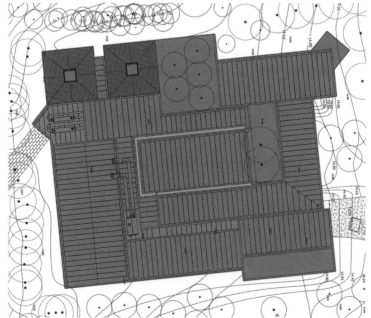

[681, 682] 소투 지 모라, 파울라 헤구 미술관, 카스카이스, 2005~09. 입면도와 지붕평면도.

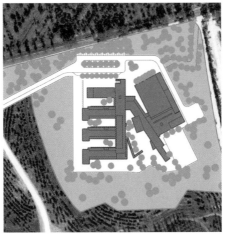

[683, 684] 사트, 푸라도루 학교, 오비두스, 2010. 전경과 배치도.

이 지점에서 포르투갈의 손꼽히는 조경건축가 주앙 고메스 다 실바의 중요한 기여를 인지할 필요가 있다. 그는 알바루 시자 및 카힐류 다 그라사와 같은 건축가들과 협업하여 수많은 영향력 있는 프로젝트를 작업해왔다. 그의 핵심 작업 중에는 1997년 에보라에 지어진 시자의 말라게이라 주택 단지를 위해 만든 공원경관이 있다.

이탈리아

1922년 베니토 무솔리니가 권좌에 올라 독재를 시작한 이후, 이탈리아에서 근대 운동의 발흥은 건축과 도시를 근대화하려던 파시스트 국가의 열망과 불가분의 관계에 있었다. 이 운동은 1934년 피에트로 마리아 바르디의 잡지 『콰드란테』(*Quadrante*)에 실린 엔지니어 가에타노 초카와 건축가 겸 편집자 에르네스토 나탄 로제르스의 논고 「조합 도시를 향하여」에서 윤곽이 잡혔다. 1937년 기업가 아드리아노 올리베티가 BBPR—잔루이지 반피, 로도비코 바르비아노 디 벨조요소, 엔리코 페레수티, 에르네스토 로제르스—과 건축가 루이지 피지니 및 지노 폴리니에게 발레다오스타 지역의 규범적인 계획을 의뢰했을 때 진척시킨 것도 본질적으로 이러한 도시적 비전이었다. 이 아이디어는 같은 해 반피와 벨조요소가 써서 『콰드란테』에 실린 후속 기사 「조합 도시 계획」에서 더 정교하게 발전되었다. 이 발레다오스타 계획의 최초 성과는 1939년부터 42년까지 피지니와 폴리니가 새로운 산업 도시 이브레아에 설계한 주거와 학교들이었다. 중요한 것은 올리베티가 1943년 로제르스와 함께 스위스로 망명하고 나서야 비로소 무솔리니와 완전히 결별했다는 사실이다. 그에 못지않게 의미심장한 또 한 가지는 전쟁 이후 올리베티가 생시몽적인 이상 산업사회 모델을 되살렸다는 것인데, 이 과정에서 그가 교시적으로 강조한 협력적 공동체 개념은 1948년 창간된 그의 저널 『코무니타』(*Comunità*)에서 널리 알려졌다.

1945년부터 계속된 치열하고 복잡한 이탈리아 건축 논쟁은 특출한 두 명의 인물이 개시했는데, 건축역사가 브루노 제비와 에르네스토 로제르스가 그들이다. 둘 다 유대인이었기 때문에 결국 1936년 무솔리니가 독일 제3제국과 동맹을 맺은 이탈리아를 떠날 수밖에 없었다. 제비는 1939년 런던으로 가서 건축협회 학교를 짤막하게 다니고 미국으로 건너가 하버드 디자인 대학원에서 발터 그로피우스와 함께 공부한 뒤 1942년 건축학사 학위를 받았다. 로제르스는 이탈리아의 패전이 임박할 때까지 국내에 남아 있다가 1943년 자국이 파괴되자 취리히로 떠날 수밖에 없었다. 거기서 그는 지크프리트 기디온과 막스 빌, 알프레드 로트와 함께 강제된 망명 생활을 했다.

헨리-러셀 히치콕의 선구적인 프랭크 로이드 라이트 연구서『재료의 본질 속에서』(1941)가 출판되자 제비는 이 책에서 라이트의 유기적 건축에 내재된 해방적 차원에 감화를 받았다. 비록 그는 1945년 라이트의 낙수장을 표지 이미지로 실은 자신의 기초 논문『유기적 건축을 향하여』를 출판하면서 비로소 라이트를 처음 만났지만 말이다. 그해에 이탈리아로 돌아오자마자 제비는 유기적 건축을 지지하는 자신의 유파와 함께 그보다 더 중요한 '유기적 건축 협회'를 설립했다. 제비가 라이트를 따라 '유기적'이라는 용어를 쓰며 염두에 둔 것은 대지의 지형과 지역 기후의 위급 상황에 함께 응답하는, 기능상으로나 구조상으로나 표현적인 건축이었다.

1948년 베네치아 건축학교 교장이었던 주세페 사모나는 새 교육 과정의 일환인 역사·이론 교육 담당 교수로 제비를 임명했다. 이후 제비는 베네치아에서 15년간의 생활을 마치고 1960년 마르첼로 피아첸티니의 사망으로 공석이 생긴 로마 대학교로 옮겨 교수직을 맡았다. 제비의 영향을 받은 것으로 보이는 가장 역설적인 인물 중 하나는 루이지 모레티였다. 1950년 로마에 건립된 그의 역작 지라솔레 아파트[685]는 그 유기적인 성격에도 불구하고, 모레티의 전쟁 이전 경력에서 나타나던 합리주의와 거리가 멀었던 만큼이나 역설적으로 라이트와도 거리가 먼 작품으로 남아 있다.

[685] 모레티, 지라솔레 아파트, 로마, 1950.
[686] BBPR, 나치 집단수용소 희생자를 위한 기념물, 밀라노, 1945.

제비보다 아홉 살 위인 로제르스는 BBPR의 창립 파트너였고, BBPR이 처음 실현한 작품은 1933년 제5회 밀라노 트리엔날레에서 전시된 주말 주택이었다. BBPR의 파트너들은 당대의 다른 많은 이탈리아 건축가들처럼 파시즘 아래서 이탈리아의 근대화에 전념했음이 분명하다. 그들은 제2차 세계대전이 발발하기 전 무솔리니 체제를 위한 주요 작품 네 개를 완공시켰는데 밀라노의 11층짜리 아파트, 레냐노의 정부 후원 아동보건소와 중층 규모의 저비용 주거 단지, 그리고 1942년 계획되었다가 취소된 세계박람회인 이른바 E42를 위한 로마 인근 부지에 지어진 우체국 건물 설계안이 그것이다. 이러한 시작을 감안해볼 때, 전쟁 이후 BBPR이 처음 실현한 의뢰 건이 집단 수용소 희생자를 위한 기념물[686]인 것은 비극적인 아이러니다. 특히 반피와 벨조요소 모두 전쟁 도중 파시즘에 반대했다는 이유로 투옥되는 고초를 겪었고, 반피는 1943년 집단수용소에서 사망했기 때문이다. 1945년 밀라노 공동묘지에 건립된 이 작은 기념물은 용접 강관 골조 속에서 비대칭으로 자유롭게 부유하며 바람개비처럼 돌아가는 면들로 구성되었고, 그 중심에는 석재 기단 위의 가상 입방체 안에 담긴 단지가 하나 있었다. 이 기념물의 유사-신조형주의적 특성은 이후 1951년 암스테르담 시립미술관에서 열린 네덜란드 데 스테일 운동 전시회에서 재평가되었고, 이 전시회는 이듬해 카를로 스카르파의 설계로 로마에서도 재현되었다. 1년 후인 1953년, 제비는 『신조형주의 건축의 시학』이라는 제목의 저서를 출판하여 데 스테일에 대한 자신만의 평가를 내놓았다.

1928년 잡지 『도무스』(Domus)를 창간한 밀라노의 기성 건축가 조 폰티는 로제르스를 손꼽히는 잡지들의 편집자로 두 번, 즉 첫 번째는 1945년 『도무스』의 편집자로, 두 번째는 1953년 『카사벨라』(Casabella)의 편집자로 임명하여 로제르스의 전후 경력에서 핵심 역할을 수행했다. 『카사벨라』는 원래 영웅적인 인물인 주세페 파가노가 편집하던 아방가르드 저널이었으나, 파가노는 전쟁 중 사망했다. 로제르스는 '카사벨라'라는 이름에 '연속성'을 뜻하는 콘티누이타 (*continuità*)를 부제로 추가하여, 20세기 첫 40년간 진화해온 근대 운동의 유산을 비판적으로 일구려는 의도를 나타냈다. 이 운동의 재평가는 앙리 반 데 벨데와 헨드리크 페트뤼스 베를라헤, 한스 묄치히, 아돌프 로스 같은 원형적 모더니스트들의 작품에 할애된 일련의 특별호들로 이어졌고, 동시에 단게 겐조, 막스 빌, O.M. 웅거스 같은 전후 재능 있는 신진 건축가들의 작품도 특집으로 다뤘다. 로제르스는 수많은 젊은 건축 지식인들을 편집 보조원과 필자로 채택했는데, 그중에는 알도 로시와 조르조 그라시, 비토리오 그레고티, 귀도 카넬라가 있었다. 이 네 인물이 핵심을 이룬 로제르스의 세미나 '첸트로 스투디'(Centro Studi)는 정기적으로 만나 잡지의 의제를 정하고 일부는 각자의 이론적 입장을 분명히 밝히는 모임이었는데, 그 결과로 1966년 로시의 『도시의 건축』과 그레고티의 『건축의 영역』, 1967년 그라시의 『건축의 논리적 구축』이 출간되었다. 이후 이 건축가들은 저마다 독립적인 실무를 시작했는데, 첫 번째는 로시가 밀라노에 있는 카를로 아이모니노의 구축주의적인 갈라라테제 단지에 형이상학적인 아파트 건물 형태를 통합한 작업이었다. 다음에는 그레고티가 연속적인 선형 도시로 계획한 코센차 대학교가 1973년부터 80년까지 칼라브리아의 열린 원시 풍경을 직선으로 3.2킬로미터가량 가로지르는 형태로 지어져, 건축이 기존 풍경과 긴밀하게 통합되어야 한다는 그의 개념을 선보였다. 3년 후에는 그라시가 안토니오 모네스티롤리와 협업하여 다소 싱켈의 1834년작 알테스 무제움(1부 1장 참조)을 연상시키는 엄격하게 합리적인 학생 기숙사[689]를 키에티에 실현했다.

밀라노에 지어진 카를로 아이모니노의 주택 단지[687,688]는 지형에 치중하는 그레고티의 건축과도, 직각 상인방 구조재를 합리적으로 조합하는 그라시의 방식과도 일치하지 않으며, 1920년대 러시아 아방가르드에서 영감을 받았다. 두 세대용 주택들과 아파트 세대들,

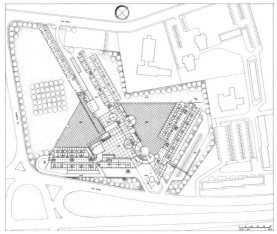

[687, 688] 아이모니노, 몬테 아미아타 주택 단지, 갈라라테제 2, 밀라노, 1967~72. 전경과 배치도
[689] 그라시와 모네스티롤리, 학생 기숙사, 키에티, 1976~79.

그리고 하나의 노천극장이 앙상블을 이루는 이 주택 단지에서는 계단과 경사로, 공중 브리지가 소련의 '사회적 응축기' 개념과 유사한 방식으로 광범위하게 펼쳐진다.

전쟁 이후 에르네스토 로제르스가 건축가로서 기여한 가장 중요한 작품은 그의 설계로 1956년 밀라노 중심부에 지어진 26층짜리 아파트 건물인 토레 벨라스카였다. 이 건물은 오귀스트 페레의 구조적 합리주의에서 영감을 받아 노출 철골 구조로 지어졌고, 그 타워의 본체 위에는 마치 14세기 요새의 포탑 형상처럼 사면에서 돌출하는 7층짜리 캔틸레버 요소가 올려졌다. 이 작품은 영국 비평가 레이너 배넘이 1959년 『아키텍처럴 리뷰』에 기고한 에세이 「네오리버티: 이탈리아가 근대 건축에서 퇴각하다」에서 공격한 네오-리버티 양식의 가장 이국적인 사례는 아니었지만, 그럼에도 당시 이탈리아 작업에서 두드러진 '역사화하는 매너리즘'(historicizing mannerism)의 징후이기는 했다. (프랑코 알비니의 1961년 작품인 로마의 라 리나센테 백화점을 비교해보라.) 하지만 밴험이 인식하지 못한 것은 로제르스 세대의 건축가들이 보기에 이탈리아 근대 운동의 유산은 파시즘과의 연합으로 심각하게 오염되었다는 점이다. 전간기 합리주의 건축에 대한 이러한 불편감은 분명 제비가 주세페 테라니의 중요성을 인정하길 꺼려하는 이유인데, 제비는 이후 1968년에야 그의 잡지 『건축: 연대기와 역사』(L'architettura: cronache e storia)의 한 호 전체를 테라니의 작업을 다루는 데 할애했다.

네오리버티를 비판한 것은 밴험만이 아니었는데, 이는 1959년 오테를로에서 열린 마지막 CIAM에서 영국과 네덜란드의 건축가들이 토레 벨라스카를 비판한 데서 명백히 드러난다. 당시 로제르스는 이미 2년 전 『카사벨라』 215호에 쓴 「연속성이냐 위기냐」라는 편집 논설에서 이탈리아의 이러한 딜레마가 갖는 본질을 개관한 적이 있었다. 엔초 파치의 현상학에서 영향을 받은 이 글에서 로제르스는 먼저 어떻게 환원적 기능주의의 유물론적 논리에 굴복하지 않고 인본주의적인 건설 방식을 발전시킬 수 있느냐의 문제를 제기했다. 로제르스와 제비 모두가 옹호한 비판적 인본주의는 제비의 로마 대학교 수제자였던 만프레도 타푸리에게 거부당하게 되는데, 『건축의 이론과 역사』(1968)와 『건축과 유토피아: 디자인과 자본주의 발전』(1973)에서 본격적으로 표명된 타푸리의 비판적 판단은 제비가 정말 많은 공을 들였던 실무(작업)적 역사(operative history)라는 개념 자체에 이의를 제기했다. 그 대신 마르크스주의의 영향을 깊이 받은 타푸리는 부르주아 인본주의의 어떤 흔적도 제거된 급진적 모더니티를 옹호했다. 이는 건축이 그 사이에서 그 어떤 종류의 개량적 실천에 참여할 가능성도 미리 배제(폐제, foreclose)하는 사회주의적 '영도'(degree zero)를 환기하는 입장이었다.

이러한 막다른 길의 한쪽에는 잔카를로 데 카를로의 독립적인 입장이 있었다. 데 카를로는 비판적 지식인인 동시에 건축가였는데, 첫 번째로는 1978년부터 2001년까지 간행된 그의 저널 『공간과 사회』(Spazio e societa)의 편집자였고 두 번째로는 우르비노의 개발에 평생을 헌신한 건축가였다. 그것의 전형적 사례가 우르비노의 역사적인 도시 조직에 완공시킨 새로운 대학교 교실과 강당이었다. 훗날 데 카를로는 우르비노 대학교의 새로운 기숙대학[690] 설계 건을 의뢰받고 마치 어느 이탈리아 언덕배기 도시를 계단식으로 해석한 작품인 양 구성하는 작업을 진행했다. 그 다음에는 인근 언덕 꼭대기 부지에 위치한 우르비노 대학교의 다른 단과대학들을 설계하면서, 사면을 따라 내려가는 동선이 기숙사들로 스며들게 만들었다.

1969년부터 74년까지 데 카를로는 로마에서 북서쪽으로 100킬로미터가량 떨어진 테르니의 마테오티 마을에 사회적 주거를 설계하는 작업에 관여했다. 한 정부 후원 제강소의 의뢰로 지어진 이 주택단지는 결국 성공을 거두었는데, 이는 미래의 입주민들이 설계 과정에 참여할 수 있어야 할뿐더러 참여한 만큼 보수도 받아야 한다고 데 카를로가 명문화한 사실에 기인한 바가 컸다.

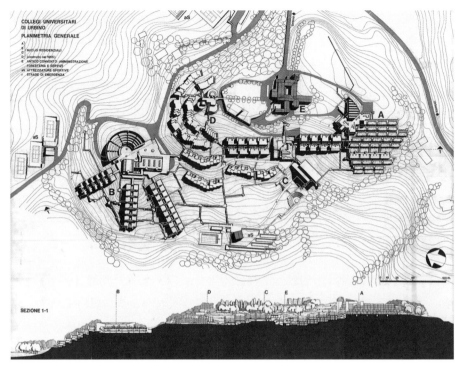

[690] 데 카를로, 새로운 기숙대학(우르비노 대학교), 1956. 배치도와 단면도.

데 카를로만큼이나 토착적이면서 1960년대 이탈리아에서 가장 창조적인 사무소 중 하나는 지노 발레의 사무소였다. 그의 작업은 대부분 우디네와 그 인근 지역에 국한되었는데 거기서 그의 가장 매력적인 건물 중 하나는 1961년 포르데노네에 지어진 자누시 렉스 사무소 건물들[691]이었다. 전후의 모든 이탈리아 건축 사무소 중 미국의 기업형 사무소에 가장 가까웠던 사무소들로는 그레고티 아소차티와 제노바에 거점을 둔 렌초 피아노 빌딩 워크숍이 있었다. 하지만 피아노와 달리 그레고티는 늘 역사적 축적에 관여했고, 형태를 촉매로 하여 풍경을 명료하게 분절하는 효과에도 관여했다. 이러한 예는 1971년에 지어진 그의 피렌체 대학교 프로젝트[692]와 1973년 팔레르모 외곽에 지어진 젠 주택 단지의 평행한 블록들에서 볼 수 있다.

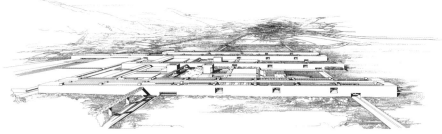

[691] 발레, 자누시 렉스, 포르데노네, 1959~61.
[692] 그레고리 아소차티, 피렌체 대학교 계획안, 1971.

그리스

고전기의 그리스가 독일 계몽주의에 끼친 영향은 잘 알려져 있지만, 그리스가 1829년 오스만 제국으로부터 독립한 이후 거꾸로 독일 신고전주의가 그리스 건축에 끼친 영향은 비교적 덜 알려져 있다. 이러한 문화적 전이는 이를테면 1832년 새로 구성된 그리스 왕국의 군주로서 바이에른 왕국의 오토 왕자를 앉힌 것으로 일부 설명된다. 이 새로운 민족주의 문화는 이 나라의 음성 언어로 민중 그리스어를 채택하는 결과를 수반했는데, 이것이 아마도 반대로 자생적 토속성의 변형을 바탕으로 그리스의 근대 건축에 도달하려던 시도를 설명해줄 수 있을 것이다.

이런 노력의 선구자는 1921년 국립공과대학교 건축학부의 일원이 된 디미트리스 피키오니스였다. 그는 그리스 섬의 토속 건축을 연구하기 위해 학생들을 데리고 애기나 섬으로 답사를 떠났는데, 거기서 토속적인 로다키스 주택의 석재 폐허를 접하고는 그것을 도달할 수 없는 건축적 이상의 상징으로 삼았다. 하지만 그가 새로운 자생적인 근대적 방식을 유사-고고학적으로 시도하여 1925년 아테네에 완공시킨 카라마노스 주택[693]은 궁극적으로 고대 도시 프리에네에서 발굴된 한 그리스 주택의 유적에 기초했다. 카라마노스 주택은 확실히 형이상학적인 특성을 띠었는데, 이는 그가 1904년 아테네 폴리테크닉 재학 시절 학우였던 화가 조르조 데 키리코에게서 받은 영향이었다.

1922년은 그리스에 재앙과도 같은 해였다. 그해에 그리스는 영

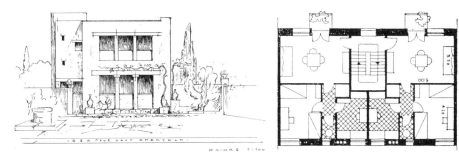

[693] 피키오니스, 카라마노스 주택, 아테네, 1925.
[694] 키리아코스와 라스카리스, 난민을 위한 아파트 블록, 아테네, 1933~35. 평면도.

국과 프랑스의 사주를 받아 튀르키예를 침공했다가 스미르나에서 자국 군대가 케말 아타튀르크 장군의 병력에 궤멸되고 말았고, 결국 아타튀르크는 소아시아에서 그리스인들을 쫓아냈다. 이러한 대패로 엄청난 부담을 지게 된 그리스 왕국은 하룻밤에 수많은 난민을 받아들여야 했을 뿐만 아니라, 저층 주거[694]가 지어진 1930년대 초까지는 그들을 적절히 수용할 시설조차 마련되지 않았던 것으로 보인다. 이런 종류의 주거는 이어서 정부가 광범위하게 개시한 학교 건설 프로그램으로 보완되었는데, 당시 정부는 1927년 새 헌법이 선포된 이후 그리스 최초로 민주적으로 선출된 엘레프테리오스 베니젤로스 정부였다. 이 프로그램은 그리스에서 근대적이고 합리주의적인 건축이 출현하는 무대를 마련했고, 이런 건축은 니코스 미차키스, 파트로클로스 카란티노스, 키리아코스 파나요타코스, 디미트리스 피키오니스 등의 신진 건축가들이 설계한 수많은 신축 학교에서 첫 선을 보였다. 피키오니스의 합리주의적 설계로 1932년 아테네 리카베투스 산의 낮은 사면 위에 지어진 학교는 그의 건물 중 모던 스타일이 뚜렷하게 드러나는 유일한 사례였다. 이 모든 활동은 1938년 그리스에서 출간된 카란티노스의 저서 『새로운 학교 건물』에 기념비적으로 기록되었다.

이 학교들은 근대 운동에 열성적이던 스위스 출신 알베르토 사르토리스의 주목을 받게 되었고, 그는 현대 건축에 대한 자신의 첫 국제적 연구서인『기능적 건축』을 1932년에 출간했다. 이 책이 나온 직후인 1933년 마르세유에서 출발한 증기선 파트리스 선상에서 열린 제4회 CIAM은 스탈린이 모스크바에서의 회의 주최를 거부한 관계로 아테네에서 마무리되었다. 건축가이자 역사가인 안드레아스 지아쿠마카토스에 따르면, 그리스 근대 건축에 친숙했던 베를린 건축가 프레드 포르바트는 이렇게 변경된 장소를 미리 준비한 상태였다고 한다. 1932년 아테네에서 소규모의 CIAM 그리스 지부를 결성한 스타모 파파다키는 1933년 철근콘크리트 골조에 벽돌을 쌓고 모두 백색으로 마감한 근대적인 자택[695]을 글리파다에 완공시켰다. 지아쿠마카토스는 다음과 같이 제4회 CIAM이 굉장히 성공적이었다고 기록했다.

> 이 회의의 연례행사인 환영연은 그리스의 환대를 최고 수준으로 보여준 탁월한 예시인 동시에 그리스 사회에서 이미 성숙해 있었고 긴급하게 요구되던 근대화의 비전이 지배한 열정의 결과였다. 그리스의 1930년대는 오히려 1960년대와 비슷했다. 그 10년 중 1936년까지(또는 1967년까지) 이어진 첫 기간은 앞으로 나아가려는 강력한 진보적 동력의 하나였으나, 이러한 동력은 그 바탕의 정치와 전체주의 정부에 의해 취소되어 좌초될 운명이었다.[1]

1929년 주식 시장 붕괴에 이은 전 세계적인 경제 공황이 결국 그리스 민주주의에 균열을 일으키면서 베니젤로스 정부는 몰락했고, 1936년부터 시작된 요안니스 메탁사스 장군의 군부 독재는 그가 사망한 1941년까지 계속되었다. 이런 사건들이 제2차 세계대전으로 이어졌으며, 전쟁 중 그리스는 단기간 동안 이웃나라들에 연이어 점령당했는데 1940년에는 이탈리아에, 1941년에는 독일에 점령당했다. 그리스의 이 마지막 굴욕은 아이러니하게도 1938년 '그리스-독일 동맹'의 주최로 아테네에서 처음 열린, 독일의 영감을 받은 신고전주의 그리스 건축전에서 예견된 것으로 보인다. 서로 경쟁 상대였던 군주제와 공산주의의 지지자들은 1942년부터 독일 점령군에 대항해 게릴라전을 벌였고, 이 싸움은 1944년 아테네가 해방될 때까지 계속되었다. 세계대전 이후 최고지도자가 없던 불안한 기간이 지난 후, 두 경쟁 당파 간에 그리스 내전이 발발하여 1946년 5월부터 1949년 10월까지 지속되다가 결국 군주제 지지자들에게 유리한 쪽으로 갈등이 마무리되었다. 이렇게 또다시 찾아온 그리스 군주제는 25년간 더 지속되다가 결국 1974년에 폐지되었다.

그리스 합리주의자들의 작업 중에서 탁월한 작품 하나를 꼽자면 크레타의 이라클리온 고고학박물관을 들 수 있는데, 그 이유는 그 뛰어난 건축술과 기법 때문이기도 하고 메탁사스 체제부터 제2차 세계대전과 그리스 내전으로 이어져온 혼란 속에 오랫동안 지체된 건설 기간 때문이기도 하다. 이 건물은 1933년 카란티노스가 설계한 작품[696]이지만 1958년에야 완공되었고, 확실히 그 정밀한 건축술과 질서정연한 운율의 측면에서 1936년 코모에 지어진 주세페 테라니의 파시스트 당사에 필적하는 건물이었다. 이라클리온 박물관은 카란티노스가 1933년 같은 도시에 제안한 학교만큼이나, 형태적 논리와 기능적 논리가 통일된 모범적인 합리주의 작품이다.

[695] 파파다키, K.F. 주택, 글리파다, 1932~33.
[696] 카란티노스, 고고학박물관, 이라클리온, 크레타, 1933.

[697] 피키오니스, 포타미아노스 주택, 필로테이, 1953.
[698] 피키오니스, 어린이 정원, 필로테이, 1960~65.

근대 운동의 보편적 합리주의와 토속성의 영감을 받아 지방색이 가미된 기능주의가 팽팽하게 맞서는 궁극의 사례는 1933년부터 37년까지 테살로니키에 지어진 두 학교다. 첫 번째는 니코스 미차키스가 콘크리트 골조의 규칙적인 간격을 기초로 설계한 대단히 합리적인 여학교로 1935년에 완공되었고, 두 번째는 2년 후 완공된 피키오니스의 실험학교[699]다. 후자도 논리적인 단면과 평면을 짜긴 했지만, 피키오니스는 경사진 대지를 활용해 다양한 높이의 중정과 운동장을 갖춘 학교를 만들 수 있었다. 아울러 이 건물은 구배가 얕고 처마가 깊은 타일 지붕에 섬세한 디테일의 목조 베란다와 창틀을 활용하여 비교적 춥고 비가 많은 그리스 북부의 기후와 토속 건축을 반영했다. 이러한 기후적 차이들과 상관없이, 피키오니스는 내전 직후인 1953년 아테네의 필로테이에 포타미아노스 주택[697]을 완공시켰을 때에도 사실상 동일한 문법을 채택했다. 이 사례에서는 타일 지붕과 목조 베란다의 멋진 수사법이 무작위적인 자연석으로 입면이 마감된 바탕의 철근 콘크리트 골조와 대비를 이루었다. 이와 같은 뭔가 목가적인 미학적 특징은 얼마 안 지나 필로테이에 완공시킨 어린이 정원[698]에도, 그리고 1957년 아크로폴리스 인근의 필로파푸 언덕에 건립한 풍치 좋은 목조 파빌리온[700]에도 적용되었다. 이 작품들의 촉각적인 시학

[699] 피키오니스, 실험학교, 테살로니키, 1937.
[700] 피키오니스, 아크로폴리스 인근 필로파푸 공원, 아테네, 1957.

은 1935년 그리스 잡지 『제3의 눈』(*The Third Eye*)에 처음 실린 피키오니스의 에세이 「감상적 지형학」에서 그 연원을 찾아볼 수 있다.

아리스 콘스탄티니디스는 1950년대와 60년대에 실현한 휴양 주택들로 풍부하게 증명되듯이, 피키오니스만큼이나 그리스 현대 건축의 토양을 일구는 데 헌신한 인물이었다. 이런 건축은 대지와 기후의 특수성에서 도출된 산물일 뿐만 아니라, 지방 토속 건축에서 끌어낸 원초적인 건설 기법을 '영도의 건축'(architecture degree zero)이라는 의미에서 논쟁적으로 채택한 결과이기도 했다. 대표적인 사례는 콘스탄티니디스의 1951년작 시키아 휴양 별장[701, 702]에서 볼수 있는 철근콘크리트 골조와 지붕 그리고 잡석 메움의 기법이다. 이와 비슷한 텍토닉적 감수성으로 그는 그리스 정부 산하 관광 진흥 단체인 크세니아를 위한 호텔과 모텔을 대지에 민감하게 응답하는 방식으로 설계했는데, 일례로 1960년대 칼람바카에 있는 메테오라의 나

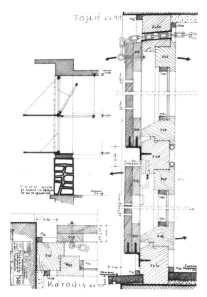

[701] 콘스탄티니디스, 휴양 별장, 시키아,
1951. 디테일.

무 없는 산악 풍경 속에 지어진 놀라운 호텔[704]을 들 수 있다. 이 시기에 즈음하여 콘스탄티니디스는 아테네와 미코노스 섬의 특수한 토속 건축을 기록하는 일련의 작은 책들을 처음 출판하기 시작했고, 이어서 1975년에는 그리스 전체의 토속 건축을 조사한 사진 기록을 실은 『자기인식을 위한 요소들』을 출간했다.

타키스 제네토스와 키리아코스 크로코스는 20세기 후반 서로 완전히 대비되는 차원에서 재능을 펼친 두 건축가였다. 제네토스는 명백하게 전위적이고 기술적인 입장으로 주목받았지만, 크로코스는 1978년부터 93년까지 테살로니키에 설계하고 완공시킨 비잔틴 문화 박물관에서 비잔틴 양식의 건물을 텍토닉적 합리주의의 관점에서 참조하며 주목받았다. 이 작품은 적벽돌을 복잡하게 엮어내는 방식으로 이곳이 담아내야 하는 비잔틴 문화를 은유적으로 재현했다. 지금껏 이 작품의 본질을 가장 잘 짚어낸 사바스 콘다라토스는 다음과 같이 말했다.

이 건물의 기본 주제는 직교하는 접근로다. 일종의 내부 가로인
나선형의 오르막 경로는 다양한 갤러리 높이로 연결되지만, 그런
방향들을 강제하지는 않는다. 터널처럼 부드럽게 진행되는 동선은
건축 투어로 변하면서 상징적 성격을 취한다. … 비잔틴 문화 박물관은
역사와의 모범적인 대화에 나서기 때문에 전후 그리스 건축에서 가장
중요한 건물 중 하나다. … 이 건물은 매개적인 냉철함이 스며 있을 뿐만

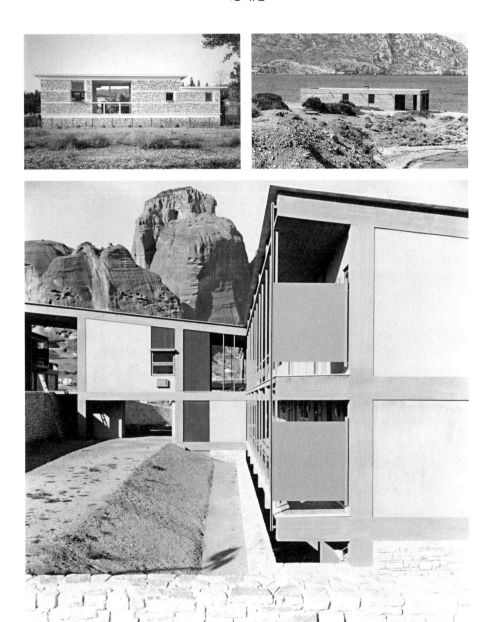

[702] 콘스탄티니디스, 휴양 별장, 시키아, 1951.
[703] 콘스탄티니디스, 휴양 별장, 아나비소스, 1961~62.
[704] 콘스탄티니디스, 크세니아 모텔, 칼람바카, 1960.

아니라 그리스의 텍토닉 전통 전반을 가로질러 그것의 원형적 본질을
재구성할 능력이 있기에 탁월하다.[2]

크로코스는 1989년 아테네의 필로테이에 설계한 주택[705]에서
이렇게 특히 분명하게 표현되는 벽돌과 거친 콘크리트의 문법으로 돌
아왔다.

파리에서 교육받은 제네토스는 근대 기술을 직접적으로 표현하
는 데 전념했는데, 이는 그가 1965년 리카베투스의 낮은 사면에 최
소한의 재료로 완공시킨 경량의 철골 극장에서 확인할 수 있다. 제네
토스가 아테네에 실현한 첫 작품은 1957년 픽스 양조장에 설계한 커
튼월 마감의 대형 공장이었다. 이 기술의 역작을 실현한 그는 이어서
1959년 아테네의 유명한 아말리아스 대로에 판유리 난간을 갖춘 6층
짜리 아파트 블록을 완공시켰다. 2년 후에는 아티카의 카부리에서 바
다 옆 소나무 숲이 내려다보이는 극적인 캔틸레버 구조의 철골 주택

[705] 크로코스, 베타스 주거, 필로테이, 1989~91.

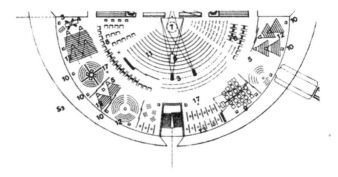

[706] 제네토스, 아기오스 디미트리오스 학교, 아테네, 1975.

을 실현했다. 이후 1970년대 전반에는 지극히 실험적인 철골 구조의 아기오스 디미트리오스 학교[706]를 실현했는데, 여러 겹으로 된 이 건물의 원형 평면 형식은 가용 공간을 마치 끝없어 보이도록 재배열할 수 있게 해주고 처마의 수평 미늘창살은 태양의 궤적에 따라 각도와 밀도가 다양하게 변한다.

니코스 발사마키스의 작업—예컨대 1963년 아티카의 아나비소스에 지어진 라나라스 주택[707]—에서 특히 분명히 나타나는 전후 미스주의(Miesianism)의 영향뿐만 아니라, 20세기 마지막 사반세기의 그리스 현대 건축은 1930년대 그리스 합리주의의 문법적 유산을 비상하게 감각적으로 반복하고 정교하게 만들었던 것으로 보인다. 이러한 '차별화된 반복'은 특히 1950년대 말 내내 아테네에서 번성한 6~8층짜리 틈새 아파트 건물들(폴리카토이키아[polykatoikìa])에서 명백히 나타나는데, 이는 전문 건축가들만큼이나 계몽된 건설업자들도 많이 설계하곤 하는 일종의 현대적 버내큘러와 다름없다. 평균적인 필지의 전형적인 높이와 폭을 따르고 접이식 차양이 달린 수평 창을 따라 표준적인 발코니와 캐노피 및 옥상 테라스가 연속으로 펼쳐지는 이 현대 건축의 레퍼토리는 기존의 직각 가로 격자 안에 배치되어, 토니 가르니에의 설계로 1924년부터 35년까지 리옹의 에타쥐니 거리에 지어진 근린 주거의 균질성에 비할 만한 근대 도시의 연속체

[707] 발사마키스, 라나라스 주택, 아티카, 1961~63.

를 만들어냈다. 아마도 아테네에서 이러한 규범적 문법을 가장 간명하게 요약한 건물은 1961년 리카베투스의 낮은 사면에 지어진 콘스탄티노스 독시아디스의 인간정주학 연구소[709]일 것이다. 이렇게 수용된 근대 그리스 건축의 공용어가 이제는 판에 박힌 관행이 되어 대개는 투기성 개발과 끊임없이 확장하는 관광산업 시설에만 적용된다는 것이 당황스럽다. 이는 콘스탄티니디스가 1950년대 크세니아 단체를 위한 작업을 하며 구상했던 수수한 프로그램을 완전히 벗어난 것이다.

하나의 예외가 있었다면 아그네스 쿠벨라스인데, 그녀는 자신의 건축적 기초를 특수한 기후와 지형 그리고 섬 지역에 현존하는 공예 문화에 두고자 해왔다. 이는 1994년 산토리니에 지어진 그녀의 자택[708]에서 확인할 수 있으며, 이 집에 대해 카린 스코우스벨은 다음과 같이 썼다.

> 이 집의 전체적인 구성에서 변함없는 준거점은 … 그 맥락이었다.
> 해변의 거대한 암석들, 칼데라의 강한 산들바람(멜테미), 엠포리오의

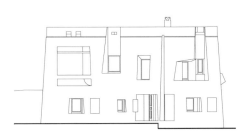

[708] 쿠벨라스, 바람의 집, 산토리니, 1994. 입면도.
[709] 독시아디스·쿠라벨로스·스헤이퍼르스, 인간정주학 연구소, 아테네, 1955~61.

특징적인 성채(굴라스) 등등. … 강력한 바람을 조절하는 것이
매우 중요했기에, 주택의 외피는 통풍이 되면서도 튼튼해야 했다.
… 결국 바람과 빛을 포집하기 위해 건물의 외피를 깎고 구멍을
냈지만 여전히 집은 계속 보호해야 했다. … 이 매스의 성격은 소위
'이코스카파'(hyposkapha)라고 불리는 지역의 동굴 주거 기법을
암시한다.[3]

이 작품을 완성한 후 쿠벨라스는 장소에 특화된 더 대규모의 공
공 프로젝트를 섬 지역에 다수 완공시켰다. 테라 섬의 선사박물관
(1998~2000)과 낙소스 섬의 고고학박물관(1994)이 그 예인데, 후자
에서는 박물관 증축을 위해 중앙의 공공광장을 재건해야 했다.

구 유고슬라비아

유고슬라비아는 제2차 세계대전의 종전 이후 1980년 국가 원수 요시프 브로즈 티토가 사망할 때까지 거의 40년간 자유사회주의 사회가 지속된 유일한 유럽 국가였다. 티토의 성공을 이끈 열쇠는 바로 전쟁 중 그가 파르티잔들의 지도자로서 승리하며 위신을 얻었고, (1948년 유고슬비아가 소비에트 블록에서 퇴출된 이후) 여섯 개의 서로 다른 민족 정체성을 통합하며 1당 국가를 유지할 수 있었다는 사실이었다.

　티토의 유고슬라비아를 구성한 여섯 개 공화국 가운데 슬로베니아는 가장 세계주의적인 나라였는데, 서쪽과 북쪽으로 이탈리아와 오스트리아에 접한 덕분이었다. 아울러 이 나라는 1918년 이후 신생 국가인 체코슬로바키아와도 친밀했던 것으로 보이는데, 체코의 초대 대통령 토마시 마사리크의 의뢰로 슬로베니아의 거장 건축가 요제 플레치니크가 프라하 성을 대통령 관저로 바꾸는 임무[710]에 깊이 관여했을 정도다. 이 임무에서 플레치니크의 응답은 구 오스트리아-헝가리 제국의 모든 흔적을 지우는 방식으로 프라하 성을 용도 변경하고 장식하는 데 필요한 다양한 크기와 범위의 수많은 네오바로크 형식을 설계한 것이었다. 플레치니크가 프라하 성에 덧붙인 수수께끼 같은 상징적 요소들은 두 석재 블록 위에 불안정하게 놓인 기념비적 상징성을 띤 돌그릇이었다. 이어서 플레치니크는 그에 못지않게 몽상적인 일련의 작품을 프라하 성에 설계한 다음 1921년 류블랴나에 건축학교를 창건하고 교장을 맡았다. 티토 치하에서 전후 유고슬라비아는 사회적으로나 건축적으로나 모두 모더니즘 유토피아가 되었다. 이에

[710] 플레치닉, 프라하 성, 1931.

대해 블라디미르 쿨리치는 다음과 같이 썼다.

전후 초기, 전쟁으로 파괴되어 교육의 근간과 근대적 기술이 부재했던 나라에서 대규모의 자원 노동력은 사실상 꼭 필요한 것이었다. … 젊은 작업반장들이 도로와 철도 노선, 댐, 관개 운하, 공장과 도시를 신축한 이 시기에는 상당량의 진정한 열정이 존재했다. 자원 노동력이 투입된 초기의 대규모 현장 중 하나는 새 연방 수도인 노비베오그라드였다. 1940년대 말 전국에서 몰려든 맨손의 젊은이들은 이 도시의 습지대를 모래로 메워 불안정한 지형을 굳게 다졌다. 또 하나의 예는 아드리아 고속도로였는데, 슬로베니아에서 크로아티아, 보스니아헤르체고비나를 지나 몬테네그로까지 이어지는 이 해안도로는 대중 관광을 부상시킨

터전이었다. 하지만 나라가 발전하면서 대규모 자원 노동력에 대한 실질적 수요는 줄어들었고, 젊은이들의 노동 운동은 숲 가꾸기나 청소년 리조트 건설, 고고학적 발굴과 같이 육체적 노고가 덜한 프로젝트로 옮겨 갔다. 아울러 자원 봉사가 사실상 형제애와 단결이라는 기치를 내건 활동적 휴양의 형식이 되면서, 참여자들의 동기는 국내 여행을 위한 것으로 변화했다.[1]

1945년부터 60년대 중반까지 유고슬라비아는 중요한 사회경 제적 변화를 겪는 가운데 집합적으로 괄목할 만한 수준의 현대 건축 을 달성했다. 그중 한 가지 명작은 블라디미르 포토치냐크가 이끈 팀 의 설계로 1947년부터 62년까지 노비베오그라드에 건립된 연방 행 정부 건물[711]이었다. 이 6층짜리 작품은 르 코르뷔지에의 설계로 1930년 모스크바에 건립된 첸트로소유즈 건물과 마르셀 브로이어, 피에르 루이지 네르비, 베르나르 제르퓌스의 설계로 1956년 파리에 완공된 유네스코 본부를 일부분씩 모델로 삼았다.

같은 시기 유고슬라비아에는 특별한 건물 유형 두 가지가 등장했 다. 첫 번째는 모든 유고슬라비아 시민에게 질 높은 아파트를 공급하 겠다는 국가의 약속을 반영하여 대단히 기발하게 설계된 아파트 건물

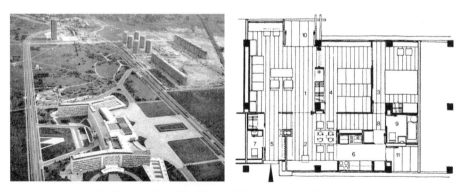

[711] 포토치냐크, 정부 건물, 노비베오그라드, 세르비아, 1947~62.
[712] 무시치 등, 23번 블록, 노비베오그라드, 세르비아, 1958~74. 평면도.

유형이었고, 두 번째는 1920년대 말 소련의 돔-코뮤나와 노동자회관에서 볼 수 있는 사회적 응축기 개념을 반복한 관광호텔 유형이었다. 전자의 예로는 노비베오그라드의 중층 규모 아파트 블록[712]과 블라디미르 브라초 무시치의 설계로 1968년부터 80년까지 공업도시 스플리트에 지어진 비범한 23층짜리 슬래브 블록들[717]이 있다. 후자는 아드리아 해안을 따라 슬로베니아부터 두브로브니크 너머까지 이어지는 고속도로변에 일정 간격으로 지어진 중층 규모의 정교한 모더니즘적 호텔들, 일례로 보리스 마갈의 설계로 1968년 크로아티아의 시베니크에 지어진 솔라리스 호텔 등에서 분명하게 나타났다. 이러한 호텔 건설 붐에 대해 마로예 므르둘리야시는 다음과 같이 썼다.

> 유고슬라비아의 근대화 모델은 새로운 도시적 층위를 만들어내는
> 방향으로 대중 관광을 발전시키는 데 성공했고, 이 모델은 국제
> 시장에서 문화적인 설득력과 경쟁력이 있었다. 모든 유형의 실내·외
> 공공 공간에 자유롭게 접근할 수 있는 정책 덕분에, 지역민들은 관광
> 기반시설을 일상 용도로 전용할 수 있었다. 유고슬라비아 건축가들은
> 합리적인 계획과 보존이라는 지원을 받으며 모더니즘 개념들을
> 지중해성의 교훈과 융합했으며 호텔 유형을 문화적으로, 그리고 어느
> 정도는 사회적으로도 진정성 있는 연구에 활용했다.[2]

플레치니크처럼 에드바르드 라브니카르도 1926년부터 30년까지 빈에서 처음 훈련을 받았다. 그는 류블랴나로 돌아와 플레치니크와 함께 5년을 더 공부했고, 이후에는 1936년부터 41년까지 건설된 플레치니크의 국립 도서관 프로젝트에 조력자로 참여했으며 제1차 세계대전 전사자 추모관을 플레치니크를 연상시키는 방식으로 완공시켰다. 라브니카르는 1939년 파리로 가서 르 코르뷔지에의 알제 해상지구 프로젝트 작업에 짧게나마 참여했다. 1939년 류블랴나에 라브니카르가 설계한 모던 갤러리는 오토 바그너의 석조 작업을 연상

[713] 라브니카르, 라브 기억관 단지, 캄포르, 라브 섬, 1952.

시키는 고전적인 석재 입면을 갖춘 모범적인 합리주의 작품이었다. 1945년 유고슬라비아 공화국이 설립된 이후 라브니카르는 이탈리아와 슬로베니아의 국경에 위치한 신도시 노바고리차를 비롯한 다양한 정부 프로젝트에 관여했다. 1952년에는 일련의 전쟁 기억관들을 설계했는데, 그중 가장 장엄한 사례는 라브 섬의 캄포르에 위치한 이탈리아의 악명 높은 집단수용소 부지에 지어진 작품[713]이었다.

라브니카르의 건축은 대위법적 형태도 선호하지만, 한 가지 핵심은 기본적인 구조 형식과 그 표면 처리에서 모두 분명한 텍토닉적 표현이 나타난다는 점이다. 이러한 뛰어난 표현이 가장 생생하게 나타난 작품은 류블랴나에 지어진 혁명 광장 단지(1961~74)[714]이다. 이 작품에서 라브니카르는 광장의 중심축을 사이로 서로 마주보는 두 개의 17층짜리 사무소 타워를 설계하여 브루노 타우트의 신화적인 '도시 왕관'(2부 13장 참조) 이미지를 환기시킬 수 있었다. 이 각각의 타워는 하나의 삼각형 서비스 코어를 중심으로 바닥판들이 캔틸레버 구조로 매달려 있고 코어의 삼면을 커튼월 마감의 사무 공간이 에워싸는 식으로 구성되었다.

이 기념비적인 쌍둥이타워 구성은 인접한 문화회의센터[715, 716]로 보완되는데, 이 센터는 중심부의 원형 강당을 하나 두고 그 주

(왼쪽 위에서부터 시계방향으로)

[714] 라브니카르, 혁명 광장, 류블랴나, 1961~74.

[715] 라브니카르, 문화회의센터, 류블랴나, 1983.

[716] 라브니카르, 문화회의센터, 류블랴나, 1983.

[717] 무시치, 스플리트 3지구, 크로아티아, 1968~80.

변에 그보다 큰 강당 셋을 지은 형태로 구성되었다. 전체적인 접근은 널찍한 공용 안내 로비를 통해 이루어지며, 이 로비는 광장 한쪽을 따라 이어지는 상점가와 백화점, 은행으로 연결된다. 같은 시기 알바 알토의 설계로 지어진 웅장한 시민회관들만 제외한다면, 티토가 이끈 비동맹 유고슬라비아의 전성기에 라브니카르가 류블랴나에서 달성한 것에 필적할 만한 유럽 대륙 내의 또 다른 도시적 개입 사례를 찾기란 쉽지 않다.

오스트리아

'근대 운동'이라는 용어는 오토 바그너의 1899년 저서 『현대 건축』에서 처음 사용되었다. 하지만 최초의 산업화된 전쟁인 제1차 세계대전이 일어나기 직전 만년에 이른 바그너는 모더니티의 종말이 임박했음을 감지한 것으로 보이는데, 이는 상기한 저서의 제4판이 1914년 『우리 시대 건축』이라는 보다 신중한 제목으로 나온 것에서 암시된다. 하지만 그는 그가 사망한 해인 1918년 오스트리아-헝가리 제국의 붕괴와 함께 오스트리아에 닥칠 경제 공황은 예견하지 못했다. 결국 빈은 주택난과 식량난을 겪었고, 이는 야코프 로이만 시장이 이끄는 사회주의 행정부의 선출로 이어졌다. 로이만이 집권하던 당시 '붉은 빈'(Red Vienna)이라는 이름으로 알려지게 된 이 도시는 변두리에 중층 규모 페리미터 블록들이 느슨한 '고리'를 이루는 형태의 노동자 주거를 건설하는 대대적인 프로그램에 돌입했다. 이러한 개발단지 중 가장 기념비적인 사례는 바그너의 제자 카를 엔의 설계로 지어진 카를 마르크스 호프(1926~30)[718]였다. 이 단지가 완공된 지 얼마 지나지 않아 정부는 노동자들의 반란을 억누르는 힘을 과시하려고 그 주위에 포병대를 집결시켰다. 이러한 폭력적인 방해가 있었음에도, 사회적 주거에 대한 강조는 1930~32년 빈 공작연맹 주거 단지에서 다시 등장했다. 1927년 슈투트가르트에서 열린 독일 공작연맹 주거전을 모델로 한 이 시범 단지는 건축가 요제프 프랑크의 감독하에 조성되었는데, 대표적인 작품들로는 헤릿 릿펠트가 일렬로 설계한 다섯 채의 테라스 주택, 리하르트 노이트라의 단독 주택, 그리고 아돌프

[718] 엔, 카를 마르크스 호프, 빈, 1930.

로스가 생애 마지막으로 설계한 한 쌍의 2세대 주택이 있었다. 한편 1920년대 말과 1930년대 초 빈의 핵심 인사였던 페터 베렌스는 빈 미술아카데미의 교수로 임명된 뒤 다소 에리히 멘델존을 연상시키는 방식으로 공장과 창고를 설계하는 산업시설 전문 건축가로 활동했다. 그리고 당시 오스트리아에서 베렌스보다 훨씬 젊었음에도 그에 못지 않게 중요했던 인물로 티롤 지역 건축가 로이스 벨첸바허가 있었는 데, 그의 설계로 1932년 첼암제 인근 투머스바흐에 지어진 헤이로프스키 주택[719,720]은 동시대 한스 샤로운이 설계한 최고의 주택들에 맞먹는 유기적인 걸작이었다.

오스트리아 건축은 1938년 독일 제3제국에 합병되고 제2차 세계대전을 치른 역사에서 쉽게 회복하지 못하다가 1950년대 초 롤란트 라이너의 등장으로 전기를 맞았는데, 라이너는 1952년 빈에 스포츠 전당을, 1953년에는 목구조의 조립식 주택 단지를 완공시켰다. 그 이후로 라이너의 작업은 대개 자동차 시대에 맞게 보편적으로 유효

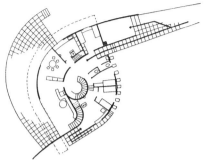

[719, 720] 벨첸바허, 헤이로프스키 주택, 투머스바흐, 1932.

한 토지 정착의 새로운 형식으로서 저층고밀 주거를 개발하는 데 헌신했다. 이를 가장 설득력 있게 보여준 사례는 그의 설계로 1963년부터 95년까지 다뉴브 강 어귀에 계속해서 개발된 푸헤나우 주택 단지[723]다. 이러한 접근의 문화적·생태적 이점은 그의 1972년 저서 『살기 좋은 환경』에서 총체적으로 기술되었다.

구스타프 파이힐은 1955년 빈 미술아카데미에서 클레멘스 홀츠마이스터의 마스터클래스를 졸업한 후 1964년 한스 홀라인과 발터 피힐러, 오스발트 오버후버와 함께 『바우』(Bau)라는 잡지를 창간하면서 영향력 있는 인물이 되었다. 4년 뒤 그는 일군의 지방 라디오 방송국들[721]을 위한 설계경기에서 우승했고, 이는 1969년부터 1984년까지 아이젠슈타트, 잘츠부르크, 인스브루크, 린츠, 도른비른에 동심원적으로 계획된 다섯 개의 방송국들로 지어졌다. 파이힐은 각 방송국마다 정확한 디테일의 기계적이고 금속적인 정체성을 부여했다.

안톤 슈바이크호퍼도 파이힐 못지않게 새로운 건물 유형의 발명에 헌신했는데, 그렇게 그가 계단식으로 설계한 신구축주의적인 고아원[722]이 1969년 빈에 지어졌다. 돌이켜보면 이 건물은 라이너의 생태적 합리주의와 당시 새로 떠오르던 무정부주의적인 그라츠 건축유파 미술가-건축가 사이에 놓여 있던 전이적인 작품으로 볼 수 있

[721] 파이힐, 전형적인 ORF 지역 스튜디오, 1969~81.

[722] 슈바이크호퍼, 어린이 도시, 빈, 1969.

을 것이다. 그라츠 건축유파 중 가장 극단을 달렸던 귄터 도메니히의 1986년 작품인 슈타인하우스는 비록 살기 좋은 규모와 널찍한 비례의 내부 공간을 갖췄음에도 건축보다는 조각에 가까운 그의 자택이었다. 1980년 그라츠에 철골 구조로 지어진 쿱 히멜블라우의 블레이징 윙 역시 그에 못지않게 예술적이었다. 하지만 이후 쿱 히멜블라우의 해체주의적 접근은 폴커 기엔케와 헬무트 리히터, 클라우스 카다의 작업으로 대표되는 그라츠유파의 전반적인 신구축주의적 노선과 구분되기에 이르는데, 1986년 빈의 고전적인 블록 최상층에 위치한 법률사무소의 옥상에 설계한 강철과 유리의 격렬한 연속체[725]에서 그러한 구분이 시작되었음을 확인할 수 있다. 이와 가장 거리가 먼 작품은 카다의 설계로 1988년 베른바흐에 지어진 유리 박물관이나 기엔케의 설계로 1992년 그라츠의 식물원에 지어진 온실일 것이다. 이 온실은 필수적인 난방 설비를 유리를 지지하는 금속관 골조에 통합한 건물이었다. 여러 재료를 콜라주처럼 섞어 쓰는 기엔케의 건설 방식은 유리 사용을 극대화하는 리히터의 방식과 구분되었는데, 후자의 방식은 1990년 빈에 지어진 브루너슈트라세 주거를 완전히 덮으며 길게 이어지는 유리 입면이나 1994년 같은 도시의 킹크플라츠에 지어진 대규모의 중등학교에서 발견된다. 파이힐의 라디오 방송국에서도 그랬듯이 여기서도 영국·이탈리아 하이테크 건축가들과의 친화성을 알아챌 수 있지만, 유형적 발명이나 기능적 기법에 대한 관심은 그들과 동일하지 않다. 한편 쿱 히멜블라우는 결국 해체주의만큼이나 구축주의적인 작업 방식에 도달했는데, 일례로 1995년 니더외스터라이히 주의 사이버스도르프에 완공시킨 사무소 건물에서 나타나는 연쇄 평면들을 들 수 있다. 이에 못지않게 유기적이지만 훨씬 강한 조형성으로 벨첸바허를 연상시키는 작품은 오트마르 바르트의 설계로 1982년 티롤의 슈탐스에 지어진 동계 스포츠 경기장[726]이었다.

라이문트 아브라함은 미국에서 대부분의 실무 경력을 쌓았지만, 그라츠에서 대학을 졸업했다. 이런 그의 이력은 그가 2002년 뉴욕에

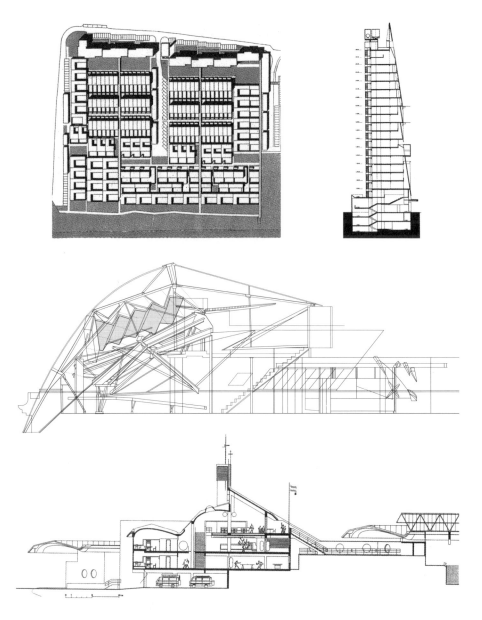

[723] 라이너, 저층고밀 주거, 푸헤나우, 1단계, 1965~67. 배치도.
[724] 아브라함, 오스트리아 문화포럼, 뉴욕, 1992~2002. 단면도.
[725] 쿱 히멜블라우, 옥상 리모델링, 폴케슈트라세, 빈, 1986. 단면도.
[726] 바르트, 스포츠 경기장, 티롤, 1982. 단면도.

완공시킨 23층짜리 오스트리아 문화포럼[724]의 미묘한 신구축주의
적 성격에서 암시되고 있다. 아브라함은 1992년 뉴욕 주가 주최한 설
계경기에서 우승하여 이 작업을 수주했는데, 당시 공모전은 오스트리
아 건축가들에게만 한정적으로 개방되었 총 226개 작품이 출품되었
다. 정면이 비좁은 지극히 까다로운 대지에 지어진 이 건물은 라이트
의 1959년 역작인 구겐하임 미술관 이후 맨해튼에 탁월한 품질로 건
설된 최초의 건물 중 하나로 남아 있다.

독일

1951년 다름슈타트에서 열린 '인간과 공간' 심포지엄은 1945년 제 3제국의 종말론적 파국과 패망 이후 처음 열린 독일 건축가 및 지식인 들의 모임이었다. 철학자 마르틴 하이데거는 「건축함, 거주함, 사유함」이라는 중요한 에세이로 이 사건에 중요한 기여를 했는데, 이 에세이는 1920년대 말과 1930년대 전반에 걸쳐 근대 건축이 선호한 추상적이고 기능적인 공간보다 경계 지어진 영역으로서 장소-형태의 중요성을 강조했다. 하이데거가 경계 지어진 영역을 강조한 것처럼, 한스 샤로운도 자신이 계획한 최초의 유기적인 학교들 중 하나를 발표할 때에 다름슈타트가 하나의 시범 유형[727]을 짓도록 설득하려는 암시를 내비쳤다. 이 건물은 바이마르공화국에서 모더니즘의 주된 특징이었던 신즉물주의의 환원적 기능주의 범주를 벗어난 것이었다. 이후 샤로운이 몰두한 설계 작업은 대부분 학교와 주거에 할애되었다. 전자의 극치에 해당하는 사례는 나치에 항거한 백장미 운동의 순교자들인 한스와 소피 숄의 이름을 따라 뤼넨에 지어진 게슈비스터-숄 학교(1959~62)였고, 후자의 가장 인상적인 사례는 1959년 슈투트가르트에 지어진 로미오와 줄리엣 아파트[728]였다. 하지만 샤로운의 걸작은 1963년 베를린 티어가르텐 공원에 지어진 필하모니 콘서트 홀[729]이었다. 이 작품은 공연장 한가운데에 오케스트라를 두고 사방에 '포도밭'처럼 경사진 객석의 평면들을 에워싼다는 급진적인 개념에 입각했다. 객석 밑으로는 휴식 시간에 청중을 수용할 수 있는 현관들을 폭포처럼 매달아 놓았다. 이 공연장은 탁월한 음향 환경 덕에

20세기의 가장 성공적인 콘서트홀 중 하나가 되었다.

전쟁 이후 즉각 부상한 또 다른 독일 기성 건축가는 에곤 아이어만이었다. 1930년대 초 한스 푈치히와 함께 공부했던 그는 전쟁 전까지 소박한 이력을 즐기다가 1947년 카를스루에 대학교 건축 교수직에 임명되었고, 이것이 그의 전후 실무를 크게 촉진했다. 처음부터 그의 작업은 우아한 비례의 합리주의로 특징지어졌고, 이는 이미 그의 설계로 1951년 슈바르츠발트에 지어진 단층짜리 골슬레이트 헛간에서 명백하게 나타났다. 이 단순하고 우아한 구조물에 이어 그는 강력한 리듬이 느껴지는 작품들, 예컨대 프랑크푸르트에 지어진 네커만 우편 주문 창고(1951)[730], 브뤼셀 세계박람회 독일관(1958), 바덴바덴에 소재한 그의 자택(1962), 그리고 프랑크푸르트의 올리베티 수련원(1968~72)

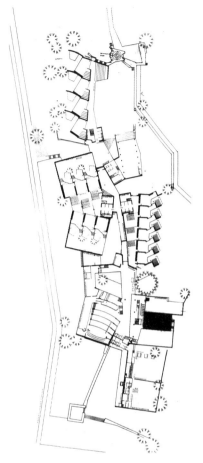

[727] 샤로운, 다름슈타트를 위해 계획한 유기적인 학교 시범 유형, 1951. 평면도.

을 잇따라 실현했다. 아이어만이 서베를린에 핵심적으로 기여한 작품은 1962년작 카이저 빌헬름 기념 교회[731]다. 같은 이름으로 불리는 19세기 네오로마네스크 교회의 폭파된 외피 옆에 지어진 이 교회는 철골조의 팔각형 신도석과 종탑 형태를 취했으며, 컬러 유리 렌즈 입면의 프리즘은 야간에 제각기 역광을 받았다.

아이어만이 카를스루에에서 가르치면서 길러낸 가장 특출한 인

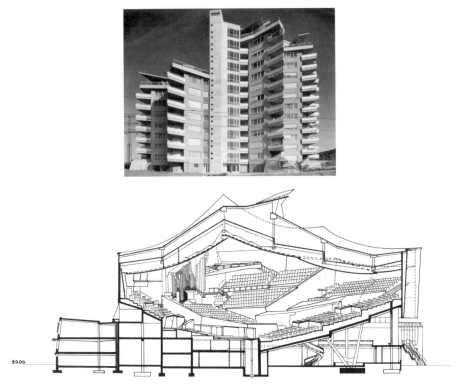

[728] 샤로운, 로미오와 줄리엣 아파트, 슈투트가르트, 1959.
[729] 샤로운, 필하모니 홀, 베를린, 1963.

재 중 한 사람은 오스발트 마티아스 웅거스였다. 그는 1960년대 초
이미 쾰른에 상당량의 벽돌 입면 주거를 설계하고 실현한 인물이었
는데, 대부분 6층 정도 높이였던 그러한 주거 중 1959년 돌출한 발코
니와 노출 콘크리트 바닥판을 활용해 한자링에 지어진 혼합용도 블
록[733]은 특별히 우아한 작품이었다. 이러한 브루탈리즘적 벽돌 문
법은 같은 해 그 도시의 뮝어스도르프 지구에 활절 접합으로 지어진
그의 자택[732]에서 정점에 달했고, 이 집은 웅거스의 브루탈리즘을
대표하는 상징물이 되었다. 그러다가 1965년 베를린으로 이주한 뒤
1968년 미국의 코넬 대학교로 간 그는 러시아 구축주의에 일시적 흥

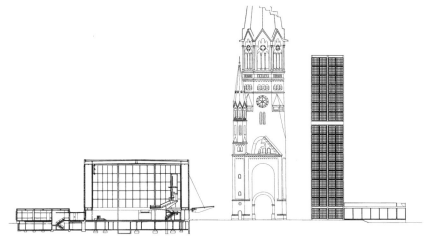

[730] 아이어만, 네커만 우편 주문 창고, 프랑크푸르트, 1951.
[731] 아이어만, 카이저 빌헬름 기념 교회, 베를린, 1962. 단면도.

미를 느꼈고, 이에 간접적인 영감을 받아 더 합리주의적인 강경한 접근법을 채택했다. 하지만 1975년 베를린으로 돌아왔을 때에는 기존의 환원적 기능주의를 버리고 일종의 포스트모던 고전주의를 수용하여 여생이 끝날 때까지 그러한 작업 방식을 고수했다.

전후 독일 건축계에서 중요한 또 하나의 인물은 엔지니어 겸 시공자인 프라이 오토였다. 그는 독일 꽃 박람회를 위한 임시적인 장력 구조로서 세워지는 반투명 범포 텐트를 설계하면서 경력을 시작했다. 이런 텐트의 특징인 굽이치는 형태는 지붕의 빗물을 흘려보내는 원형 콘크리트 홈통 주변에 군집한 당김 줄들만큼이나 버팀목으로 제자

[732] 웅거스, 웅거스 주택, 쾰른, 1959.
[733] 웅거스, 한자링의 주거 블록, 쾰른, 1959.

리 고정되는 반구형 꼭짓점들에도 의지했다. 훗날 오토는 이와 비슷한 방식을 귄터 베니슈가 설계한 1972년 뮌헨 올림픽 경기장의 지붕에도 적용했는데, 굽이치는 반투명 아크릴 지붕을 강관 철탑들의 철망에 고정하고 경기장의 외주부에 쇠줄로 단단히 결속하는 방식이었다[734]. 거의 재료의 물성을 소거한 채 경기장을 보호하는 이 유기적인 지붕 형태는 새로운 민주주의 독일의 상징으로 이해되었고, 이는 1936년 나치 올림픽을 위해 베를린 라이히스포트펠트에 베르너 마르히가 설계한 기념비적 대칭성이 강조된 경기장과 대비되는 것이었다. 한편 오토 못지않게 유기적인 베니슈의 하이테크 철-유리 방식은 그의 1987년작 슈투트가르트 대학교 하이솔라 연구소에서 정점에 달했다.

　1972년 뮌헨에서는 오토 슈타이들이 도리스 및 랄프 투트와 함께 설계한 독특한 실험적 주거 단지[735]가 완공되었다. 7.2×8.8미터의 조립식 콘크리트 골조에 기초한 이 3층짜리 행렬 체계는 네덜란드 건축가 존 하브라컨이 개발한 이른바 '주거대'(supports) 시스템을 모델로 한 유연한 모듈 체계로 실현되었다. 하브라컨의 개념은 시

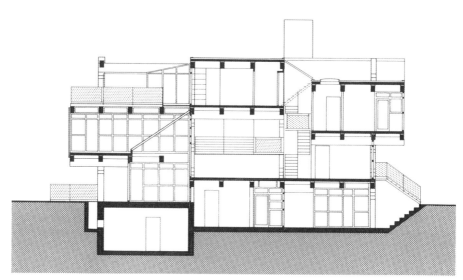

[734] 베니슈와 오토, 올림픽 경기장, 뮌헨, 1967~72.
[735] 슈타이들(도리스 및 랄프 투트와 협업), 겐터 슈트라세 주거, 뮌헨, 1968~72. 단면도.

간이 지날수록 변화하는 수요에 맞춰 구성요소들을 더하거나 빼고 기본 구조 모듈에 치수도 맞추는 식으로 주민들이 각자의 생활 단위를 자유롭게 변경한다는 것이었다. 이러한 기술적 이상은 성취 불가능한 것으로 판명되었는데, 대체로 그런 요소들이 산업적으로 전혀 생산되지 않는다는 이유 때문이었다. 물론 모든 세대가 계단식으로 뒤로 밀리며 테라스를 갖는 이 뮌헨의 아파트 블록은 여전히 한 세대도 빠짐없이 입주해 있지만 말이다.

이 무렵 요제프 파울 클라이우스가 베를린 건축계에 등장했는데, 여기서 그는 탁월한 두 작품으로 자신의 입지를 확립했다. 그것은 1977년 비네타플라츠에 건립된 벽돌 입면의 5층짜리 페리미터 아파트 블록(3부 2장 참조)과 1978년 베를린 거리청소 부서를 위한 오점 없는 디테일의 커튼월 입면 차량 정비소였다. 그 이후 1984년부터 87년까지 클라이우스는 베를린 국제 건축전(IBA)을 감독하는 데 전념을 다했는데, 이 전시회는 1958년 베를린 장벽에 인접하여 설치될 정도의 권위를 누린 한자피에르텔 건축전과 비슷하게 정부를 초월하는 역량을 펼친 활동이었다.

바르셀로나 시와 볼로냐 시는 한물간 유럽 도시의 현대화에 전념하는 유사한 노력을 했는데, 실제로는 레온 크리어와 모리스 퀼로가 옹호한 이른바 전통 도시의 재건과도 부분적으로 통하는 면이 있었다. 하지만 크리어와 퀼로, 심지어는 웅거스와도 달리, 클라이우스는 전쟁 이전의 근대 운동을 부정적으로 여기지 않았다. 대신 건축역사가 빈프리트 네르딩거가 설명하듯이, 클라이우스는 진보적 모더니티와 18~19세기 도시 조직의 가로와 블록에 담긴 전통적 '장소-형태'를 서로 변증법적으로 맞세우는 과정으로서 도시의 재건을 구상했다.

1989년 예상에 없던 베를린 장벽의 붕괴는 클라이우스의 베를린 재건 구상을 사실상 끝내버렸고, 안타깝게도 그 이후의 건설 붐은 일회성의 단독 건물들로 돌아가기를 선호했다. 이런 유행을 부채질한 것은 미국과 영국에서 시작된 신자유주의적 자유방임 경제 정책들이었고, 이는 슈퍼마켓을 동반한 교외 조직의 성장으로 이어졌다. 슈퍼마켓의 등장은 가게의 정면들로 이루어진 전통적인 상가 입면을 침해하면서 도시 전체의 활력을 약화시키는 효과를 냈다. 1989년 독일이 통일하면서 과세 표준과 사회의 구매력은 전통 도시에서 교외로 옮겨갔다.

이런 변화는 생태 운동이 비판적 대안으로 떠오르는 계기가 되었는데, 생태 운동은 기술적인 접근과 '더 친환경적인' 사회문화적 입장으로 나뉘었다. 전자의 한계는 베르너 조베크의 설계로 2000년 슈투트가르트에 전면 유리의 철골조로 지어진 탄소제로 주택[736]의 차가운 성격에서 암시되고 있다. 그보다 더 총체적인 대안은 토마스 헤르초크의 지속가능한 실천에서 명백하게 나타나는데, 1999년 하노버 박람회를 위해 지어진 그의 20층짜리 도이치메세 건물[738,739]이 그 예다. 이 '지속가능한' 사무소 시범 유형은 24×24미터 평면의 사무 공간을 사무용 가구만 옮겨 완전히 열린 공간으로 만들 수도, 개별 사무실들로 나눌 수도, 또는 두 유형을 섞을 수도 있다는 점에서 괄목할 만하다. 어떤 방식으로든 모든 사용자가 약간의 자연 환기라도 누릴 수 있는데, 거센 외풍을 차단하면서도 모퉁이의 외피를 열고 내·외부의 유리 표면들을 분리하는 한 층 높이의 유리 미닫이문을 여는 식으로 자연 기류를 허용할 수 있다. 이 건물은 여전히 에어컨 공조가 이루어지기 때문에, 배출 공기에 포함된 열에너지의 85퍼센트를 내피와 외피 사이의 공극에 진입하는 신선한 공기를 미리 데우는 데 활용할 수 있다. 유지관리를 쉽게 하고자 이중 유리 외피 뒤에 차양을 설치한 만큼, 결과적으로 캔틸레버 바닥판과 주요 바닥판 사이에 열전도를 차단할 필요가 없어진다.

헤르초크의 할레 26은 1996년 하노버 박람회를 위해 지어졌다[737]. 이 사례에서는 걸출한 엔지니어 요르게 슐라이히가 구조 컨설턴트로 활동하면서 환경적 성취만큼이나 텍토닉적인 성취도 이뤄졌다. 이 건물의 현수식 지붕은 그 단면의 환경적 속성보다는 구조물을

[736] 조베크, R128 주택, 슈투트가르트, 2000.
[737] 헤르초크, 할레 26, 하노버 박람회, 1996.

빠르게 세울 필요로 인해 결정되었다. 한 칸에 55미터씩 세 칸으로 이루어진 현수식 지붕은 주로 30미터 높이의 삼각형 강철 가대 세 개로 지지되었고, 거기에 네 번째 가대가 다소 더 낮게 설치되었다. 지붕의 하중을 지탱하는 와이어케이블 구조는 두 겹의 목재로 덮고 그 사이에 자갈을 채워 현수선을 안정화하는 무게를 더했다. 결과적으로 처마 밑에 통풍구를 갖춘 채 위로 굽은 단면 형상은 열을 위로 밀어 올려 탁한 공기를 배출하도록 유도하고, 신선한 공기는 가대들 사이를 가로지르는 삼각형 단면의 유리 배관들을 통해 홀 쪽으로 유입시킨다. 이와 비슷한 목적을 위해 지붕의 안쪽 곡선은 밤에 빛 반사 장치로 활용하고 낮에는 지붕의 골에 인입된 태양열 차단 유리 패널을 통해 자연광의 가용성을 최대한 끌어올리게 했다. 토마스 헤르초크의 작업은 울리히 슈바르츠의 반성적 모더니티(reflexive modernity) 개념, 즉 2002년 함부르크에서 열린 '새로운 독일 건축' 전시회 책자

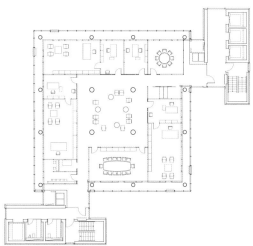

[738, 739] 토마스 헤르초크, 도이치메세 AG 본부, 하노버, 1999. 실내와 평면도.

에 실린 그의 서문에서 개진되었으나 정의되지 않은 채로 남은 개념을 뭔가 잠재적으로 표출하는 듯하다. 슈바르츠의 말을 빌리자면, 헤르초크의 작업에서

모더니즘은 스스로 그 자체의 기본 원리와 선행 조건 및 결과 들을 자각하게 만듦으로써 자기반성적으로 된다. … 하버마스는 모더니즘을 미완의 기획이라고 일컫는다. 모더니즘은 오로지 그 자체의 경계들을 인지하고 수용함으로써만 (완벽의 의미에서) 완성된다.[1]

덴마크

덴마크에서는 두 가지 요인이 근대 운동의 출현에 영향을 주었다. 첫 번째는 21세기 초 유럽에서 가장 저명한 학교 중 하나였던 코펜하겐 왕립 미술아카데미의 건축학부에서 유지한 특별한 기준이었다. 두 번째는 독일 건축가 파울 메베스, 파울 슐츠-나움부르크, 하인리히 테세노프의 영향 속에서 덴마크 버내큘러에 기초한 새로운 건설의 전통을 확립하려 한 반체제적 인물 페데르 빌헬름 옌센-클린트가 주도한 스퀸비르게(Skønvirke, '아름다운 작품'이라는 뜻) 운동이었다. 왕립 아카데미와 스칸디나비아 민족적 낭만주의 운동의 심미적 궤변 모두에 대립각을 세운 옌센-클린트는 콘크리트 골조에 내외부를 정밀한 벽돌쌓기로 마감한 인상적인 걸작을 코펜하겐 중심부에 완공시켜 자신의 입장을 분명히 표현했다. 1920년부터 40년까지 지어진 이 작품은 성당 규모로 설계된 그룬트비 교회[740]였다. 옌센-클린트는 일생에 걸쳐 늘 유럽의 고전적 전통에 반대했다. 이런 점에서 의미 있는 사실은 고전주의라고 하면 여전히 석재를 떠올리게 되는 것과 반대로, 덴마크는 벽돌의 생산과 시공이 여전히 건축 문화에서 중요한 역할을 수행하는 몇 안 되는 유럽 국가 중 하나라는 것이다. 마치 장인정신을 없애는 데 전념하는 것처럼 보이는 시대에 덴마크는 예외적으로 다양한 범위의 고품질 벽돌을 생산할 능력을 갖춘 나라이며, 왕립 아카데미의 잘 훈련된 졸업생들은 계속해서 이 재료로 건물을 짓는 능력을 보여주고 있다. 이 모든 것이 덴마크의 건축 교육과 실무가 공예에 기반을 두고 있는 특성을 방증한다.

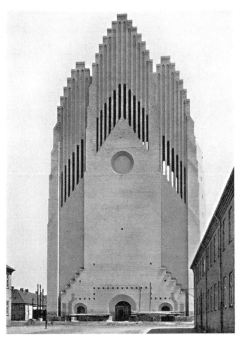

[740] 옌센-클린트, 그룬트비 교회, 코펜하겐, 1920~40. 1926년 완공 전 촬영 사진.

그럼에도 20세기의 첫 10년간 왕립 아카데미가 배출한 건축가 세대는 북유럽 고전주의를 양성하는 데 관여했고, 고밀 시가지로 이루어진 유럽 도시의 특성을 이어갈 수 있었다. 이 덴마크 운동의 견인차 역할을 한 인물은 카를 페테르센이었는데, 그의 포보르 미술관은 일반적으로 북유럽 고전주의의 시초로 여겨져왔다. 1919년 그는 이바르 벤트센과 힘을 합쳐 코펜하겐에 소재한 옛 철도역 부지에 다중 블록의 거대구조 계획안을 설계했다. 그에 못지않게 기념비적이고 비슷한 띠 모양으로 설계된 신고전적 방식의 작품은 하크 캄프만의 설계로 그의 사후인 1924년 코펜하겐에 완공된 경찰 본부[742] 건물이었다. 이 모든 작품을 하나로 묶는 근간이 되는 개념은 중층 규모의 페리미터 블록이었다. 이 블록은 캄프만의 걸작처럼 석재로 마감하기도 했지만, 1921년 코펜하겐에 지어진 포울 바우만의 5층짜리 대규

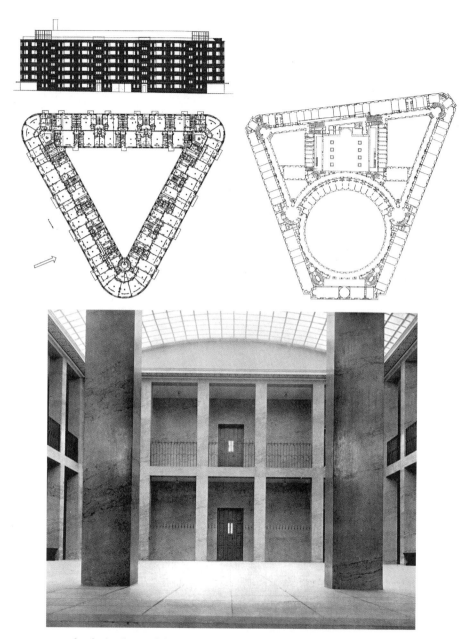

[741] 피스케르, 로세뇌른스 거리 주거 블록, 코펜하겐, 1932. 입면도와 평면도.
[742] 캄프만, 경찰 본부, 코펜하겐, 1919~24. 평면도.
[743] 톰센, 외레고르 학교, 겐토프테, 코펜하겐, 1922~24.

모 아파트 블록처럼 시멘트로 마감한 사례가 더 많았다. 한편 1920년 왕립 아카데미를 졸업하고 다작을 한 카위 피스케르는 벽돌 입면의 페리미터 주거 블록 분야에서 거장의 경지에 올랐는데, 이런 그의 솜씨는 1932년 코펜하겐의 대형 삼각형 부지에 완성한 6층짜리 주거 블록[741]에서 명백히 나타난다. 하지만 기념물의 관점에서 궁극의 북유럽 고전주의 작품은 에드바르 톰센의 1924년작 외레고르 학교[743]이었다. 이 학교는 주세페 테라니의 설계로 1936년 코모에 지어진 파시스트 당사 [203,204]와 비슷하게 요체만 남긴 추상적 형식으로 완성되었다.

에드바르 톰센의 수제자였던 빌헬름 라우릿센은 1922년 한 백화점 설계경기에서 북유럽 고전주의 방식의 작품으로 우승하면서 자신의 독립 사무소를 차렸다. 하지만 발터 그로피우스의 1925년 작품인 데사우의 바우하우스와 1927년 작품인 슈투트가르트의 바이센호프 주택 단지를 방문한 이후, 그의 작업 방식은 기능주의로 옮겨 갔다. 이를 명백하게 보여주는 사례는 1929년 생산된 포울 헤닝센의 유명한 PH 조명등에 대한 대안으로서 같은 해 프리츠 슐레겔과 함께 설계한 눈부심 없는 조명기구들이다. 5년 후인 1934년 라우릿센은 코펜하겐의 라디오 빌딩을 혁신적으로 설계한 데 이어 1936년 카스트루프 외곽에 새로 들어설 공항 터미널[744,746]을 설계했는데, 라디오 빌딩은 1931년에 완공된 조지 발 마이어의 런던 BBC 사옥과 한스 푈치히의 베를린 방송 사옥까지 기존의 다른 유럽 라디오 방송국 건축에서 영향을 받았다. 녹음실에 비평행 벽체를 사용할 때 좋은 음질이 나온다는 것을 알고 있었던 라우릿센은 그것을 자기 작품에 통합했는데, 이 건물은 한편에 여러 층의 사무실이 위치하고 반대편에는 대형 콘서트홀이 있었다. 콘서트홀은 조명 엔지니어 모겐스 볼텔렌과 협업하여 새로운 개념의 오케스트라 공간 조명을 설계했는데, 주된 원리는 조명등을 천장에 매다는 방식을 피함으로써 마이크 설치를 용이하게 하고 천장의 연속된 흐름을 유지하는 것이었다.

카스트루프 공항 터미널은 당대의 기계 미학을 보여준 사례였지만, 동시대의 다른 유럽 공항들에 비할 정도는 아니었다. 이는 군나르 아스플룬드의 1930년 스톡홀름 박람회에서 나타난 기능적이되 유희적인 정신의 영향을 받은 게 분명했다. 라우릿센도 이와 비슷한 대중적 기능주의를 추구했는데, 예컨대 터미널의 평면에서 나타나는 유기적인 굴곡과 출발장의 굽이치는 천장은 항공기가 이륙할 때 일어나는 격렬한 요동을 재현한 것이다. 이와 더불어 활주로가 내려다보이는 유리 입면의 2층짜리 레스토랑도 역시 유선형으로 설계되었다.

아르네 야콥센은 1928년 왕립 아카데미를 졸업하고 시 건축가 파울 홀소에의 밑에서 잠깐 일한 다음, 1929년 작품인 이른바 '미래의 집'과 1930년 작품인 클람펜보르의 로텐베르 주택에서 힘을 얻어 1930년 자신의 독립 사무소를 개설했다. 같은 세대의 다른 근대 건축가들과 달리, 야콥센은 사무소 개설 이후 첫 10년간 북유럽 고전주의 성향을 보였다. 비록 1930년 코펜하겐에 지어진 몬라드-오스 주택처럼 이따금 스퀸비르케 운동의 벽돌 건축을 선호하기도 했지만 말이다.

야콥센은 1930년대 클람펜보르에 단계적으로 연이어 완성한 벨레부에 해변 리조트에서 처음으로 명백하게 모던한 방식을 채택했다. 이 리조트에는 기발한 계획으로 1936년 완공된 벨라비스타 주거[747]와 더없이 모던한 1937년작 벨레부에 극장 및 레스토랑이 있다. 이러한 명백한 모더니티는 같은 해 에리크 묄러와 함께 설계한 공모전 당선작 오르후스 시청[745]에서 완화되었는데, 이 작품은 시청의 모던한 버전을 명백하게 선보이면서도 민주적 가치를 표현할 수 있는 언어로서 북유럽 고전주의를 끌어들였다. 이 건물은 세 가지 기본 유니트로 구성되어, 주출입구와 대회의장을 부출입구와 연결된 의원 사무실 및 6층짜리 기록물 보관소 블록과 차별화했다. 키엘 빈둠이 지적하듯이, 부드럽게 아치를 그리며 주출입구를 덮는 산란유리의 채광창은 톰센의 외레고르 학교에서 파생된 것이다.

[744] 라우릿센, 카스트루프 공항, 코펜하겐, 1936~39.
[745] 야콥센(묄러와 협업), 오르후스 시청, 오르후스, 1937~42.
[746] 라우릿센, 카스트루프 공항, 코펜하겐, 1936~39.
[747] 야콥센, 벨라비스타 주거, 클람펜보르, 코펜하겐, 1931~36.

야콥센의 1945년 이후 경력은 1950년 클람펜보르에 내력 벽돌로 지은 쇠홀름 주거[748]로 시작했고, 이 개발단지에서 여생을 보냈다. 이 작품에서 야콥센은 대체로 창이 없는 맞벽 주택들을 V자 대형으로 군집 배치하여 전체적으로 단일구배 지붕과 굴뚝의 리듬 있는 실루엣을 만들어냄으로써, 편안하고도 고급스러운 실내 감각을 분명하게 환기시킬 수 있었다. 이러한 모던한 실내의 느낌은 2층 높이의 식당에서 가장 명백히 나타나는데, 여기에는 늘 (예컨대 야콥센의 자택에서와 같이) 곡목 합판에 강철 다리 세 개를 붙인 그의 유명한 '개미' 의자들로 에워싸인 원형 탁자가 가구로 배치되었다. 1952년 처음 생산된 이 의자를 통해 산업디자이너로서 명성을 확립한 야콥센은 가구뿐만 아니라 다양한 인기 실내 용품을 금속과 유리와 세라믹으로 만들어낼 수 있었다.

쇠홀름 작업은 차치하고, 야콥센의 전후 경력에 영향을 미친 건 미스주의(Miesianism)와의 조우였다. 미스주의의 대표적 사례는 SOM의 고든 번샤프트가 설계하여 1952년 뉴욕에 완공된 레버 주택이다. 야콥센의 1955년 작품인 코펜하겐의 25층짜리 SAS 로열 호텔도 그와 비슷하게 저층 기단 위에 놓인 고층 슬래브 블록으로 취급되며, 두 부분은 모두 우아한 커튼월로 마감되었다. 이후 야콥센은 커튼월 마감의 고층 기업 사무소 블록들을 선호했지만, 그럼에도 1958년 쇠보르에 완성한 뭉케고르 초등학교[749]에서처럼 유형학적 발명을 위한 역량을 키우는 데 성공했다. 하나의 공유 중정을 중심으로 교실을 둘씩 짝지어 파빌리온처럼 구성하고 벽돌로 마감한 이 단층짜리 학교는 전후 시기의 학교 설계 중 가장 기발한 혁신에 속하는 사례다. 야콥센은 사회적 책임감이 있었고 하나의 건물을 그것의 사회적 역할과 관련하여 적절히 표현하고자 하는 감성이 있었지만, 아마도 지금껏 그가 건축가로서 최고의 기량을 발휘한 분야는 그의 1950년대 초 작품 CAC 엔진 공장과 같은 산업시설일 것이다. 그동안 그가 남긴 산업디자인의 유산을 가장 잘 발전시킨 사무소는 크누드 홀셰르가 설립

[748] 야콥센, 쇠홀름 주거, 클람펜보르, 코펜하겐, 1946~50.
두 개 층 높이의 식당이 있는 야콥센의 자택.
[749] 야콥센, 뭉케고르 초등학교, 쇠보르, 1958. 조감 사진.

자로 참여한 KHRAS 그룹이었다. 이는 1993년 룅뷔에 지어진 필스 본부 건물에서 가늠해볼 수 있을 것이다.

1950년대 말과 1960년대 중반에는 예른 웃손과 헤닝 라르센이 차세대의 손꼽히는 건축가들로 부상했고, 그중 웃손은 1957년작 시드니 오페라 하우스를 통해 강한 인상을 남겼다. 이보다 덜 유명하지만 그에 못지않게 중요한 그의 작업은 저층고밀 주거였는데, 그 시작은 1950년 스웨덴 남부 주거 유형 설계경기에 출품한 작품[751]이었다. 이 작품은 정사각형 또는 직사각형 중정의 인접한 두 변에 단일구배의 단층짜리 주거가 자리하는 확장 가능한 중정형 주택 개념을 널리 퍼뜨렸다. 모든 세대주가 자기 집을 벽으로 둘러친 정원 마당의 사면 내에서 임의로 확장할 수 있게 한다는 개념의 이러한 주택 유형은 이후 웃손의 1956년작 킹고 주거 계획과 1963년작 프레덴스보르 주거 계획[750]에서 채택되었다. 웃손은 확실히 그의 세대에서 거장 건축가였는데, 오페라 하우스뿐만 아니라 1967년 호주에서 돌아온 지

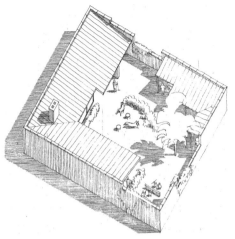

[750] 웃손, 프레덴스보르 중정형 주택 단지, 프레덴스보르, 코펜하겐, 1963.
[751] 웃손, 남부 스웨덴 주택 설계경기 출품작, 1950.

얼마 안 되어 코펜하겐 교외에 완성한 바그스베르 교회 때문이기도 했다. 여러모로 바그스베르 교회는 그의 전 경력을 통틀어 주된 관심사였던 상호문화적인 '지붕 작업/대지 작업' 패러다임을 실현한 궁극의 작품이었다. 이렇게 거의 다이어그램처럼 기단 위에 매달린 셸 콘크리트 지붕의 신드롬은 웃손의 경력 초기에 생긴 것으로 종국에는 더 미묘하고 단호한 형태를 취하게 되었는데, 이는 지하-대지 작업 위에서 신도석을 굽이치며 가로지르는 철근콘크리트 볼트에서 명백히 볼 수 있다[323].

라르센은 1966년 트론헤임 대학교 설계경기에서 우승하면서 대중적으로 처음 주목받았다. 당시 그의 우승작은 섀드래치 우즈와 만프레트 쉬트헬름의 1963년작 베를린 자유대학교(3부 3장 참조)의 영향을 받은 작품이었다. 하지만 그 이후로 라르센의 작업은 점점 더 포스트모던해졌다가 점차 광범위한 기업형 사무소로 바뀌어갔는데, 이런 변화는 2015년 이 사무소가 오르후스에 완성한 모에스고르 박물관[752]에서 명백히 나타난다. 이 작품은 기존의 유서 깊은 지역 박물

[752] 헤닝 라르센, 모에스고르 박물관, 오르후스, 2015.

관에 소장되어 있던 고고학 컬렉션의 최근 연구 결과들을 드넓은 신규 갤러리들로 이관한 것으로, 스코데의 깨끗한 경사지 풍경과 조화를 이루도록 잔디를 덮은 표현적인 대지 작업 안에 자리 잡고 있다.

스웨덴

1920년대 중반 스톡홀름에서는 민족적 낭만주의와 북유럽 고전주의가 각각 궁극의 표현을 달성했다. 민족적 낭만주의는 랑나르 외스트베리의 설계로 1923년 완공된 스톡홀름 시청에서, 북유럽 고전주의는 군나르 아스플룬드의 설계로 착공 후 6년만인 1928년 완공된 스톡홀름 공공도서관에서 정점에 달했다. 하지만 1930년 스톡홀름 박람회[753~55]에서는 하루아침에 근대 운동이 도달한 모습이었는데, 이 박람회는 아스플룬드의 주도하에 젊은 건축가들이 팀을 이루어 설계했고 스웨덴 공예·디자인 학회장이었던 그레고르 파울손이 구상한 총체적인 문화 프로그램에서 영감을 받았다. 파울손은 독일 공작연맹 초창기에 베를린에 있었는데, 당시 경험을 통해 산업 생산의 우아함을 보다 전통적인 미술·공예적 가치와 화해시켜야 할 필요성에 납득했다. 1930년 스톡홀름 박람회는 신즉물주의의 환원적이고 경제적이며 표준적인 기능주의에 의식적으로 맞서는 더 따뜻하고 접근하기 쉬운 기능주의의 출발점이었다. 알바 알토는 이 박람회의 정신이 어떻게 달랐는지를 다음과 같이 아름답게 요약했다. "이 박람회는 기능주의를 멸시하는 방문객이 으레 생각하듯이 유리와 석재와 강철로 구성되지 않았다. 이곳은 집과 깃발, 투광등, 꽃, 불꽃놀이, 행복한 사람들, 그리고 깨끗한 식탁보로 구성되었다."

이 박람회는 1931년 사회민주당이 선거에서 승리한 뒤 충분한 범위의 복지국가 정책을 확립했을 때 대중적인 환경 문화를 선봉에서 견인했다. 사회민주당은 사실상 1986년 국무총리 올로프 팔메가 암

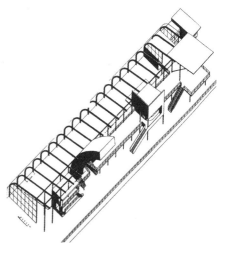

[753] 아스플룬드, 레스토랑, 스톡홀름 박람회, 1930.

[754] 아스플룬드, 스톡홀름 박람회, 1930. 주요 전시 구조물 엑소노메트릭.

[755] 아스플룬드와 레베렌츠, 스톡홀름 박람회, 1930. 전시장 및 경관 투시도.

[756] 아스플룬드, 화장장 본관, 우드랜드 공동묘지, 1940.

살될 때까지 권력을 유지했다. 파울손은 1931년 「백색 산업」이라는 에세이에서 대중적 취향의 수준을 높이고 노동 계급의 생활 조건을 전반적으로 끌어올려 사회적 가치를 전환하는 전략을 개진했다. 사회를 변화시키기 위한 이러한 점진적 접근은 스톡홀름 박람회와 연계하여 출판된 논쟁적인 소책자에서 더 자세하게 표현되었다. 『수용하라』라는 이름의 이 책자는 '존재하는 현실을 수용하라'고 사회에 촉구하면서, '오로지 그런 식으로만 우리는 현실을 정복하고 관리하며 변경할 수 있고 이로써 삶을 위한 융통성 있는 도구를 제공하는 문화를 만들어낼 수 있다'고 주장했다.

스웨덴 사회민주주의의 첫 20년간 건축과 도시계획의 성과를 간명하게 조사한 사례로는 미국 건축가 G.E. 키더 스미스의 저서 『스웨덴 건축』(1950)만한 것이 없다. 그는 이 책에서 교시적인 사진들을 이용해 비교적 부드러운 스칸디나비아 기능주의 노선인 이른바 '풍키스'(funkis)의 다양한 구성법을 보여줬다. 풍키스는 합리적인 공간 구성과 엔지니어링 형태의 논리를 더 부드러운 실내 목재 마감과 가구 그리고 그에 따라 미묘하고 리드미컬하게 배치된 조명 기구들과 결합할 수 있었는데, 일례로 덴마크의 문화비평가 포울 헤닝센이 디자인한 그 유명한 PH 펜던트 조명 시리즈를 들 수 있다. 1930년 스톡홀름 박람회에서 직접 파생된 이 풍키스 문화는 이후 20년간 스웨덴

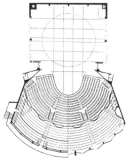

[757, 758] 랄레르스테트·레베렌츠·헬덴, 시립 극장, 말뫼, 1943. 전경과 평면도.

공통의 환경 어휘에 맞춰 더 정교해졌고, 그 가운데 정부 지원을 받는 스웨덴 협동조합 운동 소속 건축가들의 주도하에 한 세대의 모든 건축가와 엔지니어가 사회민주주의적인 건축 문화를 일궈냈다. 이런 문화에서는 어느 한 개인이 가진 스타일의 흔적을 따로 분간하기 어렵다. 파울 헤드크비스트나 한스 베스트만, 에스킬 순달의 작업이든, 1943년 말뫼 시립 극장[757,758]을 설계한 랄레르스테트·레베렌츠·헬덴의 공동 작업이든 간에 말이다. 말뫼 시립 극장은 굽이치는 가변형 스크린 벽체를 이용해 공연장의 크기를 110석과 100석 사이에서 변경할 수 있게 설계되었다. 이러한 풍키스적 접근에서 물러난 유일한 건축가는 젊은 시절 경력을 시작하며 처음 설계했던 우드랜드 공동묘지에 '숲의 화장장'[756]을 완성한 아스플룬드 자신이었다. 이 화장장에서 본 예배당 앞 아트리움을 장식하는 상인방 구조의 열주랑은 북유럽 고전주의로의 회귀를 나타내는 결정적 신호다. 한 가지 비극적인 아이러니는 아스플룬드가 1940년 완공된 이 시설에서 화장된 첫 번째 고인이었다는 사실이다.

그 이후 풍키스 문화의 리더십은 걸출한 건축가이자 도시계획가였던 스벤 마르켈리우스에게 옮겨 갔다. 이는 1939년 뉴욕 세계박람회의 스웨덴관을 그가 설계한 데서 알 수 있으며, 이 작품에 이어 그는 벨링뷔 뉴타운을 계획했다. 이곳은 층당 4세대씩 수용하는 새로

운 유형의 11층짜리 아파트 건물을 특징으로 했는데, 각 세대들은 중
앙의 계단과 승강기를 둘러싸고 대칭으로 배치되었다. 또한 중층 규
모의 주거 타워들이나 스톡홀름과 효율적으로 연결되는 도로와 철도
를 갖춤으로써, 그 이후 영국에 조성된 뉴타운들과는 비할 데 없는 명
료성을 보여줬다. 이 시기가 1930년 스톡홀름 박람회의 유산이 최고
조에 달한 때였다면, 그 이후로는 경제적 효율성이라는 명목으로 관
료제가 그 유산을 좀먹기 시작했다. 그렇게 연이어 계획된 표준적인
11층짜리 타워 블록들은 스벤 박스트룀과 레이프 레이니우스의 사무
소가 고안한 대중적인 색상 배합으로 마감되었다.

　　1914년 런던 태생으로 퀘이커교 학교를 다니다가 건축을 공
부한 랠프 어스킨은 스웨덴 복지국가의 새로운 건축을 익히기 위해
1937년 스웨덴으로 떠났다. 그러다 제2차 세계대전의 발발로 영국
으로 돌아갈 수 없게 되어 여생을 스웨덴에서 보냈다. 어스킨은 동
시대 영국이나 스웨덴의 다른 어떤 건축가보다도 더 경력 초기에 다
양한 규모의 작업을 탁월한 능력으로 선보였다. 그의 작업은 적대적
인 자연 환경에서 공동체를 유지할 수 있는 안전한 소우주로서의 고
립지대부터 장소적 맥락을 만들어내는 대규모의 자족적 형태까지 아
울렀는데, 일례로 그의 유명한 이론적 프로젝트인 북극 도시[759]는
인공 분화구에 두터운 외주부 벽체를 쌓고 그 안에 주거가 면해 있도
록 만든 고립지대였다. 이 대담한 프로젝트를 통해 그는 알도 판 에
이크와 스미스슨 부부가 이끌던 엘리트 집단인 팀 텐에서 발언할 기
회를 얻었다. 이렇게 주거를 연속적인 풍경으로 개념화하는 아이디어
는 그의 왕성한 경력 전반에 걸쳐 재등장했는데, 라플란드의 키루나
(1961~66), 케임브리지의 클레어 칼리지(1968~69), 캐나다 노스웨
스트테리토리의 레졸루트 만(1973~77), 그리고 마지막으로는 잉글
랜드 뉴캐슬의 바이커 월 단지(1981)가 그 예다. 하지만 어스킨은 이
렇게 거대한 주거 형태에만 집착한 것이 아니라, 적절한 경우 중층 규
모의 페리미터 주거 블록들로 구성된 비교적 소규모의 도시 단지들도

[759] 어스킨, 북극 도시, 라플란드, 1961.

설계했다. 그는 평생 대단히 창의적이고 실용적인 건축가로 활동했는데, 그의 유기적인 건축 문법은 알토의 그것에 가까웠다. 예컨대 어스킨의 설계로 1953년 벽돌로 마감된 아베스타의 제지 공장과 1954년 벡셰에 완공된 아름다운 디테일의 조립식 콘크리트 아파트에서 그런 유사성을 엿볼 수 있다. 그는 경력 초기인 1950년 보르가피엘에 완성한 스키 호텔[760]에서 볼 수 있는 것처럼, 거의 구축주의적인 강력한 특성을 부여한 작업도 할 수 있었다. 비록 스웨덴 사회민주주의에 입각한 이 주거 건물이 1945년 이후에는 점점 더 관료화되었을지라도, 어스킨은 전후 세계의 무장소적 경향을 매개하기 위해 '장소-만들기'에 우선순위를 부여하는 방식을 끊임없이 선보였다.

스톡홀름 박람회가 개최된 시기에 즈음하여 다소 역설적이게도, 아스플룬드의 전 파트너 시구르 레베렌츠는 스톡홀름에 소재한 국민보험협회(1928~32)[762]의 설계에 참여했다. 이 건물은 북유럽 고전

[760] 어스킨, 스키 호텔, 보르가피엘, 1950.
[761] 어스킨, 제지 공장, 포르스, 1953.

주의와 기능주의를 일부분씩 혼합한 디자인이었다. 이후 레베렌츠는 그에 못지않게 특이한 빌라 에드스트란드를 1937년 팔스테르보에 완성하고는, 건축 설계를 완전히 떠나 자기만의 특허 받은 철제 창문들을 설계하고 제작하기를 선호했다. 그가 다시 설계 분야로 돌아온 계기는 1962년부터 66년까지 설계되고 완공된 괄목할 만한 두 건의 벽돌조 교회, 즉 비에르크하겐의 마르쿠스 교회와 클리판의 장크트 페트리 교회[763]였다. 후자에 대해 콜린 세인트 존 윌슨은 다음과 같이 썼다.

> 레베렌츠는 건물 시공 측면의 문제를 집요하게 해결하는 데 관심을 보이면서, 결국 상징적 의미를 품은 형상에 도달한다. 그 형태는 어쩔 수 없이 십자가의 형태를 연상시키는데, 그 거친 모습은 우리에게 꽤 당혹스럽다. … 나는 우리 시대의 건축에서 상징적 진술로 변형된 건설 방식이 이렇게까지 순전한 충격을 안겨준 전례를 알지 못한다. 따라서 레베렌츠가 스스로 정한 건설 규칙을 더 면밀히 살펴보는 것이 좋을 듯하다. 우선 우리는 상식적 수준의 타협에도 불구하고 엄중히 적용된 세 가지 명제를 조건으로 벽돌이 쓰이고 있음을 발견한다.

[762] 레베렌츠, 국민보험협회, 스톡홀름, 1928~32. 입면도.
[763] 레베렌츠, 장크트 페트리 교회, 클리판, 스웨덴, 1962~66.

첫째, 레베렌츠는 벽돌을 벽체부터 바닥, 볼트, 지붕 조명, 제단, 설교단, 좌석까지 모든 목적에 사용할 것을 제안한다. 둘째, 그는 오로지 완전한 크기의 표준 벽돌만을 사용하고 특별히 조형한 벽돌은 쓰지 않을 것이다. 셋째, 어떤 벽돌도 절단되지 않을 것이다. 이런 조건들을 충족할 수 있는 유일한 방법은 모르타르와 벽돌의 배합 비율을 매우 자유롭게 하는 것이다. 그러한 (종종 매우 큰) 줄눈을 얻기 위해 바닥 슬레이트를 포함한 매우 건조한 모르타르 배합을 활용했다.

페테르 셀싱의 작업은 많은 면에서 아스플룬드와 레베렌츠의 작업을 낯설게 종합하는 모습이다. 비록 셀싱이 두 건축가의 밑에서 일한 적은 한 번도 없었던 듯하지만 말이다. 그럼에도 1952년부터 59년까지 지어진 그의 벽돌 교회들은 그의 후기 교회들에서 나타나는 분위기를 예견했고, 심지어 그가 벨링뷔 뉴타운에 완성한 교회에서는 두꺼운 모르타르 줄눈에 대한 선호를 드러내기도 했다. 동시에 그는 오랜 스웨덴 복지국가의 전통 속에서 영웅적인 공공건축가로서의 존재감을 증명했다. 대표적인 사례는 1964년부터 70년까지 스톡홀름에 지어진 '영화의 집'[764, 765]과 1976년 스톡홀름 중심부의 세르옐스 광장 남쪽 변에 완공되어 스웨덴 의회의사당의 복원 기간에 잠시 그 기능을 대신하기도 했던 문화센터다. 어떠한 피상적인 장식도 없이 합리적이고 영리하게 계획된 스톡홀름의 이 두 작품은 1920년대 소련에서 구상된 사회적 응축기의 패러다임을 연상시키는 널찍하고 대담한 형태로 이루어졌다. 하지만 같은 시기 문화센터와 같은 광장의 같은 남쪽 변에 스웨덴 은행[765]을 완성할 때부터 셀싱은 예전의 풍키스 방식을 갑자기 버렸다. 비록 이 작품은 격자 체계의 8층짜리 프리즘이었을지라도 고도의 무늬와 장식을 갖춘 표면을 만들어내는 방식으로 잘라낸 검정색 화강암의 옹벽을 고급스럽게 활용했다. 이 건물의 안뜰은 반대로 여러 면들로 이루어진 금속 커튼 월로 마감되었는데, 이 내벽은 건물의 다락층보다 높이 솟아올라 옥상의 후생시설

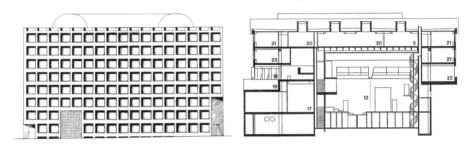

(위에서부터 시계방향으로)

[764, 765] 셀싱, 스웨덴 영화의 집, 스톡홀름, 1964~70. 전경과 단면도.

[766] 셀싱, 스웨덴 은행, 스톡홀름, 1975. 입면도.

을 둘러막는다. 셀싱은 짧지만 집중적이었던 창조적 생애의 말기에 1930년 스톡홀름 박람회의 영웅적 이상들에서 물러나 텍토닉적 형태에 대한 유희적이고 심지어 장식적이기까지 한 접근을 포용하기 시작한 것으로 보인다.

노르웨이

노르웨이에서 현대 건축 문화를 의식적으로 발전시킨 최초의 인물은 세계주의적인 건축가 아르네 코르스모였다. 그는 아른스테인 아르네 베르그와 마그누스 포울손의 밑에서 조수로 일하며 경력을 시작했는데, 이 사무소는 1931년 오슬로 시청 설계안을 민족낭만주의적인 방식으로 완성했다. 게다가 사실 이 건축가들의 스튜디오에서는 노르웨이 최초의 기능주의 건물인 라르스 바케르의 1925년작 스칸센 레스토랑이 내려다보이기도 했다. 이렇게 훌륭한 환경에서 경력을 시작했음에도, 코르스모의 초기 경력은 대부분 목구조에 대한 전문성에 입각하여 형성되었다. 이를 계기로 그는 1936년 오슬로 국립응용미술대학의 목재 지향 설계 프로그램 강사로 임용되었다. 코르스모는 1930년대 전체에 걸쳐 뛰어난 현대적인 주택을 다수 설계하고 완성했는데, 그중 가장 세련된 작품은 1932년 오슬로에 지어진 다만 주택[767]이었다. 이 집은 나중에 노르웨이 건축가 스베레 펜이 취득하여 거주하게 된다.

　독일의 노르웨이 점령기(1940~45)에 실무를 할 수 없었던 코르스모는 1944년 스톡홀름으로 떠나 파울 헤드크비스트의 밑에서 일했다. 1949년 다시 오슬로로 돌아온 그는 즉시 풀브라이트 장학금을 받고 그의 아내이자 에나멜 아티스트였던 그레테 프릿스와 함께 미국 여행을 할 기회를 얻었다. 미국은 결국 부부 모두에게 자극적인 경험이었는데, 무엇보다 모호이너지가 시카고에 세운 디자인 연구소의 초기 산업 디자인 문화 때문이었다. 디자인 연구소는 당시 미스 반 데어 로에의 일리노이 공과대학교 건축학부에 통합된 상태였다. 이후 코르스모의 작업에 오래도록 영향을 준 다른 미국 도시는 로스앤젤레스였는데, 거기서 그와 그레테는 찰스와 레이 임스 부부가 퍼시픽팰리세이드에 설계한 주택을 보고 제대로 감명을 받았다. 그들은 존 엔텐자의 케이스 스터디 주택 프로그램의 후원하에 로스앤젤레스에 지어진 다른 주택들에도 역시 똑같이 사로잡혔다. 비록 이러한 미국 경험이 오래 가는 영향을 남겼음에도, 코르스모는 여전히 덴마크 건축가 예른 웃손과 가까이 연락하며 지냈다. 1944년 스톡홀름에서 웃손을 처음 만난 그는 이후 1940년대 말 수많은 프로젝트를 웃손과 함께 작업했다. 그의 미국 투어가 남긴 궁극적 성과는 1953년부터 55년까지 오슬로 외곽의 플라넷베인에 완성한 쌍둥이 주택[768]이었다. 그중 하나는 건축가 겸 역사가 크리스티안 노르베르그-슐츠를 위한 집이었고, 다른 하나는 코르스모 자신이 살 집이었다. 실내에 목재가 줄지어 있었던 코르스모의 자택은 그가 확실하게 영향받은 미스와 임스에게서 나타났던 경량 기술의 합리성을 뛰어넘었다. 이는 그가 난로를 집의 정신적 핵심으로서 중요하게 여긴 데서 명백히 나타나는데, 이에 대해 그는 다음과 같이 썼다.

> 예컨대 벽난로는 불의 움직임과 소리 앞에서 휴식할 필요를 충족시킨다. 그것은 다도와 비슷한 의례로 이 집에 오는 모두를 모은다. 많은 사람이 함께 모여 있을지라도, 이러한 의례는 그저 사색적인 침묵이 고양된 '사이에 낀' 순간이다.

전후 노르웨이 근대 운동의 다른 합리주의 노선은 코르스모의 제자들로서 그의 지도하에 건축가 자격을 딴 스베레 펜과 게이르 그룽, 오드 키엘 외스트뷔가 1948년 조직한 그룹인 파곤(PAGON: Progressive Architects Group Oslo Norway, 진보적 건축가 그룹 노르웨이 오슬로 지부)이었다. 그중에서도 펜은 파곤 그룹이 일반적으로

[767] 코르스모, 다만 주택, 오슬로, 1932.
[768] 코르스모, 쌍둥이 주택, 플라넷베인, 1955.

선호하던 산업적인 모듈 기반의 합리성을 물질적 표현성으로 발전시키는 역량을 선보이며 1950년대에 전면에 부상했다. 먼저 1958년 브뤼셀 만국박람회의 노르웨이관에서 집성재로 골조를 짠 그는 1963년 오슬로의 슈레이네르 주택을 목구조로 완성했고, 무엇보다 1968년 베네치아 비엔날레의 북유럽관을 기념비적인 철근콘크리트조로 완성하며 두각을 나타냈다. 확실히 일본적 느낌을 지닌 슈레이네르 주택

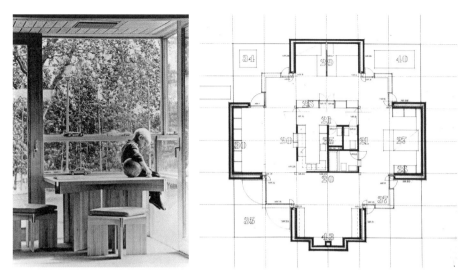

[769, 770] 펜, 노르셰핑 주택, 1964. 전경과 평면도.

에서 펜은 놀라우리만치 분명한 상호작용을 일으키는 노출 목재들로 지붕 골조를 짰는데, 이 지붕 골조는 독립적인 굴뚝을 포함한 벽돌 코어 및 그에 인접한 욕실과 주방을 수용하고 있었다. 이러한 구조적 표현의 언어는 오슬로 인근의 언더랜드 주택과 베셀 주택(1960~65)에서 더 깊이 발전되었고, 1964년 스웨덴의 노르셰핑에 팔라디오 평면과 흡사하게 지어진 주택[769,770]에서 정점에 달했다. 이러한 내력 벽돌조와 목구조의 대칭적 적용은 '사각형 속의 사각형' 평면 위에서 이루어지며, 이러한 평면은 네 군데의 모서리 창문과 붙박이 가구 세공을 통해 아름답게 표현된다. 이러한 정밀한 계획은 단층짜리 주택에 미스 반 데어 로에의 1953년작 판스워스 주택에 맞먹는 형태적 존재감을 부여하는 효과가 있었다. 이에 못지않게 텍토닉적이면서도 더 장엄한 공공적 성격을 지닌 베네치아 비엔날레 북유럽관[771]은 기본적으로 지극히 단순한 다수의 작업으로 계획되었다. 먼저 2.5미터짜리 이중 포스트텐션 철근콘크리트 보들을 두 개의 콘크리트 기둥으로 지지한 다음, 그 보들로부터 쌍으로 분할되는 캔틸레버 구조의 철

[771] 펜, 북유럽관, 베네치아, 1962.

근콘크리트 브래킷들이 기존의 나무 주변으로 두 방향을 그리며 통과 하게 했다. 이렇게 큼지막하게 만든 구조는 얇은 장스팬의 프리패브 콘크리트 판들로 이루어진 지붕 격자를 떠받친다. 이러한 원초적 부 재들이 전시 공간의 주요 입체를 확립하고, 이 공간은 콘크리트 판들 사이에 매달린 플라스틱 홈통들을 통해 천창 채광이 이루어진다. 이 러한 해법의 장소성은 성숙한 나무 한 그루와의 내밀한 관계에 기인 할 뿐만 아니라, 이 지점에서 정원 높이의 주된 변화를 수용할 필요에 따른 결과이기도 하다.

펜의 경력 전반기를 정의하는 핵심 작업은 1979년 하마르에 완 공된 헤드마르크 고고학박물관[772~774]이다. 이 박물관은 18세기 농장과 중세 수도원의 유적 안에 지어졌다. 펜은 이러한 역사로 방문 객을 인도하는 방법으로서 이 단지에 철근콘크리트 통행로를 도입했 는데, 그 시작은 중정의 잡석 위로 솟아오르는 콘크리트 출입 경사로 였다. 이 교량 같은 형태는 그 구조의 노출 콘크리트와 재건된 상부 이중구배 지붕의 명료한 삼각형 목조 트러스 및 중도리들 간의 관계 를 수립한다. 상부 지붕은 폐허가 된 원래 기초 석조 위로 우아하게 매달아 설치했다.

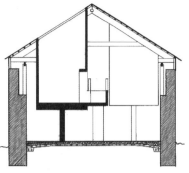

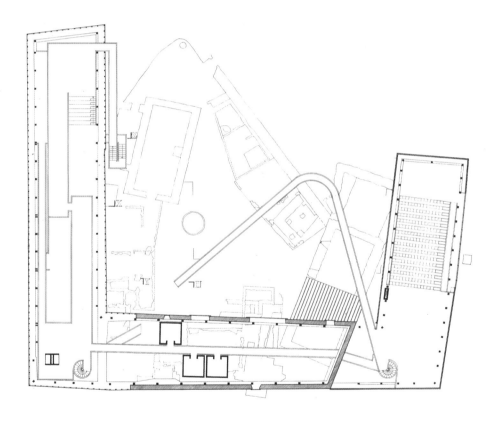

[772~774] 펜, 헤드마르크 고고학박물관, 하마르, 1979. 실내와 단면도, 평면도.

[775] 펜, 빙하박물관, 피엘란, 1991.
[776] 펜, 이바르 오센 센터, 외르스타, 2000.

펜에게 명백히 영향을 준 카를로 스카르파처럼, 그도 이후로는 박물관 건축가가 될 운명이었다. 펜은 1991년 피엘란에 지어진 빙하 박물관[775]을 비롯하여 노르웨이의 외딴 지역 곳곳에 일련의 탁월한 시설들을 설계하고 실현했다. 아마도 그중 가장 역동적이고 엄밀한 통일성을 갖춘 작품은 19세기 노르웨이의 박식가 이바르 오센 (1813~96)을 기리며 지어진 박물관 겸 연구센터[776]일 것이다. 여기서는 고지대와 통합된 외부 콘크리트 형태의 역동적 조형이 내부의 노출 콘크리트 칸막이벽와 융합하며, 칸막이벽 안에서 오센의 생애를 기억하는 물품들의 전시가 이뤄진다.

핀란드

제2차 세계대전 이후로 핀란드에서는 두 가지의 건축적 경향이 주를 이루었다. 한편에서는 알바 알토의 유기주의를 감각적으로 변주한 작업들이 이루어졌고, 다른 한편에서는 그의 보편적 영향에서 벗어나려는 구축주의적 전환이 일어났다. 전자에서는 어떻게 알토 특유의 수사법과 일정한 거리를 유지한 채 토착적인 유기적 전통을 추구할 것인가가 주된 문제였다. 이러한 곤경은 불필요한 장식을 제거한 기하학적 성향의 유기주의로 이어졌는데, 카이야와 헤이키 시렌의 오타니에미 교회(1957)와 더 이후의 작업인 캐퓌와 시모 파빌라이넨의 올라리 교회(1976)에서 그 예를 찾아볼 수 있다. 이와 비슷한 노선이 유하 레이비스캐의 작업에서도, 특히 그의 쌍둥이 교회 걸작인 오울루의 퓌핸 투오만 교회(1975)와 반타의 뮈르매키 교회(1985)[780~782]에서 명백히 발견된다. 두 작품은 모두 알토만큼이나 네덜란드 신조형주의에도 많은 빚을 지고 있지만, 레이비스캐의 건축을 이끄는 주된 원동력은 빛의 조절이다. 이는 의문의 여지없이 그가 개인적으로 에리크 브뤼그만의 1941년작 투르쿠 예배당에 친숙한 이유를 설명해주는데, 브뤼그만의 예배당에서도 그에 못지않게 빛이 중심 역할을 수행하기 때문이다.

아르노 루수부오리가 1964년·타피올라에 미니멀리즘적인 대담한 철골 캔틸레버 구조의 인쇄 공장[778]을 완성하며 알토에게서 벗어난 최초의 건축가였다면, 그렇게 공공연한 구축주의적 표현은 굴릭센·카이라모·보르말라의 에르키 카이라모가 설계한 산업 시설들

[777] 굴릭센·카이라모·보르말라, 리나사렌-쿠야 주택 단지, 베스텐, 에스포, 1982.

에서, 그중에서도 특히 1974년 헬싱키에 지어진 마리메코 섬유 공장[779]에서 지속적으로 추구되었다. 이러한 하이테크적 접근은 명료한 표현적 재능과 결합하는데, 이를 특히 분명하게 보여주는 사례는 굴릭센·카이라모·보르말라의 1982년 작품인 에스포의 웨스트엔드 하우징[777]과 1987년 작품인 헬싱키 외곽의 이태케스쿠스 쇼핑센터 타워다. 한편 페카 헬린과 투오모 시토넨의 위배스퀼래 공항(1988)에서는 이탈리아와 영국의 하이테크 건축가들보다 더 시원하고 추상적인 표현을 열망하는 한층 부드러운 신구축주의적 경향을 확인할 수 있다. 그들은 1992년 스웨덴의 보로스 인근 헤스트라 주거지에 계단식 블록 형태의 시범 집합주거를 설계하기도 했다. 이에 못지않게 추상적인 경향이 미코 헤이키넨과 마르쿠 코모넨의 작업에서도 명백하게 나타나는데, 무엇보다 1986년 반타에 지어진 그들의 과학센터가 대표적이다. 이 건물은 다소 렘 콜하스의 작업을 연상시키지만, 디테일은 더 정교하게 작업되었다.

이 작은 나라에서 그토록 많은 인재가 출현할 수 있었던 데는 경제적 번영 외에도 많은 이유가 있다. 우선 우스코 뉘스트룀이 이끌던 시절부터 세계에서 가장 엄밀한 교육 전통을 이어온 건축학교 중 하나인 헬싱키 공과대학교의 영향이 명백했다(2부 24장 참조). 다른 요

[778] 루수부오리, 인쇄 공장, 타피올라, 1964.
[779] 카이라모, 마리메코 섬유 공장, 헬싱키, 1974.

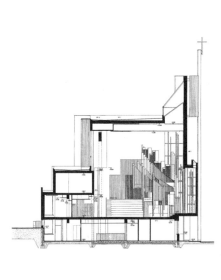

[780~782] 레이비스캐, 뮈르매키 교회와 커뮤니티센터, 반타, 1985.
전경과 단면도, 실내.

인으로는 첫째, 알토가 평생 누린 엄청난 국가적 명성, 둘째, 사실상 핀란드의 모든 공공건물에 대해 공모전을 개최해온 오랜 원칙, 셋째, 마리메코와 아르테크 같은 가구 회사들이 확립한 높은 디자인 수준이 있다. 여기에 유하니 팔라스마와 아스코 살로코르피, 아르노 루수부오리, 마르쿠 코모넨, 마르야-리타 노리 등이 관장을 역임한 핀란드 건축 박물관의 교육적·문화적 지원을 추가해야 한다. 특히 그들은 이 박물관과 연계된 저널 『아바쿠스』(*Abacus*)와 『건축가』(*Arkkitehti*)에 연이어 편집 논설을 실어왔다. 아울러 알토 상과 연계하여 3년마다 위배스퀼래에서 열리는 알토 심포지엄의 국제적 영향도 중요한 문화적 요인이었음을 무시할 수 없다. 이 상을 받을 건축가들의 선정은 핀란드 내 건축 논쟁의 활기와 통찰력, 그리고 어디에서 실현되었든 간에 질적 가치를 인정하는 핀란드의 역량을 증언한다. 마지막으로 핀란드에서는 일본처럼 국가가 근본적으로 중요한 역할을 수행해왔다는 점도 있다. 무엇보다 전후 미국과 소련 사이에서 국가의 외교적 균형을 잡는 활동의 일환으로서 건축의 후원이 지속되어온 것이다.

1980년 베네치아 비엔날레에서 포스트모더니즘이 찬미된 데 이어 1989년 소련이 붕괴하고 베를린 장벽도 무너지자, 1992년 헬싱키에서 활동하던 주요 건축가들이 회고하는 형태로 핀란드 건축의 현 상태에 대한 비판적 숙고가 일어났다. 이는 핀란드 건축 박물관에서 열린 '현재의 건축: 7가지 접근'이라는 제목의 전시회에서, 굴릭센·카이라모·포르말라, 유하 레이비스캐, 헬린과 시토넨, 헤이키넨과 코모넨, 캐퓌와 시노 파빌라이넨, 그리고 게오르그 그로텐펠트의 참여를 통해 이루어졌다. 예컨대 그로텐펠트는 여기서 알토적인 수사법들과 핀란드 농촌 전통에서 직접 취한 요소들을 종합한 그만의 독특한 주택 설계 방식을 선보였다. 또한 같은 해에 스코트 풀은 알바 알토 이후의 핀란드 건축 실무를 평가한 명저인 『새로운 핀란드 건축』을 출판했는데, 이 책의 서문에서 콜린 세인트 존 윌슨은 다음처럼 도발적인 평가를 덧붙이게 된다.

이 시대의 핀란드 건축은 대체로 그 건축계를 지배하는, 그리고 다른 곳에서는 하버마스가 '거대한 후퇴의 아방가르드'라는 적절한 오명을 붙인 이들이 장려하는 반동적 노스탤지어, 머뭇거림과 허둥댐, 공통의 목적이라는 의미의 상실, 표피적인 키치를 향해 모종의 비난을 가하는 상황이다.

1992년 전시회에서 기념된 헬싱키 건축계의 분위기와는 거리가 멀지만 그에 못지않은 성취를 이룬 사무소로는 오울루에 거점을 둔 미코 카이라, 일마리 라흐델마, 라이네르 마흘라매키의 건축사무소가 있다. 특히 그들의 확실한 성공작은 1996년 핀란드 동쪽 국경 인근의 풍카하리우에 지어진 걸작인 핀란드 숲 박물관 및 정보센터[783]다. 전체적으로 수평 판재와 미늘창살 형태의 목재로 적절히 마감된 이 단지는 철근콘크리트 골조로 이루어졌고, 명료하게 쓰인 경량 철골 부재들로 보완되었다. 이에 대해 피터 매키스는 다음과 같이 썼다.

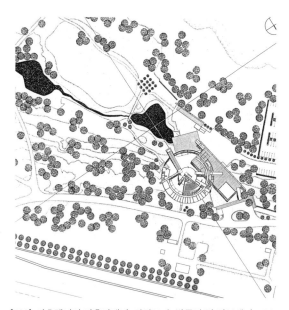

[783] 라흐델마와 마흘라매키, 핀란드 숲 박물관 및 정보센터, 1996.

모든 규모의 디자인에서 구조와 재료의 심도 있는 대위법이
고려되었다. 이는 목재를 직설적으로 사용하지 않기 위한 건전한
의도에 따른 것이었는데, 여기서 사용된 재료들의 대비는 기능뿐만
아니라 기하학에 따라서도 결정된다. 예를 들어 계단과 경사로는
콘크리트 구조와 유리 외피로 이루어지고, 회색 페인트를 칠한 강철은
절제된 지지대 역할을 하게끔 쓰였다. … 원통형의 지붕은 여러 개의
단면으로 잘라 자연광을 유입시킴으로써 박물관의 내부 경험을 생동감
있게 만들었다. … 곡선형의 지붕 조명은 방문객에게 일종의 해시계
기능을 한다. 출입 마당의 가장 높은 곳에 도달한 방문객은 지그재그형
경사로를 따라 전시장 높이로 내려가게 된다. 여러 벽체와 브리지
사이로 난 틈을 통해 공간과 시야를 중첩하고 서로 연결시키는 솜씨는
창의적이다. 방문객은 늘 원통형의 절대적 중심을 향해 되돌아오게
되는데, 바닥에 매입된 거대한 나무줄기의 수평 단편을 가로지르며
자신의 발걸음을 추적하고 재추적하면서 나무의 생명 자체로 늘
되돌아오는 은유적 효과가 발생되는 것이다.

이 사무소의 다른 세 작품도 특별히 언급할 만한데, 탐페레 공과
대학교(1995)와 카우스티넨 민속박물관(1997) 그리고 바르샤바의
폴란드 유대인사 박물관(2013)이 그것이다. 이 작품들은 각각 역동적
인 조형을 합리적인 평면 구성과 결합하는 역량을 드러내는데, 이러
한 방식은 궁극적으로 러시아 구축주의 아방가르드를 떠올리게 한다.
핀란드에서 활동해온 가장 성공한 '하이테크' 건축가 중 한 사람
으로 페카 헬린을 빼놓을 수 없다. 그의 작업은 합리적인 모듈에 늘
재료를 명료하게 활용해 풍부함을 가미한다는 점에서 주목할 만하다.
현재 에스포에 지어지고 있는 그의 두 작품을 예로 들 수 있겠는데,
특허 받은 동판 제방이 설치된 2003년작 셀로 도서관 및 음악당이나
목재로 마감된 2005년작 핀포레스트 모듈러 오피스가 그러하다. 헬
린의 사무소가 보여주는 기술적·미학적 솜씨는 과대평가란 것을 받기

[784] 헬린, 빌라 크로나, 케미왼사리, 2010.

어려울 만큼 훌륭한데, 특히 1995년 작품인 헬싱키의 선실 사환 주거 [785,786]부터 헬싱키 도심에 벽돌 입면으로 지어진 2006년작 캄피 본사에 이르기까지 그의 디테일 작업은 놀랍도록 광범위하며 정밀하고 풍부하게 이뤄져왔다. 게다가 이 사무소는 쿨크로나 군도의 키미톤에 지어진 빌라 크로나(2010)[784] 같은 개인 주택들도 감각적으로 실현해왔다. 빌라 크로나의 기하학적 형태는 색이 다채롭고 표면에 빙하 작용의 흔적이 있는 대지의 기반암과 밀접한 관련이 있다. 아울러 전반적으로 쓰인 낙엽송 외장재는 풍화가 일어날수록 은회색으로 변해가고, 여름철 초록색에서 갈색으로 변해가는 옥상의 돌나물과 상보적인 효과를 일으킨다. 동시에 이 공간을 덮는 캔틸레버 구조는 소나무 패널 및 물푸레나무 바닥재와 결합하면서 어떠한 직설적 인용도 없이 알토의 유산을 미묘하게 이어가고, 척박한 자연과 대면하면서도 따뜻한 환대의 환경을 만들어낸다.

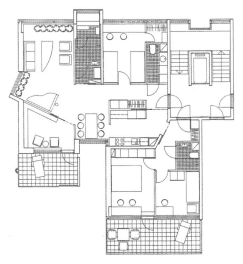

[785, 786] 헬린, 선실 사환 주거, 헬싱키, 1995. 세대 평면도와 전경.

세계화 시대의 건축

자본의 지구화는 물론 그럴싸한 말일 뿐이다. 하지만 그것은 중요한 이념적 혁신이다. 자본주의 시스템은 근본적인 형태 변화를 겪는데 그것의 정점은 자연의 완전한 (관념상의) 자본화일 것이다. 이렇게 되면 더는 자본 외부에 어떤 영역도 남지 않는다. 이는 외부적 자연이 존재하지 않는다는 가정과 같다. 이미지는 인간은 가치를 생산하기 위해 외부 자연에 영향을 미친다는 마르크스(또는 고전 정치경제학자들)의 것이 아니다. 오히려 이미지는 스스로를 자본으로 코드화한 자연(인간의 본성을 포함하는)의 다양한 요소이다. 자연은 자본이며 자본의 이미지로 인식된다. 시스템은 따라서 자본으로 간주된 자연의 모든 요소, 종국에는 자본의 확장된 재생산까지 포섭하고자 한다.

허나 이는 대체로 머릿속에서나 그려지는 기능적 통합이기 때문에 곧장 이론적 난제를 불러온다. 수사학은 화합과 최적화를 강조한다. 현실은 무질서와 갈등이다. 보드리야르가 말했듯이 "모든 것은 잠재적으로 기능적이며 실제로는 아무것도 그렇지 않다". 모순의 두 가지 원천은 자연의 자본화에 내재해 있다. 그것은 생산에 대한, '궁극적'이고 '불가피한' 자본주의의 몰락에 대한, 그리고 그럼으로써 마련되는 사회주의의 조건에 대한 관점을 산업적인 것에서 생태 마르크스주의로 전환해야 한다고 제안하는 우리에게 정당성을 제공한다. 첫째, 지구는 물질적으로 유한하기 때문에 축적 과정의 생물학적 한계가 있을 수밖에 없다. 둘째, 자본은 산업적 상품 생산을

규제하는 것과 같은 방식으로 생산의 '자연' 조건의 수정과 재생산을
통제하지도 또 통제할 수도 없다.
— 마틴 오코너, 「자본주의는 지속 가능한가?」 (1994)[1]

세계화를 수반하는 다양한 현상은 날로 상승곡선을 그리는 컴퓨터 통
신과 대륙 간 항공 여행의 지속적인 증가와 밀접하게 연관되어 있다.
그 결과 오늘날의 건축 사업은 자본 투자의 흐름에 민감하게 반응한
다. 또한 전 세계를 무대로 활발한 활동을 펼치고 있는 유명 건축가들
이 몸소 보여주는 바처럼 건축은 지역적인 동시에 세계적인 작업이
되었다. 눈부신 장관의 이미지를 보면서 우리는 오늘날 건축가의 세
계적 명성은 그들의 구성적 그리고/또는 기술적 능력만큼이나 그/그
녀의 도상학적 재능 때문이라고 느낀다. 이 세계적인 현상을 '빌바오
효과'(Bilbao effect)라고 부른다. 1990년대를 통틀어 지방 도시들은
미국의 유명 건축가 프랭크 게리가 설계한 건물을 가지려고 앞다투어
경쟁했다. 이는 대체로 1995년 빌바오에 실현되어 세상을 떠들썩하
게 만든 구겐하임 미술관에 대한 언론의 갈채와 환호의 결과였다. 구
겐하임 미술관의 대성공 이후 유명 건축가의 활동 범위는 측정할 수
조차 없게 광범위해졌다. 정평 난 건축가들은 지구 전체를 누비며 상
징과도 같은 건축물의 건립을 감독하기 위해 수천 마일 떨어진, 문화
적·정치적 맥락이 완전히 달라지는 곳들을 여행했다. 이러한 현상은
특히 오늘날 베이징에서 뚜렷하다. 건축계 스타들이 베이징에서 화
려한 건물을 앞다투어 건립하며 서로 경쟁하고 있다. 여기에는 단일
한 티타늄 돔 아래 세 개의 강당이 있는 폴 앙드뢰의 중국 국가대극원
(2006)과 2008년 올림픽 경기를 위해 지은 자크 헤르초크와 피에르
드 뫼롱의 과장된 구조의 베이징 국립 경기장이 포함된다.
　베이징에 있는 중국 CCTV 본사 건물은 렘 콜하스의 작업이다.
약 230미터 공중에 70미터 캔틸레버가 꼭대기를 덮고 있는 사다리꼴
형태의 70층짜리 건물인데, 거대한 크기와 구조적 대담함, 괴팍한 모

양만 놓고 보면 이보다 더 극적인 구조는 상상하기 어려울 정도다. 이러한 기술의 과시는 중국 CCTV 사옥에 영감을 준 듯한 엘 리시츠키의 1924년 '구름 걸이'(Wolkenbügel)와 함께 에펠탑의 대담성을 떠올리게 한다. 그러나 콜하스의 거대 텔레비전 구조물은 에펠탑과 리시츠키의 '반(反)마천루'의 축에서 완전히 벗어나 있다. 그것의 불균형하고 비대칭적인 성격과 자의적인 배치는 세상을 교묘하게 조종하는 미디어 세력을 거대한 크기로 표상하는 것 말고는 도시적·상징적 의미를 배제하고 있다. 이 건물에는 하루 10억 명에게 송출될 약 250개 채널의 프로그램을 제작하는 1만 명의 작업 인구가 상주할 것이다.

엄청나게 높은 고층 빌딩은 우리의 '스펙터클 사회'를 비추는 하나의 징후이다. 각 도시들은 세계에서 가장 높은 빌딩을 건설하는 수상쩍은 영광을 위해 서로 경쟁한다. 도시라고 할 수는 없지만 두바이가 SOM이 설계한 160층의 부르즈 할리파로 지금까지는 이 영광을 거머쥔 선두 주자다. 선진국 수도의 사치스러운 무절제는 점점 억제할 수 없는 듯해 보이는 반면(그 증거로 2006년 상트페테르부르크의 러시아 국영 가스 회사 가스프롬이 있다), 세계의 거대 도시에는 그 어느 때보다도 빈곤층이 증가하고 있다. 특히 제3세계에서 그렇다. 한편, 사회 기본시설이 과잉된 도시들은 점점 더 과밀해지고 있다. 멕시코시티의 인구는 이제 2,200만 명이며, 베이지, 봄베이, 상파울루와 테헤란은 각 2,000만 명가량, 자카르타는 1,700만 명, 보고타는 700만 명, 카라카스는 500만 명에 이른다. 이 통계에 덧붙여야 할 것은 오는 15년 안에 3억 명에 가까운 중국 지방 인구가 중국 내 신도시나 기존 도시들로 이주할 것이라는 놀라운 예측이다. 이 정도 규모의 변형은 세계에서 가장 오염된 도시에 속하는 아시아 도시들의 상황을 악화할 뿐이다. 예를 들어 베이징의 대기질은 현재 유럽 수도의 평균치보다 여섯 배나 나쁘다.

휴스턴(530만 명), 애틀랜타(500만 명) 그리고 피닉스(390만

명) 같은 미국 도시들은 대중교통이 거의 없거나 전무한 교외 시골로 계속 확장하면서 도심의 인구는 계속 감소하고 있다. 이러한 정착 패턴이 사회생태학적 관점에서 부정적이라는 점은 말할 것도 없다. 미국에서만 1만 2,000제곱킬로미터가 넘는 공지가 매년 교외화로 인해 사라지고 있다. 1대 4의 비율로 철도나 버스 도로보다 오히려 자동차 도로를 선호하는 현재의 정부 자금 지원 흐름은 이 상황을 타개하는 데 도움이 되지 않는다.

지형학

1960년대 중반과 1970년대 초에 나온 두 개의 중요한 출판물이 지형학과 지속 가능성을 우리 시대의 환경에 대한 두 가지 메타 담론으로 선언했다. 그 둘은 조경 디자인과 도시 디자인뿐 아니라 건축계 전반에 상당한 영향을 미쳤다. 문제의 두 텍스트는 비토리오 그레고티의 『건축의 영역』(1966)과 이언 맥하그의 『자연으로 디자인하기』(1971)인데 이들은 인위적인 형태와 대지 표면의 의미 있는 통합을 서로 다른 방식으로 강조했다. 원시 오두막을 강조한 젬퍼를 보완하면서 그레고티는 땅에 흔적을 표시하는 것은 자연의 혼돈에 맞서 인간이 만든 우주를 세우기 위한 원초적인 행위라고 보았다. 그는 도시화된 영역 출현으로 생겨난 새로운 자연에 맞서 공공 '장소형태'를 확립하기 위한 전략으로 영토의 조직을 강조했다. 그레고티는 이 이론을 1973년 이탈리아 남부 코센차에서 길고 커다란 농지를 가로지르는 선형의 대형 구조물로 설계된 칼라브리아 대학교 설계에서 처음 실증했다. 맥하그의 연구는 건축적 개입을 피하면서 다양한 영역에 걸쳐 지역 생태계의 상호 의존성을 유지하고 촉진하는 생물계에 대한 종합적 접근의 필요성을 강조했다. 생각해보면 두 접근법은 전 세계 거대 도시가 쉬지 않고 확장하는 효과를 중재하려는 시도였다. 오늘날 이 이론들은, 자연 과정에서 멀어진 만큼 인간의 요구에서도 멀

어짐으로써, 그리고 관계가 약한 독립해서 있는 사물이 제한 없이 확
산됨으로써 인간이 만든 세계가 축소되는 것에 저항하기 위해 여전히
실행 가능한 전략으로 간주될 수 있다.

　땅의 변형을 새로운 문화 규율의 근거로 발전시키는 작업은 전통
적으로 이해해왔던 조경 예술에 대해 그리고 스스로 풍경이 되고 주
변 지형과 분리될 수 없는 것인 양 땅과 통합된 사물로 공식화된 건
축물에 대해 보상적 지위를 부여한다. 현재 랜드스케이프 어바니즘
(landscape urbanism)이라는 새로운 하위 분야의 부상에 호의적인
조경 영역의 이러한 재구성은 이제는 대부분 믿지 않는 마스터플랜의
행위와는 완전히 다른 전략적 목표가 있는 개입 방식으로 여겨진다.
미국의 조경 건축가 피터 워커는 이를 건축가 로말도 주르골라, 리카
르도 레고레타, 바턴 마이어스와 공동으로 설계한 텍사스 서부의 솔
라나에 있는 IBM 캠퍼스(1992)[787]를 위한 324만 제곱미터의 배

[787] 워커, IBM 캠퍼스, 솔라나, 텍사스, 1992.

579

치에서 이를 증명해 보였다. 워커는 자신의 개입으로 회복된 영역을
다음과 같이 특징짓고 있다.

> 우리가 찾은 장소는 특별히 풍요로운 초원은 아니었다. 방목으로 매우
> 심하게 훼손되어 표토의 절반 이상이 유실된 상태였다. 방목지에는
> 어떻게든 살아남은 잘 자라난 나무가 몇 그루 있었다. … 대지의 나머지
> 부분을 복원하기 위해 우리는 모든 개별 도로, 건물 주차구획지 등의
> 표토를 채취하여 대량으로 비축하고 이를 목초지 위에 뿌려 표토의
> 양을 두 배로 늘렸다.[2]

워커는 마사 슈워츠와 함께 캘리포니아 샌디에이고의 마리나 선
형 공원에서 기존의 경철도 시스템의 선로 용지를 이국적인 아열대
공원으로 개조하는 지형 변형을 추구했다. 비슷하게 사회 기반시설
에 개입하는 조경 작업은 지난 20여 년 동안 프랑스에서 관례적인 정
책이 되어왔다. 프랑스에서 지역 고속전철이나 경철도에 할당된 정
부 예산의 3분의 1이 기존 지형에 새로운 기반시설이 통합될 수 있도
록 조경을 결정하는 설계에 지원되었다. 이런 점에서 전형적인 예는
1995년 미셸 데비뉴와 크리스틴 달노키가 한 아비뇽 외곽의 새로운
테제베 철도역 이전 작업이다. 이들이 맡은 공공 운송 수단과 관련된
다수의 다른 작업도 마찬가지였다. 아비뇽에서 플라타너스는 철도역
을 길이 방향으로 늘리기 위해 사용되었고, 주변의 사과나무와 닮아
서 선택된 라임 나무를 가로에 심어 인접 주차장에 그늘을 드리우고
철도역은 기존의 풍경과 통합시켰다.

미국에서는 넓은 주차장이 있는 도시 근교의 철도역이, 독일에서
는 1930년대 아우토반이 명백한 성공을 거두었는데도 지난 반세기
에 걸친 자동차 도로의 확장에 상응하는 환경 디자인은 뒤따르지 않
았다. 유럽에서 예외적인 사례는 스위스 건축가 리노 타미가 디자인
한 알프스 생고타르 터널에서 키아소의 이탈리아 국경까지 뻗어 있

는 티치노 자동차 전용 도로 콘크리트 고가교와 터널 입구다. 이는 1963~83년 동안 20년 넘게 건설된 힘들고 어려운 대형 기반시설 개조 사업이었다. 좀 더 최근에, 좀 더 제한된 범위 안에서 이루어진 작업은 베르나르 라쉬스가 설계한 프랑스 북서쪽에 있는 이국적인 자동차 전용 도로 개선 작업이 있다.

자동차의 영향에 관한 유사한 인식은 산티아고 칼라트라바의 초기의 다리 작업에서 명백하다. 그는 다리의 구조적 표현만큼이나 그것이 도시에 남기는 흔적도 고려했다. 이는 특히 1987년 바르셀로나 근교 외곽에 지은 바크 데 로다 다리에서 증명되었다. 콘크리트와 강철로 된 궁형 아치 네 쌍이 노반(roadbed)을 지탱하고 있고, 보행자를 위한 플랫폼이 다리 폭 양쪽에 있다. 다리와 다리를 가로지르는 선로의 축은 엔지니어가 절단면 양쪽에 세울 것을 제안했던 작은 공원(pocket park)으로 서로 강화되었다. 교각 받침대의 일부로 스팬 양쪽 끝에 있는 콘크리트 계단은 다리에서 공원으로 직접 갈 수 있는 진입로를 제공했다. 보도를 노반 위로 올려서 다리를 건너는 사람이 양쪽의 풍경을 통행하는 차 너머로 볼 수 있게 한 것은 문화적·환경적 관점에서 중요했다. 이는 보행자를 배기가스가 나오는 높이 위로 들어 올려 파노라마처럼 펼쳐지는 조망을 제공한다.

지역적인 스케일에서 생태 정책의 일환인 조경은 독일에서 거의 제2의 자연이 되었다. 쓸모없어진 산업시설의 정화 및 재활용 시범 사업으로 출발한 페터 라츠의 엠셔 공원 확장안은 루르 계곡 근처 엠셔 강 양안 70킬로미터에 걸쳐 휴양·오락시설을 짓게 되면서 15년 넘게 진행되었다. 엠셔 개간 프로그램에서 주요 건축가 중 한 사람이었던 카를 간저가 세계적인 거대 도시를 또 다른 '재개발 부지'로, 즉 미래의 정화 작업과 건물 전용에 훨씬 더 크게 저항할 것이 뻔한 곳으로 여기게 됐다는 사실은 중요하다.

알바 알토의 건축에서처럼 대형 복합 건물은 마치 그것이 위치한 지형의 자연스러운 연장인 것처럼 표현되었다. 이러한 패러다임은 밴쿠버에 있는 아서 에릭슨의 롭슨 스퀘어 개발(1983)의 주요 동기가 되었다. 법원과 지자체 청사로 이루어진 메가스트럭처는 실내 주차장이 통합되어 있으며 계단식 급경사면의 형태를 지녔다.

비슷한 촉매 작용을 한 거대 형태가 10년 후인 1992년 호세 라파엘 모네오와 마누엘 데 솔라-모랄레스의 설계로 바르셀로나 아베니다 디아고날에 완성된 리야 복합시설[788,789]로 실현되었다. 800미

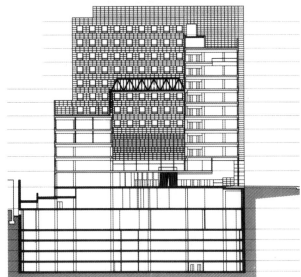

[788] 모네오와 데 솔라-모랄레스, 리야 복합시설, 바르셀로나, 1992. 파노라마 전경.
[789] 모네오와 데 솔라-모랄레스, 리야 복합시설, 바르셀로나, 1992. 갤러리아 횡단면도.

터 길이의 이 블록은 대로 쪽을 향해 나 있는 상업시설을 수용한 5층 짜리 쇼핑몰이 들어가 있으며, 중층(medium rise) 슬래브의 구성 요소로 사무실과 호텔이 있다. 세르다가 계획한 에이샴플레 지구 가장 자리에 건설되었고, 복합체의 전체 길이를 따라 지어진 다층 지하 주차장이 있다. 블록은 기존의 19세기 도시 그리드와 도시의 역사적 중심 주위에 무분별하게 임시변통으로 진행되는 교외 개발을 막을 수 있도록 설계되었다. 계단식 프로필 덕분에 건물은 도시의 랜드마크가 된다. 도시가 한눈에 보이는 교외의 높은 지대에서 볼 때 특히 그러하다. 이 대규모 개발 계획은 데 솔라-모랄레스의 '도시 침술'(urban acupuncture) 개념을 효과적으로 증명했다. '도시 침술'이란 전략적으로 제한된 도시 개입으로, 기존의 도시 환경을 규정적이지만 조정 가능한 방식으로 늘리는 방법으로 계획하는 것이다.

'도시 침술'은 브라질 건축가이자 정치가인 자이미 레르네르가 쿠리치바 시의 시장으로 재임한 1971~92년에 효율적인 공공 교통 체계를 도입할 때 중요하게 참고된 개념이었다. 이 체계의 가장 혁신적인 면은 두 대가 연결되어 100명이 탑승할 수 있는 굴절 버스와 차량에 효율적으로 탑승할 수 있게 각 정거장마다 지면보다 높게 만든 커다란 유리관 승강장을 활용한 것이었다. 오늘날 이 교통망은 다수의 다른 철도지선 외에 72킬로미터의 지정된 버스 차선으로 구성되어 있다. 20년 동안 레르네르 행정부는 공중위생, 교육, 식량 배급과 쓰레기 관리 부문에서 수많은 사회 서비스를 도입했다. 동시에 인구가 세 배로 늘어났음에도 불구하고 1인당 녹지 면적을 100배 증가시켰다. 도시 전체에 걸친 확장된 공원 네트워크의 형태로 개인당 52제곱미터를 공급했다. 고속버스 체계의 도입과 공공시설의 전체적인 향상은 콜롬비아 보고타에서 시장 엔리케 페냘로사와 안타나스 모쿠스로 이어진 정치적 리더십 아래 되풀이되었다.

'축소된 도시'로 여겨지는 거대 형태는 기존 지형 구조를 강조하고 그에 공명할 수 있는 장소를 건설하는 데도 활용되었다. 멕시코 건축가 리카르도 레고레타는 이러한 접근법을 이스타파 해안을 바라보는 계단형의 카미노 레알 호텔(1981), 두랑고 주 고메스팔라시오의 메마른 풍경 속에 창문이 거의 없는 황토색의 수평 형태로 지은 르노 조립 공장(1985) 등 여러 사례에서 보여준다. 극적인 지형에 대치되게 놓인 유사한 대형 스케일의 거대 형태들은 라틴 아메리카의 작업들에서 많이 발견된다. 1968년 상파울루 도심에 완성된 리나 보 바르디의 다리 형태의 현대미술관, 독일 건축가 아우어와 베버가 훨씬 더 극적으로 설계한 108개실이 있는 선형의 기숙사 블록과 천문연구센터(2001) 등이 여기에 포함된다. 칠레의 세로파라날에 위치한 아타카마 사막의 외딴 불모지를 가로지르고 있는 천문연구센터는 건축은 질서를 세우는 원초적인 수단으로서 땅에 표시를 하는 것으로 시작된다는 그레고티의 이론에 대한 현대적 증거다.

도시적 성격을 지닌 조경에 대한 경향은 1980년대 말 두 개의 탁월한 현상설계안을 디자인한 엔리크 미랄레스와 카르메 피노스의 건축에서 알 수 있다. 두 작업은 1992년 바르셀로나 올림픽에 사용될 양궁 경기장 공모안과 이구알라다 근처의 폐채석장을 묘지로 변형하는 제안[790]이었다. 가우디와 구조에서는 비올레르뒤크의 합리주의 규칙에서 영감을 받은 양궁 경기장 설계는 강관 기둥들로 교묘하게 지지되고 있는 콘크리트 절판(foldedplate) 구조에 대한 새로운 능력을 보여주었다. 그 결과는 굽이치는 지붕 작업과 대리된 풍경으로 읽힌다. 비슷한 창의성으로 이들은 이구알라다에서 채석장 자리에 있는 콘크리트 옹벽을 경사진 조립식 지하 유골 안치소의 방호벽으로 활용할 수 있었다. 또한 채석장 하단 부분에서 구불구불하게 제방쌓기 방식으로 쌓아 올린 옹벽은 개인 영묘를 품는 둑이 되었다. 한마디로 묘지 전체는 완전히 차별화된 촉각적 미학이 지배하고 있다. 보안을 위한 코르텐 강의 슬라이딩 도어와, 시멘트와 자갈이 거칠게 혼합되어 깔린 경사진 바닥 전역에 산재해 있는 폐기된 철도 침목에 이르기까지 그러하다.

[790] 미랄레스와 피노스, 이구알라다 묘지, 바르셀로나 인근, 1994.

　　최근 점점 더 많은 건축가가 건축과 풍경을 통합하면서 매우 세련된 감성을 표출하고 있는데 그 가운데에 미국 건축가 릭 조이가 있다. 투바크 근처에 지은 타일러 하우스(2000)[791]는 애리조나 남부 사막 한가운데에 완만하게 경사진 대지에 놓여 있다. 멀리 떨어져 있는 산맥 앞에 자리 잡고 작은 선인장 정원이 딸린 이 집은 코르텐 강으로 지붕과 벽면을 댄 단층의 두 공간으로 구성되며 직사각형 매스는 공용 테라스와 수영장에서 만난다. 거친 강철로 된 외부의 조야함은 흰 벽토, 스테인리스 스틸, 단풍나무와 반투명 유리로 된 실내 색채의 고상함과 대조를 이룬다." 이 재료들의 병치는 조이가 조수로 일했던 윌 브루더의 피닉스 공공도서관(1995)의 촉각적인 물질성에 빚을 지고 있다.

　　2005년 베를린 도심에 건설된 피터 아이젠만의 홀로코스트 추모 공원[792]은 참 불가사의하다. 기본적으로 인위적인 지형이며, 2,511개의 콘크리트 슬래브가 놓여 있는데 각 슬래브의 간격은 95센

[791] 조이, 타일러 하우스, 투바크 인근, 애리조나 주, 2000. 출입 마당.
[792] 아이젠만, 홀로코스트 추모 공원, 베를린, 2005.

티미터로 한 번에 한 사람만이 편하게 통과할 수 있다. 높이가 제각각
인 이 석비(石碑)들은 경사진 지면에 대응해 한쪽 끝에서 다른 쪽 끝
으로 완만하게 굽이치는 파도 모양으로 배치되어 있다. 지하의 방문
객센터를 제외하고는 어떤 종류의 재현 요소도 없다.

대지 표면의 등고선과 관계가 있는 지형학과 생물학적·식물학적
형태의 조직을 표면적으로 모방하는 형태학 사이에는 조형적인 유사
성이 있다. 이는 바로크 이후로 건축에서도 중요하게 여겨져왔다. 제
1의 형태적 참조점이 문화보다는 자연에 있다는 사실은 프랭크 게리
의 구겐하임 미술관의 촉수 같은 무정형적 형태에 명시되어 있다. '뒤
틀린' 외피가 해당 부지에 있었던 선착장을 암시한다는 사실과는 별
개로, 매혹적인 티타늄 외피와 독특하게 유동적인 형태는 건물 내부
의 사정과는 상관없이 완전히 독립적으로 존재한다. 바꾸어 말해, 미
술관의 유기적인 형상에도 불구하고, 역설적으로 그것은 일종의 조

직 사이의 생물 형태를 연상시키는 구성(interstitial biomorphic organization)—자연에서 그렇듯 건축에서도 잠재적으로 조형적 실재(formative presence)—과는 거리가 멀었다. 강가의 보행로에서 주 출입구로 이어지는 뒤틀리고 불편한 보행 동선 체계부터 건물이 있는 장소의 지형적 맥락에 대한 전적인 무관심까지, 이 형태는 이접적이고 매력적이지 못한 상황을 발생시킨다. 또한 비례가 맞지 않는 천창이 있는 전시 공간과 외피의 과장된 구성을 떠받치기 위해 고안되어야 했던 비경제적이고 세련되지 못한 철골 역시 부적절한 표현으로 들 수 있다. 본질적으로 텅 비어 있는 게리의 구겐하임 미술관과, 내외부의 유기적 상호 의존성, 즉 후고 헤링이 유기적 작업(Organwerk) 대 형태 작업(Gestalwerk)으로 칭한 공생적 디자인 방법 사이의 간극은 메울 수 없을 만큼 크다.

형태학

이 신드롬은 게리는 물론이고 네덜란드의 벤 판 베르컬과 라르스 스파위브룩, 미국의 다니엘 리베스킨트, 그렉 린, 하니 라시드 그리고 런던을 기반으로 활동하는 이라크 건축가 자하 하디드 등 현대 건축가 다수에게서 발견된다. 탁월한 재능을 가진 자하 하디드는 1983년 홍콩의 피크 공모전에서 수상하면서 처음 등장했다. 10년 후 하디드는 다양한 색채를 띠는 역동적인 방식의 신절대주의적 시각 디자인을 조형적이지만 별로 기능적이지 않은 독특한 철근콘크리트 소방서로 번안해냈다. 하지만 소방서는 본래의 목적으로는 절대 사용되지 않았다. 바일 암 라인에 있는 롤프 펠바움의 비트라 산업 단지에 위치한 한 '스타' 건축가가 지은 하나 이상의 폴리로서 수사적인 장소가 되었다.

　게리와 같이 조각적인 형상에 몰두했던 자하 하디드의 건축은, 1999년 바일암라인에서 열린 조경 박람회 때나 더 작은 규모로 2001년 스트라스부르 외곽에 지은 인터체인지[793]에서처럼, 소규모

[793] 하디드, 주차장과 터미널, 외나임-노르, 스트라스부르, 2001.

이거나 수평적·지형적 차원이 조각적인 면모보다 우세한 작업에서 최고에 이르렀다. 놀랍도록 감각적인 인터체인지 작업은 교외의 통근자들이 도시 외곽에 주차하고 경전철을 타고 시내로 들어오도록 장려함으로써 도심 교통량과 오염을 줄이기 위한 지역 당국의 조치로 시작되었다. 여기에서 솜씨 있게 처리된 진입로는 효율적인 만큼 시적인 거대 도시의 삼차원 세트 피스를 창조하기 위해 철로의 궤도와 주차된 차들의 포괄적인 패턴과 조합되었다.

건축가 그렉 린은 형태보다는 형상의 형태학적 숭배에 관한 주요 이론가였으며, 그의 저작으로는 『폴드, 신체, 블랍』(1998)과 『살아 있는 형태』(1999)가 있다. 건축과 관련해서 이런 유형의 유추적인 추론에서는 확실히 피할 수 없는 문제가 야기된다. 즉, 자연의 물질대사 과정을 새로운 건축의 근거로 두는 전략은 수상할 뿐 아니라, 오랫동안 건축 문화가 인간이 만든 환경의 내구성을 손상시켰던 중력과 기후 등 무자비한 자연의 힘은 말할 것도 없고 기후, 지형과 활용 가능한 재료의 제약에 대한 실용적인 반응으로 나타났다는 사실을 암묵적으로 거부한다.

린의 생물 형태적 접근과 달리, 런던을 기반으로 활동하는 알레한드로 자에라 폴로와 파시드 무사비가 이끄는 건축가 그룹 FOA는 요코하마 국제 여객 터미널(2002)[794]에서 대지 작업과 지붕 작업 사이의 지형적 상호작용을 기반으로 디자인을 발전시켰다. FOA의 첫 7년간의 작업을 설명한 『계통발생론: FOA의 방주』(2003)에서 그들은 다음과 같이 쓰고 있다.

> 요코하마 계획은 동선 패턴으로부터 발생하는 조직화의 가능성에서 시작되었다. 격납고─거의 결정된 컨테이너─와 지면의 이종 교배 개념의 발전이다. … 우리의 첫 번째 조치는 다양한 귀환 경로를 허용하는 얽혀 있는 순환 구조로 동선 다이어그램을 만드는 것이었다.
>
> 설계 과정의 두 번째 결정은 건물이 스카이라인에 나타나서는 안 되며 건물이 하나의 기호가 되는 것을 피함으로써 의미론적 차원의 입구를 만들지 말아야 한다는 것이었다. 이는 즉시 매우 편평한 건물을 만드는 생각으로 이어졌고 우리는 건물을 지면 아래로 넣는 방향으로 움직였다. 일단 건물 표면을 휘게 할 것이라고 결정했을 때 우리는 비순환 다이어그램과 표면을 일치시키려 했다. … 건물을 가능한 한 얇게 펼치기 위해 대지를 최대한으로 활용하고자 했다. 이것과 움직이는 다리로 연결하기 위해서 건물 양쪽을 따라 부두의 끝에서 15미터 길이의 직선으로 뻗은 승선용 데크를 놓아야 하는 요구가 건물의 직사각형 기초를 결정지었다. … 다음 결정은 어떻게 형태를 구조적이게 만드는가였다. 기둥으로 표면을 지지하는 확실한 해결책은

[794] 자에라 폴로와 무사비(FOA), 요코하마 국제 여객 터미널, 2002.

동선 다이어그램으로부터 공간과 조직 구성을 만들어내려는 목표와
맞지 않았다. 좀 더 흥미로운 가능성은 비틀린 표면에서 구조 체계를
발전시키는 것이었다.[3]

　형태학적 건축의 현대적 추구와 관련해 요코하마 국제 여객 터미
널은 비길 데 없이 뛰어나다. 그 이유는 경사지붕과 경사로, 야외 산
책로가 있는 연속적으로 비틀리는 복합체가 두 갈래의 잘게 깎인 면
들—기하학적으로 일관된 철골 상부구조에 의해—로부터 생성된다
는 데에 있다. 앞에서 인용한 거의 모든 형태론적 작업과 달리 이 상
부구조는 내부의 정확한 공간 분절뿐 아니라 장 스팬과 절판 구조의
강판 지붕으로 덮인 커다란 환승장 등 작업의 현상학적 성격 또한 고
려되었다.
　FOA가 이 복합체를 고안하고 실현할 수 있었던 방법은 변형 가

능한 '진화론적' 시스템으로서 계통발생학의 개념으로 그들을 이끌었다. 그 시스템 덕분에 이후에도 다양한 대지 및 기후 조건에서도 폭넓은 스펙트럼의 프로그램들에 접근할 수 있었다. '계통발생학'이란 용어는 자의적인 형상의 선별보다는 오히려 적절한 기하학적 체계의 요구를 향한 열망을 환기한다. 따라서 FOA의 작업은 새로운 의뢰마다 그곳의 지형적 맥락과 함께 다른 파르티를 만들어내고 수학적으로 독특한 공간적·텍토닉적 네트워크를 그리는 데 활용되었다. 이렇게 수용된 프로그램은 아무리 그것이 우연한 유형학적 선례에서 나왔다 할지라도 대지 형태에 의해 결정되었을 법한 의외의 기하학적 형식을 통해 서로 늘 변형되었다. 요코하마 국제 여객 터미널의 경우에 대지 작업과 지붕 작업 간의 텍토닉한 움직임은 부두의 길이 방향을 따라 솟아오르고 떨어지면서 여러 겹으로 구성된 지형을 이루고 있다. 이 파동은 대지 작업이 아닌 상부구조가 땅의 표면처럼 다루어졌음을 확인해주고 있는 듯하다.

비교할 만한 위상학적 에토스가 마시밀리아노 푹사스의 설계로 2005년 밀라노 외곽에 건설된, 굽이치는 유리 캐노피가 동선을 따라 아래로 흐르는 새로운 밀라노 박람회 단지[795]를 특징짓는다. 단면을 약간 변화시킨 장 스팬의 유리 지붕은 1993년 니컬러스 그림쇼가 런던 워털루 역에서 증축된 유로스타 터미널[796]을 덮는 데에도 사용되었다. 비록 단면의 변주가 평면상에서 변화하는 부지 지형의 직접적인 결과이긴 하지만 여기에서 또한 기억해야 할 것은 이 유리 지붕이 갑각류를 연상시킨다는 점이다. 오스트리아 건축가들이 1980년대와 1990년대 내내 추구했던 것이기도 하다. 힘멜블라우가 1981~89년 빈 도심에 지은 전통적인 신고전주의 건물 꼭대기에 배치한 수정 같은 펜트하우스와 1995년 그라츠의 식물원에 세운 폴커 기엔슈케 온실의 역동적인 구조를 예로 들 수 있다.

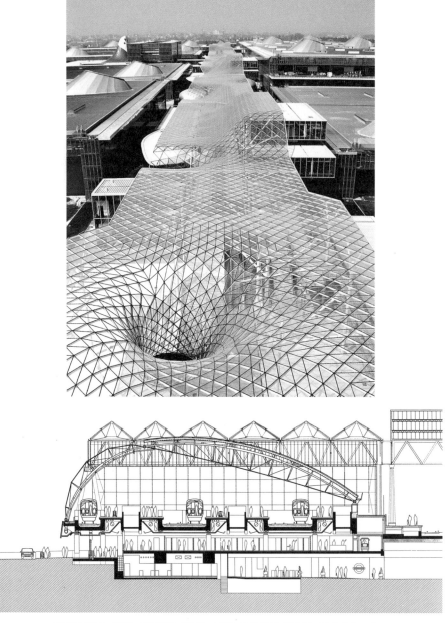

[795] 푹사스, 밀라노 박람회장, 밀라노, 2005. 전시 홀을 연결하는 갤러리아 조감도.
[796] 그림쇼, 유로스타 터미널, 워털루 역, 런던, 1993. 횡단면도.

지속 가능성

『열 가지 녹색조: 건축과 자연계(2000~2005)』연구에서 피터 뷰캐넌은 자연 음영의 최적화, 빛과 통풍부터 재생 가능한 자원의 사용까지, 폐기물과 오염 제거부터 건설 자재의 내재 에너지 감축에 이르는 광범한 지속 가능한 실천을 망라하는 열 가지 규칙을 지닌 표본적인 녹색 건물 열 채에 대해 설명했다.

> 내재 에너지가 가장 적은 자재는 톤당 약 640킬로와트시가 드는
> 나무다. … 따라서 가장 친환경적인 자재는 지속 가능하게 관리된
> 삼림에서 온 나무다. 벽돌은 그다음으로 내재 에너지가 낮은
> 재료로 나무의 네 배이며, 다음으로 콘크리트(5배), 플라스틱(6배),
> 유리(14배), 강철(24배), 알루미늄(126배)의 순이다. 재료의 알루미늄
> 구성 비율이 높은 건물은 제아무리 에너지 효율이 있다 하더라도
> 총체적인 생애 비용 산정법을 따졌을 때 친환경적이라 할 수 없다.[4]

이와 같은 통계는 건설 환경이, 도로와 제트기를 이용한 여행으로 소비되는 것에 맞먹는, 선진국의 전체 에너지 소비의 40퍼센트가량을 설명한다는 냉정한 사실을 생각하게 한다. 이러한 낭비의 많은 부분은 전체 전력 소비량의 65퍼센트를 잡아먹는 인공 조명 때문이며 에어컨과 디지털 장비가 다음이다. 또한 현재 매립 쓰레기의 상당 부분은 여전히 건축 폐기물이며 미국에서만 지자체 평균 폐기량의 약 33퍼센트가 건축 폐기물이다.

이러한 디스토피아적인 통계 앞에서 '긴 수명/느슨하게 맞는'(long life/loose fit)이라는 반인체공학적 규칙에 따른 건설을 옹호한 뷰캐넌의 권고는 문화적 성격이 두드러진다. 과거의 내력 방식의 석조 건물에서 이 규칙은 당연히 지켜져야 했으며, 18세기와 19세기의 것이 대부분인 융통성이 매우 뛰어난 이 건물들의 상당수를 우리는 새롭게 활용할 수 있었다. 최소 공간에 관한 표준과 역설적으로

융통성 없는 경량 건물 기술에 몰두하는 오늘날에는 그러한 잔존 가치를 성취하기가 더욱 어려워졌다.

뷰캐넌은 모든 건물은 맥락에 긴밀하게 통합되어야 한다고 주장한다. 따라서 그는 건축가가 일반적으로 다루는 기능과 형식에 대한 관심만큼이나 국지적 기후, 지형학과 현지 식물 등의 요소에 많은 주의를 기울여야 한다고 촉구한다. 이런 관점에서 들 만한 사례는 렌초 피아노가 1998년 뉴칼레도니아 누메아에 완성한 장-마리 치바우 문화센터[797]다. 여기서 높이가 20~30미터까지 이르는 집성재인 이른바 '케이스'는 전통적인 카나크 오두막을 거대한 규모로 암시하며, 회의장과 전시 공간, 댄스 스튜디오 등 아래 공간의 기능에 따라 판 또는 유리로 된 경사지붕을 중간 높이에 씌웠다. 경사지붕은 강철 고리로 틀지어져 단단히 조여졌고 유리로 마감된 곳에서는 바깥쪽에 루버를 씌웠다. 복합체의 나머지 부분은 이중 지붕과 루버로 처리된 단층의 직각 구조이며, 전시 공간, 행정실, 연구실 그리고 400석 규모의 강

[797] 피아노, 장-마리 치바우 문화센터, 누메아, 뉴칼레도니아, 1998.
목재 '케이스'가 전통 카나크 오두막집의 형상을 연상시킨다.

연장이 들어서 있다. 이 매트 빌딩의 한쪽 면을 따라 형식에 구애받지 않고 배열된 목재 케이스는 각기 다른 높이의 첨탑 같은 형태를 통해 전통적인 카나크 마을의 형상을 환기한다. 이러한 암시는 카나크인의 지지를 받았다. 하지만 우리는 이 작업의 포스트-식민주의적 맥락, 무엇보다 프랑스 정부가 자금을 댄 이 건물이 카나크의 해방을 위해 싸웠던 자유 투사 트지바우에게 바쳐진 기념비라는 사실을 간과할 수 없다.

뷰캐넌의 여덟 번째 규칙은 특정 토지 정착 패턴의 생태적 균형을 지속하는 데 있어서 대중교통 수단의 역할의 중요성을 강조한다. 도시의 스프롤이 아무리 친환경적으로 전개된다고 해도 집과 직장을 매일 자동차로 통근하는 데 소비되는 에너지와 그에 부수적인 환경오염은 이를 상쇄하고도 남는다. 이러한 엔트로피적인 관점에 반대하면서 뷰캐넌은 대중교통 수단이 잘 뒷받침되고 넓은 의미에서 지속 가능한 밀집된 도시 형태가 주는 공중위생의 혜택을 강조한다.

이와 전혀 다르게 지속가능성에 접근하는 사례는 1997년 프랑크푸르트에 포스터 어소시에이츠가 지은 45층의 코메르츠 은행 [798,799]에서 명백하게 나타난다. 이 건물은 최고 높이까지 솟아오르는 아트리움을 둘러싸는 형태로 구성되어 있으며, 아트리움의 한쪽 변에서 다른 쪽 변으로 번갈아가며 있는 4층 높이의 하늘정원은 중앙 공간으로 빛과 신선한 공기를 들인다. 코메르츠 은행 역시 이중 유리가 건물 전체를 덮는다. 외측 외피는 방풍과 내후를 담당하며 내측 외피의 수동으로 작동하는 창은 사무실 환기를 위해 마음대로 열 수 있다. 건물은 날씨가 매우 덥거나 추울 때만 자동으로 완전히 밀폐되고 공조가 이루어진다. 이 디자인의 가장 급진적인 공간적·사회적 혁신은 서비스 코어를 삼각형 평면의 꼭짓점으로 이동시켰다는 데 있다. 그래서 아트리움을 가로질러 한 사무실에서 다른 사무실로 그리고 양옆 사무실에서 공중에 떠 있는 하늘정원으로, 또는 그 반대로 시각적 접근이 가능하다. 유리로 된 테라스에 위치한 하늘정원은 아트리움을

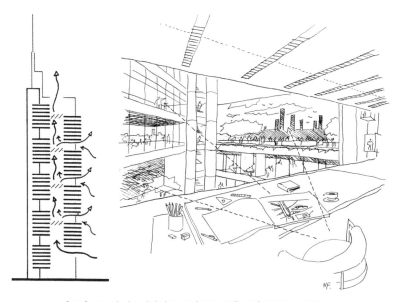

[798] 포스터 어소시에이츠, 코메르츠 은행, 프랑크푸르트, 1997.
아트리움의 공기 흐름을 표시한 단면도.
[799] 포스터 어소시에이츠, 코메르츠 은행, 프랑크푸르트, 1997.
사무실에서 '하늘정원' 쪽을 바라본 전형적인 전망 스케치.

환기시키고, 휴식시간이나 비공식 모임을 위한 일시적인 공공 공간으로 기능한다. 12층마다 아트리움을 가로지르며 설치된 조정 가능한 유리 댐퍼는 중심 수직 공간의 벤투리 효과를 조절한다.

전 세계 인구의 2퍼센트가 전체 자원의 20퍼센트를 소비하고 있는 미국은 지구 온난화의 현실을 부정하고 온난화를 유발하는 재생 불가능한 에너지를 엄청나게 소비하는 경향이 있다. 이는 진보된 환경 규제를 도입하고 강화하기를 꺼리는 미국 정부의 태도에서 드러나는데, 이 둔감함은 때로 생태적으로 지속 가능성을 담보하는 디자인이 표현의 자유를 억제한다는 이유로 건축가들의 환영을 받기도 했다. 기후와 맥락의 조건에 공생적으로 반응하는 것이 태곳적부터 텍토닉적 발명의 주요 동기였다는 사실을 고려할 때, 그러한 사고방식은 도착적이고 반동적이다. 제멋대로 파괴하며 건설 폐기물을 양산해온 우리 문명의 현실에서도, 뷰캐넌이 암시하는 바에 따르면 그에 못지않게 기존 건물을 보전하고 전환하며 다시 쓰기 위한 지속가능한 잠재력이 존재한다. 일례로 2012년 영국 워릭셔 주 너니턴의 애스틀리 성을 복원하고 확장하고 재단장한 건축사무소 위더퍼드 왓슨 만의 기발한 작업을 들 수 있는데, 이 작업으로 그들은 2013년 스털링 상을 수상했다.

물질성

건물이 변함없이 가벼운 구조 뼈대 위에 시멘트로 표현되고 마치 비물질적인 것에 가까운 중성적인 재료로 만들어지던(1945년 이후 어디에서나 건물 전체를 유리로 덮은 네오미스적인 오피스 빌딩이 만들어지던 상황) 때, 그러니까 근대 운동 초기에 도처에 나타났던 백색 건축과 달리 이번 절에서는 표현적인 물질성에 대해 논하고자 한다. 그것의 기원이 되는 요소는 스웨덴의 대가 시구르드 레베렌츠가 그의 생애의 마지막 20년 동안 설계한 내력벽식 벽돌 교회인 비에르크하겐의 마르쿠스 교회(1958~60)와 클리판의 장크트 페트리 교회(1963~66)에 있다. 이들 작업에서 벽돌의 표현적 역할에 관한 리처드 웨스턴의 통찰력 있는 설명을 보자.

> 벽돌이 주는 폐쇄감은 압도적이다. 당신은 벽돌 바닥 위를, 벽돌 벽 사이를, 강재 장선 사이에 걸쳐져 파도처럼 완만하게 부풀어 오르는 벽돌 볼트 밑을 걷는다. … 모든 것을 감싸는 총체로 조직을 묶는 거의 초자연적인 어둠은 사진도 전달하지 못한다.[5]

재료를 강조한 실천가 중 가장 완숙한 경지에 다다른 이는 독일계 스위스 미니멀리스트인 자크 헤르초크와 피에르 드 뫼롱이다. 이들은 대지에서 얻은 석재를 섬세한 철근콘크리트 프레임 안에 느슨하게 채워 넣은 이탈리아 타볼레의 주말 주택(1988)과 폐채석장의 절벽 앞에 자리 잡은 다양한 두께의 섬유 시멘트 판자로 외피를 처리한 스위스 라우펜의 리콜라 창고(1987)로 시작했다. 공간의 조건이 단순했기 때문에 건축가는 재료를 주된 미학적 실재로 취급할 수 있었다. 공간과 형태에 다소 수동적인 것과는 반대다. 재료의 촉각적 성격에 대한 강조는 이후부터 이들 작업의 특징이 되었다. 이러한 작업 방식은 바젤에 있는 이른바 아우프 뎀 볼프라고 불리는 구리로 감싼 6층의 신호탑(1995), 캘리포니아 욘빌에 완성한 도미누스 와이너리(1997)[800]에서처럼 작고 공간이 통합된 작업에서 가장 효과적이었다. 도미누스 와이너리는 포도밭 한가운데에 단순한 구조로 지어졌는데, 다양한 크기의 거친 화강암을 철망으로 고정시켜 쌓은 단층 높이의 석조 담에서 재료의 표현이 두드러진다. 내부 구조나 공간보다는 외부 표면을 강조해온 이들의 고도로 심미적인 접근은 점점 더 이들

[800] 헤르초크와 드 뫼롱, 도미누스 와이너리, 욘빌, 캘리포니아 주, 1997. 화강암 돌망태 구조.

건축의 장식적 측면으로 자리 잡았다.

스위스 그라우뷘덴의 할덴슈타인에서 작업하는 페터 춤토르는 또 다른 대표적인 스위스계 독일인 미니멀리스트 건축가다. 그는 1988년 줌비트그에 목재 지붕널로 모두 덮은 성 베네딕트 교회를 지으면서 두각을 나타냈다. 이어 1996년 발스에 온천 욕탕을 설계하면서 장인적 기술에 기초한 명성을 더욱 쌓아나갔다. 복원된 목욕시설의 육중한 콘크리트 틀을 정교하게 다듬어진 돌(지역에서 채석된 편마암)이 얇은 층을 이루면서 감싸며, 이로써 외딴 스위스 알프스 마을 깊숙이 감춰진 어둡지만 감각적인 실내가 탄생했다.

소목장 교육을 받았고 건축가로 일을 시작하기 전 수년간 보존과학 쪽에서 경력을 쌓은 춤토르는, 비록 공간적·구조적 가치보다는 표면의 효과를 선호하는 경향을 드러냈긴 했지만, 헤르초크와 드 뫼롱의 회의주의적 심미주의와는 거의 관련이 없다.

그들의 접근법은 미묘한 차이가 있었지만 헤르초크와 드 뫼롱, 춤토르는 디너 앤드 디너, 아네트 기곤/마크 구이어, 페터 마르클리, 마르셀 메일리와 건축사무소 부르크할터 앤드 수미 등 스위스 건축가 전 세대에 공통된 영향을 미쳤다. 기곤과 구이어의 지금까지 가장 훌륭한 작업 중 하나로 키르히너 미술관을 꼽을 수 있다. 1992년 스위스 다보스에 지어진 이 미술관은 기곤과 구이어에게 명성을 안겨준 작업이다. 10년 후 이들은 기원후 9년에 벌어진 바루스 전투를 기리기 위해 독일 오스나브뤼크에 똑같은 구축술로 고고학적 공원으로 건설하면서 그때까지 이어온 성공의 정점을 찍었다. 두 작업 모두 대비되는 재료를 인상적으로 사용했다는 공통점이 있다. 키르히너 미술관에서는 치장 콘크리트에 강철 프레임의 불투명한 유리 패널로, 오스나브뤼크에서는 선박용 합판과 코르텐 강 지지 벽들로 대비를 주었다.

스위스계 독일 미니멀리즘은 자국 밖에서도 얼마간 영향을 미쳤던 듯하다. 도시의 역사 지구 내로 교묘하게 삽입된 마스트리흐트 미술 아카데미(1989~93) 건물[801]을 지은 네덜란드 건축가 빌 아레츠의 작업이 가장 눈에 띈다. 아카데미 건물은 4층의 가구식 철근콘크리트 프레임에 유리블록을 끼워 구성되었다.

전체를 감싸는 단일 재료를 강조하는 방식은 일본 건축가 구마 겐고 작업의 특징이기도 하다. 도치기 현 나스에 있는 돌 박물관(2000)은 춤토르가 발스에서 사용했던 줄무늬를 이루는 돌 작업과 다소 닮은 데가 있는, 좁다란 석재 띠들을 쌓는 방식으로 건설되었다. 구마의 2016년 프로젝트인 스코틀랜드 던디의 빅토리아 앨버트 박물관 석재 입면 확장 작업에서도 그와 매우 비슷한 강조가 나타난다.

벽돌, 유리, 콘크리트, 심지어는 금속에서도 광물적 기원을 알아볼 수 있으니, 돌과 나무는 사실상 거의 비교할 수 없는 현상학적 강렬함으로 그것들의 기원을 드러낸다는 것을 부정할 수 없다. 이러한

[801] 아레츠, 마스트리흐트 미술 아카데미, 1989~93.

강렬함이야말로 다른 건설 재료에는 없는 원초적 감성을 부여한다.

　또한 목재는 최근 교량 건설, 특히 스위스의 위르그 콘세트와 발터 빌러와 같이 뛰어난 엔지니어들에게 중요했다. 콘세트는 1996년 그라우뷘덴의 비아 말라의 깊은 계곡을 가로지르는 케이블로 고정시킨 목재 트러스로 건설한 트라베르시나 보행자 전용 다리를(이 다리는 건설된 지 몇 년 후 낙석으로 파괴되었다), 빌러는 같은 해 보나두스의 투르 강을 가로질러 합판 직재로 건설된 30미터 다리를 작업했다.

　오늘날 재료 표현의 범위를 완전히 바꾸어놓은 또 다른 요인은 편리해진 운송이다. 재료가 원산지에서 최종 적용되는 곳까지, 그 사이 가공을 위해 잠시 머무는 것을 포함해 운송은 갈수록 편리해지고 있다. 1984년 이소자키 아라타의 로스앤젤레스 현대미술관만 해도 인도에서 채굴되어 이탈리아에서 재단된 적색 사암으로 외장했다. 유사하지만 한층 극적인 글로벌 생산의 예로는 2006년 일본 건축가 세지마 가즈요와 니시자와 류에(SANAA)의 설계로 지은 오하이오 톨레도 미술관의 전체가 유리로 된 전시관이다. 프레임 없는 층고 전체 높이의 판유리는 독일에서 생산되어 배를 타고 중국으로 옮겨져 강화되고 단련되고 구부려진 다음 미국으로 운송되었다. 그러고는 설상가상으로, 미국 산업이 탈숙련화하기 전에는 북미 유리 생산의 중심지였던 바로 그 도시가 수입한 유리로 유리 박물관을 마감하게 된 것이다.

주거 형태

지난 반세기 동안, 택지 개발의 지속 가능한 패턴을 발전시키지 못한 것은 모든 가용 자원을 이용하려는 욕구를 제어하지 못한 무력함의 당연한 결과이다. 이러한 맹점은 향후 20년 동안 주거 수요를 충족시키겠다는 허울 좋은 목표 아래 영국 정부가 출판한 보고서에도 그대로 반영되어 있다. 밀레니엄이라는 시기에 걸맞게 출간된 『도시계획의 르네상스를 향해』는 향후 25년간 주택 약 380만 호가 더 필요할 것이라고 추정하고 있다. 이 책은 이들 가구 중 3분의 2는 개발된 적 없는 농지보다는 기존 도심의 재개발 용지에 지을 것을 권고한다. 영국 정부가 보고서의 권고 사항을 충족할 준비가 되어 있지 않을 것이라고 회의할 수도 있다. 그러나 2005년 보고서 부록에 기재된 바에 따르면, 1997년 주택 단지의 56퍼센트가 재개발 용지에 건립되었던 것에 비해, 현재는 70퍼센트 정도가 재개발 용지를 활용하고 있다.

　중산층의 삶의 방식을 향한 열망은 계급과 관계없이 점점 규범이 되어갔고, 건축가는 현대적 삶의 방식과 동떨어진 향수 섞인 도상학이나 키치에 의존하지 않고서 어떻게 '가정'의 의미를 담아낼 것인가 하는 도전에 부딪쳤다. 오래도록 고밀도 저층 주택은 실행 가능한 선택지였다. 1960년 '아틀리에 5'의 설계로 지어진 베른의 할렌 주거 단지(156쪽 참조), 오스트리아 건축가 롤란트 라이너의 설계로 린츠 근처 다뉴브 강을 따라 단계적으로 지어진, 똑같이 규범적이나 좀 더 규모가 큰 푸허나우 단지가 대표적이다. 푸허나우 단지의 첫 번째 단계는 1964~67년에 완공되었다. 이 카펫 주거지 모형은 저층의 '무단 점유' 정착지를 계속 늘려온 제3세계 도시 빈민에서 자가용이 있고 가끔 대중교통을 이용하는 중산층 교외 거주민까지 상이한 계층의 주거 욕구를 만족시켰다. 이러한 방식은 유럽 대륙 전역에서 꽤 자주 목도되지만 북미권에서는 일반적으로 거부되었는데 아마 문화적 차이 때문일 것이다. 교통 전문가 브라이언 리처즈가 그의 첫 연구 저작인 『도시에서 새로운 움직임』(1966)에서 지적했듯, 평균적인 교외의 택지 지구보다 훨씬 높은 밀도로 주거지를 개발하지 않고는 자동차의 사용을 보완하는 대중교통은 경제적으로 불가능하다.

　저소득층 도시민을 위해 설계된 고밀도 저층 주택을 다루면서, 40여 년의 간격을 두고 서로 다르게 건설되었지만 지금은 서로를 비추는 거울 이미지가 된 라틴 아메리카의 실험적인 주택 단지를 언급하지 않을 수 없다. 하나는 페루의 페르난도 벨라운데 테리 정부 시기

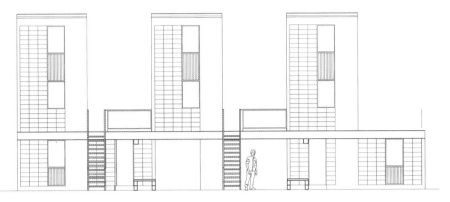

[802] 아라베나, 엘레멘탈 주거 프로젝트, 이키케, 타라파카 주, 2004. 입면도.

에 영국 건축가 피터 랜드의 지휘 아래 1974년에 건설된 리마 외곽의 프레비 주택 단지이고, 다른 하나는 2004년 칠레 건축가 알레한드로 아라베나의 설계로 타라파카 주 이키케에 칠레 환경부의 지원으로 건설된 엘레멘탈(Elemental)이라고 알려진 견본 정착지[802]이다. 페루 및 해외 건축가 팀이 설계한 프레비 단지는 스물세 개의 각기 다른 저층 유니트로 구성되었다. 한편 엘레멘탈 프로젝트는 거주자가 과중한 빚을 지지 않는 적정 수준의 알맞은 주거지를 제공하려는 집단적인 노력의 상징이다. 이키케에서는 첫 번째 단계에 하나당 30제곱미터에 7,500달러짜리 '스타터'(starter) 유니트 100세대를 지었다. 이들 메가론은 콘크리트 3층에 정면이 좁은 콘크리트블록 건물이며 하나의 거실/부엌, 욕실, 침실과 진입 계단이 있다. 유니트들은 유니트의 폭만한 너비로 공간을 두어 칸막이벽 사이에 쉽게 방을 추가할 수 있게 함으로써 거주자가 직접 확장하는 것을 허용했다. 또한 공동체 공간으로 기능하는 작은 광장들이 나오도록 블록을 배치했다.

20세기 말과 21세기 초에 일어난 가장 결정적인 변화는 1945년에서 75년 사이에 복지국가 정책의 핵심이었던 국가 보조금으로 건설된 임대주택이 교묘하게 소멸되어간 것이다. 이 자리를 영구히 지속되는 주거 위기와 스프롤 현상에 별로 도움이 되지 않은 '주택 시장'이 대체했다. 단 하나 예외가 있다면 '아틀리에 5'의 전 멤버였던 스위스 건축가 아나톨 뒤프레네와 바움슐라거와 이벨러의 설계로 2003년 베를린 첼렌도르프 구역에 완성된 중간 높이의 매크네어 지구[803]이다. 주거지는 2~3층의 다양한 평면 유형과 크기로 르 코르뷔지에의 1926년의 페삭 주택 단지(1권 289쪽 참조)를 상기시키는 엇갈리는 블록 패턴으로 배열된 주택 263채를 직각 방향으로 교대로 배치했다. 녹화 지붕과 태양열 패널의 설치에도 불구하고 지속 가능성의 관점에서 유감스러운 것은 주차 구역이다. 주차 구역은 아스팔트보다는 투과성 있는 발포 콘크리트 포장으로 마감되었어야 한다. 빗물 흡수와 잔디 심기를 용이하게 하는 이 포장 방법은 스위스에서 표준 기법이나 마찬가지다. 비용이 아주 조금 더 들지만 아스팔트의 사용으로 악화되어가는 '도시 열섬 효과'를 상쇄할 수 있다. 마지막으로, 매크네어 지구가 도심지 주거의 잠재력 있는 대안 '시장' 모형으로 기능할 수 있는 이유는 세부적인 것보다는 전반적인 형식에 있다. 주거지가 베를린 중심에서 대중교통으로 불과 20분 거리에 있다는 점도 중요한 장점이다.

중산층의 주거 요구를 충족시키는 관점에서, 지난 20여 년간 유럽에서 실행한 것 중에 가장 실용적인 중층 높이의 주거지로 꼽힐 만한 작업 몇몇을 바움슐라거와 이벨러가 디자인했다. 그리고 오스트리아 인스부르크에 지은 로바크 주거 단지[804]가 특히 성공적이었다. 단지는 4~6층의 여러 크기의 아파트가 안마당을 둘러서는 식으로 배치되어 있다. 이 블록에는 문화적으로 생태적인 차원도 녹아 있다. 외측 발코니는 층고 높이의 접이식 덧문으로 여닫을 수 있어 태양의 움직임에 따라, 그리고 집 안에 사람이 있는지 여부에 따라 블록의 불투명도가 달라진다. 전체 구성은 배경으로 펼쳐지는 알프스 산맥과의 관련성이 주의 깊게 고려되었고, 세심하게 조경된 정원으로 보행 환경을 향상시켰다. 접이식 덧문 외에도 광전지 패널, 빗물 집수, 지하의 열회수 기계를 설치해 지속 가능성을 담보했다. 건물에서 풍기는 고

[803] 바움슐라거·이벨러·뒤프레네, 매크네어 지구, 쳴렌도르프, 베를린, 2003.
[804] 바움슐라거와 이벨러, 로바크 주거 단지, 인스부르크, 2000.

급스러운 분위기는 동을 입힌 덧문과 유리 난간 그리고 창문을 가리는 층고 높이의 미닫이식 목재 루버 스크린 등의 외장 재료에서 비롯된다.

앞서 언급된 주택 안은 모두 개별적인 주거를 일정한 유형의 집합적 전체로 재통합하려는 시도이다. 이전의 통일성을 회복하려는 바로 이 욕구는 1992년 일본에 완성된 후쿠오카 주택 단지에서 스티븐 홀이 디자인한 베이징 하이브리드 빌딩[805]까지 후기 현대 건축가들이 집합 주거의 새로운 형태를 탐색하도록 이끌었다. 베이징의 빌딩은 2,500여 명이 거주하는 728세대 아파트이며 자족적인 도시의 단편을 이룬다. 건물은 공동체가 필요로 하는 기본 서비스시설을 제공하는데, 서비스의 일부는 12~22층 높이의 여덟 개 동의 아파트 타

[805] 홀, 링크드 하이브리드, 베이징, 2003~09.

위를 연결하는 유리로 된 구름 다리 안에 배치되어 있으며, 이는 지면에 있는 중앙의 열린 공간을 두르는 고리를 형성한다. 고리는 반사못 위에 떠 있는 영화관을 중심으로 돈다. 이 장식적인 저수지의 빗물 집수 기능은 이 단지에서 채택된 종합적인 지속 가능성 전략의 일부에 불과하다. 지하 주차장의 환기와 조명에 관한 자연적인 해법, 녹화 지붕, 외부 차양, 열 수 있는 창문 그리고 무엇보다 지열을 이용한 냉난방 등도 이에 속한다.

시민적 형태

미디어에 의해 점점 탈정치화되는 세상에서, 특히 자연계와 문명계의 상품화가 항상성 있는 균형 잡힌 삶의 방식을 침식하는 시대에, (한나 아렌트의 명구를 빌리면) '공공성이 드러나는 공간'만이 건축과 사회 모두에 민주적 이상으로 남아 있다. 한나 아렌트는 『인간의 조건』(1958)에서 '공공성이 드러나는 공간'의 뜻을 다음과 같이 밝히고 있다.

> 권력의 시대에 반드시 필요한 유일한 물리적 요소는 사람들이 함께
> 모여 사는 것이다. 사람들이 가까이 모여 살 때에만 행위의 잠재력이
> 언제나 현존하며 권력이 그들에게 머물러 있을 수 있다. 도시의 설립은
> 도시국가가 모든 서구의 정치 조직의 원형으로 남아 있기 때문에,
> 권력의 가장 중요한 물리적 필요조건이다.[6]

이 글에서 한나 아렌트는 시민적 형태의 정치적·문화적 잠재력 뿐 아니라 공공기관에 있기 마련인 집회 공간에 대해 규명하고 있다. 지난 20년간 주목할 만한 공공건물은 프랑스에서, 특히 앙리 시리아니와 장 누벨의 작업에서 찾을 수 있다. 시리아니가 르 코르뷔지에의 프로그램적 접근법을 이어온 반면, 장 누벨은 '공공성이 드러나는 공간'으로서의 문화시설을 재현하는 데 있어 기술 집약적 미학을 추구하고 있다.

시리아니는 하나의 소우주이자 종교 건물을 사회적으로 통합하기 위한 대리물로 기능하는 박물관의 잠재력에 관심을 두었다. 경력이 끝나갈 무렵 완성한 두 박물관에서 이 요소가 특히 강하게 표현됐는데, 1991년 아를에 지은 고고학박물관(449쪽 참조)과 1994년 17세기 성채의 잔해 위에 지은 페론 소재의 제1차 세계대전 박물관[806, 807]이다. 코발트 청색의 유리로 전면을 외장한 건물의 더할 나위 없이 인상적인 이미지에도 불구하고 고고학박물관은 도시 중심에서 벗어나 외곽도로를 타야만 갈 수 있다. 독립해 서 있는 기둥으로 내부 공간을 논리적으로 분절함으로써 비치된 수집품과 마찬가지로 일상과는 거리가 먼 신순수주의 거점 같은 인상을 준다. 이러한 신비주의는 도시 조직과 맞붙어 있고 바로 옆에 강변 공원이 있는 페론의 박물관에서는 부각되지 않는다. 그리고 필로티 위로 콘크리트 매스를 들어 올려 남서쪽 면에 박물관 건물을 끼고 있는 공원을 내다볼 수 있게 함으로써 제1차 세계대전의 칙칙한 유물을 지나야 하는 면밀하게 연출된 산책의 무게를 경감시켰다.

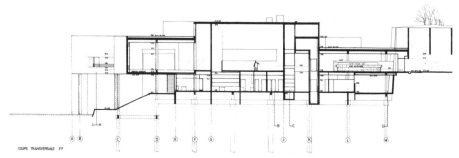

[806, 807] 시리아니, 제1차 세계대전 박물관, 페론, 1994. 횡단면도와 전경.

　　박물관의 최종적인 크기는 제도의 실행력과 도시적 중요성을 유지할 수 있는 선에서 제한된다. '무제한 확장하는 박물관'을 위한 르 코르뷔지에의 1934년 제안이 표명한 바와 같이 무제한 확장을 꾀하는 박물관은 개념적으로나 도시적으로나 자기모순이다. 사전에 명시하기 어려운 이 제한은 왜 신축 MoMA(2004)가 도시 조직 속에 하나의 분리된 시민적 기관으로서 읽힐 수 있는 힘을 잃을 정도의 크기가 되었는지 설명할 수 있을 것이다. 건축가 다니구치 요시오가 미술관의 비정상적인 규모를 벌충하기 위해 맨해튼 대지의 도로 그리드 내에 사실상의 공공 통행로로 개방된 갤러리아를 도입한 그 독창성과 탁월한 매스 형태의 조합에도 불구하고 이를 피할 수는 없었다.

1997년 로스앤젤레스 브렌트우드 지역의 돌출한 언덕 꼭대기에 '축소된 도시'로 완성된 리처드 마이어의 게티 센터는 논쟁의 여지없이 시민적 성격을 띤다. 1995년 그의 설계로 완성된 헤이그 시청사도 그러하다. 사무실, 상점, 시립 도서관과 회의실(건축가의 고집으로 넣은)을 수용하는 대규모 형태일 뿐만 아니라, 건물에서 결정적인 것은 13층 매스가 길이 183미터의 천창이 있는 갤러리아를 에워싸고 있다는 점이다. 두 개의 공중회랑이 갤러리아의 길이를 조절하며, 갤러리아 양측에 있는 사무실을 연결한다. 독립해 서 있는 엘리베이터로 공중회랑에 진입할 수 있다. 시청사는 면적이나 높이 면에서 19세기의 가장 큰 갤러리아인 1891년 나폴리에 세워진 갈레리아 움베르토 I 아케이드에 필적하는 도시적 볼륨이다. 무작위로 이루어진 초고층 도시 개발이 최근 몇 년 새에 친숙하고 낮은 벽돌 건물이 이어지는 도로 조직을 압도해온 헤이그에서 마이어의 시청사는 도시의 오아시스나 다름없다. 헤이그가 상실한 도시성(urbanity)을 보완하면서 새로운 스케일을 통합시키고 있기 때문이다. 무엇보다 다층 구조의 시립 도서관이 이를 뚜렷하게 보여준다. 중앙 에스컬레이터가 있는 원통형의 도서관은 뒤편에 있는 갤러리아에 적절한 상징적인 도입부로서 기능한다. 갤러리아 자체 매력의 상당 부분은 상부에서 빛이 들어오는 대형의 공공 공간이 네덜란드의 혹독한 기후로부터 언제나 보호된다는 사실에 있다.

베를린 건축가 악셀 슐테스와 샤를로트 프랑크는 어마어마한 도시 스케일로 공공성의 시대착오적 감각을 드러냈는데, 이 가운데 주목할 만한 작업은 1993년 슈프레보겐 공모전 수상작이다. 테메노스(temenos; 神域)의 형태—연방정부 기관이 모여 있는 거리(Band des Bundes)—를 취하고 있는 계획안은 애초에는 1989년 베를린 장벽이 붕괴된 지 4년이 지난 시점에서 통일된 독일의 행정센터로 제안되었다. 장벽은 그때까지 동베를린과 서베를린을, 전 세계적으로는 서방 민주주의와 동구의 공산권을 구분 짓는 상징이었다. 이 국제 공모전에 출품된 슐테스-프랑크의 계획안은 지난 반세기를 고려할 때, 그리고 베를린 도심의 빈 공간이 독일 운명의 비극적으로 대비되는 개념에 관한 맥락으로 쓰여왔던 방식을 생각할 때 장소의 도시적·상징적 중요성을 포착한 유일한 대안이었다.

슐테스-프랑크 계획안의 일부인 독일 수상 관저[808]가 2001년에 완공되었다. 지금까지도 계획안은 전부 실현되지 못했다. 수상 집무실의 표상적 위상과, 그것의 생기와 흰색으로 칠해진 콘크리트로 시공된 네오바로크 양식의 경쾌함을 고려할 때 유감스러운 일이다. 건축가들은 관습을 거부하고 독일 정부의 상징으로 이란의 이스파한에 있는 알리 카푸 궁전의 스케일과 품위를 차용했다. 남북 쪽에 5층짜리 정부 부처 사무실이 있는 중앙관은 동쪽으로 세 면이 건물로 쌓인 중정(cour d'honneur)을 향하고 서쪽으로 슈프레 강에 면해 있다. 루이스 칸의 기념비적 감각의 영향을 분명히 받았지만 그의 체계에서는 완전히 이탈한 스카이 로비에서는 1894년 파울 발로트의 설계로 지어져 1999년 포스터 어소시에이츠가 재건한 독일 국회의사당이 내려다보인다.

모든 것이 상품화된 세계에서 건축 형태로 시민사회를 표현하는 것은 어렵다. 아렌트가 1958년 썼듯이 "우리는 우리의 집과 가구와 자동차가 마치 자연의 '좋은 것'인 양 소비한다. 그것들은 인간의 신진대사 작용의 끊임없는 순환 속으로 자연과 함께 즉시 빨아 들여지지 않는다면 쓸모없어질 것처럼 소비된다."

20년 넘게 작업이 지연되어 프랑스 국립 도서관과 거의 같은 때에 런던에 건설된 콜린 세인트 존 윌슨의 영국 국립 도서관[811]은 이 접근법과는 거리가 멀었다. 알바 알토의 작업에 강하게 영향을 받

[808] 슐테스와 프랑크, 독일 수상 관저, 베를린, 2001.

[809] 마이어, 헤이그 시청사, 1995. 갤러리아 전경.

[810] 슐테스와 프랑크, 바움슐렌베크 화장장, 트렙토, 베를린, 1999. 중앙 다주식 홀.

[811] 세인트 존 윌슨, 영국 국립 도서관, 런던, 1995.

은 영국 국립 도서관은 유기적 구성과 붉은 벽돌 외장으로 공공연하게 맥락적 성격을 취한다. 이는 재료나 규모 면에서 1874년에 완공된 인접한 세인트 판크라스 역의 고딕 리바이벌의 본관 건물과 공명하고 있다. 영국 도서관은 파리 도서관에 비해 축이 이루는 기념비적 성격은 부족하지만 좀 더 표현상 유기적이고 공공기관의 맥락을 따르고 있다. 안팎으로 그리고 각각 미묘하게 연결되는 따로따로 구분된 수장품들이 방대하고 복잡한 프로그램을 구분해준다.

이 후기에서 다룬 대부분의 작품들처럼 영국 도서관도 하나의 거대 형태로, 말하자면 사회적으로 대표성이 있고 '공공성이 드러나는 공간'으로 경험되고 지형적 특성과 랜드마크의 규모를 동시에 지닌 시민 기관으로 볼 수 있을 것이다. 어떤 프로그램들은 분명 상대적으로 더 쉽게 이러한 구현과 해석의 형태를 취한다. 나는 시청과 극장, 박물관, 병원, 대학교, 공항 같은 시설을 염두에 두고 있는데, 그중에

[812] 피아노, 스타브로스 니아르코스 재단 문화센터, 아테네, 2016.
[813] 리처드 로저스 파트너십, 터미널 4, 바라하스 공항, 마드리드, 2006.

서도 탁월한 사례는 리처드 로저스의 궁극의 걸작인 마드리드 바라하스 공항(2006)이다.

그에 못지않게 매력적인 거대 형태가 최근 렌초 피아노의 설계로 실현되었다는 사실은 제각기 활동해온 두 건축가가 퐁피두 센터를 함께 설계했던 경력 초기를 자연스럽게 연상시킨다. 여기서 말하는 피아노의 최근작은 2016년 아테네 외곽에 거대한 대지 작업으로 완성된 500미터 길이의 스타브로스 니아르코스 재단 문화센터[812]다. 이 울창한 조경 속 인공 노두에 파묻힌 두 지하 강당은 토루의 측면에 위치한 이른바 '아고라'(agora)를 통해 평지에서 도보로 접근할 수 있으며, 크고 작은 두 강당은 각각 2,000석과 400석의 규모를 갖추고 있다. 이 거대 형태의 일군에 속한 나머지 공공시설은 그리스 도서관과 부속 주차장이다. 아마도 훨씬 더 맥락에 부합하는 백미는 이 '아크로폴리스'의 최정상에 위치한 전망대일 것이다. 전형적인 '하이테크' 경량 캐노피로 덮인 이곳에서는 전방에서 몰아치는 검붉은 와인색 바다를 내다볼 수 있다.

감사의 말

지난 반세기 동안 뉴욕 컬럼비아 대학교 건축, 계획 및 보존 대학원에서 받은 지속적인 지원과 재직했던 학부의 역대 학장들로부터 수년간 받은 지원에 감사를 표하고 싶습니다. 제임스 폴섹, 베르나르 추미, 마크 위글리, 아말레 안드라오스, 그리고 교수진의 일부 학자들, 특히 스티븐 홀, 메리 매클라우드, 로빈 미들턴, 호르헤 오테로-파일로스, 리처드 플런츠, 그웬돌렌 라이트 등에게 큰 빚을 졌습니다. 비서, 학생 조교, 행정 직원 중 스테파니 차 라모스, 멜리사 처윈, 매슈 케네디, 캐런 쿠비, 저스틴 샤피로 클라인, 캐런 멜크, 나빌라 글로리아 모랄레스 페레즈, 미셸 제러드 라말로, 애슐리 샤퍼, 애슐리 시몬, 대니엘 스몰러는 수년간 커다란 도움을 주었습니다. 주를 정리해준 페르난도 세나, 여러 섹션의 삽화와 세부 사항을 다시 그려준 막심 콜보스키-프램튼, 5판 4부의 수많은 도판을 찾아 편집하는 데 큰 도움을 준 테일러 자이 윌리엄스에게도 똑같이 빚을 지고 있습니다. 마지막으로 출판사 탬즈 앤드 허드슨의 줄리언 호너와 일로나 드 네메티 사니가르, 어려운 텍스트를 교정해준 세라 예이츠, 지치지 않고 사진을 편집해준 마리아 라나우로에게 감사의 마음을 전합니다.

옮긴이의 글

특정 주제나 인물의 활동과 업적을 조망하는 모노그래프와 달리 한 시대를 정리하고 개괄하려는 노력은 일반적으로 다른 시대와 비교해 그 시대의 특징과 다름을 가려내어 그것이 어떻게 변천해갔는지를 가늠해보고자 하는 시도에서 출발한다. 이제까지 우리는 미술이나 건축, 또는 문화, 정치의 역사를 기술한 책이 고대, 중세, 르네상스, 바로크, 현대 아니면 세기별로 나누는 비교적 '객관적'인 분류 방식을 택하는 것을 많이 보아왔다. 그러나 그 가운데에서도 역사를 기술하는 저자의 이념적 입장, 개인적 취향 또는 비평적 시각에 따라 시대를 시작하는 시점, '주인공들'과 작품의 선별, 논의 방식이나 범위가 각기 달라지는 것을 흔히 볼 수 있다. 제아무리 객관적이고 균형 있는 역사 쓰기의 기준을 따라 연대기 순으로 나열해 논의할 때도 저자에 따라 분류가 조금씩 달라지는 것에서 완전히 자유로울 수는 없다.

건축가이자 미국 컬럼비아 대학교 건축 대학원 교수인 케네스 프램튼의 대표 저서인 『현대 건축: 비판적 역사』는 시공간적으로 폭넓은 시야를 제공할 뿐 아니라 일관된 비판적 시각을 견지하고 있다는 점에서 현대 건축의 역사 쓰기의 새로운 모형을 제시하고 있다. 하나의 일관된 비판적 관점을 따르는 이 접근 방식은, 현대 건축을 단순히 대표적인 건축가와 그의 작업을 중심으로 연대순으로 기술해왔던 여타 개설서와 구분되는 특징이자 장점이라고 할 수 있다. 이는 그를 비롯한 마르크스주의 역사가들이 이념적으로 효율성이 있다고 특징지었던 논쟁적 역사 쓰기의 전통을 따른 것이다. 이러한 태도는 그가 모더니티 또는 '근대 운동'의 변천과 전개 과정을 큰 틀로 하는 현대 건축사의 시발점을 계몽주의 시대, 보다 엄밀히 말해 1750년대로 거슬러 올라가는 데에서 드러난다. 프램튼은 이 책에서 현대 건축사의 시작점을 영국의 산업혁명과 비슷한 시기에 부상해 일련의 사회적·문화적·기술적·영토적 변형이 발현되는 데 도구적이고 이념적인 기능을 했을 뿐 아니라 공학과 건축이 분리된 1750년대의 계몽주의 운동으로 잡고 있다. '근대 운동'이 배태되는 데 결정적인 역할을 했던 이전의 역사, 즉 계몽사상에 대한 기초적인 윤곽의 제시는 다른 여타 현대 건축 기술에서 늘 제외되었던 모더니티의 자유사상의 기초이자 연결고리였다. 한편, 그의 모더니티 또는 '근대 운동'에 대한 기본 사고방식도 이제까지 우리가 흔히 접해왔던 보편적인 형식 이론의 윤곽과는 다분히 거리가 있다. 네오마르크스주의를 표방한 프랑크푸르트학파에 속하는 위르겐 하버마스의 이른바 '미완성의 프로젝트로서의 모더니티'의 개념에 근접한 사유방식을 따르고 있는 듯한 저자에게 '모더니티'의 테제는 단순히 새로운 형식이나 건축 디자인의 틀에 국한된 것이 아니라, 문화 전반의 영역, 삶의 변화를 발생시켰던 다양한 스펙트럼의 사회적 양상에도 적용되고 있으며 완결된 형태가 아니라 지금도 지속되고 있는 '미완의' 열려 있는 주제다. 따라서 그에게 '근대 운동'의 주역인 개별 건축가와 그가 실행한 또는 계획한 작업만큼이나 이상 도시 또는 집단 주거지의 실현이나 도시계획, 기술공학의 발전에 실천적이며 동시에 이념적인 맥락 역시 중요하게 다루어지고 있다. 바로 이러한 점이 이 책의 내용을 풍성하게 하며 동시에 다른 건축 개설서와 차별되는 특징이라고 할 수 있다.

417개의 도판을 곁들여 전개되고 있는 이 책의 텍스트는 총 3부로 구성되어 있으며, 각 부는 다시 작은 장들로 나뉜다. 1부와 3부가 서론과 결론에, 2부는 본론에 해당된다고 할 수 있다. 세목화된 장들은 일견하면 연도순을 따라 진행되는 연속적인 '이야기'처럼 구성되어 있는 것처럼 보이지만, 실은 각 장의 타이틀이 제시하고 있듯이 각기 독립된 논문들이다. 이러한 들쑥날쑥한 논작법과 체계는 저자의 임의적인 계획에 따른 것으로, 저자는 텍스트를 가능한 한 한 가지 이상의 방식으로—하나의 연속된 이야기로 이어질 수도 있고 임의로 꼭지별로 나누어—읽을 수 있도록 배려해 일반 독자나 전문가 둘 다를 염두에 두었다. 현대 건축사를 접하는 다양한 독자층을 배려한 것이다. '주인공들'의 목소리를 활용해 시작하고 있는 각 장 서두의 인용문은 흔히 기용되곤 하는 경구 이상의 주제를 함축하며 시사하는 시의적절한 표현인 한편, 그러한 다양한 범위와 전문 분야의 독자층을 겨냥한 것이라고도 할 수 있다. 그 한 예로 서문 서두에 등장하고 있는 발터 벤야민의 글에 인용된 파울 클레의 그림은 미술사를 전공한 이들에게는 친숙한 이미지이다. 애초에 현대 건축을 전공하는 학생들의 교재로 1980년에 처음 출판된 이 책은 상당수의 국제적인 독자를 확보하는 데 성공해 1985년에 2판을, 다시 1992에는 3판을 내기에 이른다. 세기가 바뀌면서 저자는 이전의 버전에서 다루지 못했던 가장 최근의 작업들과 미래에 건축이 해야 할 역할에 대한 보충적인 해설이 필요하다고 생각하여 마지막 장을 새로 집필해 2007년에 4판을 출판했다. 이 책은 바로 이 4판을 번역한 것이다.

　내용적인 측면에서 이 책은 모더니즘을 대표하는 거장 건축가들을 중심으로 그들의 생애와 작업에 초점을 두어 기술하는 통상적인 방법을 지양하고 문화 예술의 최전방에서 전통적인 인습의 틀과 규범에 도전하거나 전복시켜 미답의 영역을 개척하려 했던 모더니스트들의 반동 역학 구조와 쟁점 및 이념을 추적하는 데 목표를 두고 있다. 이러한 전위 또는 모더니스트들의 움직임을 그와 연관된 당대의 문화적·기술적 상황과 더불어 자본주의의 생산과 소비경제의 논리에 빗대어 논의함으로써 이들의 득과 실, 미래의 전망을 점검해 기술했다는 점이 특히 주목할 만하다. 저자가 지적하는 것처럼, 사실에 대한 해석이 때로는 일관성에서 벗어나 어떤 때는 정보가 해석에 우선했고 소재에 따라 해석적 입장도 달라졌다고는 하나, 역사를 바라보는 시각의 지평과 스펙트럼을 확장해주었다고 생각되며 독자의 입장에서 보면 바로 그러한 신축성이 흥미를 유발하는 요소이기도 하다. 물론 다소 혼동을 주는 것도 사실이지만 말이다. 선별한 정보의 비판적 해석에, 또 때로는 단순히 정보의 전달에 치중하거나, 때로는 형식적인 국면에 때로는 건축 프로젝트나 이론의 배경에 편중하는 경향이 있지만, 이는 단점이라기보다 그의 비판적 시각의 임의성과 맞닿아 있는 특유의 구문 체계이다. 결론적으로 그는 최근 지구촌 각처에서 벌어지고 있는 현대 건축의 공과 실, 나아가 미래에 가능한 건축의 실행과 역할을 포함한 금세기 초까지의 250년에 걸친 현대 건축을 포괄적이지만 분명한 비판적 시각, 즉 이른바 마르크스주의 역사관을 적용해 다루고 있다. 그가 말했듯 그의 이러한 역사관은 임의적이며 이 사실은 논의 대상과 주제의 선택에서 명백히 드러난다. 하지만 개개의 건축 실천이나 프로젝트는 물론 산업화에 따른 도시 개발과 기술공학의 평가에서 이념적으로 도움이 되는 논쟁을 늘 끌어냈다는 점에서 분명 효과적이라고 할 수 있다. 마찬가지로 미술사를 문화사, 문명사의 일환으로, 미술가의 작품을 그가 살았던 시대의 산물로 간주해야 한다고 항상 생각했던 나에게 프램튼의 현대 건축사에 대한 접근 방식은 꽤 유용하고 적절해 보였고 그것이 내가 이 책을 미술사 대학원 교재로 택한 기본 이유였다.

건축이 모든 시각예술의 모체라는 사실, 적어도 이 책이 시발점으로 삼고 있는 계몽주의 이전의 회화와 조각은 건축의 내부나 외부를 '장식'하는 부차적인 미술 장르로서 건축에서 분리해서 생각하기 어려웠다. 또한 우리가 알고 있는 르네상스 화가들, 가령 레오나르도 다빈치, 미켈란젤로, 라파엘로는 물론 바로크의 조각가 베르니니, 화가 피에트로 다 코르토나는 건축사에도 중요한 족적을 남기고 있다. 그런가 하면 회화에서 가장 위계가 높았던 역사화는 대개가 벽화, 즉 건축 내부의 벽을 장식하는 것을 주요 목표이자 기능으로 했다. 물론 이러한 미술사의 전통은 부르주아 계층이 잉여 자본의 일환으로 미술품을 주문하기 시작하면서, 또 벽화나 벽조각을 의뢰했던 교회와 왕권이 붕괴되기 시작하면서 이 부차적인 장르는 모체인 건축에서 분리되어갔다는 사실을 모르는 미술사가는 거의 없다. 그러나 현대 문명의 산물인 미술이 이전까지 미술과 불가분의 관계를 맺으며 발전해온 건축과 어떠한 연관관계를 가지는지, 또 어떻게 접근하고 해석할 것인지, 미술과의 접합점은 무엇이며 다르다면 어떻게 이 다름을 이해할 것인가를 온전히 규명할 수는 없어도 적어도 길잡이 정도는 될 것이라는 믿음으로 나는 이 책을 미술사 대학원의 교재로 선정했었다. 사실 보다 솔직하게 말하자면 브루넬레스키 르네상스부터 18세기 유바라(Juvarra)까지의 이탈리아 건축사를 부전공으로 했으며, 미술사를 문명사, 사회사의 일환으로 생각했던 나의 사심에서 비롯된 것이기도 하다. 현대 건축에 대해서는 유명 엘리트 중심의 연대순으로 된 모더니즘 미술사와 건축사만 접해왔던 나에게 프램튼의 책은 하나의 개안이자 갈증의 해소였다. 그의 사회사적 시각은 이전까지의 현대 건축사 서술에서 종종 간과돼왔던 기술공학적 국면과 도시계획과 관련된 정책들의 논의는 물론 북유럽과 러시아에서의 제1차 세계대전 직후의 건축 상황과 발전 양상에 대한 깊이 있는 분석으로 나아가며, 푸리에의 '팔랑스테르'에서 시작해 러시아의 아방가르드들에 의해 창시되고 르 코르뷔지에에게서 정점에 이르렀던 사회적 응축기(social condenser)의 중요성, 후기 자본주의 소비경제와 급증한 인구의 여파로 인한 교외의 난개발에 대한 대안으로서의 '축소된 도시' 또는 고립된 이문화 집단 거주지(enclave), 등의 개념들에 주목하게 한다.

윌리엄 모리스, 러스킨, 라파엘전파에 대한 통찰력 있는 분석, 19세기 말 나비파의 일원이었던 앙리 반 데 벨데의 감정이입론, 마리네티와 보치오니의 미래주의 선언 전문의 게재, 러시아의 말레비치의 절대주의와 리시츠키의 요소주의와 '사물'론, 데 스테일 운동과 바우하우스에서의 판 두스뷔르흐의 주도적 역할과 그의 사상, 몬드리안과의 관계뿐 아니라 르 코르뷔지에와 오장팡의 순수주의 등은 미술사

연구자들에게 의미하는 바가 크다. 또한 미스 반 데어 로에의 '거의 없는' 또는 'less is more'의 개념, 특히 말레비치와 리시츠키의 '사물'론은 1950년대 후반 미국 미니멀리스트의 비판적 이론에 단초를 제공했다. 이 밖에도 모리스의 유토피아적 비전을 구가한 '미지의 곳에서 온 뉴스'(News from nowhere), 브루노 타우트가 주도적 역할을 했던 유리사슬에 개념적 단초를 제공한 파울 셰르바르트의 유리건축 이상론의 텍스트는 최근 미술가들의 작업에 중요한 영감의 원천으로 작용했다.

최근에 한국에서 유행처럼 번지고 있는 현대건축에 대한 관심, 프램튼이 말하고 있는 '축소된 도시'—서울 인근의 무작위로 뻗어나가는 신도시와 다를 바 없는 계획도시—의 개발, 푸리에로부터 시작돼 제1차 세계대전 이후의 러시아 신건축가협회에 의해 시도됐으며 르코르뷔지에가 끝까지 밀고 나간 사회적 응축기에 대한 논의는, 후기 자본주의 소비경제와 기술화, 산업화에 따른 도시 집중과 여파로 생겨난 난개발이 아직도 당면 과제로 남아 있는 한국의 현실에도 시사하는 바가 크다.

끝으로 이 책의 한국어 판 저작권 문제를 해결하는 데 결정적인 역할을 손수 맡아주신 저자 케네스 프램튼, 그리고 이 책의 출판에 큰 도움을 준 건축가 조민석, 서울시립대학교 건축학과 배형민 교수, 다소 난삽한 글을 꼼꼼히 체크해주신 도서출판 마티의 박정현 편집장과 편집진에 감사를 드린다.

— 송미숙(성신여자대학교 미술사학과 명예교수)

주

3부
비판적 변형 1925~1990

1장
국제양식: 주제와 변주 1925~1965

1　H.-R. Hitchcock and P. Johnson, 'IV. A First Principle. Architecture as Volume', in *The International Style* (1995), 56.

2　D. Gebhard, 'The Making of a Personal Style', in *Schindler* (1971), 82.

3　R.J. Neutra, *Survival Through Design* (1954), 86.

4　A. Cox, 'Highpoint II, North Hill, Highgate', *Focus*, vol. 1, issue 2, Winter 1938, 76.

5　Le Corbusier and P. Jeanneret, *Oeuvre complète*, vol. 1, 9th edn (1967), 6.

6　S. Papadaki, *The Work of Oscar Niemeyer* (1950), 5.

7　M. Bill, 'Report on Brazil', *The Architectural Review*, vol. 116, no. 694, October 1954, 238.

8　K. Tange, 'An Approach to Tradition', *The Japan Architect*, January-February 1959, 55.

9　K. Maekawa, 'Thoughts on Civilization and Architecture', *Architectural Design*, vol. XXXV, May 1965, 230.

2장
신브루탈리즘과 복지국가의 건축

1　E. de Maré, 'Et Tu, Brute', *The Architectural Review*, vol. 120, no. 715, August 1956, 72.

2　R. Banham, 'Polemic before Kruschev', in *The New Brutalism* (1966), 11.

3　Ibid.

4　M. Tafuri, 'L'Architecture dans le Boudoir: The Language of Criticism and the Criticism of Language', trans. V. Caliandro, *Oppositions*, no. 3, May 1974, 37.

3장
이념의 변천

1　U. Conrads, 'CIAM: La Sarraz Declaration', in *Programs and Manifestoes on 20th-Century Architecture*, trans. M. Bullock (1971), 109.

2　Ibid., 110.

3　O. Newman, 'Oscar Newman: A Short Review of CIAM Activity', in *CIAM '59 in Otterlo* (1961), 16.

4　O. Newman, 'Aldo van Eyck: Is Architecture Going to Reconcile Basic Values?', in *CIAM '59 in Otterlo* (1961), 27.

5　*Team 10 Primer*, ed. A. Smithson (1968), 18.

6　G. de Carlo, 'Legitimizing Architecture. The

Revolt and The Frustration of the School of Architecture', *Forum*, vol. 23, April 1972, 12.

4장
장소, 생산, 배경화

1 M. Heidegger, 'Building, Dwelling and Thinking', in *Poetry, Language, Thought* (1971), 154.

2 P. Cook, 'Chapter 5: The Building as an Operation', in *Architecture: Action and Plan* (1967), 90.

3 G. Nitschke, 'Whatever Happened to the Metabolists?: Akira Sibuya', *Architectural Design*, vol. XXXVII, May 1967, 216.

4 Arata Isozaki Atelier, 'Fukuoka Sogo Bank Nagasumi Branch', *The Japan Architect*, vol. 47, no. 8-188, August 1972, 59.

5 T. Ito, 'Collage and Superficiality in Architecture', in *A New Wave of Japanese Architecture*, ed. K. Frampton (1978), 68.

6 C. Schnaidt, 'Architecture and Political Commitment', *Ulm*, vol. 19/20, August 1967.

7 Ibid., 29.

8 'Counterdesign as Postulation: Superstudio', in *Italy: The New Domestic Landscape. Achievements and Problems of Italian Design*, ed. E. Ambasz (1972), 251.

9 Ibid., 246.

10 H.Marcuse, *Eros and Civilization: a Philosophical Inquiry into Freud* (1974), 139.

11 W. Mangin, 'Urbanisation Case History in Peru', *Architectural Design*, vol. XXXIII, August 1963, 366.

12 R. Venturi, 'Accommodation and the Limitations of Order', in *Complexity and Contradiction* (1977), 42.

13 R. Venturi, D. Scott Brown and S. Izenour, 'The Architecture of the Strip', in *Learning from Las Vegas*, rev. edn (1977), 35.

14 R. Venturi, D. Scott Brown and S. Izenour, 'Architectural Monumentality and the Big, Low Space', in *Learning from Las Vegas*, rev. edn (1977), 50.

15 A. Rossi, 'An Analogical Architecture', *A+U*, no. 65, 76:05, May 1976, 74.

16 O.M. Ungers, 'The Theme of Transformation or the Morphology of the Gestalt', in *Architecture as Theme. Lotus Documents* (1982), 15.

17 'Aldo van Eyck: The Interior of Time', in *Meaning in Architecture*, ed. C. Jencks and G. Baird (1970), 171.

18 'Aldo van Eyck: "Même dans notre coeur. Anna was, Livia is, Plurabelle's to be"', *Forum*, July 1967, 28.

19 H. Hertzberger, 'Form and Programme are Reciprocally Evocative', *Forum*, July 1967, 5.

20 J. Buch, 'A Rich Spatial Experience', in *1989–1990 Yearbook. Architecture in The Netherlands* (1990), 62.

21 N. Foster, 'Hong Kong and Shanghai Headquarters', in *Norman Foster*, vol. 2 (2002), 110.

22 F. Achleitner, 'Viennese Positions. Hans Hollein: Travel Office, Vienna, 1977', *Lotus International*, no. 29, Oct.-Dec. 1980, 9.

23 P. Johnson and M. Wigley, 'Mark Wigley: Deconstructivist Architecture', in *Deconstructivist Architecture* (1988), 17.

5장
비판적 지역주의: 현대 건축과 문화적 정체성

1 P. Ricoeur, 'The Question of Power: Universal Civilization and National Cultures', in *History and Truth*, trans. C.A. Kelbley (1965), 276.

2 A. Siza, 'To catch a precise moment of flittering image in all its shades', *A+U*, no. 123, December 1980, 9.

3   E.Ambasz, 'Luis Barragán, Extracted from
     Conversations with Emilio Ambasz', in *The
     Architecture of Luis Barragán* (1976), 9.
4   C. Bamford Smith, *Builders in the Sun* (1967).
5   'Critical Positions in Architectural
     Regionalism. Harwell Hamilton Harris:
     Regionalism and Nationalism in Architecture',
     in *Architectural Regionalism. Collected
     Writings on Place, Identity, Modernity, and
     Tradition*, ed. V.B. Canizaro (2007), 58.
6   'Civic Riverfront Plaza Competition Fort
     Lauderdale, Florida', in *Harry Wolf* (1993), 54.
7   T. Carloni, in *Tendenzen: Neuere Architektur
     im Tessin* [*Tendencies: Recent Architecture in
     Ticino*] (2010), 20 [German], 159 [English].
8   T. Ando, 'From Self-enclosed Modern
     Architecture toward Universality', *The
     Japan Architect: International Edition of
     Shinkenchiku*, no. 301, May 1982, 8.
9   Ibid., 9.
10   Ibid., 12.
11   A. Tzonis and L. Lefaivre, 'The Grid and
     the Pathway. An Introduction to the Work
     of Dimitris and Susana Antonakakis',
     Architecture in Greece, no. 15, 1981, 178.
12   L. Lefaivre and A. Tzonis, 'Dimitri Pikionis.
     Pathway up the Acropolis and the
     Philopappos Hill, Athens, Greece 1953-57',
     in *Critical Regionalism. Architecture and
     Identity in a Globalized World* (2003), 70.

4부
세계 건축과 근대 운동

1장 미주

캐나다

1   'Gleneagles Community Centre.
     WestVancouver, British Columbia. 2000-

     2003', *in Patkau Architects* (2006), 165.
2   B. Shim and H. Sutcliffe, 'The Craft of Place',
     in *Five North American Architects: an
     Anthology byKenneth Frampton* (2011),
     41-42.

브라질

1   L. Carranza and F. Luiz Lara. *Modern
     Architecturein Latin America: Art, Technology,
     and Utopia* (2014), 237-39.

베네수엘라

1   J. Tenreiro Degwitz, 'Jesus Tenreiro-
     DegwitzTalks with Carlos Brillembourg',
     Bomb 86, Winter2004.

칠레

1   B. Bergdoll, et al., *Latin America in
     Construction: Architecture, 1955–1980*
     (2015), 164.

2장 아프리카와 중동

사우디아라비아

1   H.-U. Khan, 'Expressing Identities
     throughArchitecture', in *World Architecture
     1900–2000: ACritical Mosaic, vol. 5: The
     Middle East*, ed.K. Frampton (1999), xxxiv.

이란

1   F. Derakhshani, 'Longing and Contemporary:
     Iran, New Forms of Self-Expression', in Atlas:
     *Architectures of the 21st Century: Africa and
     MiddleEast*, ed. L. Fernández-Galiano (2004),
     230-31.

3장 아시아와 태평양

1   K. Frampton, et al., *World Architecture*

1900–2000: A Critical Mosaic, vol. 10: South East Asia (2002), xvii.

인도

1   R. Mehrotra, *Architecture in India since 1900* (2011).
2   P. Wilson, *El Croquis*, 157 (2011), 31-33.

중국

1   R. Koolhaas, *Project on the City I: Great Leap Forward* (2001).

일본

1   F. Maki and M. Ohtaka, 'Some Thoughts on Collective Form', in *Structure in Art and in Science*, ed. G. Kepes (1965), 120.
2   S. Lalat, 'Fujisawa Gymnasium', in Fumihiko Maki, *An Aesthetic of Fragmentation* (1988).

호주

1   J. Taylor, *Australian Architecture since 1960* (1986), 109.
2   P. Drew, *Leaves of Iron* (1987).
3   H. Beck and J. Cooper, 'Glenn Murcutt: Arthur and Yvonne Boyd Education Centre, Riversdale, New South Wales, Australia', *UME*, no. 10 (1999), 48.

4장 유럽

프랑스

1   *El Croquis*, 177-178 (2015), 314.

벨기에

1   P. Puttemans and L. Herve, *Modern Architecture in Belgium* (1976), 152-54.
2   *El Croquis*, 125 (2005), 7-9.

그리스

1   S. Condaratos and W. Wang, eds, *20th-Century Architecture, Greece* (1999), 34.
2   Ibid., 228.
3   K. Skousbøll, *Greek Architecture Now* (2006), 300.

구 유고슬라비아

1   V. Kulić, 'Building Brotherhood and Unity', in *Towards a Concrete Utopia: Architecture in Yugoslavia 1948–1980* (2018), 33.
2   M. Mrduljaš, 'Toward an Affordable Arcadia', in *Towards a Concrete Utopia: Architecture in Yugoslavia 1948–1980* (2018), 83.

독일

1   U. Schwarz, *New German Architecture: a Reflexive Modernism* (2002), 28.

후기: 세계화 시대의 건축

1   M. O'Connor, ed., *Is Capitalism Sustainable?: Political Economy and the Politics of Ecology* (1994), 55.
2   The Jerusalem Seminar in Architecture, 'Lecture: Peter Walker', in *Technology, Place and Architecture*, ed. K. Frampton with A. Spector and L. Reed Rosman (1998), 175.
3   Foreign Office Architects, 'International Port Terminal Yokohama', in *Phylogenesis: FOA's Ark* (2003), 228.
4   P. Buchanan, 'Embodied Energy', in *Ten Shades of Green* (2000), 9.
5   R. Weston, 'Chapter 3: In the Nature of Materials', in Materials, Form and Architecture (2003), 96.
6   H. Arendt, 'Specifically Republican Enthusiasm', in *The Human Condition* (1958), 201.

참고문헌

3부
비판적 변형 1925~1990

1장
국제양식: 주제와 변주 1925~1965

P. Adam, *Eileen Gray: Architect/Designer* (1987)

R. Banham, *The New Brutalism* (1966)

M. Bill, 'Report on Brazil', *AR*, October 1954, 238, 239

W. Boesiger, *Richard Neutra, Buildings and Projects, I, 1923–50* (1964)

O. Bohigas, 'Spanish Architecture of the Second Republic', *AAQ*, III, no. 4, October-December 1971, 28-45

K. Bone, et al., *Lessons from Modernism: Environmental Design Strategies in Architecture, 1925–1970* (2014)

A.H. Brooks, 'PSFS: A Source for its Designs', *JSAH*, XXVII, no. 4, December 1968, 299

L. Campbell, 'The Good News Days', *AR*, September 1977, 177-83

F. Chaslin, J. Drew, I. Smith, J.C. Garcias and M.K. Meade, *Berthold Lubetkin* (1981)

P. Coe and M. Reading, *Lubetkin and Tecton: Architecture and Social Commitment* (1981)

J.L. Cohen, 'Mallet Stevens et l'U.A.M. comment frapper les masses?', *AMC*, 41, March 1977,

19

D. Cottam, et al., *Sir Owen Williams 1890–1969* (1986)

A. Cox, 'Highpoint Two, North Hill, Highgate', *Focus*, 11, 1938, 79

W. Curtis, 'Berthold Lubetkin', *AAQ*, VII, no. 3, 1976, 33-39

E.M. Czaja, 'Antonin Raymond: Artist and Dreamer', *AAJ*, LXXVIII, no. 864, August 1962 (special issue)

O. Dostál, J. Pechar and V. Procházka, *Modern Architecture in Czechoslovakia* (1970)

S. Eliovson, *The Gardens of Roberto Burle Marx* (1991)

D. Gebhard, *An Exhibition of the Architecture of R.M. Schindler 1887–1953* (Santa Barbara, 1967)

– *Schindler* (1971)

S. Giedion, *A Decade of New Architecture* (1951)

C. Grohn, *Gustav Hassenpflug 1907–1977* (1985)

K.G.F. Helfrich and W. Whitaker, eds, *Crafting a Modern World: the Architecture and Design of Antonin and Noémi Raymond* (2006)

G. Herbert, 'Le Corbusier and the South African Movement', *AAQ*, IV, no. 1, Winter 1972, 16-30

G. Hildebrand, *Designing for Industry: The Architecture of Albert Kahn* (1974)

H.-R. Hitchcock and C.K. Bauer, *Modern*

Architecture in England (1937)

– 'England and the Outside World', *AAJ*, LXXII, no. 806, November 1956, 96-97

– and P. Johnson, *The International Style: Architecture Since 1922* (1932)

B. Housden and A. Korn, 'Arthur Korn. 1891 to the present day', *AAJ*, LXXIII, no. 817, December 1957, 114-35 (special issue) [includes details of the MARS plan for London]

C. Hubert and L. Stamm Shapiro, *William Lescaze* (IAUS Cat. no. 16, New York, 1982)

R. Ind, 'The Architecture of Pleasure', *AAQ*, VIII, no. 3, 1976, 51-59

– *Emberton* (1983)

A. Jackson, *The Politics of Architecture* (1967)

S. Johnson, *Eileen Gray: Designer 1879–1976* (1979)

R. Furneaux Jordan, 'Lubetkin', *AR*, July 1955, 36-44

L.W. Lanmon, *William Lescaze, Architect* (1987)

Le Corbusier and P. Jeanneret, *Oeuvre complète*, vol. 1 (9th edn, 1967)

E. Liskar, *E.A. Plischke* (1983) [with introduction by F. Kurrent]

B. Lore, *Eileen Gray 1879–1976. Architecture, Design* (1984)

J.C. Martin, B. Nicholson and N. Gabo, *Circle* (1971)

K. Mayekawa, 'Thoughts on Civilization in Architecture', *AD*, May 1965, 229-30

E. McCoy, 'Letters between R.M. Schindler and Richard Neutra 1914-1924', *JSAH*, XXXIII, 3, 1974, 219

– *Second Generation* (1984)

C. Mierop, ed., *Louis Herman de Koninck: Architect of Modern Times* (1989)

K. Mihály, *Bohuslav Fuchs* (1987)

A. Morance, *Encyclopédie de l'architecture de constructions moderne, XI* (1938) [includes major pavilions from the Paris Exhibition of

1937, notably those by the Catalan architects Sert and Lacasa and the Czech architect Kreskar]

R. Neutra, *Wie Baut Amerika?* (1927)

– *Amerika: Neues Bauen in der Welt*, no. 2 (1930)

– *Mystery and Realities of the Site* (1951)

– *Survival Through Design* (1954)

– 'Human Setting in an Industrial Civilization', *Zodiac*, 2, 1957, 68-75

– *Life and Shape* (1962)

V. Newhouse, *Wallace K. Harrison* (1989)

A. Olgyay and V. Olgyay, *Solar Control and Shading Devices* (1957)

D. O'Neil, 'The High and Low Art of Rudolf Schindler', *AR*, April 1973, 241-46

M. Ottó, *Farkas Molnar* (1987)

S. Papadaki, *The Work of Oscar Niemeyer*, I (1950)

– *Oscar Niemeyer: Works in Progress* (1956)

G. Peichl and V. Slapeta, *Czech Functionalism 1918–1938* (1987)

S. Polyzoides and P. Koulermos, 'Schindler: 5 Houses', *A+U*, November 1975

J. Pritchard, *View from a Long Chair* (1984) [memoirs of the MARS group in the 1930s]

A. Raymond, *Antonin Raymond. Architectural Details* (1947)

– *Antonin Raymond. An Autobiography* (1973)

J.M. Richards, 'Criticism/Royal Festival Hall', *AR*, June 1951, 355-58 (special issue)

T. Riley and J. Abram, *The Filter of Reason: The Work of Paul Nelson* (1990)

J. Rosa, *Albert Frey* (1989) [the first study of this Swiss émigré architect]

A. Roth, *La Nouvelle Architecture* (1940)

– *Architect of Continuity* (1985)

Y. Safran, 'La Pelle', *9H*, no. 8, 1989, 155-56

A. Sarnitz, *R.M. Schindler, Architect 1887–1953* (1989)

J.L. Sert, *Can Our Cities Survive?* (1947)

M. Steinmann, 'Neuer Blick auf die "Charte d'Athènes"', *Archithese*, 1, 1972, 37-46

– 'Political Standpoints in CIAM 1928-1933', *AAQ*, IV, no. 4, October-December 1972, 49-55

T. Stevens, 'Connell, Ward and Lucas, 1927-1939', *AAJ*, LXXII, no. 806, November 1956, 112-13 [special number devoted to the firm, including a catalogue raisonné of their entire work]

D.B. Stewart, *The Making of a Modern Japanese Architecture 1868 to the Present* (1987) [the best comprehensive account of the early Japanese Modern Movement]

K. Tange, 'An Approach to Tradition', *The Japan Architect* (January-February 1959), 55

D. Van Postel, 'The Poetics of Comfort: George and William Keck', *Archis*, 12 December 1988, 18-32

M. Vellay and K. *Frampton, Pierre Chareau* (1984; trans. 1986)

E. Vivoni Farage, *Klumb: Una Arquitectura De Impronta Social/An Architecture of Social Concern* (2006)

L. Wodehouse, 'Lescaze and Dartington Hall', *AAQ*, VII, no. 2, 1976, 3-14

F.R.S. Yorke, *The Modern House* (1934)

– *The Modern Flat* (1937) [general coverage of International Style apartments, including GATEPAC block, Barcelona]

2장
신브루탈리즘과 복지국가의 건축: 영국 1949~1959

L. Alloway, *This is Tomorrow* (exh. cat., Whitechapel Gallery, London, 1956)

R. Banham, 'The New Brutalism', *AR*, December 1955, 355-62 [important for the Neo-Palladian analysis of the Smithsons' Coventry project]

– 'Polemic before Kruschev', in *The New Brutalism* (1966), 11

F. Bollerey and J. Sabaté, 'Cornelis van Eesteren', *UR 8*, Barcelona, 1989

J. Bosman, S. Georgiadis, D. Huber, W. Oechslin, et al., *Sigfried Giedion 1888–1968: der Entwurf einer modernen Tradition* (GTA, Zürich, 1989)

F. Burkhardt, ed., *Jean Prouvé, 'constructeur'* (exh. cat., Centre Pompidou, Paris, 1990)

P. Collymore, *The Architecture of Ralph Erskine* (1982)

T. Crosby, ed., *Uppercase*, 3 (1954) [important document of the period featuring the Smithsons' presentation at the CIAM Congress in Aix-en-Provence; also contains a short text and collection of photos by N. Henderson]

E. de Maré, 'Et Tu, Brute', *AR*, August 1956, 72

P. Eisenman, 'Real and English: The Destruction of the Box. 1', *Oppositions*, 4, October 1974, 5-34

K. Frampton, 'Leicester University Engineering Laboratory', *AD*, XXXIV, no. 2, 1964, 61

– 'The Economist and the Hauptstadt', *AD*, February 1965, 61-62

– 'Stirling's Building', *Architectural Forum*, November 1968

– 'Andrew Melville Hall, St Andrews University, Scotland', *AD*, XL, no. 9, 1970, 460-62

S. Georgiadis, *Sigfried Giedion. Eine Intellektuelle Biographie* (GTA, Zürich, 1989)

M. Girouard, 'Florey Building, Oxford', *AR*, CLII, no. 909, 1972, 260-77

W. Howell and J. Killick, 'Obituary: The Work of Edward Reynolds', *AAJ*, LXXIV, no. 289, February 1959, 218-23

P. Johnson, 'Comment on School at Hunstanton,

Norfolk', *AR*, September 1954, 148-62 [gives an extensive documentation]

L. Martin, *Buildings and Ideas 1933–1983: The Studio of Leslie Martin & Associates* (1983)

A. and P. Smithson, 'The New Brutalism', *AR*, April 1954, 274-75 [1st pub. of Soho house]

M. Tafuri, 'L'Architecture dans le boudoir', *Oppositions*, 3, May 1974, 37-62

3장
이념의 변천: CIAM, 팀 텐, 비판과 반비판
1928~1968

G. Candilis, *Planning and Design for Leisure* (1972)

U. Conrads, 'CIAM: La Sarraz Declaration', in *Programs and Manifestoes on 20th-century Architecture*, trans. M. Bullock (1971), 109, 110

G. de Carlo, 'Legitimizing Architecture. The Revolt and The Frustration of the School of Architecture', *Forum*, vol. 23, April 1972, 12

G. Eszter, *A CIAM Magyar Csoportja, 1928–1938* (Akadémiai Kiadó, Budapest, 1972)

K. Frampton, 'Des Vicissitudes de l'idéologie', *L'Architecture d'Aujourd'hui*, no. 177, January-February 1975, 62-65 [in Eng. and French]

O. Newman, 'Aldo van Eyck: Is Architecture Going to Reconcile Basic Values?', in *CIAM '59 in Otterlo* (1961), 27

– 'Oscar Newman: A Short Revire of CIAM Activity', in *CIAM '59 in Otterlo* (1961), 16

A. Smithson, *Team 10 Primer* (1968)

– *Ordinariness and Light: Urban Theories 1952–60* (1970)

– *Urban Structuring* (1970)

– ed., *Team 10 Meetings* (1991)

– and P. Smithson, 'Louis Kahn', *Architects' Year Book*, IX (1960), 102-18

M. Steinmann, 'Political Standpoints in CIAM 1928-1933', *AAQ*, Autumn 1972, 49-55

– *CIAM Dokumente 1928–1939* (ETH/GTA 15, Basel and Stuttgart 1979)

Team 10, M. Risselada and D. van den Heuvel, *Team 10: 1953–81, In Search of a Utopia of the Present* (2005)

S. Woods, 'Urban Environment: The Search for a System', in *World Architecture/One* (1964), 150-54

– 'Frankfurt: The Problems of A City in the Twentieth Century', in *World Architecture/ One* (1964), 156

– *Candilis Josic and Woods* (1968)

4장
장소, 생산, 배경화: 1962년 이후
국제적 이론과 실천

F. Achleitner, 'Viennese Positions', *Lotus*, 29, 1981, 5-27

Y. Alain-Bois, 'On Manfredo Tafuri's "Théorie et histoire de l'architecture"', *Oppositions*, 11, Winter 1977, 118-23

Arata Isozaki Atelier, 'Fukuoka Sogo Bank Nagasumi Branch', *The Japan Architect*, vol. 47, no. 8-188, August 1972, 59

H. Arendt, *The Human Condition* (1958)

G.C. Argan, 'On the Typology of Architecture', *AD*, December 1963, 564, 565

P. Arnell, ed., *Frank Gehry Buildings and Projects* (1985)

– T. Bickford and C. Rowe, *James Stirling, Buildings and Projects* (1984)

– T. Bickford, K. Wheeler and V. Scully, *Michael Graves, Buildings and Projects 1966–1981* (1983)

O.N. Arup and N. Tonks, *Ove Arup: Philosophy of*

Design: Essays 1942–1981 (2012)

C. Aymonino, *Origine e sviluppo della urbanistica moderna* (1965)

R. Banham, *Theory and Design in the First Machine Age* (1960)

– N. Foster and L. Butt, *Foster Associates* (1979)

J. Baudrillard, *The Mirror of Production* (1975) [trans. of *Le Miroir de la Production* (1972)]

– *L'Effet Beaubourg: implosion et dissuasion* (1977)

B. Bergdoll, P. Christensen and R. Broadhurst, *Home Delivery: Fabricating the Modern Dwelling* (2008)

M. Bill, 'The Bauhaus Idea From Weimar to Ulm', *Architects' Year Book*, 5, 1953

– *Form, Function, Beauty = Gestalt* (2010)

W. Blaser, *After Mies: Mies van der Rohe: Teaching and Principles* (1977)

I. Bohning, 'Like Fishes in the Sea; Autonomous Architecture/Replications', *Daidalos*, 2, 1981, 13-24

A. Bonito Oliva, ed., *Transavantgarde* (1983)

G. Bonsiepe, 'Communication and Power', *Ulm*, 21, April 1968, 16

G. Broadbent, 'The Taller of Bofill', *AR*, November 1973, 289-97

N.S. Brown, 'Siedlung Halen and the Eclectic Predicament', in *World Architecture/One* (1964), 165-67

G. Brown-Manrique, *O.M. Ungers: Works in Progress 1976–1980* (IAUS Cat. no. 17, New York, 1981)

J. Buch, 'A Rich Spatial Experience', in *1989–1990 Yearbook. Architecture in The Netherlands* (1990), 62

P.L. Cervellati and R. Scannarini, *Bologna: politica e metodologia del restauro nei centri storici* (1973)

S. Chermayeff and C. Alexander, *Community and Privacy: Towards a New Architecture of Humanism* (1963)

A. Colquhoun, 'The Modern Movement in Architecture', *The British Journal of Aesthetics* (1962)

– 'Literal and Symbolic Aspects of Technology', *AD*, November 1962

– 'Typology and Design Method', in *Meaning in Architecture*, ed. C. Jencks and G. Baird (1969), 279

– 'Centraal Beheer', *Architecture Plus*, September/October 1974, 49-54

– *Essays in Architectural Criticism: Modern Architecture and Historical Change* (1981)

U. Conrads, 'Wall-buildings as a Concept of Urban Order: On the Projects of Ralph Erskine', *Daidalos*, 7, 1983, 103-06

P. Cook, *Architecture: Action and Plan* (1967)

C. Davis, *High Tech Architecture* (1988)

G. de Carlo, *An Architecture of Participation* (1972)

– 'Reflections on the Present State of Architecture', *AAQ*, X, no. 2, 1978, 29-40

R. Delevoy, *Rational Architecture/Rationelle 1978: The Reconstruction of the European City 1978* (1978)

G. della Volpe, 'The Crucial Question of Architecture Today', in *Critique of Taste* (1978) [trans. of *Critica del gusto* (1960)]

I. de Solà-Morales, 'Critical Discipline', *Oppositions*, 23, 1981

M. Dini, *Renzo Piano: Projets et architectures 1964–1983* (1983)

P. Drew, *The Third Generation: The Changing Meaning In Architecture* (1972)

– *Frei Otto: Form and Structure* (1976)

A. Drexler, *Transformations in Modern Architecture* (1979)

P. Eisenman, 'Biology Centre for the Goethe University of Frankfurt', *Assemblage*, 5, February 1988, 29-50

R. Evans, 'Regulation and Production', *Lotus*, 12, September 1976, 6-15

– 'Figures, Doors and Passages', *AD*, April 1978, 267-78

N. Foster, 'Hong Kong and Shanghai Headquarters', in *Norman Foster*, vol. 2 (2002), 110

M. Foucault, *Discipline and Punish: The Birth of the Prison (1977) [trans. of Surveiller et punir, naissance de la prison* (1975)]

K. Frampton, 'America 1960-1970. Notes on Urban Images and Theory', *Casabella*, 359-360, XXV, 1971, 24-38

– 'Criticism', *Five Architects* (1972) [critical analysis of the New York Neo-Rationalist school at the time of its formation, the 'five' being: P. Eisenman, M. Graves, C. Gwathmey, J. Hejduk and R. Meier]

– 'Apropos Ulm: Curriculum and Critical Theory', *Oppositions*, 3, May 1974, 17-36

– 'John Hejduk and the Cult of Humanism', *A+U*, 75:05, May 1975, 141, 142

– Modern Architecture and the Critical Present, *AD*, 1982 (special issue)

– and D. Burke, *Rob Krier: Urban Projects 1968–1982* (IAUS Cat. no. 5, New York, 1982)

Y. Friedman, 'Towards a Mobile Architecture', *AD*, November 1963, 509, 510

Y. Futagawa, ed., 'Zaha M. Hadid', *Global Architecture*, no. 5, 1986

M. Gandelsonas, 'Neo-Functionalism', *Oppositions*, 5, Summer 1976

S. Giedion, 'Jørn Utzon and the Third Generation', *Zodiac*, 14, 1965, 34-47, 68-93

G. Grassi, *La Costruzione logica dell'architettura* (1967)

– 'Avantgarde and Continuity', *Oppositions*, 21, 1980

– 'The Limits of Architecture', in *Classicism is not a Style, AD*, 1982 (special issue)

– 'Form Liberated, Never Sought. On the Problem of Architectural Design', *Daidalos*, 7, 1983, 24-36

– *L'Architecture comme un métier* (1984)

V. Gregotti and O. Bohigas, 'La passion d'Alvaro Siza', *L'Architecture d'Aujourd'hui*, no. 185, May/June 1976, 42-57

R. Guess, *The Idea of a Critical Theory: Habermas and the Frankfurt School* (1981)

J. Guillerme, 'The Idea of Architectural Language: A Critical Inquiry', *Oppositions*, 10, Autumn 1977, 21-26

J. Habermas, 'Technology and Science as Ideology', in *Toward a Rational Society* (1970) [trans. of *Technik und Wissenschaft als Ideologie* (1968)]

– 'Modern and Post-Modern Architecture', *9H*, no. 4, 1982, 9-14

– 'Modernity: an Incomplete Project', in *The Anti-Aesthetic: Essays on Postmodern Culture*, ed. H. Foster (1983)

N.J. Habraken, *Supports: An Alternative to Mass Housing* (1972)

M. Heidegger, 'Building, Dwelling and Thinking', in *Poetry, Language and Thought* (1971)

H. Hertzberger, 'Form and Programme are Reciprocally Evocative', *Forum*, July 1967, 5

– 'Place, Choice and Identity', in *World Architecture/Four* (1967), 73-74

– 'Architecture for People', *A+U*, 77:03, March 1977, 124-46

– *Lessons for Students in Architecture* (1991)

– *Herman Hertzberger: Architecture and Structuralism* (2014)

T. Herzog, *Pneumatische Konstruktion* (1976)

B. Huet and M. Gangneux, 'Formalisme, Realisme', *L'Architecture d'Aujourd'hui*, no. 190, 1970

T. Ito, 'Collage and Superficiality in Architecture', in *A New Wave of Japanese Architecture*, ed. K. Frampton (1978)

M. Jay, *The Dialectical Imagination* (1973)

C. Jencks, *The Language of Post-Modern Architecture* (1977, 4th edn, 1984)

P. Johnson and M. Wigley, 'Mark Wigley: Deconstructivist Architecture', in *Deconstructivist Architecture* (1988), 17

N. Kawazoe, 'Dream Vision', *AD*, October 1964

– *Contemporary Japanese Architecture* (1965)

L. Krier, 'The Reconstruction of the City', *Rational Architecture 1978* (1978), 28-44

R. Krier, *Stadtraum in Theorie und Praxis* (1975)

– *Urban Space* (1979)

N. Kurokawa, *Metabolism in Architecture* (1977)

V. Lampugnani, *Josef Paul Kleihues* (1983)

H. Lindinger, ed., *Ulm Design: The Morality of Objects: Hochschule für Gestaltung, Ulm, 1953–1968* (1990)

T. Llorens, 'Manfredo Tafuri: Neo Avantgarde and History', *AD*, 6/7, 1981

D.S. Lopes, *Melancholy and Architecture: on Aldo Rossi* (2015)

A. Luchinger, 'Dutch Structuralism', *A+U*, 77:03, March 1977, 47-65

– *Herman Hertzberger 1959–1985, Buildings and Projects* (1987) [the complete work up to 1986]

A. Lumsden and T. Nakamura, 'Nineteen Questions to Anthony Lumsden', *A+U*, no. 51, 75:03, March 1975

J.F. Lyotard, *The Post-Modern Condition: A Report on Knowledge* (1984)

A. Mahaddie, 'Why the Grid Roads Wiggle', *AD*, September 1976, 539-42

F. Maki, *Investigations in Collective Form* (1964)

– and M. Ohtaka, 'Some Thoughts on Collective Form', in *Structure in Art and Science*, ed. G. Kepes (1965)

T. Maldonado, *Max Bill* (1955)

– Design, *Nature and Revolution: Towards a Critical Ecology* (1972) [trans. of *La Speranza Progettuale* (1970)]

– *Avanguardia e razionalità* (1974)

– and G. Bonsiepe, 'Science and Design', *Ulm*, 10/11, May 1964, 8-9

W. Mangin, 'Urbanisation Case History in Peru', *AD*, August 1963, 366-70

H. Marcuse, *Eros and Civilization: A Philosophical Enquiry into Freud* (1962)

G. Marinelli, *Il Centro Beaubourg a Parigi: 'Macchina' e segno architettonico* (1978)

L. Martin, 'Transpositions: On the Intellectual Origins of Tschumi's Architectural Theory', *Assemblage*, 11, 1990, 23-35

T. Matsunaga, *Kazuo Shinohara* (IAUS Cat. no. 17, New York, 1982)

R. McCarter, *Herman Hertzberger* (2015)

M. McLeod, 'Architecture and Politics in the Reagan Era: From Post-modernism to Deconstructivism', *Assemblage*, 8, 1989, 23-59

J. Meller, *The Buckminster Fuller Reader* (1970)

N. Miller and M. Sorkin, *California Counterpoint: New West Coast Architecture 1982* (IAUX Cat. no. 18, New York, 1982)

A. Moles, *Information Theory and Aesthetic Perception* (1966)

– 'Functionalism in Crisis', *Ulm*, 19/20, August 1967, 24

R. Moneo, 'Aldo Rossi: The Idea of Architecture and the Modena Cemetery', *Oppositions*, 5, Summer 1976, 1-30

J. Mukarovsky, 'On the Problem of Functions in Architecture', in *Structure, Sign and Function* (1978)

T. Nakamura, 'Foster & Associates', *A+U*, 75:09, Sept 1975 (special issue with essays by R. Banham, C. Jencks, R. Maxwell, etc.)

A. Natalini, *Figures of Stone, Quaderni di Lotus No. 3* (1984)

– and Superstudio, 'Description of the Micro-Event and Micro-Environment', in *Italy: The*

New Domestic Landscape. Achievements and Problems of Italian Design, ed. E. Ambasz (1972), 242-51

C. Nieuwenhuys, 'New Babylon: An Urbanism of the Future', AD, June 1964, 304, 305

G. Nitschke, 'The Metabolists of Japan', AD, October 1964

– 'Akira Shibuya', AD, 1966

– 'MA - The Japanese Sense of Place', AD, March 1966

– 'Whatever Happened to the Metabolists?: Akira Sibuya', AD, May 1967, 216

C. Norberg-Schulz, 'Place', AAQ, VII, no. 4, 1976, 3-9

H. Ohl, 'Industrialized Building', AD, April 1962, 176-85

A. Papadakis, C. Cooke and A. Benjamin, Deconstruction: Omnibus Volume (1989)

A. Peckham, 'This is the Modern World', AD, XLIX, no. 2, 1979, 2-26 [an extended critique of Foster's Sainsbury Centre]

R. Piano, 'Architecture and Technology', AAQ, II, no. 3, July 1970, 32-43

A. Pike, 'Failure of Industrialised Building/Housing Program', AD, November 1967, 507

J. Prouvé, B. Huber and J.-C. Steinegger, Prefabrication: Structures and Elements (1971)

B. Reichlin and A.V. Navone, Dalla 'soluzione elegante' all' 'edificio aperto': scritti attorno ad alcune opere di Le Corbusier (2013)

R. Rogers, Architecture: A Modern View (1990)

A. Rossi, L'architettura della città (1966), trans. as The Architecture of the City (1982)

– 'An Analogical Architecture', A+U, 76:05, May 1976, 74-76

– 'Thoughts About My Recent Work', A+U, 76:05, May 1976, 83

– A Scientific Autobiography (1982)

C. Rowe and F. Koetter, Collage City (1979) J.

Rykwert, Richard Meier, Architect (I, 1984, II, 1991)

M. Safdie, Beyond Habitat (1970)

V. Savi, 'The Luck of Aldo Rossi', A+U, 76:05, May 1976, 105-06

– L'architettura di Aldo Rossi (1978)

C. Schnaidt, 'Prefabricated Hope', Ulm, 10/11, May 1964, 8-9

– 'Architecture and Political Commitment', Ulm, 19/20, August 1967, 30-32

M. Scogin and M. Elam, 'Projects for Two Libraries', Assemblage, 7, October 1988, 57-89

H. Skolimowski, 'Technology: The Myth Behind the Reality', AAQ, II, no. 3, July 1970, 21-31

– 'Polis and Politics', AAQ, Autumn 1972, 3-5

A. Smithson, 'Mat-Building', AD, September 1974, 573-90

M. Steinmann, 'Reality as History: Notes for a Discussion of Realism in Architecture', A+U, 76:09, September 1976, 31-34

F. Strauven, Aldo Van Eyck: The Shape of Relativity (1998)

Superstudio, 'Counterdesign as Postulation: Superstudio', in Italy: The New Domestic Landscape. Achievements and Problems of Italian Design, ed. E. Ambasz (1972), 246, 251

M. Tafuri, 'Design and Technological Utopia', in Italy: The New Domestic Landscape. Achievements and Problems of Italian Design, ed. E. Ambasz (1972), 388-404

– 'L'architecture dans le boudoir: The Language of Criticism and the Criticism of Language', Oppositions, 3, May 1974, 37-62

– Architecture and Utopia: Design and Capitalist Development (1976)

– 'Main Lines of the Great Theoretical Debate over Architecture and Urban Planning 1960-1977', A+U, 79:01, January 1979, 133-54

– The Sphere and the Labyrinth (1987)

K. Taki, 'Oppositions: The Intrinsic Structure of
Kazuo Shinohara's Work', *Perspecta*, 20,
1983, 43-60

J. Tanizaki, *In Praise of Shadows* (1977)

A. Tzonis and L. Lefaivre, 'The Narcissist Phase in
Architecture', *Harvard Architectural Review*,
IX, Spring 1980, 53-61

O.M. Ungers, 'Cities within the City', *Lotus*, 19,
1978, 83

– 'Five Lessons from Schinkel', in Free-Style
Classicism, *AD*, LII, 1/2, 1982

– 'The Theme of Transformation or the
Morphology of the Gestalt', in *Architecture as
Theme. Lotus Documents* (1982), 15

A. van Eyck, 'Labyrinthine Clarity', in *World
Architecture/Three* (1966), 121-22

– 'Aldo van Eyck: "Même dans notre coeur. Anna
was, Livia is, Plurabelle's to be"', *Forum*, July
1967, 28

– (with P. Parin and F. Morganthaler), 'Interior
Time/A Miracle in Moderation', in *Meaning in
Architecture* (1969), 171-73

R. Venturi, *Complexity and Contradiction in
Architecture* (1966)

– D. Scott-Brown and S. Izenour, *Learning From
Las Vegas* (1972)

D. Vesely, 'Surrealism and Architecture', *AD*, no.
2/3, 1978, 87-95

K. Wachsmann, *The Turning Point of Building*
(1961)

M. Webber, 'Order in Diversity: Community
Without Propinquity' in *Cities in Space*, ed. L.
Wingo (1963)

S. Woods, *The Man in the Street: A Polemic on
Urbanism* (1975)

5장
비판적 지역주의: 현대 건축과 문화적 정체성

A. Alves Costa, 'Oporto and the Young Architects:
Some Clues for a Reading of the Works', *9H*,
no. 5, 1983, 43-60

E. Ambasz, *The Architecture of Luis Barragán*
(1976)

T. Ando, 'From Self-Enclosed Modern
Architecture toward Universality', *Japan
Architect*, 301, May 1962, 8-12

– 'A Wedge in Circumstances', *Japan Architect*,
June 1977

– 'New Relations between the Space and the
Person', *Japan Architect*, October-November
1977 (special issue on the Japanese New
Wave)

– 'The Wall as Territorial Delineation', *Japan
Architect*, June 1978

– 'The Emotionally Made Architectural Spaces
of Tadao Ando', *Japan Architect*, April 1980
[contains a number of short seminal texts on
Ando]

– 'Description of my Works', *Space Design*, June
1981 (special issue on the work of Ando)

E. Antoniadis, *Greek Contemporary Architecture*
(1979)

– 'Pikionis' Work Lies Underfoot on Athens Hill',
Landscape Architecture, March 1979

S. Arango, ed., *La Arquitectura en Colombia*
(1985)

T. Avermaete, ed., *OASE 103: Critical Regionalism
Revisited* (2019)

K. Axelos, *Alienation, Praxis and Techné in the
Thought of Karl Marx* (1976)

C. Banford-Smith, *Builders in the Sun: Five
Mexican Architects* (1967)

E. Battisti and K. Frampton, *Mario Botta:
Architecture and Projects in the 70s* (1979)

S. Bettini, 'L'architettura di Carlo Scarpa', *Zodiac*, 6,

1960, 140-87

T. Boga, *Tessiner Architekten, Bauten und Entwürfe 1960–1985* (1986)

B. Bognar, 'Tadao Ando: A Redefinition of Space, Time and Existence', *AD*, May 1981

O. Bohigas, 'Diseñar para un público o contra un público', in *Contra una arquitectura adjetivida*, ed. Seix Barral (1969)

M. Botero, 'Italy: Carlo Scarpa the Venetian, Angelo Mangiarotti the Milanese', *World Architecture*, 2 (1965)

M. Botta, 'Architecture and Environment', *A+U*, June 1979, 52

– 'Architecture and Morality: An Interview with Mario Botta', *Perspecta*, 20, 1983, 199-38

– and M. Zardini, *Aurelio Galfetti* (1989)

E. Bru and J.L. Mateo, *Spanish Contemporary Architecture* (1984)

M. Brusatin, 'Carlo Scarpa, architetto veneziano', *Contraspazio*, 3-4, March-April 1972

T. Carloni, 'Notizen zu einer Berufschronik. Entwurfs Kollektive 2', in *Tendenzen: Neuere Architektur im Tessin* (1975), 16-21

M.A. Crippa, *Carlo Scarpa Theory, Design, Projects* (1986)

P.A. Croset, *Gino Valle* (1982)

F. Dal Co, *Mario Botta Architecture 1960–1985* (1987)

– and G. Mazzariol, *Carlo Scarpa: The Complete Works* (1986)

A. Dimitracopoulou, 'Dimitris Pikionis', *AAQ*, 2/3, 1982, 62

L. Dimitriu, 'Interview', *Skyline*, March 1980

S. Fehn and O. Feld, *The Thought of Construction* (1983)

L. Ferrario and D. Pastore, *Alberto Sartoris/La Casa Morand-Pasteur* (1983)

F. Fonatti, *Elemente des Bauens bei Carlo Scarpa* (1984)

K. Frampton, 'Prospects for a Critical Regionalism', *Perspecta*, 20, 1983, 147-62

– 'Towards A Critical Regionalism: Six Points for an Architecture of Resistance', in *The Anti-Aesthetic. Essays on Post-Modern Culture*, ed. H. Foster (1983), 16-30

– 'Homage a Coderch', in R. Diez, *Jose Antonio Coderch: Houses (GG #33)* (2005)

– ed., *Tadao Ando: Projects, Buildings, Writings* (1984)

– ed., *Atelier 66* (1985) [on the work of Dimitris and Susana Antonakakis]

– et al., *Manteola, Sánchez, Gómez, Santos, Solsona, Vinoly* (1978)

– et al., *Alvaro Siza Esquissos de Vagem: Documentos de Arquitectura* (1988)

M. Frascari, 'The True and Appearance. The Italian Facadism and Carlo Scarpa', *Daidalos*, 6, December 1982, 37-46

– 'The Tell-the-Tale Detail', *Via* (Cambridge), 7, 1984

M. Fry and J. Drew, *Tropical Architecture in the Dry and Humid Zones* (1982) [1964]

G. Grassi, 'Avantgarde and Continuity', *Oppositions*, 21, 1980

– 'The Limits of Architecture', in *Classicism is not a Style*, *AD*, LII, 5/6, 1982

V. Gregotti, 'Oswald Mathias Ungers', *Lotus*, 11, 1976

H.H. Harris, 'Regionalism and Nationalism' (Raleigh, N.C., Student Publication, XIV, no. 5)

H. Huyssens, 'The Search for Tradition: Avantgarde and Post-modernism in the 1970s', *New German Critique*, 22, 1981, 34

D.I. Ivakhoff, ed., *Eladio Dieste* (1987) [an account of the work of an important architect/engineer]

E. Jones, 'Nationalism and Eclectic Dilemma: Notes on Contemporary Irish Architecture', *9H*, no. 5, 1983, 81-86

C. Jourdain and D. Lesbet, 'Algeria: Village Project

and Critique', *9H*, no. 1, 1980, 2-5

L. Knobel, 'Interview with Mario Botta', *AR*, July 1981, 23

A. Konstantinidis, *Elements for Self Knowledge: Towards a True Architecture* (1975)

— *Aris Konstantinidis: Projects and Buildings* (1981)

P. Koulermos, 'The Work of Konstantinidis', *AD*, May 1964

D. Leatherbarrow, *Uncommon Ground: Architecture, Technology, and Topography* (2002)

L. Lefaivre and A Tzonis, *Critical Regionalism Architecture and Identity in a Globalised World* (2003)

— *Architecture of Regionalism in the Age of Globalization: Peaks and Valleys in the Flat World* (2012)

L. Lefaivre, B. Stagno and A. Tzonis, *Tropical Architecture: Critical Regionalism in the Age of Globalization* (2001)

K. Liaska, et al., *Dimitri Pikionis 1887–1968* (AA Mega publication, 1989) [definitive study]

L. Magagnato, *Carlo Scarpa a Castelvecchio* (1982)

— 'Scarpa's Museum', *Lotus*, 35, 1982, 75–85

R. Malcolmson, et al., *Amancio Williams* (1990) [Spanish edn of the complete works]

R. Murphy, *Carlo Scarpa and the Castelvecchio* (1990)

P. Nicholin, *Mario Botta 1961–1982* (1983)

C. Norberg-Schulz, 'Heidegger's Thinking on Architecture', *Perspecta*, 20, 1983, 61–68

— and J.C. Vigalto, *Livio Vacchini* (1987)

T. Okumura, 'Interview with Tadao Ando', *Ritual, The Princeton Journal, Thematic Studies in Architecture*, 1, 1983, 126–34

Opus Incertum, *Architectures à Porto* (1990) [a unique survey of contemporary architecture in the Porto region, by the Ecole d'Architecture of Clermont-Ferrand]

S. Özkun, *Regionalism in Architecture* (1985)

D. Pikionis, 'Memoirs', *Zygos*, January-February 1958, 4-7

D. Porphyrios, 'Modern Architecture in Greece: 1950-1975', *Design in Greece*, X, 1979

P. Portoghesi, 'Carlo Scarpa', *Global Architecture* (Tokyo), L, 1972

J.M. Richards, et al., *Hassan Fathy* (1985)

P. Ricoeur, 'Universal Civilization and National Cultures', in *History and Truth* (1965), 271-84

J. Salgado, *Alvaro Siza em Matosinhos* (1986) [an intimate account of Siza's origins in the city that was the occasion of his earliest works]

A. Samona, F. Tentori and J. Gubler, *Progetti e assonometrie di Alberto Sartoris* (1982)

E. Sanquineti, et al., *Mario Botta: La casa rotonda* (1982)

P.C. Santini, 'Banco Popolare di Verona by Carlo Scarpa', *GA Document 4* (Tokyo, 1981)

C. Scarpa, 'I Wish I Could Frame the Blue of the Sky', *Rassegna*, 7, 1981

J. Silvetti, *Amancio Williams* (1987)

— and W. Seligman, *Mario Campi and Franco Pessina, Architects* (1987)

Y. Simeoforidis, 'The Landscape of an Architectural Competition', *Tefchos*, no. 5, March 1991, 19-27 [a post-mortem on the Acropolis Museum competition]

A. Siza, 'To Catch a Precise Moment of the Flittering Image in all its Shades', *A+U*, 123, December 1980

E. Soria Badia, *Coderch de Sentmenat* (1979)

J. Steele, *Hassan Fathy* (1988)

M. Steinmann, 'Wirklichkeit als Geschichte. Stichworte zu einem Gespräch über Realismus in der Architektur', in *Tendenzen: Neuere Architektur im Tessin* (1975), 9-14 [trans. as 'Reality as Histor: Notes for a Discussion of Realism in Architecture', *A+U*,

September 1979, 74]

K. Takeyama, 'Tadao Ando: Heir to a Tradition',
Perspecta, 20, 1983, 163-80

F. Tentori, 'Progetti di Carlo Scarpa', Casabella,
222, 1958, 15-16

P. Testa, 'Tradition and Actuality in the Antonio
Carlos Siza House', JAE, vol. 40, no. 4,
Summer 1987, 27-30

− 'Unity of the Discontinuous: Alvaro Siza's Berlin
works', Assemblage, 2, 1987, 47-61

R. Trevisiol, La casa rotonda (Milan 1982)
[documents the development of the house
by Botta]

A. Tzonis and L. Lefaivre, 'The Grid and the
Pathway: An Introduction to the Work
of Dimitris and Susana Antonakakis',
Architecture in Greece, 15, 1981, 164-78

J. Utzon, 'Platforms and Plateaus: Ideas of a
Danish Architect', Zodiac, 10, 1962, 112-14

F. Vanlaethem, 'Pour une architecture épurée
et rigoureuse', ARQ, 14, Modernité et
Régionalisme, August 1983, 16-19

D. Vesely, 'Introduction', in Architecture and
Continuity (AA Themes no. 7, London, 1982)

W. Wang, ed., Emerging European Architects
(1988)

− and A. Siza, Souto de Moura (1990)

H. Yatsuka, 'Rationalism', Space Design, October
1977, 14-15

− 'Architecture in the Urban Desert: A Critical
Introduction to Japanese Architecture after
Modernism', Oppositions, 23, 1981

I. Zaknic, 'Split at the Critical Point: Diocletian's
Palace, Excavation vs. Conservation', JAE,
XXXVI, no. 3, Spring 1983, 20-26

G. Zambonini, 'Process and Theme in the Work of
Carlo Scarpa', Perspecta, 20, 1983, 21-42

4부
세계 건축과 근대 운동

K. Frampton, Technology, Place and Architecture:
The Jerusalem Seminar in Architecture
(1996)

M. Mostafavi, ed., Aga Khan Award for
Architecture 2010: Implicate & Explicate
(2011)

− Aga Khan Award for Architecture 2013:
Architecture is Life (2013)

− Aga Khan Award for Architecture 2016:
Architecture and Plurality (2016)

A. Nanji, ed., Building for Tomorrow: The Aga
Khan Award for Architecture (1994)

J. Steele, ed., Architecture for Islamic Societies
Today (1994)

S. Wichmann, ed., World Cultures and Modern Art
(1972)

1장
미주

B. Bergdoll, ed., Latin America in Construction:
Architecture 1955–1980 (2015)

Documentos de Arquitectura Moderna en
América Latina 1950–1965 (2004)

L.E. Carranza and F.L. Lara, Modern Architecture
in Latin America: Art, Technology, and Utopia
(2014)

L. Fernández-Galiano, ed., Atlas: Architectures of
the 21st Century /
Vol. 2, America (2010)

K. Frampton, Five North American Architects
(2012)

− and R. Ingersoll, eds, World Architecture
1900–2000: a Critical Mosaic / Vol. 1, Canada
and the United States (2002)

– and G. Glusberg, eds, *World Architecture 1900–2000: a Critical Mosaic / Vol. 2, Latin America* (2002)

J. Plaut, *Pulso 2: New Architecture in Latin America* (2014)

O. Tenreiro, et al., *Sobre arquitectura: conversaciones con Kenneth Frampton, Oriol Bohigas, Rafael Moneo, Jaume Bach, Gabriel Mora, Cesar Portela* (1990)

미국

H. Arnold, ed., *Work/Life: Tod Williams Billie Tsien* (2000)

W. Blaser, *Architecture and Nature: The Work of Alfred Caldwell* (1984)

S. Chermayeff, *Community and Privacy* (1963)

B. Collins and J. Robbins, *Antoine Predock, Architect* (1994)

L. Fernández-Galiano, ed., *AV Monografías 196: Carlos Jiménez: 30 Years, 30 Works* (2017)

J. Ford, *The Modern House in America* (1940)

K. Frampton, ed., *Another Chance for Housing: Low-rise Alternatives; Brownsville, Brooklyn, Fox Hills, Staten Island* (1973)

– *Steven Holl Architect* (2007)

– and G. Nordenson, *Harry Wolf* (1993)

L. Hilberseimer, *The New Regional Pattern* (1949)

H.R. Hitchcock, *Marcel Breuer and the American Tradition in Architecture* (1938) [exh. cat.]

S. Holl, *Anchoring* (1989)

– *Intertwining* (1994)

– *Parallax* (2000)

– and J. Pallasmaa, *Rick Joy: Desert Works* (2002)

R. McCarter, *Louis Kahn* (2005)

– *Breuer* (2016)

MOMA, *Five Architects: Eisenman, Graves, Gwathmey, Hejduk and Meier* (1972)

J.L. Sert, *Can Our Cities Survive?* (1941)

L.S. Shapiro and C. Hubert, *William Lescaze, Architekt* (1993)

C. Sumi, et al., *Konrad Wachsmann and the Grapevine Structure* (2018)

K. Wachsmann, *The Turning Point of Building* (1961)

T. Williams and B. Tsien, *The 1998 Charles & Ray Eames Lecture* (1998)

– *Matter* (2003)

캐나다

E. Baniassad, *Shim-Sutcliffe: The Passage of Time* (2014)

– and D.S. Hanganu, *Dan Hanganu: Works, 1981–2015* (2017)

A. Erickson, *The Architecture of Arthur Erickson* (1988)

K. Frampton, ed., *Patkau Architects* (2006)

E. Lam and G. Livesey, *Canadian Modern: Fifty Years of Responsive Architecture* (2019)

R. McCarter, *The Work of Mackay-Lyons Sweetapple Architects: Economy as Ethic* (2017)

J. McMinn and M. Polo, *41° to 66°: Regional Responses to Sustainable Architecture in Canada* (2005)

M. Quantrill, *Plain Modern: The Architecture of Brian McKay Lyons* (2005)

J. Taylor and J. Andrews, *John Andrews: Architecture a Performing Art* (1982)

N. Valentin, *Moshie Safdie* (2010)

멕시코

M. Adrià and I. Garcés, *Biblioteca Vasconcelos* (2007)

W. Attoe, *The Architecture of Ricardo Legorreta* (1990)

F. Canales, *Architecture in Mexico, 1900–2010: the Construction of Modernity* (2013)

L.E. Carranza, *Architecture as Revolution: Episodes in the History of Modern Mexico* (2010)

M. Cetto, *Modern Architecture in Mexico* (1961, repr. 2011)

L.C.G. Franco, *Augusto H. Álvarez* (2008)

R. Franklin Unkind, *Hannes Meyer in Mexico: 1939–1949* (1997)

M. Goeritz, *Manifiesto de la arquitectura emocional* (1953)

V. Jimenez, *Juan O'Gorman* (2004)

R. Legorreta, V. Legorreta and N. Castro, *Ricardo Legorreta Architects* (1997)

S.D. Peters, *Max Cetto, 1903–1980* (1995)

S. Richardson, *Felix Candela, Shell-Builder* (1989)

브라질

E. Andreoli and A. Forty, *Brazil's Modern Architecture* (2004)

J.B.V. Artigas, *Vilanova Artigas* (1997)

R.C. Artigas, *Vilanova Artigas* (2015)

C. Baglione, 'MMBB & H+F: Social Housing in San Paolo', *Casabella*, 835, March 2014

L. Bo Bardi, *Stones Against Diamonds* (2013)

– and C. Veikos, *Lina Bo Bardi: The Theory of Architectural Practice* (2014)

A. Bucci, *The Dissolution of Buildings* (2015)

L. Fernández-Galiano, ed., *AV Monografías 125: Oscar Niemeyer* (2007)

– *AV Monografías 161: Mendes da Rocha 1958–2013* (2013)

– *AV Monografías 180: Lina Bo Bardi: 1914–1992* (2015)

G. Ferraz, *Warchavchik: 1925 to 1940* (1965)

M.C. Ferraz, ed., *Lina Bo Bardi* (1994)

P.L. Goodwin, *Brazil Builds* (1943)

J.F. Lima, *A arquitetura de Lelé: fábrica e invenção* (2010)

J. Lira, *O visível e o invisível na arquitetura brasileira* (2017)

S. Papadaki, *Oscar Niemeyer* (1950)

– *Oscar Niemeyer: Works in Progress* (1956)

'Severiano Mário Porto, Brasil', *Zodiac*, 8, September 1992, 236–41

A. Spiro, *Paulo Mendes Da Rocha: Works and Projects* (2006)

G. Wisnik, *Lucio Costa* (2007)

콜롬비아

R.L. Castro, et al., *Salmona* (1999)

O.J. Mesa, *Oscar Mesa: Arquitectura y Ciudad* (1997)

G. Téllez, *Rogelio Salmona: Obra Completa 1959–2005* (2006)

베네수엘라

H. Gómez, *Alcock: Works and Projects: 1959–1992* (1992)

S. Moholy-Nagy, *Carlos Raul Villanueva and the Architecture of Venezuela* (1964)

O. Tenreiro, et al., *Sobre arquitectura: conversaciones con Kenneth Frampton, Oriol Bohigas, Rafael Moneo, Jaume Bach, Gabriel Mora, Cesar Portela* (1990)

P. Villanueva, et al., *Carlos Raúl Villanueva* (2000)

G. Wallis Legórburu, C. Guinand Sandoz and C.J. Domínguez, *Wallis, Domínguez y Guinand* (1998)

아르헨티나

F. Alvarez and J. Roig, eds, *Antoni Bonet Castellana 1913–1989* (1996)

M. Cuadra and W. Wang, eds, *Banco de Londres y América del Sud: SEPRA and Clorindo Testa* (2012)

R. Malcolmson, et al., *Amancio Williams* (1990)

Nueva Visión, ed., *Manteola, Sánchez Gómez, Santos, Solsona, Viñoly* (1978)

J. Silvetti, *Amancio Williams* (1987)

A. Williams, *Amancio Williams* (1990)

우루과이

S. Anderson, ed., *Eladio Dieste: Innovation in*

Structural Art (2004)

M. Daguerre, A.A. Chiorino and G. Silvestri, *Eladio Dieste, 1917–2000* (2003)

E. Dieste, *Eladio Dieste: La Estructura Cerámica* (1987)

D.I. Ivakhoff, ed., *Eladio Dieste* (1987)

M. Payssé Reyes, *Mario Payssé Reyes: 1913–1988* (1998)

페루

M. Adrià and P. Dam, *OB+RA: Óscar Borasino, Ruth Alvarado: From the Peruvian Landscape* (2017)

F. Foti, *Learning Landscapes: a Lecture Building for Piura University by Barclay & Crousse* (2018)

– and F. Cacciatore, *Barclay & Crousse* (2012)

P. Land, ed., *The Experimental Housing Project (PREVI), Lima: Design and Technology in a New Neighborhood* (2015)

칠레

M. Adrià and A. Piovano, *Mathias Klotz* (2006)

T. Fernández Larrañaga, *Teodoro Fernández* (2008)

F. Márquez Cecilia and R.C. Levene, eds, *El Croquis 167: Smiljan Radic: 2003–2013* (2013)

F.P. Oyarzún, *Christian De Groote* (1993)

R. Pérez de Arce, F. Pérez Oyarzún and R. Rispa, *The Valparaíso School: Open City Group* (2014)

S. Radic, *Rough Work: Illustrated Architecture* (2017)

L. Rodríguez Valdés, *Mario Pérez de Arce Lavín* (1996)

E. Walker, et al., *Enrique Browne: 1974–1994* (1995)

2장
아프리카와 중동

A. Andraos, N. Akawi and C. Blanchfield, eds, *The Arab City* (2014)

R. Chadirji, *Concepts and Influences: Towards a Regionalized International Architecture* (1986)

L. Fernández-Galiano, ed., *Atlas: Architectures of the 21st Century / Vol. 3, Africa and Middle East* (2010)

A. Folkers, *Modern Architecture in Africa* (2010)

K. Frampton and H. Khan, eds, *World Architecture 1900–2000: a Critical Mosaic / Vol. 5, The Middle East* (2002)

K. Frampton and U. Kultermann, eds, *World Architecture 1900–2000: a Critical Mosaic / Vol. 6, Central and Southern Africa* (2002)

M. Herz, ed., *African Modernism: The Architecture of Independence* (2015)

R. Holod and D. Rastorfer, eds, *Architecture and Community: Building the Islamic World Today* (1983)

H.U. Khan, *Contemporary Asian Architects* (1995)

U. Kultermann, *New Directions in African Architecture* (1969)

– *Contemporary Architecture in the Arab States: Renaissance of a Region* (1999)

A. Tostões, *Modern Architecture in Africa: Angola and Mozambique* (2013)

남아프리카

G. Herbert, *Martienssen and the International Style: the Modern Movement in South African Architecture* (1975)

'Peter Rich Architects: Alexandra Interpretation Centre, Alexandra, Johannesburg, 2007-10', *Lotus International*, no. 143, August 2010, 44-46

J. Sorrell, ed., *Jo Noero Architects 1982–1998 and*

Noero Wolff Architects 1998–2009 (2009)

H. Wolff, *Heinrich Wolff: Monograph* (2007)

– *Architecture at a Time of Social Change* (2012)

I. Wolff, *Adele Naude Santos & Antonio De Souza Santos Monograph: Cape Town Work* (2011)

서아프리카

L. Fernández-Galiano, ed., 'Heikkinen & Komonen: Villa in Mali', *AV Monografías 72: Signature Houses* (1998), 90

– *AV Monografías 201: Francis Kéré* (2018)

D.F. Kéré, A. Lepik and A. Beygo, *Francis Kéré: Radically Simple* (2016)

R.W. Liscombe, 'Modernism in Late Imperial British West Africa: The Work of Maxwell Fry and Jane Drew, 1946-56', *JSAH*, vol. 65, no. 2, June 2006

P. Nicolin, ed., 'Heikkinen-Komonen: Poultry Farming School' and 'The Women's House: Hollmén-Reuter-Sandman', *Lotus International*, no. 116, January 2003, 60-63 and 80-81

북아프리카

T. Avermaete and M. Casciato, *Casablanca Chandigarh: a Report on Modernization* (2014)

A. Smithson and P. Smithson, 'Collective housing in Morocco: The work of Atbat-Afrique, described', *AD*, January 1955

J. Steele, *Hassan Fathy* (1988)

동아프리카

L. Fernández-Galiano, ed., 'Netherlands Embassy, Addis Ababa (Ethiopia) De Architectengroep', *AV Monografías 115: Building Materials* (2005)

A. Guedes and F. Vanin, *Vitruvius Mozambicanus* (2013)

E. Herrel, *Ernst May: Architekt und Stadtplaner in Afrika 1934–1953* (2001)

튀르키예

D. Barillari and E. Godoli, *Istanbul 1900: Art Nouveau Architecture and Interiors* (1996)

S. Bozdogan, *Sedad Eldem. Architect in Turkey* (1987)

P. Davey, 'Demir Holiday Village, Bodrum, Turkey', *AR*, 191, October 1992, 50-65

'Hilton Hotel, Istanbul', *Baumeister*, August 1956, 535-41

R. Holod and A. Evin, *Modern Turkish Architecture* (1984)

'Istaban Hotel', *L'Architecture d'Aujord'hui*, September 1955, 103-15

P. Jodidio, *Emre Arolat Architects* (2013)

H.U. Khan and S. Özkan, 'The Bektas Participatory Architectural Workshop, Turkey', *MIMAR*, no. 13, July–September 1984, 47-65

'Lassa Tyre Factory, Izmit', *MIMAR*, no. 18, October–December 1985, 28-33

L. Piccinato, 'L'Università del Medio Oriente presso Ankara', *L'Architettura 10*, no. 114, April 1965, 804-14

H. Sarkis, ed., *Han Tümertekin* (2007)

– *A Turkish Triangle: Ankara, Istanbul, and Izmir at the Gates of Europe* (2010)

U. Tanyeli, *Sedad Hakkı Eldem* (2001)

레바논

A. Abu Hamdan, 'Jafar Tukan of Jordan', *MIMAR*, no. 12, April-June 1984, 54-65

'Architecture in Lebanon', *AD*, 27, March 1957, 105

'Beyrouth - Collège Protestant', *L'Architecture d'Aujourd'hui*, no. 71, June 1957, 22-23

'Lebanon', *Techniques et Architecture* (Paris), no. 1-2, January-February 1944

'Ministère de la Défense nationale, Beyrouth', *Architecture Plus*, April 1973

P.G. Rowe and H. Sarkis, eds, *Projecting Beirut: Episodes in the Construction and Reconstruction of a Modern City* (1998)

W. Singh-Bartlett, *eastwest: Nabil Gholam Architects* (2015)

E. Verdeil, 'Michel Ecochard in Lebanon and Syria (1956-1968)', *Planning Perspectives*, vol. 27, no. 2, April 2012

이스라엘/팔레스타인

Z. Efrat, *The Object of Zionism: The Architecture of Israel* (2018)

T. Goryczka and J. Neměc, eds, *Zvi Hecker* (2014)

I. Heinze Greenberg, 'Paths in Utopia: On the Development of the Early Kibbutzim', in *Social Utopias of the Twenties*, ed. J. Fiedler (1995)

– and G. Herbert, 'The Anatomy of a Profession: Architects in Palestine During the British Mandate', *Architectura*, January 1992, 149-62

– and G. Herbert, *Erich Mendelsohn in Palestine: Catalog of the Exhibition* (1994)

'Hotel de Ville de Bat-Yam', *L'Architecture d'Aujourd'hui*, 34, 106, February/March 1963, 66-69

'The Israel Museum in Jerusalem', *Domus*, 451, June 1967, 190-200

I. Kamp-Bandau, et al., *Tel Aviv Modern Architecture 1930–1939* (1994)

A. Karmi-Melamed and D. Price, *Architecture in Palestine during the British Mandate, 1917–1948* (2014)

M.D. Levin and J. Turner, *White City: International Style Architecture in Israel* (1984)

C. Melhuish, 'Ada Karmi-Melamede and Ram Karmi: Supreme Court of Jerusalem. House in Tel Aviv', *AD*, 66, no. 11-12, November/ December 1966, 34-39

E. Mendelsohn and B. Zevi, *Erich Mendelsohn: The Complete Works* (1999)

N. Metzger-Szmuk, *Dwelling on the Dunes, Tel Aviv: Modern Movement and Bauhaus Ideals* (2004)

S. Rotbard, *White City, Black City: Architecture and War in Tel Aviv and Jaffa* (2015)

A.C. Schultz, *Ada Karmi-Melamede & Ram Karmi, Supreme Court of Israel* (2010)

R. Segal, *Space Packed: the Architecture of Alfred Neumann* (2017)

A. Sharon, *Kibbutz + Bauhaus: An Architect's Way in a New Land* (1976)

– *Kibbutz + Bauhaus: Arieh Sharon, the Way of an Architect* (1987)

– and E. Neuman, *Aryeh Sharon: adrikhal ha-medinah = Arieh Sharon: The Nation's Architect* (2018)

R. Shehori, *Ze ev Rekhter* (1987)

A. Teut, ed., *Al Mansfeld, an Architect in Israel* (1999)

M. Warhaftig, *They Laid the Foundation: Lives and Works of German-speaking Jewish Architects in Palestine 1918–1948* (2007)

A. Whittick, *Eric Mendelsohn* (1964)[1939]

이라크

The Architecture of Rifat Chadirji (1984)[a collection of 12 etchings]

U. Kultermann, 'Contemporary Arab Architecture; the Architects of Iraq', *MIMAR*, no. 5, September 1982, 54-61

M. Wasiuta, *Rifat Chadirji: Building Index* (2018)

사우디아라비아

M. Al-Asad, 'The Mosques of Abdel Wahid El-Wakil', *MIMAR*, no. 42, March 1992, 34-39

A.W. El-Hakil, 'Buildings in the Middle East', *MIMAR*, August 1981, 48-61

H.U. Khan, 'National Commercial Bank Jeddah', *MIMAR*, April-June 1985, 36-41

U. Kultermann, 'The Architects in Saudi Arabia',
 MIMAR, no. 16, April–June 1985, 42–53
'Ministry of Foreign Affairs, Riyadh', AR,
 November 1989, 96–98
A. Nyborg, Henning Larsen: Ud Af Det Bid (1986)
'Wadi Hanifa Wetlands', A+U, no. 485, July 2013

이란
N. Ardalan and L. Bakhtiar, The Sense of Unity
 (1973)
F. Daftari and L.S. Diba, eds, Iran Modern (2013)
K. Diba, Buildings and Projects (1981)
– 'Iran and Contemporary Architecture', MIMAR,
 no. 38, March 1991, 22–24
J.M. Dixon, 'Traditional Weave. Housing, Shushtar
 New Town, Iran', Progressive Architecture, 60,
 no. 10, October 1979, 68–71
M. Marefat, 'Building to Power: Architecture
 of Tehran, 1921–1941' (unpub. PhD
 dissertation, 1988)
– 'The Protagonists who Shaped Modern Tehran',
 in Tehran capitale bicentenaire, ed. C. Adle
 and B. Hourcade (1992)
M.R. Shirazi, Contemporary Architecture and
 Urbanism in Iran (2018)

걸프 국가들
A. Abu Hamden, 'Shopping Center, Kindergarten
 School, Dubai', MIMAR, no. 12, May 1984,
 62–64
K. Holscher, 'The National Museum of Bahrain',
 MIMAR, no. 35, June 1990, 24–29
U. Kultermann, 'Architects of the Gulf States',
 MIMAR, no. 14, November 1984, 50–57
– 'Education and Arab Identity: Kamal El Kafrawi;
 University of Qatar, Doha', Architectura, no.
 26, 1996, 84–88
J.F. Pousse, 'Un patio dans le désert: Ambassade
 de France, Marcate, Oman', Techniques et
 Architecture, no. 388, March 1990, 74–79

J. Randall, 'Sief Palace Area Building, Kuwait',
 MIMAR, no. 16, May 1985, 28–35
P.E. Skiver, 'Kuwait National Assembly Complex',
 Living Architecture, no. 5, 1986, 124–27
'Solar Control', Middle East Construction, April
 1981, 49–54
B.B. Taylor, 'University, Qatar', MIMAR, no. 16, May
 1985, 20–27
B. Thompson, 'Abu Dhabi Inter-Continental Hotel',
 MIMAR, no. 25, September 1987, 40–45
'Three Intercontinental Hotels: Abu Dhabi; Al Ain,
 UAE; Cairo, Egypt', Process Architecture, no.
 89, 1987, 120–24
J. Utzon, Logbook: Kuwait National Assembly
 (2008)
'Water Towers, Kuwait City, Kuwait', in
 Architecture and Community, ed. R. Holod
 and D. Rastorfer (1983)
G.R.H. Wright, The Qatar National Museum
 (1975)

3장
아시아와 태평양

K.K. Ashraf and J. Belluardo, eds, An Architecture
 of Independence: the Making of Modern
 South Asia: Charles Correa, Balkrishna Doshi,
 Muzharul Islam, Achyut Kanvinde (1998)
L. Fernández-Galiano, ed., Atlas: Architectures
 of the 21st Century / Vol. 1, Asia and Pacific
 (2010)
K. Frampton, R. Mehrotra and P.G. Sanghi, eds,
 World Architecture 1900–2000: a Critical
 Mosaic / Vol. 8, South Asia (2002)
K. Frampton and Z. Guan, eds, World Architecture
 1900–2000: a Critical Mosaic / Vol. 9, East
 Asia (2002)
K. Frampton, W.S.W. Lim and J. Taylor, eds, World
 Architecture 1900–2000: a Critical Mosaic /

Vol. 10, Southeast Asia and Oceania (2002)

J. Taylor, *Architecture in the South Pacific* (2014)

인도

C. Correa, *The New Landscape* (1985) [Correa's New Bombay plan]

— and K. Frampton, *Charles Correa* (1996)

W.J.R. Curtis, *Balkrishna Doshi: an Architecture for India* (1988)

N. Dengle, ed., *Dialogues with Indian Master Architects* (2015)

B. Doshi, *Paths Uncharted* (2011)

B. Jain and J. van der Steen, *Studio Mumbai: Praxis* (2012)

H.U. Khan, *Charles Correa* (1987)

J. Kugler, K.P. Hoof and M. Wolfschlag, eds, *Balkrishna Doshi: Architecture for the People* (2019)

F. Márquez Cecilia and R.C. Levene, eds, *El Croquis 157: Studio Mumbai, 2003–2011* (2011)

R. Mehrotra, *Architecture in India since 1990* (2011)

— and A. Berger, eds, *Landscape + Urbanism around the Bay of Mumbai* (2010)

— and S. Dwivedi, *Bombay: the Cities Within* (1995)

— and G. Nest, eds, *Public Places Bombay* (1996)

— and F. Vera, *Ephemeral Urbanism: Cities in Constant Flux* (2016)

S. Rajguru, et al., *Raj Rewal: Innovative Architecture and Tradition* (2013)

파키스탄

H.U. Khan, *The Architecture of Habib Fida Ali: Buildings and Projects, 1965–2009* (2010)

K.K. Mumtaz, *Architecture in Pakistan* (1985)

방글라데시

K. Chowdhury, K. Frampton and H. Binet, *The Friendship Centre: Gaibandha, Bangladesh* (2016)

'Clima confesional: Bait Ur Rouf Mosque, Dhaka: Marina Tabassum', *Arquitectura Viva*, no. 192, January 2017

R.M. Falvo, ed., *Rafiq Azam: Architecture for Green Living* (2013)

M. Gusheh, *Sher-e-Bangla Nagar: an American Architect in Dhaka* (1995)

N.R. Khāna, *Muzharul Islam: Selected Drawings* (2010)

A. Ruby and N. Graber, *Bengal Stream: The Vibrant Architecture Scene of Bangladesh* (2017)

스리랑카

B.B. Taylor, *Geoffrey Bawa* (1995)

'Richard Murphy Architects: British High Commission, Colombo, Sri Lanka, 2001-08', *Lotus International*, no. 140, December 2009

중국

E. Baniassad, L. Gutierrez and V. Portefaix, *Being Chinese in Architecture: Recent Works by Rocco Lim* (2004)

B. Chan, *New Architecture in China* (2005)

G. Ding, *Constructing a Place of Critical Architecture in China: Intermediate Criticality in the Journal Time + Architecture* (2015)

L. Fernández-Galiano, ed., *AV Monografías 109/110: China Boom: Growth Unlimited* (2004)

— *AV Monografías 150: Made in China* (2011)

M.J. Holm, K. Kjeldsen and M.M. Kallehauge, eds, *Wang Shu Amateur Architecture Studio* (2017)

L. Hu and H. Wenjing, *Toward Openness* (2018)

J. Liu, *Now and Here: Chengdu: Liu Jiakun, Selected Works* (2017)

C. Pearson, *Good Design in China* (2011)

W.S. Saunders, ed., *Designed Ecologies: the Landscape Architecture of Kongjian Yu* (2012)

P. Valle, *Rural Urban Framework* (2016)

A. Williams, *New Chinese Architecture: Twenty Women Building the Future* (2019)

J. Zhu, *Architecture of Modern China: a Historical Critique* (2009)

일본

T. Ando and F. Dal Co, *Tadao Ando Complete Works* (2000)

– *Tadao Ando 1995–2010* (2010)

J. Baek, *Nothingness: Tadao Ando's Christian Sacred Space* (2009)

B. Bognar, *The New Japanese Architecture* (1990)

L. Fernández-Galiano, ed., *AV Monografías 28: Generaciones Japonesas* (1991)

K. Frampton, *A New Wave of Japanese Architecture* (1978)

– *The Architecture of Hiromi Fujii* (1987)

– and K. Kuma, *Kengo Kuma: Complete Works* (2nd edn, 2018)

– D. Stewart and M. Mulligan, *Fumihiko Maki* (2009)

K.G.F. Helfrich and W. Whitaker, eds, *Crafting a Modern World: Architecture and Design of Antonin and Noémi Raymond* (2006)

M. Inoue, *Space in Japanese Architecture* (1985)

A. Isozaki and K.T. Ōshima, *Arata Isozaki* (2009)

– and D.B. Stewart, *Japan-ness in Architecture* (2006)

M. Kawamukai and M. Zardini, *Tadao Ando* (1990)

N. Kawazoe, *Contemporary Japanese Architecture* (1965)

K. Kikutake and K.T. Oshima, *Between Land and Sea: Kiyonori Kikutake* (2016)

R. Koolhaas, H.U. Obrist, K. Ota and J. Westcott, *Project Japan: Metabolism Talks* (2011)

S. Kuan and Y. Lippit, *Kenzo Tange: Architecture for the World* (2012)

K. Kuma, *Anti-Object: The Dissolution and Disintegration of Architectures* (2008)[2000]

K. Kurokawa, *Metabolism in Architecture* (1977)

A. Kurosaka, et al., *Space Design*, no. 172, January 1979 [special issue on Shinohara's work, 1955–79]

S.M. Levy, *Japanese Construction: An American Perspective* (1990)

K. Maekawa, Kunio Maekawa: *Sources of Modern Japanese Architecture* (1984)

F. Maki, *Investigations in Collective Form* (1964)

– and M. Mulligan, *Nurturing Dreams: Collected Essays on Architecture and the City* (2008)

– et al., *Fumihiko Maki* (2009)

T. Matsunaga, *Kazuo Shinohara* (1982)[IUAS cat.]

M. McQuaid, *Shigeru Ban* (2005)

K.T. Ōshima, *International Architecture in Interwar Japan: Constructing Kokusai Kenchiku* (2009)

A. Raymond, *An Autobiography* (1973)

J.M. Reynolds, *Maekawa Kunio and the Emergence of Japanese Modernist Architecture* (2001)

S. Roulet and S. Soulié, *Toyo Ito: Complete Works 1971–90* (1991)

S. Salat and F. Labbé, *Fumihiko Maki* (1988)

K. Shinohara, 'Towards Architecture', *L'Architettura*, no. X, April 1983

D. Stewart and H. Yatsuka, *Arata Isozaki 1960–1990* (1991)

K. Tange, U. Kultermann and H.R. von der Mühll, *Kenzo Tange* (1989)

Y. Taniguchi, *The Architecture of Yoshio Taniguchi* (1999)

J. Taylor, *The Architecture of Fumihiko Maki* (2003)

대한민국

M. Cho and K. Park, *Architectural Heterogeneity*

in Korean Society (2007)

S.C. Cho, *Byoung Cho* (2014)

호주

H. Beck and J. Cooper, eds, *Glenn Murcutt: A Singular Architectural Practice* (2002)

– *Clare Design: Works 1980–2015* (2015)

P. Drew, *Leaves of Iron. Glenn Murcutt: Pioneer of an Australian Architectural Form* (1985)

K. Frampton and P. Drew, *Harry Seidler Complete Works 1955–1990* (1991)

– *Architecture as Material Culture: the Work of Francis-Jones Morehen Thorp* (2014)

F. Fromont, *Glenn Murcutt* (2003)

S. Godsell and L.V. Schiak, *Sean Godsell: Works and Projects* (2005)

G. London, *Kerry Hill* (2013)

F. Márquez Cecilia and R.C. Levene, eds, *El Croquis 163/164: Glenn Murcutt, 1980–2012* (2012)

E. McEoin, ed., *Under the Edge: the Architecture of Peter Stutchbury* (2016)

P. McGillick, *Alex Popov: Buildings and Projects* (2002)

Y. Mikami, *Utzon's Sphere: Sydney Opera House* (2001)

G. Murcutt and P. Drew, *Touch This Earth Lightly: Glenn Murcutt in His Own Words* (1999)

P. Neuvonen and K. Lehtimäki, *Richard Leplastrier: Spirit of Nature Wood Architecture Award* (2004)

H. Seidler, *Houses and Interiors* (2003)

J. Taylor, *An Australian Identity: Houses for Sydney, 1953–63* (1972)

– *John Andrews: Architecture, a Performing Art* (1982)

– *Australian Architecture Since 1960* (1990)

뉴질랜드

J. Gatley, *Long Live the Modern: New Zealand's New Architecture, 1904–1984* (2009)

D. Mitchell and G. Chaplin, *The Elegant Shed: New Zealand Architecture since 1945* (1984)

E.B. Ottilinger and A. Sarnitz, *Ernst Plischke* (2003)

J. Stacpoole and P. Beaven, *New Zealand Art: Architecture 1820–1970* (1972)

4장
유럽

L. Fernández-Galiano, ed., *Atlas: Architectures of the 21st Century / Vol. 4, Europe* (2010)

K. Frampton, W. Wang and H. Kusolitsch, eds, *World Architecture 1900–2000: a Critical Mosaic / Vol. 3, Northern Europe, Central Europe, Western Europe* (2002)

K. Frampton and V.M. Lampugnani, eds, *World Architecture 1900–2000: a Critical Mosaic / Vol. 4, Mediterranean Basin* (2002)

P. Koulermos and J. Steele, *20th Century European Rationalism* (1995)

영국

J. Allen, *Berthold Lubetkin: Architecture and the Tradition of Progress* (1992)

P. Allison, 'The Presence of Construction: Walsall Art Gallery by Caruso St John', *AA Files*, 35, 1998, 70-79

S. Backström, 'A Swede Looks At Sweden', *AR*, vol. 94, no. 561, September 1942, 80 [his first use of the term 'New Empiricism']

– 'The New Empiricism: Sweden's Latest Style', *AR*, vol. 101, no. 606, June 1947, 199-204

A. Berman, ed., *Jim Stirling and the Red Trilogy: Three Radical Buildings* (2010)

S. Cantacuzino, *Wells Coates: a Monograph* (1978)

T. Fretton, *Tony Fretton Architects* (2014)

– Articles, Essays, Interviews and Out-Takes
(2018)

A. Jackson, The Politics of Architecture: A History
of Modern Architecture in Britain (1970)

D. Jenkins, ed., On Foster … Foster On (2000)

– Norman Foster: Works, 6 vols (2002-11)

I. Latham and M. Swenarton, eds, Jeremy Dixon
and Edward Jones: Buildings and Projects
1959–2002 (2002)

London County Council, The Planning of a New
Town; Data and Design Based on a Study for
a New Town of 100,000 at Hook, Hampshire
(1961)

J. Manser, The Joseph Shops, London 1983–1989
(1991)

F. Márquez Cecilia and R.C. Levene, eds, David
Chipperfield: 1991–2006 (2006)

– David Chipperfield: 2006–2014 (2016)

J. McKean, Royal Festival Hall: London City
Council, Leslie Martin and Peter Moro (1992)

N. McLaughlin and E. Doll, eds, Twelve Halls
(2018)

E. Parry, et al., Eric Parry Architects, 4 vols (2002-
18)

M. Pawley, Eva Jiřičná: Design in Exile (1990)

K. Powell, Richard Rogers: Complete Works, 3 vols
(1999-2006)

M. Quantrill, The Norman Foster Studio:
Consistency Through Diversity (1999)

A. Smithson and P. Smithson, The Charged Void:
Architecture (2001)

– The Charged Void: Urbanism (2005)

– The Space Between (2017) [ed. and publ.
posthumously by M. Risselada]

C. St John Wilson, The Other Tradition of Modern
Architecture (1995)

– Architectural Reflections: Studies in the
Philosophy and Practice of Architecture
(1999)

D. Stephen, K. Frampton and M. Carapetian,
British Buildings, 1960–1964 (1965)

J. Stirling, M. Wilford and L. Krier, James Stirling,
Buildings and Projects (1984)

M. Swenarton, Cook's Camden. The Making of
Modern Housing (2017)

R. Unwin, Town Planning in Practice: an
Introduction to the Art of Designing Cities
and Suburbs (1909)

A. Whittick, Eric Mendelsohn (1940)

F.R.S. Yorke, The Modern House in England (1937)

아일랜드

A. Becker, et al., 20th-Century Architecture,
Ireland (1997)

L. Fernández-Galiano, ed., AV Monografías 182:
O'Donnell + Tuomey (2016)

R. McCarter, Grafton Architects (2018)

J. McCarthy, 'Dublin's Temple Bar: a Case Study
of Culture-Led Regeneration', European
Planning Studies, 6, no. 3, 1998, 271-81

S. O'Toole, 'Group 91: Renovation of the Temple
Bar Urban District in Dublin', Domus, 809,
1998, 40-49

P. Quinn, Temple Bar (1996)

T. Swannell, 'De Blacam and Meagher: Three
Housing Projects', AA Files, 44, 2001, 37-43

J. Tuomey, Architecture, Craft and Culture (2008)

– and S. O'Donnell, O'Donnell + Tuomey:
Selected Works (2007)

D. Walker, Michael Scott, Architect (1995)

프랑스

J. Abram, Opere e progetti: Emmanuelle e
Laurent Beaudouin (2004)

M. Biagi and J. Abram, Pierre-Louis Faloci.
Architettura, Educazione Allo Sguaro (2018)

L.B. Bielza and O.R. Ojeda, Architecture With
and Without Le Corbusier: José Oubrerie
Architecte (2010)

H. Ciriani, Henri Ciriani (1997)

M.H. Contal and J. Revedin, *Sustainable Design: Towards a New Ethic in Architecture and Town Planning* (2013)

C. Devillers, 'Entretiens avec Henri Gaudin', *AMC*, May 1983, 78-101

— 'Entretiens avec Roland Simounet', *AMC*, May 1983, 52-73

— 'Le Sublime et le quotidien', *AMC*, May 1983, 102-09

L. Fernández-Galiano, ed., *AV Monografías 134: Dominique Perrault: 1990–2009* (2009)

— *AV Monografías 206: LAN 2002–2018* (2018)

K. Frampton, 'José Oubrerie a Damasco', *Parametro*, 134, 1985, 22-43 [pub. in Eng. in abridged form as 'French Cultural Centre, Damascus' in *MIMAR*, 27, 1988, 12-20]

F. Jourda, *Jourda & Perraudin* (1993)

— *An Architecture of Difference* (2001) [John Dinkaloo Memorial Lecture transcript]

M.W. Kagan, *Kagan: Architectures, 1986–2016* (2016)

W. Lesnikowski, *The New French Architecture* (1990)

Y. Lion, 'La Cité judiciaire de Draguignan', *AMC*, March 1984, 6-19

J. Lucan, 'Une morale de la construction. Le musee d'art moderne du Nord de Roland Simounet', *AMC*, May 1983, 40-49

F. Márquez Cecilia and R.C. Levene, eds, *El Croquis 177/178: Lacaton & Vassal, 1993–2015* (2015)

I. Ruby, A. Ruby and P.C. Schmal, eds, *Druot, Lacaton & Vassal, Tour Bois le Prêtre* (2012)

S. Salat and F. Labbé, *Paul Andreu* (1990) [important French designer of airports]

M. Vigier, ed., 'Edouard Albert 1910-1968', *AMC*, October 1986, 78-89

벨기에

G. Bekaert and L. Stynen, *Léon Stynen, een architect, Antwerpen, 1899–1990* (1990)

M. Culot, ed., *J.-J. Eggericx: gentleman architecte, créateur de cités-jardins* (2013)

M. Dubois, *Gaston Eysselinck: 1930–1931: Woning Gent* (2003)

J. Lampens and A. Campens, *Juliaan Lampens* (2011)

Le Corbusier, *Le Corbusier & la Belgique* (1997)

F. Márquez Cecilia and R.C. Levene, eds, *El Croquis 125: Stephane Beel* (2005)

J. Quetglas, *M.Lapeña/Torres* (1990)

P. Puttemans and L. Herve, *Modern Architecture in Belgium* (1976)

L. van der Swaelmen, *Préliminaires d'art civique* (1916, repr. 1980)

A. Vázquez de Castro and A.F. Alba, *Trente oeuvres d'architecture espagnole années 50 - années 80* (1985) [cat. of an important exh. in Hasselt, Belgium]

스페인

AC-GATEPAC: 1931–1937 (1975)

M. Alonso del Val, 'Spanish Architecture 1939-1958: Continuity and Diversity', *AA Files*, 17, Spring 1989, 59-63

O. Bohigas, *Garcés/Sòria* (1987)

E. Bonell, 'Velodromo a Barcelona', *Casabella*, 519, December 1985, 54-64

— 'Civic Monuments', *AR*, 188, July 1990, 69-74

— and F. Rius, 'Velodrome, Barcelona', *AR*, 179, May 1986, 88-91

E. Bru and J.L. Mateo, *Spanish Contemporary Architecture* (1984)

A. Capitel and I. de Solà-Morales, *Contemporary Spanish Architecture* (1986)

G.V. Consuegra and V.P. Escolano, *Guillermo Vázquez Consuegra* (2009)

W. Curtis, *Carlos Ferrater* (1989)

L. Fernández-Galiano, ed., *AV Monografías 35: Rafael Moneo 1986–1992* (1992)

– *AV Monografías 45–46: España* (1994) [this
series publ. an issue dedicated to recent
Spanish work every year from this point on]
– *AV Monografías 68: Alejandro de la Sota* (1997)
– *AV Monografías 85: Cruz & Ortiz: 1975–2000*
(2000)
– *AV Monografías 145: Mansilla+Tuñón 1992–
2011* (2010)
– *AV Monografías 188: Paredes Pedrosa:
1990–2016* (2016)
Fundación ICO, ed., *Cruz y Ortiz: 12 edificios, 12
textos* (2016)
F. Higueras, *Fernando Higueras 1959–1986*
(1985)
R.C. Levene, F.M. Cecilia and A.R. Barbarin,
*Arquitectura Española Contemporánea
1975–1990*, 2 vols (1989) [definitive survey
of Spanish architecture during this period]
J. Llinas and A. de la Sota, *Alejandro de la Sota*
(1989)
Manuel Gallego: arquitectura 1969–2015 (2015)
S. Marchán Fiz, *José Ignacio Linazasoro* (1990)
F. Márquez Cecilia and R.C. Levene, eds, *Francisco
Javier Sáenz de Oíza, 1947–1988* (2002)
P. Molins, *Mansilla + Tuñón arquitectos dal 1992*
(2007)
R. Moneo, 'Museum for Roman Artifacts, Mérida,
Spain', *Assemblage*, 1, 1986, 73-83
– *Cruz/Ortiz* (1988)
F. Nieto and E. Sobejano, *Nieto-Sobejano,
1996–2001: desplazamientos* (2002)
O.R. Ojeda, ed., *Campo Baeza: Complete Works*
(2015)
G. Ruiz Cabrero, *The Modern in Spain:
Architecture after 1948* (2001)
V. Sari, *Bach/Mora* (1987)
A. Zabalbeascoa, *The New Spanish Architecture*
(1992)

포르투갈

G. Byrne, A. Angelillo and I. de Solà-Morales,
Gonçalo Byrne: opere e progetti (2006)
G. Byrne and L. Tena, *Gonçalo Byrne: Works*
(2002)
A. Esposito and G. Leoni, *Eduardo Souto de
Moura* (2003)
L. Fernández-Galiano, ed., *AV Monografías 40:
Álvaro Siza 1988–1993* (1993)
– *AV Monografías 47: Portugueses* (1994)
– *AV Monografías 151: Souto de Moura 1980–
2012* (2011)
– *AV Monografías 208: Souto de Moura 2012–
2018* (2018)
J. Figueira, ed., *Álvaro Siza: Modern Redux* (2008)
P. Mardaga, *Architectures à Porto* (1990)
F. Márquez Cecilia and R.C. Levene, eds, *El
Croquis 170: João Luis Carrilho da Graça*
(2014)
C. Sat, *Schools of Óbidos* (2010)
A. Siza, *Álvaro Siza 1986–1995* (1995)
– *Álvaro Siza 1954–1976* (1997)
– *Fundação Iberê Camargo* (2008)
– and A. Angelillo, *Álvaro Siza: Writings on
Architecture* (1997)
– and W. Wang, *Souto de Moura* (1990)
E. Souto de Moura, *Competitions 1979–2010*
(2011)
F. Távora, *Fernando Távora* (1993)

이탈리아

C. Aymonino, *Carlo Aymonino* (1996)
C. Baglione, ed., *Ernesto Nathan Rogers, 1909–
1969* (2012)
G. Banfi and L. Belgiojoso, 'Urbanistica
corporativa', *Quadrante*, 16-17, August-
September 1934, 16-17
R. Banham, 'Neoliberty: The Italian Retreat from
Modern Architecture', *AR*, 125, April 1959,
230-35

BBPR, L. Fiori and M. Prizzon, *La Torre Velasca: disegni e progetto della Torre Velasca* (1982)

M. Botta, *Louis Kahn and Venezia* (2018)

P. Buchanan, *Renzo Piano Building Workshop: Complete Works, 5 vols* (1993-2008)

G. Ciocca and E. Rogers, 'Per la Città Corporativa', *Quadrante*, 10, February 1934, 25

P.A. Croset and L. Skansi, *Modern and Site Specific: the Architecture of Gino Valle, 1923–2003* (2018) [originally publ. in a larger format in Italian as Gino Valle (2010)]

G. de Carlo, *Giancarlo De Carlo: immagini e frammenti* (1995)

– and B. Zucchi, *The Architecture of Giancarlo De Carlo* (1992)

L. Fernández-Galiano, ed., *AV Monografías 23: Renzo Piano: Building Workshop 1980–1990* (1990)

– *AV Monografías 119: Renzo Piano: Building Workshop 1990–2006* (2006)

R. Gargiani and A. Bologna, *The Rhetoric of Pier Luigi Nervi: Concrete and Ferrocement Forms* (2016)

G. Grassi, *La costruzione logica dell'architettura* (1967, repr. 2018)

– *Giorgio Grassi: opere e progetti* (2004)

V. Gregotti, *Il territorio dell' architettura* (1966)

R. Hoekstra, *Building versus Bildung: Manfredo Tafuri and the Construction of a Historical Discipline* (2005)

D.S. Lopes, *Melancholy and Architecture: on Aldo Rossi* (2015)

A. Natalini, 'Deux variations sur un thème', *AMC*, March 1984, 28–41

– *Figures of Stone: Quaderni di Lotus* (1984) [a survey of the work of this architect]

P.-L. Nervi, *Nervi: Space and Structural Integrity* (1961)

– *Aesthetics and Technology in Building* (1965)

– et al., *Pier Luigi Nervi: Architecture as Challenge* (2010)

R. Piano and K. Frampton, *Renzo Piano: The Complete Logbook: 1966–2016* (2017)

E. Rogers, 'Continuity or Crisis?', *Casabella Continuità*, 215, April-May 1957, ix-x

A. Rossi, *L'architettura della città* (1966) [Eng. trans. by D. Ghirardo and J. Ockman, *The Architecture of the City* (1982)]

C. Rostagni, *Luigi Moretti, 1907–1973* (2008)

M. Tafuri, *Vittorio Gregotti, Buildings and Projects* (1982)

– *History of Italian Architecture 1944–1985* (1989)

G. Vragnaz, *Gregotti Associati: 1973–1988* (1990)

B. Zevi, *Towards an Organic Architecture* (1945, trans. 1950)

그리스

E. Antoniadis, *Greek Contemporary Architecture* (1979)

S. Condaratos, B. Manos and W. Wang, *Twentieth Century Architecture: Greece* (1999)

A. Couvelas, *House of the Winds in Santorini* (2016)

A. Ferlenga, *Pikionis, 1887–1968* (1999)

P. Karantinos, *Ta nea scholika ktiria, epimeleia tou architektonos Patroklou Karantinou* (1938)

A. Konstantinidis, *Elements for Self-Knowledge* (1975)

– with D. Konstantinidis and P. Cofano, *Aris Konstantinidis, 1913–1993* (2010)

P. Koulermos, 'The Work of Konstantinidis', *AD*, May 1964

L. Liaska, et al., *Dimitris Pikionis, Architect 1887–1968* (AA Mega publication, 1989) [definitive study]

K. Skousbøll, *Greek Architecture Now* (2006)

T.C. Zenetos, *Takis Ch. Zenetos: 1926–1977* (1978)

구 유고슬라비아

F. Achleitner, et al., *Edvard Ravnikar: Architect and Teacher* (2010)

C. Eveno, et al., *Jože Plečnik, Architect, 1872–1957* (1989)

Z. Lukeš, D. Prelovšek and T. Valena, *Josip Plečnik: An Architect of Prague Castle* (1997)

M. Stierli and V. Kulić, *Toward a Concrete Utopia: Architecture in Yugoslavia: 1948–1980* (2018)

오스타리아

R. Abraham, *Raimund Abraham: Works 1960–1973* (1973)

W.M. Chramosta, P. Cook, and L. Waechter-Böhm, *Helmut Richter: Buildings and Projects* (1999)

Coop Himmelblau: Architecture is Now (1983)

B. Groihofer, *Raimund Abraham [UN]BUILT* (2nd edn, 2016)

O. Kapfinger, D. Steiner and S. Pirker, *Architecture in Austria: Survey of the 20th Century* (1999)

G. Peichl, *Gustav Peichl: Buildings and Projects* (1992)

R. Rainer, *Livable Environments* (1972)

– *Vitale Urbanität: Wohnkultur und Stadtentwicklung* (1995)

A. Sarnitz, *Three Viennese Architects* (1984) [coverage of the work of Holzbauer, Peichl and Rainer]

O. Wagner, *Moderne Architektur* (1896) [Eng. trans. by H. Mallgrave, *Modern Architecture* (1988)]

L. Welzenbacher, *Lois Welzenbacher* (1968)

독일

O. Bartning, ed., *Mensch und Raum: Das Darmstädter Gespräch 1951* (1991)

P. Blundell Jones, *Hans Scharoun, a Monograph* (1978, repr. 1995)

P. Drew, *Frei Otto: Form and Structure* (1976)

E. Eiermann and I. Boyken, *Egon Eiermann 1904–1970: Bauten und Projekte* (1984)

L. Fernández-Galiano, ed., *AV Monografías 1–2: Berlin IBA '87* (1985)

I. Flagge, V. Herzog-Loibl and A. Meseure, eds, *Thomas Herzog: Architecture + Technology* (2002)

V. Gregotti, 'Oswald Mathias Ungers', *Lotus*, 11, 1976

M. Heidegger, *Building, Dwelling, Thinking* (1954)

J.P. Kleihues, *Josef Paul Kleihues* (2008)

W. Nerdinger and C. Tafel, *Architectural Guide. Germany: 20th Century* (1996)

U. Schwarz, ed., *New German Architecture: a Reflexive Modernism* (2002)

O. Steidle, *Reissbrett 3: Otto Steidle: Werkmonographie* (1984)

O.M. Ungers, *Oswald Mathias Ungers* (1991)

W. Wang and D.E. Sylvester, eds, *Hans Scharoun: Philharmonie, Berlin 1956–1963* (2013)

덴마크

M.A. Andersen, *Jørn Utzon: Drawings and Buildings* (2014)

L. Fernández-Galiano, ed., *AV Monografías 205: Jørn Utzon 1918–2008* (2018)

K. Fisker, *Modern Danish Architecture* (1927)

'Henning Larsen's Tegnestue A/S, University of Trondheim, Trondheim, Norway', *GA Document*, 4, 1981

T.B. Jensen, P.V. Jensen-Klint (2006)

L.B. Jørgensen, *Vilhelm Lauritzen: en Moderne Arkitekt* (1994)

H.E. Langkilde, *Arkitekten Kay Fisker* (1960)

C. Norberg-Schulz and T. Faber, *Utzon Mallorca* (1996)

C. Thau and K. Vindum, *Arne Jacobsen* (2001)

J. Utzon, *Logbook, 5 vols: The Courtyard Houses* (2004); *Bagsværd Church* (2005); *Two Houses on Majorca* (2004); *Kuwait National Assembly* (2008); *Additive Architecture*

(2009)

R. Weston, *Utzon* (2002)

– *Jørn Utzon: the Architect's Universe* (2008)

스웨덴

G. Asplund, et al., *Acceptera* (1931)

P. Blundell Jones, *Gunnar Asplund* (2012)

L. Capobianco, *Sven Markelius: Architettura e città* (2006)

P. Collymore, *The Architecture of Ralph Erskine: Contributing to Humanity* (1994)

G. Holmdahl, ed., *Gunnar Asplund, Architect, 1885–1940. Plans, Sketches and Photographs* (1950)

O. Hultin and W. Wang, *The Architecture of Peter Celsing* (1996)

G.E. Kidder Smith, *Sweden Buildings* (1957)

P.G. Rowe, *The Byker Redevelopment Project: Newcastle upon Tyne, United Kingdom, 1969–82: Ralph Erskine* (1988)

C. St John Wilson, *Gunnar Asplund, 1885–1940: the Dilemma of Classicism* (1988)

– *Sigurd Lewerentz, 1885–1975: the Dilemma of Classicism* (1989)

노르웨이

J. Brænne, *Arne Korsmo: Arkitektur og Design* (2004)

P.O. Fjeld, *Sverre Fehn: the Thought of Construction* (1983)

– *Sverre Fehn: the Pattern of Thought* (2009)

C. Norberg-Schulz and G. Postiglione, *Sverre Fehn: Works, Projects, Writings, 1949–1996* (1998)

핀란드

J. Ahlin, *Sigurd Lewerentz, Architect, 1885–1975* (1987)

P. Davey, *Architecture in Context: Helin Workshop* (2011)

S. Micheli, *Erik Bryggman: 1891–1955: Architettura Moderna in Finlandia* (2009)

M.R. Norri, *An Architectural Present: 7 Approaches* (1990) [definitive exh. cat. of contemporary Finnish architects]

J. Pallasmaa, *Architecture in Miniature* (1991) [a survey of the architect's work]

S. Poole, *The New Finnish Architecture* (1991) [a comprehensive survey of contemporary practice]

M. Quantill, *Juha Leiviskä: and the Continuity of Finnish Modern Architecture* (2001)

C. St John Wilson, *Gullichsen, Kairamo, Vormala* (1990)

후기: 세계화 시대의 건축

Architecture in the Age of Globalization W. Blaser, ed., Santiago Calatrava: Engineering and Architecture (1989)

C. Davidson, 'On the Record with Kenneth Frampton', *Log*, Fall 2018, 27-34

P.B. Jones and M. Meagher, *Architecture and Movement* (2015)

B. Lootsma, *Cees Dam* (1989)

U.J. Schulte Strathaus, 'Modernism of a Most Intelligent Kind: A Commentary of the Work of Diener & Diener', *Assemblage*, 3, 1987, 72-107

M. Umbach and B. Hüppauf, *Vernacular Modernism: Heimat, Globalization, and the Built Environment* (2005)

W. Wang, *Jacques Herzog and Pierre de Meuron* (1990)

도판 출처

[252] Photo Tim Street-Porter

[253] Architectural Publishers Artemis

[254] Redrawn by Stefanos Polyzoides

[255] Courtesy Mrs Dione Neutra

[256] Architectural Publishers Artemis

[260, 262] The Architectural Review

[264] © Architectural Design

[265] Antonin Raymond, An Autobiography, Charles E. Tuttle Co., Inc., Tokyo, 1973

[267, 269] Retoria, Tokyo

[271] Alison and Peter Smithson

[272] The Architectural Review

[275] Brecht-Einzig Limited

[277] Alison and Peter Smithson

[278] Dept of Planning and Design, City of Sheffield

[279] © Architectural Design

[280, 281] Alison and Peter Smithson

[282] Courtesy G. Candilis

[285] © Architectural Design

[286] Archigram

[287] Buckminster Fuller Archives

[289] Tomio Ohashi

[290] Retoria, Tokyo

[291] Courtesy Richard Rogers. Photo Martin Charles

[293] Milton Keynes Development Corporation

[294] HfG-Ulm Archives

[297] Courtesy Jahn & Murphy

[298] Photo Tim Street-Porter/OTTO

[301] E. Stoecklein

[302] Olivier Chaslin

[306, 307, 308, 309] Architectenburo Herman Hertzberger

[310] John Donat

[311] Hedrich Blessing

[312] Malcolm Lewis

[313] Courtesy Foster + Partners, London. Photo Richard Davies

[314] Courtesy Foster + Partners, London

[315] Retoria, Tokyo, Photo W. Fujii

[316] Courtesy Michael Graves. Proto Acme Photo

[318] Studio Hollein

[320] Courtesy Rem Koolhaas

[321] Courtesy Peter Eisenman

[322] Photo Jean Marie Monthiers, courtesy Bernard Tschumi Architects

[330] IBA, Berlin

[339, 340] Courtesy Tadao Ando

[342, 343] Courtesy Atelier

[344] Photo Alinari/Topfoto

[345] Howe & Lescaze

[346] Walter Gropius © DACS 2020

[347] Marcel Breuer, Alfred Roth, Emil Roth

[348] Photo ullstein bild via Getty Images

[349] Walter Gropius © DACS 2020

[350] © Ezra Stoller/Esto

[351] Marcel Breuer, Bernard Zehrfuss, Pier Luigi Nervi

[352] © Ezra Stoller/Esto

[353] Walter Gropius © DACS 2020

[354] Julius Shulman photography archive, 1936-1997. © J. Paul Getty Trust. Getty Research Institute, Los Angeles (2004.R.10)

[355] Photo © Paul Warchol

[356] courtesy Tod Williams Billie Tsien Architects & Partners

[357] Photo © Michael Moran/OTTO

[358] Photo © Andy Ryan

[359] Courtesy Aman Resorts aman.com

[360] Courtesy Harry C. Wolf

[361, 362] Photo courtesy Stanley Saitowitz/ Natoma Architects Inc.

[363] Courtesy Safdie Architects

[364] Photo DeAgostini/Getty Images

[365] Photo John Fulker, courtesy of the Erickson Estate Collection

[366] University of Toronto Scarborough Library, Archives & Special Collections: UTSC Archives Legacy Collection, Series F. Photographs - Box 1 (File 5)

[367] Architects: A.J. Diamond and Barton Myers, Architects and Planners. In association with R.L. Wilkin, Architect. Partner in Charge: Barton Myers

[368, 369] Photo © James Dow/Patkau Architects

[370] Photo © Bernard Fougères/Patkau Architects

[371] Courtesy Shim-Sutcliffe Architects

[372] Photo Ed Burtynsky, courtesy Shim-Sutcliffe Architects

[373] Photo James Steeves

[374] Photo Frédéric Soltan/Corbis via Getty Images

[375] Colección O'Gorman. Coordinación Servicios de Información Universidad Autónoma Metropolitana, Unidad Azcapotzalco México DF. Photo Maricela González Cruz Manjarrez, Archivo Fotográfico "Manuel Toussaint" del Instituto de Investigaciones Estéticas, UNAM. © Estate of Juan O'Gorman/ARS, NY and DACS, London 2020

[376, 377] © Estate of Juan O'Gorman/ARS, NY and DACS, London 2020

[378] Photo E. Timberman, from Max L. Cetto, Moderne Architektur in Mexiko (Verlag Gerd Hatje, Stuttgart, 1961). By permission of Bettina Cetto

[379] © Felipe Cliamo, LEGORRETA®

[380] Photo © Fundación Armando Salas Portugal

[381] Fundación ICA, A.C.

[382] Courtesy TEN Arquitectos

[383] Archivo de Arquitectos Mexicanos, Facultad de Arquitectura, Universidad Nacional Autónoma de México

[384] Photo Yoshi Koitani

[385] Geraldo Ferraz, Warchavchik e a introduçã o da nova arquitetura no Brasil: 1925 a 1940, Museu de Arte de Sao Paulo, 1965, p. 22

[386] Photo © Nelson Kon

[387] Paulo Mendes da Rocha

[388] Affonso Eduardo Reidy

[389] Photo Raul Garcez Pereira, Archive of Biblioteca da Faculdade de Arquitectura e Urbanismo da Universidad de São Paulo

[390] Photo © Leonardo Finotti

[391, 392, 393, 394] Paulo Mendes da Rocha

[395] Photo © Nelson Kon

[396] Angelo Bucci/spbr arquitetos

[397] Photo © Nelson Kon

[398] Photo © Leonardo Finotti

[399] Photo © Nelson Kon

[400] Courtesy Sarah Hospital, Macapá, Brazil

[401] Curitiba BRT

도판 출처

[402] Photo © Germán Téllez

[403] Courtesy Fundación Rogelio Salmona, Bogotá

[404] Photo Gabriel Ossa. Courtesy Fundación Rogelio Salmona, Bogotá

[405] Courtesy Ricardo L. Castro

[406] Metropolitan Theatre, Medellín, Colombia

[407] Laureano Forero Ochoa

[408] Photo Iwan Baan

[409] Cipriano Dominguez

[410] Fundación Villanueva, photo Paolo Gasparini

[411] Photo José Félix Vivas. © 2020 Calder Foundation, New York/DACS, London

[412] Fundación Villanueva, photo Paolo Gasparini

[413, 414] Courtesy The Estate of Jesús Tenreiro-Degwitz

[415] Drawing taken from the book "Todo llega al Mar" published by the Polythecnic University of Valencia in 2019. Reproduced courtesy Oscar Tenreiro

[416] Walter James Alcock

[417, 418] Antoni Bonet i Castellana

[419, 420] © SEPRA and Clorindo Testa, O'Neil Ford Monograph 4: Banco de Londres y América del Sud, 2011

[421] Courtesy Archivo Williams Director Claudio Williams

[422] Photo Alejandro Goldemberg, courtesy MSGSSS Arquitectos

[423, 424] Courtesy MSGSSS Arquitectos

[425] Fundación Joaquín Torres-García, Montevideo

[426] Julius Shulman Photography Archive, Research Library at the Getty Research Institute, Los Angeles

[427] Instituto de Historia de la Arquitectura, Facultad de Arquitectura, Universidad de la República, Montevideo

[428] Mario Payssé Reyes

[429] Photo © Leonardo Finotti

[430] Luis García Pardo

[431] Photo © Leonardo Finotti

[432, 433] Eladio Dieste

[434, 435] Peter Land, The Experimental Housing Project (PREVI), Lima: Design and Technology in a New Neighborhood = El Proyecto Experimental De Vivienda (PREVI), Lima: diseño y tecnología En Un Nuevo Barrio. Universidad De Los Andes, 2015

[436] El arquitecto peruano (January-February 1967)

[437] Mazuré, Nash and Miguel Cruchaga Belaúnde

[438, 439] Courtesy Barclay & Crousse, Estudio Lima

[440] © Cristobal Palma/Estudio Palma

[441, 442, 443] Photo Renzo Rebagliati. Courtesy Borasino Arquitectos

[444] Roberto Dávila Carson

[445, 446] Archivo Histórico José Vial Armstrong. Escuela de Arquitectura y Diseño. Pontificia Universidad Católica de Valparaíso

[447] Fondo Mario Pérez de Arce. Archivo de Originales. FADEU. Pontificia Universidad Católica de Chile

[448] Archivo Histórico José Vial Armstrong. Escuela de Arquitectura y Diseño. Pontificia Universidad Católica de Valparaíso

[449, 450] Christian De Groote

[451] Photo © Leonardo Finotti

[452] Enrique Browne

[453] José Medina

[454] Photo Alberto Piovano, courtesy Mathias Klotz Studio

[455] Photo © Leonardo Finotti

[456] Photo Felipe Cammus. Courtesy Geman de Sol

[457] Arq: Architectural Research Quarterly,

[585] Photo Anthony Browell, courtesy Architecture Foundation Australia

[586] Photo Glenn Murcutt, courtesy Architecture Foundation Australia

[587] Drawing Glenn Murcutt

[588] Courtesy Peter Stutchbury Architecture

[589] Photo Richard Stringer. Courtesy Clare Design (Lindsay + Kerry Clare)

[590] Courtesy fjmt studio

[591, 592] Photo John Gollings. Courtesy fjmt studio

[593] Photo Earl Carter

[594] Photo © Albert Lim KS. Courtesy Kerry Hill Architects

[595] Photo Irene Koppel. Courtesy Ernst A. Plischke Estate

[596] Akademie der bildenden Künste, Vienna (HZ31012). Courtesy Ernst A. Plischke Estate © DACS 2020

[597] Courtesy Ernst A. Plischke Estate, from State Housing in New Zealand, which is written by Cedric Firth (1949, S. 50)

[598] Courtesy Ernst A. Plischke Estate © DACS 2020

[599] Courtesy Warren and Mahoney

[600] Photo Duncan Winder. Alexander Turnbull Library, Wellington (DW-3203-F)

[601] AAL Library

[602, 603] The Architectural Review

[604] Dell & Wainwright/RIBA Collections

[605] Photo Herbert Felton/Hulton Archive/Getty Images

[606] Photo Heritage Images/Getty Images

[607] The Architectural Review

[608] Greater London Council

[609] Michael Neylan

[610] Photo Michael Carapetian

[611] Michael Brown

[612] Photo © Tim Crocker

[613, 614] James Stirling

[615] James Stirling and James Gowan

[616] Alan Colquhoun and John Miller

[617] Greater London Council

[618] Photo Richard Bryant. Arcaid Images/ Alamy Stock Photo

[619] Tony Fretton Architects

[620] Ute Zscharnt for David Chipperfield Architects

[621, 622] Photo © Nick Kane

[623] Photo Dirk Lindner. Courtesy Eric Parry Architects

[624] Courtesy de Blacam and Meagher Architects

[625] Photo Peter Cook. Courtesy de Blacam and Meagher Architects

[626] Courtesy O'Donnell + Tuomey

[627] Photo © Dennis Gilbert/VIEW

[628] Courtesy O'Donnell + Tuomey

[629] Photo © Dennis Gilbert/VIEW

[630] Courtesy Grafton Architects

[631] Photo Iwan Baan

[632] Courtesy Grafton Architects

[633] Courtesy Henri Ciriani

[634] José R. Oubrerie

[635] Courtesy Laurent Beaudouin

[636] Courtesy Christian Devillers

[637, 638, 639] Courtesy Kagan architectures

[640, 641] Jourda Architectes Paris

[642, 643] © Lacaton & Vassal

[644] © Philippe Ruault

[645] Photo © Pierre-Yves Brunaud

[646] Photo Luis Davilla/agefotostock

[647] © Archives d'Architecture Moderne, Bruxelles

[648] Victor Bourgeois

[649] Gaston Eysselinck Archives, collection Design Museum Gent

[650, 651] © Collection Flanders Architecture Institute, Collection Flemish Community, Archive of Léon Stynen-Paul de Meyer

[652] © Archives d'Architecture Moderne, Bruxelles

[653, 654] Architectural Press

[655, 656, 657] Le Corbusier © F.L.C./ADAGP, Paris and DACS, London 2020

[658] Courtesy Stéphane Beel Architects. Photo © Lieve Blancquaert

[659] Courtesy Stéphane Beel Architects. Photo © Jan Kempenaers

[660] Photo © Patrick Henderyckx

[661] Alejandro de la Sota

[662] Courtesy El Croquís. Photo Lluís Casals

[663] Courtesy El Croquís. Photo Hisao Suzuki

[664] Courtesy Rafael Moneo

[665, 666] Photo Duccio Malagamba, courtesy Cruz y Ortiz Arquitectos

[667] Photo Lluís Casals, courtesy El Croquís

[668] Photo Lluís Casals, courtesy Bonell i Gil, Arquitectes

[669] Photo © Pablo Gallego-Picard

[670] Courtesy Guillermo Vazquez Consuegra Arquitecto

[671] © Roland Halbe

[672] Photo Hisao Suzuki. Courtesy Guillermo Vazquez Consuegra Arquitecto

[673, 674] Courtesy Emilio Tuñon

[675] Courtesy Nieto Sobejano Arquitectos. Photo © FernandoAlda

[676] Courtesy Borasino Arquitectos

[677] Photo Sèrgio Jacques

[678] Photo Rui Morais de Sousa

[679] Photo Carl Lang. Courtesy Gonçalo Byrne Arquitectos

[680] Carrilho da Graça Architects

[681, 682] Courtesy Souto Moura Arquitectos

[683] Photo FG+SG (www.fernandoguerra.com)

[684] Courtesy Claudio Sat Arquitectura Lda

[685] Photo Alinari/Topfoto

[686] Photo © Wolfram Mikuteit

[687] Courtesy FFMAAM/Fondo Carlo Aymonino. Collezione Francesco Moschini e Gabriel Vaduva. A.A.M. Architettura Arte Moderna. © Gabriel Vaduva/FFMAAM/Fondo Carlo Aymonino

[688] Courtesy FFMAAM/Fondo Carlo Aymonino. Collezione Francesco Moschini e Gabriel Vaduva. A.A.M. Architettura Arte Moderna. © Gabriel Vaduva/FFMAAM/Fondo Carlo Aymonino

[689] Giorgio Grassi and Antonio Monestiroli

[690] Università Iuav di Venezia, Archivio Progetti, fondo Giancarlo De Carlo

[691] Photo Alinari/Topfoto

[692] Courtesy Franco Purini

[693] Dimitris Pikionis Archive © 2019 Modern Architecture Archives Benaki Museum

[694] Technikia Chronika 1/7/1936

[695] Stamos Papadaki Papers (C0845); Manuscripts Division, Special Collections, Princeton University Library

[696] Archives Patroklos Karantinos

[697, 698, 699, 700] Dimitris Pikionis Archive © 2019 Modern Architecture Archives Benaki Museum

[701, 702, 703, 704] Aris Konstantinidis Archive

[705] Kyriakos Krokos Archive © 2019 Modern Architecture Archives Benaki Museum

[706] Takis Zenetos

[707] Architectural Press Archive/RIBA Collections

[708] Courtesy Agnes Couvelas Architects

[709] Constantinos A. Doxiadis Archives © Constantinos and Emma Doxiadis Foundation

[710] Ljubljana Museum of Architecture

[711] Mihailo Janković

[712] SSNO Military Construction Directorate, JNA Housing Maintenance Directorate, Croatia

[713] Photo © Miran Kambič

Sverre Fehn. Photo Nasjonalmuseet/Ivarsøy, Dag Andre

[774] Nasjonalmuseet, Oslo. The Architecture Collections (NMK.2008.0734.052.003). © Sverre Fehn. Photo Nasjonalmuseet/Ivarsøy, Dag Andre

[775] Nasjonalmuseet, Oslo

[776] Nasjonalmuseet, Oslo/Ivarsøy, Dag Andre

[777] Museum of Finnish Architecture, Helsinki

[778] Photo Otso Pietinen

[779] Marimekko Textile Works, Helsinki, 1974

[780] Photo Arno de la Chapelle

[781] Juha Leiviskä

[782] Photo Arno de la Chapelle

[783] Lahdelma & Mahlamäki architects

[784] Photo Pekka Helin

[785] Courtesy Helin & Co

[786] Photo Tuukka Norri

[787] Courtesy PWP Landscape Architecture

[788] Photo © Lluis Casals

[789] Courtesy Rafael Moneo

[790] © Hisao Suzuki

[791] Courtesy Rick Joy Architects. Photo Bill Timmerman

[792] © Roland Halbe/artur

[793] Courtesy of Zaha Hadid Architects. Photo Richard Rothan

[794] Courtesy FOA. Photo Satoru Mishima

[795] © Archive Massimiliano Fuksas

[796] Courtesy Grimshaw

[797] © Centre Culturel Tjibaou - ADCK/Renzo Piano Building Workshop/John Gollings

[798, 799] Courtesy Foster + Partners, London (concept sketches Norman Foster)

[800] Architekturzentrum Wien, Collection, photo Margherita Spiluttini

[801] © Jan Bitter

[802] Courtesy Alejandro Aravena

[803] Courtesy d-company. Photo Terence du Fresne

[804] © Eduard Hueber/archphoto.com

[805] Courtesy Steven Holl Architects

[806] Courtesy Henri Ciriani

[807] Courtesy Henri Ciriani. Photo Jean-Marie Monthiers

[808] Photo © Werner Huthmacher/artur

[809] Photo Richard Bryant/arcaid.co.uk

[810] Photo © Werner Huthmacher

[811] © Lord Foster

[812] Yiorgis Yerolymbos/SNFCC

[813] Martin Lehmann/Alamy Stock Photo

찾아보기

지은이 케네스 프램튼(Kenneth Frampton)
1930년 생으로 런던 AA스쿨에서 수학했다. 건축가, 건축역사학자, 비평가로 활동하고 있으며, 현재 컬럼비아 대학교 건축대학원(GSAPP) 교수로 재직 중이다.

런던 왕립예술학교, 취리히 연방공대, 암스테르담 베를라헤 인스티튜트, 로잔 연방공대 등 세계 유수의 기관에서 강연했다. 대표 저서로 *Studies in Tectonic Culture*(1995), *Le Corbusier*(2001), *Labour, Work and Architecture*(2005) 등이 있다.

옮긴이 송미숙
한국외국어대학교 프랑스어과를 졸업하고 미국 오리건 대학교에서 미술사 석사, 펜실베이니아 주립대학교에서 미술사 박사를 받았다. 1982~2009년 성신여자대학교 미술사학과 교수로 재직했고, 현재 동 대학 명예교수이다. 1999년 제48회 베네치아 비엔날레 한국관 커미셔너, 2000년 초대 미디어시티 비엔날레 총감독을 역임했으며, 저서로는『미술사와 근현대』(2003), 역서로는『The American Century: 현대미술과 문화, 1950~2000』(2008)이 있다.

옮긴이 조순익
연세대학교에서 건축을 전공하고 번역가로 활동해왔다.『도무스 코리아』,『건축문화』,『플러스』등의 간행물을 번역했고,『건축의 이론과 실천 1993~2009』(공역),『건축이 중요하다』, 『건축가의 집』,『정의로운 도시』,『공유도시: 임박한 미래의 도시 질문』등 현대 건축과 도시, 디자인에 관한 다수의 책을 번역했다.

현대 건축: 비판적 역사 II

케네스 프램튼 지음
송미숙·조순익 옮김

초판 1쇄 인쇄   2023년 11월 10일
초판 1쇄 발행   2023년 11월 20일

ISBN   979-11-90853-48-4 (93540)
          979-11-90853-49-1 (set)

발행처   도서출판 마티
출판등록   2005년 4월 13일
등록번호   제2005-22호
발행인   정희경
편집   서성진, 박정현
디자인   조정은

주소   서울시 마포구 잔다리로 101, 2층 (04003)
전화   02. 333. 3110
팩스   02. 333. 3169
이메일   matibook@naver.com
홈페이지   matibooks.com
인스타그램   matibooks
트위터   twitter.com/matibook
페이스북   facebook.com/matibooks